U0415906

中国地质调查局地质调查项目成果

东北亚南部地区地质与矿产

DONGBEIYA NANBU DIQU DIZHI YU KUANGCHAN

——暨东北亚地区地质矿产综合图件编制

JI DONGBEIYA DIQU DIZHI KUANGCHAN ZONGHE TUJIAN BIANZHI

朱 群 刘 斌 等 **编著**

内容提要

东北亚南部地区地质与矿产综合图件编制研究报告，由沈阳地质调查中心提交。该项目是中国地质调查局实施的“中国大陆周边地区主要成矿带成矿规律对比及潜力评价”计划项目所属工作项目。该报告较全面地总结了俄罗斯、朝鲜、蒙古等国家的地质矿产资源情况，分析了东北亚南部区域地质找矿工作的新进展及存在的问题；系统地更新了东北亚南部地区区域地层格架和侵入岩序次，重新划分出西伯利亚等4个Ⅰ级构造单元、21个Ⅱ级构造单元及209个Ⅲ—Ⅳ级构造单元，论述了蒙古-鄂霍茨克缝合带等构造单元的属性；综合研究区1 590个境内外矿产的资料，总结了主要金属矿床的分布特征、矿床类型、成矿时代及成矿规律，共划分出三大成矿域、9个成矿省、43个成矿带及11个成矿亚带；总结了近年来研究区新发现的矿床类型、成矿学研究和普查找矿新进展，开展了8个主要跨境成矿带的成矿对比研究，明确了各成矿带内的找矿方向，对今后的地质找矿工作具有指导意义。

图书在版编目(CIP)数据

东北亚南部地区地质与矿产：暨东北亚地区地质矿产综合图件编制/朱群等编著. —武汉：中国地质大学出版社，2014.7

ISBN 978-7-5625-3482-2

Ⅰ.①东…
Ⅱ.①朱…
Ⅲ.①区域地质—地质图—东亚—图集②矿产分布图—东亚—图集
Ⅳ.①P563.1-64②P617.31-64

中国版本图书馆CIP数据核字(2014)第141411号

东北亚南部地区地质与矿产——暨东北亚地区地质矿产综合图件编制　　朱　群　刘　斌　等编著

责任编辑：舒立霞　　选题策划：刘桂涛　　责任校对：戴　莹

出版发行：中国地质大学出版社(武汉市洪山区鲁磨路388号)　　邮政编码：430074
电　　话：(027)67883511　　传　　真：67883580　　E-mail：cbb@cug.edu.cn
经　　销：全国新华书店　　http://www.cugp.cug.edu.cn

开本：880mm×1 230mm 1/16　　字数：582千字　　印张：16.375　　插页：8
版次：2014年7月第1版　　印次：2014年7月第1次印刷
印刷：武汉市籍缘印刷厂　　印数：1—1 000册

ISBN 978-7-5625-3482-2　　定价：218.00元

如有印装质量问题请与印刷厂联系调换

中国地质调查局地质调查项目成果

东北亚南部地区地质与矿产

——暨东北亚地区地质矿产综合图件编制

项目负责人： 朱　群　刘　斌

编　著　人： 朱　群　刘　斌　柴　璐　赵春荆　张春晖
段瑞炎　王集源　康　庄　刘英才　陈跃月

编著单位： 中国地质调查局沈阳地质调查中心

单位负责： 单海平

计划项目名称： 中国大陆周边地区主要成矿带成矿规律对比及潜力评价

序

探索和研究全球矿产资源配置是构建我国资源战略，实现我国经济社会长期、快速、科学和可持续发展的重要保障，更是时代赋予我们当代地质工作者的神圣使命和职责。自2003年起，中国地质调查局为了了解全球矿产资源分布状况，贯彻“两种资源、两个市场”和“走出去”战略，以东北亚、中亚、东南亚为重点工作区，设立了“中国大陆周边地区主要成矿带成矿规律对比及潜力评价”计划项目。

沈阳地质调查中心等单位的专家学者们，在中国地质调查局的领导和支持下完成的“东北亚地区地质矿产综合图件编制”工作项目，以跨越我国东北地区的蒙古-鄂霍茨克成矿省、南蒙古-大兴安岭成矿省、布列因-佳木斯-兴凯成矿带、延边-咸北成矿带、完达山-中锡霍特-阿林成矿带和中朝成矿省为主要研究对象，围绕贵金属、有色金属等重要矿产，开展了区域成矿地质条件对比、区域成矿规律总结和找矿靶区圈定研究；以更宽泛的视野、从不同的视角，深入分析了跨境成矿带地质特征和成矿规律的异同，为东北亚地区我国境内相应成矿带的地质找矿突破提供理论和技术支持，同时为“走出去”开展境外风险勘查提供了基础信息和找矿远景区。项目研究起点高，目标明确，具有重要理论意义和现实意义。

“东北亚地区地质矿产综合图件编制”工作项目的研究集体，历时6年多的时间，通过广泛收集和整理东北亚各国以往地质、矿产和科研资料，深入总结了东北亚南部地区地质找矿工作的新进展和地质研究成果及存在的问题等，结合境内外路线地质调查、典型矿床考察和综合研究，依据最新地质成果资料编制了东北亚南部地区1∶150万地质图、矿产图，中朝长白山及毗邻地区1∶100万地质图、矿产图、大地构造图，较全面地反映了近年来东北亚南部地区各国家及地区1∶100万区域编图、地质调查和科研取得的新成果、新进展、新认识。在地质图编图基础上，系统分析了东北亚地区地质与成矿作用，将东北亚南部地区划分出西伯利亚古陆、华北古陆、中亚大地构造带和太平洋大地构造带4个Ⅰ级构造单元和其所属的21个Ⅱ级构造单元及209个Ⅲ—Ⅳ级构造单元，并对包括蒙古-鄂霍茨克缝合带在内的这些构造单元的属性进行了论述；中朝长白山及毗邻地区1∶100万地质构造图编制及空间数据库建设，共划分出区域构造演化的三大阶段及其所属的15个区域构造层，综合分析其在中朝毗邻地区所表现出的大地构造环境特征，划分出3个Ⅰ级构造单元，4个Ⅱ级构造单元，66个Ⅲ级构造单元，并划分出Ⅱ级成矿区带2个，Ⅲ级成矿亚带4个，Ⅳ级成矿区带11个，系统总结了中朝毗邻地区11个成矿带的成矿特点和典型矿床类型与成因及朝鲜近年来的地质找矿新发现和新认识。东北亚南部地区1∶150万矿产分布图及空间数据库建设，综合了东北亚地区1 590个境内外矿产地资料(国内742个，国外848个)，研究与归纳了东北亚南部地区主要金属矿床的分布特征、矿床类型、成矿时代及成矿规律，共划分出三大成矿域、9个成矿省、43个成矿带及11个成矿亚带，其中，境内分布5个成矿省、21个成矿带(含6成矿亚带)，总结了近年来毗邻国家地区新发现的矿床类型和成矿学研究及普查找矿方法新进展，开展了中国与俄罗斯、蒙古国和朝鲜毗邻地区的

8个主要跨境成矿带的成矿对比研究，提出了境内外找矿方向的新认识。研究工作深化了东北亚地区成矿带的地质背景和成矿规律，论述了古亚洲洋、环太平洋、蒙古-鄂霍茨克洋叠加-改造与成矿等重大关键地质问题。上述成果对于深化东北亚地区跨境成矿带成矿规律研究、指导国内毗邻成矿带矿产勘查和促进“走出去”勘查境外矿产资源取得实效等具有重要的指导意义。

李廷栋

2014年7月8日

前　言

该成果是中国地质调查局地质调查项目“东北亚地区地质矿产综合图件编制”成果报告的主要内容。近年来，中国地质调查局以“充分利用两种资源、两个市场，实施我国矿产资源的全球化战略”为目标，重点实施了“中国大陆周边地区主要成矿带成矿规律对比及潜力评价”计划项目，先后部署了东北亚、中亚、西南三江等地区地质矿产综合图件编制及境内外重要成矿带对比研究工作项目；东北亚南部地区地质与矿产——暨东北亚地区地质矿产综合图件编制项目，中国地质调查局分别于2003年3月、2004年12月、2005年3月和2006年6月下达的地质调查项目任务，由沈阳地质调查中心负责承担完成。工作时间为2003年1月至2007年9月，成果报告于2010年7月完成评审验收。工作项目任务书编号和项目编码如下。

2003年：科(2003)008-04号，编码200313000070。

2004年：科(2004)007-04号，编码200313000070。

2005年：科(2005)007-04号，编码1212010561504。

2006年：科(2005)06-03号，编码1212010561504。

总体目标任务：①通过国际合作编图方式，开展东北亚地区地质矿产综合图件编制和成矿环境、成矿规律和找矿模型对比研究，指导我国东北地区区域找矿工作；②全面收集东北亚毗邻国家矿产资源信息资料，结合国外典型矿床考察，对周边国家的矿产资源情况和成矿地质条件进行系统了解，探讨矿产资源评价、合作编图和勘查技术方法，寻找适合我国企业开展勘查开发的有利地段和矿床(点)，为企业提供境外矿产资源勘查开发的选区咨询。

各年度工作任务：按照工作项目2003—2007年各年度任务书的要求，主要工作任务有以下5个方面。①境外地质矿产资料收集：开展与东北亚周边国家相关地学机构的合作与交流，收集、整理境外矿产资源信息资料。②地质矿产综合图件编制6幅：编制完成1∶250万东北亚地区地质图、矿产图和成矿规律图；编制完成中朝毗邻地区1∶100万地质图、矿产图和大地构造图。③矿产地数据库建设1个：按统一要求建设和完善东北亚地区矿产资源信息数据库。④境内外成矿规律对比研究：开展东北亚地区重要成矿带境内外成矿作用与成矿规律对比研究；选择重要成矿带和典型矿床开展野外地质考察，进行重点解剖，研究区域成矿地质背景，分析成矿条件，总结成矿规律，指导国内的地质找矿工作。⑤境外矿产资源信息及相关政策：收集东北亚毗邻国家矿产资源信息及相关政策，探讨联合开发的可行性，为我国在周边国家建立稳定的矿产资源开发和战略储备基地提供基础资料。

主要工作成果：根据东北亚地区的地质特征和成矿特点，编制研究区1∶150万地质图、矿产图和成矿区划图，开展区域矿产地空间数据库建设，并重点开展中朝毗邻地区成矿带1∶100万地质矿产系列图件的编制；在此基础上，以我国紧缺的金、银、铜、铅锌、富铁等战略性固体矿产为主攻矿种，开展东北亚区域成矿地质条件对比、区域成矿规律总结和找矿靶区圈定研究。通过境内外对比研究，以更宽的视角和更大的视野，深化对跨境成矿带地质特征和成矿规律的认识。按各年度任务书要求，主要工作成果如下。

(1) 提交地质矿产综合图件6幅；编制完成1∶150万东北亚地区地质图、矿产图和成矿规律图；编制完成中-朝毗邻地区1∶100万地质图、矿产图和大地构造图。

(2) 东北亚地区矿产资源信息数据库建设1个。

(3)《东北亚地区地质矿产综合图件编制》成果报告。

资料利用及项目完成情况：本项成果尽可能地收集和利用了东北亚地区内现有最新的地质矿产图件和矿产资料，综合编图主要参考了《1∶150万东北地区地质图及说明书》(沈阳地质调查中心，2006年)、《1∶125万俄罗斯阿穆尔州地质矿产图》(俄罗斯自然资源部阿穆尔地质企业，阿穆尔州国立大学资源利用实验室，2005年)、《1∶100万俄罗斯哈巴罗夫斯克边疆区地质图》(哈巴罗夫斯克地质企业，2005年)、《1∶100万滨海边区地质图》(前苏联地质部，B A巴然诺夫等，1989年)、《1∶100万蒙古国地质图》(蒙古国矿产资源调查局，蒙古国科学院地质矿产研究所，1998年)、《1∶100万朝鲜半岛地质图及其说明书》(朝鲜自然资源部矿产资源部中央地质调查局，1994年)、《1∶100万朝鲜半岛地质图》(朝鲜科学院地质研究所，1995年)及辽宁、吉林、黑龙江三省、内蒙古自治区有关1∶20万和1∶5万区调资料、科研成果等。

项目提交的成果有：①东北亚南部地区地质图(1∶150万)及说明书和空间数据库；②东北亚南部地区矿产分布图(1∶150万)及说明书和空间数据库；③中朝长白山及毗邻地区地质图(1∶100万)及说明书和空间数据库；④中朝长白山及毗邻地区地质构造图(1∶100万)及说明书和空间数据库；⑤中朝长白山及毗邻地区地质矿产图(1∶100万)及说明书和空间数据库；⑥东北亚南部地区矿产地空间数据库及矿床(矿产地)统计表；⑦中朝长白山及毗邻地区矿产地空间数据库及矿床(矿产地)统计表；⑧东北亚地区地质矿产综合图件编制成果报告；⑨东北亚矿产资源潜力分析及东北老工业基地矿产资源接续战略研究专题报告。

主要研究成果：①东北亚南部地区1∶150万地质图和中朝长白山及毗邻地区1∶100万地质图编制及空间数据库建设，地层以岩石单位为内容，侵入岩以岩性加年代为单位，区域地质构造突出表现跨国的大断裂，充分反映了区域构造的主要特征，编图过程中采用了地学的新理论、新方法，进行了深入的对比分析，较全面地反映了近年来东北亚南部地区各国家及地区1∶100万区域编图、地质调查和科研取得的新成果、新进展、新认识，表达的信息量大、内容多，地质体图面结构合理，为东北亚地区及中朝毗邻地区的国土资源规划、矿产资源勘查、教学、科研提供了一份比较全面的基础地质资料；②在地质图编图的基础上，将东北亚南部地区划分出西伯利亚古陆、华北古陆、中亚大地构造带和太平洋大地构造带4个Ⅰ级构造单元和其所属的21个Ⅱ级构造单元及209个Ⅲ—Ⅳ级构造单元，并对包括蒙古-鄂霍茨克缝合带在内的这些构造单元的属性进行了论述；③中朝长白山及毗邻地区1∶100万地质构造图编制及空间数据库建设，共划分出区域构造演化的三大阶段及其所属的15个区域构造层，综合分析其在中朝毗邻地区所表现出的大地构造环境特征，划分出3个Ⅰ级构造单元，4个Ⅱ级构造单元，66个Ⅲ级构造单元；④东北亚南部地区1∶150万矿产分布图及空间数据库建设，综合了东北亚地区1 590个境内外矿产地资料(国内742个，国外848个)，研究与归纳了东北亚南部地区主要金属矿床的分布特征、矿床类型、成矿时代及成矿规律，共划分出三大成矿域、9个成矿省、43个成矿带及11个成矿亚带，其中，境内分布5个成矿省、21个成矿带(含6个成矿亚带)，总结了近年来毗邻国家地区新发现的矿床类型和成矿学研究及普查找矿方法新进展，开展了中国与俄罗斯、蒙古国和朝鲜半岛毗邻地区的8个主要跨境成矿带的成矿对比研究，提出了境内外找矿方向的新认识；⑤进一步选择中朝毗邻地区作为重点对比内容，完成了中朝长白山及毗邻地区1∶100万地质矿产图及空间数据库建设，划分出Ⅱ级成矿区带2个、Ⅲ级成矿亚带4个、Ⅳ级成矿区带11个，系统地总结了中朝毗邻地区11个成矿带的成矿特点和典型矿床类型与成因及朝鲜近年来的地质找矿新发现和新认识。统编了《东北亚南部地区地质矿产图(1∶150万)》。

编制人员：参加本项成果报告编写的人员有沈阳地质调查中心朱群研究员(项目负责人)、刘斌教授级高级工程师(项目副负责人)、张春晖教授级高级工程师、柴璐工程师、赵春荆研究员、段瑞炎研究员、辽宁地质矿产研究院陈跃月工程师。成果报告由朱群研究员、刘斌教授级高级工程师统稿，图件由陈跃月工程师汇编，报告与图件由刘斌教授级高级工程师、朱群研究员校稿。第一章由朱群研究员编写，第二章由赵春荆研究员、朱群研究员和段瑞炎研究员编写，第三章至第五章由朱群研究员、刘斌教授级高级工程师和柴璐工程师编写。地质图、矿产图、构造图编图及矿产地数据库建设主要由朱群研究员、赵春荆研究员、刘斌教授级高级工程师、柴璐工程师、康庄工程师、刘英才工程师和陈跃月工程师完成。俄罗斯、蒙古国地质矿产资料的翻译由段瑞炎研究员、张春晖教授级高级工程师和王集源研究员完成。

鸣谢：在项目实施过程中得到了中国地质调查局科技外事部的具体指导和大力支持，同时也得到了中国地质调查局发展研究中心、内蒙古自治区、黑龙江省、吉林省、辽宁省等诸地质调查院及其所承担的地调项目有关部门的支持和帮助。俄罗斯赤塔州自然资源委员会、阿穆尔州地质企业、俄罗斯科学院远东分院构造和地球物理研究所、俄罗斯科学院远东分院远东地质研究所等，提供了其辖区的地质图和资料，沈阳地质调查中心领导和科技外事管理部门为此次编图研究工作的顺利开展提供了支持和保证条件。沈阳地质调查中心的单海平研究员、唐克东研究员、张允平研究员、李景春教授级高级工程师、贾斌研究员、张广宇工程师等科技人员给予了热情的帮助，谨此一并表示深切的谢意。由于编者水平所限，文、图中错漏之处在所难免，敬请指教。

编　者

2014年3月

目　　录

第一章　毗邻国家地质矿产资源概况

第一节　工作区范围

东北亚地区地质矿产综合图件编制的范围为东经 110°—145°和北纬 33°—64°之间。研究区总面积约为 420 余万平方千米。中国境内编图范围包括：东北三省、内蒙古自治区东部及河北东北部（110°E 以东）；周边国家编图范围：俄罗斯远东南部及后贝加尔地区（110°E 以东；64°N 以南）、蒙古国东部（108°E 以东）及朝鲜半岛。中朝毗邻地区 1∶100 万地质矿产综合编图范围为：中-朝双方在朝鲜半岛北部地区和中国辽宁省东部、吉林省东南部地区开展地质矿产对比研究，编制统一的 1∶100 万地质图、大地构造图和地质矿产图，编图范围为东经 121°— 131°30′和北纬 38 °— 43°之间（图 1-1）。

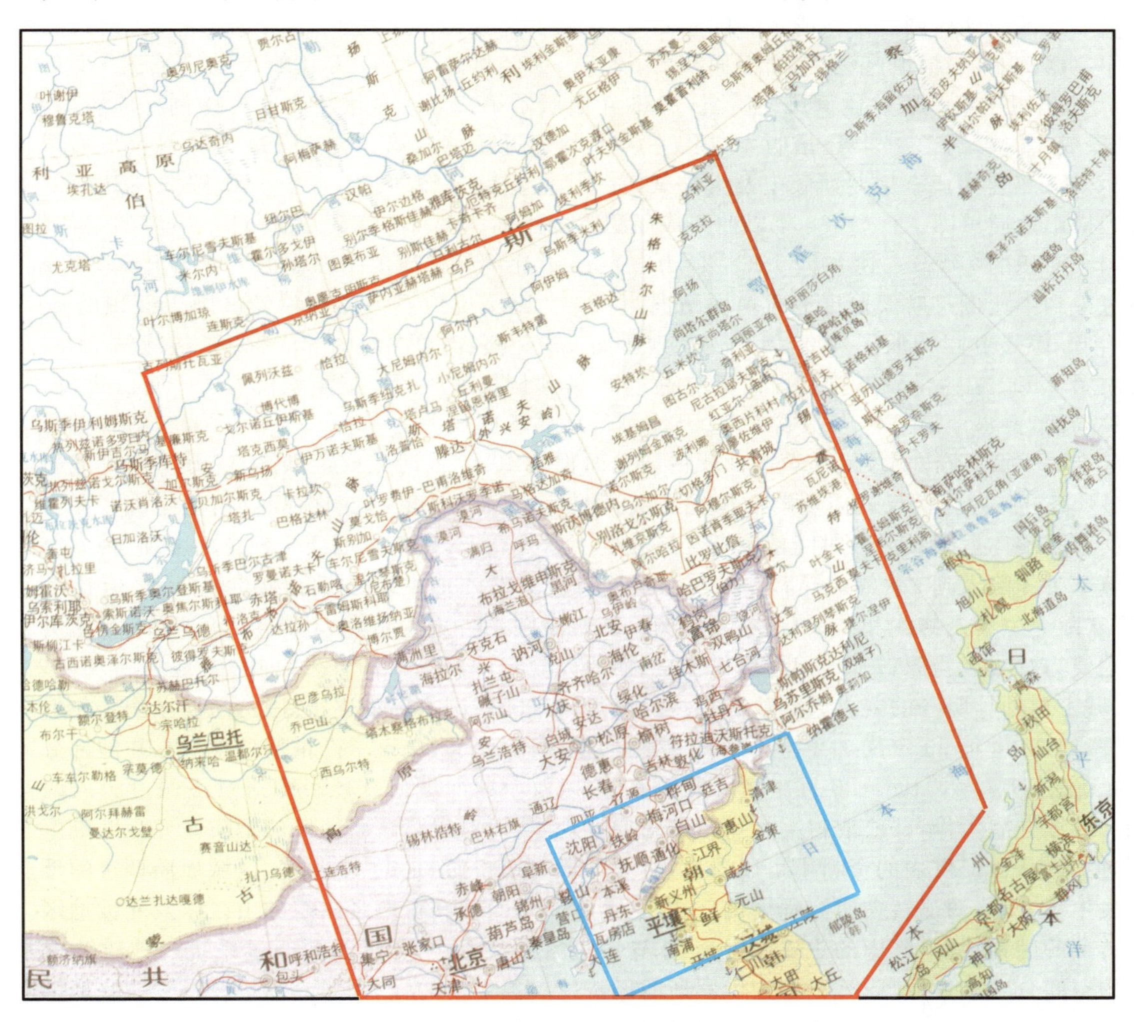

图 1-1　东北亚地区地质矿产综合编图工作区位置示意图

红线框. 东北亚地区 1∶150 万地质矿产图编图和综合研究工作区范围；

蓝线框. 中-朝毗邻地区 1∶100 万地质矿产综合编图和成矿规律对比研究工作区范围

第二节 毗邻国家地质矿产工作程度

一、俄罗斯毗邻地区地质矿产工作程度

在俄罗斯，无论是远东还是后贝加尔地区，其基础地质和矿产勘查工作程度总体上高于我国，地质矿产工作已有200余年的历史，积累了丰富的地质矿产资料，如俄罗斯远东矿物原料研究所编辑的《远东锡矿床》《远东金矿床》等矿产专著。区域地质调查(1:5万、1:20万、1:100万，见图1-2、图1-3)、区域化探扫面(1:20万)、区域重力(1:20万)、航磁(1:5万、1:20万)等基础地质工作则完成得较早。俄罗斯的区域地质调查工作主要包括两个组成部分：①各种比例尺和不同内容的地质填图工作；②区域性地质调查或具有区域意义的专项地质调查。前苏联解体前夕以及后继的俄罗斯，提出了填绘分别称为国家地质图系列、国家地质生态图系列和国家海域地质图系列的任务。应当指出的是，对于地质生态图系列来说，由于经费不足，近10年来只是做了部分1:100万比例尺地质生态填图，中比例尺地质生态填图进展缓慢，大比例尺地质生态填图基本上处于试验阶段。前苏联及现在的俄罗斯是世界上比较系统和持续开展陆上区域地质调查工作的重要国家之一，开展了从小比例尺到中比例尺再到大比例尺的地质填图工作。据1996年报道，俄罗斯国土面积的92.5%已经做过1:100万比例尺地质填图工作，20世纪60年代初出版了第一版该比例尺地质图，1966年出版了第二版。全俄1:100万比例尺地质图80幅左右，已完成48幅，到1995年已出版40幅。一些地区已开始编制第三代1:100万比例尺地质图。按计划，到2015年要完成全俄罗斯领土及大陆架第三代该比例尺编图工作。此外俄罗斯还开展了小比例尺航天摄影地质填图工作(1998年以前完成面积占国土面积的44.06%)和深部地质填图工作(完成面积占国土面积的76%)。到1995年，1:20万～1:10万比例尺地质填图面积占全俄国土面积的83.4%。如果考虑到中比例尺航天摄影地质填图情况，1:20万比例尺地质填图面积已占国土面积的99%。从1955年至1995年已出版了1:20万比例尺地质图2 969幅，占总图幅的60.8%；未出版的1:20万比例尺地质图1 900幅。俄罗斯符合现代要求的1:20万比例尺地质图覆盖面积仅为国土面积的28%，为扭转这种局面，要求今后每年应完成1:20万比例尺地质填图面积为35万～40万km^2，到2015年，要求符合标准的1:20万比例尺地质填图面积占国土面积的40%，同时完成全俄1:20万比例尺地质填图工作。俄罗斯1:5万比例尺地质填图工作发展极不平衡，到1995年，填图面积仅占国土面积的23.2%。由于前苏联解体后很长一段时间俄罗斯经济处于不景气状态，使整个地质工作全面萎缩，纯属公益性的地质填图工作陷入到“水深火热”之中。首先，这表现为对陆地主要是开展第二代1:20万比例尺地质制图(实际上主要是修测和修编)，1:5万比例尺地质填图不再成为重点；其次，开展1:20万比例尺地质填图主要为解决矿物原料基地问题提供依据，而原先规定的将为矿产开发利用、土地利用及规划、环境保护、城市规划等服务的要求大都放弃了。虽然近年来随着国家经济逐步好转，地质填图工作有所加快和改进，但20世纪90年代1:20万比例尺的地质填图速度大大放慢了。俄罗斯虽然在陆地部分第三代1:100万比例尺、第二代1:20万比例尺地质填图，以及一些专题研究项目中对过去做过深入调查的地区仍在继续开展工作，并已取得了一些新的重要发现，从而对提高这些地区的地质研究程度产生了积极影响，但是，从已经发表的资料中可以看出，过去一段时期，特别是近10年来，区域地质调查的重点地区已经发生了变化，明显转向研究程度偏低的地区，主要是西伯利亚地区以东的山区以及北极地区。造成这种转变的因素很多，其中的主要原因是：①这些地区矿产资源丰富，需要通过系统的地质调查来查明矿产的空间分布和形成规律，以便为俄罗斯的经济发展提供新的强大矿物原料基地；②这些地区尚有许多新的地质现象有待发现，查明它们对于提高相关地区乃至整个国家的地质研究程度有着重大意义，甚至可能对地质科学理论的发展产生重要影响。

除了比较重视基础地质调查研究(编制出版一系列地质构造、岩石建造图件)外，俄罗斯还开展了系

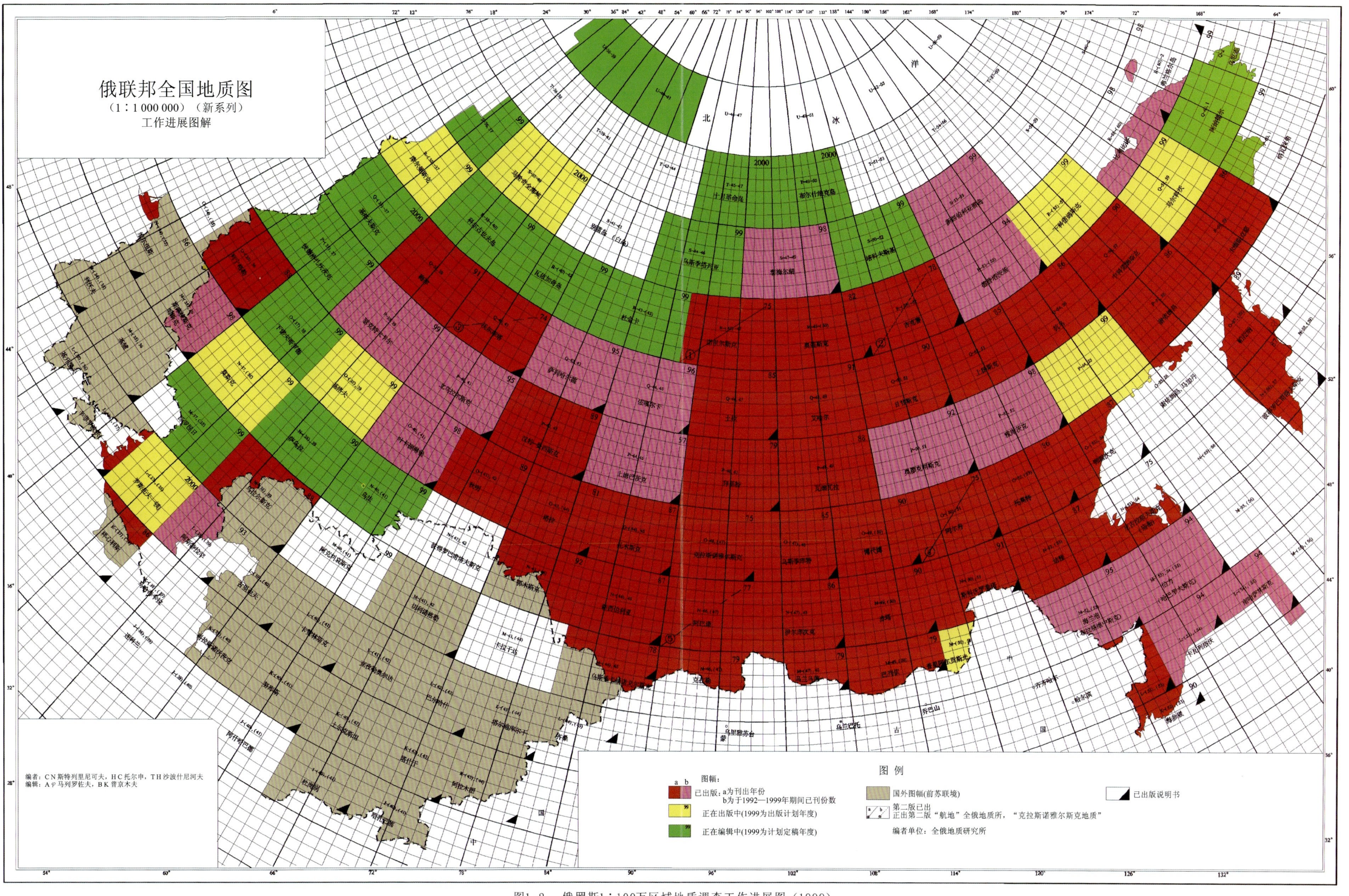

图1-2　俄罗斯1：100万区域地质调查工作进展图（1999）
（沈阳地质调查中心东北亚项目组翻译编绘，2006）

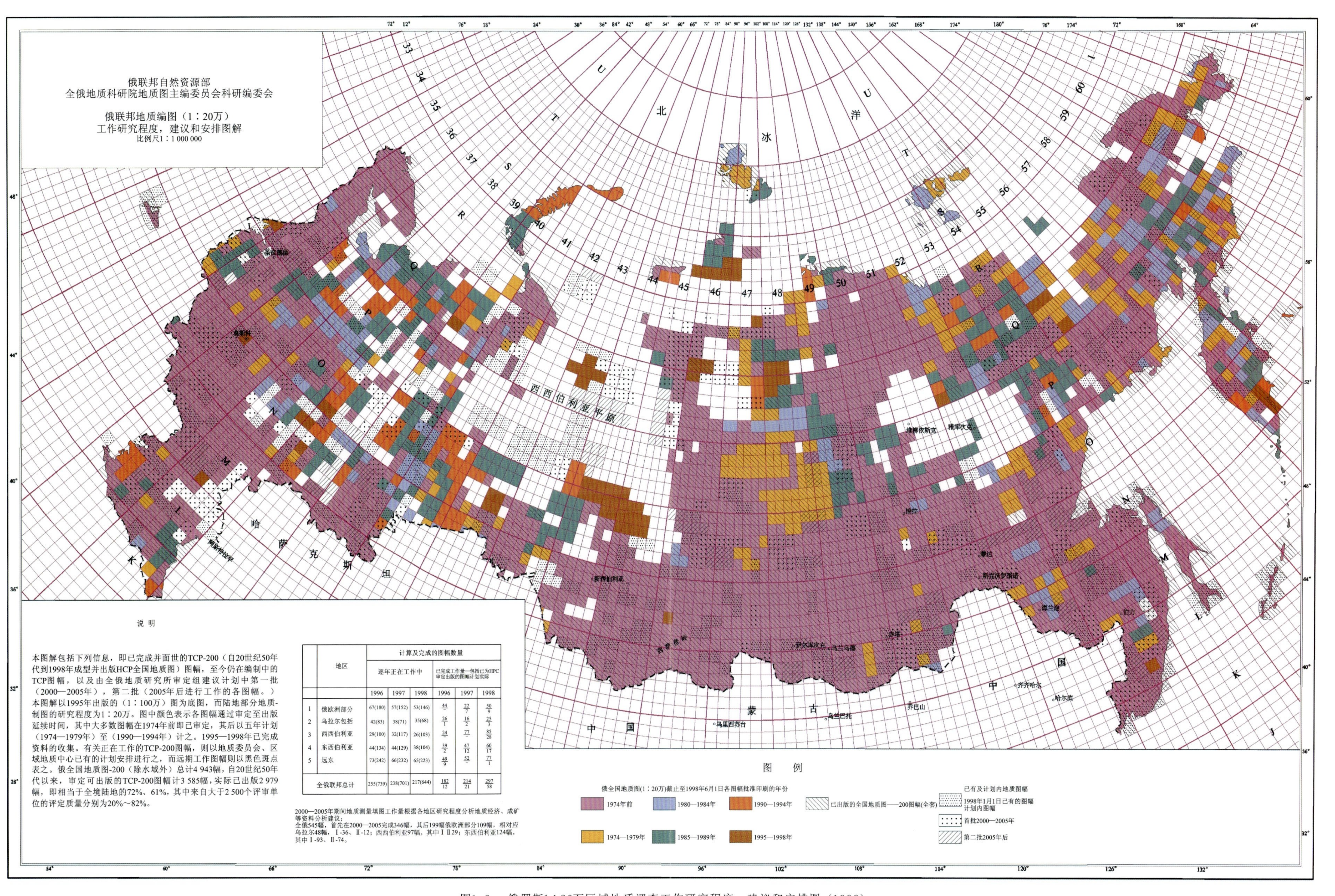

说　明

本图解包括下列信息，即已完成并面世的TCP-200（自20世纪50年代到1998年成型并出版HCP全国地质图）图幅，至今仍在编制中的TCP图幅，以及由全俄地质研究所审定组建议计划中第一批（2000—2005年），第二批（2005年后进行工作的各图幅。）本图解以1995年出版的（1∶100万）图为底图，而陆地部分地质-制图的研究程度为1∶20万。图中颜色表示各图幅通过审定至出版延续时间，其中大多数图幅在1974年前即已审定，其后以五年计划（1974—1979年）至（1990—1994年）计之。1995—1998年已完成资料的收集。有关正在工作的TCP-200图幅，则以地质委员会、区域地质中心已有的计划安排进行之，而远期工作图幅则以黑色斑点表之。俄全国地质图-200（除水域外）总计4 943幅，自20世纪50年代以来，审定可出版的TCP-200图幅计3 585幅，实际已出版2 979幅，即相当于全境陆地的72%、61%，其中来自大于2 500个评审单位的评定质量分别为20%～82%。

	地区	计算及完成的图幅数量					
		逐年正在工作中			已完成工作量—包括已为HPC审定出版的图幅计划实际		
		1996	1997	1998	1996	1997	1998
1	俄欧洲部分	67(180)	57(152)	53(146)	44/—	22/7	50/9
2	乌拉尔包括	42(83)	38(71)	35(68)	26/1	16/2	25/3
3	西西伯利亚	29(100)	32(117)	26(103)	24/—	77/—	85/28
4	东西伯利亚	44(134)	44(129)	38(104)	39/2	47/12	60/17
5	远东	73(242)	66(232)	65(223)	49/9	52/—	77/1
全俄联邦总计		255(739)	238(701)	217(644)	182/12	214/21	297/58

2000—2005年期间地质测量填图工作量根据各地区研究程度分析地质经济、成矿等资料分析建议：
全俄545幅，首先在2000—2005完成346幅，其后199幅俄欧洲部分109幅，相对应乌拉尔48幅，Ⅰ-36、Ⅱ-12；西西伯利亚97幅，其中ⅠⅡ29；东西伯利亚124幅，其中Ⅰ-93、Ⅱ-74。

图1-3　俄罗斯1∶20万区域地质调查工作研究程度、建议和安排图（1998）
（沈阳地质调查中心东北亚项目组翻译编绘，2006）

列深部地质调查和研究工作，主要包括科学钻探（超深钻探）、地球动力学实验室、地学大断面调查、深部地质填图以及深部地质作用地表显示的研究。前苏联是世界上比较系统地开展深部地质调查工作的主要国家之一。前苏联解体后，俄罗斯在上述各个方面并未投入足够的资金来维持实际工作，主要是在以前工作所获资料的基础上进行了必要的综合分析研究，特别是将在俄罗斯境内的科学钻如科拉井、新叶尔霍大卡井、乌拉尔井、秋明井等作为地球动力学实验室加以利用并取得了一些新的成果。前苏联和现今的俄罗斯在境内部署了地学大断面网，将已经打成的和计划要打的科学钻连起来，采用综合性的地球物理方法、电-地球化学调查、氦测量热液研究、航天图像判读以及大量现有地质图等图件来进行分析。此外，还制订了开展深部地质填图工作计划，并做了不少工作，深部地质填图作为区域地质工作的一种重要形式，可分为小、中和大比例尺3种形式。按规定，大比例尺深部地质填图与一般性普查工作同时进行；在具体做法上，深部地质填图可独立进行，也可与其他区域地质工作共同进行。通过对深部作用地表显示的各种现象进行调查进而探索深部地质作用，这已成为深部地质工作的一个重要途径。俄罗斯一些地质学家已经注意开展这方面的工作。这包括研究地球上的热点或地幔柱（西伯利亚高原的暗色岩被认为是热点的显示之一，最近有人认为这些暗色岩是幔源未分异的基性岩床侵入体）、超深形成的岩石组合或超深变质矿物组合、地幔包体、矿物深源包裹体和同位素研究等。通过这些研究可以获得用其他方法难以取得的深部地质作用证据，因而认为这是既经济又快速获得深部地质资料的重要途径之一。最近，俄罗斯一些地质学家根据本国的深部地质工作成果提出了一些值得深入探讨的问题：①对地壳和地幔的非均一性进行深部制图，提出新的术语，建立新的深部构造分类系统；②进一步研究地壳和上地幔界线的性质，研究环境的动力学应占有重要地位，因为这类问题决定了构造圈不同层位的强烈分层性；③研究深断裂的地质特点、发展历史、动力学特点、形成条件及机制，以及研究与深断裂发育及充填相伴出现的岩浆物质综合体、它们的成矿作用特征，所有这些便构成了对深断裂进行立体研究的重要课题；④为了深入研究成矿专属性的作用过程，应加强大陆地壳演化问题的研究，特别是对早期发展阶段演化问题的研究；⑤根据深度标准重新对地壳和上地幔进行分类；⑥根据地球物理资料研究10～15km深度地壳物质成分的问题，对巨大深度上处于高温高压和不同地球动力学环境中的物质改造条件进行研究：对介质应力状态问题、应力状态重建及深部预测进行研究；⑦构造层圈与地球层圈跨区域的关系问题；⑧深部成矿预测标准的制定问题以及在此基础上编制新的隐伏矿床预测图；⑨研究现代地球动力学作用过程问题；⑩地壳和上地幔的非线性地球物理作用过程和地球动力学作用过程问题。

众所周知，前苏联在区域地质调查工作中，一直对包括湖泊在内的所属水域以及经济专属区很重视，黑海、亚速海、里海的区域地质调查工作取得了一系列重要成果。近10年来，俄罗斯同样非常重视这些水域的调查，但是，出现了一种明显的趋势，这就是加强了对北极大陆架地区的地质调查。造成这种变化的主要原因是：①俄罗斯的北极大陆架范围大，长5 000km，最宽达到1 100km。如此巨大的范围不能不引起当局的关注。②这里蕴藏着极其丰富的油气资源和各种重要砂矿，在岛上产有各种具有重要价值的金属和非金属矿产。

俄罗斯在区域地质成矿找矿等方面，还格外注重与内生成矿作用密切相关的问题研究，如中新生代火山-深成岩带划分、滨太平洋活动带成矿区划与找矿。对地球动力学、深部构造、岩石圈等探索亦较深入，在区域找矿上有突破性进展，如鲍克罗夫斯克耶斑岩型铜、金矿床，列别兹特矿床，交代型金、铅、锌矿床，属超大型，同时也是新类型。其在找矿中重视深部地层、应用地球物理、地球化学、遥感等方法，并注意区域成矿与邻区对比，这些均取得了良好的效果。同时在俄罗斯阿穆尔州、赤塔州以及蒙古国乔巴山地区，近年亦十分重视成矿区（带）成矿地质条件的研究，加强成矿区（带）内的普查找矿工作，取得了很好的效果。进入21世纪以来，赤塔州和阿穆尔州均开展了矿产总结和相关编图工作。如俄罗斯远东矿物原料研究所编辑的《远东金矿床》《远东经济区矿物原料开采和研究的主要问题》等，阿穆尔州自然资源委员会编辑的《世纪之交的阿穆尔州矿物原料基地》等，赤塔州政府组织编辑的《赤塔州及阿金斯克布列亚特自治区自然资源》等一系列专著。在地质矿产图件方面也进行了更新，如俄罗斯自然资源部阿穆尔地质企业和阿穆尔州国立大学资源利用实验室于2005年最新编制的《俄罗斯阿穆尔州1∶125万地质矿产图》等有关地质矿产及成矿规律图件。

二、蒙古国地质矿产工作程度

(一) 蒙古国的地质矿产工作程度

蒙古国自建国不久就开始了矿产资源调查工作。1921—1961年间,前苏联先后派往蒙古国15个地质勘察队,后又成立了东方勘察队。历经25年,做了较系统的基础地质和矿产勘查工作,发现了一些可供勘查的矿床。编制了1:250万地质图。除前苏联外,蒙古国与捷克、波兰、保加利亚、民主德国、匈牙利等经互会成员国进行了双边合作,并组建了双边地质队,开展了地质测量和矿产勘查工作。1962—1975年间,苏蒙合作勘探了额尔登特鄂博铜钼矿床;捷蒙合作编制了蒙古国北部地质图;波蒙合作对西部边远地区进行了矿产普查;民主德国在中部地区发现金矿床;匈蒙合作勘探了萨拉钨矿床、巴加加兹伦锡矿床以及煤和萤石矿床。在此期间,前苏联先后帮助建立了蒙古国地质科学研究所,成立了苏蒙地质科学研究队、苏蒙古生物研究队、国际地质大队。1976—1985年间,国际地质大队共勘查了50多个矿床(点),编制了蒙古国东部与中部1:50万成矿规律图与成矿预测图。1980—1990年间,蒙古国在经互会成员国家的援助下,地质测量及矿产勘查开发工作有较大的发展,加强了区调和矿产分布规律的研究。截止到1990年,各种比例尺地质填图已覆盖全境的88%,其中1:20万地质填图完成了国土面积的76%;1:5万地质填图完成全境的12%;航空物探覆盖全境的64%;1:20万区域化探及1:5万矿调基本属于空白。1986年后,前苏联和东欧国家对蒙古国的地质技术援助逐渐减少,1992年撤出了全部专家,蒙古国地质矿产工作也自此搁浅下来。

1997—2005年间,蒙古国公共财政共出资105亿图格里克,实施了115个地质调查项目。在2005年,开始或连续做了40个地质调查项目。这些项目覆盖了蒙古国111 536.8km^2 的1:20万和1:5万地质填图。确定和评估了41个矿床、400多个矿点和1 700多个矿化点。这41个矿床储量的确定,主要是依靠公共财政资金,其中私人资金也有参与,但其工作也是在公共财政资金支持项目的基础上开展的。同时,1:100万蒙古国地质图已经完成,阿尔泰地区的1:20万矿产、构造、成矿远景区图也已经完成。期间1:20万蒙古国地质填图工作也已经开始。同时,东方省的金的地质勘查,阿尔泰省、南戈壁省的铂的地质勘查,Nyalga 和 Dundgovi 盆地的石油勘查已经开展,这些工作为今后的矿产、石油开发奠定了基础。

1997—2000年间,蒙古国开展了17个县的水文地质调查工作,1个县的普通地质与地质工程调查,Zaamar 和 Bugant-Tolgoit 地区的生态地质调查,煤矿、Achit nuur 附近以及一些建筑材料的辐射水平调查,还在西蒙古盆地和 covities 地区开展了深部地质调查。

截止到2006年9月:

1:20万地质图覆盖蒙古国全境的99.1%。

1:5万地质填图和普通地质勘探覆盖蒙古国全境的22.4%。

1:50万水文地质图覆盖蒙古国全境的84%。

1:20万和1:10万重力图覆盖蒙古国全境的17%。

1:20万航空地磁测量图覆盖蒙古国全境的60%。

1:5万、1:2.5万航空多光谱测量覆盖蒙古国全境的32%。

截止到2006年9月,蒙古国已完成1:20万区域地质工作项目214个,各项目工作区位置及在蒙古国地质信息中心的工作报告档案号如图1-4所示;完成1:5万地质矿产项目256个,各项目工作区位置及在蒙古国地质信息中心的工作报告档案号如图1-5、图1-6所示;完成物探项目共59个,其中1:2.5万16个,1:5万19个,1:20万13个,1:100万1个,其他比例尺10个,各项目工作区位置及在蒙古国地质信息中心的工作报告档案号如图1-7所示。

直至1992年前苏联解体,在此期间,蒙俄地质学家共发现了煤、萤石、铜、稀有金属等80多个矿种的近6 000个矿点。近年来,在南戈壁省与戈壁阿尔泰省两省的区域地质调查,解决了一些理论上与实践上的难题,并发现了一些新的金、铜、铂、多金属、稀有金属成矿远景区。色楞格省、科布多省、布尔干省和南戈壁省的地质填图与基础地质调查,发现了20多个金、铜、汞、多金属、萤石以及煤的成矿

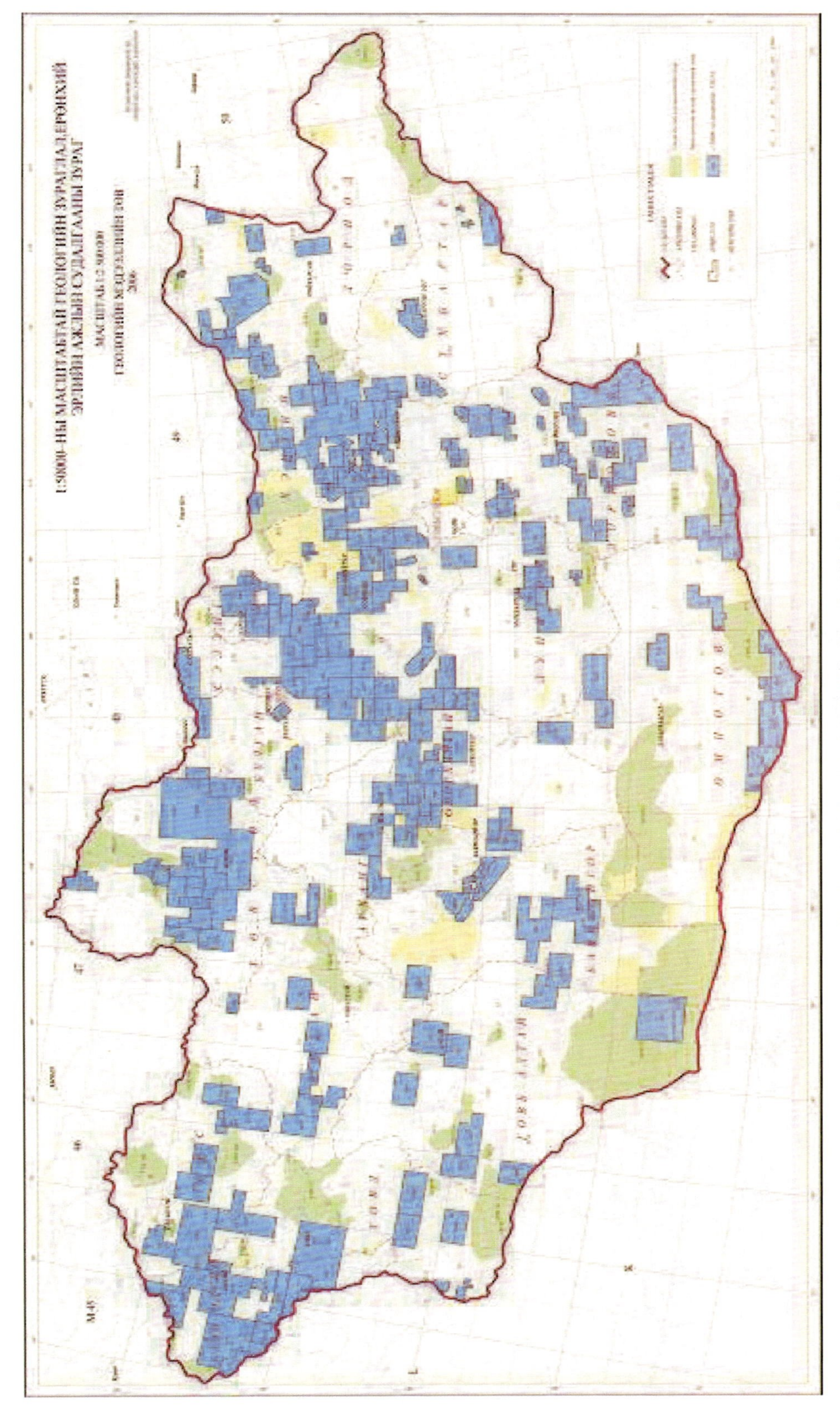

图1-4 蒙古国1:5万地质填图与普通地质勘探工作图
（蒙古国地质信息中心，2006）

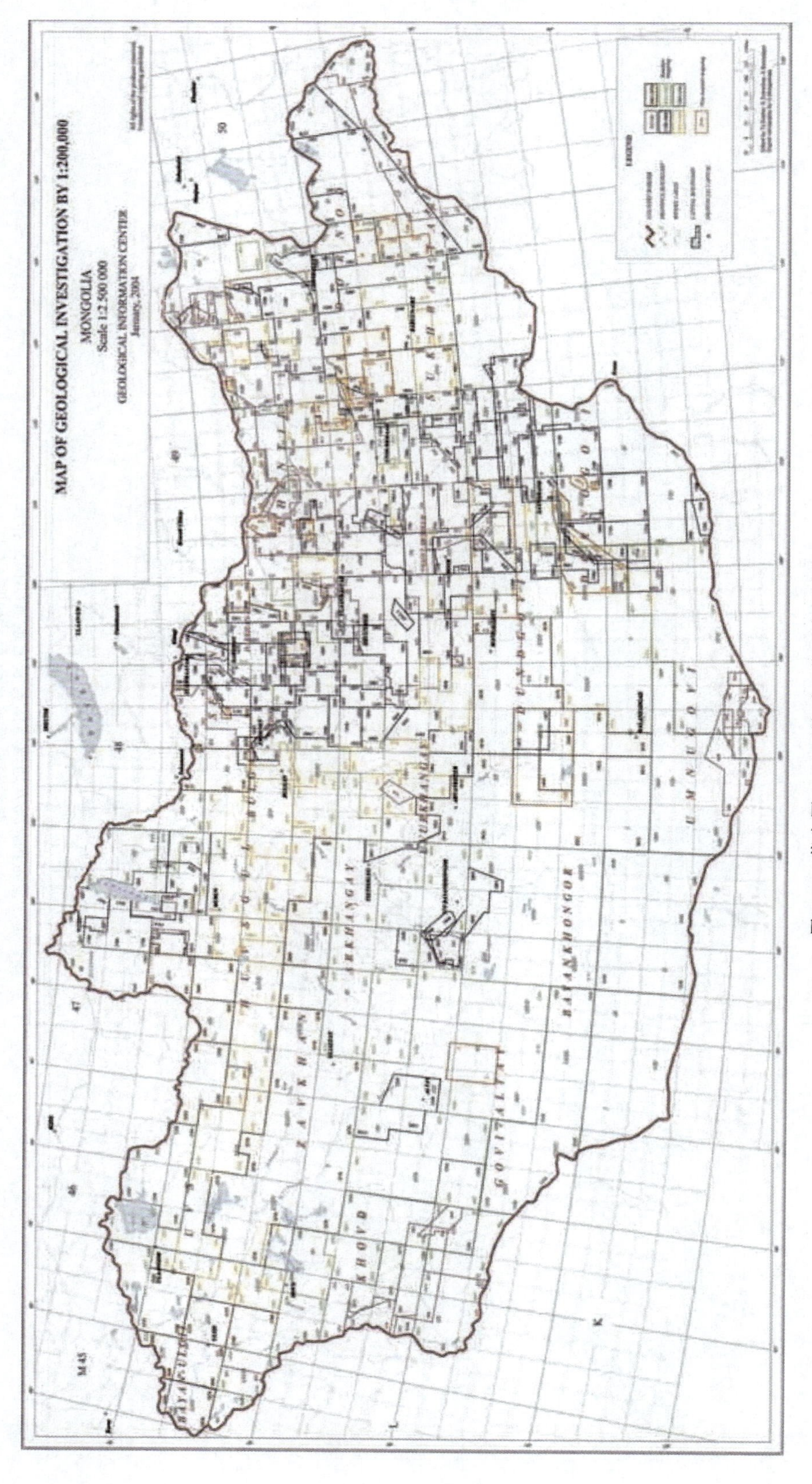

图1-5　蒙古国1:20万地质工作研究程度图
（蒙古国地质信息中心，2004）

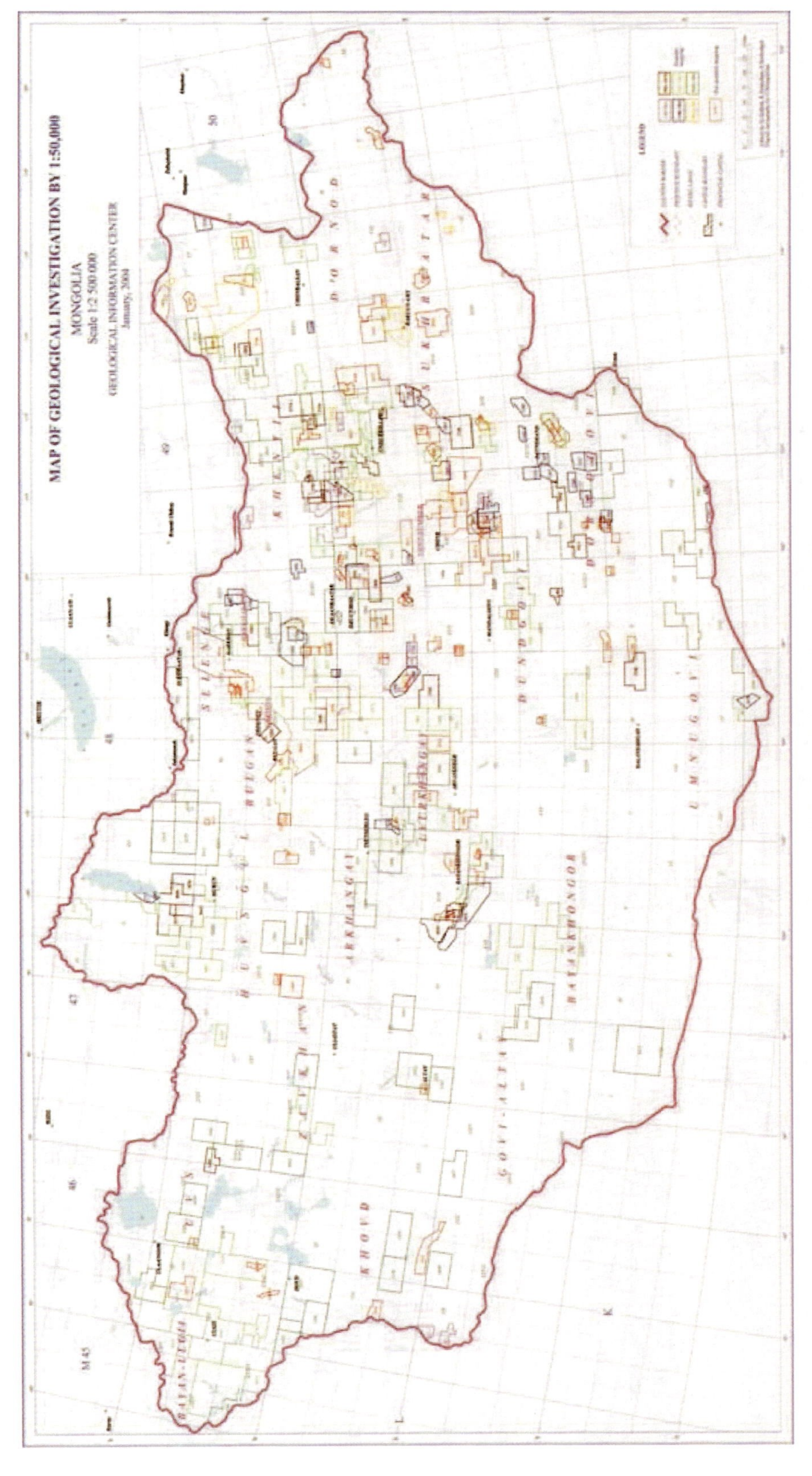

图1-6　蒙古国1:5万地质工作研究程度图
（蒙古国地质信息中心，2004）

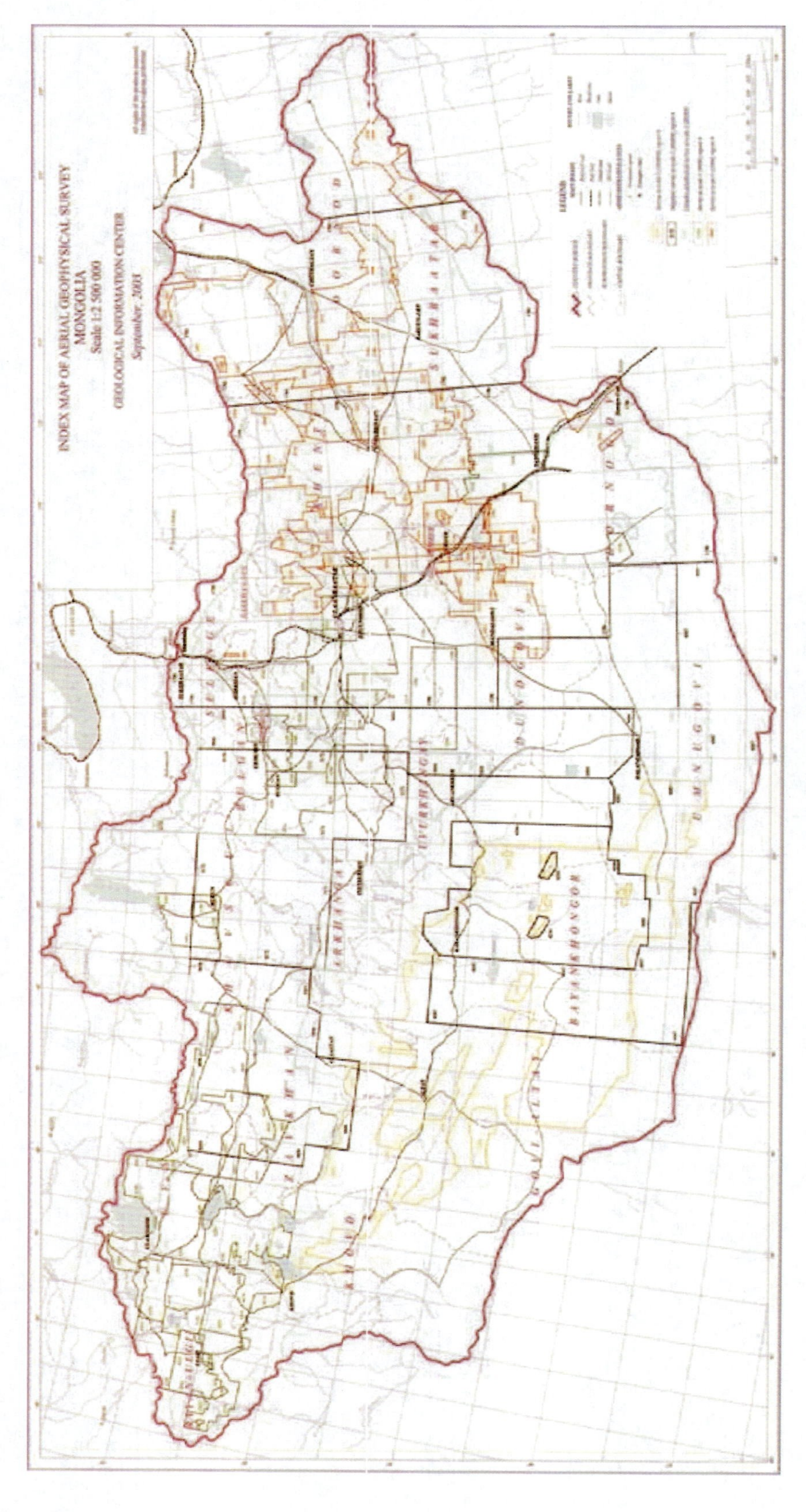

图1-7　蒙古国物探工作研究程度图
（蒙古国地质信息中心，2003）

远景区。此外，在这次地质调查中，探明了 Oyut Tolgoi 金铜矿、Hairhan-Haraat 铀矿、Alag togoo 煤矿和 Ereen 金铜矿的储量，还发现了 10 多个冲积型金矿，金总储量大于 24t。

总的看来，蒙古国地质工作研究程度局部地区比较高，整体上还是比较低的。各项地质工作完全按照前苏联的相关规范并在其专家指导下进行，勘查工作阶段性严格，系统性较强，图件清晰美观，资料积累有序。

（二）私有资本开展的地质调查工作

所有在蒙古国境内开展的地质调查工作，都要在蒙古国地质部门的管理下开展。最后的成果以及成果报告，必须在地质部门备案，并且输入注册登记数据库。关于矿床的报告必须在 MRPAM（The Mineral Resources and Petroleum Authority of Mongolia）的矿产委员会中进行论证，并且储量必须在矿产资源处统一登记，这样才能在官方予以通过。到 2002 年年底，加拿大艾芬豪矿业有限公司在南戈壁省的 Hanbogd 县欧玉陶勒盖地区进行勘探，加拿大 Cameco Gold Co. Ltd 在 Kharaa Gol、色楞格省的 Boroo 地区、中央省的 Sujigtei 地区进行勘探；在百慕大注册的 Gallant 矿业有限公司在南戈壁省的 Tsahir 地区、后杭爱省的 Sairiin Hundii 流域、色楞格省的 Bayanharaat 地区、布尔干省的 Mogod 和 Oyut-Ovoo area 地区、戈壁阿尔泰省的 Biger 地区进行勘探；加拿大"QGX"有限公司在东方省的 Hujirt 地区、肯特省的 Moilt 地区、南戈壁省的 Bayanbulag、Baruun Har Tolgoi、Zuun Bogd 和 Surt Tolgoi 地区进行地质勘探；Bayan-Airag 勘探有限公司在扎布汗省的 Aryn Bor Tolgoi、Zuun Ovgor Har Uul 和 Baruun Ovgor Har Uul 地区进行系统的勘探工作。据统计，1997—2002 年间，共有 470 亿图格里克的私人资本花在了地质勘探工作中。

（三）近几年蒙古国开展的国际合作项目

蒙古国地质部门一直在努力提升专业水平，与国际组织与团体互利合作。合作项目的目的是最有成效地提高蒙古国的地质调查水平，获得切实的理论成果，引进先进的技术、工艺和矿床理论。下面是关于与国外合作伙伴在合作目的、商务活动以及合作成果等方面的一个简短描述。

（1）"地质与矿物资源协会"，蒙古国与日本合作的项目，在 1995—1999 年间实施。该项目旨在技术和工艺、科技发展上支持蒙古国的国家地质办公室/处，为蒙古国培养高级专业人才。这个项目已经完成。

（2）蒙古国与德国的合作项目于 1997—2001 年间开展。第一阶段"岩石与矿物生产"于 1997—1998 年间开展。第二阶段"发现与研究非金属矿产"于 1999—2001 年间开展。从这个合作项目的框架中，可以得到蒙古国非金属矿床的信息，并且这些信息已经输入了计算机，并建立了数据库系统。该项目已经完成。

（3）"建立蒙古国地质实验中心、基础设备测试、市场经济管理"项目，该项目已经在 2002—2004 年间完成。其宗旨是建立蒙古国地质实验中心，并拓展其影响。

（4）"申奇"项目，该项目建立了蒙古国的地质信息中心，在 1997—2001 年间由法国与蒙古国共同完成。该项目的目的是提高蒙古国专家的专业技术水平，促进固定与移动的人造卫星定位系统在地质方面的应用。同时，还建立了计算机中心，处理地质数据与信息。

（5）"蒙古国北部中心地区的地质调查"项目，1999—2001 年间开展的蒙古国与日本的合作项目。地质调查与矿产勘探都依靠雷达与 JERS 卫星影像技术，在此基础上，发现了大型的铜矿与金矿区域。额尔登尼特（Baruun Erdenet）铜矿化点就是在这个项目中发现的，并在另一个项目中进行了研究。

（6）"戈壁阿尔泰省 1∶20 万地质填图"项目，1999—2002 年间实施的蒙古国与捷克的合作项目。该地质图覆盖了以前的空白区，是这一比例尺尺度上最复杂的地质图。

（7）"低成本的地质填图技术"项目，1999—2001 年间实施的蒙古国与英国的合作项目。通过英国地调机构提供的低成本技术，绘制了 1∶5 万地质图。使用美国地球资源探测卫星的影像图片，在短时间内结合蒙古国的各种地形特征，通过实地调查，给出了一些有意义的建议。

(8)“蒙古国东方省 Bayandun 地区的矿产勘探与开发”项目，2000—2002 年实施的蒙古国与韩国的合作项目。在这个项目的框架中，合作双方紧密合作，对矿化点进行了勘查与评估。在报告中对该地区的重要与有价值的地区进行了评定。

(9)“南蒙古的矿产勘察”项目，在 2002—2005 年间实施。该项目在南蒙古 Gichgen 地区发现了铜矿、金矿以及其他矿产。该项目将继续评估该地区的矿产资源潜力。

(10)“中亚及其邻近地区 1∶250 万编图”项目，2003—2006 年开展的俄罗斯联邦、中国、哈萨克斯坦、蒙古国国际合作项目。该图将包括地质、构造、矿物学等，面积为 2 000 万 km^2。

三、朝鲜半岛地质矿产工作程度

目前，我们对于朝鲜半岛的地质工作程度了解得还不够深入。据朝鲜科学院地质研究所《朝鲜地质》(1996)介绍，朝鲜半岛北部地区 1∶20 万地质填图工作完成于 1962 年。随后，完成了 1∶5万分幅的磁法、重力等其他地球物理填图(确切完成年代不详)。2004 年中国地质调查局赴朝鲜考察组对朝鲜科学院地质学研究所进行了为期 6 天的工作访问，进一步了解了朝鲜地质工作的程度。朝鲜在 20 世纪 70 年代完成了全国 1∶20 万地质填图，当时附带作了金属量测量，形成了 1∶20 万化探异常图，但由于是半定量测试，朝鲜并没有真正意义上的全国区域化探图。后来，根据地质勘查工作的需要，开展过一些重要成矿带上的大比例尺化探工作。朝鲜科学院地质研究所负责从事综合性地质研究工作，编制了朝鲜全国 1∶100 万地质图和大地构造图(1996，第三版)，同时将 1∶20 万地质图全部用 Arc/Info 数字化，形成数据库。建立的数据库还有地球物理(航空重力、磁法)、地球化学异常图(半定量测试)和矿产地数据库。根据朝鲜地质机构的职能分工，综合性资料由朝鲜科学院地质研究所形成并管理，大量的区域性地质资料(1∶20 万或更大比例尺)掌握在朝鲜采掘部矿产开发局。

朝鲜最早的地质调查机构是 1918 年日本占领时期设立的“朝鲜地质调查所”。这个时期进行了一些系统的地质填图工作，建立了整个半岛的地层基本框架。然而，这些工作往往是着重于满足日本工业机器对矿产资源的需要。1946 年韩国光复后，全国性地质调查机构的职能由若干个不同的研究机构行使。1962 年，这些机构合并成立了“韩国地质调查所”。到 1968 年，该所的组织机构演变成两大部分：一是“普通地质部”，负责地质填图、煤田调查、地下水调查和包括钻探在内的矿床研究；二是“勘探部”，负责地球物理和地球化学勘探。1976 年成为独立的科研机构，经费来自政府，开展多学科、综合性地质工作，1999 年成为韩国政府直属机构——国家科学技术研究委员会下属的 9 个研究所之一。韩国地质资源研究院下设国际合作办公室、石油与海洋资源室、地质填图工作室等处室，主要职能是开展地球科学研究、地质调查、矿产资源和能源资源开发及资源循环利用研究工作。主要在以下 4 个领域开展工作：①陆地和海洋资源地质调查；②矿物和材料技术开发和利用；③地球环境研究和地质技术开发；④地球科学信息系统建设。30 年来，韩国地质调查机构随着经济的快速增长而发生重大变化，研究重点也相应发生变化：一是加强了海上研究项目，收集地震数据，进行沉积盆地地质调查，以期发现国内烃类储量；研究海底沉积物，寻找砂石储量位置，以期将来开发利用，替代陆上同类资源。与海洋地质调查的扩展相对应的是陆上地质填图工作的削减。陆上 90%的面积已经完成 1∶5万填图并已经完成出版工作。二是加强了环境地质研究项目，包括传统的地下水(数量、质量和保护)和自然灾害(滑坡和地震检测)，以及新领域的地球化学填图(以探明污染的土地和污染源)，调查关闭矿山对地下水和土壤的污染情况，研究废料循环和矿产资源高效加工技术。核电的增长需要投入更多的地质工作以保证核电站建设和核废料处理的安全选址。此外，随着信息技术的进步，各种地学信息更加便于收集、使用和传递。

第三节　毗邻国家地区矿产资源的分布与潜力

一、俄罗斯与中国东北毗邻地区矿产资源的分布与潜力

俄罗斯矿产资源潜力巨大，拥有世界37％的矿产资源。资源潜在总价值28万亿美元。目前，在俄罗斯已发现和探明大约2万多处矿产地(包括燃料资源)。据有关资料介绍，在矿产基地结构中，黑色和有色金属占13％、非金属矿原料占15％、金刚石和贵金属占1％。俄罗斯矿产资源保障程度高于其他国家，多数矿产储量居世界前列。铁矿、金刚石和锑矿、锡矿探明储量居世界第一位，铝矿储量居第二位，金矿储量居第四位，钾盐储量占世界的31％、钴矿储量占21％，其他一些矿产储量也占世界相当大的份额。如此丰富的矿产资源是保障俄罗斯国内需求并实现对外出口的坚实基础。俄罗斯37％的矿产资源已投入工业开发。采矿业在俄罗斯经济困难时期对国家经济生存起着重要的支撑作用。20世纪90年代在矿产(不包括金刚石)开采量下降的情况下，俄罗斯一系列矿产(煤、镍、钴、铁、稀有金属、铂、金刚石、磷灰石、钾盐等)开采量仍占世界的一定比重，并且是世界最大的主要有色金属:铝、铜、镍的出口国。矿产原料及其加工品(不包括石油、天然气)的出口保障俄罗斯外汇收入的20％以上。俄罗斯矿产资源的绝大部分集中在其东部与中国东北毗邻的西伯利亚及远东地区(图1-8)，该地区蕴藏着全俄罗斯80％以上已探明的各种矿产资源，储量潜在价值为25万亿美元，是俄罗斯最主要的矿物原料基地，也是当今世界仅存的矿产资源尚未得到充分开发利用的地区。

(一) 俄罗斯远东地区矿产资源分布与潜力

俄罗斯远东地区(以下简称远东)是俄罗斯最大的联邦区(2000年5月13日普京以第849号总统令将俄联邦89个联邦主体划分为7个联邦区)，面积达621.59万km^2，占全俄罗斯面积的36.4％，人口669.29万(2002年10月)，占全俄罗斯的4.61％，是俄罗斯人口最少的联邦区。远东地处欧亚大陆的东北部，西与东西伯利亚经济区交界，东临太平洋，隔海与美国阿拉斯加、日本相望，北濒北冰洋，南与中国、朝鲜接壤;南北长3 900km，东西长2 500～3 000km，辽阔的幅员使各地在自然条件上有相当大的差别。远东联邦区地处俄联邦东部边陲，北面依傍远东西伯利亚海和楚科奇海，南面隔额尔古纳河、黑龙江和乌苏里江与中国相邻，与我国黑龙江省、内蒙古自治区、吉林省有4 300km的共同边界，20多个边境口岸;这里还有两国人民长期往来形成的传统友谊和人文基础。近10年来，我国与远东地区经贸合作整体水平逐步提高，中国是俄罗斯远东地区第三大贸易伙伴，对这一地区的贸易额占两国贸易总额的1/4，对繁荣我国边境地区、拉动内地经济、解决俄远东地区人民生活所需起到了至关重要的作用。

远东地下资源也极为丰富，已发现和探明储量的矿物有70多种，共有探明矿床1 100个，经济评价矿床280个，矿点9 300个，矿化点和地球化学异常成千上万个，各种矿产的砂矿床3 300个。主要是黄金、白银、铅、锌、铝、钨、萤石与铁等(图1-9)，其中已探明黄金储量为2 000t以上，铝矿储量为209.5万t，萤石1 670万t，钨40.6万t，分别占全俄总储量的49％、86％、80％、34％。萨哈共和国西部是世界最大的金刚石产地。已勘测的石油储量为96亿t，煤150多亿吨，天然气14万亿m^3，碳氢化合物290亿t，全俄30％左右的原料是该地区采掘部门生产的。现将上述矿物储量、主要产区等情况介绍如下。

金刚石:在萨哈西部雅库特，俄罗斯84.1％的金刚石资源集中在这里。原生矿的矿石中金刚石含量为0.4ct/t，而砂矿床的含量为1.8ct/m^3。

金:远东是俄罗斯重要黄金产地，目前探明黄金储量为2 000t以上，金储量集中在95个原生金矿和3 130个砂矿中，预测现有总储量为7 000～10 000t。金矿主要分布在萨哈(占全远东的44％)、马加丹州(占17％)、堪察加州(占16％)、哈巴罗夫斯克边区(占14％)和阿穆尔州(占8％)。金矿的品位为:

原生矿石为 4.5～5.5g/t,金砂矿为 0.7～10g/m^3。自俄罗斯在远东开采黄金以来,该地区共探明黄金原生矿 95 处、砂矿 3 130 处,历史上黄金总产量为 8 000t 左右,其中,马加丹州共产 2 680t、萨哈共和国(雅库特)2 200t、阿穆尔州 1 455t、楚克奇自治州 890t、哈巴边区 510t、滨海边区 47t。据俄罗斯远东媒体通讯社 2009 年 5 月 20 日海参崴消息,当年一季度远东地区黄金开采量达到 18t,比上年同期增长1.3倍,均为矿金。开采量主要集中在 4 个地区,即楚科奇自治区 41.7%、阿穆尔州 21.6%、萨哈共和国 15.7%和哈巴罗夫斯克边疆区 13.1%(图 1-10)。

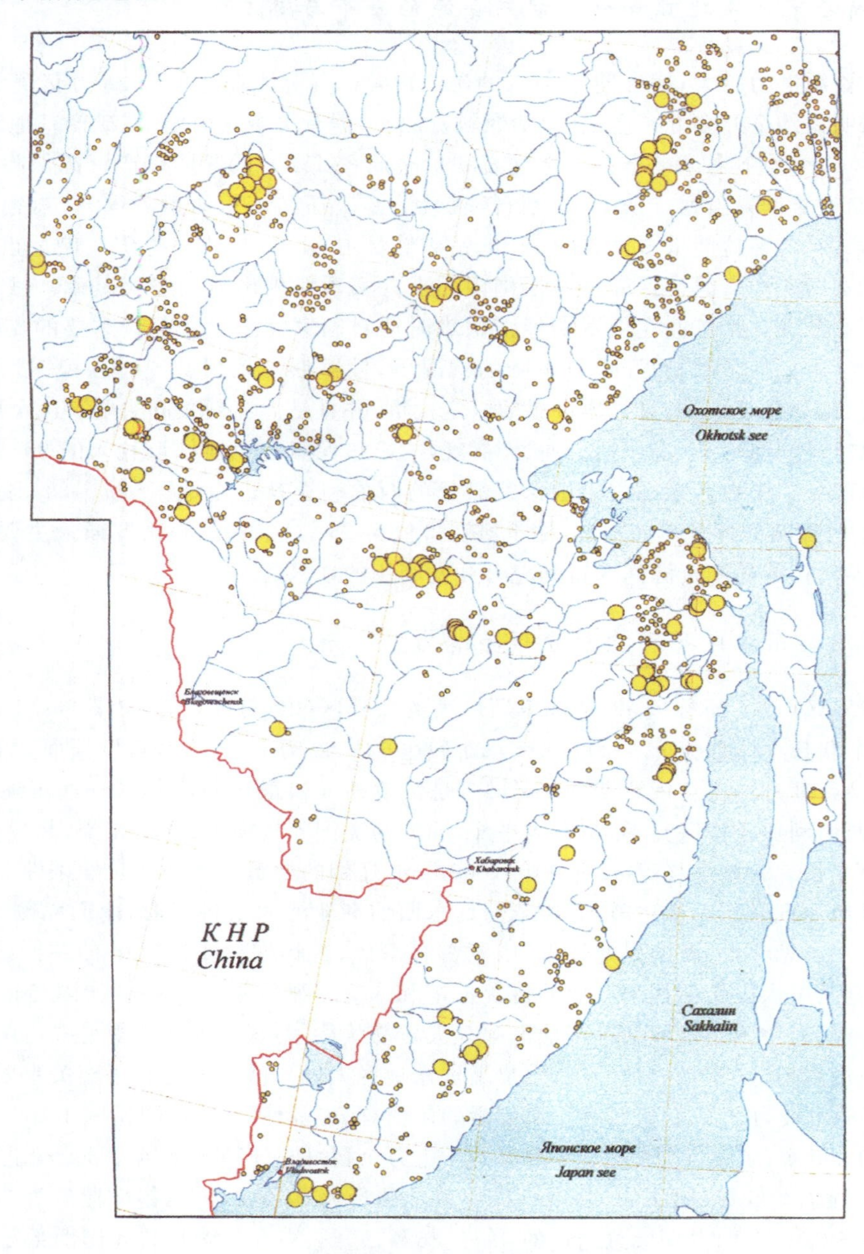

图 1-10 俄罗斯远东地区金矿分布图

Золоторудные месторождения.
Cold deposits;
Зоооярудине нроявдення.

银:远东银储量在全俄处领先地位,目前,远东地区共探明各类银矿 80 余处,探明总储量为 4.8 万 t,预测总储量为 6.5 万～7 万 t。银探明储量的 57%在马加丹州,24%在哈巴罗夫斯克边区,9%在萨哈共和国,9%在滨海边区,8%在堪察加州,阿穆尔州最少,仅为 2%。其中,马加丹州、滨海边区为白银主产

图1-8　俄罗斯行政区划图

图1-9　俄罗斯主要矿产资源分布图（2000）

区，主要银矿为：杜卡特银矿(储量为1.5万t)、哈坎贾银矿(2 215t)、涅日丹宁斯克耶银矿(2 027t)、尼古拉耶夫斯克银矿(1 032t)。

锡：远东是俄罗斯最大的锡矿石产地，全俄95%的锡矿资源集中在这里，已探明183座可供工业开采的矿山。85%的锡矿资源是原生矿，15%为冲积矿床。萨哈共和国的锡矿资源最丰富，占全远东储量的44%；其次是哈巴罗夫斯克边区和马加丹州，各占21%；再次是滨海边区，占14%(图1-11)。

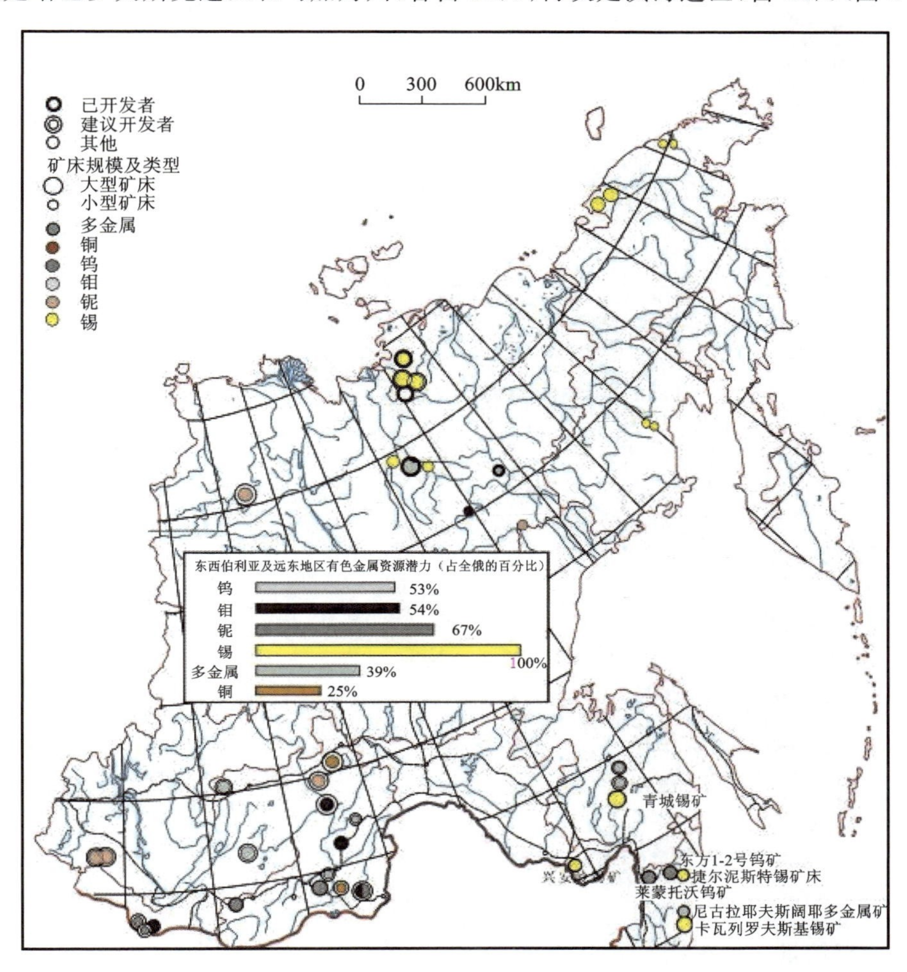

图1-11　东西伯利亚及远东有色金属矿分布图

钨：远东钨矿资源占全俄储量的24%。已探明可供工业开采的钨矿和含钨矿山有55处，其中26处原生矿，29处冲积矿，探明总储量为40.6万t，预测总储量为60万t。钨矿主要分布在滨海边区(占全远东储量的40%)、萨哈(37%)、马加丹州(14%)和哈巴罗夫斯克边区。主产区为哈巴边区、滨海边区与楚克奇自治州。远东最大钨矿为位于滨海边区的东方2号矿(Восток-2)，矿区总储量为15万t，已开采约8万t(目前，该矿因缺乏资金已停产)(图1-11)。

铅锌：远东有铅锌矿30处，已探明铅总储量为178万t，锌245万t。81%的铅矿石和79%的锌矿石集中在滨海边区。其他储量分布在哈巴罗夫斯克边区和马加丹州的多金属矿之中。远东多种金属股份公司是滨海边区唯一铅锌生产企业。该公司1996年铅产量为1.73万t，锌2.53万t，1998年产铅2.93万t，锌3.97万t，产量呈上升趋势。该公司上述矿物储备量可供其维持32年的生产。

钛：远东钛矿石储量巨大，但和铝矿储量一样目前尚未探明。已探明的是，这里的钛矿石质量好，丝毫不比美国和加拿大最好的钛矿石逊色。钛矿资源主要分布在阿穆尔州和哈巴罗夫斯克边区(图1-12)。

铝：远东地区已探明铝原生矿105处，砂矿125处，探明总储量为209.5万t。主产区为哈巴边区、萨哈共和国(雅库特)、犹太自治州、滨海边区。阿穆尔矿区(包括哈巴边区、滨海边区、犹太自治州、阿穆

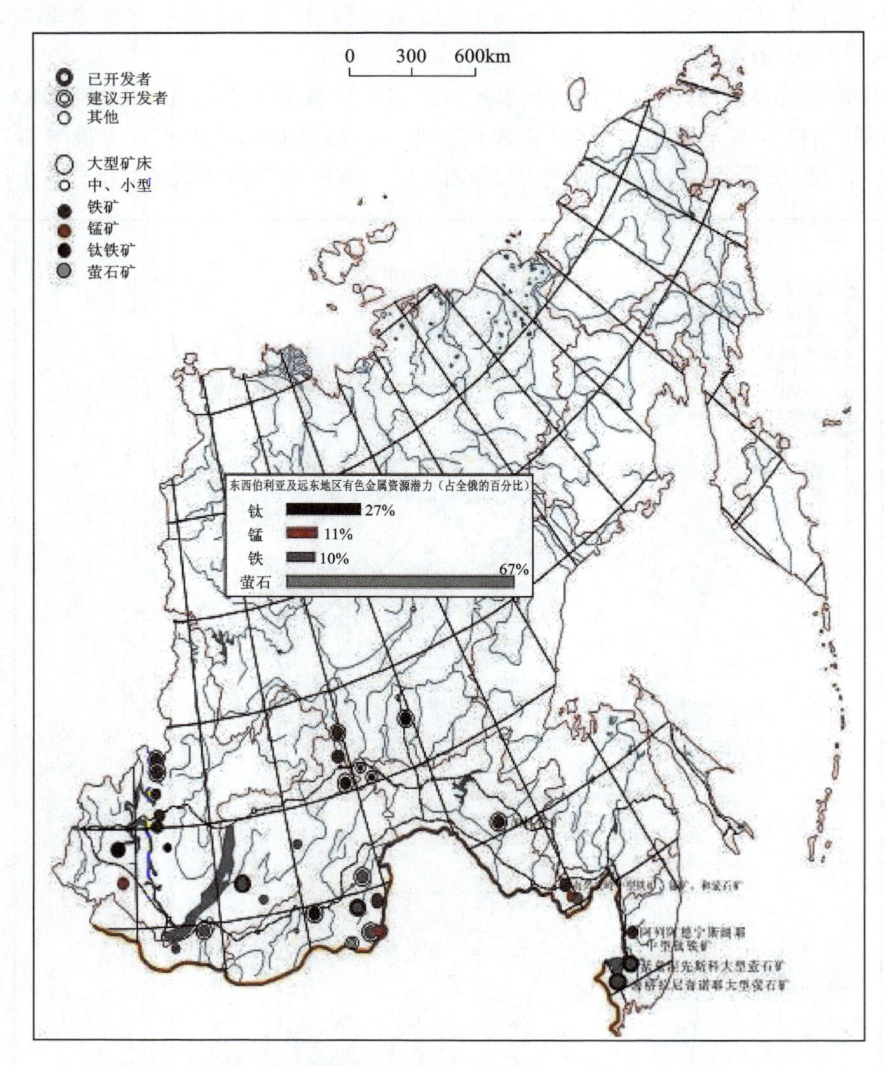

图 1-12　东西伯利亚及远东黑色金属矿分布图

尔州等联邦主体)铝储量在远东地区最为集中,为 89.6 万 t。目前,远东地区铝产业急需资金以及先进采掘与生产技术,因此,在该产业开展投资与合作潜力巨大。远东地区炼铝原料明矾石的储量主要分布在哈巴罗夫斯克边区的阿穆尔河下游地区。

铁:远东地区现已探明铁总储量为 116 亿 t,预测总储量为 320 亿 t,其中 79%分布在萨哈共和国南部,16%在犹太自治州,5%在阿穆尔州。主产区为萨哈共和国(雅库特)、哈巴边区、滨海边区、犹太自治州、阿穆尔州。萨哈共和国现已探明铁储量为 87 亿 t,预测储量可达 150 亿 t 左右。值得一提的是,萨哈共和国和哈巴罗夫斯克边区还有炼钢所需要的锰,而且储量巨大,达 640 万 t;其他辅助原料也都齐全,这为建立强大的黑色冶金基地提供了优越的条件(图 1-12)。

其他金属矿:远东其他金属矿藏也很丰富。其中锑占全俄储量的 88%、汞占 63%。非金属矿藏品种齐全。其中硼占全俄储量的 90%、萤石占 41%、天然硫和磷灰石占 8%～10%。此外还有储量丰富的云母、生产水泥用原料和各种建筑用石材。

萤石:远东地区现已探明萤石矿 4 处,探明总储量为 1 670 万 t,主产区为滨海边区(储量约 1 200 多万吨)。该地区萤石具有极高的提炼价值,目前,地区产业部门急需这方面的资金。

煤炭:远东所有行政区都有煤炭资源。已探明的煤田近 100 处,煤储量 298 亿 t,占全俄储量的 40%。萨哈是远东最大的产煤区,47%的探明储量集中在这里。南雅库特煤田是俄罗斯东部地区最重要的焦煤煤田,所开采的焦煤是远东重要的出口物资。

石油天然气:远东油气资源极为丰富,布局范围广,探明程度低,开发和利用前景广阔。从宏观上来说,在远东地区共有 3 个大油气区:①北极东部海洋(拉普捷夫海、东西伯利亚海和楚科奇海)大陆架油气区;②远东海洋(白令海、鄂霍次克海和萨哈林州东北邻海)大陆架油气区(图 1-13);③萨哈(雅库特)共和国大型油气区。这 3 个主要油气区各种碳氢化合物的潜在储量分别为 197 亿 t(占全区总预测储量的 41%)、176 亿 t(占全区预测总储量的 38%)、100 亿 t(占全区预测总储量的 21%),其中萨哈林海洋大陆架石油储量约 10 亿 t,天然气 13.3 万亿 m^3。也就是说,整个远东地区石油和天然气等碳氢化合物的潜在总储量高达 473 亿 t。与基础地质和矿产勘查工作一样,俄罗斯远东地区的油气地质勘查与研究工作也十分深入。20 世纪 90 年代后半期,随着萨哈林油气资源的开发,油气工业不仅成为该地区的"朝阳产业",而且也是与亚太地区发展经贸合作的优势经济部门。根据 2001 年俄罗斯最新资料,远东地区 10 个联邦主体几乎都蕴藏着油气资源,含碳氢化合物地区面积约 160 万 km^2,几乎占该地区总面积的 25%。目前已探明,油气资源主要分布在黑龙江(阿穆尔)中下游、布列亚河上游、堪察加北部和乌苏里斯克山间坳地等。除陆地油气田外,海洋大陆架油气资源储量也非常可观。

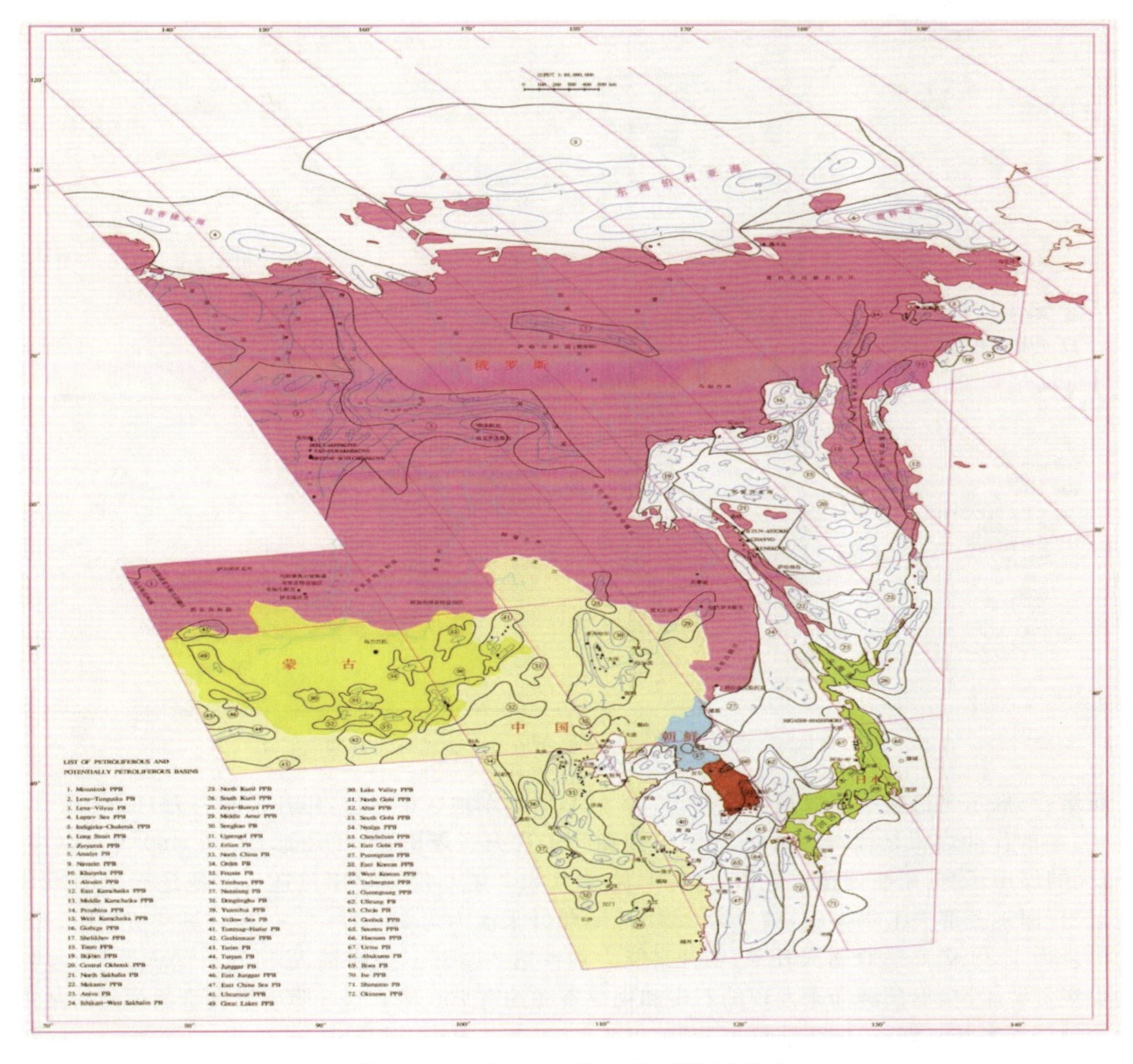

图 1-13 东北亚地区潜在石油资源分布图

俄罗斯远东地区的阿穆尔州、哈巴罗夫斯克边疆区、滨海边疆区及俄罗斯犹太自治州,该 4 个俄罗斯远东州(区)是本项目开展周边矿产综合编图和对比研究的主要研究区。

1. 阿穆尔州

阿穆尔州位于俄联邦东南部(见图 1-8),是俄罗斯设在远东地区的 9 个行政区之一。该州西部与赤塔州接壤,北部与萨哈共和国相邻,东北部和东部与哈巴罗夫斯克边疆区相邻,东南部与犹太自治州相邻,其南部、西南部与中国相邻,与中国的边界线长达 1 243km。首府是布拉戈维申斯克市,是远东地区第三大城市,与中国黑龙江省黑河市仅一江之隔。

在阿穆尔州,矿产占据着重要的地位。这里有 60 多种闻名于世的矿产资源,有金、银、铂、铁、钛、铜、磷灰石、煤、沸石、高岭石、斜长岩、稀土元素、铀和金刚石(图 1-14)。据勘探计算,有 123 个各种矿原料和建筑材料产地,其中包括 1 000t 金(年产量 10t 以上)、40 亿 t 铁矿和 15 亿 t 的煤。阿穆尔州仅矿产资源的经济潜能就可达 4 000 亿美元。

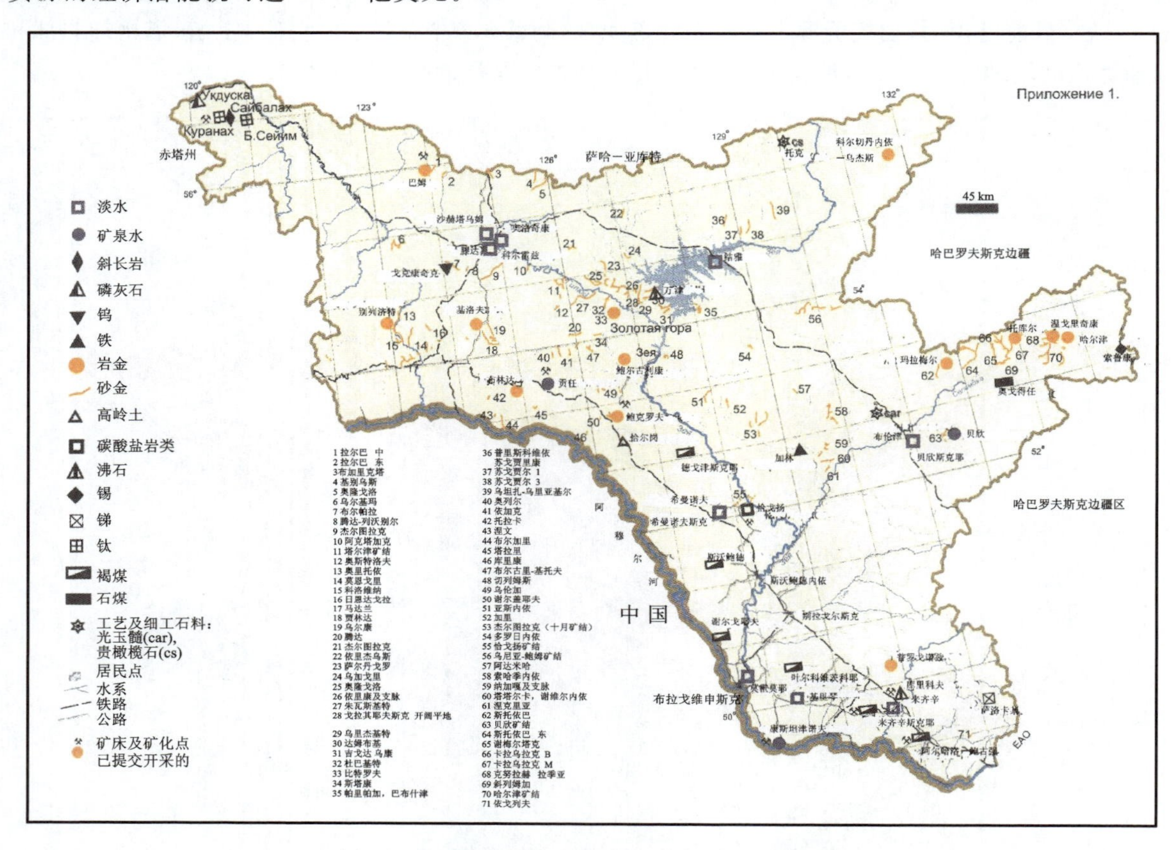

图 1-14　阿穆尔州主要矿产地及砂金矿分布略图

煤炭:阿穆尔州已探明的煤炭储量为 38.13 亿 t,居远东地区第二位,年开采能力为 1 000 万～1 200 万 t。目前的作业煤田是赖奇欣斯克、博古恰内和叶尔科夫齐煤田,年开采能力均在 450 万 t 左右。此外,较大的煤田还有:斯沃博德内煤田,已探明储量为 8.7 亿 t,但该煤田只适合就地建厂发电,不适合长途运出;谢尔盖耶夫卡褐煤田,储量为 2.91 亿 t,年开采能力为 150 万～200 万 t;奥戈贾煤田,初步探明的储量为 1.28 亿 t,适合露天开采,年开采能力预计达 300 万 t,但需铺设 140km 的铁路线。阿穆尔州的煤炭资源丰富,据预测尚未发现的石炭和褐煤资源约有 700 亿 t,这些吸引了大量的外商前来投资,资源产地包括奥特日斯克、斯沃埔德内、谢尔盖耶夫卡、叶尔果维兹克。

铁、钛:阿穆尔州盛产铁、钛多金属矿产,大部分矿产地都距铁路沿线不远,戈林斯克的铁矿储量达 3.89 亿 t,平均铁含量 37.1%,还有什马诺夫斯克和谢列日斯夫及其他铁矿,预测总铁矿储量达 38 亿 t。但是,对此进行开发必须要大量投资,预计利润率可高达 8%,现正计划对库拉纳哈斯克的钛磁矿产地进行开发。

阿穆尔州已勘探的铁矿大体有 3 个铁矿密集区。一是加林铁矿区,位于马赞区卡里河左岸,斯沃博德内东北140km,贝阿铁路和什马诺夫斯克—查果扬铁路80～90km处。铁矿石的储量由前苏联国家储量委员会确定为3.888亿t,其中:A级2 250万t;B级6 130万t;C_1级1.277亿t;C_2级1.773亿t。平均含铁量41.7%,含磷量0.21%,含硫量1.13%。按A+B+C等级计算,平均含铁量在55.7%的富矿储量为8 220万t。二是拉尔滨斯克铁矿区,位于阿州腾达区,整体上有15个矿床及含铁石英岩成矿带,该矿区为阿州境内最有前景的工业铁矿原料区之一。在拉尔滨铁矿区进行了比例尺为1∶50 000～1∶100 000的地质、航空磁测、开采和钻探工作。三是施马诺夫斯克铁矿区。该区位于距施马诺夫斯克市西北32km处,距铁路较近。在这里发现了高强度磁异常,铁资源P_1级为0.343亿t(矿石0.84亿t);P_2级为2.783亿t(矿石6.8亿t)。

阿穆尔州钛矿石的储量分别分布在两个较近的矿床中,它们是大赛依姆矿和库拉纳赫斯克矿。大赛依姆矿属磁铁钛铁矿床,矿床的总储量预测为:二氧化钛2 281万t,铁4 855万t(其中磁铁矿含铁999万t),五氧化钒27万t,五氧化磷363万t。P_1级的矿石资源分别为:3 602万t、7 668万t、1 574万t、45万t和550万t。矿床可露天开采。当地的地形条件可使露天矿的最低开采深度为海拔600m。库拉纳赫斯克矿,矿床内二氧化钛的平均含量为10.11%,铁为29.53%(其中磁铁为17.61%),五氧化钒为0.35%。钛是主要的矿产元素,伴生元素是钒和铁。有用的杂质中含有铬、镍和钴。对总储量和二氧化钛预测资源的评估为:二氧化钛249万t,普通矿石含铁为729万t,磁铁矿含铁435万t,五氧化钒为87 600t。

铜矿:目前,阿穆尔州只对波尔古利坎斯科耶采矿区范围内确定有工业富集铜,这个采矿区是含铜钼金的综合型矿区,位于结雅市的结雅水电站附近。波尔古利坎斯科耶采矿区的P_1级预测资源为:铜45万t,金110t,钼1.3万t。该矿区中勘查程度最高的矿段为伊坎斯科耶产地。在这个产地范围内,对工业标准铜最低含量0.4%的C_2级储量进行了初步评估,根据详细拟定的技术经济建议,这个含量是在用露天法开采矿床综合矿石时损失最低的。矿床中C_2级储量为:平均含量为0.32%时,铜22.5万t;平均含量为0.4g/t时,金28t;平均含量为0.005%时,钼3 500t,矿石7 100万t。伊坎斯科耶产地侧翼的P_1级预测资源为:平均含量为0.21%时,铜12万t;平均含量为0.3g/t时,金17t;平均含量为0.001%时.钼600t,矿石5 700万t。

钼矿:阿穆尔州境内钼矿的P_1、P_2和P_3级预测总资源量不少于100万t,另据某些专家预测约为230万t。几乎所有稍具规模的矿床都是斑岩型钼矿,具有贫矿的特征,常见与金、银、铜和其他金属有用组分伴生,且通常位于阿穆尔州北部,接近与萨哈(雅库特)共和国交界处。目前,阿穆尔州境内研究程度最高的钼矿类型仍是达姆布基矿区的维尔申尼斯科耶矿床。它是带有铀-钍-钼矿化作用和石英矿脉的交代岩区。钼含量从0.1%到1.0%。P_1和P_2级钼资源预测总量为5万t。

锑矿:阿穆尔州著名的3个没有研究过的锑矿为小乌尔坎斯基、列宁斯基和萨洛卡琴斯基。小乌尔坎斯基锑矿产地位于乌尔坎河左岸,位于北图库林戈尔斯基深断裂区,该断裂区可分为北部斯塔诺夫褶皱体系和南部阿穆尔-鄂霍次克地槽裙皱体系,矿石成分:石英、玉髓、辉锑矿、方解石、毒砂,小乌尔坎斯基锑矿C_2级储量为4 200t。列宁斯基金-辉锑矿位于达拉坎河及其支流——莫卡利姆河和快乐河流域,在艾左普山北面的埃尔基斯基锑矿矿区内,脉石矿物:石英、玉髓、碳酸盐、钠长石、绢云母,矿石中锑的平均含量为6.94%,此外,矿石矿物里还有砷(0.75%)、锌(0.25%)、金(6.25g/t)和银(15g/t)。C_2等级锑的储量为3 900t。萨洛卡琴斯基锑矿位于阿穆尔州东北部地区60km之内。1936—1941年阿穆尔黄金局与国立远东大学对布列亚周边地区的矿产地进行矿体搜寻和勘探工作,其包括对矿井坑道挖掘及倾斜矿体的钻探工作,对矿体结构分析得出结论:锑矿资源总储备量达8 000t。

金:阿穆尔州是俄罗斯采金量最大的州之一,有金原料加工和生产贵重珠宝制品的企业。据1995年末资料表明,州内金开采量占俄罗斯金开采量的10%以上,展望前景,此指数可能会提高至27%。据说巴克洛夫斯克的金储备量约为60t,并不亚于阿穆尔州德基斯克区的别列兹托夫金多金属矿的储量。

非金属:阿穆尔州还有许多非金属矿产资源产地,主要有磷灰石、高岭土、石棉、硅藻土、黏土、沙子、砾石等,这些可用于开采制作建筑材料、化学原料及冶金材料以及矿物颜料等。

2. 哈巴罗夫斯克边疆区

哈巴罗夫斯克边疆区（以下简称哈巴边区）位于俄远东联邦区东南部（见图 1-8），面积为 78.86 万 km^2，现有人口 150 万人（2001 年初），首府哈巴罗夫斯克市。

哈巴边区地下有丰富的矿藏，目前已经发现的矿物资源有 70 多种，主要矿产有煤、锰、铁、铝、锡、金、汞、铂等（图 1-15）。

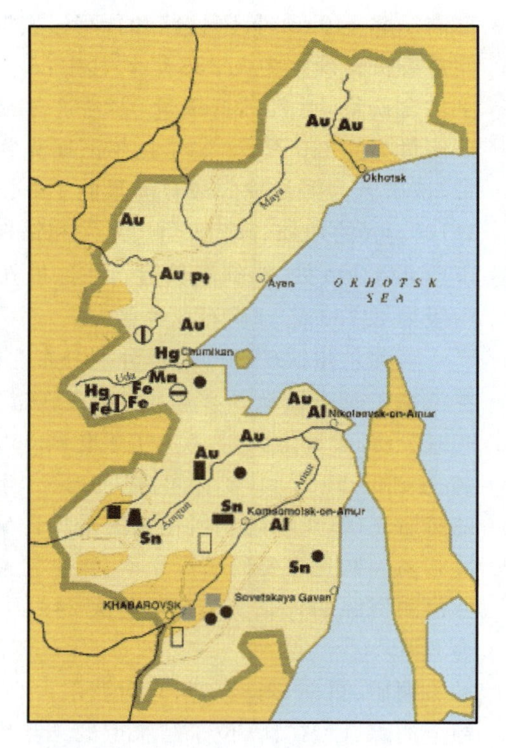

图 1-15　哈巴罗夫斯克边疆区主要矿物原料分布示意图

哈巴边区石煤和褐煤的储量很大。岩煤的工业储藏量超过 10 亿 t，焦煤的预测储藏量为 40 亿 t，褐煤分布在阿穆尔河流域中部，预测储藏量为 70 亿 t。其中，已探明的煤炭储量为 15 亿 t，目前主要产煤地是乌尔加尔煤田。乌尔加尔煤田开采成本较低，可露天开采 3.4 亿 t，地下开采 10.6 亿 t。布列亚煤矿是远东南部地区最大的煤田。地质储量 250 亿 t，探明储量 11 亿 t，目前，这里生产的煤还只作为动力煤矿。此外，在阿穆尔河沿岸和鄂霍次克海沿岸还有一些小型煤田，因规模和运输条件限制，只能供局部消费。

在哈巴边区的一些盆地和大陆架地区，石油和天然气的预测储量为 5 亿 t。

哈巴罗夫斯克边疆区、滨海边疆区和萨哈共和国都是俄罗斯重要的开发黄金矿区。哈巴边区是全俄 3 个最主要的黄金开采地区之一。历史上哈巴边区产金 510t，预测现有金储量占远东地区的 14%（远东地区预测现有总储量为 7 000～10 000t）。已探明的 350 处砂金矿几乎在边区境内各地均有分布。专家们认为，金矿开采将在边区经济发展中扮演重要角色，目前这一行业的收入已占边区预算的 6%。哈巴罗夫斯克边区年产金量超过 8t，其中 72%来自砂金矿开采，其余部分为岩金开采。据俄远东媒体通讯社 2009 年 5 月 20 日海参崴消息，今年一季度远东地区黄金开采量达到 18t，比上年同期增长了 1.3 倍，均为矿金，其中，哈巴罗夫斯克边疆区占 13.1%。

哈巴边区是俄罗斯含锡类原料最大的供应地之一，锡矿分布在包括共青城在内的兴安岭—鄂霍次克地带，有 7 个大型含锡矿区，其中有些矿床已经投入开发，哈巴罗夫斯克边区是俄主要的锡精矿产地，其产量占全俄总产量的 35%，哈巴边区铜的开采远景也十分可观。已探明 50 多处各分布于鄂霍次克、图古尔、瓦尼诺、苏维埃港等地区不同类型的铜矿。哈巴罗夫斯克边区矿石产地的主要特点是原矿的多金属性，除了锡，矿石中还含有铜、锌、铅、铋、银、镉、金、铟及其他有色金属和稀有金属。现已进行开采的矿脉废石比例极低，锡提取率为 70%～90%，铜提取率为 75%。

哈巴罗夫斯克边区还有炼钢所需要的锰，而且储量巨大，达 640 万 t（包括萨哈共和国）；其他辅助原料也都齐全，这为建立强大的黑色冶金基地提供了优越的条件。

在哈巴边区还开采磷灰石矿、铁矿、铬铁矿等矿产。普查评估工作确定了含钛综合矿的开发前景，在布列亚和因吉利地区发现了铍，在阿扬—迈斯基区找到丰富的锆矿。在乌茨科耶—尚塔尔矿区发现了磷钙土，储藏量估计为 9 000 万 t。大量的磷灰石矿集中在朱格雷姆山和巴拉焦克山。还可以采掘钛、钒、铁和长石材料。

此外，哈巴边区有丰富的沸石、陶土、水泥、玄武岩等建筑石材原料，还有本色石（例如：玛瑙、碧石的储藏）和做贴面用的各种石材；在沼泽和湖泊里有大量的泥炭；并已经探明并开发了一系列温泉和饮用矿泉。

3. 滨海边疆区

滨海边疆区位于远东联邦区东南部（见图 1-8），面积为 16.59 万 km^2（不足俄罗斯整个领土面积的 1%），人口为 215.5 万人（2001 年初）。滨海边疆区沿海（日本海）岸共有大小 13 个海港，其中海参崴港、纳霍德卡港和东方港较大。

滨海边疆区矿产资源较丰富，资源种类较多、储备量大。目前发现大约 200 种天然矿物，现已探明的矿区有 30 余个，已探明的有烟煤、褐煤产地，还有锡矿、钨矿、萤石矿和多金属矿石产地。边疆区矿业的比重几乎是俄罗斯平均值的两倍。在俄罗斯原料生产领域中占俄罗斯面积 1%不到的滨海边疆区生产的硼原料占全国的 90%，萤石 83%，钨浓缩矿 16%，煤炭 5.2%，水泥 2.6%，滨海边疆区锡开采量在俄罗斯占第三位（图 1-16）。

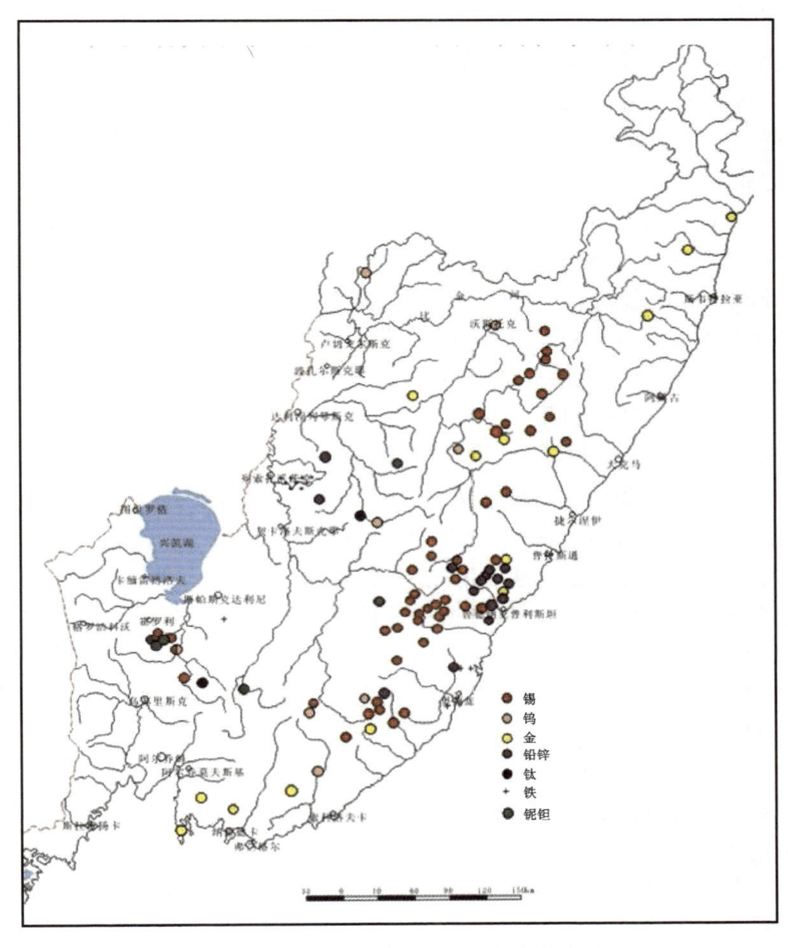

图 1-16　滨海边疆区金属矿产分布略图

滨海边疆区已探明的煤炭储量为 26.21 亿 t，这里既有石煤，又有褐煤，目前已得到开采的褐煤产地是比金矿、帕弗洛夫斯科耶矿、什科托夫斯科耶矿和阿尔乔姆矿。烟煤产地在帕尔季赞斯基和拉兹多利诺耶地区。过去在滨海边疆区大多数煤田是采用传统的地下开采方式。由于 70%的煤炭储备可进行廉价的露天开采，边疆区的煤炭工业已逐步将重心转移到对露天矿的开采中。采煤业是滨海边疆区最早的工业，目前，年产煤总量为 1 000 万 t，其中矿井产煤量 200 万 t，露天矿产煤量为 800 万 t。20 世纪 80 年代产煤量曾超过 1 800 万 t，目前由于多种原因，产煤量有所下降。滨海边疆区最大的煤矿是卢切戈尔露天矿，年产煤量为 800 万 t。滨海边疆区自产煤炭全部供应当地工厂、企业和燃料能源综合体。滨海边疆区煤炭尚不能自给自足，年短缺量达 300 万～400 万 t。短缺部分要从南雅库特、伊尔库茨克州和克麦罗沃州购入。仅运费就要比产地开采费用高出 1.5～2 倍。从长远来看，已勘探的煤田虽能保证年开采 2 500 万～3 000 万 t，但这些煤田的地质条件复杂，因此，开采的技术要求相对较高。其中开采条件较好的煤田有：比金煤田，年开采能力为 1 200 万～1 400 万 t；巴甫洛夫斯克褐煤田，年开采能力 500 万～600 万 t；利波夫齐和伊里乔夫卡煤田可露天及地下机械化开采，年开采能力为 150 万～200 万 t；拉兹多利诺耶煤田，预计年开采能力为 200 万～240 万 t。此外，滨海边疆区有一些小煤田，不需要很大的投入，年开采总量为 250 万～300 万 t，开采期 5～10 年。列入国家储备的较大型煤田有巴甫洛夫斯克煤田的西北矿脉及拉科夫卡煤田。这一地区有 8 850 万 t 煤可供露天开采。另外，游击队员城煤田也可恢复到年开采总量 100 万 t 左右。

滨海边疆区硼矿资源最为丰富，储量达 1 000 万 t，品位可达 30%左右。位于达利涅戈尔斯克地区的硼矿已得到全面开采。这里的硼储量可保证矿石加工企业运行 50 年。开采硼矿的是滨海边疆区最大的企业达利涅戈尔斯克硼联体。这家股份有限公司生产纯硼和含硼产品：硼酸、硼砂、硼酸钙、硼酸钠、各种陶瓷。达利涅戈尔斯克硼联体集采矿、选矿、加工于一体，其产品除满足国内需求外，还出口独联体和亚太国家。

滨海边疆区的有色金属和贵金属也十分丰富。正在开发，其潜在经济价值较大。有色金属主要有锡、铅锌、钨、黄金、银等。其中，锡的储量最大，锡产量在俄罗斯占第三位。滨海边疆区主要开采锡矿的专业公司为赫鲁斯塔利锡矿公司，公司的多数企业——采矿企业和选矿厂均集中在卡瓦列罗沃区。加工后的浓缩锡矿运送到新西伯利亚，并在那里的有色金属厂加工成纯锡。30 处已探明的锡矿产地大部分位于锡霍特-阿林山脉在卡瓦列罗夫、达利涅戈尔斯克和克拉斯诺阿尔梅伊斯基 3 个地区的支麓。

滨海边疆区已探明 16 处含铅和锌的多金属矿石产地。20 世纪初主要的铅锌多金属矿专业采矿公司为远东多金属矿务股份有限公司，该公司产品(浓缩铅和锌矿)主要用来出口。远东多金属矿务股份有限公司除采矿，加工浓缩矿外，还生产纯铅，产量为自产浓缩矿的 30%。其中，远山铅锌矿床位于达利浬戈斯克域地区，成矿区被晚白垩世火山岩覆盖，矿区侵入岩为晚白垩世闪长岩，矿床成因类型为矽卡岩型及火山岩型，矿化垂深超过 400m。

滨海边疆区北部发现了大量的钨矿，钨矿储量也很大，开采及加工浓缩钨矿的公司为滨海矿务-浓缩联合体和莱蒙托沃矿务局。远东最大钨矿为位于滨海边疆区的东方 2 号矿(Восток-2)，矿区总储量为 15 万 t，已开采约 8 万 t(目前，该矿因缺乏资金已停产)。

滨海边疆区是俄罗斯重要的开发黄金矿区之一，已勘探出的金矿有 50 多处，在边疆区的南北地区均有分布，有阿尔通金矿床、京坎金矿床、塔乌杰乌金矿床和湾沟金矿床等。矿体多为石英脉型-石英网脉、细脉，沿构造裂隙充填。历史上边疆区产金 47t。远东 9%的银储量分布在滨海边疆区，目前是远东的白银主产区，主要银矿为：杜卡特银矿(储量为 1.5 万 t)、哈坎贾银矿(2 215t)、涅日丹宁斯克耶银矿(2 027t)、尼古拉耶夫斯克银矿(1 032t)。

滨海边疆区已开发大型含有大量的锂、铍、钽、铌的萤石矿。滨海边疆区萤石矿产量占俄罗斯全部产量的 80%。开采及浓缩萤石矿的公司是雅罗斯拉夫采矿选矿联合体(霍罗利区)。

除此之外，滨海边疆区蕴藏有大量的煤、泥煤、长石、黑色金属原料(包括有色金属矿石)等。斯帕斯克市附近出产石灰石，是生产水泥的主要原料；而在对建材需求最大的边疆区南部地区则开采加工黏土、建筑用石材和沙砾混料。

4. 犹太自治州

犹太自治州位于远东联邦区南部的黑龙江沿岸地区(见图 1-8)，在北纬 47°—49°，东经 130°—135°之间，东西跨度最宽 330km，南北最长 220km，面积 3.62 万 km²。其西南与中国(南部黑龙江沿岸是中俄分界线)接壤，西北与阿穆尔州接壤，北方、东北及东部与哈巴罗夫斯克边疆区接壤。州内领土划分为两大部分，即山地部分和平原部分。山地部分位于州的西北部(汉戈诺-布列恩斯克山脉)，平原部分位于州的南部与东部(中黑龙江平原)。自治州现有人口 19.8 万人(2001 年初)，其中，市区人口占 67.3%。

犹太自治州拥有较丰富的矿产资源，且大部分集中在北部山区。主要资源有 20 多种，以铁、锰、锡、黄金、石墨和钻石等为优势矿产资源，金属矿产主要有锡、铜、铅、锌、砷、铋、锑、银、钼、金、锰矿(含铁)。其中，优势矿产铁、锰在储量方面，铁矿高于锰矿，目前有 35 个铁矿和铁锰矿，这些矿产主要用于金属冶金工业，远东已探明的铁矿石储量为 116 亿 t，16%在犹太自治州，而自治州面积只有远东地区的 1%。自治州现有两大锰矿开发产地：比德矿(含锰 18.4%，储量 600 万 t)和南黑干斯克矿(含锰 19.2%～21.1%，储量约 900 万 t)。

犹太自治州的联盟矿是远东地区最大的石墨矿，其工业储量为 800 多万吨。联盟矿矿石的含量高，可进行露天开采，工业价值高，投资效果好。

犹太自治州水镁石探明量为 3 700 万 t，按生产能力来说占世界第二位。目前有 4 个水镁石矿，即库里杜尔斯克矿、中心矿、萨夫基斯克矿和坦拉根斯克矿。按矿层厚度划分，它们居世界第二。库里杜尔斯克矿于 1969 年开发，储量 1 400 万 t。水镁石矿广泛地应用于化学、玻璃及其他工业部门。

犹太自治州有 11 个菱镁矿，主要矿物成分有菱镁矿、白云石、蛋白石、玉髓。这些主要应用于金属冶金业、化学工业和食品工业。另外，在比拉干镇向东 6km 处有滑石粉产地。

犹太自治州煤炭资源主要有石炭、褐煤和泥炭。中阿穆尔平原的西部部分是褐煤区域，这里有乌什姆斯克褐煤矿，每年可露天开采 100 万～150 万 t，满足本地需要。石炭生产在比尔斯克矿。州内有 55 个泥炭矿，这些主要用于作为改良土壤结构和提高土壤肥力的原料。州内每年开采约 60 万 t 的泥炭。

在石油天然气方面，犹太自治州较弱，但在中阿穆尔平原也正在进行探寻石油、天然气的工作。

犹太自治州内有 114 个多种建材产地，有制砖和陶瓷的黏土、建筑用石头、水泥原料等。

州内还有几个医疗矿泉，著名的有库里杜尔斯克矿泉，是国家级大型疗养基地，主要运用热矿泉水，水中含硅酸。

（二）俄罗斯西伯利亚地区矿产资源分布与潜力

俄罗斯西伯利亚地区是指俄罗斯从乌拉尔山东坡起，横亘大半个亚洲大陆北半部与俄罗斯远东地区接壤的辽阔地区（见图 1-8）。该地区北部濒临北冰洋，南部与哈萨克斯坦、蒙古国、中国的新疆维吾尔自治区、内蒙古自治区接壤，东部与俄远东地区的萨哈共和国、阿穆尔州毗邻。西伯利亚地区由西西伯利亚平原、中西伯利亚高原、南西伯利亚山区三大部分构成，地形多样、错综复杂。西伯利亚地区国土总面积约 655 万 km^2，约占俄罗斯总面积的 38.4%。西伯利亚地域辽阔，自然资源丰富，经济潜力巨大。西伯利亚地区在行政上被划分为两个联邦区，即西西伯利亚联邦区和东西伯利亚联邦区。西西伯利亚经济区面积为 242.72 万 km^2，占俄罗斯国土总面积的 14.2%，包括 9 个联邦主体，人口 1 511.4 万人。东西伯利亚经济区面积为 412.3 万 km^2，占俄罗斯国土总面积的 24.1%，包括 10 个联邦主体，人口 903 万人（1999 年 1 月 1 日），整个西伯利亚人口密度为每平方千米 2.7 人。

西伯利亚地区是当今世界仅有的一个尚未充分开发的自然资源宝库，其自然资源不仅品种繁多，而且储量极其丰富，潜力巨大。俄罗斯的矿产储量潜在价值约 30 万亿美元，其中西伯利亚与远东地区占 25 万亿美元，蕴藏着全俄罗斯 80%以上已探明的各种矿物资源。这首先是燃料动力资源。据 1994 年统计，西伯利亚占全俄罗斯天然气探明储量（49.5 万亿 m^3）的 85%，石油储量的 65%，仅秋明州就储有 130.8 亿 t；煤储量的 79.8%，为 1 597.18 亿 t(1998 年数字)。它们分别占世界总储量的 38%、4%和 16%。俄罗斯有关部门 1993 年估计，西伯利亚地台有碳氢化合物开采前景的土地为 300 多万平方千米，可提取 591.6 亿 t 标准碳氢化合物。近几年在拉普帖夫海和东西伯利亚海大陆架发现了大型油气资源蕴藏地。

在西伯利亚蕴藏有黑色金属、有色金属、贵金属和稀有金属以及非金属矿，资源储量巨大。20 世纪 90 年代，西伯利亚地区铂类矿可采储量占全俄罗斯的 99.3%、铅占 86.3%、钼占 82.0%、锌占 76.6%、铜占 70.3%、镍占 68.2%。仅东西伯利亚北部诺里尔斯克就集中了世界镍储量的 35.8%、钴的 14.5%、铜的 9.7%、铂类矿的 40%以及大部分的钯矿。1998 年西伯利亚的白云石储量 4.45 亿 t、石灰石 21.27 亿 t，耐火黏土 1 334.99 亿 t。目前，西伯利亚大量的矿产资源沉睡地下。自 60 年代中期开始开采石油和天然气以来，40 多年过去了，共开采石油约 70 亿 t、天然气约 8 万亿 m^3。有色金属和稀有金属开采程度以及资源利用率较低，同时，地质勘探程度大大低于全俄罗斯平均水平。随着该地区勘探工作的进行，还将会有新的发现，巨大的自然资源潜力是西伯利亚及整个俄罗斯经济发展的坚实基础。

以下重点介绍俄罗斯西伯利亚地区与中国毗邻的后贝加尔边疆区矿产资源概况。

俄罗斯后贝加尔边疆区，2008 年 3 月 1 日由原赤塔州和阿金布里亚特自治区合并而成（2007 年 3 月 11 日公民投票决定），与中国的内蒙古东部和黑龙江省北部接壤，其主要成矿带与中国境内的大兴安岭地区成矿带相连。俄罗斯后贝加尔边疆区位于西伯利亚东南部（见图 1-8），面积 43.15 万 km^2，占俄联邦领土总面积的 2.5%；人口为 113.57 万人，占俄联邦总人口的 0.8%。按照俄罗斯矿产目录中探明的储量和开采量，后贝加尔边疆区占首位。在后贝加尔边疆区，萤石的储量占全俄罗斯的 38%，铜占 21%，钼占

27%，铌占 16%，钽占 18%，铅占 9%，金占 7%，钛占 18%，锂占 80%，锌占 2.8%，钨占4.6%，煤占 1.6%（图 1-17、图 1-18）。除此以外，据俄罗斯国家统计资源表明后贝加尔边疆区还有大量的铀、铁、钒、银、铋、砷、锗、稀土、冰晶石、锆石、磷灰石、宝石和彩色宝石、菱镁矿等资源（图 1-19、图 1-20）。

赤塔州矿产资源按其储量和开采量，可分为：
铀94%和96%；
锰27%和23.7%；
钨6.9%和18.6%（钨精选矿60%）；
金7%和4%；
煤1.6%和6.9%；
铜21%和0.5%；
萤石38%和0.2%。
目前恢复开采金矿，建立开采Fe-Ti-Cu-V、Pb-Zn-Au矿企业。

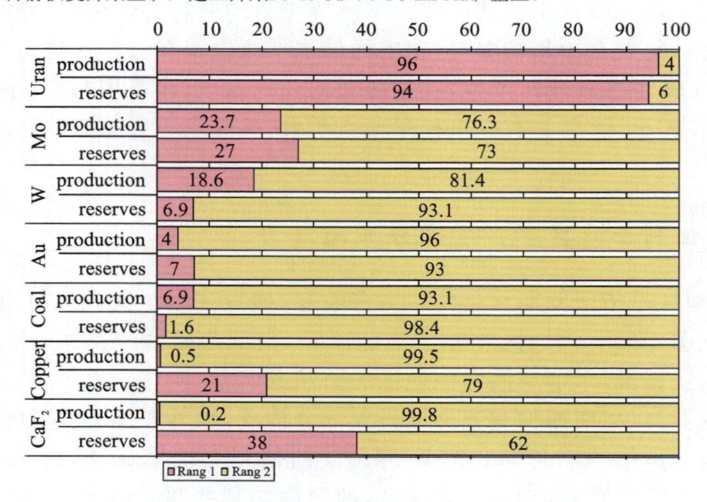

图 1-17　后贝加尔边疆区矿产资源基地状态示意图

粉色部分代表赤塔州矿产在全俄总量中的所占比例

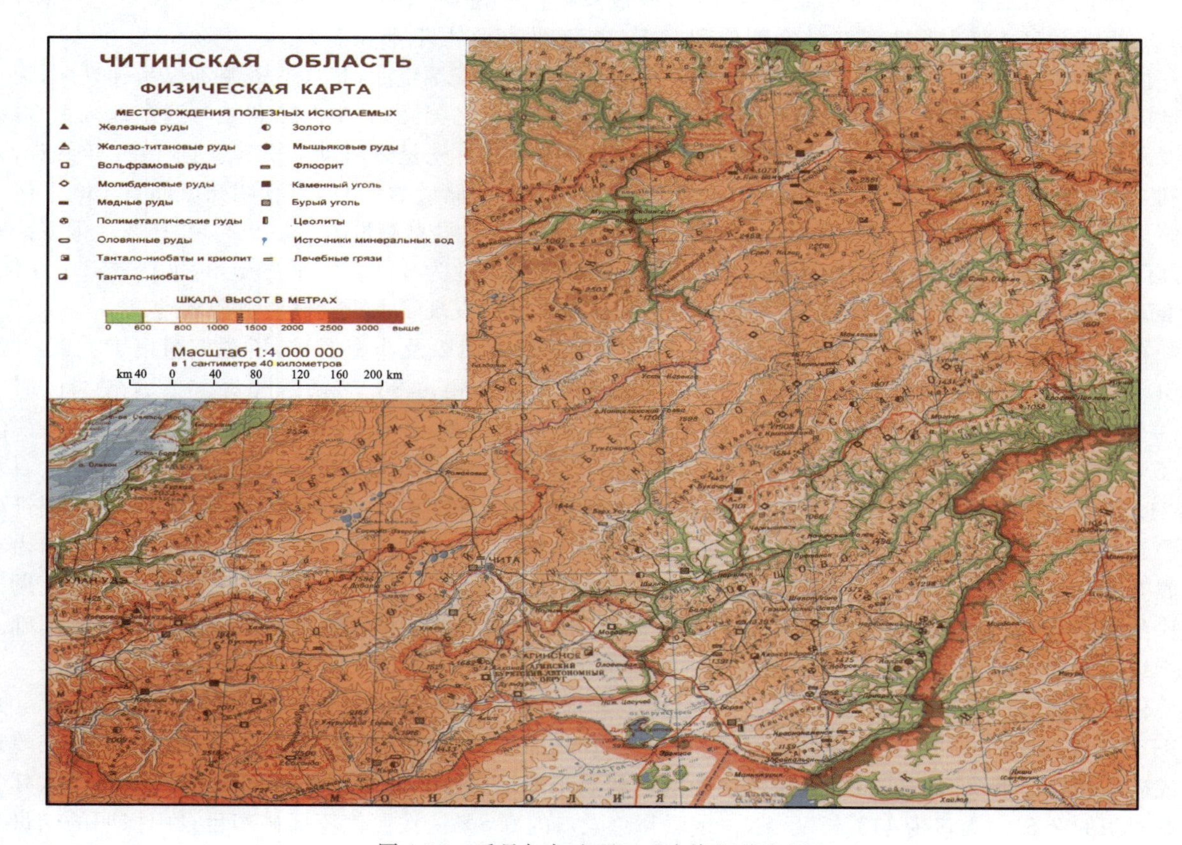

图 1-18　后贝加尔边疆区矿产资源分布图

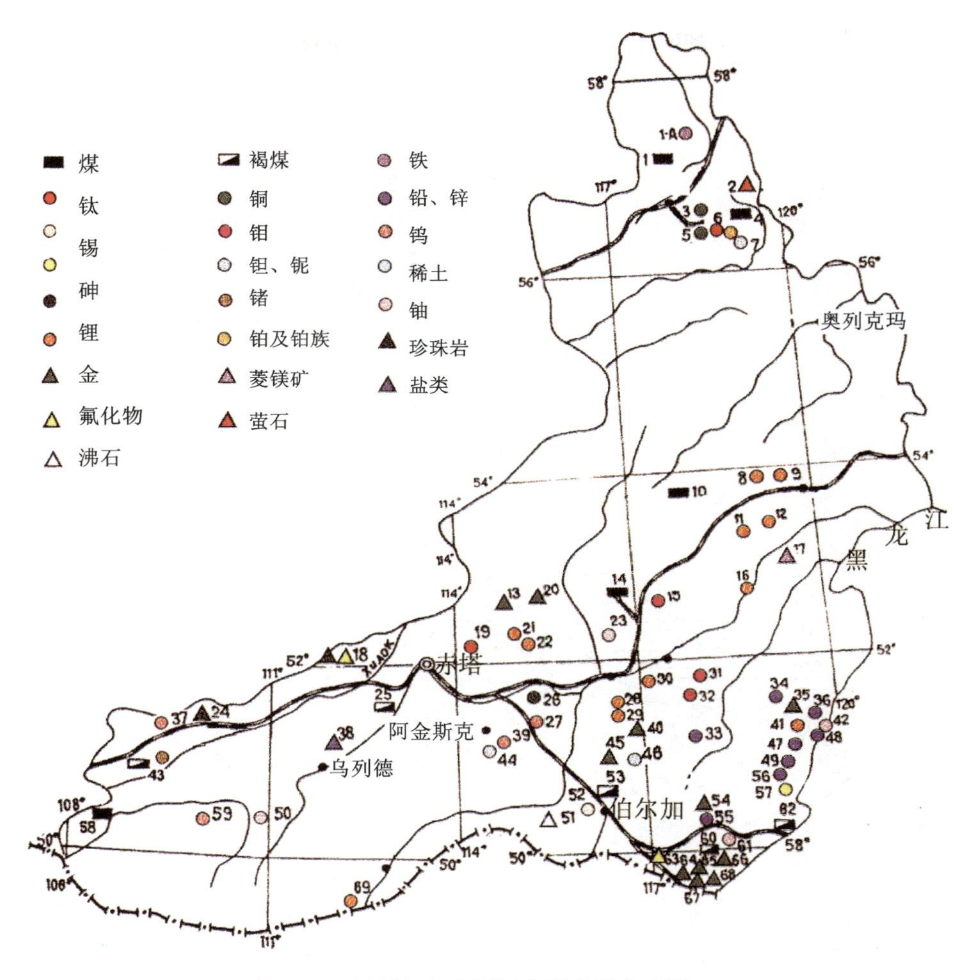

图 1-19　后贝加尔边疆区主要矿床分布图

1. 阿伯萨特；1-A. 苏鲁玛特；2. 萨昆；3. 乌多坎；4. 奇特康京；5. 普拉沃-殷加马基特；6. 齐聂依；7. 卡图京；8. 伊塔金；9. 乌孔尼克；10. 涅尔丘冈；11. 阿列克山德罗夫；12. 克留切夫；13. 乌苏戈林；14. 布卡恰琴；15. 日列肯；16. 卡里；17. 鲁尔京 18. 霍林；19. 克鲁齐宁；20. 乌伦图伊；21. 塔拉图伊和捷列姆金；22. 达拉顺；23. 奥洛夫；24. 扎库里京；25. 塔塔乌罗夫；26. 扎维京；27. 巴伦-希韦因；28. 巴列依和塔谢耶夫；29. 斯列得涅-戈尔戈泰；30. 卡扎科夫；31. 沙赫塔明；32. 布戈达因；33. 阿卡图耶夫；34. 诺沃希罗金；35. 布里卡昌；36. 沃兹得韦任；37. 博姆-戈尔弘；38. 多罗宁；39. 斯波科依宁；40. 热特科夫；41. 科兹洛夫；42. 别列佐夫；43. 塔尔巴加塔依；44. 奥尔洛夫；45. 卡兰古依；46. 艾特金；47. 米哈依洛夫；48. 岑特拉里诺耶和叶卡捷林纳-布拉戈达特；49. 卡达因；50. 戈尔；51 乌斯季-波尔金；52. 舍尔洛沃戈尔；53. 哈兰诺尔；54. 加尔索努依；55. 萨温；56. 波克罗夫；57. 后波克罗夫；58. 克拉斯诺齐科依；59. 苏米洛夫；60. 乌尔图依；61. 斯特列里措夫；62. 普里奥捷尔；63. 希韦尔图依；64. 萨赫捷尔和戈林；65. 沃尔金；66. 乌尔图依；67. 诺沃-布古图尔；68. 阿巴加图依；69. 柳巴温

俄罗斯的第一批银和铅就是在后贝加尔边疆区开采出的。在整个俄罗斯矿产开采 300 年的历史上，后贝加尔边疆区一直被当做一个矿业大省看待。至今有许多地区还保留着从前熔银工厂的名称(这种熔银工厂曾有 16 个)。该地区发现了几十个砂金和有前景的金矿床、铜矿床、铅矿床、锌矿床以及煤矿床、沸石矿床、菱镁矿矿床。后贝加尔边疆区实际上开采着整个俄罗斯的铀，2/3 的钨、钽，1/2 的萤石和 1/3 的钼。

后贝加尔边疆区铁矿石产地集中在北部地区(图 1-19)，该地区还出产铜、钛、磁铁矿、钼矿等。西部和北部地区生产大量的煤矿石。黄金、锌-铅矿石的矿层多分布于中部和南部地区。赤塔州共有 24 处含石煤与泥煤的矿层，总储量达 69 亿 t，较大的煤矿分布在贝—阿铁路沿线地带，如这一地区的阿莆萨特煤矿区，根据所掌握的资料，该地区含沼气量达 1 600 亿～1 800 亿 m^3，每年可利用 10 亿 ～15 亿 m^3。

图 1-20　后贝加尔边疆区成矿区划

①北部的 Cu-REE-Fe 成矿带；②中部的 Mo-W-REE 成矿带；
③中部的 Mo-Au 成矿带；④南部的 Sn-W-REE 成矿带；⑤东南部的 U-Au-Pb-Zn 成矿带

1. 能源资源(煤、天然气、铀)

在后贝加尔边疆区境内统计有 24 个煤的工业矿床和 77 个煤的显示地，分布在晚中生代地堑、盆地和凹地的地层中。褐煤(主要的牌号为 63)，统计的 15 个矿床拥有总的平衡储量为 22.4 亿 t，预测资源 8.91 亿 t。石煤，统计的 9 个矿床，总的平衡储量为 20.4 亿 t，预测资源 17.62 亿 t。后贝加尔含铀矿带在后贝加尔边疆区境内集中了世界上绝大部分的特大型铀矿床，主要有 6 个铀矿区：南达斡尔地区、奥洛夫斯克地区、乌鲁伦顾依地区、里洛克斯克地区、敏金斯克地区和契聂依斯克地区。

2. 黑色金属：铁

后贝加尔边疆区为黑色冶金工业提供了强有力的原料基地，具有不同的地质-工业类型的矿产地，其中的每一个都能保障被大的冶炼企业开发很长的年限。

别列佐夫菱铁矿矿床位于该区南部涅尔恰—扎沃得区，南距我国内蒙古自治区额尔古纳市室韦口岸 20km，距最近的铁路车站(莫尔道嘎)90km。矿区面积 $220km^2$，探明地质储量 4.38 亿 t，矿石类型为褐铁矿、菱铁矿，铁含量由 36.6%到 50.6%。在剥采系数为 $0.37m^3/t$ 的条件下，设计的生产能力每年矿石量 1 000t。矿山的 70%可露天开采，矿石易被还原成金属铁。2005 年 5 月 30 日，俄联邦自然资源部在赤塔州举行了别列佐夫铁矿矿产使用权拍卖会，通过竞标，内蒙古鲁能能源重化工有限公司以3.15 亿卢布(约合 9 500 万元人民币)中标。6 月 10 日，俄联邦自然资源部签署矿产使用权许可证，6 月 14 日内蒙古鲁能能源重化工投资有限公司正式取得了别列佐夫铁矿矿产使用权许可证。目前，呼伦贝尔市政府与内蒙古鲁能能源重化工投资有限公司、浙江省宁波商会达成初步意向，内蒙古鲁能能源重化工投资有限公司将在俄罗斯规划建设年采原矿石 1 000 万 t 的大型露天矿山，矿山在俄罗斯粗选后，经过室韦口岸运至呼伦贝尔市，在呼伦贝尔市境内与浙江省宁波商会合作，建设年产 100 万 t 不锈钢钢厂。

距赤塔市 70km 是克鲁钦宁磷灰石-钛磁铁矿矿床的所在地。矿床勘探储量为 6.1 亿 t，铁含量为 22.5%，五氧化二磷为 3.66%，五氧化二钒为 0.09%。剥离系数 1.4m^3/t，露天矿采场的生产能力为年采矿量 1 000 万 t 矿石，可获得 160 万 t 钛磁铁矿，70 万 t 钛铁矿和 50 万 t 磷灰石精矿。

后贝加尔边疆区北部的贝加尔—阿穆尔铁路沿线地区，已探明的储量与恰尔斯克组的铁-石英岩矿群和契聂依斯克钛磁铁矿（铁-钛-钒组合）矿群有关。恰尔斯克矿床储量按 C_1+C_2 级，如露天开采为 6.6亿 t，坑道开采为 4.75 亿 t，预测资源为 11.65 亿 t。磁铁矿按矿床的铁含量由 26.4%到31.9%。恰尔斯克矿山选联合企业拟建设远景生产能力为 650 万 t 矿石的粉末冶金技术的加工企业。契聂依斯克铁-钛-钒矿石的矿床是最具有远景和第一位的项目。在那里的“磁性”地段里，国家平衡登记的储量约 10 亿 t 矿石，其中排到第一位的露天采场范围内按 C_1+C_2 级为 4 亿多吨。契聂依斯克矿床的预测资源量为 300 亿 t 矿石，按照钒的储量（5 000 多万吨）及品位（V_2O_5 达 1.12%，平均占矿区的0.34%）来讲都是世界上最大的、独一无二的矿区。目前这个矿床与贝加尔-阿穆尔铁路支线相连，正准备对它进行工业开发。对于开发冶金企业的原料基地来说，在贝加尔-阿穆尔铁路沿线有一系列有前景的项目，它们是木鲁林斯克磷灰石-钛铁矿-磁铁矿矿区，雅库斯克和阿诺马尔地带磷灰石-钛磁铁矿的矿区及一系列其他项目。

3. 黑色金属：铬、锰

目前在俄罗斯亟待解决的是建立铬铁矿和锰矿原料基地问题。查明在工业上有意义的聚集的铬矿矿石前景与萨曼斯克山岩体的出现相联系着。位于贝加尔-阿穆尔铁路线南 12km，在巴拉姆斯克地块有找到这样的铬铁矿床的前提条件。预测 CrO 资源在萨曼斯克山岩体深 300m 处，P_2 级资源量为 750 万 t，平均含量为 38%；P_3 级资源量为 1 520 万 t。对这些矿石的开发可以降低俄罗斯在铬原料方面的问题，保证铬在冶金化学及耐火材料部门缓解紧缺的困难。

在后贝加尔边疆区的南部，为了保障普里阿尔贡矿物化学的工业需求正在开采克拉莫夫的锰矿床，该矿床拥有 MnO_2 储量 10 万 t，平均品位为 20%。建立可靠的锰基地的前景是与阿金斯克矿群（上古尔杜依、乌尔达-阿良斯克、那林斯克、乌德贡杜依、古索奇等矿区）密不可分的，矿群是由阿良斯克厚层沉积而成，属于铁-锰层系的沉积建造。预测 P_2 级资源量超过 3 000 万 t，MnO_2 的平均含量为 8.6%～19.9%。

4. 有色金属：铜

在后贝加尔边疆区有色金属目录中，铜占首要地位。实际上，俄罗斯 1/5 的铜都密集地分布于贝加尔—阿穆尔铁路沿线的乌多坎独特的含铜砂岩矿区。该地区的前景取决于恰拉-契那铁路线分支线路的建设和改善。在距离乌多坎含铜砂岩矿床不远的地方已查明并初步评价的还有一系列此类型的大、中、小矿区（乌尼古尔、布尔巴林、萨金、右伊戈玛金和其他矿区），这里集中了比乌多坎矿区还多的银矿（多 2～6 倍），这些矿床的地质储量之和比乌多坎已探明储量的一半还多。在这个地区属于奇那地带含铜的辉长岩同名矿区，探明和预测的铜储量占乌多坎铜矿床区总储量的 40%，依靠伴生元素（Ni、CrO、Pt、Ag、Au 等），从 1t 矿石当中所提取出来的价值可达原来的 2～2.5 倍。除此之外，在一系列尚未仔细研究的类似铜矿化地带（上萨库卡、卡克杜尔、爱布卡恰），预测这些地区的铜资源量与乌多坎矿区相差无几。

近年来，在后贝加尔边疆区的东南地区又发现了一处有利于建立大型铜原料基地的远景地区，主要是与矽卡岩有关的斑岩型铜矿（贝斯特林、鲁果康、库尔图明）。最有前景的是贝斯特林矿床，其铜的平均含量相当于乌多坎矿区的品位，矿石中金的含量一般为 0.1～36g/t（平均 0.5g/t），在地下 200m 深处预测资源量为 1 000 万 t 铜。鲁果康矿床的预测资源为 170 万 t 铜，且矿石平均含有 1.55g/t 的金、22.4g/t的银。库尔图明的矿化显示研究较差，可以把它划到金、铜斑岩型。铜含量波动于 0.01%～9.35%之间（平均 0.4%），金最高达 33.8g/t（平均 1.5g/t）。

在乌拉纳矿集区的范围内，卡兹木拉-扎沃特、莫果钦和上奥列克明矿区，具备了开发含金、钼、铋的斑岩型铜矿的前提条件。

5. 有色金属：铅、锌

700 多个铅及锌的矿床和矿化显示中大约有 500 个位于卡兹木拉河与额尔古纳河之间的铀-金-多金属带内。铅锌矿可划分两个地质工业类型：即涅尔钦斯克型和新谢罗金型。这两种类型的矿产都有矿石成分多样性的特点(铅、锌、银、金、镉、铜、铟、铊、铋、碲、硒及其他元素)。涅尔钦斯克类型的矿床集中了全边疆区约 90%的多金属储量，并主要代表富含银(大于 500g/t)的中、小型矿床类型。这是很久以来被开采的沃斯得维热、布拉果戈达特、叶卡捷林娜布拉戈达特、戈达依、萨维第 5 区、阿卡杜也夫和其他矿区。在近额尔古纳河地区预测该类型资源为 150 万 t 铅和 210 万 t 锌。

新谢罗金型代表矿床有新谢罗金、诺依奥-达拉果依、巴克罗夫、阿尔嘎钦斯告也卡琴及其他一些矿床。这些矿床具有铅的含量高于锌和金的特点，此外，该类矿床的规模均较涅尔钦斯克类型大很多。新谢罗金矿床是最有前景的。这个矿床若以年产 40 万 t 矿石的生产能力，可以每年采 5 500t 锌、12 800t 铅、1.3t 金和 30t 银。对储量很大的诺依奥-达拉果依矿区的研究相对少一些，这里的矿石 C_2+P_1 级储量：铅 92 万 t、锌 109.1 万 t、银 4 000 多吨，品位分别为 1.04%、1.23%和 44.5g/t；除此之外，每吨矿石含镉 82g、含金 0.09g。

6. 有色金属：钼

截至 20 世纪 80 年代，在后贝加尔边疆区开采了前苏联 20%多的钼。已知约有 100 个钼矿床和钼矿化点，曾开采了的日列金、萨赫塔明斯克、古塔依和达维金矿床，随着储量的枯竭，后 3 个矿区已经停止开采。在布格达依矿床实施了有计划的开采，通过对布格达依矿床地质的重新认识，其他成为预测金储量为 1 000t 的金钼矿区。预测 18 个矿区钼的储量为 150 万 t，按储量来看具备开发 4 个大型和中型矿区的前提条件。

7. 有色金属：钨

从 1914 年起，在后贝加尔边疆区就已经开始了钨矿的开采。在布鲁卡、别鲁哈、阿卡杜依、杰达沃果尔斯克、古那列依、舒米洛夫及其他一些矿区对石英-黑钨矿型矿石的开采截止到 20 世纪 60 年代。这里的开采工作由于中国钨矿的大量供应停止下来。目前，斯巴果依尼斯克(新奥尔洛夫矿物冶炼联合企业)和巴姆-果尔霍恩矿区正在开采中。根据钨的储量和含有锡、铋、铅、锌、钽、锂、铷等，舒米洛夫云英岩型钨多金属矿区为中型矿床，在这个矿区可建立一个产量为 100 万 t 矿石的企业，投资回报率为 8 年。值得注意的是有关上述列举已经停采的矿区和采用流动选矿综合体的问题。预测 19 个有开发前景的矿区，三氧化钨的储量为 30 万 t。在乌拉诺伊有待开发巨大的金、铋、铜、钨矿石储量的综合矿。

8. 有色金属：锡

截止到 20 世纪中期，后贝加尔边疆区是前苏联主要生产锡的地区之一。这些锡矿是从石英-锡石型矿床(阿诺斯克、巴得日拉耶夫、布旧卡克斯等矿区)和硅酸盐-硫化物-锡石型矿床(哈布切拉耶夫、舍尔洛沃果尔等矿区)及各类砂矿中开采的。恢复重建锡矿区的前景是和已探明的舍尔洛沃果尔矿区(东绍尔长)的大量锡储量及对塔尔巴利特洌矿床的勘探是密不可分的。最近，矽卡岩型的锡-稀有金属矿床(鲍格达特斯克、奥罗钦斯克、阿尔金依斯克)及别兹棉锡-银矿床属于另一类具有开发前景的矿床，最新预测锡的资源估计在数万吨。而在赤塔州的南部预测锡的资源量为数十万吨。

9. 有色金属：锑、汞

后贝加尔边疆区具有显著工业前景的是达拉松-巴列依矿区，划分出卡扎高夫斯克和涅尔琴斯克汞-锑矿带，该地区也含有在乌吉诺-达依斯克和阿尔巴戈尔斯白垩纪盆地中的金和银。区内广泛发育着汞-锑-钨矿化(巴隆-塞维伊斯克耶、新卡扎琴斯克、乌斯吉-谢尔金斯克耶等地)。独立的锑矿床和矿化发育，锑含量为 5%～30%，产于 3 个成矿带：卡季穆尔斯克带主要为辰砂-萤石-辉锑矿带(预测资源量为 6 万 t 锑)；伊塔卡-达拉松金-辉锑矿带(预测资源量为 4 万 t 锑)和德尔杰图日-波科申斯克辉锑矿-金矿化带(预测资源量为 6 万 t 锑)。一系列金矿产地可以看做是金和锑的原料基地(伊达金斯克、阿波列科夫斯克)。

10. 贵金属:金

后贝加尔边疆区作为俄罗斯金矿开采中心，在 19 世纪前半叶就已著名了。现在的金矿开采已成为后贝加尔边疆区矿山开采领域的主流发展方向。截止到目前，已经不同程度地研究和开发了 1 000 多个岩金矿床和砂金矿产地，但大多数都属于小型矿床。其中，在边疆区南部地区的一些金矿研究程度较高，而作为采金业未来中心的贝加尔—阿穆尔铁路干线地区的后贝加尔边疆区地段，金矿床的等级评定得到了很大的提高。目前，金矿开发的大型工程项目绝大部分位于巴列伊—达拉松地区，金矿床类型有:金-石英建造类型(柳巴维尼斯克矿结、沃斯卡列先斯克耶、舒都伊斯克耶、卡扎高夫斯克耶、阿波科列夫斯克-别什科夫斯克矿结等)；金-硫化物-石英建造类型(中高里高塔斯克耶、杰列金斯克耶、卡里伊斯克耶矿田、伊达金斯克耶，阿里伊斯克耶及等)；金-石英-硫化物建造类型(达拉松斯克耶、克留切夫斯克耶、乌科尼克斯克耶)；深度不大的(浅的)金-银建造类型(巴列依矿田)，属于最后这种建造类型的矿床占金矿床总数的 4%，却集中了 20%的黄金储量。巴列依-塔谢也夫矿床无论是按金的品位(达到 346kg/t)还是在储量上都是属于独一无二的矿床。金矿的主要工业储量除了集中在巴列依-塔谢也夫之外，还有达拉松、伊塔金斯克、新舍罗金斯克耶、克留切夫、达拉图依斯克、卡里依斯克等矿床。除了巴列依、诺谢耶夫斯克矿床之外，这些已勘探矿床的储量可保障 10～100 年的开采(采用不同的开采方法)。但是，这些预测资源量比实际勘探的储量要高出很多倍，并达到数亿吨矿石量。同时，它的大部分储量是来自达拉松、莫卡恰、巴列依和布久姆卡诺-库里图明斯克矿区。除了金矿床外，金还来源于含铜砂岩的矿床(乌多坎、斯告也、萨金斯克、右伊卡玛金斯克耶及其他矿产地)、铜-镍硫化物矿床(齐涅斯克耶)，以及铅-锌矿床、铜矽卡岩型矿床等矿产地中。在后贝加尔边疆区，砂金矿床已开采了 170 多年。砂金矿也和岩金矿床一样都集中在后贝加尔边疆区的同一些矿区:齐科伊斯克耶、南达斡尔、巴列伊、达拉松、莫戈恰、卡里伊斯克和边疆区的南部地区。这种并存现象表明砂金矿是由岩金矿后期遭受破坏的结果而形成的。砂金矿中储量变化于几十千克到几十吨。最大的并存矿是达拉松、沙赫塔明斯克、卡扎科夫斯克、乌尼金斯克、乌留姆等地区的砂金矿。大多数砂金矿都是 20 世纪发现的，很自然地开采完了，但它们之中或多或少地都含有现代工业品位的金，在传统的金矿地区，砂金矿的工业储量按现有生产能力还可以进行开采 10～15 年。普查工作结果表明恰拉、姆伊斯克、卡拉尔斯克、卡拉卡尼斯克和上—奥列克明斯克等边疆区的北方矿区被确定为砂金矿产地。根据资源预测资料评估这些矿产地可开采约 20 年。在贝加尔—阿穆尔铁路干线地区建立岩金矿物原料基地的前景与达拉伊-巴赫塔尔纳克斯克矿结紧密相连着。在这些矿结地区，有着著名的尚未完全研究的对象，众多数量的矿结具有很大的预测资源量(巴赫塔尔纳克、古科伊等)。

11. 贵金属:银

后贝加尔边疆区银矿丰富，主要是精矿，是金、铅、锌、铜、钼、锡和钨矿产地的副产品。在国家的储量平衡表内统计 23 处矿床都有银(乌多坎、巴格丹伊、诺沃什罗金、巴列伊-塔谢耶夫等)，银的储量足够满足大规模的采掘。新发现的银矿还需要详细勘探。

12. 矿产资源开发现状

后贝加尔边疆区与中国内蒙古自治区和黑龙江省毗邻，边境线长约 1 200 多千米。根据后贝加尔边疆区 2006 年社会经济概况资料，2006 年后贝加尔边疆区境内开采煤炭 919.7 万 t，比上年增加了 7%。其中褐煤产量为 917.7 万 t(比上年增加 7%)，石煤产量为 2 万 t(比上年减少 16.7%)。煤炭开采量加大与州内需求扩大和向州外的出售量增加密不可分。此外，2006 年州内金属矿物(铜、钨、钼和钽、铌、金、银等稀有贵重金属)的开采量为上年的 1.2 倍，产量增加较多的是钼精矿(160%)、钨精矿(70%)和黄金(2.4%)。2006 年外贝加尔地区的外国投资总额高达 6 370 亿美元，比 2005 年增长了 40%。瑞士、塞浦路斯和中国仍然是主要的投资国。需要指出的是，虽然2006年中国投资仅占到投资总额的6%，但是与2005年的数据相比投资额增长了5倍。中国公司的主要投资方向为矿产采掘业、木材加工业、建筑业和商品贸易。中国公司实施的最大工程是别廖佐夫斯基铁矿开采工程(鲁能采矿工业集团有限责任公司)和诺伊翁-托洛果伊斯基铅锌矿开采工程(贝加尔矿产有限责任公司)。

二、蒙古国矿产资源的分布与潜力

蒙古国位于亚洲大陆东部，东、西、南与中国相邻，北与俄罗斯接壤，是一个完全的内陆国家(图1-21)。国土面积156.7万km^2，地势多山，平均海拔1 600m，分为西部山地、中东部丘陵、南部戈壁三大区域。人口262万人，是世界上人口密度最低的国家，首都是乌兰巴托。农业和畜牧业是蒙古国传统的经济产业，蒙古国2007年国内生产总值达到28.35亿美元，比前一年增长了9.9%。

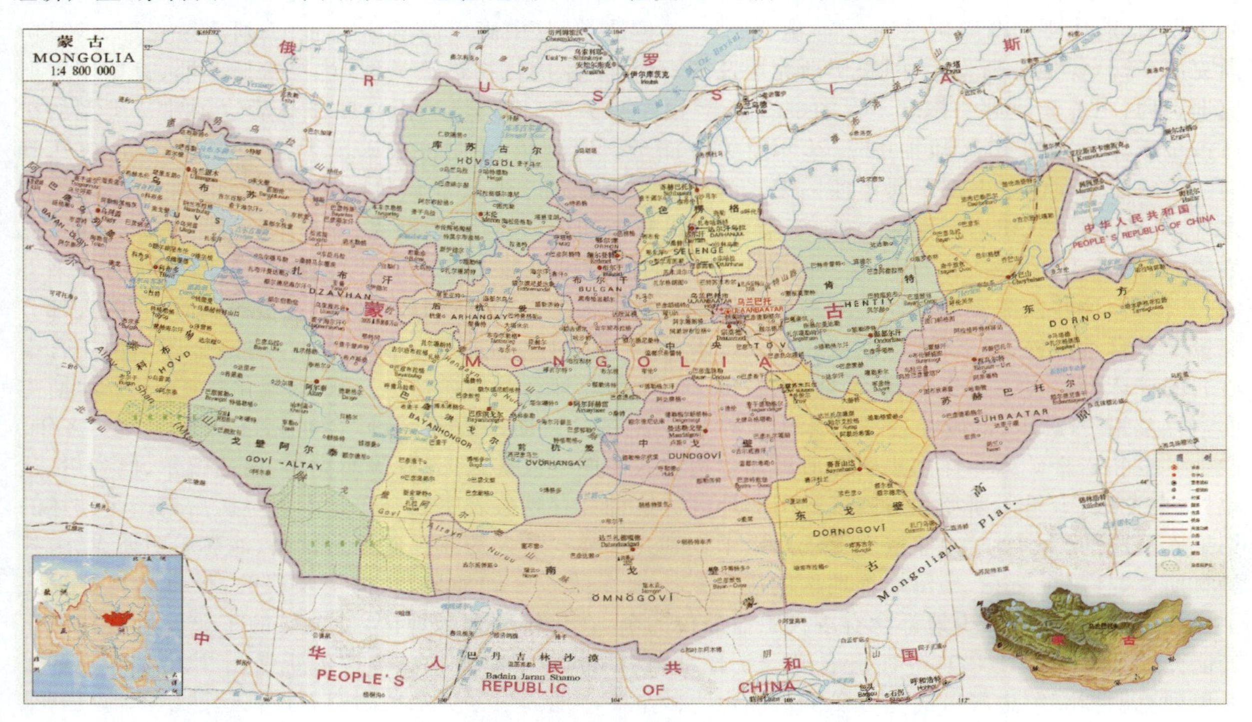

图1-21　蒙古国行政区划图

(一) 蒙古国矿产资源概况

蒙古国具有丰富的矿产资源。直至1992年前苏联解体，主要是在1921—1986年期间，蒙俄地质学家共发现了煤、萤石、铜、稀有金属等80多个矿种的近6 000个矿点。主要有铜、铁、煤、锰、铬、钨、钼、铝、锌、汞、铋、锡、砂金矿、岩金矿、磷矿、萤石、石棉、石墨、云母、水晶、绿宝石、紫晶、绿松石、石油、页岩矿等(图1-22)，这些矿藏绝大部分有待于开采。这为其矿产工业发展提供了一个良好的基础。近年来蒙古国经济稳步增长，2004年经济增长速率是2003年的两倍，达到了10.6%，其中矿产工业是其经济的一个重要组成部分，2004年蒙古国的矿业产值占其工业总产值的64.7%，矿产品出口额占蒙古国出口总额的57.5%。目前，蒙古国较大的矿产品加工企业有额尔登特铜钼矿厂，中蒙合资图木尔廷敖包锌矿、电解铜厂，以及黄金生产企业127家、萤石生产企业44家、原煤生产企业28家、原油生产企业2家(图1-23)。

近年来，在南戈壁省与戈壁阿尔泰省两省的区域地质调查，解决了一些理论上与实践上的难题，并发现了一些新的金、铜、铂、多金属、稀有金属成矿远景区。色楞格省、科布多省、布尔干省和南戈壁省的地质填图与基础地质调查，发现了20多个金、铜、汞、多金属、萤石以及煤的成矿远景区。此外，在这次地质调查中，探明了Oyut Tolgoi金铜矿、Hairhan-Haraat铀矿、Alag togoo煤矿和Ereen金铜矿的储

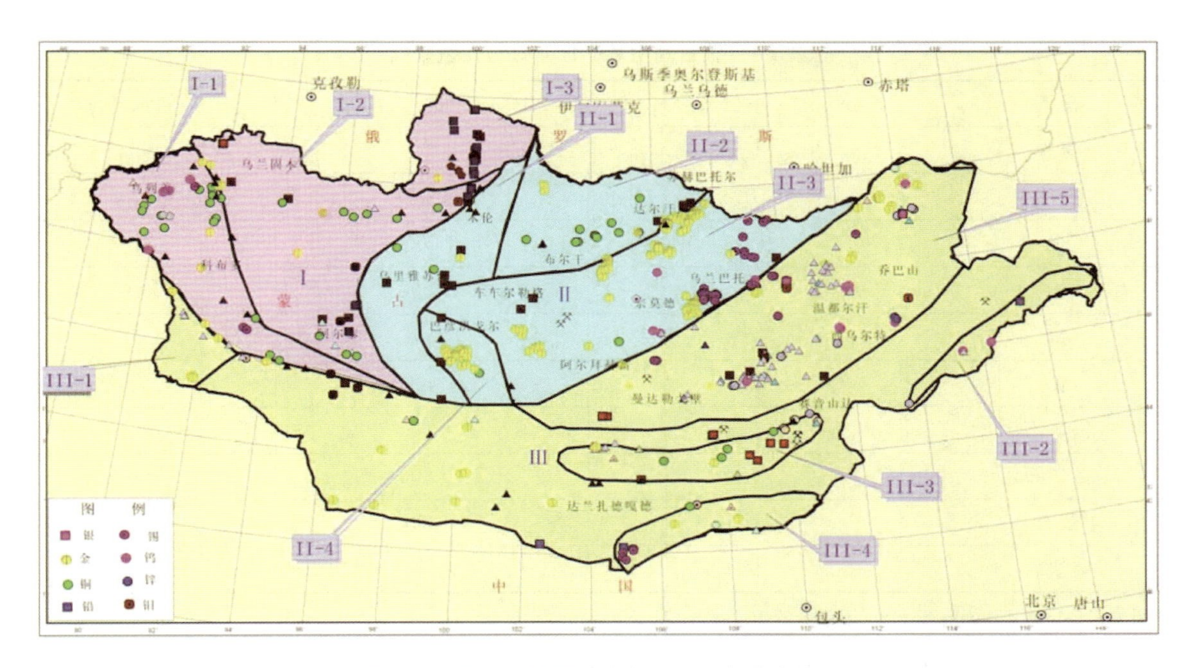

图 1-22　蒙古国成矿区带与主要矿产分布略图

阿尔泰-萨彦成矿区（Ⅰ）：Ⅰ-1.蒙古阿尔泰钨-钼-铜-铅-锌-银-铁多金属成矿带；Ⅰ-2.北蒙古铜-金-铁-镍-磷成矿带；Ⅰ-3.西伯利亚地台南缘磷-铁-铜-金成矿带。蒙古-外贝加尔成矿区（Ⅱ）：Ⅱ-1.北蒙古金-铜-铁成矿带；Ⅱ-2.巴彦戈尔铁矿带和额尔登特铜矿带；Ⅱ-3.肯特金钨-锡-铅-锌矿带；Ⅱ-4.巴颜洪戈尔铜-金矿带。南蒙古成矿区（Ⅲ）：Ⅲ-1.西呼赖金铜-金-铅成矿带；Ⅲ-2.努库特达班-哈拉哈河钨-钼成矿带；Ⅲ-3.曼来-曼达赫铜-钼成矿带；Ⅲ-4.哈腊莫里图成矿带；Ⅲ-5.中蒙古-额尔古纳萤石-金-铅-锌成矿带

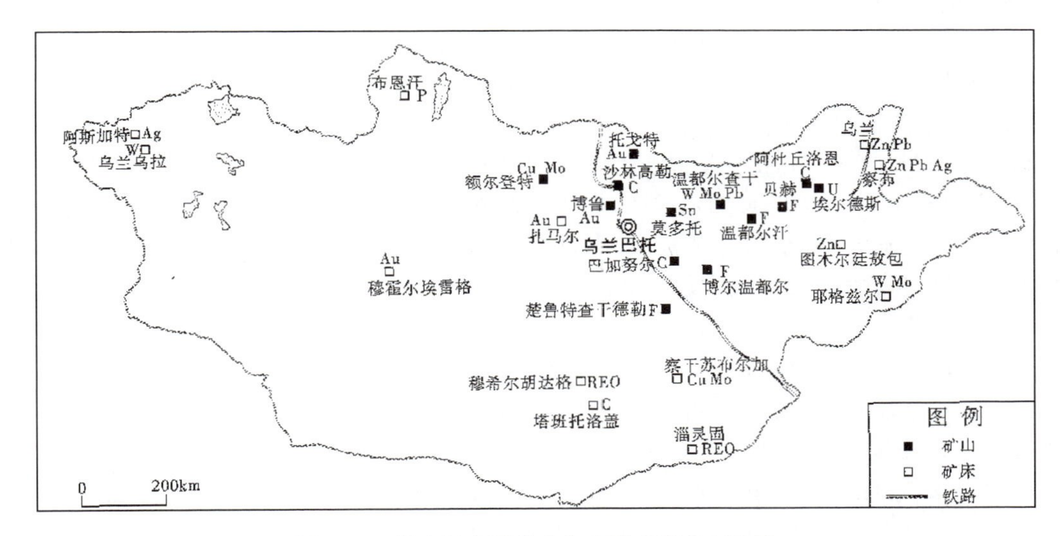

图 1-23　蒙古国主要矿山和大型矿床分布略图

量，还发现了 10 多个冲积型砂金矿，金总储量大于 24t。

据蒙古国矿产资源管理局统计，蒙古国已发现和评价了 800 多个矿床，6 000 多个矿点。其中包括 100 多个金矿、60 个盐矿、50 多个煤矿、50 个锡矿、40 个萤石矿、10 个钨矿、7 个多金属矿（铅、锌、铋、银）、7 个铁矿、4 个铀矿、多个铜钼矿（图 1-22）。除了上述这些矿产外，铂族金属、稀土、镁、镍、石棉、石膏、磷块岩、滑石、石墨、沸石、金刚石、宝石、石灰岩、黏土、砂砾、硅石以及石油也具有一定的储量。

（二）蒙古国矿产资源的分布与潜力

目前，蒙古国探明储量的矿产约有 30 多种，最具开发远景的矿产主要是铜、金、铀（表 1-1）；在能源矿产中，煤比较丰富；在非金属矿产中，盐、天然碱、磷块岩和萤石是优势矿产。

表 1-1　蒙古国主要矿产储量与储量基础

矿产	单位	储量	储量基础
煤炭	亿 t	46	270
石油	万 t	220	
金	t	2 000	
钼	t	30 000	50 000
铜	万 t	255	
铀	万 t	140	
铁矿石	亿 t	9	
锰矿石	万 t	10 000	
萤石	万 t	1 200	1 600
磷块岩	亿 t	50	

资料来源：Mineral Commodity Summaries，2004。

从蒙古国成矿区带与主要矿产分布略图可以看出，蒙古国煤矿主要分布在东部和南部，有色和稀有金属主要分布在北部和东部，稀土主要分布在南部和西部，萤石分布在东部和中部，金、铜矿遍布全国各地(图 1-22)。

铜(钼)：蒙古国铜矿床有 173 处，矿化点多达 600 多个，分布范围十分广泛(图 1-22)，成因类型多种多样，其中超大型铜矿床有 2 处，大型铜矿床有 6 处，蒙古国主要的铜成矿带可以分为 3 个成矿区，11 个成矿带。3 个成矿区分别为南蒙古成矿区[主要矿床为欧玉陶勒盖斑岩铜金矿(Oyu tolgoi)、察干苏布尔加斑岩金钼铜矿床(Tsagaan suvarga)]、北蒙古成矿区[主要矿床为额尔德尼图音鄂博斑岩铜矿床(Erdenetuin-Obo)、塔布(TAVT)铜银金矿床、额仁(EREN)铜银金矿床]和西蒙古成矿区(主要矿床为 Borts uul 和 Bayan-Airag 火山硫化物型铜金矿等)。蒙古国铜的储量丰富，初步探明的储量为 7 500 万 t，居亚洲第一，主要集中在蒙古-外贝加尔成矿区(北蒙古成矿区)的额尔德尼图音鄂博(Erdenetiin Ovoo，储量估计为 2 295Mt 矿石，铜平均含量为 0.5%，钼 0.014g/t，银 1.81g/t，金 0.05g/t。深部储量估计为 1.4Mt 的铜和 37 000t 的钼)和南蒙古成矿区的察干苏布尔加(金属储量为铜 1 433.77 千 t、金 25.7t、银 810.1t、铼 119.7t、硒 2 574t、碲 3 927t)。另有一些成一定规模的矿床主要见于蒙古-外贝加尔成矿区的治达成矿带、东外贝加尔成矿带和萨彦-阿尔泰成矿区的蒙古阿尔泰成矿带。就蒙古国最重要的斑岩型铜-钼矿化而言，其分布区集中于 3 个近东西向的火山岩带，即北蒙色楞格火山岩带、中蒙火山岩带和南蒙火山岩带。在北蒙和南蒙火山岩带中各查明一个大型矿床，中蒙火山岩带的含矿性较差，尚未发现具有工业价值的矿床。目前，在北蒙古带有已开采的额尔登特斑岩型铜矿是蒙古国最大的铜矿。除额尔登特铜钼矿外，另有两处已探明的大型铜矿。一处是 20 世纪 80 年代前苏联在南蒙古带探明的东戈壁省满都胡县境内的查干苏布日嘎大型斑岩铜(钼)矿(储量相当于额尔登特铜矿)；另一处是 2001 年澳大利亚、法国等国家投资勘探，在南戈壁省汗博格达县境内的奥尤陶勒盖地区发现的特大型铜矿，该矿距中蒙边境甘其毛道口岸 100km，探明储量为 7.5 亿 t，比额尔登特铜矿大两倍。额尔登特铜钼矿为蒙古国目前开采最成熟的矿床(图 1-23)，该矿系前苏联 1978 年援建，属俄蒙合资企业，蒙古国股份占 51%，俄罗斯股份占 49%。该矿为露天开采矿，每层采深 15m，整个矿体厚度为 200m，年采矿能力为 400 万 t。该矿现有职工 6 000 余人，有近 1 000 台生产用的电脑，各生产工序基本由电脑控制，年产铜精粉 45 万 t、钼精粉 4 000t 左右。

黄金：蒙古国已发现含金矿区 300 多处，包括金矿床(点)1 044 处，分布在 23 条金、银成矿带中。其中，大型矿床 8 处，中型矿床 53 处，小型矿床 428 处，矿点 555 处，初步探明储量 3 400t，主要分布在蒙古-外贝加尔成矿区的肯特成矿带、额尔登特-巴彦戈尔成矿带和巴彦洪戈尔成矿带，蒙古国主区域构造线西段阿尔泰-萨彦成矿区内的蒙古-阿尔泰成矿带和南蒙古成矿区内的西呼赖成矿带以及曼来-曼达赫成矿带(图 1-22),现已开采或准备开采的有 50 处。在肯特金成矿带内,原生金矿床集中分布在博罗-宗莫德地区,其中较重要的有纳林托洛戈伊(Narantogoi)矿床、博罗矿结内的纳林洪德矿床和察干楚鲁图矿床、宗莫德矿结内的苏吉赫特矿床和伊勒矿床。砂金大多产在矿带东北端的依罗河地区(布贡泰、布呼列音和依罗砂金矿群及托尔戈伊特等矿床)和西南端的土拉河地区。此外,博罗-宗莫德地区亦有砂金矿分布。额尔登特-巴彦戈尔成矿带产出有蒙古国重要的岩金矿床扎马尔(Zaamar,脉型,Au 品位 7～30g/t,储量 17t,戴自希等,2001)、博若(Boroo,脉型,Au 品位 4～5g/t,储量 30t,戴自希等,2001)、额仁(Ereen)和塔布(Tavt)矿床,砂金矿有依克通克罗尔(Ikhtokhoirol)。巴彦洪戈尔铜-金成矿带中,岩金矿床有达布金卡尔、昆克尔等剪切带型矿床;砂金矿床主要分布在拜达里格河和沃勒吉特河河谷盆地以及扎尔加兰图山脉西南山麓(扎尔加兰图、木霍尔额里格等)。阿尔泰-萨彦成矿区内的蒙古-阿尔泰成矿带的金矿主要出现于由托尔布诺尔和图尔根河深断裂所围限的地区,已知在科鲁姆特河上游有 8 个砂金矿床,分属于扎马特、奇热尔特、奎屯河和乌尔特布拉克砂金矿群。在布尔根河上游的呼拉河河谷仅有 1 个砂金矿。在科布多附近,已经发现以石英-硫化物脉型为特征的原生金矿床。在西呼赖矿带北塔格矿结内,还见有属含金黄铁矿型多金属建造的金矿床和苏开特、库尔曼努尔等剪切带型金矿床,以及乌赫尔初鲁特金-铂矿床和巴尔拉高尔砂金矿床。蒙古国的金矿分为脉金矿、砂金矿和斑岩矿。主要产金区位于中央省扎玛尔地区(乌兰巴托西北 280km,图 1-23)、中央省色尔格林县(乌兰巴托东南 70～100km),以及距乌兰巴托 700 多千米的保办脉金矿、塔布特脉金矿、布木巴特脉金矿等。近几年来,蒙古国掀起了“淘金热”,到 2005 年,蒙古国已经有 120 多家采金企业。据蒙古国相关部门统计,2000 年蒙古国采金 13.5t,2001 年为 12t,2002 年为 10.9t,2003 年为 10.1t,2004 年达到 18.6t。蒙古国最大的采金企业为俄罗斯独资的“金色东方-蒙古黄金公司”,其年采金量占蒙古国年采金总量的 34%,其次是蒙古国与俄罗斯合资的“纯金”黄金公司,其年采金量占蒙古国年采金量的 13.1%,第三位是蒙古国与俄罗斯合资的“嘎楚尔特”黄金公司,其年采金量占蒙古国年采金量的 7.9%。这 3 家公司开采的黄金占蒙古国年采金总量的 55%。虽然私营企业资金雄厚,但由于技术设备落后,有 30%～50%的细金被流失,如果这些企业技术设备得到改善,蒙古国的黄金年产量可达 50t 左右。

银:蒙古国银矿主要分布在东方省的东北部以及阿尔泰山脉巴彦务列盖省的北部(图 1-22)。与金伴生的银矿多为浅成热液型、矽卡岩型或花岗岩型;与铅、锌伴生的银矿主要为浅成热液型。蒙古国的大型银矿有阿斯加特(Asgat),中型银矿有孟根温都尔(Mongon Ondor)和 Tolbo nuur。阿斯格特银矿位于蒙古国阿尔泰山北侧(图 1-23),高度为 2 700～3 100m,距最近的城镇乌列盖约 170km。该银矿带长度为 1.5～12km,矿体厚度为 5～8m,深度为 400～500m,初步探明储量为 2 480 万 t。孟根温都尔矿区位于乌兰巴托东南 310km,距巴嘎诺尔煤矿及火车站 200km,距毕日和萤石矿 90km,该矿区每吨矿石平均含银量为 70g。

铅锌矿:蒙古国铅锌矿分布很广,已知的几个大、中型矿床均分布在蒙古国东部,以矽卡岩型、爆破角砾岩筒型(火山-热液型)、热液脉型为主。少数铅锌矿床分布在西部的阿尔泰成矿区和中部地区(图 1-22)。铅锌矿床主要形成于中—晚中生代,其他时代的铅锌矿床少见。查夫铅锌银矿位于乔巴山市东北 120km(图 1-23),距中蒙边境线不远,属裂隙控制的碳酸盐脉型。该矿共查明有 10 条矿脉,已勘测的只有 2 条。初步探明储量为 167 万 t(以铅为主),铅锌含量很高,平均品位为 8.2%。乌兰铅锌矿床位于查夫矿床西部,为火山管道(爆破)型,管道直径为 500～600m,矿石品位为 3%,含矿管道在 800m 深度矿化不减弱,管道直径不变化。在乌兰铅锌矿床有不少这样的火山管道。图木尔庭敖包锌矿,位于乔巴山市南(阿累努尔铜钼矿西南),为矽卡岩型矿床,矿石品位达 10%以上。其附近还有一批小矿正在开采。

铁:蒙古国有 300 多个铁矿矿点,初步探明储量 20 亿 t。铁矿资源可划分为三大成矿区、五大成矿带,从北到南主要的含铁矿化带为:巴彦戈尔(Bayangol)含铁矿化带、杭爱-肯特(Hangai-Hentii)锰铁矿化带、戈壁-克鲁伦(Gobi-Herlen)含铁矿化带、德勒格尔(Delger)含铁矿化带(图 1-22)。主要的矿床类型有 4 类:化学沉积变质型、矽卡岩型、接触交代型、热液变质型。其中以东蒙古地区北部地块内的铁矿化最为重要(图 1-23)。靠近铁路沿线主要有 7 个矿区:位于乌兰巴托北部 240km 达尔罕地区的图木尔陶勒盖、特木尔台、巴彦高勒3个矿区和位于乌兰巴托西南300km宝日温都尔地区的额仁、红格尔、都尔乌仁、巴日根勒特4个矿区。上述7个矿区合计地质储量为7.3亿t。达尔罕地区3个矿区矿石储量合计为5.1亿t，其中，工业储量为1.5亿t；含铁平均品位为51%～54.5%。宝日温都尔矿区总储量约2.2亿t，含铁平均品位为35%～42%，均为磁铁矿床，虽经选矿烧结试验表明铁回收率为80%以上，矿石中虽含硫高达3%以上，但经选矿烧结后，完全可以降低到冶炼标准。另外，该矿区矿石中不均匀地含有钾、钠杂质，需要在选矿试验中采用适当工艺处理。该矿区矿石中不含氟。目前，蒙古国正在开采的矿床基本位于巴彦戈尔铁矿化带内。

钨(钼)、锡矿：蒙古国的钨、锡矿床主要分布于蒙古国北部的阿尔泰成矿区、东部的肯特成矿区和南部的努库特达班-哈拉哈河成矿带内(图1-22)。以脉状、网脉状钨矿，脉状钨-钼矿，脉状钨-锡矿为主，云英岩中钨矿化常常以钨-钼-铍伴生的形式出现，例如尤戈孜尔(Equuzer)钨钼矿，同时还有矽卡岩型和冲积型钨矿。主要矿床类型有：与花岗岩相关的石英脉状、网脉状矿床，云英岩型矿床，碱性变质交代型矿床，结晶花岗岩型矿床。蒙古国锡矿以砂锡矿为主。乌兰巴托附近40～60km范围内有几十处锡矿点。另外，在乌兰巴托西北及南部的中蒙边境附近亦有砂锡矿。

铀：蒙古国铀矿床主要分布于东部的曼来-曼达赫成矿带以及中蒙古额尔古纳成矿带内。矿床类型主要有火山成因铀矿和砂岩型铀矿，其次还有与花岗岩有关的铀矿。据初步勘测，蒙古国铀储量约140万t，居世界前十位。早在20世纪70年代，前苏联就在蒙古国东方省勘探发现了道尔闹德、玛尔代河、内木日、古尔班布拉格等6个有开采价值的铀矿。1982年，在前苏联的援助下，蒙古国建成了年产200万t铀矿石的矿厂，1989—1995年，蒙古国将采掘的铀矿石通过铁路运到俄罗斯赤塔州化工厂进行加工。1995年，由俄罗斯、美国、加拿大等国联合成立了"中亚铀矿"公司。2003年，蒙古国、俄罗斯、美国就三方合作开发铀矿的可能性进行了深入探讨。目前，蒙古国的铀矿基本处于停采状态。

萤石：蒙古国有60多个萤石矿床，储量约2 800万t以上，其储量仅次于中国和墨西哥，产量居世界第4位，主要分布在肯特省宝日温都尔和东戈壁省、南戈壁省(图1-22)，萤石矿化广泛分布于晚古生代到晚中生代的地层中。主要具有经济意义的萤石矿床出现在晚中生代的晚侏罗世和早白垩世的地层中。具有经济意义的萤石矿化有两种类型：浅成热液脉型和交代型矿床。晚中生代萤石矿化常伴生有不具备经济意义的稀土元素和铅-锌矿化。目前，蒙古国有20多家萤石采矿企业，其中最大萤石矿——色尔温都萤石矿，储量为1 500万t，年产量50万t萤石，可开采30年。蒙古国开采的萤石主要销往俄罗斯和乌克兰。

稀土元素：蒙古国稀土元素(REE)矿床主要分布在晚中生代，晚古生代到早中生代的长英矿物和碱性岩石中。已知的稀土矿床可以细分为以下3种类型：①与碱性花岗岩类和火成岩的复合岩体(交代区域)有关的稀土元素矿床；②与花岗岩类的脉状和网脉状钨矿床有关的稀土元素矿床；③与脉状锡矿和花岗岩及碳酸盐岩中的矽卡岩型矿化有关的稀土元素矿床。蒙古国定义了6个稀土元素成矿省，分别为阿尔泰、北蒙古、肯特(Khentii)、杭爱(Khangai)、东南蒙古和南蒙古省。稀土元素矿化在境内分布广泛，根据现有数据显示，阿尔泰和南蒙古成矿省最具钽(Ta)、铌(Nb)、锆石(Zr)、钇(Y)和其他稀土元素矿床的找矿潜力(图1-22)。已知矿床有木希盖胡达格(Mushgai Hudag)、鲁根高勒(Lugiin gk1)、沙日套勒盖(Shartolgoi)及乌兰套勒盖(Ulaantolgoi)等，据勘探，鲁根高勒储量为40万t。

磷矿：据蒙古国地质专家考察，蒙古国磷矿探明储量为60亿t，居亚洲第一、世界第五。蒙古国北部与俄罗斯接壤的库苏泊盆地中。库苏泊含磷盆地为中亚磷灰石成矿带的一部分，该矿带西部从哈萨克斯坦北部起，横跨阿尔泰-萨彦地区到东部的鄂霍次克海岸。库苏泊含磷盆地南北长300km，宽30～60km，盆地内有31个磷矿床(点)，储量大约为2 400百万t。其中有8个较大的矿床，它们是库苏古尔(Hubsugul或Khovsgol，大型)、布伦汗(Burenhaan，大型)、察干诺尔(Tsagaam Nuur，中型)等。其中，对布伦汗和库苏古尔两处矿床进行了勘探并提交了储量。布伦汗磷矿位于库苏古尔省省会木伦市以西40km，含磷岩系厚300～350m。含3层矿，矿层最薄处厚为5～25m，最厚处为100～150m，平均厚为20～30m，共分21个矿段，其中以第一矿段最为丰富，其次为第八、第十七矿段。矿石分硅质岩型和碳酸盐型两种，前者五氧化二磷品位最高达30%～35%，后者五氧化二磷达15%～25%。现有9个矿段进行了勘探，探明储量为3.20亿t，可露天开采200m深，露采部分储量为2亿t。库苏古尔磷矿位于库苏古尔湖西岸，距原库苏古尔省省会哈德哈勒市30km，距现省会木伦市120km，含矿岩系与布伦汗相同，从南到北划分4个矿段：上汗矿段、科沁赛尔矿段、额古勒格努尔矿段及乌兰都什矿段。分布延伸长40～50km，宽15～20km。

煤：煤是蒙古国最丰富的资源之一，全国各地均有分布(图1-23)。煤矿床主要分布在4个成矿省内，即西蒙古、北蒙古、东蒙古和南蒙古成矿省。蒙古国300多个煤矿和矿化点主要分布在3个区域的12个含煤盆地中，其中大约25%的煤矿和矿化点通过地质调查已被证实。推测的煤资源量为1 520亿t，其中20%为炼焦煤，80%为褐煤或锅炉用煤。被证实的储量为200亿t。目前蒙古国煤主要产自Aduun Chuluun、Baganuur、Sharyn Gol和Shivee-Ovoo四个煤矿，约占全国产量的90%，最具有潜力的为塔旺托勒盖煤矿。目前蒙古国有大约40个煤矿在进行开采，其中13个为合资股份有限公司，12个为私有公司。蒙古国东部地区的煤质优良、煤层厚、储量多。阿尔泰地区以石炭纪形成的煤为主，其所生产的煤2/3用于电厂发电。南方以二叠纪的煤为主，北方以侏罗纪的煤为主。目前，蒙古国共发现煤矿床250处，初步探明储量为500亿～1 520亿t，现在，蒙古国煤的开采总量不到500万t。蒙古国已开采的煤矿主要有巴嘎诺尔煤矿(位于乌兰巴托东125km)，设计年产能力为600万t，该煤矿的热值为3 900cal/kg；沙林格尔煤矿(位于乌兰巴托北240km)，已探明储量为20亿t，煤的发热值为3 900cal/kg；中戈壁的新乌苏煤矿(位于乌兰巴托南240km)，年产原煤240万t，煤的发热值为2 800～3 200cal/kg。蒙古国最大未开采的煤矿位于南戈壁省塔本陶勒盖煤田，生产潜力为50亿t，其中15亿t为炼焦煤，35亿t为蒸汽锅炉用煤，煤的发热值为5 000～5 500cal/kg，煤层埋深16m，厚度为3～30m，该煤田距铁路的最近距离为400km。另外，那林苏海图煤田储量为16.7亿t，塔翁陶盖煤矿储量为60亿t，巴音朝克图煤矿储量为12亿t。

三、朝鲜半岛矿产资源的分布与潜力

朝鲜半岛包括朝鲜和韩国，其中，朝鲜人口2 405.8万人，面积12.276 2万km^2，人口密度为179人/km^2；韩国人口4 685.8万人，面积9.96万km^2，人口密度为487人/m^2(图1-24)。

(一) 朝鲜半岛矿产资源概况

朝鲜半岛人杰地灵，物产丰富，尤其是矿产资源，含量非常丰富，但分布很不均匀，其资源大部分都分布在半岛北部的朝鲜境内(图1-25)。

据有关资料统计，朝鲜已知金矿床50多处，其中大型、超大型10处；有色金属矿床30多处，其中大型、超大型7处，是亚洲大陆东部重要的成矿区之一(孙均，1994)。朝鲜的主要矿产资源储量占整个半岛储量的80%～90%，享有"有用矿物标本室"的称誉。具有经济开发价值的矿产蕴藏区约占其国土面积的80%，已探明矿物有360多种，其中有经济开发价值的矿物达200多种。最主要矿产资源有金、银、铜、钨、钼、铅、铝、镁、锌、铁矿、石灰石、云母、石棉、重晶石、萤石、石墨和菱镁矿以及煤炭等。其中，金、银、铜、铅、锌和钨等金属的储量之大是世界有名的，朝鲜自古以来就有"产金国"之称，而且金矿常与银矿、铜矿等共生。朝鲜十分重视基础地质与找矿工作，把基础地质调查研究与成矿类型研究结合起来，直接指导找矿工作，成效显著。从太古宇绿岩系赋矿建造有利于金的富集研究角度出发，在狼林地块加强金的普查，在邻近我国边境的平安北道、慈江道相继发现大型金矿床8处，中小型金矿床30余处；同样，从中生代火山-侵入岩浆作用与成矿作用相关出发，在慈江道—两江道一带发现斑岩型、火山热液型和矽卡岩型大中型铜矿床9处；从接触交代成矿地质条件角度出发，在平壤古生代坳陷区先后发现两处大型铜金矿床，其中桧仓金铜矿床金的远景储量为200～300t。朝鲜菱镁矿和石墨储量更是雄居世界前列，尤其是大约为49亿t的菱镁矿储量在世界上占最大比重，在全世界处于第一位，占全球储量的40%～50%。排在世界前十位的矿物还有钨、钼、重晶石、萤石等7种。

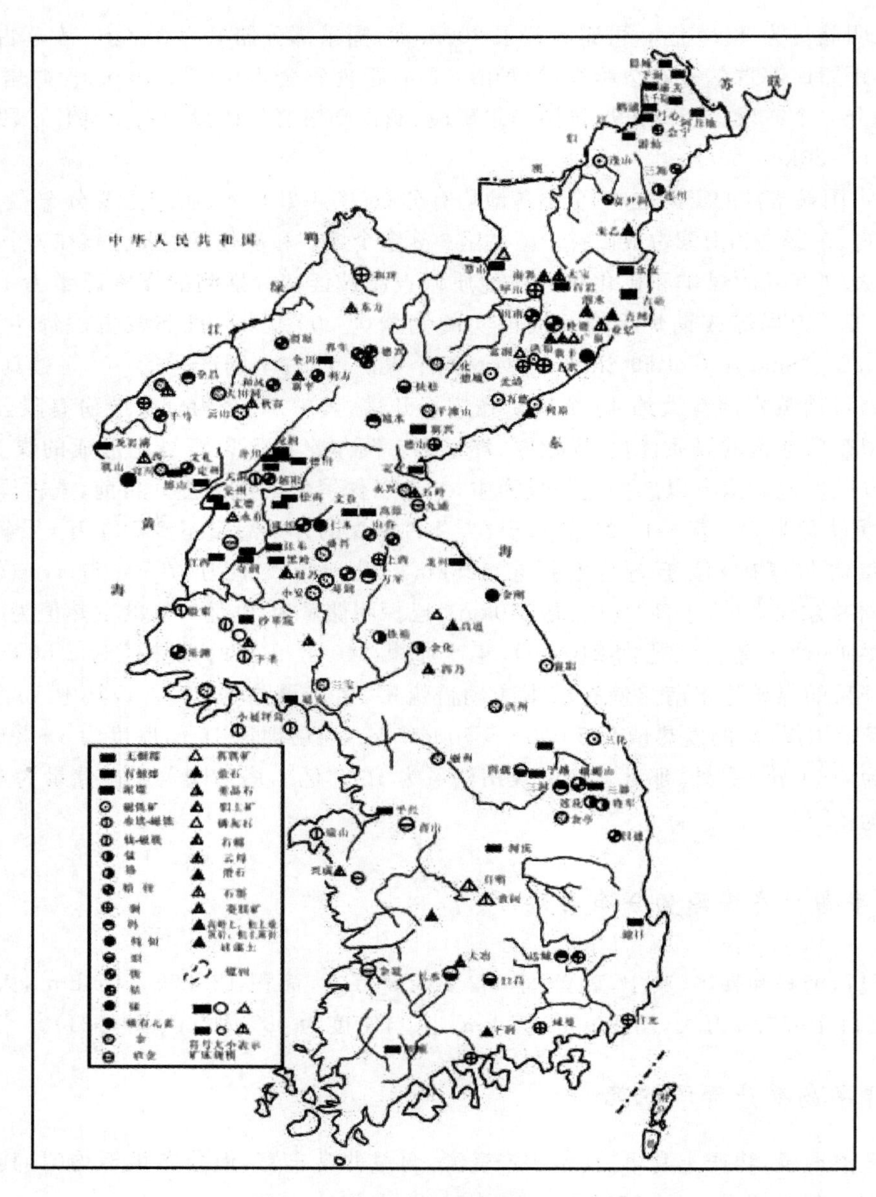

图 1-25　朝鲜半岛矿产资源分布略图

目前占朝鲜矿业比重较大的部门主要是煤炭、铁矿石、铅锌以及石灰石、菱镁矿等生产部门。铁矿石由以茂山铁矿为首的 20 多个矿山进行生产。其中茂山铁矿埋藏量约 10 亿 t，是年生产能力达 800 多万吨的朝鲜最大的铁矿山，也是世界性的露天矿山。铁矿石生产量由于铁矿山的持续扩张与开发，20 世纪 70 年代以后以每年平均 2%～3%的速度增长，但是最近因勘探实绩不振、矿山设备落后等处于停滞状态。从能源上看，朝鲜拥有足够的燃料煤（煤炭的探明储量为 147.4 亿 t，其中无烟煤储量 117.4 亿 t，褐煤储量 30 亿 t，其现有技术条件下的可开采储量约为 79 亿 t），而韩国则煤炭资源很少。朝鲜煤炭大体分为无烟煤和烟煤，无烟煤产地主要在平安南北道，烟煤主要分布在咸境南北道。根据区域划分，朝鲜有四大煤田，分别是平安南道北部、平安南道南部、咸境北道北部和咸境南道南部。目前，朝鲜中央级的煤矿共有 100 余个，其中无烟煤矿 70 多个，烟煤矿 30 多个，地方级的中小煤矿有 500 多个。平安南道南部以平壤为中心向东西延伸 80km 的区域内，无烟煤储量十分丰富。有代表性的煤矿有三神（大城区三神洞）、寺洞（寺洞区）、龙城（龙城区）、黑岭（江东郡黑岭劳动者区）、江东（江东郡）、江西（江西郡）、成川（成川郡）、温泉（温泉郡）等。平安南道北部无烟煤分布达 668km²，主要煤矿有德川市的德川、形峰、济南，介川市的朝阳、介川、凤泉、盐田、原里、新林，北仓郡的松南、岘洞，银山郡的新昌、天圣、永大，

图1-24　朝鲜半岛行政区划图

顺川市的无震台、直洞，平安北道球场郡的龙登、龙门、龙铁等。咸境北道北部煤田（阿吾地里以北）、南部煤田（清津以南）和平安南道安州煤田等地的烟煤储量最为丰富。北部规模最大的煤矿有恩德郡的阿吾地、茂山市的五峰、会宁市的会宁等。安州煤矿 2～5m 厚的矿层达到 7 个，主要出产发热量在 5 300kcal以上的褐煤，年产量达 700 万 t，是朝鲜最大的煤矿。朝鲜的铅锌矿是举世闻名的，在朝鲜北部有 20 个中型以上的铅锌矿，朝鲜中部有 80 个铅锌矿，但大部分为中小型，以慈江道及咸镜道分布最多，其中，检德铅锌矿床为世界罕见的巨型层控铅锌矿床，勘探提交的矿石储量达 2.2 亿 t，铅锌矿石储量达 7 000 万 t。据韩联社 2009 年 10 月 5 日报道，蕴藏在朝鲜的主要矿产资源潜在价值达 6 984 万亿韩元（约合 60 亿美元或 407 亿元人民币），相当于韩国的 24 倍。韩国每年消费 11.5 万亿韩元的矿物资源，而自给率仅为 10%。这一数据是由韩国统一部提供的，并认为在朝鲜的 200 多种矿产资源中，具有经济性的资源有 20 种左右。据介绍，根据前两年进行的调查评估结果，朝鲜的检德铅、锌矿山和大兴菱镁矿矿山的经济性可观，而且从这些矿山开采的资源质量高，开采环境也好。朝鲜拥有如此丰富的金属矿物和能源矿物，工业原料和燃料的 70% 由国内自给自足。但是尚未发现石油，钢铁制造工业所必需的沥青煤（焦炭的原料）几乎没有埋藏。

韩国矿产资源较少。已发现的矿产有 280 多种，其中有经济价值的 50 多种，有开采利用价值的有铁、无烟煤、铅、锌、钨等，除铅锌矿和钨矿外，其他矿产储量均不大。随着制造业的迅速发展，韩国国内矿产品供应和需求的结构发生了重大变化，矿业产值在 GNP 中所占比重已经不到 1%。1984 年韩国矿业生产 55.3 万 t 铁矿，4 480t 钨精矿，5.2 万 kg 精炼银，21.2 万 t 高岭土，3 100 万 t 石灰石，2 万 t 铅矿以及 10.6 万 t 锌矿，主要用于国内消费，其余出口也有 9 200 万美元。1994 年，韩国 17 种主要金属矿产自给率只有 4.4%。包括一个世界级的钨矿（Sangdong）在内的许多矿山关闭了，其原因主要是矿石品位低，同时矿业劳动力成本竞争力低于其他新兴制造业，在经济发展中可以带来经济利润的其他更多的投资机会挤占了矿业投资也是重要的原因。而且，已经关闭的许多矿山也对生态环境形成了巨大的威胁。韩国的高楼大厦得益于资源丰富的石灰石以及其他建筑砂石资源。用于水泥、冶金和化工的石灰石产量，1970 年为 900 万 t，而近年来已经达到 7 500 万 t；砂石产量 1980 年为 500 万 t，1992 年为 900 万 t，而近年来已经达到 7 500 万 t。韩国能源消费增长迅速，其中电力装机容量从 20 世纪 70 年代到 90 年代就翻了 5 番还多。早期靠国内煤炭发电，60 年代无烟煤产量为 700 万 t，70 年代达到 2 100 万 t。80 年代以来随着煤矿关闭，韩国只能靠进口石油、天然气以及核燃料发电。20 年来，韩国建设了一批核电站以增加电力供应，因此韩国地质矿产资源研究院（KIGAM）也执行了若干地质调查项目研究核辐射影响问题。

（二）朝鲜半岛矿产资源的分布与潜力

朝鲜半岛矿产资源尤以半岛北部的铅锌、金、钨、铜、铁、菱镁矿、石墨和磷灰石极其丰富为特征，半岛南部的铅锌、钨矿以储量丰富而闻名于世（图 1-25）。

根据朝鲜半岛的以下地质矿产特点：①成矿的主要控制因素，如：地层分布、岩浆活动、构造运动和区域变质作用等；②矿床形成时的大地构造环境；③矿床与矿床之间形成时的时间和空间分布关系，可将朝鲜半岛划分为 8 个成矿区。

1. 咸北成矿区

咸北成矿区位于朝鲜半岛东北部，西北以图们江为界与我国及俄罗斯接壤，西南面以清津江深断裂与摩天岭成矿区为界，南北长 60km，面积约 4 200km^2。地质构造范围包括三级构造单元——图们江沉降带。区内主要矿产有镍、钴、铬及铜矿，矿床形成主要与清津一带的基性—超基性岩体有关。主要有龙川铬矿床、三海镍矿床、三惠铜镍矿床、会宁钴矿床，以及富宁和梨津的铜矿床等。它们都与晚古生代的清津岩群、中生代的豆满江岩群及端川岩群有关。

2. 冠帽成矿区

冠帽成矿区位于朝鲜半岛东北部。东面以清津江断裂为界与图们江沉降带接壤；西面以北大川断裂与惠山-利原台向斜为界；北面以图们江为界与我国吉林毗邻；南面到东南海岸。南北长 110km，东西宽 100km，面积约 11 000km²。冠帽成矿区包括整个冠帽隆起带，它是铁岭-靖宇-茂山台拱的一部分，属于和龙铁钼成矿区。区内矿种种类简单，只有铁矿和少量钼矿。此区是朝鲜产铁最丰富的地区，也是朝鲜最主要的铁矿成矿区，茂山铁矿则是全朝鲜最大的铁矿床。

3. 摩天岭成矿区（惠山-利原成矿带）

朝鲜北部地区与我国辽吉南部地区一样，同属中朝准地台的一部分。古元古代时期，大体沿北纬 41°线南北地区，太古宙克拉通发生张性裂开，形成了近东西走向的辽（河）-老（岭）-摩（天岭）大裂谷。在非稳定性构造环境下，成为一条宽 50～100km、总长在 650km 以上的狭长形海槽，并长期接受海相沉积（图 1-25），在辽宁南部为辽河群，在吉林南部称老岭群，朝鲜称为摩天岭系。

辽-老-摩裂谷带中的朝鲜摩天岭系内赋存铅锌、铜、金、铁、菱镁矿、滑石、磷灰石、石墨、云母、硫及硼等丰富矿产资源，并以铅锌矿和铜金矿为主，惠山、检德一带，就有几十处中大型和超大型矿床，类型复杂，是朝鲜最重要的有色金属矿产集中区，检德铅锌矿所在的摩天岭地区即为此裂谷的一部分。

4. 平安北道成矿区（狼林成矿带）

成矿区范围为鸭绿江以南，清川江以北地区，面积 15 000km²。区内矿产资源以金为主，大小矿床、矿点 140 处以上，其次为银、磷灰石、石墨、铁矿等。该成矿带尤其以狼林群内赋存的金矿高度集中为特征，仅平安北道一带就有数千条含金石英脉，几十处中大型和超大型矿床，目前有 10 个大型矿床（造岳、天山、天摩、云山、大榆洞、玉浦、竹大、宣川、九岩和新延），金保有储量为 350t，是朝鲜最重要的金矿集中区。

5. 平南成矿区（沙里院-临津江成矿带）

成矿区位于朝鲜半岛的中部，属于平安南道管辖。北起清川江，南止临津江构造带南缘，南北长 220km，东西宽 200km，面积约 44 000km²。区内矿产以金银有色金属（铜、铅、锌、钨、锡）、铁和磷灰石为主，如成兴金银铜矿床、笏洞和遂安金银铅锌矿床、成川和银波铅锌矿床以及万年钨锡矿床等大型矿床。可进一步划分为沙里院成矿亚带、肃州-海州成矿亚带和元山-开城成矿亚带。

6. 京畿成矿区（金刚山-春川-水原成矿带）

成矿区位于朝鲜半岛中部，属于京畿台背斜的一部分，相当于京畿隆起带，北起临津江构造带南缘，南以中州-大田构造带为界，南北长 100km，东西宽 220km，面积约 22 000km²。区内以产金为主，其次为银、铅锌、铁、钼、锑、钨及非金属矿产。著名矿床有：太古宙狼林群中的大型石英脉型洪川金矿，汉成隆起带中的仁川-端川坳陷带内的九峰金矿区的 7 个裂隙充填石英脉型金矿床，天安金矿区内产于太古宙狼林群、莲花山岩群与中生代端川花岗岩、伟晶岩脉及接触带中的 3 个裂隙充填石英脉型金矿床，沉积变质型襄阳铁矿、岩浆分异型古南山铁矿及广州铁矿和京仁铁矿，侏罗纪热液脉型三堡铅锌矿及利川铅锌矿、西横铅锌矿，春川地区的新浦萤石矿和三和萤石矿。

7. 沃川（岭南）成矿区（宁越-全州成矿带）

沃川成矿区位于朝鲜半岛中南部，北部以公州断裂与京畿成矿区为界，南部以沃川坳陷东缘为界与庆尚成矿区接壤。南北长 160km，东西宽 350km，面积约 56 000km²。其地质构造范围包括忠州-大田褶皱构造带和沃川沉降带 2 个Ⅳ级构造单元。根据成矿地质特征，又可将沃川成矿区进一步划分为东北成矿亚区、中部成矿亚区和西南成矿亚区，其中，以东北成矿亚区矿产资源尤为丰富。

东北成矿亚区主要由寒武—奥陶纪及石炭—三叠纪的碳酸盐岩地层所构成，称为太白山盆地。太白山盆地的北部地区赋存有较丰富的铅锌矿，伴以铜和钨，形成了与晚白垩世佛国寺期花岗岩浆作用有关的铅锌和钨的矽卡岩型矿床，包括了朝鲜半岛南部的三大铅锌矿床（莲花Ⅰ号矿床、莲花Ⅱ号矿床和蔚珍矿床）和世界最大的钨矿之一的上东钨矿，蔚珍-莲花-上东铅锌钨矿区是朝鲜半岛南部最主要的有色金属产地之一。太白山盆地的西部地区构成了本成矿亚区的另一个朝鲜半岛南部最主要的有色金属矿产地之一——新礼美铅锌矿床。在该成矿亚区的沃川沉降带中部的黄江里地区，分布有月岳和守山石英脉型钨钼矿床，此外，尚有锦城钼矿和提川铜钼矿。在该成矿亚区的忠州-大田褶皱构造带中产出有数个大型磁铁矿床，其中，寿山铁矿是韩国最大的铁矿床。在庆尚北道奉化郡分布有新元古界祥原系中的沉积型锰矿床——将军锰矿。

中部成矿亚区的金、银和铜矿化主要与忠州-大田褶皱构造带的深成岩体有关，如无极、金旺金矿是朝鲜南部的最著名金矿产地之一，是朝鲜型金矿脉的代表，含金-银石英脉呈裂隙充填型赋存于花岗岩中，花岗岩侵入到白垩系地层中。在该成矿亚区的忠田-大田褶皱构造带的首尔东南约75km处，产出有世界最著名的粒大质优的白钨矿晶体的白垩纪裂隙充填石英脉型大华钨钼矿床，以此为代表的朝鲜其他一些热液钨矿的地球化学资料相似性表明，朝鲜热液钨矿床从总体上讲都与白垩纪浅成花岗质火山作用有关。该成矿亚区的萤石矿床主要分布于大田—永洞一带，主要矿床有深川和锦山矿床。

西南成矿亚区，包括酸性—中性火山沉积岩和熔岩流，砂质和泥质陆相沉积，在靠近中部成矿亚区有年轻深成岩沿朝鲜半岛西海岸一带，除有凝灰岩热液蚀变形成的叶蜡石、明矾石和一些冲击型砂矿外，该区在内生金属成矿作用方面没有实际的矿化作用。

8. 庆尚成矿区（永川-顺天成矿带）

庆尚成矿区位于朝鲜半岛最南部，北起沃川坳沉降带东缘，南至东南海岸。东南宽150km，东北长200km，面积约30 000km^2。其地质构造范围包括小白隆起带、洛东江坳陷带和迎日坳陷带3个Ⅳ级构造单元。根据成矿地质特征，又可将庆尚成矿区进一步划分为小白成矿亚带和洛东成矿亚带。

小白成矿亚带从下至上分布有前寒武纪早—中期的平海群花岗片麻岩系、萁成群变质火山岩系、远南群变质碳酸盐岩系、栗里群变质绿片岩系，侏罗纪花岗岩广泛分布，而白垩纪花岗岩只以小岩株形式在少数地区出现。该亚带东北部地区的金银矿床有金井矿床和大都矿床，其中，金井矿山是朝鲜半岛最大的生产矿山之一，属新元古代白岗岩脉型金矿床。该亚带东北部地区的奉化郡一带分布有热液交代型的将军铅锌银矿床和早古生代沉积型莲花锰矿床，将军铅锌银矿床位于寒武纪将军石灰岩与春阳花岗岩体的岩枝接触部位。该成矿亚带中部地区的全罗北道长水郡分布有大型铜钼矿床——长水铜钼矿床。

洛东成矿亚带主要分布有白垩纪和新生代陆相火山-沉积地层和白垩纪佛国寺花岗岩系列。区内各矿产具有明显的分带性，由北向南可划分为3个矿带：①东北部铅锌矿带，以七里谷、军威和西店为代表，属热液脉型铅锌矿；②中部钨钼矿带，有达城、三内、永城和蔚山钨、钼、铜、铁矿床，属寒武-奥陶纪灰岩与白垩纪佛国寺花岗岩及火山岩侵入接触所形成的矽卡岩型矿床系列；③南部铜矿带，主要分布在南部，产于坳陷西部边缘的沉积岩、中性—酸性火山岩及花岗岩中，有黄铜矿脉型、角砾岩筒型、斑岩型及明矾石-叶蜡石型，包括有固城、三峰、咸安、锂山、马山、九龙湖和东莱等铜矿床。

第二章　东北亚南部构造-成矿(区)带的划分与衔接

第一节　地层分区与地质构造单元的划分

一、区域地层的分区

东北亚南部地区地层发育，从太古宇至新生界皆有分布。本书采用以本区古生代地层区划为基础的划分原则，将东北亚南部地区地层划分为3个地层大区及7个地层区，即华北地层大区(Ⅰ)的华北-朝鲜地层区($Ⅰ_1$)和西拉木伦-吉林地层区($Ⅰ_2$)；西伯利亚地层大区(Ⅱ)的阿尔丹地层区($Ⅱ_1$)、兴安地层区($Ⅱ_2$)和布列亚-兴凯地层区($Ⅱ_3$)；滨太平洋地层大区(Ⅲ)的锡霍特-阿林地层区($Ⅲ_1$)和蒙古-鄂霍茨克地层区($Ⅲ_2$)(图2-1)。

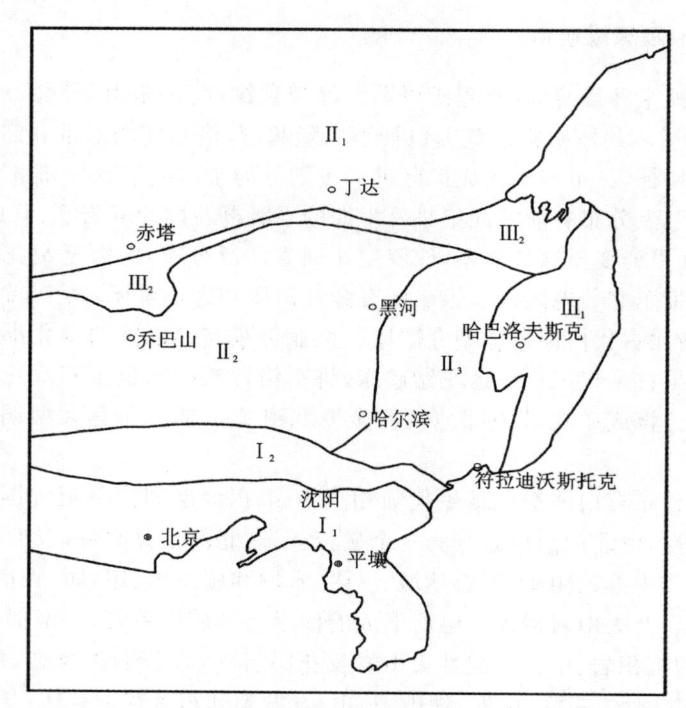

图2-1　东北亚南部地区地层区划图

Ⅰ.华北地层大区：$Ⅰ_1$.华北-朝鲜地层区；$Ⅰ_2$.西拉木伦-吉林地层区。Ⅱ.西伯利亚地层大区：$Ⅱ_1$.阿尔丹地层；$Ⅱ_2$.兴安地层区；$Ⅱ_3$.布列亚-兴凯地层区。Ⅲ.滨太平洋地层大区：$Ⅲ_1$.锡霍特-阿林地层区；$Ⅲ_2$.蒙古-鄂霍茨克地层区

华北-朝鲜地层区($Ⅰ_1$)位于本区南部，为赤峰—开原—清津一线以南的中国河北北部、辽宁及朝鲜半岛等地区。

西拉木伦-吉林地层区($Ⅰ_2$)位于华北-朝鲜地层区北部，北界为贺根—突泉—长春—吉林—汪清—珲春一线。呈近东西向带状分布于华北古陆块北侧，为华北古陆块侧向增生构造带部分。

阿尔丹地层区($Ⅱ_1$)位于图幅北部，范围包括俄罗斯的赤塔州北部、阿穆尔州北部及哈巴罗夫斯克

北部等地区。属于西伯利亚古陆及部分增生构造区域。

兴安地层区($Ⅱ_2$)的范围包括中国的大兴安岭、俄罗斯赤塔州的东部及蒙古国东方省等地区。属于泛西伯利亚板块增生构造区域。

布列亚-兴凯地层区($Ⅱ_3$)的范围包括俄罗斯的布列亚、滨海边区西部地区和中国的黑龙江省东部地区。属于泛西伯利亚板块增生构造区域。

锡霍特-阿林地层区($Ⅲ_1$)位于俄罗斯滨海边区东部和哈巴罗夫斯克边疆区东南部的锡霍特-阿林山区。属于滨太平洋构造域增生构造区域。

蒙古-鄂霍茨克地层区($Ⅲ_2$)由两部分组成。西部区位于蒙古国肯特山-俄罗斯赤塔州石勒喀河流域;东部区位于上黑龙江-鄂霍茨克海口。属于滨太平洋(鄂霍茨克洋)构造域增生构造区域。

二、地质构造单元的划分与区域大地构造格架基本特征

东北亚南部地区前中生代由华北、西伯利亚、扬子三板块组成。各板块由稳定区和构造增生(褶皱)带两部分组成(图 2-2),主要构造单元可划分为以下几个方面。

Ⅰ.华北板块:稳定区为$Ⅰ_a$.华北-朝鲜古陆(Ar);构造增生(褶皱)带为华北板块北缘的$Ⅰ_b$.西拉木伦-吉南造山带(Pt_3—Pz)。

Ⅱ.西伯利亚板块:稳定区为$Ⅱ_a$.阿尔丹古陆(Ar)之$Ⅱ_a^1$.斯塔诺夫花岗-绿岩区(Ar)和$Ⅱ_a^2$.塞林格陆缘带(Ar)以及$Ⅱ_a^3$.克鲁伦-额尔古纳(Ar_3—Pt_1)、$Ⅱ_a^4$.加格达奇(Ar_3—Pt_1)、$Ⅱ_a^5$.岗仁(Ar_3—Pt_1)、$Ⅱ_a^6$.马门(Ar_3—Pt_1)、$Ⅱ_a^7$.布列亚(Ar_3—Pt_1)、$Ⅱ_a^8$.佳木斯(Ar_3—Pt_1)、$Ⅱ_a^9$.兴凯(Ar_3—Pt_1)诸地块;构造增生(褶皱)带有$Ⅱ_b^1$.维尔霍扬造山带(Pz_1)、$Ⅱ_b^2$.雅布拉诺夫造山带(Pz_1)、$Ⅱ_b^3$.奇柯依造山带(Pz_2)、$Ⅱ_b^4$.温都尔汗造山带(Pz)、$Ⅱ_b^5$.多宝山岛弧带(O)、$Ⅱ_b^6$.苏赫巴托-沐河造山带(Pz_2)、$Ⅱ_b^7$.东风山裂陷槽(Pt_3)、$Ⅱ_b^8$.张广才岭裂陷槽(Pt_3)、$Ⅱ_b^9$.小金沟山弧带(O)、$Ⅱ_b^{10}$.宾东-吉林造山带(C—P)、$Ⅱ_b^{11}$.太平岭造山带(C—P)、$Ⅱ_b^{12}$.苏鲁柯坳陷(C—P)。

Ⅲ.扬子板块:稳定区为$Ⅲ_a$.京畿地块(Ar_3);构造增生(褶皱)带为$Ⅲ_b$.临津造山带(D—C)。

Ⅳ.中、新生代滨太平洋构造带,$Ⅳ_a$.中生代滨太平洋构造带:$Ⅳ_a^1$.蒙古-鄂霍茨克造山带(T—J)、$Ⅳ_a^2$.上黑龙江坳陷(J)、$Ⅳ_a^3$.完达山造山带(T—J)、$Ⅳ_a^4$.锡霍特-阿林造山带(K)、$Ⅳ_a^5$.鄂霍茨克造山带(T—K);$Ⅳ_b$.新生代盆地及火山高地:$Ⅳ_b^1$.松嫩盆地(Cz)、$Ⅳ_b^2$.结雅盆地(Cz)、$Ⅳ_b^3$.下辽河盆地(Cz)、$Ⅳ_b^4$.海拉尔盆地(Cz)、$Ⅳ_b^5$.三江盆地(Cz)、$Ⅳ_b^6$.兴凯盆地(Cz)、$Ⅳ_b^7$.库尔滨火山高地(Qp)、$Ⅳ_b^8$.长白火山高地(Qp)。

东北亚南部地区大致经历了前中生代和中生代以来多次地质构造变动的地质演化历史。古生代地质构造属古亚洲洋构造域,以华北-朝鲜古陆和阿尔丹古陆之间的诸多微地块与古生代褶皱带的交织分布为特征,总体特征显示出南北分异、东西走向的"块带镶嵌"地质构造格局;中生代地质构造属于滨西太平洋构造域,以东缘分布晚中生代增生杂岩带和块断活动为特征,受古亚洲板块(大陆板块)与泛太平洋板块(大洋板块)两大构造体系相互作用的影响,形成了与俯冲带大致平行的北东—北北东向叠加构造带,表现为北东向带状相间排部的"盆岭构造"特征。

通过对本区区域地质构造特征等的研究,我们对本区构造层、构造旋回、构造发展阶段进行了划分,如表 2-1 所示。从表中可以看出:东北亚南部地区地壳的演化形成史起始于前寒武纪,华北古陆、西伯利亚古陆、扬子古陆形成于古陆(块)形成阶段(Ar—Pt_3^1)。克鲁伦-额尔古纳、加格达奇、岗仁、马门、布列亚、佳木斯、兴凯诸地块亦形成于古陆(块)形成阶段(Ar_3—Pt_3^1)。古亚洲洋构造域阶段(Pt_3^{2-3}—T_1)的演化形成了三大古陆间的早古生代构造增生(褶皱)带,构成了本区地壳演化独特的"块带镶嵌结构"。之后,于早古生代末期(S_4—D_1),华北、西伯利亚两大板块对接(华北、扬子两大板块对接于晚古生代末期)。晚古生代(D_2—T_1)为在华北板块与西伯利亚板块间超碰撞作用下,地壳演化以垂向增生为主要特征,古亚洲大陆基本形成。滨太平洋构造域阶段(T_2—Q)则为古亚洲大陆板块与泛太平洋板块相互作用,古亚洲大陆侧(垂)向增生,本区地壳演化主要以垂向增生为特征,并对前期构造进行了叠覆、改造。进入新生代,本区基本为陆内拉分-裂陷沉积和玄武岩浆喷发活动,以及酸性—碱性岩浆活动。

表 2-1 东北地区构造层、构造旋回划分表

<table>
<tr><th>地质时代</th><th>年龄(Ma)</th><th>构造层</th><th>构造旋回</th><th>构造发展阶段</th></tr>
<tr><td>N_2—Q</td><td>5.4～0.00</td><td>喜马拉雅晚期构造层</td><td rowspan="2">喜马拉雅构造旋回</td><td rowspan="5">滨太平洋
构造域阶段</td></tr>
<tr><td>E_2—N_1</td><td>56.5～5.4</td><td>喜马拉雅早期构造层</td></tr>
<tr><td>K_2—E_1</td><td>96～56.5</td><td>燕山晚期构造层</td><td rowspan="2">燕山构造旋回</td></tr>
<tr><td>J_3—K_1</td><td>154～96</td><td>燕山早期构造层</td></tr>
<tr><td>T_2—J_2</td><td>241～154</td><td>印支期构造层</td><td>印支构造旋回</td></tr>
<tr><td>C_2—T_1</td><td>320～241</td><td>华力西晚期构造层</td><td rowspan="2">华力西构造旋回</td><td rowspan="4">古亚洲洋
构造域阶段</td></tr>
<tr><td>S_4—C_1</td><td>415～320</td><td>华力西早期构造层</td></tr>
<tr><td>$Є_1$—S_3</td><td>543～415</td><td>加里东期构造层</td><td>加里东构造旋回</td></tr>
<tr><td>Pt_3^{2-3}</td><td>800～543</td><td>兴凯期构造层</td><td>兴凯构造旋回</td></tr>
<tr><td>Pt_2—Pt_3^1</td><td>1 800～800</td><td>扬子期构造层</td><td>扬子构造旋回</td><td rowspan="3">古陆(块)
形成阶段</td></tr>
<tr><td>Pt_1</td><td>2 500～1 800</td><td>五台期构造层</td><td>五台构造旋回</td></tr>
<tr><td>Ar</td><td>3 600～2 500</td><td>阜平期构造层</td><td>阜平构造旋回</td></tr>
</table>

三、主要区域断裂构造特征

区内断裂构造发育，以东西向、北东向、北北东向断裂为主(图 2-2)。下面就区内具有重要地质构造意义的区域性断裂加以叙述。

(一) 华北古陆北缘断裂系统(1)

华北古陆北缘断裂系统为华北古陆(台)与兴蒙-吉黑增生构造带(地槽)之间近东西走向的巨型复杂构造带。该带被北东方向的依兰-伊通断裂、敦化-密山断裂、鸭绿江断裂分割成 4 段，各段的性状有所不同。自西向东分别为赤峰-开原断裂带、西丰-海龙断裂带、红石-夹皮沟断裂带、两江-清津断裂带。

1. 赤峰-开原断裂带

该断裂带位于赤峰—开原一线。总体走向近东西向，倾向变化大，时南时北，但总体上还是倾向南，倾角陡立，一般为 70°～80°，推测断面应当为梳状，具逆冲特征。带内动力变质作用强烈，发育有韧性变形带。主断裂为超岩石圈断裂，是华北古陆(台)与兴蒙增生构造带(地槽)的分界断裂。

2. 西丰-海龙断裂带

该断裂带由西段威远堡-西丰断裂和东段小四平-海龙断裂构成。断裂带走向近东西，倾向南，倾角一般为 30°～60°，具多期活动特点。早期表现为韧性变形带，晚期为脆-塑性及脆性。主断裂为超岩石圈断裂，具逆冲特征。是华北古陆块(台)与吉黑增生构造带(地槽)的分界断裂。

3. 红石-夹皮沟断裂带

红石-夹皮沟断裂带位于桦甸市以东的红石至两江之间，带宽 2～15km，走向为东西—南东向，呈向北东凸出的弧形展布；倾向南—南西，倾角一般为 30°～60°，由一系列韧性剪切带组成，韧性逆冲特征明显，太古宙岩片被推覆到新元古代地层和花岗岩之上。主断裂为超岩石圈断裂，是华北古陆块(台)与吉黑增生构造带(地槽)的分界断裂。

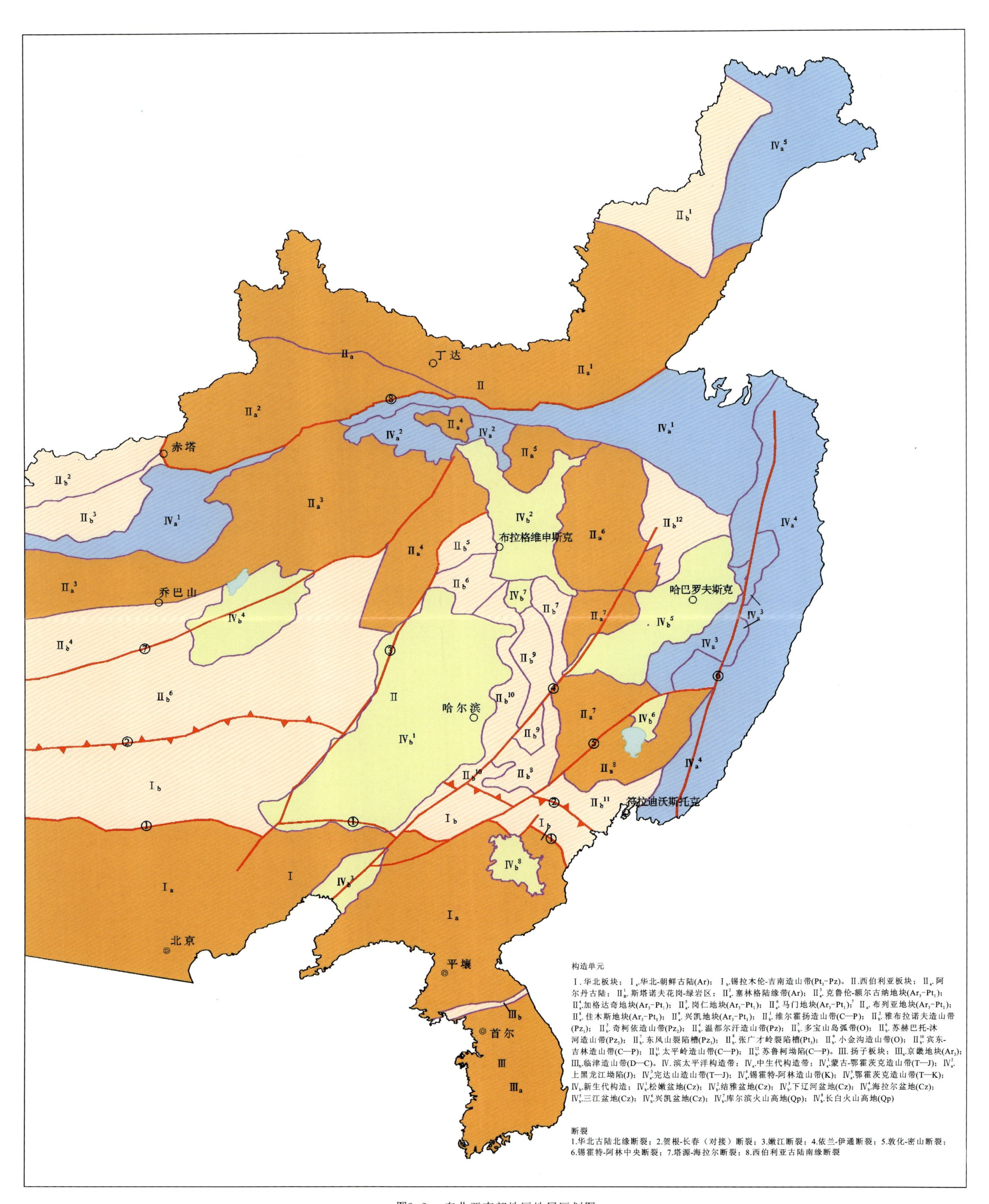

图2-2　东北亚南部地区地层区划图

4. 两江-清津断裂带

该断裂带分布位于两江口至清津一带。断裂带走向近东西，倾向南，倾角一般为30°～60°，具多期活动特点。早期表现为韧性变形，晚期为脆-塑性及脆性。断裂带宽达几千米，由数条逆断层组成，向东南经白金延入朝鲜境内的清津。主断裂为超岩石圈断裂，是华北古陆块(台)与吉黑增生构造带(地槽)的分界断裂。

(二) 东西向断裂系统

贺根-长春(对接)断裂(2)为著名的克拉麦里-二连超岩石圈断裂的东延部分，在本区中部被松嫩盆地覆盖，东段被敦化-密山断裂错断，出露的三段，自西向东为二连-贺根山断裂、长春-蛟河断裂和汪清-珲春断裂。

1. 二连-贺根山(对接)断裂带

该断裂带位于内蒙古二连—贺根山—霍林郭勒至突泉一带，是著名的二连-贺根山超岩石圈断裂东延部分。走向为东西向，倾向南，具逆冲特征。东端在突泉被松嫩盆地掩盖。该断裂带为华北与西伯利亚两大古板块对接缝合断裂，其西段在内蒙古境内沿断裂带发育蛇绿岩块、混杂堆积及高压变质带等。

2. 长春-蛟河(对接)断裂带

该断裂带位于吉林中部长春波泥河—吉林—蛟河一带，走向南东东，由数条平行断层组成，宽达20余千米。地球物理资料显示该断裂带南倾，具逆冲特征。沿断裂带发育早古生代超基性岩，并控制了早古生代花岗岩的产出(四楞山岩体)。断裂带形成于早古生代末期，属超岩石圈断裂，为华北与西伯利亚两大古板块对接缝合断裂。其东段被敦化-密山断裂错断。

3. 汪清-珲春(对接)断裂带

该断裂带位于延边地区春阳—汪清—珲春一带。断裂带走向南东，为被敦化-密山断裂错断的吉林-蛟河断裂东延部分，向南东延入日本海。地球物理资料显示该断裂带倾向南西，具逆冲特征。带内有基性—超基性岩分布。断裂带中动力变质作用明显。断裂带形成于早古生代末期，为华北与西伯利亚两大古板块对接缝合断裂，属超岩石圈断裂。

(三) 北东、北北东向断裂系统

该断裂系统包括古亚洲洋构造域和滨太平洋构造域的断裂系，后者往往使前者复活，致使本区北东、北北东向断裂系统极为发育。

1. 嫩江-清龙河断裂带(3)

该断裂带位于大兴安岭东缘，走向北北东，倾向东。南段(赤峰—八里罕)形成于晚古生代，控制了东、西两侧石炭纪—二叠纪沉积作用；该断裂中生代活动强烈，在早白垩世尤为明显，控制了早白垩世含煤盆地的形成与演化；沿断裂局部有新生代玄武岩浆喷溢活动，至今仍有地震发生。中段(讷河—白城—翁牛特旗)为晚白垩世至新生代长期活动的左旋正断层，控制着嫩江盆地的形成与演化，为松嫩盆地西缘断裂。北段(嫩江上游河谷)由两条平行的断裂构成，也称之为嫩江岩石圈断裂，断裂东倾，倾角60°～80°，具走滑特征。向北东延入俄罗斯境内。

2. 依兰-伊通断裂带(4)

该断裂带位于本区东部，南起沈阳，经伊通—舒兰—尚志—依兰—萝北向北延入俄罗斯境内。为一规模巨大的超岩石圈断裂。断裂带总体走向北东，中段被第四系掩盖；南段由两条平行断裂构成，两断裂相距6～20km，西支断裂倾向北西，倾角约70°；东支断裂倾向东南，倾角70°～80°；两支断裂表现为相向对冲特征，早期地质体仰冲在晚期地质体之上，两断裂之间则形成地堑，接受了晚白垩世以来的沉积和玄武岩浆喷溢。断裂带北段表现为高角度、倾向南东、右旋走滑。一般认为该断裂带形成于晚三叠世或白垩纪，但也有人认为其形成时代会更早，不排除在局部地段可能有较早的断裂被纳入其中。总体上断裂带在白垩纪活动最为强烈，并且在晚期表现为右旋走滑平移特征。

3. 敦化-密山断裂带(5)

该断裂带位于抚顺—敦化—密山一带，是郯-庐断裂自沈阳开始的分支。断裂带走向北东，向北东延伸至俄罗斯境内。断裂带具强烈的左旋走滑特征，平移间距达上百千米。晚侏罗世后沿断裂带形成了一系列拉分盆地，盆地内堆积了晚侏罗世至新近纪火山-沉积地层，新近纪的船底山玄武岩沿断裂喷溢，形成了巨型玄武岩台地。

4. 锡霍特-阿林中央断裂带(6)

该断裂带位于俄罗斯东南边疆纳霍德卡—珲嘎里—陶赫塔一带，属岩石圈断裂。断裂带走向北北东，倾向北西西，倾角较陡。沿走向该断裂表现特征有所不同。在兴凯地区表现为逆冲特征，作为兴凯地块与锡霍特-阿林造山带的界线断裂出现；在中黑龙江地区断裂则表现为正断层性质，控制了三江盆地的形成。

5. 塔源-海拉尔断裂带(7)

该断裂带位于中国大兴安岭北部的十八站—塔源—海拉尔一带，为中央蒙古断裂带的东延部分。属超岩石圈断裂。断裂带走向北东，倾向北西。沿断裂带分布有新元古代蛇绿岩块、混杂堆积，并有双变质带发育。该断裂带形成于新元古代末期，是额尔古纳地块与加格达奇地块的分界断裂，具有对接缝合断裂特征。断裂带向北东延伸与塔源-乌奴尔断裂相斜接延至上黑龙江地区，被得尔布干断裂截断。再向东延入俄罗斯境内。

（四）西伯利亚古陆南缘断裂系(8)

西伯利亚南缘断裂系为阿尔丹古陆-斯塔诺夫花岗-绿岩区（台）与兴蒙-鄂霍茨克增生构造带（地槽）之间近东西走向的巨型构造单元界线断裂带，为一超岩石圈断裂，断裂带由数个断层构成。主干断裂走向近东西向，倾向北北西—北，倾角平缓，具逆冲特征。断裂形成古老（早于3 100Ma），至今仍有活动。资料表明，该断裂有两个活动强烈期，一为新太古代末期，另一为中生代时期。其中，中生代鄂霍次克洋封闭时期该断裂活动尤为强烈，沿断裂带发生了强烈的动力变质作用，致使该断裂带中不同时代的地质体呈构造混杂接触，形成一巨大动力变形带。

四、侵入岩及区域分布特征

东北亚南部地区的侵入岩极其发育，太古宙至新生代均有侵入岩浆活动，且岩石类型繁多、成因类型多样。

（一）太古宙侵入岩

20 世纪 90 年代经对太古宇岩层深入研究，认定原划混合岩原岩为侵入岩，将其从太古宇岩层中划出，称为变质深成侵入体，从而对太古宇岩层进行了解体。变质深成侵入体和绿岩伴生，构成"花岗-绿岩区"。太古宙变质深成侵入体、侵入岩分布于本区早前寒武纪古陆(地块)之上。

1. 太古宙变质深成侵入体

变质深成侵入体岩石类型为英云闪长片麻岩、奥长花岗片麻岩、花岗闪长片麻岩等 TTG 岩系及紫苏花岗岩。它与同期富钾花岗岩侵入体和绿岩伴生，构成"花岗-绿岩区"。

2. 太古宙侵入岩

除上述富钾花岗岩侵入体外，还见有二长花岗片麻岩、钾长花岗片麻岩、花岗岩、碱长花岗岩、正长花岗岩、二长花岗岩、花岗闪长岩、英云闪长岩。

中性岩类岩石类型为二长岩、闪长岩、辉长闪长岩、石英闪长岩(多见于中、新太古代)。基性岩类岩石类型为二长岩、辉长岩、角闪辉长岩、苏长岩、辉长斜长岩。超基性岩类多数为未分超基性岩，个别岩体可分出纯橄榄岩、二辉橄榄岩、辉石岩等。

（二）元古宙侵入岩

1. 古元古代侵入岩

古元古代侵入岩分布于早前寒武纪古陆(地块)之上。

1) 古元古代变质深成侵入体

该侵入体发育于中国境内古老地块之上的大兴安岭北部、小兴安岭西北部及佳木斯地区。在大兴安岭北部、小兴安岭西北部岩性为 TTG 岩系、花岗质片麻岩；在佳木斯地区岩性为 TTG 岩系、花岗质片麻岩、似斑状-巨斑状花岗(片麻)岩。

此外，可见同期富钾花岗岩侵入体(碱长花岗岩、花岗岩、二长花岗岩)及伟晶岩，侵入变质深成侵入体之中。

2) 古元古代侵入岩

除上述富钾花岗岩侵入体外，古元古代花岗岩类岩石类型一般以二长花岗岩为主体，次为花岗岩、碱长花岗岩、正长花岗岩、花岗闪长岩、英云闪长岩，以及碱性花岗岩、花岗斑岩。

中性岩类岩石类型为石英闪长岩、闪长岩。基性—超基性岩类岩石类型主要有辉长岩、橄榄辉长岩、辉长辉绿岩、角闪辉长岩、蛇纹岩、橄榄岩、辉石岩、角闪石岩等。发育有少量碱性岩类，岩石类型为正长岩类和石英正长岩。

2. 中元古代侵入岩

中元古代侵入岩分布于早前寒武纪古陆(地块)之上及其外侧增生构造带。

该期花岗岩类岩石类型主要为花岗岩、二长花岗岩、碱长花岗岩、花岗闪长岩，次为正长花岗岩、英云闪长岩、碱性花岗岩、环斑花岗岩、石英二长岩。

中性岩类岩石类型为二长岩、闪长岩。基性—超基性岩类岩石类型为辉长岩、角闪辉长岩、辉长辉绿岩、角闪岩、二辉岩等。少量的碱性岩类，岩石类型为正长岩类和石英正长岩。

3. 新元古代侵入岩

该期花岗岩类较发育，多发育在古陆或地块边缘，为陆缘增生带的组成部分。

花岗岩类以花岗岩、二长花岗岩为主，其次为花岗闪长岩、碱长花岗岩、正长花岗岩、英云闪长岩、碱性花岗岩。在中国黑龙江省东风山—大罗密—林口—苇河一带，该期花岗岩集中分布，构成了规模巨大的构造花岗岩带，其中著名的楚山岩体走向近南北，呈长170km、宽5～25km的巨大岩基产出，为构造-花岗岩带的主体，岩石类型主要有二长花岗岩、花岗闪长岩、碱长花岗岩及闪长岩。

中性岩类岩石类型为闪长岩、石英闪长岩。基性—超基性岩类主要岩石类型有辉长岩、角闪辉长岩、橄榄辉长岩、辉绿岩、辉长岩、角闪石岩、辉橄岩、橄榄辉石岩等。

4. 里菲期侵入岩

该期侵入岩极不发育，在俄罗斯赤塔州的柯里其卡地区和额尔古纳河下游左岸分别见有几个里菲期早、中期花岗岩类侵入体分布。岩石类型亦单一，均为花岗岩。于哈巴罗夫边区的汉德艾柯地区见有几个不大的碱性岩体和一个超基性岩体分布。碱性岩体岩石类型为霞石正长岩、磷霞岩、霓霞磷霞岩、钛铁霞辉岩、磷酸盐岩。超基性岩类岩石类型为碱性苦橄岩。

（三）早古生代侵入岩

早古生代侵入岩分布于古陆、中间地块之上及其边缘。后者为构造增生带的组成部分。

1. 未分早古生代侵入岩

这是一组未研究清楚的侵入岩。数量不多，岩石类型简单。仅见有花岗岩类及基性岩类。花岗岩类岩石类型以花岗岩为主，次为二长花岗岩、花岗闪长岩。基性岩类岩石类型为辉长岩等。

2. 寒武纪侵入岩

该期侵入岩不发育，数量不多。花岗岩类仅见有两种岩石类型，它们是花岗岩和花岗闪长岩。中性岩类岩石类型为闪长岩。基性—超基性岩类岩石类型为辉长岩、辉绿岩、角闪辉石岩。

3. 奥陶纪侵入岩

该期侵入岩除中国佳木斯地区较发育外，其他地区均不发育。花岗岩类岩石类型为花岗岩、碱长花岗岩、二长花岗岩、花岗闪长岩。中性岩类岩石类型为闪长岩、辉长闪长岩。基性—超基性岩类岩石类型为辉长岩、辉绿岩、蛇纹岩、辉石橄榄岩、滑石-阳起石岩。

在中国佳木斯—伊春地区，该期花岗岩类构成"小兴安岭—张广才岭侵入岩带"。该岩带位于中国佳木斯地块西部，为其早古生代中期活动陆缘火山-深成岩浆岩带的重要组成部分。中奥陶世侵入岩发育，构成该岩浆岩带的主体。岩浆岩带呈近南北走向，规模巨大，在图上反映得十分清楚。岩石类型包括中奥陶世超基性岩、辉长岩、闪长岩、花岗闪长岩、二长花岗岩，其中以二长花岗岩占优势。

4. 志留纪侵入岩

志留纪侵入岩不发育，出露分散零星。花岗岩类岩石类型见有花岗岩、二长花岗岩、花岗闪长岩，其中以花岗岩为主。中性岩类岩石类型为闪长岩。基性—超基性岩类岩石类型为辉长岩、辉绿岩、蛇纹岩、辉石橄榄岩。

（四）晚古生代侵入岩

该期侵入岩发育，几乎遍布全区。其中，以分布于前中生代构造增生带中的为多。

1. 未分早古生代侵入岩

这亦是一组未研究清楚的侵入岩。所见其花岗岩类岩石类型为花岗岩、花岗闪长岩。中性岩类岩石类型为闪长岩、英云闪长岩。基性岩类岩石类型为辉长岩、辉绿岩。

2. 泥盆纪侵入岩

该期侵入岩除晚泥盆世侵入岩较发育外,其他时期的侵入岩均不发育。其花岗岩类岩石类型为花岗岩、正长花岗岩、二长花岗岩、花岗闪长岩、英云闪长岩。中性岩类岩石类型为闪长岩。基性—超基性岩类岩石类型为辉长岩、辉绿岩、辉石岩、橄榄岩、二辉橄榄岩、斜辉辉橄岩、角闪岩。碱性岩类岩石类型为正长岩。

3. 石炭纪侵入岩

该期侵入岩花岗岩类岩石类型为花岗岩、正长花岗岩、二长花岗岩、花岗闪长岩、英云闪长岩、花岗斑岩。中性岩类岩石类型为闪长岩、石英闪长岩、辉长闪长岩。基性—超基性岩类岩石类型为辉长岩、辉绿岩、斜长岩、纯橄榄岩、单斜辉石岩、斜方辉石橄榄岩。碱性岩类岩石类型为正长岩。

该期侵入岩于早石炭世末期较为发育,岩石类型齐全,出露较多。

4. 二叠纪侵入岩

该期侵入岩较为发育,岩石类型齐全,分布广泛。其花岗岩类岩石类型为花岗岩、碱长花岗岩、正长花岗岩、二长花岗岩、花岗闪长岩、英云闪长岩、碱性花岗岩、花岗斑岩。中性岩类岩石类型为闪长岩、闪长玢岩、辉长闪长岩、石英闪长岩。基性—超基性岩类岩石类型为辉长岩、橄榄岩、纯橄榄岩。碱性岩类岩石类型为正长岩、正长斑岩、钾霞正长岩。

(五) 中生代侵入岩

该期侵入岩分布较广,其中,以分布于本区北部斯塔诺夫山南坡和东海岸者为多。

1. 三叠纪侵入岩

该期侵入岩较为发育,岩石类型齐全。其花岗岩类岩石类型为花岗岩、碱长花岗岩、正长花岗岩、二长花岗岩、花岗闪长岩、英云闪长岩、碱性花岗岩、花岗斑岩。中性岩类岩石类型为闪长岩、辉长闪长岩、二长岩、石英闪长岩。基性—超基性岩类岩石类型为辉长岩、角闪辉长岩、钠长岩、辉绿岩、角闪岩、纯橄榄岩、橄榄岩、辉橄岩、蛇纹岩、辉石岩。碱性岩类岩石类型为霓霞正长岩、云霞正长岩、白霞正长岩、霓辉正长岩、正长岩、石英正长岩。

在中国小兴安岭—张广才岭主脊,北起黑龙江,经伊春—牡丹江—吉林,早三叠世花岗岩类集中展布构成一近南北向、长达600km的构造花岗岩带。岩体呈岩基状产出,岩石类型以正长花岗岩为主,伴有碱长花岗岩、碱性花岗岩。

2. 侏罗纪侵入岩

该期侵入岩较为发育,岩石类型齐全,出现了晶洞花岗岩。其花岗岩类岩石类型为花岗岩、碱长花岗岩、正长花岗岩、二长花岗岩、花岗闪长岩、英云闪长岩、碱性花岗岩、晶洞花岗岩、花岗斑岩。中性岩类岩石类型为闪长岩、闪长玢岩、二长岩、辉长闪长岩、石英闪长岩、石英二长岩。基性—超基性岩类岩石类型为辉长岩、碱性辉长岩、蛇纹石化橄榄岩、辉石岩、纯橄榄岩、角闪岩。碱性岩类岩石类型为正长岩、含霞石正长岩、正长斑岩。

在俄罗斯赤塔州北部斯塔诺夫山南坡,中晚侏罗世花岗岩类集中构成一构造花岗岩带。该带长达600km,宽80～100km。其主要岩石类型为花岗闪长岩,次为二长花岗岩、英云闪长岩。

3. 白垩纪侵入岩

该期侵入岩于本区东海岸分布较为集中。岩石类型齐全,亦出现了晶洞花岗岩。其花岗岩类岩石类型为花岗岩、碱长花岗岩、正长花岗岩、二长花岗岩、花岗闪长岩、碱性花岗岩、晶洞花岗岩、花岗斑岩。中性岩类岩石类型为闪长岩、闪长玢岩、石英二长岩、辉长闪长岩、石英闪长岩。基性—超基性岩类岩石类型为辉长岩、角闪辉长岩、角闪岩、橄榄岩、纯橄榄岩、辉石岩、苦橄岩、蛇纹岩。碱性岩类岩石类型为正长岩、石英正长岩、正长斑岩，伴随有正长伟晶岩。

（六）新生代侵入岩

该期侵入岩不发育，仅见有古近纪侵入岩零散分布于本区东部沿海地区。

古新世侵入岩的花岗岩类岩石类型为花岗岩、花岗闪长岩、花岗斑岩。中性岩类岩石类型为闪长岩、闪长玢岩、石英闪长岩。基性岩类岩石类型为辉长岩。碱性岩类岩石类型为正长岩。始新世侵入岩的花岗岩类岩石类型为花岗岩、花岗闪长岩、花岗斑岩。中性岩类岩石类型为闪长岩、石英闪长岩，见有石英正长岩。渐新世侵入岩仅见有基性—超基性岩类出露。其岩石组合由辉绿岩、玻璃质的辉石橄榄质角砾岩和角砾状玻璃质辉石橄榄岩组成。于中国吉林桦甸南部永胜出露一古近纪碱性岩体，规模不大，出露面积约 18km²，岩石类型为含霓辉石、霞石正长岩。

此外，在朝鲜半岛东南部见有渐新世—中新世碱性—亚碱性岩类分布，称鹤舞山杂岩。其岩石组合为碱性花岗岩、正长花岗岩、文象花岗岩、石英正长岩和正长岩，伴随有正长伟晶岩、正长斑岩和细晶岩等。

五、蛇绿岩

本区蛇绿岩发现、确立的不多，目前确认的蛇绿岩仅有两处。它们是中国东北地区发育于北部构造增生带中的完达山蛇绿岩带和新林蛇绿岩带。

（一）完达山蛇绿岩带

完达山蛇绿岩带位于黑龙江省东北部完达山地区，蛇绿岩带呈近南北向，自镇江林场向北经小佳河至勤得利断续展布，长约 200km，宽 5～8km，向北过黑龙江延入俄罗斯境内。该带主体部分位于新开屯南至苇子沟，蛇绿岩块（体）为近南北走向，长约 50km，宽 5～8km，倾向北西或南西，构造侵位于中—晚三叠世大佳河组及晚三叠世—早侏罗世大岭桥组中。该蛇绿岩底部超镁铁质岩为层状辉长岩，其次为单辉岩，其内见有极少量岩浆分异产物——钠长岩，呈规模极小的岩盘产出，未见大洋斜长花岗岩；上部基性—超基性火山岩具枕状构造，也称枕状熔岩部分，主要岩石类型为玄武岩、细碧岩，局部有苦橄岩、科马提岩，并有不甚发育的辉绿岩墙侵入枕状熔岩中。蛇绿岩的超基性岩的 M/F 多小于 6.5，属铁镁质超基性岩；枕状熔岩为富钛、钠的大洋拉斑玄武岩；岩石中轻、重稀土元素有所分馏，轻稀土元素稍有富集；辉绿岩墙不发育及未见大洋斜长花岗岩等特征表明该蛇绿岩是洋盆构造环境产物，而非大洋中脊扩张构造环境的产物。关于该蛇绿岩的形成时代尚有争论，如果将分布于其周围的晚三叠世—早侏罗世大岭桥组深海浊积岩和中—晚三叠世大佳河组放射虫硅质岩视为蛇绿岩上覆岩系（张旗，1998），认为该蛇绿岩生成于早三叠世或中三叠世早期应是具有一定依据的。

值得指出的是，近年来在完达山地区开展的 1∶5万太平村幅区域地质调查结果认为蛇绿岩与其围岩呈"热接触"（黑龙江地质调查院，2002），并对其是否为蛇绿岩提出质疑。可见，对该蛇绿岩的认识尚需深入研究。

（二）新林蛇绿岩

新林蛇绿岩呈北东向分布于大兴安岭北段，沿塔源-海拉尔大断裂展布。断续长约 400km，向南西被海拉尔盆地所覆盖。蛇绿岩带由头道桥、伊力克得、吉峰、环宇、新林等数个蛇绿岩块（体）构成，其中以新林林场的蛇绿岩发育较全。

据李瑞山(1991)的研究结果,新林林场蛇绿岩构造侵位于新元古代震旦纪倭勒根群中。蛇绿岩由下部上地幔超镁铁质岩和上部古洋壳镁铁质岩两部分组成。超镁铁质岩残留部分主体为变质橄榄岩,自下而上由斜方辉橄岩和纯橄岩组成。变质橄榄岩 $MgO/(MgO+\langle FeO\rangle)=0.85$,属富 Mg 低 Fe、Ti、K、Na 的镁质、镁铁质类型,稀土元素配分模式为下凹型。在变质地层和变质橄榄岩层之间有一蛇纹混杂岩带,出露宽度百余米,在剖面上处于蛇绿岩体最底部。该带由软的剪切蛇纹岩和硬的异剥钙榴岩岩块、蛇纹岩、角闪岩、伟晶辉石岩岩块组成。蛇纹混杂岩带的存在表明蛇绿岩体冷侵时,其底部有一收根的构造搬运面,并伴有动力变质及局部冷交代。在蛇纹混杂岩带之上、变质橄榄岩之下有一黑墙式冷侵接触带,为被动侵位的变质产物。

该蛇绿岩上部镁铁质岩自下而上为层状堆积岩—席状岩床杂岩—变质玄武岩。层状堆积岩下堆积层由角闪橄榄岩、金云母角闪岩、辉石岩组成;上堆积层下部为辉长岩,上部为斜长岩。席状岩床杂岩由辉绿岩、角闪辉绿岩、细粒辉长岩及(大洋)斜长花岗岩等岩床组成,以辉绿岩为主平行产于堆积辉长岩之上,细粒辉长岩及斜长花岗岩较少。单个岩床厚 2～3m,分布较密集(7 条/30m),具宽 10～20cm 的不对称冷凝边。变质玄武岩为蛇绿岩最上部层位,它与下部的席状岩床呈整合覆盖或渐变关系,其最大厚度大于 200m,属大洋拉斑玄武岩。从蛇绿岩具有较发育的席状岩床、薄堆积岩、贫 Mg 富 Al、Ca 等特征看,其产出的构造环境为小洋盆。

目前已有的资料显示该蛇绿岩可能形成于新元古代早期,主要依据是蛇绿岩中金云母角闪岩的变质年龄为 539Ma(金云母的 K-Ar 年龄),蛇绿岩侵位于新元古代震旦纪倭勒根群大网子组的变质年龄为 570Ma(K-Ar)。

第二节　主要区域构造单元特征

一、西伯利亚古陆(地台)

西伯利亚古陆(地台)是现今亚洲最大的地质构造单元之一。古陆(地台)由褶皱基底和不整合产出的平缓盖层所组成。按其基底褶皱结束的时代来区分,可划分出阿尔丹-斯塔诺夫古陆核的结晶基底和上覆的里菲期—显生宙的沉积盖层。在东北亚南部构造单元略图(图 2-3)中仅显示了其东南部分的 Ⅱ_a 阿尔丹古陆(Ar)和 Ⅱ_a^1 斯塔诺夫花岗-绿岩区及 Ⅱ_a^2 塞林格陆缘带(Ar)。

在古陆(地台)的边缘盖层厚度可达到 10～15km,被称之为克拉通边缘沉降(或坳陷),为第三主要单元。现代的古陆(地台)轮廓是依据与周围的褶皱系统相互作用的结果而确定的。

图 2-3 注释

西伯利亚地台

阿尔丹上叠构造盆地系:1—3. 坳陷:1. 别列佐夫;2. 乌楚尔;3. 麦伊;4. 阿扬-谢夫林前克拉通(4-1. 阿扬、4-2. 马冈、4-3. 谢夫里);6. 维柳伊陆向斜。

阿尔丹-斯塔诺夫古陆:奥列克玛花岗-绿岩区:花岗-绿岩带,7. 塞马冈;8. 塔雷纳赫;9. 奥伦丁;10. 节姆良基特-通古尔琴;11. 萨布冈;12. 卡拉尔。帕托姆花岗-绿岩区:花岗-绿岩带,13. 楚米康;14. 乌都克昌。斯塔诺夫花岗-绿岩区:花岗-绿岩带,15. 塔斯-尤良赫;16. 扎尔图拉克;17. 乌纳欣;18. 塔克萨慷达;19. 乌台欣。地块:20. 库鲁里丁;21. 兹维列夫;22. 拉尔宾;23. 乌拉汗;24. 达姆布京;25. 锡瓦康-托克;26. 朱格朱尔;27. 恰嘎尔;28. 乌达-玛伊;29. 拉覆林;30. 依里康;31. 穆里木根;32. 库普里;33. 吉柳伊河口;34. 巴拉台克;阿尔丹麻粒岩-片麻岩区:地块,35. 中央阿尔丹;36. 翁戈林;37. 谢姆;38. 贺尔巴拉赫;39. 苏格姆;40. 台尔康丁;41. 乌楚尔(亚带:41-1. 松纳根、41-2. 里果纳姆、41-3. 台尔康);42. 土克萨宁。内克拉通坳陷:43. 乌托坎;44. 乌贵伊;45. 上卡拉尔;46. 乌尔康。

华北古陆

辽北-头道江坳陷系:47. 太子河;48. 样子哨;49. 八道江;50. 长白。

华北古陆:麻粒岩-片麻岩区:地块,51. 龙岗;52. 建平。

中亚大地构造带

53. 贝加尔-帕托姆加里东造山带。

塞林格-斯塔诺夫加里东造山带:地块,54. 通吉尔;55. 莫嘎琴;56. 乌尔康。

北兴安加里东造山带:构造带,57. 北兴安;58. 新林;59. 多宝山;60. 恰尔。

吉林加里东造山带:构造带,61. 西保安;62. 下二台。

依兰-牡丹江加里东造山带:构造带,63. 乌伊岭-太平沟;64. 依兰;65. 道河;66. 八面通。

67. 斯帕斯克加里东造山带(构造带)。

68. 苏鲁柯海西期地块。

龙江-谢列姆扎海西造山带:构造带,69. 乌奴尔;70. 龙江;71-1. 沐河,71-2. 谢列姆扎。

西拉木伦-延边海西造山带:构造带,72. 吉中-延边。

图兰-张广才岭地块:边缘坳陷,73. 东风山;74. 大罗密;75. 一面坡;76. 五星;77. 梅里根。基底隆起,78. 图兰;79. 张广才岭;80. 切格多门。

额尔古纳-马门地块:基底隆起,81. 马门;82. 岗仁;83. 兴华;84. 额尔古纳。边缘坳陷,85. 奥里多伊;86. 恰格-塞格扬。

加格达奇-佳木斯-小兴安岭地块:地块,87. 小兴安岭;88. 佳木斯。基底隆起,89. 古扎里。边缘坳陷,90. 乌尔米;91. 宝清;92. 基米康。

兴凯地块:坳陷,93. 卡巴尔根;94. 瓦兹聂申斯克;95. 南兰山。基底隆起,96. 马特维也夫;97. 纳西莫夫;98. 格罗捷克沃。

太平洋大地构造带

维尔霍扬-科雷姆中生代造山带:构造带,99. 塞特-达班;100. 开拉赫-聂里康;101. 南维尔霍扬;102. 上因地基尔。

鄂霍茨克地块:基底隆起,103. 库赫图伊;104. 尤洛夫;105. 麦伊;中生代边缘坳陷;106. 纽特;107. 上麦伊。

蒙古-鄂霍茨克晚古生代—中生代造山带:构造带,108. 乌达-尚塔尔(亚带:108-1. 嘎拉姆、108-2. 图古尔、108-3. 图伊);109. 兰斯;110. 翁亚-巴姆;111. 土克西;112. 扬康-图库林戈尔;113. 谢列姆扎-克尔滨;114. 尼兰;115. 乌里班;116. 梅瓦昌;117. 奥梅里丁。

锡霍特-阿林中—晚中生代造山带:构造带,118. 滨海岸带;119. 沙玛尔卡-万丹(亚带:119-1. 沙玛尔卡、119-2. 比金-那丹哈达、119-3. 万丹);120. 巴扎尔;121. 谢尔盖也夫;122. 霍尔;123. 鲁日京;124. 图姆宁;125. 滨黑龙江;126. 下黑龙江(亚带:126-1. 乌台里、126-2. 图尔);127. 基姆。

中亚大地构造带和太平洋大地构造带的板内构造及大陆边缘构造

A. 中亚大地构造带:坳陷,128. 乌尔米;129. 马林诺夫;130. 穆拉维也夫-杜纳伊。火山岩带,131. 小金沟;132. 后贝加尔;133. 滨东。

B. 太平洋大地构造带:5. 前维尔霍扬中生代盆地。中生代坳陷:134. 楚里曼;135. 唉台姆扎;136. 托金;137. 荷罗扎康;138. 通吉尔;139. 纽克仁;140. 斯特列尔金;141. 小登达;142. 巴昆;143. 乌达;144. 托罗姆;145. 上黑龙江;146. 结浦;147. 比尔;148. 布列亚;149. 台尔明;150. 肯达尔;151. 乌林;152. 拉兹多里宁;153. 帕尔基赞;154. 马里扬诺夫;155. 七台河;156. 鸡西;157. 宁安;158. 鹤岗;159. 延吉;160. 哈拉苏;161. 双鸭山;162. 高峰;163-1. 南楼山;163-2. 东宁;164. 辽源;165. 抚松;165-1. 果松;166. 柳河;167. 榆树。

火山岩带:168. 晚侏罗世—早白垩世大兴安岭火山岩带(168-1. 伊图里河、168-2. 大杨树、168-3. 呼玛、168-4. 云青、168-5. 翠峦、168-6. 阿城、168-7. 彰武、168-8. 奥果扎、168-9. 乌姆列康,168-10. 布林达、168-11. 西土兰、168-12. 依萨);169. 晚侏罗世—早白垩世乌达-斯塔诺夫火山岩带(169-1. 乌达、169-2. 斯塔诺夫);170. 白垩纪鄂霍茨克-楚科奇火山岩带(170-1. 奎度松、170-2. 卡瓦山、170-3. 乌里因、170-4. 前朱格朱尔山);171. 白垩纪塞里特康-松花江火山岩带(171-1. 塞里特康、171-2. 乌里班、171-3. 玛古伊、171-4. 艾左甫;171-5. 阿林山、171-6. 艾乌尔、171-7. 哈尔平、171-8. 巴扎儿、171-9. 兴安-奥罗诺伊、171-10. 比尔-别洛扬、171-11. 西锡霍特-阿林、171-12. 阿尔昌、171-13. 南滨海);172. 晚白垩世—古近纪锡霍特-阿林火山岩带(172-1. 阿穆古-卡瓦列洛夫、172-2. 萨玛尔根-苏维埃港、172-3. 下黑龙江)。

陆内裂谷构造

中生代—新生代盆地:阿穆尔-结雅、松辽;中黑龙江,173. 下阿尔丹;174. 贝加尔盆地群(174-1. 恰拉、174-2. 上托卡);175. 艾乌尔-图古尔盆地群(175-1. 托罗姆、175-2. 科宁-尼梅连、175-3. 艾乌尔、175-4. 哈尔平、175-5. 艾尔加、175-6. 乌萨尔丁);176. 上阿木昆;177. 胡克都-果林;178. 下比金;179. 上比金;180. 乌尔堪;181. 中结雅;182. 鄂霍茨克-库赫图伊;183. 卡瓦;184. 滨兴凯;185. 乌笛尔-基兹;186. 奇尔亚-奥廖尔;187. 上卡瓦;188. 上结雅;189. 乌什盟;190. 辽河。

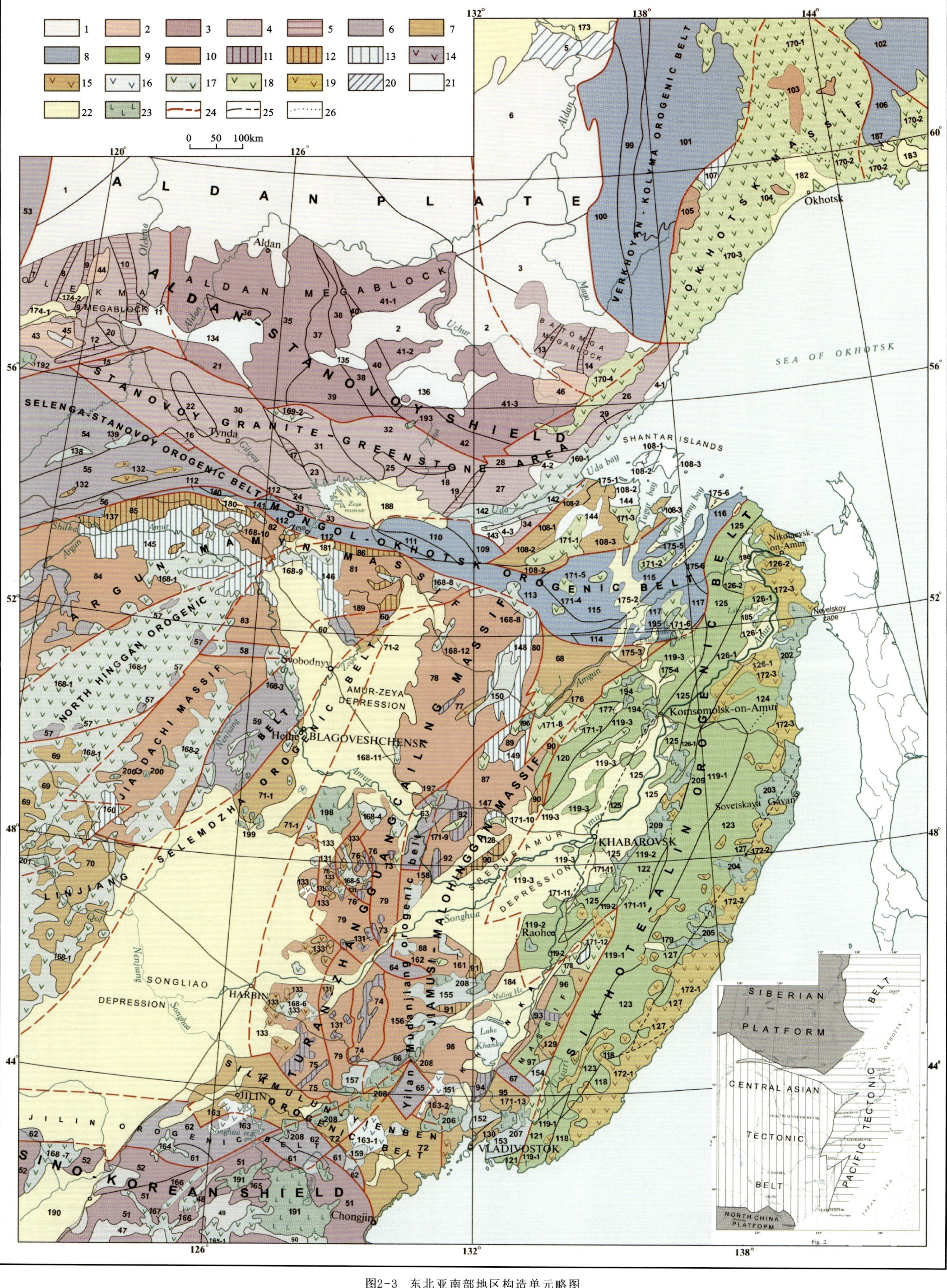

图2-3　东北亚南部地区构造单元略图

1.古地台盖层；2.克拉通内地槽；3.麻粒岩-片麻岩区；4.花岗-绿岩区；5.绿岩带；6—9.造山带：6.加里东；7.海西；8.中中生代；9.晚中生代；10.前寒武纪地块（微陆块）；11—13.边缘沉降：11.早古生代；12.晚古生代；13.中生代；14—19.火山岩带：14.早古生代；15.晚古生代；16.晚三叠世；17.晚侏罗世—早白垩世；18.白垩纪；19.晚中生代—新生代；20.中生代盆地；21—22.大陆沉降带：21.三叠纪—侏罗纪；22.中生代—新生代；23.晚新生代玄武岩；24—26.构造单元界线：24.主要界线；25.其他界线；26.构造单元内部界线

新近纪—第四纪火山岩区(带):191.长白;192.乌多坎;193.奥克依;194.共青城;195.艾乌尔;196.巴扎尔;197.小兴安岭;198.库尔滨;199.五大连池;200.诺敏河;201.苏格河;202.基兹;203.苏维埃港;204.聂尔玛;205.比金;206.绥芬河;207.施阔特沃;208.敦密;209.穆欣。

(一)阿尔丹-斯塔诺夫古陆

阿尔丹-斯塔诺夫古陆由麻粒岩相、角闪岩相及绿片岩相的变质杂岩组成。传统地认为,最古老的太古宙杂岩是麻粒岩相和角闪岩相的变质岩石,新太古代和古太古代的杂岩属弱变质岩石。但是,根据同位素年龄资料,常常表明麻粒岩相变质作用是在古元古代时出现的,而最古老的变质杂岩(早于26亿年)是花岗岩-绿岩建造,主要是相对浅变质的杂岩而言(戈夫里科娃,1991;特瓦奇等,1996;波波夫、斯梅洛夫,1996;拉森等,1994;弗罗斯塔尔等,1998)。深逆掩断层、构造推覆体和不同时代的走滑平移断层等较发育(卡尔沙阔夫,1978,1980,1995;迪克,1989;萨尔尼科夫,1993;博戈莫洛娃,1993;索克罗夫斯基,1994;多勒列索夫,1997)。研究者据此提出了板块构造在早前寒武纪古陆部分地区的形成模式(博鲁卡耶夫,1996;索克罗夫斯基,1994)。将其进一步划分出奥累克马、巴托姆戈、斯塔夫花岗岩-绿岩区和阿尔丹麻粒岩-片麻岩区等构造单元(区、地块)。

1. 阿尔丹麻粒岩-片麻岩区

根据地质构造特征,可将其分为中央阿尔丹和东阿尔丹两个块段。

1) 中央阿尔丹块段

中央阿尔丹块段(200km×400km),位于阿尔丹古陆的中央部分,在它的西边沿着阿姆根构造带与奥列克敏斯克花岗岩-绿岩区相隔开,而在东边则沿西尔康金斯基构造带与东阿尔丹块段相邻。块段内的岩石中间广泛地分布着正片麻岩构成的变质深成侵入体。中央阿尔丹块段又分为尼姆奈尔斯基变粒岩-正片麻岩和苏达姆斯基粒变岩-退变质片麻岩两个块段。

尼姆奈尔斯基粒变岩-正片麻岩块段(250km×200km)位于西部。广泛发育花岗岩-片麻岩岩基,吉姆普东岩钟是最大的岩基(迪克等,1986),岩基中央部分由花岗片麻岩、紫苏花岗片麻岩、正片麻岩组成。其占岩基面积一半以上。岩基边部则常由两种共生的副片麻岩组成。第一组合(库卢姆康斯层)为石英岩和高铝质的片麻岩及含铁石英岩透镜体组成(克托瓦等,1988;迪克等,1986);第二组合(费多罗夫层)为以角闪岩、黑云母-角闪岩、透辉石-角闪岩、二辉角闪岩、斜长片岩为主,很少的片麻岩,内含有透辉石、金云母-透辉岩和斑花大理岩。其中透辉角闪岩分布较少,局部见有灰岩-硅质岩石透镜体,斑花大理岩呈夹层和透镜体出现(切尔卡绍夫,1998;别特罗娃等,1975;别特罗娃,斯米尔诺娃,1982;维里考斯拉维茨,1976;别列茨基启楚尔,1979)。

在有Sm-Nd模式年龄23亿~25亿年(沙力尼考娃,1993)的正片麻岩当中存在着花岗片麻岩和年龄更老的英云闪长岩-更长花岗片麻岩的残留体。这可能是基底岩石的残留体。在这里积聚了原始的沉积岩石(迪克等,1986)。

然而,在中央阿尔丹块段里,根据不同的费多罗夫亚层的斜长石,所获岩层年龄数据为38亿年(Pb-Pb、U-Th-Pb法,伊斯康代罗娃等,1983)、39亿年(Pb-Pb法,伊斯康代罗娃等,1983)、40亿年(Rb-Sr法,布兰德特等,1978)、37亿年(U-Pb法,伊斯康代罗娃等,1983)及37亿~39亿年(K-Ar法,列夫钦考夫等,1973)。此外,A A 姆钦奈在尼姆奈尔斯克块段最西部的苏布刚什克杂岩的变玄武岩和变辉绿岩中获得34亿年年龄数据(Sm-Nd法,赛米西金,1991)。

退化变质作用在角闪岩相和伴随它的交代作用的年龄通常为18亿~19亿年(穆尔扎耶夫,1969;米哈伊洛夫,1971;帕西林茨卡娅等,1973)。

苏达姆斯基粒变岩-退变质片麻岩块段,在平面上具有基座为200km,高为100km的梯形形状。它由逆掩断层与尼姆奈尔斯克块段所分开。逆掩断层近处见有受动力变质作用形成的石墨片麻岩。块段近南北向褶皱发育。块段60%是由花岗黑云母片麻岩、紫苏辉石-黑云母片麻岩、二辉片麻岩、透辉石-

角闪石片麻岩和斜长片麻岩，饱和的花岗岩和紫苏花岗闪长片麻岩等组成（克托娃等，1988）。余者为石英岩、磁铁石英岩、钙质—硅质岩及斑花大理岩。

所获块段岩石同位素地质年龄为31亿年（U-Pb法，赛米西金等，1998）。

2）东阿尔丹块段

东阿尔丹块段（450km×500km）位于中央阿尔丹块段以东，在其东侧与巴托姆克花岗-绿岩区相隔，在北部则被盖层所覆盖。

块段由松那根、高纳姆、伊纠莫-兴凯、西尔康和杜克沙尼岩块组成。呈巨大的花岗片麻岩穹隆出现，出露面积达22 500km^2。

穹隆中央部位由花岗片麻岩、紫苏花岗片麻岩和紫苏花岗闪长片麻岩组成。穹隆其他部位由两个岩石组合组成（迪克等，1986）。一个组合为花岗黑云斜长片麻岩与灰岩-硅灰岩、石英岩、矽线石-含董青石的片麻岩、紫苏-透辉片麻岩和二辉斜长片麻岩夹层；另一个组合为紫苏片麻岩、紫苏-透辉岩和紫苏-透辉-角闪-斜长片麻岩。其中以紫苏斜长片麻岩为主。并见有紫苏-角闪结晶片岩、二辉-角闪结晶片岩、透辉-角闪结晶片岩、灰岩-硅质岩和透辉岩等夹层、透镜体。此外，还见有薄层的花岗-黑云母片麻岩、花岗-紫苏-黑云斜长片麻岩和片麻岩等。

根据为数不多的同位素Sm-Nd法年龄数据为21亿～26亿年年龄的岩石，即变质作用有可能在21亿年之后还发生过。高湿变质作用结束时间为20亿～18亿年（格鲁浩夫斯基等，1993）。所有的同位素年龄数据可能均强烈地被年轻化了。

2. 奥列克敏花岗-绿岩区

奥列克敏花岗-绿岩区出露面积为140 000km^2。在西侧它以逆掩断层为界与贝加尔-帕托姆褶皱带相邻。在它的东部和南部与阿姆根(17)和卡拉尔斯构造带相邻，北侧被盖层所覆盖。

该区由数个带状岩块组成。在这个区内还见有独立的断块和变粒岩组合的岩层。

区内花岗质杂岩称奥列克敏杂岩和恰罗达康杂岩。奥列克敏杂岩为英闪岩-更长花岗岩成分所构成，其成分是稳定的黑云母、黑云角闪岩和角闪岩-斜长片麻岩与花岗质片麻岩。这些岩石具富钠特征，钠高于钾2.5～5倍；富集轻稀土元素；锶含量偏高，铀的浓度低（迪克等，1986；德卢高娃等，1988）。与其共生的基性片岩和角闪岩岩体出露面积不足整体面积的10%（切尔卡绍夫，1979）。花岗质片麻岩的同位素地质年龄为27亿～30亿年。对于正长片麻岩来说年龄应老于30亿年。恰罗达康斯基杂岩由富钾花岗岩类组成。岩石K_2O含量高于Na_2O，K_2O稍居优势。岩石的矿物成分为黑云母、更长石、微斜长石、石英。其同位素地质年龄变化于26亿～27亿年之间。

该区共有4个近南北向、宽30km左右的绿岩带。此外，在这个区内还见有独立的断块和粒变岩组合的岩层。

沙哈鲍里组合是绿岩带的主体岩石组合，其沉积岩和火山岩形成时代为30亿～32亿年和27亿～30亿年（阿克谢诺夫等，1985；别列兹金，斯米诺夫，1985）。它们与花岗质杂岩岩体的接触关系为构造或侵入交代接触关系。

研究得较好的欧隆金绿岩带位于大地块中央（别列兹金，斯米洛夫，1985；得卢高娃等，1988）。绿岩带由中酸性成分的包括大量基性和超基性成分的变质火山岩组成，并见有磁铁石英岩、科马提岩。绿岩带的形成时代，据现今所掌握资料为两个年龄时代，即32亿～33亿年和29亿～30亿年。

苏布刚绿岩带位于阿姆根构造带的范围内。该带宽3～5km，在南部沿着南北走向延伸45km。根据地球物理资料，它在深部的2km处尖灭。带内发育有变余糜棱岩化和专属的沉积岩-火山岩。其岩石组合为角闪-斜长片岩（具有原岩残余构造的变玄武岩）和云母及红柱石-云母片麻岩、十字石-红柱石（矽线石）-云母片岩（变泥质岩）。岩层厚度约有1 000m。

弱碱性系列的富钾花岗岩、伟晶岩伴随变质岩层产出。岩石和矿物的同位素地质年龄学研究结果确定变玄武岩为30亿～34亿年（思米西金，1991）。最新的变质年龄估计为19亿～20亿年。这种火山作用和变质作用两者之间存在的长时间间断特征亦是阿尔丹绿岩带所独有的。

3. 斯塔诺夫花岗-绿岩区

该区近东西走向延伸,西从维吉姆河流域起,东到鄂霍茨克海,北界至斯塔诺夫山北麓,南界为蒙古-鄂霍茨克断裂带,该区的南西边界为德日尔杜拉克断裂限定。该区长期被构造运动改造,整个西伯利亚古陆的基底在古元古代及以后经受了不止一次的地质构造-岩浆活化作用,中生代更为强烈。根据物质成分特点,斯塔诺夫花岗-绿岩区可划分为乔嘎尔、库普林、穆力穆根、拉夫林和伊里康5个岩块。

斯塔诺夫花岗-绿岩区的构造基底为早前寒武纪的构造-物质组合构成古太古代的兹威列夫-乔嘎尔、捷依岩系和新太古代的斯塔诺夫、格留依岩系及古元古代的德日尔杜拉克等岩系(卡尔沙阔夫,1980,1983,1995)。在斯塔诺夫花岗-绿岩区的东侧,早前寒武纪建造被古元古代和古生代的陆源碳酸盐岩、碳酸盐岩和阿雅诺-赛夫林斯克别里克拉通坳陷等其他岩层所覆盖(卡尔沙阔夫,瓦西金,1975;启利洛娃,1979)。火山岩建造和花岗岩岩体等都与中生代区域构造-岩浆活化有成生联系。

斯塔诺夫花岗-绿岩区的花岗质杂岩主要为富钠的奥长花岗质片麻岩、花岗闪长质片麻岩、英云闪长岩质片麻岩、黑云斜长花岗岩,即TTG岩系和富钾花岗岩及伟晶岩脉。在TTG岩系岩石中含石榴石、矽线石是其特点。

古太古代兹威列夫-乔嘎尔岩系的苏波拉科-卢斯塔力岩层可拼入到兹威列夫、拉尔宾、达姆布根、托克斯克和得亚宁斯岩系。它们呈黑云母花岗质片麻岩、紫苏辉石片麻岩、黑云母-花岗质片岩和二辉片岩、石英岩等交互岩层状出现。并见有低钾基性结晶片岩和高铝质的、接近拉斑玄武岩的结晶片岩等,这是兹威列夫-乔嘎尔组合的典型特征。

变质的基性、超基性岩岩体(马依-得亚宁侵入杂岩)、紫苏花岗岩、紫苏角闪闪长岩和花岗岩,与兹威列夫-乔嘎尔组合有着密切成生联系。在马依-得亚宁组合的成分中和其类似的有斜长岩。

兹威列夫-乔嘎尔岩系的岩石同位素年龄并不一致。拉尔宾退化变质的变粒岩所获得的U-Pb同位素年龄为26亿年(比比阔娃等,1984),兹威列夫-乔嘎尔组合经受了不止一次的叠加变质作用改造。

古太古代捷依岩系(卡尔沙阔夫,1980,1983)由黑云母斜长片麻岩、花岗黑云斜长片麻岩、黑云角闪结晶片岩、斜长石辉石结晶片岩、碳酸盐岩、灰岩-硅质岩等组成。该组合岩石在大多数的露头所见大都是高温退变质岩。其中在极少的情况下保留着未退变质差异的残留体。捷依岩系又可分为几个次一级岩系,构成独立的构造带。它们是捷依斯带、乌得-马依带、开拉诺-拉夫林斯带。捷依斯带在捷雅、库普林两河之间。岩石组合底部(塔拉康斯)主要为黑云母-角闪片麻岩;在其中部和上部为大理岩和黑云母片麻岩及与大理岩共生的石墨片麻岩。与其整合产出的是西瓦康斯组、乌宁斯组。西瓦康斯组主要由花岗黑云斜长片麻岩、花岗-二辉斜长片麻岩、黑云斜长片麻岩和少量的黑云-角闪结晶片岩等组成。乌宁斯组为含石榴石的黑云角闪片岩与花岗质、角闪-黑云斜长片麻岩、黑云斜长片麻岩、花岗质黑云斜长片麻岩及角闪石岩等夹层和透镜体。乌得-马依岩带的捷依岩系为以乌得-马依岩系的岩石组合为代表,其特点是在中部为石榴石-绿帘石-黑云母片麻岩、含斜晶辉石片麻岩和斑花大理岩组合,并在其下部和上部出现含蓝晶石片麻岩(卡尔沙阔夫等,1991)。开拉诺-拉夫林斯岩带的捷依岩系由单一的黑云斜长片麻岩、花岗质片麻岩组成。

新太古代斯塔诺夫岩系又分为库普林斯、乌斯吉开留依、伊里康斯和冬开尔斯等次级岩系。库普林斯岩系岩石组合为黑云角闪片麻岩(片岩)、黑云片麻岩、高铝质片岩(片麻岩),含角闪石石英岩夹层及很少的碳酸盐岩透镜体。乌吉开留依岩系(拉斯卡佐夫,1967;雅雷乃切夫,1975)发育于阿玛扎罗开留依地块。其岩石组合底部为互层的黑云母-角闪斜长片岩、片麻岩、角闪片麻岩、黑云母片麻岩(片岩)、石榴石二辉云母片麻岩和片岩;中、上部以黑云母角闪石斜长片岩片麻岩为主,见有角闪石石榴石黑云母-矽线石片麻岩、黑云片麻岩、大理岩和(磁铁)石英岩夹层。伊里康斯岩系的下部由黑云角闪片麻岩和角闪片麻岩(片岩)、角闪片麻岩和黑云片麻岩及科马提岩夹层所组成;中部为黑云角闪片麻岩、角闪片麻岩、蓝晶石-石榴石黑云母片麻岩、二云片麻岩和(磁铁)石英岩夹层;上部为角闪片麻岩、黑云角闪片麻岩、角闪-黑云片麻岩,局部见含石榴石的角闪片麻岩、黑云片麻岩、含铁石英岩和云母石英岩夹层。

在空间上与斯塔诺夫岩系伴生的侵入岩有辉长岩、角闪岩、变辉石岩等小岩体。它们常常整合产在层状的片麻岩中。

新太古代的格留依岩系(苏波拉克卢斯塔里岩层)类似于奥列克明斯告依的花岗-绿岩区的沙哈鲍里依组合(卡尔沙阔夫,1980,1983,1988,1995)。在塔克沙康金斯带、斯塔诺夫区东部,格留依岩层划分成两个组——马尔帕强组和鲍科罗夫斯组。马尔帕强斯组岩石组合为黑云母片麻岩、二云片麻岩(片岩)、角闪石岩及石英岩(磁铁石英岩)、黝帘辉石角闪石片岩、角闪片麻岩夹层和极少的大理岩夹层。鲍科罗夫斯组为绿帘-黑云母片麻岩、角闪-黑云片麻岩、黑云角闪片麻岩和角闪石岩、石英岩、斑花大理岩夹层及透镜体。在斯塔诺夫区的西部地区格留依组合合拼到塔尔塔根岩层。塔尔塔根岩层由互层的角闪石岩、石英岩、透闪石片岩、黑云母片麻岩、含蓝晶石的二云片岩组成。岩层上部有时由黑云母片岩、角闪黑云片麻岩、石英岩、角闪石岩互层所替代。

古元古代的德日尔杜拉克岩系岩石组合为千枚状片岩、黑云母片岩、二云片岩、石英岩、变砂岩、变粒岩。古元古代陆源岩石的典型特点就是在其成分中石英占优势,存在有原始的泥岩成分。有时在这些岩层当中含有碳酸盐岩亚种。在德日尔杜拉克地区(苏多维阔夫等,1965),这些岩层的下部为石英岩、石英片岩和云母片岩(含有十字石、红柱石、蓝晶石、石榴石)、炭质石墨片岩;其上部为千枚岩、石英片岩、变砂岩、变火山岩。在变质砂岩层里发现了乌多康类型的铜矿化(考根,1979)。在开留依河流域以东的古元古代地层则为云母石英岩、黑云母片岩、变质砾岩。本区古元古代地层可与乌多康岩系相类比,乌多康岩系明显地不整合覆盖在新太古代岩层之上(库德良夫采夫,1968)。推测德热儿杜拉克拉岩系的地质年龄为18亿年(苏多维阔夫等,1965)。

4. 巴托姆戈花岗-绿岩区

巴托姆戈花岗-绿岩区位于阿尔丹-斯塔诺夫古陆的西部。南西界为乌尔康带的断裂,南东界为斯塔诺夫断裂的德朱戈分支断裂,而在东部则与逆掩断层所隔的聂力康地区为邻。以前属于统一组合的被细分为欧母宁、巴托姆和秋米康3个岩系(皇耶洛夫等,1971)。最老的欧姆宁岩系形成的构造地块位于马依康和秋米康河之间。其岩石组合下部为黑云母斜长片岩、花岗黑云片岩(常含矽线石)、角闪-斜辉-斜长片麻岩、斜辉-角闪结晶片岩;上部与下部的区别是上部见有大理岩、透辉-镁橄榄岩、斑花大理岩、含碳酸盐岩的结晶片岩和角闪-方柱石斜长片麻岩出现。欧姆宁岩系中见有二辉结晶片岩、浅褐色—绿色角闪石岩。巴托姆岩系包括变镁铁质岩、变辉长岩、石英闪长岩和斜长花岗岩。岩系主要由黑云母角闪片岩、角闪—斜方辉石片岩、黑云片岩、花岗质黑云斜长片麻岩和结晶片岩组成。局部出现大理岩和石榴石及角闪石岩。它们强烈地糜棱岩化并揉皱在近南北走向的褶皱之中。秋米康岩系呈构造楔、岩块分布于乌秋尔和马依马康两河之间的同名北东向宽15km的构造带上。秋米康岩系分为两个岩层——克拉斯努根岩层和伊强戈岩层。克拉斯努根岩层由残斑变粒岩、黑云片岩、变粒岩、(含铁)石英岩夹层和透镜体组成。在岩层的底部产有变陆源岩的分层。伊强戈岩层的下部为具有千枚状构造的片岩和变砂岩;上部为大理岩、透闪石片岩、石英岩和阳起石及残斑变粒岩夹层与透镜体。秋米康岩系伴生的侵入岩为辉石岩、蛇纹岩化橄榄岩等小岩体,以及特大($100km^2$ 或更大些)的片麻状闪长岩体、片麻状花岗闪长岩体和片麻状花岗岩体。它们既产在秋米康带上,也产在巴托姆戈岩系的岩石当中,明显地穿切了围岩界线。秋米康岩层与绿岩带有相似的岩石组合成分:基性和中性成分的变火山岩、云母片岩、石英岩、大理岩。巴托姆戈区的太古宙岩层实际上未用同位素年代学方法研究过。有关它们的相对时代归属问题只能根据覆盖来裁定。在巴托姆戈高地的南部巴托姆戈区的结晶岩层被产出具有17亿年年龄的马儿康岩系沉积岩层所覆盖(拉林等,1995)。闪长岩和伟晶岩的同位素年龄为22亿～23亿年。

5. 元古宙陆内坳陷

元古宙陆内坳陷计有乌多康、乌古依、夏哈宁、欧尔冬戈辛和乌尔康等。前4个坳陷填充着古元古代的乌多康和乌古依岩系的变沉积岩,地层不整合覆盖在不同类型的太古宙奥列克敏花岗-绿岩建造之上。

乌多康地堑为梯形形状,最大坳曲轴向南错位7.5km,向南为乌多康断裂所限。其内充填着乌多康岩系的沉积物。其下部由砂岩、泥岩和陆源碳酸盐岩地层构成。这些地层是在浅海水域的盆地条件下形成的。构造形态一般以短轴形状褶皱为其特征。上部由陆源岩石在浅水的三角洲、泻湖、沼泽等条件下形成。它们整体上是整合的,带有冲刷的痕迹。沉积地层被具有18亿～19亿年同位素地质年龄的阔达尔组合的花岗岩侵入(卢布列夫等;1981)。

夏哈宁地堑的变质沉积岩由断裂将它们与正长片麻岩分开。岩石组合为大理岩化的白云岩、变石英岩和再生的变砂岩与砾岩透镜体及韵律交替的变泥岩和变砂岩、复矿碎屑岩、变砂岩等互层(绍恰娃,1986)。其中所见变辉绿岩岩床厚度达150～200m,可作为其代表性特征。它们的成生时代估计为19.5亿年(托罗阔夫等,1989)。

欧尔冬戈辛地堑与乌多康岩系对应的角度不整合地分布于恰罗达康深成花岗岩与欧洛莫开特变粒岩岩块的正长片麻岩之上(穆罗纽科等,1971;彼得罗夫,1976;鲍高莫洛娃等,1985)。它们是分选很差的砂砾岩、砾岩、粗砂岩和角砾。在与花岗岩的接触带上找到了风化壳(绍恰娃,1986)。沉积岩被具有19亿年年龄的辉绿岩脉侵入。

这里的乌多康岩系不整合地盖在乌古依岩系的陆源岩石之上,为砾岩、奥长石砂岩,具有块状和成层状构造的石英砂岩,在砂岩当中有细砂岩,有时为粉砂岩岩层,呈水平和斜交与十字形交叉的波浪状的薄层层理(米罗纽科等,1971)。乌古依岩系的岩石在乌古依地堑发育得最广。

齐聂依侵入岩组合形成的岩块与近东西向的断裂有成生联系。最大的岩块是齐聂依,面积达100km^2,其余的均较小些。它侵入到乌多康岩系并见有其捕虏体。这个成层的岩块呈漏斗形,在它的中央部分由浅色辉长岩组成,而边缘部分则为混染岩的二长岩、二长闪长岩、辉长岩组成。在中央的边缘两带之间分布着成层的闪长岩、含石英的辉长岩、二长岩、斜长石岩带和含钛磁铁矿的成层岩带。组合的第二期为二长岩和辉长伟晶岩的似脉状体、辉绿岩岩脉。取自齐聂依岩体岩石的锆石(U-Pb)同位素地质年龄为18亿年(扎格卢金娜等,1984)。某些人把它归属于里菲期早期。

乌儿康坳陷的乌儿康岩系被里菲期早期地层所覆盖,而呈明显的角度不整合产在古太古代结晶岩层的风化壳上。岩系自下而上为托鲍里康组、乌尔卡强组、埃尔盖代依组。托鲍里康组厚度为200m(根据钻探资料),由亮灰色石英砂岩和石英岩状的砂岩、圆石砾岩与在底部的薄夹层砾岩组成。上覆乌尔卡强组为变玄武岩和它们的熔岩角砾及罕见的砂岩、圆石砾岩的夹层。变玄武岩含大量的棱角斜长岩、片麻岩碎块,并被辉长辉绿岩所侵入。往上产出的埃尔盖代依组分布广泛。该组角度不整合产在乌尔卡强组之上。其成分中大半是粗面流纹英安岩、粗面英安岩、英安流纹岩、流纹岩及其熔岩角砾岩、凝灰岩和熔结凝灰岩。在这些岩石当中有玄武岩及砂岩夹层,该组玄武岩层位的沉积岩经常含有乌尔卡强变玄武岩及很少的辉岩磨圆度很好的巨砾和砾石。这些资料表明,在埃尔盖代依期之前存在着一个相当长时期的间断,再上面为里菲期早期的比林金组。其中见有粗面流纹岩、变辉绿岩、片麻岩等砾石和巨砾,同时还有侵入埃尔盖依组的乌儿康组合的花岗岩类砾石和巨砾。比林金组属于里菲期早期的玄武岩层。侵入岩以盖孔旦(欧洛姆斯基)辉长岩类和乌儿康花岗岩类为主(古里杨诺娃,2001)。在乌尔康深成岩边缘的盖孔旦组合里见有较少的辉长岩岩体、浅色辉长岩体及斜长岩、辉长辉绿岩岩株、岩墙。在整体上它们成为穿过巴托姆高地呈北东走向的一个岩带。在乌尔卡强组的底部见到它们呈巨砾形和相当大的乌尔康花岗岩类的捕虏体。根据米罗纽科(1986)和卡尔沙阔夫等(1977)的资料,它们侵入朱格朱尔组合,常为成层的侵入体。它们的中央部分由斜长岩、辉长岩组成,向接触带靠近逐渐为斑状辉长岩、辉长辉绿岩所替代。它们的矿物成分特点是有普通辉石和易变辉石的出现,间或出现铁镁橄榄石、钛黑云母、钛磁铁矿、钛铁矿和磷灰石(1.5%～2.0%)等矿物。乌儿康组合是经过了3个侵入期次形成的。侵入组合的第一期为正长岩、二长岩、二长辉长岩,这些岩石形成于岩块的边缘带。在较晚期的侵入岩组合作用下,岩石往往受到强烈的交代蚀变,在未蚀变的正长岩中见有斑晶(古里杨诺夫,1995)。局部均匀的粗粒和斑状的花岗岩占优势。这些具文象结构的斑状花岗岩渗入结晶格架的有微斜长石、富铁钠闪石。在二长岩中见有普通辉石、斜铁辉石,极少的铁橄榄石及环带斜长石。第二期包括黑云母花岗岩、更长环斑状花岗岩、富铁钠闪石花岗岩和铁橄榄石花岗岩。这些岩石形成了乌儿康深成火成体的主体部分。在岩块的边缘部分出现了不同的角闪岩和铁橄榄石,向接触带方向则为石英闪长岩所替代。第三期的碱性花岗岩呈小岩体和岩块出现。碱性花岗岩以中粗粒斑状结构为主、有时出现一些晶洞和巨粒状构造。岩石中见有星叶石、钠闪石、霓石和黑云母等。乌儿康组合切穿了太古宙结晶基底岩层。乌儿康岩系酸性火山岩的锆石 U-Pb 年龄为 1 727±6Ma；二期花岗岩年龄为1 715±5Ma；三期碱性花岗岩年龄为 1 703±18Ma(拉林等，1995)。地质和同位素年龄的相吻合性能可靠地标定乌儿康岩块的岩浆岩为晚卡累里阿期的产物。

（二）阿尔丹上叠构造盆地系

区域内所见主要构造盆地为维留依坳陷、普列德维尔浩扬坳陷、乌秋罗-玛依盆地、别列佐夫坳陷、上卡拉尔盆地和下阿尔丹盆地。构造盆地系的基底为太古宙变质岩系。

构造盆地系分别由里菲期至新生代地层所构成。根据各时期地层建造特征和其间构造接触关系等，我们划分出了里菲期、文德期—早古生代、中古生代、晚古生代、中生代和新生代六大构造层。每个构造层亦代表一个构造阶段。下面我们按构造阶段由老至新叙述其地质构造特征。

1. 里菲期阶段

构成乌秋尔-玛依盆地和别列佐夫坳陷的地层包括整个里菲期地层(卡尔沙阔夫，古里杨诺夫，高罗思柯，2002)。地层覆于古元古代地层之上，并被文德期—早寒武世地层所覆盖。

中西伯利亚以东的里菲期地层可划分成 6 个岩系，即乌扬、乌楚尔、阿伊姆强、开尔贝力、拉汉金和乌依等岩系(谢米哈托夫等，1998；卡尔沙阔夫，2002)。我们把乌扬和乌楚尔岩系划入里菲统下部层位，阿伊姆强岩系归于里菲统中部层位。乌秋尔-玛依盆地的面积达 100 000km^2。在奥姆宁隆起上可分为乌秋尔和玛依两个坳陷。在乌秋尔坳陷里广泛分布着里菲期早期地层。在玛依坳陷里有最完整地代表着里菲期中—晚期的地层。

乌秋尔坳陷从北西向南东在宽度 80km 的情况下延伸达 150km。其在北边受奥姆宁隆起坡阻隔，南西受伊丘莫-哈依康和松南根结晶岩石的隆起所制约。坳陷向南东方向分布和延伸，向北西与玛尔求耶里汇合，而在东部与玛依玛康盆地结合。在乌秋尔坳陷里填充着里菲期早期和较少的文德期—寒武纪地层，岩层的总厚度为 800～1 200m，在坳陷中心岩层产状近似水平，而在西北和南东部它们都平缓地倾向坳陷的中心。

盖层下部为里菲统下部层位乌扬和乌秋尔岩系的碳酸盐岩-陆源岩沉积。在乌秋尔河右岸里菲期地层以很小的倾角(2°～4°)向北东倾伏。乌扬岩系覆盖在乌儿康岩系之上。它的剖面开始于比林金组的砾岩、花岗质砂岩和橄榄玄武岩夹层。孔库林组(14 亿～16 亿年)为红色斜层理石英岩、砂岩、砂砾岩和砾岩。这些岩石被阿达尔嘎依组的砂岩、粉砂岩所覆盖。乌扬岩系的沉积厚度大于 1 000m。

在乌扬末期阶段发生了干旱，随之而来的是乌扬的山前坳陷消亡和宽阔的乌秋尔海侵。乌秋尔岩系在乌秋尔坳陷西部覆盖在太古宙基底之上。乌秋尔岩系的高那姆组的海侵标志在乌秋尔河、乌扬河、玛依玛康河等流域可相当明显地看到，乌秋尔海侵超过乌扬海侵规模。乌秋尔岩系下部(高那姆岩组)有红色石英-长石砂岩与粉砂岩、白云岩夹层(达 600m)，在底部于基底片麻岩之上产有砂岩(2.5m)。

在乌秋尔时期末发生了构造改造，在这个时期里广大的地区经受了普遍地抬升，同时在南部伴随着有乌扬地层的剥蚀和南东部乌尔康地层的剥蚀。

向上高那姆组岩石逐渐过渡到白云岩、白云岩化灰岩、泥岩和钙质砂岩交替的巨厚岩层。它被划分到奥玛赫金组。奥玛赫金组厚度达 340～390m(米罗纽科，1986)。

恩宁斯组整合地产于奥玛赫金组岩石之上。在奥姆宁高地恩宁斯组的下部为薄层砾岩、砂砾砂岩和卵石的砾岩，厚度达 10～12m；中部为石英砂岩；上部为粉砂岩和砂岩。厚度达 300m。

在乌秋尔坳陷南东的边缘部分所见恩宁组下部为具斜层理的石英砂岩和少量的白云岩透镜体，厚度达 70m；上部为砂岩、粉砂岩、泥岩。该组的厚度小于 140m。

玛依坳陷位于奥姆宁隆起和威尔浩扬-考雷姆造山带聂力康逆掩断层带之间。坳陷在宽为 80～100km 的情况下向北东方向延长 200km。其内充填着里菲期地层总厚度约 4 600m。地层产状平缓。

里菲期地层为里菲统下部比俩克强岩系，里菲统中部阿伊姆强岩系、开尔贝力岩系和里菲统上部拉汉丁岩系、乌依岩系。在开尔贝力岩系和拉汉丁岩系的底部见有1～15m的风化壳。比俩克强岩系主要由砾岩、砂砾岩、页岩、灰岩和白云岩组成(申费力，1991)。里菲统中、上部沉积为浅海、泻湖及很少的陆相沉积——白云岩、灰岩、泥灰岩、砂岩及页岩(申费里，1991)。

古陆东部里菲构造期以裂谷构造作用为主，广泛的发育有里菲期岩浆岩(格罗什柯，2001；古谢夫等，1985；斯朋特，1987；欧列尼阔夫，1989)，分布最广的为基性岩。并发育有该期中心型含碳酸盐岩的碱性—超基性岩岩体(因吉里岩体、阿尔巴拉斯塔赫岩体)。

里菲期早、中期在阿尔丹-斯塔诺夫古陆上发育有巨大规模的基性岩墙带。岩墙带宽20～60km，长达200～500km(欧科卢根等，1999)。它们形成北东和北西两个走向的岩墙相互穿切的系统。分为近东西向、北东东向、北西向和北东向等走向的诸多岩墙带。它们主要分布于阿尔丹-斯塔诺夫古陆的西部。其中北西走向的岩墙则分布于东部。里菲期晚期的岩浆岩以浅成的和次火山型侵入岩为主，伴有少量的沉积盖层。岩床和岩脉的厚度达100m。在基性岩中见有风化壳。在岩脉和岩床当中发现有里菲期晚期的地层(欧列尼考夫等，1983)。

分布最多的是辉长-辉绿岩岩墙及与其共生的有富钾高镁的超基性岩，构成管状或似岩墙状体(思朋特等，1982；欧科卢根等，2000)。某些研究者们则视其为煌斑岩类(维斯湟夫斯基等，1986)。火山岩主要是橄榄玄武岩。

别列佐夫坳陷由中—新元古代及古生代的碳酸盐岩-陆源岩建造所组成。坳陷的西和南东受褶皱和正断层限定，在坳陷南部地层的分布已超出坳陷范围。地台的沉积地层被里菲期的辉绿岩脉穿切，并被中生代的碱性岩岩株贯穿。

这里广泛分布着里菲期早期捷波托尔金岩系、里菲期中期巴拉嘎那赫岩系和里菲期中晚期帕托姆组合。在其组成中有巴拉嘎那赫、达力聂塔依艮和朱任斯告依等岩系。捷波托尔金岩系产在尼恰特杂岩和在卡达尔杂岩(18亿年)的风化壳上，被里菲期中期巴拉嘎那赫岩系所覆盖。巴拉嘎那赫岩系岩石组合为石英砂岩、石英岩、绢云片岩、绿泥-绢云片岩、赤铁绢云-绿泥片岩、叶蜡石及含水铝石片岩，以及很少的细砾岩、长石砂岩、含卵石砾岩。岩系不整合产于捷波托尔金岩系之上，并覆盖了尼恰特杂岩。

2. 文德期—早古生代构造阶段

阿尔丹上叠构造盆地系有很大一部分是由文德期—早古生代沉积所构成。地层在沉积过程中经历了最大的普列纠多姆间断。同期超基性—碱性侵入岩的K-Ar同位素年龄为673～752Ma(比留阔夫，1997)。在该期沉积地层底部见有前期地层的风化壳。风化壳厚度为0.1～0.2m。

文德期—寒武纪陆棚沉积是在开放盆地条件下形成的。被阿尔丹-列恩长垣分成东、西两部分。西部别列佐夫坳陷曾显封闭条件下沉积，沉积物具偏高的盐分特征。东部乌秋尔-辛斯基地区沉积物为开放海的陆源-碳酸盐岩。

尤多姆岩系具有稳定的岩石成分(单一的白云质灰岩，个别夹有砂岩夹层和沥青质白云岩分层)，有不太大的相变(仅在别列佐夫坳陷出现石膏夹层和混有石膏的白云岩夹层)。

早—中寒武世地层反映出最大的海侵期，遍布全区域的海侵结果加深了尤多姆海。

在这个时期两个独立的沉积盆地更显出各自的独特特征：南西部分为蒸发区，在这里沉积了岩盐、石膏、无水石膏、白云岩和页岩(别列佐夫坳陷)；北东部分则与海洋相通，在这里沉积了玫瑰色—绿色片状灰岩、泥质—有机物沉积的白云岩、沥青灰岩及很少的砂岩夹层，并见有相同成分的晚寒武世地层。

奥陶纪和志留纪地层分布于本区的中央和南西地区(别列佐夫坳陷)，是杂色的泥质岩-碳酸盐岩，个别地方为含硫酸的岩石沉积。

文德期—早古生代时期岩浆岩不发育。在晚奥陶世地层里根据Γ A 卢谢茨基的资料为含有杂色岩石分层和含有火山成因的物质杂质及薄层凝灰岩。

文德期—早古生代的岩石从与阿尔丹古陆的界线起典型的平稳北倾。它们的底板等厚线(100～1 000m)倾角为1°～10°，总的具有向北增长的趋势。

上卡拉尔盆地是文德期—早古生代地台盖层的最南翼，充填着文德期—早古生代上卡拉尔岩系的陆源-碳酸盐岩沉积物。在其下部为灰色碳酸盐岩，上部为杂色的陆源岩石。该岩系产在古元古代乌多康岩系的沙库康组和卡达尔花岗岩类及多罗斯杂岩的辉长-辉绿岩之上。岩系的岩石中含有未确定的文德期的生物化石、三叶虫及早寒武世和奥陶纪的腕足类化石。

3. 中古生代构造阶段

中古生代地层见于维留依陆向斜。陆向斜的上覆层位主要为陆相侏罗-白垩纪地层。其下为三叠纪和二叠纪陆相沉积，以及泥盆纪和早石炭世含蒸发岩、玄武岩的碳酸盐岩陆源岩。推测这里还存在有里菲期地层。

中古生代地层包括层状的中、晚泥盆世地层。见有中泥盆世至早石炭世的岩浆岩杂岩。在这个时期于维留依坳拉槽(裂谷)中沉积有火山陆源岩和浅水盐类沉积。

4. 晚古生代构造阶段

晚古生代构造层为陆源-大陆含煤地层和滨海沉积地层。

早石炭世晚杜内期—韦宪期地层以角度不整合覆于中—晚泥盆世和早石炭世早杜内期裂谷型地层之上，局部地段见其不整合覆于志留纪地层上面(胡多列依，1998；顾里耶，1994)。该岩系为淡色—暗灰色块状灰岩。其中含有大量珊瑚、海百合、腕足类和海藻类化石。

二叠纪地层为近海沉积，其中有含煤、三角洲、陆棚和半深海沉积(布尔嘎阔娃，1976)。分布有浊积岩。石炭纪地层以深水相沉积为其特征。

5. 中生代构造阶段

中生代地层分布于维留依陆向斜内及其周边。

三叠纪—早、中侏罗世地层(达 700m)主要为浅海的砂、泥岩建造。

晚侏罗世—白垩纪地层主要由大陆砂岩、砂土、粉砂岩、黏土和临近威尔浩扬褶皱-逆掩断层带的含煤地层等组成。

晚侏罗世—白垩纪的岩浆作用发育在阿尔丹-斯塔诺夫古陆的范围内和阿尔丹上叠构造盆地系的边缘部分，以正长岩为主的各种碱性岩组合。

6. 新生代构造阶段

新生代地层主要分布于阿尔丹河下游流域的阿尔丹洼地，分布着渐新统和新近系巨厚的(达 900m)冲洪积地层。地层具有非对称性构造(纳塔波夫，彼德日耶夫，1966；巴拉诺夫等，1976；格里年柯等，2000)。主要的碎屑物质是由古老的阿尔丹和勒那两大河流从南方冲刷搬运而来的。地层在洼地以北沿产状有的地方倾角达 20°～30°。其覆盖在勒拿和阿尔丹河谷阶地的盖层之上，被上新统的沙土层所覆盖。

在阿尔丹河右岸古近纪地层属于唐丁组下部，由含卵石的灰色砂层所组成，不整合产于白垩纪沉积层之上。

新近纪地层分布于下阿尔丹洼地的东部。自下而上分为 3 个组，即马蒙山组、纳姆组和唐丁组。上述 3 组主要由砂、粉砂、黏土、卵石和褐煤组成。沉积厚度达 750m。

(三) 克拉通边缘坳陷

坳陷沿西伯利亚古陆的南东部边缘展布，由新元古代地层、早—中古生代地层构成。从构造角度上看可视为是外克拉通。如尤多姆-马依这样特大的坳陷，但它被纳入到中生代时期的褶皱构造之中。尤多姆-马依坳陷以南分布着阿杨-塞夫林坳陷。

阿杨-寒夫林外克拉通坳陷在现在的断面上只保存了该坳陷的 3 个片段——塞夫林片段、马刚片段、阿杨和伊康金片段。根据众多研究者的意见、这些都是往昔的蚀余山，是辽阔的里菲期—古生代外克拉通坳陷的残山，从南东环绕着阿尔丹-斯塔诺夫古陆展布。

塞夫林片段位于巴拉代克高地，片段由陆源的寒武-奥陶纪、泥盆纪、石炭纪的碳酸盐岩岩层等组成，不整合地覆盖在前寒武纪托黑康花岗岩之上。

马刚片段的陆源碳酸盐岩岩层的微弱移位与辉绿岩结合。在这个岩层里有藻灰结核的残骸和里菲期的变质石墨。

阿杨和伊康金片段在剖面划分上有所区别。如阿杨片段的里菲期—奥陶纪—石炭纪地层更为完整，其中包含有完整的含巨碎屑的碳酸盐岩-陆源岩建造和陆源岩建造，岩石组合为白云岩、沥青质灰岩、泥岩、泥灰岩等。上述地层为晚古生代辉绿岩、辉长辉绿岩岩墙及辉长岩所穿切。

二、华北古陆(地台)

研究区只出露了华北古陆北缘的两个前寒武纪地块，即龙岗地块和建平地块。古陆的盖层为由元古宙—奥陶纪和石炭-二叠纪地层组成。

(一) 华北古陆

龙岗地块位于沈阳以东，延伸到朝鲜的冠茂地块。地块基底由古太古代、新太古代两大构造层和变质深成侵入体构成。古太古代岩层岩石组合为黑云母片麻岩、结晶片岩、斜长角闪岩、角闪岩、磁铁石英岩。这些岩石受变质作用形成于粒变岩相和高角闪岩相条件下。在它们当中见有紫苏花岗岩及石榴石和含矽线石辉石、橄榄岩、角闪岩、辉长角闪岩，低钾高镁岩石与科马提岩极为相似。岩石组合具有绿岩建造特征。其内发育具有工业意义的铁矿层。与岩层伴生的为 TTG 岩系构成巨大的变质深成侵入体。所获同位素年龄为 3 850±30Ma(锆石，SHRIMP)、28.72±10Ma(Pb-Pb，Rb-Sr 等时年龄)、3 032Ma(角闪石，Sm-Nd 等时线)及辉绿岩脉的变质年龄 2 766±266Ma(Rb-Sr)。

新太古代岩层岩石组合为黑云角闪片岩，角闪片麻岩、斜长角闪岩、角闪黑云母片麻岩、绿泥阳起石片岩、石英绢云母片岩、磁铁石英岩、科马提岩。岩石在绿片岩和角闪岩相的条件下遭受变质作用。岩石组合具有绿岩建造特征，赋有具工业意义的铁矿层。与岩层伴生的为 TTG 岩系构成巨大的变质深成侵入体和富钾花岗岩类及伟晶岩。所获同位素年龄为 2 600～3 000Ma、2 639～2 516Ma(Sm-Nd，Rb-Sr)、2 517～2 600Ma(U-Pb)；晚期阶段的富钾花岗岩类的年龄为 2 457Ma(U-Pb)，而辉石花岗岩的年龄为 2 440±80Ma(Sm-Nd)或 2 343±114Ma(Rb-Sr)。

龙岗地块盖层分布于地块的南部，出露极少，由古元古代辽河群及中元古代长城系、蓟县系组成。辽河群为辽河裂谷的陆内裂谷相碳酸盐岩-碎屑岩-火山岩建造。长城系、蓟县系为陆内裂谷坳陷相碎屑岩-碳酸盐岩建造。伴生的侵入岩为极不发育的花岗岩类、闪长岩和辉长辉绿岩、辉石橄榄岩。

建平地块见于研究区西南角阜新地区，为建平地块的东缘部分。地块基底由新太古代构造层及变质深成侵入体与花岗岩类构成。新太古代构造层为建平群，其岩性为角闪(黑云)斜长片麻岩、矽线石榴片麻岩、斜长角闪岩、石墨片麻岩、磁铁石英岩、大理岩及变粒岩和科马提岩等。遭受粒变岩相和角闪岩相变质作用。伴生的变质深成侵入体为 TTG 岩系。同期的富钾花岗岩类不甚发育。获同位素年龄 2 500～2 575Ma(U-Pb)、(2 657～2 846)±67Ma(Sm-Nd)。

地块盖层为零星出露的中元古代长城系，岩石组合为砾岩、砂岩、粉砂岩、白云岩。属裂谷坳陷相碎屑岩-碳酸盐岩建造。

(二) 辽北-头道江坳陷系

研究区仅在龙岗地块范围内保存了华北古陆的地台盖层坳陷。它们是雁列式排列展布的样子哨($Qb—O_1$)、八道江($Qb—O_1$)、太子河($Qb—O_2$)和长白($Qb—O_3$)坳陷。坳陷由从青白口系到上奥陶统的沉积地层所构成。

青白口系由海相陆源的泥质岩、粉砂岩、石英砂岩、黏土质灰岩、含绿泥石菱铁矿和磁铁矿的砂砾状砂岩组成。厚度达 3 000～4 646m。同位素年龄为 850～1 050Ma。

南华—震旦—奥陶纪时期的沉积地层剖面下部(Nh—Z)由石英砂岩(含铁)、粉砂岩、细砂岩、泥灰岩、灰岩、藻灰岩及页岩组成。具有 656Ma 同位素年龄。中部由寒武系的灰岩、鲕状灰岩、白云岩、砂岩、泥岩和硅质岩组成,在硅质岩中含有粉砂岩层、石膏层和磷块岩。常含有丰富的化石。奥陶系为灰岩以及泥质岩和粉砂岩组合,含有丰富的头足类、三叶虫类、腕足类化石。该时期的沉积地层总厚度为 2 350～10 000m。

坳陷褶皱构造发育,由后期构造运动作用致使沉积层错断、挤压形成的线性褶皱与盖层褶皱互相交替频频出现,复杂化了的断层、逆断层及层纹状结构亦发育。

三、中亚构造带

中亚构造带,全称为中央亚洲构造带(乌拉尔-蒙古构造带,按 M B 穆拉托娃,1965)。中国学者称其为古亚洲洋构造域。该带的范围为自乌拉尔褶皱带以东塔里木-华北古陆与西伯利亚古陆之间的广大地域。我们所研究的区域为其东部区域。研究区内的中亚构造带由诸多的前震旦纪地块以及华北、西伯利亚古陆的增生构造带(造山带)构成。整个区域清晰地映现出块带镶嵌结构特征(赵春荆等,1996)。如果不考虑带内古老地块形成时间的话,中亚构造带的活动时限应为新元古代南华纪(800Ma)到早三叠世(240Ma)。

中亚构造带在中生代之后受太平洋构造带(滨太平洋构造域)的叠覆、改造,导致本区构造十分复杂、多样(赵春荆、卡尔沙阔夫,2001)。

(一) 地块

1. 额尔古纳-马门地块群

地块群北面以蒙古-鄂霍茨克和南杜库林戈尔断裂为界;南面以戴尔布冈、上岭、兴隆等断裂为界,呈近东西向展布。自西而东包括额尔古纳、冈仁、兴华、马门 4 个地块。

额尔古纳地块由新太古代(古元古代)新华渡口岩群和变质深成侵入体及富钾花岗岩类构成。其岩石组合为角闪石岩、含石榴石的变粒岩、黑云斜长片麻岩、二云片岩、矽线石云母片岩、大理岩和含铁石英岩。岩石的 Sm-Nd 同位素年龄为 2 300～2 600Ma。在岩群中还可分出灰色片麻岩组合及富钾的花岗岩类和具有同位素年龄 2 451±38Ma 的钾伟晶岩(锆石:洛伊,1994)。在嘎吉穆尔河下游,根据 И А 托姆巴绍夫资料,该地岩层岩石组合为石榴石-紫苏辉石-石榴石-云母结晶片岩、角闪-紫苏辉石片岩、角闪岩-黑云母片麻岩、矽线石-堇青石片岩、石英岩和大理岩。它们与含有深色石英的石榴石花岗岩共生。在塞儿科河中游分出同期岩层岩石组合为黑云母-角闪石片麻岩、花岗片麻岩、闪长片麻岩、含有很少的大理岩、黑云矽线石片麻岩夹层。与新太古代的变质岩有时共生有变辉长岩和角闪辉长岩。同期和变质深成侵入体由 TTG 岩系构成。富钾花岗岩类不发育,多以小岩体产出。

兴华地块分布于兴华-塔河地区。亦由新太古代(古元古代)新华渡口岩群和变质深成侵入体及富钾花岗岩类所构成。这里的新华渡口岩群岩石组合为变粒岩、斜长片麻岩、角闪片岩、角闪岩、含铁石英岩和大理岩。在兴华乡东沟地区在该岩层见有石墨大理岩,矽线石-黑云母片麻岩、石榴石-矽线石-黑云母片麻岩、石墨片岩、透辉岩和含铁石英岩。同期和变质深成侵入体由 TTG 岩系构成,富钾花岗岩类呈不大的小岩体出露。

冈仁地块分布于俄罗斯冈仁地区。地块由新太古代(古元古代)冈仁岩群和同期侵入体构成。冈仁岩群岩石组合为黑云母片麻岩、二云片麻岩及斜长片麻岩,有时含石榴石-角闪石-黑云母片岩、黑云母-角闪片岩、石墨-黑云母-角闪石片岩、辉石片岩、石英片岩、大理岩和斑花大理岩夹层和透镜体。岩群岩石的U-Pb等时年龄为1 933±100～2 410±50Ma。同期侵入体为辉石岩、斜方辉石橄榄岩、角闪石岩、辉长岩等岩体，以及片麻状、块状花岗岩、花岗闪长岩、斜长花岗岩和石英闪长岩等小岩体。

马门地块分布于阿穆尔-结雅地区北部，由新太古代(古元古代)马门岩群和同期侵入岩构成。马门岩群岩石组合为黑云母片麻岩、角闪片麻岩、角闪岩和大理岩。侵入岩主要由辉长岩、闪长岩和花岗岩组成。

古元古代阶段，马门地块为嘎里岩系火山岩和沉积岩层覆盖。其岩石组合下部为变粉砂岩、变砂岩和占优势的大理岩化灰岩；上部为基性和中性成分的变质喷发岩和凝灰岩。其岩石的同位素Rb-Sr年龄为1 799±42Ma(克拉斯内，沃里斯基，1999)。

古元古代马门地块的深成岩建造有两个岩组。一为西波斯基超基性岩、蛇纹岩、纯橄榄岩和辉长岩组；另一个是石英闪长岩、闪长岩、斜长花岗岩岩组。蛇纹岩的Rb-Sr同位素年龄被确定为19亿～22亿年、21亿年(玛勒阔夫，1990、1996)。

应该提及的是，额尔古纳-马门地块群的盖层还见有晚前寒武纪、古生代和中生代地层。

2. 加格达奇地块

加格达奇地块分布于大兴安岭北段东坡。呈南北长420km，宽120～210km的南北向带状展布。西界为古力雅山断裂所限定，东边由嫩江断裂为界与北兴安造山带相邻，南界由博克图断裂为界与西拉木伦-延边造山带相隔开。

地块基底由新太古代(古元古代)兴华渡口岩群和变质深成侵入体及富钾花岗岩类侵入体所构成。这里的兴华渡口岩群岩石组合为黑云斜长石片麻岩、斜长角闪岩、黑云-斜长-角闪变粒岩、含铁石英岩和大理岩。变质深成侵入体由片麻状钠长花岗岩体与灰色片麻岩组成，富钾花岗岩出露很少，属于地块盖层的是晚奥陶世和晚古生代海相碳酸盐岩-碎屑岩-火山岩建造地层。

3. 图兰-张广才岭地块

该地块近南北向带状展布于图兰山—东小兴安岭(外兴安岭)—张广才岭地区。长约1 000km，宽170～300km。地块基底零散出露，经常在古生代花岗深成岩地区侵蚀窗口出露或是见于它们的捕虏体当中。按照物质成分特点它们可分为3个大的岩块，即张广才岭、图兰、切戈多门岩块。

东小兴安岭(外兴安岭)—张广才岭地区岩块基底为新太古代麻山群和古元古代兴东群。麻山群的岩石组合为含铁石英岩、石英-云母片麻岩、含矽线石片麻岩、石墨片岩(片麻岩)云母片岩和石墨大理岩。在图兰山地区岩块基底为佳戈达列依岩层。在切戈多门地区地块基底为塔斯塔赫岩系，由黑云片麻岩、二云片麻岩、石榴石黑云片麻岩、石榴石-矽线石-堇青石片麻岩、角闪石片麻岩、透辉石片岩、石英岩及大理岩组成。同期侵入岩见有变辉长岩类、变辉石岩、花岗闪长岩、斜长花岗岩、石英闪长岩、片麻状和块状花岗岩。石榴石花岗岩的锆石同位素年龄为2 871±8Ma(宋彪等，1993)。

地块盖层通常包括新元古界—奥陶系、晚古生界和中生界地层组合。

4. 佳木斯地块

佳木斯地块位于图兰-张广才岭地块与锡霍特-阿林造山带之间。地块呈东西向的宽带状展布。它与锡霍特-阿林造山带由库康断裂和同江断裂相隔。地块南部以敦密断裂为界与兴凯地块相邻。佳木斯-牡丹江地块与其他地块的区别在于它受古生代构造岩浆活化作用较轻，基底分布较广。

地块被伊通-依兰断裂分为南、北两部分。

北部地块基底由图洛夫其欣组、吉庆组、乌里力组3个组组成。图洛夫其欣组岩石组合为黑云片麻岩、黑云角闪片麻岩及结晶片岩夹层。吉庆组岩石组合为角闪岩、角闪片麻岩、角闪黑云片麻岩、二云片麻岩、角闪结晶片岩。乌里力组岩石组合为黑云母片麻岩、黑云母角闪片麻岩、云母-斜长石英片岩、云母-石英片岩，少量绿泥石-阳起石片岩、石英岩。

南部地块基底由新太古代麻山群、古元古代兴东群构成。麻山群岩石组合为石榴石黑云母片麻岩，石榴石-矽线石-堇青石片麻岩，透辉片麻岩，大理岩，二辉片岩，含铁石英、石英云母片岩，石墨云母片岩及石墨大理岩。麻山群岩石变质作用的压力和温度条件是按照不同的地热参数所确定的，相对应于角闪岩相和麻粒岩相的高梯度值（$T=800\sim850$℃，$p=7.4$kPa）。从结晶片岩的紫苏辉石测得的 Ar-Ar 同位素年龄为 2 539Ma。从麻山群糜棱岩化花岗岩的残余锆石测得的年龄值是 2 871±8Ma（宋彪等，1993）。侵入麻山群受变质作用的闪长岩年龄标定相对应的为 546～1 460Ma，最后一个数据说明闪长岩岩浆侵入的时间，而第一个数据是变质作用对闪长岩起作用的时间。由此可见，放射性同位素的数据有关麻山群广泛流传的太古宙年龄并未得到证实。

麻山群包裹着不大的变辉石岩、角闪石岩、紫苏花岗岩和石榴石-矽线石花岗岩类等岩体。

在麻山群上部为兴东群。其岩石组合为黑云母片岩、黑云角闪片岩、石榴石-矽线石片岩、红柱石-变粒岩与石墨大理岩、云母-石墨片岩、角闪岩夹层。同期侵入岩见有变质基性岩和超基性岩、花岗岩类。

岩块的后期盖层由新元古界—奥陶系、上古生界及中生界地层所构成。

5. 兴凯地块

兴凯地块位于中亚构造带与锡霍特-阿林造山带界线上的兴凯湖地区。地块基底由马特维叶夫、格罗捷克沃和纳里莫夫 3 个岩块构成。马特维叶夫岩块的变质岩组合为伊曼岩系，该岩系通常划分为鲁任组和马特维叶夫两组。鲁任组岩石组合为石墨-含透辉石大理岩、黑云片麻岩和二辉片麻岩夹层。马特维叶夫组岩石组合为黑云片麻岩、黑云母-矽线石片麻岩、黑云母-矽线石片麻岩、紫苏辉石片麻岩、石英岩和斑花大理岩。某些研究者（米什金等，1993）在 A M 斯米尔诺夫之后把该组划入到图尔盖涅夫组。后者岩石组合为黑云母片岩、黑云角闪片岩、石英岩、石榴石-黑云母片岩、片麻岩及斑花大理岩组合，被置于组合的地层上部。纳里莫夫和格罗捷克沃岩块的变质建造可并入到乌苏里岩系。乌苏里岩系由那里莫夫组和塔吉杨诺夫组两组组成。那里莫夫组岩石组合为黑云母片麻岩（片岩）、黑云母角闪片麻岩（片岩），以及大理岩透镜体和角闪岩透镜体。塔吉杨诺夫组岩石组合为黑云母片岩、透辉石片岩、白云母石墨结晶片岩。

关于地块基底的时代问题仍是一个有争议的问题。在第四届远东 MPCC 的决议中基于与俄罗斯远东其他邻近地区变质建造形成的压力温度条件的对比，伊曼岩系被定为古太古代。滨海区的地质工作者们传统地把伊曼岩系定为晚太古代，而乌苏里岩系又被划入古元古代。可见关于地块基底的时代问题仍需深入研究。

与基底变质岩系密切有成生相连的侵入岩是片麻状花岗岩、斜长花岗岩、斑状变晶花岗岩、辉长花岗岩、辉长-苏长岩等侵入体。

地块盖层由 3 个构造层组成。下部盖层推测为里菲期中期的列绍扎沃得岩系。该岩系由斯巴斯克组、米特罗方诺夫和卡巴尔根组组成。斯巴斯克组岩石组合为云母片岩、黑云母-绢云母片岩、黑云-绿泥片岩和绿泥石片岩。米特罗方诺夫组岩石组合为石墨片岩、白云母片岩、绿泥石-黑云母片岩、绢云母-石英-黑云母片岩、石英岩和大理岩。卡巴尔根组岩石组合为千枚岩、泥质片岩、绿泥石-绢云母片岩和黑云母-绿泥石片岩。Rb-Sr 同位素年龄为 748Ma。坳陷地层上部有条件地与小兴安岭山脉的地层下寒武统部分相对比。这里由下而上为片理岩层—炭质泥质片岩，砂岩、灰岩、铁石英岩和玄武岩。斯莫力宁组为灰岩、白云岩；含矿组——绢云母-绿泥石片岩和石墨片岩，灰岩，石英岩组合，常含有磁铁矿和磁铁矿-赤铁矿的矿石夹层。

在沃兹聂辛和斯巴斯克坳陷，下构造层为早寒武世和早-中寒武世的碳酸盐岩-陆源岩系，含古杯海绵、腕足类和三叶虫化石。在同一时代的组成中雅罗斯拉夫斯克和格里告里叶夫岩系为在沃兹聂辛坳陷里的不同相带中划分出来的。碳酸盐岩（石灰岩、白云岩）和陆源岩石（粉砂岩、砂岩）并存，高炭的（半石墨的）片岩组成下部成分（新雅罗斯拉夫组和鲁扎诺夫组）。在格里告里叶夫岩系下部（纳塞罗组）为杂色的含赤铁矿石英-绢云母-片岩。在斯巴斯克坳陷的叶夫盖耶夫岩系里相似的岩石类型没有被确定下来。石灰岩、白云岩在这里常伴生有硅质和硅泥质页岩。在上部（米尔库赛夫组和灭得威任组）广泛分布着粗碎屑沉积地层。下伏的得米特里叶夫组岩石的砂砾石，被看做新岩系（磨拉斯）玄武岩层的底面。

有学者指出，在斯巴斯克坳陷里存在蛇绿岩组合，这套组合是以基性火山岩、火山混杂岩和蛇纹岩混杂岩为代表的岩片，其内见有脱玻化的斜方辉橄岩、辉长岩及辉长-闪长岩的岩块。它们以构造岩片的形式赋于得米特里叶夫组的碳酸盐岩地层之中。

在地块盖层的下构造层形成之后，其后是长时间的沉积间断，与之相关的形成了奥尔洛夫花岗岩组合（卡巴尔根带）和沃兹聂辛斯克辉长岩-花岗岩组合（沃兹聂辛带）。

属于盖层第二构造层为在卡巴尔根坳陷中的志留纪塔姆根组。布杨科夫岩系在南麓山间洼地里可见。在斯巴斯克坳陷里，为灰岩-喷出岩岩层（小克留切夫层）。

塔姆根组的下亚组由砂岩、石英岩、石墨的石英岩、千枚岩和石灰岩组成；中亚组为砂岩、硬砂岩、很少的石英砂岩、石灰岩、千枚岩夹层；上亚组为千枚岩、杂砂岩与灰岩夹层，板岩、页岩和石英砂岩夹层，该组时代目前定为泥盆纪，尚存有不同的看法。

布杨科夫岩系带有冲蚀，但没有见到角度不整合。它产于早寒武世和早—中寒武世得米特里叶夫组、米得维任组和沃兹聂辛斯克组合的岩浆岩之上（伊佐绍夫，2002）。它的下部达乌比亥兹组为砂岩、砾岩、含有玄武岩类的似层状体；上部列吉浩夫组以杂色粉砂岩、砂岩、硬砂岩、花岗质砂岩、更长杂砂岩为主，少量砾岩、石灰岩、硅质—泥质页岩。

凝灰岩-喷发岩岩层沿北西走向的断裂带出露，穿切了兴凯地块（伊佐绍夫，2002），以明显的角度不整合覆于早寒武世硅质-碳酸盐岩地层上面。与其共生的有纯橄岩、橄榄岩、斜方辉橄岩、辉石岩、辉长岩类、蛇纹岩（纯橄岩、斜方辉橄岩）、绿帘石-阳起石岩，以及滑石-碳酸盐的交代岩，见有铬铁矿。伊佐绍夫在火山中描述有类似于角砾云母橄榄岩类(?)，在有这种岩石发育的地区，找到了金刚石（伊佐绍夫等，1995）及其矿物标志（罗马斯金，1997）。

与得米特里叶夫组合的似角砾云母橄榄岩类和卡巴尔根坳陷的两个爆破筒的库尔汉金刚石显示的角砾云母橄榄岩很相近。这些致密的他形角砾在胶结的蛇纹石化基质当中，基质为超基性成分，含稀少的片麻岩、大理岩、压碎花岗岩、辉长岩、超基性岩，其中包括矽卡岩化的辉长岩类块体。

盖层的第三构造层为形成于早泥盆世—早石炭世时期的陆相和海相火山岩、火山碎屑岩和碎屑岩沉积。盖层岩石组合由流纹岩及其凝灰岩和较少量的偏酸性、中性和基性成分熔岩等组成。同期见有辉长岩、花岗闪长岩、花岗岩和正长岩等岩体。

中古生代阶段地块构造岩浆活化形成了库依贝舍夫组合的含稀有金属的花岗岩侵入。

（二）早古生代（加里东）造山带

1. 贝加尔-帕托姆造山带

贝加尔-帕托姆造山带属褶皱-逆掩断层带，分布于西伯利亚古陆的南部边缘，自贝加尔湖南端至维提姆河与恰拉河间呈弧形带状展布。研究区内仅出露贝加尔-帕托姆造山带东缘部分，称贝加尔-帕托姆坳陷。坳陷产于古陆基底的新元古代西伯利亚被动大陆边缘的古陆棚区和裂谷带（佐年沙因等，1990；古谢夫，哈茵，1995）的变质岩系之上。古元古代聂切尔岩层由各种片麻岩、混合岩组成。霍多康组由变砂岩、千枚状炭质页岩组成，侵入其中的科达尔和尼恰特组合的花岗岩类的放射性同位素年龄为1 800～1 820Ma。

该坳陷的新元古代地层，可以对应于里菲期—文德期。属于里菲期早期的有切普托尔根群和巴拉嘎纳赫尊群。属于里菲期中期的有远塔依根群，属于里菲期晚期的为茹茵群。这里文德期地层划分清楚。里菲期和文德期地层以陆源岩和碳酸盐岩组合为主。其中陆源岩为复矿砂岩、更长石砂岩和石英砂岩，经常见有钙质或含海绿石砂岩、粉砂岩、千枚状泥质页岩、炭质砂砾岩和砾岩；碳酸盐岩以灰岩、泥质灰岩、泥灰岩、白云岩为主。

构成贝加尔-帕托姆带的褶皱和张性断层于古陆一侧呈弧状凸出，表明该带外带是一个巨大的前沿覆盖层，其边缘分布有地台型盖层，而在内带分布有基底岩石盖层。而且，该盖层-褶皱构造的西界、东界，可以解释为平移断层带或平移断层-逆掩断层带。

2. 塞林格-斯塔诺夫加里东造山带

该带位于西伯利亚古陆斯塔诺夫花岗-绿岩区的西部。造山带以扎尔杜拉克断裂为界，即从吉留伊河口向北西延伸到卡拉拉和恰拉两河上游。其东南有北土库林戈尔（蒙古-鄂霍茨克）断裂与蒙古-鄂霍茨克造山带及额尔古纳-马门地块相分开；在西北和西边有马吉诺-维提姆和帕托姆-茹茵断裂与斯塔诺夫和巴尔古吉-维提姆地块相隔。以前，该地区常被看做是阿尔丹-斯塔诺夫古陆的斯塔诺夫褶皱地块系。塞林格-斯塔诺夫造山带中存有里菲期的火山-沉积建造和早古生代酸性火山岩，广泛分布有奥陶纪深成岩组合和晚二叠世、早三叠世、中—晚侏罗世火山岩-深成岩组合。

塞林格-斯塔诺夫造山带的基底，由早前寒武纪变质岩和深成岩建造所构成，组成一系列各具地质构造特点的地块，如阿马扎罗-吉留伊、莫高钦和通吉尔等地块。

莫高钦地块由莫高钦岩系的含紫苏辉石变粒岩、含石榴石的基性结晶片岩、基性片岩的退变质岩（角闪岩、角闪片岩和黑云角闪片岩）、黑云母片麻岩、黑云母角闪片麻岩和铝土质片岩（含石榴石、矽线石、堇青石）、斜长片麻岩（有时含石榴石和紫苏辉石）、大理岩、斑花大理岩、石榴石-透辉石岩和含紫苏辉石的磁铁石英岩组成。对于斑花大理岩特征的矿物有橄榄石和石墨，有时还出现浅蓝色的尖晶石。与该组合变质岩共生的有小欧力多伊组合的辉长岩、辉长-苏长岩、辉长斜长岩、辉石岩、橄榄岩，呈交错体、透镜体产出。同时有上莫科林杂岩的紫苏花岗岩、花岗正长岩、浅色花岗岩、斜长花岗岩及石英正长岩，并与基性岩和超基性岩发生接触交代作用。

莫高钦岩系的变质岩建造及与其共生的岩浆岩通常被归属于古太古代初期（阿尔丹地质体）。然而，近些年的地质年代学和有关阿尔丹-斯塔诺夫古陆及与之相接壤地区的地质资料（帕尔芬诺夫等，2003；科托夫，2004）表明，莫高钦岩系岩石的生成时限为3 600Ma（伊什康代罗娃等，1980年）到1 950±60Ma和1 873±3Ma（嘎夫里科娃等，1991）。这些年龄数据显示变质作用过程具有多期性的特征。

通吉尔地块分布于通吉尔和莫科林复向斜地区，由通吉尔群构成。岩群有3个岩石组合类型：结晶片岩组合，由角闪石-斜长石片岩、单斜辉石-角闪石-斜长石结晶片岩、斜长片麻岩及角闪岩和黑云片麻岩组成；片麻岩组合，由互层的含堇青石、矽线石、红柱石的片麻岩，石英岩和铝土质片岩组成；碳酸盐岩组合，由大理岩、斑花大理岩和透闪石片岩组成。花岗质侵入体位居穹隆构造的核心。

在乌尔康（阿马扎尔-吉留伊）地块成片的沿着构造带的南缘延伸，相当于通吉尔群的吉留伊河口岩系和尼基特京岩系以角闪岩相变质岩为主，其中见有少量的麻粒岩。吉留伊河口岩系见于地块东部，其下部为互层的黑云角闪结晶片岩、黑云斜长片麻岩、角闪岩，极少的黑云母片麻岩和石榴石-二云片麻岩和片岩；地层的中部和上部则为黑云母-角闪结晶片岩和片麻岩；此外，该地层不发育大理岩、石英岩和铁质岩夹层。

尼基特京群（组合）见于地块西部。该群有3个岩石组合。结晶片岩组合，常为条带状的黑云角闪片岩，有时与黑云片岩和透辉石变粒岩透镜体及片麻岩互层；片麻岩组合，以黑云母片麻岩为主，以及很少的黑云-角闪-斜长片麻岩及含堇青石、矽线石、红柱石片麻岩及片岩薄层，并与片麻岩、石英岩、基性结晶片岩互层；碳酸盐岩组合，由古铜辉石、透辉石-碳酸盐岩岩石和斑花大理岩透镜体组成。

通吉尔群、吉留伊河口群、尼基特京群和莫高钦岩系之间的相互关系仍不清楚。考虑到前3个群岩石较低的变质程度，相当于斯塔诺夫期。其同位素年龄近于莫高钦岩系。吉留伊河口群的同位素年龄为3 400～3 800Ma，尼基特京群为3 600Ma。

阿马扎尔杂岩在乌尔康地块见有一连串的露头。Г А 赛富丘克（1987）描述这些露头的岩石像千篇一律的粗粒黑云-角闪-斜长岩（黑云-角闪变粒岩），按照成分接近于闪长岩，常含有角闪岩相的基性结晶片岩的残影体。根据岩石化学成分，闪长岩相当于石英闪长岩-钾-钠的高铝质系列的二长闪长岩。В И 舒力吉涅尔（1967）认为，该岩石的块状亚种属于古元古代的侵入杂岩，而且在一系列古太古代莫高钦岩系中见有阿马扎尔闪长岩体穿切的现象。按赛富秋克等（1987），穿切该岩系的闪长岩体属于更年轻的古生代侵入杂岩。

在斯塔诺夫地区古斯塔诺夫杂岩捕虏体(外来岩块)赋于古元古代的辉长岩和闪长岩体之中，这是认为杂岩是太古代产物的一个佐证。然而，现有的放射性年代学资料表明，古斯塔诺夫花岗岩没有超出新太古代的年龄范围(2 600～2 800Ma)(科兹洛夫，1999)。

塞林格-斯塔诺夫带的古元古界的片麻岩岩层以黑云角闪片麻岩、云母片岩和角闪片岩、角闪石岩、石英岩为主，其中包括少量磁铁石英岩沿北东向断裂分布。该片麻岩岩层时代应属于塞林格-斯塔诺夫带里的古元古代。它可与分布在所研究地域以外的上奥列科明群及马尔汉群相类比。它的古元古代的时代问题亦为放射性的年龄数据所确认。

古元古代侵入岩可合并到奥洛思京杂岩(鲁京丁杂岩)之中。奥洛思京杂岩以辉石-角闪石岩、角闪辉长岩、辉长-苏长岩、苏长岩和条带状、块状或者片麻状结构的闪长岩为主，并含少量的纯橄岩、橄榄岩、辉石-角闪石岩、辉长斜长岩、石英闪长岩透镜体。奥洛思京杂岩辉长岩类的标定年龄相当于晚卡累利阿期，即(1 970～1 870)±10Ma(C A 科兹洛夫，1999)。

晚斯塔诺夫组合可划分为3个花岗岩类组合，并对应着3个形成阶段(相)。第一组合为黑云母花岗质片麻岩、角闪-黑云母花岗质片麻岩、斜长花岗质片麻岩、英云闪长质片麻岩，通常在第二阶段花岗岩组合中见到它们呈小的条带和透镜体分布。第二组合主要为黑云母花岗岩、角闪黑云母花岗岩、石英正长岩、石英闪长岩。岩石见有片麻状、条带状和较少的块状构造，常常为斑状变余(球状)结构。其分布面积达数百平方千米。第三组合则是不同粒度的黑云母花岗片麻岩和浅色片麻状花岗岩，花岗岩和细晶质的石英正长岩。岩体的接触界线清晰，穿切了前两个阶段的岩体。终期组合为伟晶花岗岩脉、伟晶岩脉、白岗岩岩脉、细晶岩脉。

晚斯塔诺夫花岗闪长岩-花岗岩组合具典型的混合岩-花岗岩建造特点，属交代、重熔交代岩及侵入型深熔花岗岩类。晚斯塔诺夫花岗岩类的放射性同位素年龄测定结果为1 450～2 000Ma(K-Ar，U-Pb)(Ю B 布弗也夫等，1966)，属晚卡累利阿—里菲期早期。

在石勒喀河、通吉尔河及奥廖克玛河之间的构造地块局部仍保留有里菲期和早寒武世(早加里东)构造层的火山-沉积建造。该剖面下部(索伦佐夫岩层)由粗面流纹岩、流纹岩、英安岩、安山岩及其凝灰岩、凝灰砂岩、凝灰砾岩、大理岩、微晶石英岩组成；剖面的上部(阿尔赫因岩层)为白云岩、变粉砂岩、变砂岩、变砾岩和变玄武岩。在碳酸盐岩的岩石中赋存有里菲期—早寒武世微体化石。砾岩中见有前寒武纪花岗岩类的砾石。在绿片岩和绿帘石-角闪岩相的条件下，上述岩层受到不均衡的变质作用，并被压缩成为北东走向的线状褶皱。

自奥陶纪开始，先后形成克鲁奇宁辉长岩、科列什托夫花岗闪长岩及奥列科明花岗岩组合。克鲁奇宁杂岩为基性、中性和超基性岩石组合，从纯橄岩到闪长岩，呈不同程度地片理化，与前寒武纪围岩呈近于整合或斜切分布，面积达10～20km^2。科列什托夫杂岩为一巨大的(数百平方千米)分带状花岗岩-闪长岩、英闪岩、石英闪长岩和斜长花岗岩岩体。暗色岩分布于岩体的边缘部分，并经常出现变余构造和片麻状构造。在奥列科明杂岩发育有花岗岩、花岗正长岩、花岗闪长岩及浅色花岗岩，并具重熔特征。奥列科明花岗岩类与索伦佐夫组及科列什托夫杂岩之间具侵入接触关系。不久前，上述3个组合岩石形成时代确定为早古生代。近年来放射性年代学的研究结果进一步明确地定为奥陶纪：克鲁奇宁辉长岩的同位素年龄为360～462Ma(K-Ar、Pb-Pb和Sm-Nd)，奥列科明花岗岩同位素年龄为361～488Ma(C A 科兹洛夫，1999)。

3. 北兴安加里东造山带

该带从嫩江上游流域到欧尔洛夫科河下游至谢列姆得亚河的右支流，呈长约700km，宽达400km的北东向带状展布。造山带的基底由新太古代(古元古代)兴华渡口岩群和花岗质片麻岩所构成。

后太古代构造-岩石组合分布在4个构造带上，即北兴安、多宝山、新林和格利斯构造带。北兴安带和新林带是它们当中最老的，以新元古代晚期的变砂岩及千枚岩和吉祥沟组的灰岩岩层等为代表。吉祥沟组之上为大网子组。大网子组岩石组合为细碧-角斑岩、硅质页岩、板岩、含铁石英岩、变砂岩、灰岩。有的地方岩石受强烈动力变质作用而片理化，并形成含蓝闪石片岩。其内含有无根的变超基性岩体构造岩块。按中国地质学者的意见，该组的成分与典型的蛇绿岩套岩系组合特征相似。在新林、石风山等地，岩层包裹了蛇纹石化橄榄岩、异剥钙榴石辉长岩、成层堆积的辉岩和辉长岩、辉长-辉绿岩岩床（墙）。具有 Sm-Nd 年龄 600～900Ma 成岩年龄数据（科拉什尚等，1999）。早寒武世兴隆沟岩系为碎屑岩-碳酸盐岩建造。在新林带里为早-中奥陶世沉积。之后，在兴安带发育了泥盆纪—早石炭世沉积。它们为陆源碎屑岩、流纹岩、凝灰岩，很少的玄武岩、安山岩和灰岩夹层。在中石炭世和二叠纪时期两个带都经受了构造-岩浆作用，有多期次花岗岩类深成岩的形成。这些深成岩为异位同源的岩石，具有从闪长岩和花岗闪长岩到碱性的浅色花岗岩的过渡顺序特征。二叠纪的海相陆源-碳酸盐岩-火山岩地层仅在新林带内见到。

多宝山岛弧带基底由新元古代—早寒武世的碳酸盐岩-陆源碎屑岩（兴隆沟群和伊卡代群）构成。主体地层为奥陶纪—志留纪—早泥盆世时期沉积的岛弧岩石组合和弧后盆地岩石组合。

该带的中央和东南部分的奥陶纪岛弧盆地地层岩石组合，下部为花岗质砂岩、硬砂岩、砾岩、凝灰砾岩及流纹质凝灰岩、泥岩。在关鸟河地段见有厚达 1 000m 的灰岩岩层；中部为英安岩、安山岩，及其凝灰岩、层凝灰岩和火山角砾；上部为砾岩、杂砂岩、凝灰砂岩、长石砂岩、粉砂岩和泥岩。火山岩为具岛弧火山岩系特征的钙-碱性系列。

弧后盆地地层出露在该带的西北部。由志留纪和早—中泥盆世地层组成。地层岩石组合为粉砂岩、泥岩、石英砂岩、砾岩和灰岩，整合地产在奥陶纪岛弧地层之上，属于浅水陆缘的海盆相沉积。

同期见有奥陶纪二长花岗岩、花岗闪长岩和石英二长岩岩体侵入。

中石炭世和二叠纪于多宝山带里沉积了各种陆源碎屑岩石，并发育了深成花岗岩浆的作用，形成了诸多花岗岩类岩体。

4. 依兰-牡丹江加里东造山带

该带呈近南北向带状分布于道河—牡丹江—依兰—太平沟—乌里尔一带，由时代为奥陶纪—志留纪北部的黑龙江群和南部的黄松群构成。两个岩群有着相近的岩石组合，同为以云母-钠长石-石英片岩和云母-石英片岩为主，含透辉石角闪片岩、斜长角闪岩、钠长石-角闪石片岩及铁石英岩、大理岩组合。其内见有蓝闪石片岩及层状石英脉。岩石的变质作用条件变化在从绿片岩相到角闪岩相之间。根据前人资料（刘铁生，1991；赵春荆，1996），其原岩是酸性、中性、基性成分的火山岩、超基性熔岩、细碎屑岩、含铁、锰的硅质岩及灰岩。在含蓝闪石的片岩当中见有黑硬绿泥石、红帘石、多硅白云母、铝铁闪石、绿钠闪石等高压变质矿物，但未发现硬玉和硬柱石。在许多地方黑龙江群及黄松群的岩层中赋有无根的透镜体和似层状超基性岩、辉长岩构造岩块，按岩石成分特征类比，它们相当于蛇绿岩系列中的基性—超基性岩组成成分。

这是一个存有争议的构造单元。主要争议焦点有二：一是其生成时代；二是单元的构造类型问题。该带的黑龙江群和黄松群时代以前一般被厘定为新太古代或古元古代。近年来，由于在杜家河和依兰地区属于黑龙江群的硅质岩层的大理岩当中，找到了早古生代的放射虫化石（杨汉生，1991；张兴州，1991）。前者的放射虫化石鉴定时代为奥陶纪，依兰地区的放射虫化石鉴定时代为志留纪。故此，将其厘定为奥陶纪—志留纪。但有的研究者不同意这种认识。认为经对黑龙江群和黄松群研究结果表明，两群岩层为一特征明显的构造岩片。极为强烈的动力变质作用已使岩层层序荡然无存。在其内混杂有含放射虫的早古生代地层是极有可能的。所以，他们认为含有放射虫的早古生代地层是外来岩块，它的时代不能代表两群的生成时代。此外，经对黑龙江群的含蓝闪石片岩同位素地质年代学研究结果，获得其年龄变化在 2 100～2 200Ma（张兴州，1993）到 745Ma（曹熹，1992）之间。与此同时，根据现有资料，在道河地区见到黄松群被志留纪最底部矛山组的兰德维里阶笔石层所覆盖，而且该组地层未受到任何变质作用。考虑到这些，两群的时代仍应是前寒武纪—新太古代或是古元古代（赵春荆等，1997；布良克等，1999）。对于该构造带的构造单元类型的认识问题，由于时代及对两群的构造特征认识不同。于是，有人认为该构造单元类型为蛇绿岩套（残留洋壳），有人则认为是绿岩带。可见对该构造单元的时代、构造单元类型等问题尚需深入研究。

5. 吉林加里东造山带

吉林加里东造山带沿华北古陆北侧,呈近东西走向带状展布。在其范围内把这个带分为东、西两个构造带:东西保安-青龙村带和西下二台带。

东西保安-青龙村带沿西保安—黄泥河—江域一线,呈近东西向,长250km,宽20～50km的带状展布。它由新元古代—早古生代早期西保安岩组和青龙村岩群及同期深成侵入岩构成。

西保安岩组岩石组合为云母石英片岩、斜长云母片岩、斜长角闪片岩,中部有数层磁铁石英岩或铁矿,上部夹大理岩。同期侵入岩为花岗岩类和基性—超基性岩。岩组分布地区逆断层、逆掩断层和更晚些时候的构造岩浆活化改造作用发育,致使岩层褶皱形态极为复杂多样。

青龙村岩群岩石组合为黑云斜长片麻岩、角闪斜长片麻岩、含石墨硅质条带大理岩等。局部上部见有绿泥石-角闪片岩、角闪岩、角闪变粒岩、变砂岩及白云质大理岩。岩石的变质作用程度相当于绿片岩相,有的地方有低的角闪岩相。剖面上部的沉积岩有赤铁矿-磁铁矿矿石出现。

早加里东的深成侵入岩为超基性岩和花岗岩-石英闪长岩、片麻状花岗闪长岩。较少的花岗岩在断裂带经受了片理化作用和糜棱岩化作用,花岗岩类的同位素地质年龄520～580Ma(U-Pb)表明侵入时代为新元古代末—早寒武世。

西保安岩组和青龙村岩群的原岩火山岩系归属为钙-碱系列。它们按近东西向带状展布构成了陆缘火山弧形构造带。

西下二台带总体成分为层状大理岩、钙-碱性系列的酸性和中酸性火山岩、泥岩。

在辽宁北部和靠近吉林市地区,地层主要由酸性成分的火山岩、陆源碎屑岩和大理岩组成。在中吉林地区分出4个晚加里东的构造类型,由北向南方向上分别为:①晚奥陶世放牛沟火山弧,主要由安山岩、流纹岩及其凝灰岩组成。火山岩为钾高于钠的碱性偏高岩石。②早—中志留世桃山-望月沟弧间盆地,主要由黑色笔石页岩、砂岩、灰岩和黑色页岩组成。与其相关出现了层状闪锌矿。③早—中奥陶世下二台火山弧。主要由英安岩、流纹岩及其凝灰岩、石英砂岩、大理岩组成。火山岩岩石中的钠通常高于钾。④奥陶纪呼兰火山盆地,主要由变质的火山岩、砂岩、泥岩和灰岩组成,其中火山岩为碱性玄武岩、粗面安山岩和粗面流纹岩;灰岩不同程度地炭质增高,含磷块岩夹层;大理岩化碳酸盐岩亚种含石墨;砂岩成分相当于硬砂岩,在其碎屑成分中有大陆物质和岛弧的来源。同期深成岩为花岗岩类及基性—超基性岩。

(三)晚古生代(海西)造山带

1. 龙江-谢列姆扎海西造山带

该带呈北北东向分布于大兴安岭东坡。可分为3个构造带,即自南而北的乌奴耳、龙江、沐河构造带。

早海西期乌奴耳构造带位于大兴安岭中部的乌奴耳和松岭地区。整个带走向北东,宽达200km。乌奴耳带地层组合可分为泥盆系和下石炭统。下-中泥盆统地层为海相碎屑岩-碳酸盐岩建造。它直接覆于早前寒武纪的结晶基底之上。下泥盆统的碳酸盐岩含有大量的珊瑚化石。在下、中泥盆统的地层里除灰岩之外,还见有粉砂岩和硅质岩,含放射虫、介形类、腕足类和珊瑚等。上泥盆统为细碧岩、石英角斑岩、硅质岩、石灰岩和砂岩。下石炭统岩石组合为含砾石英砂岩、硬砂岩、粉砂岩、硅质岩、泥岩、细碧岩、角斑岩。岩石组合中细碧-角斑岩组合约占乌奴耳带中古生代岩石总量的14%。

该带的变形为在早石炭世末期形成的北东向褶皱及与褶皱同期断裂构造。在中石炭世和二叠纪带内发育了强烈的花岗岩岩浆作用,与花岗岩岩浆作用的同时发育了大陆火山喷溢和陆相碎屑沉积。花岗岩类形成巨大岩基,岩石主要为花岗岩、二长花岗岩、石英二长岩、花岗闪长岩,沿深成岩基的边缘可见到规模不大的闪长岩和角闪辉石岩小岩体。

晚海西期龙江带位于乌奴耳带的南东，分布于乌兰浩特地区。呈北东向带状展布，长600km，宽120～200km。晚海西期地层剖面以上古生界为代表。自下而上由晚石炭世和二叠纪地层组成。晚石炭世地层主要为大陆-陆源-火山建造，在其组成中见有硬砂岩、粉砂岩、泥质页岩、安山岩及其凝灰岩。二叠纪地层下部为泥岩、砂岩、砂质灰岩、安山岩、英安岩、流纹岩及其凝灰岩组合。中部为生物灰岩，硅质岩、泥岩、砂岩组合。上部为泥岩、粉砂岩和砂岩含灰岩夹层组合。

该带晚二叠世时期，与地质构造史相联系的是它们的褶皱构造形成和大陆陆源-火山磨拉石建造，由粉砂岩、泥岩、花岗质砂（砾）岩、安山岩、流纹岩及其凝灰岩组成，发育有同时期的侵入岩。这些侵入岩为一些超基性的纯橄榄岩、基性的辉长-辉绿岩小岩体和岩基状产出的酸性花岗岩类（正常的，碱性的花岗岩）。

晚海西期沐河带位于东小兴安岭沐河-孙吴地区。

晚海西期沐河带由晚古生代和早三叠世地层和同期花岗岩类构成。产在不同的非均匀的基底上。在阿穆尔河左岸地区基底为兴华渡口岩群和早前寒武世的深成岩以及新元古代—早寒武世的碳酸盐岩-陆源地层。而在结雅河下游的盆地里基底为奥陶纪花岗岩类和早—中泥盆世陆源碎屑岩-碳酸盐岩地层。

晚古生代—早三叠世的地层自下而上岩石组合为上石炭统为流纹岩及凝灰岩、层凝灰岩、安山岩、砂岩组合。中二叠统下部为安山岩、英安岩、流纹岩及其凝灰岩、火山碎屑的杂砂岩组合；上部为砂岩、花岗质砂岩、石英砂岩、硬砂岩、泥岩、凝灰质页岩、粉砂岩含结晶灰岩夹层。上二叠统下部为硬砂岩、花岗质砂岩、粉砂岩、泥岩组合；上部为安山岩及其凝灰岩、凝灰质碎屑岩组合。下三叠统为安山岩、英安岩、流纹岩及其凝灰岩组合。

晚古生代—早三叠世时期带内发育了褶皱构造和复杂的北东走向的断裂构造。

二叠纪和早三叠世时期发育的侵入岩为碱长花岗岩、二长花岗岩、花岗闪长岩、花岗岩、碱性花岗岩及石英二长岩，常呈较大岩基产出。

2. 西拉木伦-延边海西期造山带

西拉木伦-延边海西期造山带位于吉中地区，自西而东沿长春—吉林—延吉一线，呈近东西向带状展布，坐落于前志留纪基底之上。西拉木伦-延边带被敦-密断裂分为东（延吉带）、西（长春-吉林带）两部分，两部分地层组成存有区别。

东部延边带地层沉积始于晚石炭世止于二叠纪。上石炭统主要由大理岩及极少量的凝灰岩、火山碎屑岩组成，呈构造岩块赋于二叠纪地层之内。二叠纪地层自下而上可划分为5个岩层（王五力等，1999）。下二叠统：①柴树沟岩层，为硅质岩、硅质泥质页岩、砂岩组合；②大蒜沟岩层，为花岗质砂岩胶结的砾岩、粉砂岩、砂质砾岩组合，其内见有基性—超基性岩、硅质岩和灰岩岩块；③香仁坪岩层，为泥质页岩、粉砂岩、砂岩、硬砂岩及浊积岩；④上二叠统的开山屯岩层，由单一的（巨）砾岩（含花岗岩砾石）组成，见有硬砂岩、泥质页岩夹层；⑤柯岛岩层，由泥岩、粉砂岩、砂岩、砾岩组成。

西部长春-吉林带地层沉积始于晚志留世止于二叠纪。地层自下而上岩石组合为：晚志留世地层由粉砂岩、灰岩、砂岩、砾岩，硬砂岩夹层组成；早—中泥盆世地层由灰岩、粉砂岩、砂岩、砾岩和安山岩、流纹岩及其凝灰岩组成；早石炭世地层下部由粉砂岩、砂岩、细粒花岗岩、石英砂岩组成；中部由细碧岩、角斑岩、石英角斑岩、硅质岩、千枚岩、黑色页岩及灰岩等夹层组成，上部由粉砂岩、泥岩、硅质灰岩、花岗质砂岩、硬砂岩组成；晚石炭世地层下部为灰岩、硅质砂岩，中部为细粒砂岩和泥岩，含灰岩夹层，上部为英安岩、流纹岩，含灰岩和砂岩夹层。中二叠世地层底部由灰岩和粉砂岩组成；下部由流纹岩、安山岩及其凝灰岩组成，有时见浊积岩；中部由粉砂岩、灰岩、凝灰岩、安山岩和凝灰砂岩组成；上部由安山岩、流纹岩及其凝灰岩组成。晚二叠世地层下部由凝灰质粉砂岩、凝灰岩、安山岩、泥岩、砾岩、灰岩组成；上部由安山岩及其凝灰岩组成。

在二叠纪末期构造运动致使地层褶皱，并形成了一系列断裂构造。并有基性—酸性侵入岩的侵入。其中角闪辉长岩和辉长闪长岩呈小岩体产出。而二长花岗岩、花岗闪长岩和碱长花岗岩则为巨大的岩基状岩体产出，且分布广泛。

3. 苏鲁柯海西期构造带

苏鲁柯构造带呈一倒置的梯形分布于布列亚山脉北段东麓的上阿姆贡河流域。在中生代时期经受了重复而强烈的构造变形。

构造带地层由晚古生代和中生代两个岩系组成。

下部晚古生代岩系在布列亚河上游地区岩石组合为云母-钠长石-石英片岩、二云片岩、绿泥石-绿帘石-阳起石片岩，常含石榴石片岩，以及千枚岩、变砂岩与少量的灰岩夹层。它们被拼入到谢列盖科靳组、阿标科斯库组及奥尔图科组中。岩石受变质作用程度按其褶皱构造形成的走向往北逐渐降低。在绿片岩中见有细碧岩结构的残留体。

可与上述岩系岩石组合相对比的是多科图康组、鲍留奴依组、雅姆-马启特组和伊姆刚组，它们的变质程度不高。综合它们的岩石组合即为粉砂岩、砂岩、泥质页岩、硅质—泥质页岩、硅质岩、玄武岩、灰岩、少量的砾岩和泥岩。地层中所产化石标明其时代为二叠纪。

上部中生代(三叠纪—侏罗纪)岩系由上三叠统和侏罗系地层组成。阿母贡河上游的上三叠统为列克斯组，岩石组合以砂岩、粉砂岩、粗碎屑岩、花岗岩质砂砾岩组合为主，含碎裂状砾岩、酸性成分的火山岩、片岩、灰岩。以明显的角度不整合覆于不同的二叠纪地层之上。侏罗纪地层不整合产在上三叠统或晚古生代地层上面。它们的岩石组合为砂岩、粉砂岩、泥质页岩、硅泥质页岩、硅质岩、细碧岩、灰岩、粗碎屑岩等。在地层中部硅质岩中的放射虫化石被鉴定其为早侏罗世产物。推测该组地层上部应延续至中侏罗世。

带内褶皱构造形成于晚古生代和中生代的界限时期。三叠纪—侏罗纪地层变形作用相对较强，但所形成的褶皱样式要比晚古生代时期的褶皱样式简单些。决定着苏鲁柯块段构造群现代面貌的主要褶皱作用，是发生在晚侏罗世位于图兰-张广才岭构造带边缘邻区的布林斯克坳陷里。这一事件记录了构造面的改造，并奠定了坎述尔盆地的雏形。在早白垩世地块的南西部形成了陆相含煤地层，其明显地角度不整合产在晚古生代和三叠纪—侏罗纪地层之上。

在晚白垩世这里形成了巴得西洛都夏林闪长岩-花岗岩组合和库隆闪长岩-花岗正长岩组合，均呈不大的岩体或岩株产出。

四、太平洋构造带

本区太平洋构造带包括蒙古-鄂霍茨克带、维尔霍杨-科雷姆带、锡霍特-阿林造山带及鄂霍茨克地块。

(一) 蒙古-鄂霍茨克晚古生代—中生代造山带

该带为近东西向由中央蒙古断断续续延伸到鄂霍茨克海的山塔尔岛的一个带状构造单元。本区出露的是它的东段部分，长约 1 300km，最宽处达 300km。该带北部以北图库林戈尔和乌里戈丹断裂为界，把它从西伯利亚地台的南缘分开；往西沿着北图库林戈尔断裂该带与谢淋津-斯塔诺夫造山带变质基底的乌尔康块段为界；南图库林戈尔断裂和帕乌康断裂为其南界，由这两条断裂将它从额尔古纳-马门地块、图兰-张广才岭地块及苏鲁科构造带分开。在东部蒙古-鄂霍茨克带沿着吉戈达兰断裂被更年轻的锡霍特-阿林造山带叠覆。蒙古-鄂霍茨克带可划分为古生代时期和中生代时期的两个构造阶段。

古生代的构造组合分布于乌德-尚塔尔、兰斯、图科辛、扬康-图库林戈尔、谢列姆得仁-开尔滨及尼兰等地。下部最完整的古生代构造组合为巨厚的火山岩-硅质岩层、火山-硅质-碳酸盐岩岩层或者是火山岩-硅质岩-陆源岩层；组合上部主要为砂岩和粉砂岩，往往形成复理式型的巨厚岩层。在乌德-山塔尔和兰斯带中古生代组合完成于二叠纪，在其内广泛分布着粗碎屑岩，不同部分的硅质岩常有铁矿和锰矿共生。在陆源岩和火山沉积地层中见有文德期、寒武纪、早奥陶世岩石的滑塌岩和磨拉石层。

中生代的(三叠纪—侏罗纪)构造组合为各种不同大小的岩片,其中较大的岩片为乌尼亚-巴姆带、乌力帮带、梅瓦强带和欧梅里斯带。在门河上游的源头,即在中生代构造物质组合里诺利亚地层开始的地方,见到其与古生代构造组合地层的构造不整合。中生代构造组合地层岩石组合成分常为千篇一律的陆源岩层(包括浊积岩),有时含有很少量的基性成分火山岩和硅质岩的层状体。蒙古-鄂霍茨克带上的不同部分其褶皱构造形成并不是在同一时期里完成的。二叠纪地层为似磨拉石建造。在兰斯带内于其剖面上见有酸性成分的火山岩。地层褶皱发育是其构造的特征。与海西期造山作用相联系而形成了深成侵入岩为上伊特马金闪长-花岗岩组合及费余里什托夫纯橄榄岩-斜辉石-辉长岩组合。覆在褶皱构造上的乌德-尚塔尔和兰斯带、塔罗姆和乌德坳陷的中生代地层均属于浅海陆棚相(罗格诺夫等,1999)。

乌德-尚塔尔带构成了蒙古-鄂霍茨克带东北部分,从雷夫拉河的上游和谢里特康河流域一直可以追溯到山塔尔岛地区。该带是一复杂的褶皱和褶皱-逆掩断层构造束,以锐角形向北东和近东西两个方向叉开。

据已有地质和古生物的资料,我们可以划分出嘎拉姆、台里、图古尔 3 个亚带。

在嘎拉姆亚带沿乌德-尚塔尔带的北界延伸,从赛夫里河流域到北边的大山塔尔结束。地层下部由寒武纪地层组成。寒武系岩石组合为碧玉岩、硅质—泥质岩、玄武岩及其凝灰岩,较少的粗面玄武岩、砂岩、灰岩、白云岩。它们的硅化变种为微晶石英岩,与其共生的有角砾、细脉—角砾状岩块、铁矿和锰矿、硅质岩、硅质泥质岩。这些岩石主要是寒武系的下部和上部成分,常含有放射虫残骸及碳酸盐岩,与交代它们的早寒武世硅质岩类形成透镜体和似层状体。这些岩石包括碧玉岩和基性火山岩夹层,见于德亚沃金的中、上寒武统中。

嘎拉姆亚带的寒武纪地层组成构造岩片或块段群,对其内部结构还研究得很差。在拉嘎波河的发源地与在伊尔尼姆河的两河之间圈出了北东走向陡倾斜的褶皱,倾角 70°～80°(很少情况下为 40°～50°),往往倒转翼被横断裂所破坏。

在寒武系分布地带的西北部为志留系和泥盆系(下、中统)。志留系为火山岩、硅质岩、硅质—泥质岩及陆源岩组合。有时含滑塌堆积形成的早寒武世、晚寒武世及早奥陶世的含生物残骸的碳酸盐岩等轴状体。泥盆系由陆源岩、火山岩、硅质成分的岩层交互组成。在这些岩层上部的粉砂岩、砂岩和凝灰质岩石里发现了微晶石英岩的滑塌堆积岩,有时含有晚寒武世的无铰腕足类残骸。

嘎拉姆亚带的志留-泥盆系地层形成大而复杂的复向斜构造(嘎拉姆复向斜)。复向斜的南东翼被陡倾的逆掩断层所切割,几乎随处可见 70°～80°的层面倾角,仅在亚带的北东部分于聂力康河和塔依康河的下游它们的产状才平缓到 20°～30°。很有可能这是由于推覆逆掩大断层向西伯利亚古陆边缘坚硬的结晶基底的推覆构造作用所致。

二叠纪地层为海相和近岸浅海相,分布在由断裂限定的范围内。在聂力康河源头,它们不整合地产在寒武纪的岩石和逆掩断层之上,并见有沿着逆掩断层泥盆纪地层逆掩到二叠纪地层上。二叠系可分出两个特殊的大韵律沉积,每个沉积韵律为从粗碎屑岩岩层开始(碎屑状的杂岩、硅质碎屑状岩和钙质砾岩、砾岩-角砾岩及圆石砾岩),而以云母砂岩和粉砂岩岩层结束。在它们的碎屑岩层中广泛地分布着当地产的特征岩石——碧玉岩、微晶石英岩、灰岩,有时含有海藻残骸和微植物残骸。在二叠系地层上部存在大量的微晶石英岩的滑塌堆积。二叠系地层具有明显的磨拉石建造特征。

在二叠纪地层里广泛发育着褶皱和断裂错动位移,主要层面的倾向为北和北西向。区内的逆断层出现宽阔的条带状和栅状构造线。

台里亚带地层下部为下和下—中寒武统、志留系和下泥盆统。下和下—中寒武统岩石组合为含古杯海绵、海藻、微植物等残骸,很少量的三叶虫,无铰腕足类的灰岩、白云岩、砂岩、碧玉岩及基性成分火山岩。志留系岩石组合为泥质页岩、硅泥质页岩、硅质页岩、含砂岩、粉砂岩、粗碎屑岩及灰岩的滑塌岩等岩石的夹层。下泥盆统岩石组合为砂岩、含裸蕨类和似鳞木类印痕的粉砂岩、硅质岩和硅泥质岩,含有锰矿、铁和锰矿夹层以及基性火山岩夹层。台里亚带地层上部由在成分上单一的砂岩和砂岩-粉砂岩的中、上泥盆统及下石炭统所组成。它们含有很少的硅质和硅质泥质岩层。与这些地层共生的有锰矿、赤铁矿、赤铁矿-磁铁矿、蔷薇辉石矿、玄武岩、粗碎屑岩和极少的灰岩等。中泥盆世地层中含珊瑚及海百合残骸等化石,上泥盆统和下石炭统含有植物印痕和炭化作用的植物等。

台里亚带的构造结构被定为复向斜,具有陡倾斜的相互衔接的翼和复杂的断裂,以及少有的更高序次的褶皱。

图古尔斯克亚带从谢里特康河下游地区延伸向图古尔河口直到大山塔尔湖的南端。它的地层为中、上泥盆统和下石炭统。泥盆纪地层含有各种不同沉积岩的滑塌堆积。在图古尔海湾岸边上的榆什组曾描写过滑塌岩。在这些滑塌岩里,岩块的物质为砂岩、基性成分凝灰岩、灰岩和硅质岩。而固定的基质为粉砂岩、凝灰粉砂岩或砂岩。在某些灰岩岩块中找到了早寒武世的古杯海绵和三叶虫化石。

图古尔亚带与戴力亚带一样,具有复向斜构造。因而,从托罗姆坳陷的中生代地层和盖在乌德-山塔尔带的谢里特康火山岩,可以推断存在着巨大的复背斜构造,而将戴力和图古尔两个亚带分开。

兰斯带位于兰河流域赛夫里河支流地区。它的西南部由兰斯克断裂限制,东南部为乌里戈丹斯克断裂所限制。它的西北部隐没于乌德坳陷的中生代地层之下。该带大半是由陆源成分的巨厚岩层组成。它的下部为中泥盆世地层,岩石组合主要为粉砂岩和砂岩,含有很少的泥岩、基性成分的火山岩、碧玉岩、灰岩、赤铁矿石夹层,以及灰岩的滑塌岩夹层及水下滑落的角砾透镜体。它们的时代是根据找到的腕足类、珊瑚和海百合等化石而定。上部地层为石炭系,岩石组合亦为粉砂岩和砂岩。局部见含有苔藓动物、腕足类和海百合茎等化石,以及玄武岩及其凝灰岩、砾岩、卵石砾岩及水下滑塌的角砾。为从维宪阶开始而结束于晚石炭世时代的沉积。对布尔列克、阿诺莫恩及乌什恰尔捷科等组的时代厘定为中石炭世。它们比较特征地广泛分布着独特特征的类似冰碛岩建造-滑塌堆积岩。滑塌堆积岩没有构造,也没有层理。这些滑塌堆积岩的基质亦是杂乱无章、极其紊乱地堆积着各种不同岩石的碎片,多为砂岩或是灰岩。在某些灰岩大块石中找到了早寒武世的古杯海绵化石和志留纪的珊瑚化石(图尔宾,1974)。

兰斯带沉积于晚二叠世晚期。二叠系岩石组合为流纹岩、玄武岩及其凝灰岩和硬砂岩、砂砾岩、粉砂岩及玄武岩,其内含有腕足类化石。地层沉积结束于玄武岩堆积。

兰斯带发育有揉褶皱,为北西向的断裂系统所复杂化。这些褶皱构造在乌德和赛夫里两河之间走向北西向,有时渐变为近东西走向。在赛夫里河的右岸观察到它们与具有北东走向的乌德-尚塔尔带的褶皱构造沿着乌里戈丹断裂呈方块形联结。

文亚-鲍姆斯带位于兰斯带东南,亚戈达山脉的轴部,以得亚图林斯基和乌里戈丹斯基等断裂为界。该带地层由晚二叠世地层和晚三叠世—中侏罗世地层组成。晚二叠世地层岩石组合为硬砂岩、复矿砂岩、粉砂岩和泥质页岩。在下部见有砾岩、泥岩和沉积角砾及基性成分火山岩和硅质岩等夹层与透镜体。晚二叠世地层遭受动力变质作用形成了复杂的褶皱。晚三叠世地层岩石组合以砂岩、粉砂岩、泥质页岩为主,含少量的砾岩、基性成分火山岩、硅质页岩和水下滑塌角砾透镜体等。早侏罗世地层主要由砂岩组成,见有凝灰砂岩和粉砂岩夹层。至中侏罗世,地层沉积为含很少量的砾岩复理石建造层。

三叠纪—侏罗纪地层构成大背斜构造的南翼。其北翼的大部分被兰斯克共轭断裂所切割。几乎到处都能见到褶皱里发育的轴面劈理,岩石被强烈地片理化。

图科辛带出露于图科辛、都戈歹和闹拉等河的上游流域。该带地层下部为早石炭世地层,由受到不均衡变质作用的粉砂岩、泥质页岩、砂岩和少量微晶石英岩、灰岩及粗碎屑岩夹层所组成。中部为早二叠世地层,岩石组合为千枚岩、绿片岩、微晶石英岩、硅泥质页岩、硅质页岩,有时含赤铁矿-磁铁矿等夹层和灰岩夹层。上部为晚二叠世地层,由粉砂岩、砂岩、泥质页岩和少量基性火山岩、硅质层、凝灰岩及粗碎屑岩等夹层组成。石炭纪和二叠纪地层构成具一定规模的向斜构造,次级褶皱复杂多样。

扬康-土库林戈尔带呈拉长的条带状分布于闹拉河—小奥力多依河一带,北面以北土库林戈尔和恰姆春林断裂为界,南边则以南土库林戈尔断裂为界。

在扬康-土库林戈尔带遍布见有蓝闪石相和绿岩相变质作用的火山岩-硅质岩-陆源岩岩石组合。该带可划分成多尔贝利-佟格林、绍赫塔温、扬康 3 个亚带。在多尔贝利-佟格林亚带地层推测为晚志留世—早、中泥盆世和中泥盆世沉积。在绍赫塔温亚带里主要出露的为巴力吉赫科沙赫塔温岩层,岩石组合为石英砂岩、灰岩、复矿砂岩、灰岩角砾和变火山岩。沿小扬康河在灰岩里找到了海百合茎化石,在巴力吉亚科河河谷找到了珊瑚化石,这些均可推测出它们的围岩属于志留纪或泥盆纪时代。在扬康亚带叠放着与本带同名称的扬康变质岩岩系。在该岩系的灰岩里找到了具晚前寒武纪—早寒武世特征的微古植物化石，沿着大奥力多依河找到了尚未确定的化石骸晶残骸。而在邻近的亚带里同样找到了中古生代的化石。考虑上述情况，扬康岩系时代厘定为晚前寒武纪或中古生代是有一定道理的。通过对扬康-图库林戈尔带地层岩系的研究，得出如下结论，即含有海百合和珊瑚化石的巴力吉亚科岩层不是从属于独立的海赫塔温亚带的。它形成于火山沉积组合地层的上部。而找到的微古植物化石的地层应是产于扬康-图库林戈尔带的下部，认为蒙古-鄂霍茨克带的形成起始时间为晚前寒武纪或者早寒武世的认识得到了进一步佐证。

谢列姆德任-库尔宾带从东向西延展，分布于库尔宾河—布列亚河下游一带。在该带的结构构造上参与了各不相同时代的构造组合。这些组合是以断层构造形式、变质建造强烈程度的大小来区别的。最老和最深的变质建造见于布列亚河流域里，即在著名的右布林斯基穹地，在这个构造的中心部分出露的地层岩石组合为绿片岩相的石英-云母-钠长石片岩、钠长石-云母-石英片岩、绢云母-石英片岩、钠长石-阳起石片岩及少量的大理岩和石英岩夹层，被划入到沙拉林、伊帕金和沙梅尔什岩层。岩石的变质程度从穹地中心向边缘方向逐渐降低，边缘地带出现了千枚岩相变质的变粉砂岩-泥质岩和变砂质碎屑岩。在黑色粉砂岩、泥质片岩的岩层里曾划分出微古化石，根据远东矿物原料研究所鉴定结果定为早寒武世早期。因此，下伏的这个岩层变质片岩就可能属于晚前寒武纪时期的产物(文德期或里菲期早期)。

在上谢列姆得任斯克地区于哈尔盖河流域出露的建造无论是按照成分、变质程度，还是构造格式等都与布林斯克建造相类似。决定该地区构造结构的基础是阿发那西也夫、埃力高康和聂埃尔根这些岩组。它们是从构造的鞍部划分出来的。地层的底部由阿发那西也夫组的云母-石英-钠长石片岩和云母-粉砂泥质岩及杂质碎屑岩组成。地层往上，则被塔雷民组变砂岩、变粉砂岩和千枚岩化的泥质片岩及其夹层所替代。塔雷民组底部的含磁铁矿层即为著名的“埃里根绿片岩层位”。地层上部为兹拉托乌斯托夫组，该组是由千枚岩化粉砂泥质岩、片理化砂岩，含有少量的绿片岩夹层、大理岩和硅质岩夹层组成。变质的火山-沉积岩岩层被兹拉托乌斯托夫斯克组合的变辉长岩、变流纹岩和破碎的斜长花岗岩所侵入。

有关哈尔嘎河流域变质褶皱的时代是一个有争议的问题。在不同的地质图上它们的时代标定或是晚前寒武纪，或是早—中古生代，抑或是早石炭世。最后的一种观点是基于在塔雷民斯克组的云母片岩和炭质粉砂泥质岩中存在着可推测定为早—中石炭世和早石炭世的孢子花粉组合。然而，变质褶皱构造格式特点，仅仅见于它们的兹拉托乌斯托夫斯克组合的岩床和岩脉，以区别它们古生物鉴定的石炭纪和下伏泥盆纪地层。由此对于那些认为比石炭纪或泥盆纪更老些时代的观点给予了支持。

受到不均匀变质作用的沉积-火山岩组合为砂岩、粉砂岩、泥质页岩，绿帘石-钠长石-阳起石片岩、石英-绢云母片岩，含石英岩、大理岩、灰岩、菱铁矿及粗碎屑岩夹层。从开拉河流域谢列姆得亚河左支流向西到闹拉河流域一带的地层划分研究得很差。在地质图上该地域范围内与邻区的地层(推测的石炭纪门斯组和沙古尔组，马良岩层)常常划分为塔雷民组和兹拉托乌斯托夫组。按岩石学的成分很少与上谢列姆得仁地区圈出而提到的名字相当。在谢列姆得仁河右岸灰岩中的海百合茎化石显示地层为中或晚古生代的产物。在尼康河流域的泥质片岩有条件地将它划入到塔雷民组，在该泥质片岩里有炭化作用的早石炭世化石残骸或有晚古生代植物化石。

其他单独的构造组合受到动力变质作用较弱。在托库尔村镇周围的陆源地层——砂岩、泥质页岩、粉砂岩，它们往往形成微细韵律互层的分层，含少量的基性或偏酸性的火山岩夹层，以及碧玉岩、灰岩、角砾岩和砾岩。这些地层被划入托康尔组、埃开姆强组及鲍宽金岩层。地层形成大的东西向背斜构造。在托库尔组的岩石里发现了植物残骸，该植物的时代应是不早于中古生代。在谢梅尔塔克小溪的冲积物中的灰岩里找到了苔藓、珊瑚和海百合等化石，这些冲积物来源于托库尔组的构造物质组合的蚀源区，但由于化石保存的不好，无法确定它们的时代。在国家出版的地质图远东系列图幅中，这些地层有条件地划归为上二叠统。

托康尔物质组合在成分上与上述组合相近，地层分布在开尔比河流域，即它们形成一连串的背斜构造的地方，往往被称为穹地。在这些地层里发现了很稀少的齿形类化石，但保存不好，很难利用它们来定年，人们只是很笼统地认为它们是二叠纪的产物。在库尔宾地区东部的地层当中于尼兰河流域找到了含晚二叠纪时代化石的灰岩块体。块体含有很稀少的基性火山岩和硅质—泥质页岩夹层。其中最大的灰岩块体呈透镜状，长 6.6km，中间部分宽 1.2km，具有滑塌岩特征。

在谢列姆得任-库尔宾带内圈出了任嘎林组合的山岳岩体，它们由压挤破碎的斑状粗粒和细粒的闪长岩、石英闪长岩、花岗闪长岩、斜长花岗岩、正长花岗岩和偏碱性的花岗岩等组成。任嘎戈林组合的时代是根据同位素 U-Pb 和 K-Ar 等方法的年龄测定结果而定，为晚二叠世。

尼兰带为一狭长的条带呈近东—西—北西向展布于埃乌尔河-尼兰河流域至布列亚河一带。南以帕乌康断裂为限，将它与中亚构造带的海西期的苏鲁科构造带分开。从北面它沿着近东西走向的断裂以谢列姆得任-库尔宾带和梅瓦强带为界。

该带地层下部为早泥盆世西瓦协组地层，岩石组合为石英砂岩、长石砂岩、复矿砂岩、灰质粉砂岩(有时是凝灰质粉砂岩)、泥质页岩、绢云母-钠长石-石英片岩、灰岩。它们在帕乌康断裂带中形成一连串鳞片状岩块。在灰岩和陆源岩的生物残骸当中采集到腕足类和海百合茎化石，有助于确定其围岩地层的时代。

研究区并入尼兰带组成的还有别林金组和克列斯托组。它们的岩石组合以硅质岩和玄武岩类为主，含很少的粉砂岩、砂岩和灰岩。根据在灰岩里找到的苔藓化石，鉴定地层的时代为早石炭世多内昔—维宪期。含早石炭世化石的灰岩被包裹在别林斯组和克列斯托组的成分是由大小不同的异地体——滑塌岩类、玄武岩类(或为次火山侵入岩)混杂在一起。在很多地方都从混杂岩的基质部分分离出了中侏罗世时期的放射虫。此结论已涉及到从前所划分的别林金组和克列斯托组的全部地层。是否符合地质事实，有待深入研究。

属于上述描述的地层总体向北倾伏，它们的背斜和向斜改造的褶皱部分近东西走向，陡倾斜翼倾角 60°～80°，有时呈等斜褶皱出现。

乌力斑带的地层把晚三叠世地层和侏罗系的 3 个统全部包括于其内。在这个带里缺失有古生物证明的卡洛期—牛津期沉积。三叠纪—侏罗纪地层的岩石组合大都是相同的。占优势的岩石是砂岩和粉砂岩，有时形成微细韵律互层的分层，间或见到泥质页岩、泥岩夹层、硅质岩、硅质泥质页岩的透镜体和玄武岩。在奥梅力金带的地层里保存较好的一些生物化石鉴定表明，地层相当于上三叠统的顶部和中—下侏罗统。与乌力班带地层的区别在于其地层中较广地分布着硅质岩及似玄武岩。梅瓦强亚带地层为中—上侏罗统。地层岩石组合为陆源砂岩、细砂岩和粉砂岩。基性成分的火山岩、硅质岩、硅泥质岩的夹层和透镜体等见于地层的下部(梅瓦强组)和上部(尼瓦戈林岩层)。

在构造关系上乌力班带、梅瓦强带和奥梅力靳带可视为由断裂所限定的巨大的复向斜构造——阿姆贡复向斜的一段，形成的三叠纪—侏罗纪地层被揉皱，形成向北倒转的线状褶皱。

对以上所提及的中生代地层与古生代地层的相互关系通常都解释为构造关系。然而，从它们的褶皱形变和上三叠统不整合地盖在相邻的谢列姆得任-库尔宾带的古生代地体上所显示出的构造样式的区别，足可以证明，这些带是覆盖在古生代的褶皱基面上形成的。

(二) 维尔霍扬-科雷姆中生代造山带

维尔霍扬-科雷姆中生代造山带位于研究区东北端德茹格德茹尔山西麓。在西边以聂力康-开拉赫逆掩断层系与西伯利亚古陆为界，东部与鄂霍茨克地块相邻。造山带呈南北走向的带状展布。造山带内可划分出 3 个大的构造单元，即聂力康-凯拉赫褶皱带、谢捷-达班褶皱带和南维尔霍扬褶皱带。

聂力康-凯拉赫褶皱带范围西止聂力康-凯拉赫逆掩断层，东以布哈林断裂和约特康断裂为界。该带由里菲期、寒武纪、奥陶纪和侏罗纪的陆源-碳酸盐岩组成。这些地层与西伯利亚古陆接壤地带的地层相类似，只是沉积盖层的厚度有所增大，一般为 3～3.5km；在地台上靠近布尔哈林断裂的地方达 5～7km；在南方则达 9～12km。岩浆岩发育规模不大，它们为新元古代的辉长-辉绿岩岩床、岩墙和古生代的辉绿岩，及中、晚泥盆世时期的基性—超基性岩、偏碱性岩岩体，缺失火山岩建造。

制约聂力康-凯拉赫带构造的是近南北延长的一些断裂，这些平行梳状背斜轴向的断裂被宽阔的槽形状向斜所分开。断裂具逆断层的性质,陡倾斜的逆掩断层错动幅度可达10余千米。故此,沿凯拉赫逆掩断层在向西的方向上,里菲期和早中生代地层迁移的距离可达100km以上。断裂和褶皱错动的强度向东亦增强。覆层为年轻的侏罗纪—白垩纪地层。在高尔诺-斯塔赫背斜的核部及在该带的北部于逆掩断层处里菲期地层之下确定了奥陶纪—志留纪地层。

造山带重力场和磁场的平静特征反映出结晶基底平坦。在沉积盖层里较大的垂直移动是由鳞片状逆掩断层所形成(斯塔夫柴夫,1971)。一般的逆掩断层沿断裂移动的性质证实了主要褶皱构造形态(不对称形阶地状的陡产状背斜和平缓的东翼)。在大的破碎带里存在着几乎水平产状的逆掩断层,很多横向平移断层和延伸的小褶皱。大的平移断层在尤多姆河下游可见,即聂力康断裂平移了35km。

谢捷-达班褶皱带位于布尔哈林断裂以东,由文德期—古生代的陆源-碳酸盐岩组合构成。在谢捷-达班带中古生代地层中分出上、下两个组合:下组合为从上志留统到上泥盆统的法门阶;上组合为由法门阶到下石炭统的维宪阶。

下组合的下部整合地产在早中生代地层之上,由硫酸盐-碳酸盐的(呼拉特组)泥岩-碳酸盐岩(谢捷-达班组)组成。与其相关的基性岩有碱性辉长岩-辉绿岩,碱性辉长岩、辉长辉绿岩等岩脉,极少的辉石岩。

上组合形成于陆地和海湖-浅海环境。岩石组合主要为灰岩、白云岩、砂岩,含石膏、无水石膏、砂岩等扁豆体。与上组合相关形成的各种不同的岩浆活动产物或以侵入岩形式出现,或以喷出岩的形式出现。发育广泛的有粗面玄武岩、苦橄玄武岩及很少的粗面安山岩等层位,属于粗面玄武岩建造。属于这个时代的,同样还有碱性、超基性岩石的不太大的岩体及其伴随的超基性岩脉、正长岩岩脉、煌斑岩和碳酸岩脉等的侵入。

研究区纳入法门阶和杜内阶及维宪阶地层组合发育局限,其典型特点是在层内广泛分布有滑塌岩建造,与复理石-浊积岩的沉积、堆积背景相结合,同时还有复杂的鳞片状构造(卡罗帕切夫,1997)。

在谢捷-达班发育有聂力康-凯拉赫、古温金、切拉特等断裂及乌拉汉-巴姆和阿合林具逆掩断层特征的断裂。逆掩断层的错动面向东倾斜,倾角5°～70°。逆掩断层形成于晚中生代,而它们的活动却持续到新生代。逆掩断层面随深度的增大变得平缓,并未达到结晶基底,地垒状背斜亦无根(沃罗诺夫,1969;斯塔夫柴夫,1971,1983)。

在谢捷-达班带里布尔哈林断裂是最大的一个断裂,它的长度大于700km,认为是古生代形成的左旋平移的正断层,它的形成涉及到了结晶基底(莫克山采夫,1975)。在谢捷-达班的西部褶皱向西倒转,而在东部的则向东。

除了以上近南北向的断裂外,在谢捷-达班的构造当中起实际作用的是近东西的带,常带有隐蔽性质。与歹戈靳带并列分出乌拉哈任带、空戴罗-聂特斯克带和切拉辛带,斜交南北带。

南维尔霍扬褶皱带分布于维尔霍扬-科雷姆中生代造山带东部。由晚古生代组合的陆源地层构成。同期岩浆岩为花岗岩类、花岗斑岩、煌斑岩、英安玢岩、闪长岩。

该带地层从下石炭统的顶部到中侏罗统,主要由细小的和交替韵律出现的粉砂岩、泥岩及砂岩夹层组成。很多研究者认为其为深水泥砂三角洲相沉积。组合地层形成南维尔霍扬带和上任吉盖尔带,这两个带由白垩纪火山岩所分隔开来。前一个带见有晚古生代地层,而在第二个带中则发育着三叠纪与侏罗纪地层。这里缺失石炭纪地层。

上古生代地层呈单斜平缓地向东、北东方向倾伏。

(三)鄂霍茨克地块

鄂霍茨克地块(地体、微型大陆)位于研究区东北角。地块的西界沿着比俩克强斯克断裂与维尔霍扬-科雷姆造山带相邻,东南部隐没于鄂霍茨克海之下。

地块基底出露于库赫土依、尤罗夫和上玛依等隆起之内。基底由深度变质的早前寒武纪岩层构成。其中获同位素年龄3 350±50Ma(库兹明等,1995)、3 700±500Ma(柯罗里考夫,1974)。地块盖层由里菲期中期石英岩和灰岩及寒武系、奥陶系、泥盆系等地层构成。在研究较好的库赫土依-鄂霍茨克组合的早前寒武纪变质岩系可划分为纳德巴金组、达力西强组、恩雅纳根组3个组。下部纳德巴金组岩石组合为基性成分的结晶片岩、黑云母-角闪片麻岩、石榴石-黑云母片麻岩、石榴石-紫苏辉石石英岩。中部达力西强组以石榴石-黑云母片麻岩和石榴石-黑云母-紫苏辉石片麻岩互层为特征。上部恩雅纳根组由角闪岩、二辉角闪片岩和片麻岩组成。变粒岩建造出露于地块的西部边缘上玛依隆起(库兹明等,1991)。

比俩克强斯克断裂一带的古元古界建造为绿片岩相变质火山-陆源岩石,被揉皱到狭长的线性褶皱中。它们可与阿尔丹古陆的绿片岩建造相类比(柯根,1976)。

尤罗夫隆起位于库赫土依隆起的西南。隆起由太古宙(?)、里菲期和晚三叠世地(岩)层构成。

地块基底由太古宙(?)变质岩系构成。地块下部盖层由里菲期和古生代的碳酸盐岩-陆源岩石组成,不整合在基底之上。里菲期的碳酸盐岩-陆源地层含有叠层石灰岩。文德期、早—中寒武世、晚奥陶世、志留纪和早泥盆世地层均为巨厚的灰岩、白云岩、钙质砂岩等组成。文德期—寒武纪和早奥陶世地层仅在乌拉克河流域(接近基底的尤罗夫高地)见到。在地块的其他地区尚未发现。

在鄂霍茨克地块的中心部位确定出了中晚泥盆世地层。地层下部以灰岩为主;中部为砂岩、页岩和粉砂岩组合;上部为火山岩和沉积-火山岩(安山岩及其凝灰岩、凝灰砂岩,极少的流纹岩)。泥盆纪地层见有冲蚀的泥质岩层被中上石炭世地层覆盖。

地块上部盖层为中上石炭世、二叠纪—三叠纪地层,主体由晚古生代地层组成。在库赫土依隆起它们的海相和陆相地层多半是中—上石炭统的陆源沉积(砂岩)。在海相沉积地层当中绝大多数为砂岩,而陆相地层主要由砂岩、砂质-黏土和炭质-泥质页岩含泥岩夹层及蚀变喷发岩组成。

在鄂霍茨克地块的西部分布着泥盆纪地层。这些地层的时代相当于欧莫隆地块上的开东岩系时代(D_2—C_1)(叶高罗夫等,2000)。

侏罗纪—新生代沉积-火山岩建造盖层,不整合覆于此前老地层之上。该组合的底部主要为火山岩(安山岩、英安岩、流纹岩及凝灰岩)和陆源岩(砂岩、砾岩、圆石砾岩、页岩)。在剖面上不规律地交替着。组合形成受断裂带控制。在尤多姆河右岸和乌力别雅河流域,可见到断裂控制生成的狭长盆地里填充着上述沉积-火山岩地层。

上侏罗统的沉积-火山岩组合以其特有的杂色成分相别于其他。组合的上部与陆相含炭地层共生。这些地层在一些地区为山间盆地的含炭建造或接近陆相的磨拉石层。

火山岩组合形成时间近于早白垩世的亚普蒂期,结束于古近纪。巨厚的盖层覆盖着维尔霍扬-科雷姆地区南部的广阔地带。这里发育了早白垩世的安山岩、晚白垩世的流纹岩和古近纪的桌状玄武岩组合(斯别兰斯基,1963,1964)。亚普第-土仑期安山-英安岩组合为安山岩、英安岩、流纹岩及凝灰岩;流纹岩-英安岩组合为流纹岩、熔结凝灰岩及凝灰岩,英安岩、少量安山岩、安山-玄武岩和粗面岩。沿剖面往上岩石的碱性成分增大。古近纪桌状玄武岩组合为橄榄-辉石玄武岩和玄武安山岩。

最年轻的地层组合是古近纪—第四纪的含炭地层,它们覆盖在鄂霍茨克海近岸断裂带的盆地上。这是一些胶结很差的砾岩、圆石砾岩、砂岩、黏土及含褐煤层,构成叠覆的新构造盆地含煤盖层。

伴随火山作用见有大量的深成岩的侵入,大多为花岗岩类。它们在地块的中央和南部出露广泛(鄂霍特河、库赫杜雅河、乌力别依河等流域)。侵入岩呈带状展布。

(四)锡霍特-阿林中—晚中生代造山带

锡霍特-阿林造山带位于研究区东南部,呈北北东向带状分布于日本海西海岸。造山带西部以北东向断裂系为界、与佳木斯-小兴安岭地块和兴凯地块相邻。北面与蒙古-鄂霍茨克造山带以构造关系相连接。在东边则被锡霍特-阿林火山-深成岩带的火山岩层所覆盖。

在锡霍特-阿林造山带的形成演化过程中,平移断层构造使得研究的地质体向北东位移。锡霍特-阿林带的现代结构的构造格架样式主要形成于阿尔卑斯期,在它的进一步发展当中未有具体变化。锡霍特-阿林造山带属于典型的晚中生代(中白垩纪)的这种看法得到了许多研究者的支持和赞同(马尔克维赤等,1998;费拉托娃等,1998)。

本次研究，我们将锡霍特-阿林造山带划分为沙马尔金-完达山、朱拉夫略夫-阿穆尔沿岸、下阿穆尔及开姆 4 个带反映在图上。在这些带当中，依据其个别地段的构造特点又划分为亚带或地质体。

在中生代，锡霍特-阿林带 4 个陆源沉积旋回，即中—晚三叠世、早—晚侏罗世、早白垩世(凡兰吟期)、早—晚白垩世(戈特里夫-凡兰吟期)沉积旋回。

所有沉积旋回的基底均为三叠纪火山岩-硅质岩岩层。在中央锡霍特-阿林造山带的白垩纪地层含有角闪石，不整合地产在二叠纪、三叠纪和侏罗纪地层之上，在基底面上有砾岩出现。在东锡霍特-阿林带划分出 8 个组。这些组的上部鲁任组见有似磨拉石建造。在滨阿穆尔带白垩纪以火山岩—硅质岩剖面为代表，在区域上呈滑塌建造广泛分布，杂乱堆积产于粉砂岩、砂岩和硅质—泥质岩的正常成层地层中间。它们的杂乱结构由不同时代和不同成分的从几厘米到几十米和几百米大小的块石及碎屑构成，其中包容着微细颗粒的陆源岩。其含量占地层总体积的 5%～60%。母岩为粉砂岩和粉砂砂质碎屑的杂乱基质。在滑塌岩中存在着非均质异形的他种包体：玄武岩、煤和二叠纪灰岩，石炭纪、二叠纪、三叠纪的硅质岩(汉丘克，1989；克姆金，1999)。以前人们将它们划为组，但实际显示它们全是外来岩块。外来岩块岩层有时可达数百米。该种岩层的时代老于围岩地层，在其中找到放射虫、齿形化石及有孔虫类的时代有古生代的也有三叠纪的。沙马尔金-完达山带为中侏罗世—早白垩世贝里期增生楔。这些岩块构成一系列块段，这些块段通常可构成独立的地质构造单元(亚带)，诸如沙马尔金亚带、那丹哈达-比金亚带等。相似类型的滑塌岩在中央锡霍特-阿林地区的沙马尔金组和谢布恰尔组却未见到。

沙马尔金亚带(地体)位于兴凯地块东侧，呈北北东向带状展布。西北部以阿尔辛也夫断裂为界，东南部以中央锡霍特-阿林大断裂为界。在滨海区南部为呈构造侵位的谢尔盖也夫地块。

沙马尔金亚带由侏罗纪含泥盆纪蛇绿岩套洋壳碎片的浊积岩、上古生代和三叠纪的硅质片岩、上古生代的灰岩和玄武岩等构成。在北部见有晚侏罗世含互层的斯普列金带的玄武岩的浊积岩。形成该构造带的母岩大多为浊积岩和滑塌岩岩层及与沉积同时的构造包体。在成因上为不同种类和不同时代的古大洋环境形成的浊积岩、混杂粉砂岩、圆石砾岩。母岩中含有中侏罗世—白垩纪早期的放射虫。在外来大小数千米的岩片中见有：①蛇绿岩、玄武岩。粗粒状辉长岩里的角闪石 K-Ar 年龄为 410±9Ma。②玄武岩与晚二叠世的硅质岩。③中—晚三叠世的燧石岩，很少与玄武岩共生。④硅质-黏土质的侏罗纪地层抑或三叠纪硅质岩。⑤晚二叠世和三叠纪、侏罗纪的砂岩，侏罗纪的苦橄岩和玄武岩，谢尔盖也夫岩块的暗色岩系碎片。⑥绿片岩相的变质片岩和绿帘石-角闪岩相岩石。⑦由泥岩和高钛的变基性岩变质形成的绿片岩和蓝闪石片岩，在其岩石中获云母的 K-Ar 年龄为 290±7Ma 和 255±9Ma。

沙马尔金亚带相对应的构造增生楔是在俯冲带向西俯冲时形成的。柯德日玛(Kojima，1989)比较了那丹哈达、沙尔马金带和在日本的米诺-塔姆巴等地质体的组成指出：它们是侏罗纪统一的增生组合，沿着亚洲大陆东部边缘分布一直到开放的日本海。这一模式得到俄、中地质界的认同和采用(Kojima，2000)。

完达山亚带和巴德热里带呈北北东向带状沿佳木斯-小兴安岭地块东缘和阿穆尔河左岸的苏鲁克带展布。

完达山亚带是沙马尔金亚带的延续。带内存在着很多上三叠统陆源岩盖层和分层，缺失蛇纹岩。关于完达山亚带部分是那丹哈达岭-比金带向北延续的结论已为连续不断出露的上三叠统外来岩块的露头所证实。完达山亚带以硅质岩和锰矿床的存在和分布很广的上三叠统大陆边缘的陆源岩以及缺失蛇纹岩等为特征。

完达山亚带复杂的盖层褶皱构造包括以下外来岩石组合：①早石炭世的碧玉岩、玄武岩、灰岩和很少的陆源岩石、形成于海洋环境以及极少在边缘海环境里的岩石；②二叠纪的硅质岩-碧玉岩、玄武岩、灰岩和极少的陆源岩；③晚三叠世的岛弧火山岩，以及海洋成因的碧玉岩、玄武岩；④早—中侏罗世海洋和边缘海环境形成的碧玉岩-玄武岩和泥岩；⑤晚侏罗世—早白垩世凡兰吟期的海洋碧玉岩、燧石岩、玄武岩以及岛弧火山岩-陆源岩。带内广泛发育着滑塌岩和构造混杂岩。

比金-那丹哈达岭亚带位于抚远-饶河地区，呈北东走向、长 230km、宽 78km 的带状展布。西部以同江和大海镇断裂为界，西南—东部边界为敦密断裂所限定。地层时代，根据找到的放射虫和牙形石类化石而定为中三叠世—早侏罗世。

比金-那丹哈达岭亚带由含蛇绿岩岩块和碎片的增生组合和石炭纪—二叠纪构造岩片组成。增生组合的下部是由深海硅质—泥质页岩组成;中部为泥岩和复矿砂岩互层,含基性、超基性熔岩-燧石层,熔岩和燧石层厚度从几米到40m;组合上部为粗碎屑的浊积岩、硬砂岩、含砾砂岩、粉砂岩,具复理石建造特征。在它们当中见有石炭纪—二叠纪灰岩的混杂岩(海音山-石场)和蛇绿岩(大顶子山-大岱-永幸)的构造岩块。蛇绿岩以富钛和含量较高的稀土元素及稀有元素为特征。晚期的枕状熔岩富碱高钛,属于海洋拉斑玄武岩系列。蛇绿岩的时代为中三叠世(或早三叠世)。在晚侏罗世—早白垩世时期出现了基性和酸性岩浆活动,形成了花岗岩类和辉长岩岩体。

海岸带(塔乌欣地体)位于研究区东南角。该带西北界为中央锡霍特-阿林和富尔满诺夫断裂,南部及东南部分隐没于日本海之下。其本身为南东锡霍特-阿林早白垩世构造增生楔。

海岸带以发育含有古生代和早中生代玄武岩洋壳及中晚二叠世的陆源岩构造岩块的浊积岩和发育逆掩断层构造为特征。

带内可分出西林、高尔布申和乌什吉诺夫3个岩石组合。西林组合为下构造部位,出露于构造带的西部边缘;高尔布申岩石组合在构造上覆盖西林组合,而在它的上面同样构造覆有乌什吉诺夫组合。

锡林组合由晚侏罗世的玄武岩和硅质岩组成。该组合向上逐渐过渡到早白垩世凡兰吟期浊积岩。高尔布申组合很特征地出现3~5个薄层,包括三叠纪燧石岩、侏罗纪的硅质—泥质岩和早白垩世凡兰吟期的浊积岩碎片和沉积角砾。乌什吉诺夫组合产在滑塌岩之上,构造覆盖着高尔布申组合,并沿着滑塌板面分出两部分。它在下部为砾岩;上部为早白垩世凡兰吟期的浊积岩。

上述组合相互构造覆盖,组成构造-地层序列,其厚度约有13 000m。在晚阿尔卑斯时期这些组合被揉皱到北东走向的褶皱系中,复又被平移断层斜切、位移。

滨阿穆尔带(朱拉夫略夫-阿穆尔地体)沿着完达山-沙马尔金带延展。它的西界是中央锡霍特-阿林断裂。该带由早白垩世浊积岩、复理石和似复理石的陆源岩层及碱性玄武岩类组成,总厚度大于10km。

该带地层可划分为贝里阿斯—凡兰吟阶和欧特里夫—阿尔必阶。前者组成以含内滑塌岩的粉砂岩、粉砂质泥岩为主。在凡兰吟阶内见有板内高含钛苦橄岩及玄武岩薄层。欧特里夫—阿尔必阶为以砂岩为主,含大量复理石岩层。

东部带(如拉夫列夫地体)下白垩统沉积形成于大陆坡麓条件。

基姆带(地体)位于锡霍特-阿林的东面,是早白垩世阿普特-阿尔必期岛弧弓形部分。岛弧建造被东锡霍特阿林的晚阿尔必期火山-沉积地层不整合覆盖。

基姆带由火山岩为主的火山-沉积地层构成。火山岩组合为玄武岩、火山玻璃碎屑岩、水下玄武岩质的凝灰岩和安山-玄武岩、安山质的水下凝灰岩。沉积岩组合为粉砂岩、泥岩、浊积岩,含有火山混杂岩。在沉积岩中确定了阿普特—阿尔必期的双壳类化石组合。局部地段地层下部见有复理石与中粒砂岩和凝灰质砂岩层相互交替。

基姆带构造最特征的是紧密挤压,常常形成倾向北西的倒转褶皱,并被倾向南东的逆掩断层所复杂化。

本带火山岩为拉斑玄武岩和钙碱性系列,具典型岛弧火山岩特征。岛弧形成于靠近大陆边缘地带。

下阿穆尔带(柯谢列夫-马诺敏地体)位于下黑龙江地区杜姆因以东。它由阿普特—阿尔必期的含斯普列金型玄武岩和洋壳残片的浊积岩和侏罗纪—早白垩世的硅质岩、硅质砂岩等构成。地质体被视为基姆岛弧的增生楔。

谢尔盖也夫岩块位于研究区东南角纳霍德卡地区,呈构造盖层形式分布于侏罗纪的增生楔之上。此前,研究者称其为由古老暗色岩系构成的谢尔盖也夫隆起。

岩块内分布有大型平移断层。人们认为谢尔盖也夫岩块是侏罗纪的俯冲组合的一部分,是沿中央锡霍特阿林平移断层保存下来的地质体。浩尔斯克岩块是谢尔盖也夫岩块的北部部分。

标志型的辉长岩占谢尔盖也夫岩块出露面积的80%。岩块主要由片麻状辉长岩、闪长岩和斜长花岗岩组成。属于同期地质体的还有塔富任的黑云-白云花岗岩岩体、塔乌敏的深熔花岗岩、辉长岩和花岗岩类。变质岩呈透镜状和残积层状，大小达数百米。它们有两个共生组合。一为斜辉石大理岩、斑花大理岩、石榴石-石英结晶片岩、角闪岩；另一为角闪岩、石榴角闪岩、石英岩。其内见有少量的黑云角闪岩、石榴黑云母结晶片岩、白云母结晶片岩捕虏体。

辉长岩类被晚泥盆世酸性凝灰岩覆盖。奥陶纪花岗岩岩体和二叠纪火山岩岩层中包有较大的灰岩块体。

片麻状辉长岩类经受了绿片岩相变质作用。片麻状辉长岩中的锆石同位素年龄为528±3Ma(U-Pb)；取自塔富任S型二云母花岗岩的白云母同位素年龄为492±2Ma(K-Ar)；取自黑云母花岗岩中的锆石同位素年龄为493Ma(U-Pb)。由此可见，谢尔盖也夫岩块形成时代应早于奥陶纪。

锡霍特-阿林造山带的形成与早白垩世花岗岩岩浆活动相关联。并在早白垩世戈特里夫期—晚白垩世赛诺曼期的时间里，在由大陆到大陆的过渡带上发生了强烈活化的平移运动。

沙马尔金、塔乌欣和基姆等地质体最初曾处于南方很远的地方，后来沿着古老的锡霍特阿林中央大断裂向北方移动(马尔克维奇，1994；汉丘克，1994)。在阿里必—赛诺曼时期，如这些研究者的推断，它们曾经平移运动到紧紧贴向大陆边缘。由中央锡霍特阿林断裂向西，沙马尔金地质体向北方移动了700km。中亚构造带的东缘经受了平移断层的错动，某些块段向北方平移，这样，便形成了锡霍特-阿林造山带呈锯齿状的西界特征。戈特里夫—赛诺曼期的位移导致了锡霍特-阿林S型构造和受变质作用的水窝状花岗岩层的形成。沙马尔金、滨阿穆尔和谢尔盖也夫地质体，佳木斯-小兴安岭及兴凯地块的S型花岗岩的形成皆与戈特里夫—赛诺曼时期变动的大陆边缘构造发展有关。早白垩世板片窗构造的形成，导致了沙马尔金和谢尔盖也夫地质体里凡兰吟期的碱性、基性—超基性侵入岩的形成，以及在兴凯地块和佳木斯-小兴安岭地块的北方及在沙马尔金与巴得亚力斯克的地质体里戈特里夫—赛诺曼期的火山岩、深成岩体的形成。

五、中亚大地构造带和太平洋构造带的板内构造及大陆边缘构造

(一) 中亚构造带

1. 晚古生代坳陷

研究区主要的晚古生代坳陷发育于佳木斯-小兴安岭和兴凯地块的边缘地区。在俄罗斯境内主要有乌尔米依、马里诺夫和穆拉维也夫-杜那依坳陷。

在乌尔米依坳陷之内可分为中古生代和晚古生代—早中生代两个构造亚层。坳陷的中古生代构造亚层由早—中泥盆世的碳酸盐岩-陆源岩地层(纳强组和尼兰组)和下石炭统组成。在泥盆纪地层里的褶皱很宽阔，宽达2～6km，走向北—北东，翼部倾角为40°～70°，在翼部见有第二序次的褶皱。晚古生代—早中生代亚层产于乌尔米依坳陷的东南边部，由早二叠世的碳酸盐岩-陆源岩、晚二叠世的碳酸盐岩-陆源岩和陆源海相地层组成(欧沙赫金组、任德、欧列涅克、阿尼吉依、拉金等阶)。在这里发育着宽达5～8km的带状褶皱，向南西倾，北西走向。在其翼部的倾角为20°～50°。

兴凯地块的晚古生代的马里诺夫和穆拉维也夫-杜那依坳陷形成于滨海-海-陆相环境。坳陷被谢丹金组合的花岗岩体侵入。

坳陷地层(杜那依、符拉迪沃斯托克、巴拉巴什、留佳金等组)为黏土质地层，见有煤层，流纹岩、英安岩及凝灰岩。沉积岩中常有凝灰岩物质的加入。在地层的底部发育有玄武质砾岩，并含有中古生代花岗岩类的砾石。对于二叠纪地层多形成特征的北东走向、宽而平缓的褶皱，褶皱翼部倾角为20°～30°，很少达到40°～50°。在不同的火山-构造盆地里堆积着喷发岩岩层、下沉的火山口，岩层呈水平状的盖层出现。

2. 古生代火山岩带

研究区主要有小金沟、滨东、后贝加尔 3 个古生代火山岩带。

小金沟加里东火山岩带位于铁力—宝泉—小金沟一带，呈近南北向的长 600km、宽 30～100km 带状展布。该带地层下部由早奥陶世流纹岩及凝灰岩，熔结凝灰岩、硅质—泥质片岩，千枚岩、粉砂岩与大理岩透镜体组成。上部由中奥陶世的灰岩、粉砂岩、细粒砂岩、硬砂岩及大理岩组成。含腹足类化石。在上部见有中性熔岩盖层，岩石的 K-Ar 同位素年龄为 442Ma。

滨东海西火山岩带位于哈尔滨市以东地区，呈带状覆盖在一面坡坳陷和小金沟的火山岩带之上。该带受到沿近南北走向的正断层所限制。下泥盆统地层为砾岩、砂岩和较少量的滨海相碳酸盐岩，含有 *Emsin-Eifelian* 动物群化石。中泥盆统的陆相沉积建造见于神树地区，而海相细粒碎屑建造见于该带西部。在早、中泥盆世时期开始发生火山作用，中石炭世形成了大陆-火山沉积堆积。火山岩的主要类型为中酸性熔结凝灰岩、凝灰岩、凝灰质砂岩，含化石。同位素 Rb-Sr 年龄为 305Ma。在早二叠世沉积了碳酸盐岩-陆源碎屑岩建造地层及中酸性成分的火山岩。火山岩为钙-碱性岩石系列，属于比较特征的大陆边缘火山岩。在晚二叠世—早三叠世时期侵入了碰撞型的花岗岩类——石英二长岩、花岗闪长岩、正长花岗岩和碱性花岗岩。由它们组成了近南北走向的岩基带。

后贝加尔海西火山岩带位于上黑龙江巴夫洛维奇地区，由晚古生代的火山-沉积建造地层所构成。地层下部为相当厚的火山沉积岩层，由变质砾岩、砂砾岩、砂岩、粉砂岩、安山岩、英安岩及凝灰岩组成；上部为粗面流纹岩及凝灰岩组合。晚期还有喷出岩和次火山岩建造——粗面流纹岩、花岗斑岩、正长斑岩、辉绿岩脉等的组合产出。

（二）太平洋构造带

1. 前维尔霍扬中生代边缘坳陷

前维尔霍扬中生代边缘坳陷为勒那沉积省的一部分，分布于侏罗纪—白垩纪沉积区交界处。构造上位于北亚克拉通东部边缘。见有以陆相和滨海-海相沉积为主的文德期—寒武纪沉积地层，以及晚侏罗世—早白垩世的马列康和巴雷赫组地层。上述地层中已知有 5 个煤矿床：哈尔巴拉赫、盖尔贝-鲁戈、纳捷日丁、扎巴里基-海斯、下土马特。其中最大的扎巴里基-海斯矿床储量达 59.23 亿 t。

2. 中生代盆地

南雅库特沉积盆地位于阿尔丹麻粒岩-片麻岩区南部，面积达 25 000km^2，由楚里曼、艾台姆得任、托京裂谷成因盆地构成，填充有侏罗系陆源含煤沉积尤赫金组(J_1)、杜拉依组(J_2)、卡巴克丁组(J_3)、别尔卡凯特组(J_3)、涅仑戈林组(J_3)、温台特康组(K_1)及浩洛得尼康组(K_1)等，总厚度达 3 500～4 500m。在盆地南部盖层最厚。它们不整合地产在太古宙—元古宙结晶基底及里菲期—寒武纪的岩层之上。

各个盆地均为半地堑型，走向近南北向，近断裂南侧较陡，北面平缓。

上述盆地是俄罗斯东部主要炼焦煤产地，资源总量为 560 亿 t。工业含煤地层为陆相侏罗纪—早白垩世沉积。

牛克任盆地属裂谷构造盆地，为早白垩世陆相含煤地层所填充，厚 600m(砾岩、砂岩、含粉砂岩和泥岩夹层)。不整合地产在新太古代黑云片麻岩、二云片岩、黑云片岩、绿泥石-绢云母片岩、石英岩中，以及穿切它们的黑云花岗岩之上。白垩系地层呈单斜产出。北西走向，倾向北东，倾角 30°～60°，随着深度的增加倾角减小到 15°～20°。已发现煤层 30 余层，地质储量达 2 亿 t。

乌德-上结雅沉积盆地位于西伯利亚地区东南缘，斯塔诺夫花岗-绿岩带与蒙古-鄂霍茨克造山带的接合部。两盆地均属裂谷成因的边缘坳陷。

其中乌德坳陷的盖层厚度达 500m，局部大于 1 000m，在鲍空湖地区超过 1 500m。鲍空盆地见有扎隆组(J_3—K_1)和鲍空组(K_1)含煤层,计12层,以薄层的炭质泥岩为主,煤层厚度不大。

上结雅坳陷的上侏罗统—下白垩统地层,亦具有含煤特征,可作为普查天然气的远景区。

托罗姆沉积盆地位于蒙古-鄂霍茨克造山带的东缘,分布于嘎尔拉姆河上游到山塔尔海岸一带,长200～220km,宽40～50km,面积达7 500km^2。形成于晚三叠世卡尼克期,为一巨大的槽向斜。在盆地演化过程中晚白垩世火山岩(盖层相)和花岗岩类侵入具重要作用。此外,在白垩纪出现了平移断层等位移,以及第四纪裂谷作用。

上黑龙江沉积盆地位于额尔古纳-马门和加格达奇地块、北兴安岭与蒙古-鄂霍茨克造山带的接合部位,发育有侏罗系—白垩系沉积含煤地层。盆地面积达18 500km^2。盖层呈整合地产在侏罗系陆源无煤的海相地层和陆相含煤的上侏罗统与下白垩统地层托尔布京组、莫尔强诺夫组赛罗科帕丁组和别列梅京组(砾岩、细砾岩、砂岩、粉砂岩、泥岩、煤)之上。基底与盖层具明显的角度不整合,盖层厚3 500～5 700m。煤层大多含在托尔布京组和莫尔强诺夫组。已知煤矿床有托尔布金、布切夫、欧力根等。托尔布金煤矿床已发现20个煤层为腐殖可燃性煤。勘探储量为1 790万t。

捷普盆地位于上黑龙江坳陷之南东,见有不同程度的含煤地层:上侏罗统为海岸相-海相(乌什卡林组)、海陆过渡相(阿雅克组)和上侏罗统—下白垩统陆相(捷普组、莫尔恰诺夫组)等地层。含煤组合总厚度3 800～6 550m。呈不整合地产在古生代或更老的基底岩层之上。并被下白垩统别列梅根组地层和喷发岩盖层不整合覆盖。

布列因沉积盆地位于谢列姆任河上游。构造上分为奥果任、上布列因、戴尔明3个盆地,均为晚侏罗世—早白垩世含煤系沉积盆地。其中奥果任盆地煤资源量为14亿t,上布列因盆地为97亿t,戴尔明盆地为5亿t。

拉兹多里宁沉积盆地位于滨海边区的西部,并部分跨入黑龙江滨海区,面积达5 000km^2。该盆地由康斯坦丁诺夫斯-里波维茨(盆地的北和北西部)坳陷和拉兹多里宁坳陷(盆地中央和南部)及乌林盆地构成。康斯坦丁诺夫-里波维茨坳陷呈东西走向,而拉兹多里宁坳陷则为北东走向。构成盆地的岩石组合为3个构造层:下层为古生代基底火成岩和变质岩;中层为中生代三叠系、侏罗系、白垩系地层;上层为新生代沉积层。中层岩石组合属于沉积盆地的裂谷-沉降发育阶段。上三叠统(卡尔尼阶—诺里克阶)属陆相含煤地层(600～1 700m),不整合地产在基底地岩石之上。在三叠系剥蚀面上,覆盖有中侏罗统海相砂岩(700m),含煤的白垩系岩层不整合地产在下伏地层之上。在康斯坦丁诺夫-里波维茨坳陷中,具有陆相含煤的下白垩统地层乌苏里组(巴列姆阶)、里波维茨组(阿普特阶)、嘎林科夫组(阿尔必阶),直接产于基底褶皱岩层之上。在拉兹多里宁坳陷中下白垩统含煤组合(尼康群)产于下伏的上三叠统卡尔尼阶和瑞替阶地层之上,属近岸海相和陆相含煤建造。

帕尔吉赞沉积盆地(苏昌)位于滨海边区南部。盆地宽60～70km,延伸120多千米,走向北东。出露面积达8 000km^2。其内为下白垩统的含煤地层。

该盆地构造上位于兴凯地块与锡霍特-阿林造山带连接地带。盆地东北褶皱底部为新元古代的谢尔盖也夫杂岩之辉长岩类;盆地中部和东南部为早古生代塔乌捷敏杂岩的花岗岩类及晚二叠世细青组陆相火山-沉积岩。盆地的下白垩统含煤岩系(苏昌群),形成近复向斜坳陷。

苏昌群为科尔根组不同粒度的凝灰质砂岩整合地覆盖。上白垩统(赛诺阶—马什特里赫特阶)包括奥斯特罗绍波组、多罗弗也夫组、鲍戈波里组,均为火山凝灰岩。

在苏昌群中含有48个煤层,煤的总资源储量为2.06亿t,并含天然气,预测天然气储量为78亿m^3。

中国东北地区分为晚三叠世、晚侏罗世—早白垩世和早白垩世等时期火山-陆源盆地和坳陷。

晚三叠世火山盆地有汪清、东宁和南楼山,它们组成印支期火山岩带,沿华北古陆北缘分布。由陆相中、酸性火山岩和陆源岩层构成。岩层厚1 000多米。

南楼山盆地(T_3)位于西拉木伦-延边造山带与吉林造山带衔接地区。三叠系地层基底为晚二叠世沉积火山岩。火山岩岩层总厚度为348m,并划分为:①下部组合由英安质火成碎屑岩、含流纹岩、安山岩、凝灰砾岩、砂岩、泥岩薄层组成;②上部组合由安山岩和安山玢岩及很少的英安岩组成。

晚侏罗世—早白垩世盆地局限在3个构造环境：①佳木斯-小兴安岭地块东缘的敦-密断裂带中(七台河、鸡西、辽源、柳河、延吉等盆地)；②佳木斯-小兴安岭地块西缘的牡丹江断裂带(鹤岗、高芬等盆地)；③华北古陆北部(抚松、果松、榆树等盆地)。

七台河盆地(J_3—K_1)位于佳木斯地块的东缘，面积4 500km^2。由上侏罗统—下白垩统地层构成。基底为上二叠统中、酸性火山岩。盆地具有陆相和海相沉积堆积特点。陆相沉积见于盆地北西部。下部层(上侏罗统—凡兰吟阶)为火山岩和含煤的陆源建造，底部产有砾岩和砂岩，夹有泥岩、粉砂岩、凝灰岩和薄层煤。其上为中酸性火山岩，厚600m。戈特里夫期有浅水沉积堆积，沉积厚度达530m。巴列姆—亚普第期积聚了海相和陆相沉积(含煤层)。阿尔必期结束了盆地的形成作用，并伴有安山岩和火山碎屑岩(火山集块岩、火山角砾岩和凝灰岩)岩层产出。

鸡西盆地(K_1)位于佳木斯地块的南东边缘，面积达1 800km^2。属陆相含煤盆地。晚三叠世的花岗岩为其基底。凡兰吟阶地层形成有两个旋回。下旋回为冲积扇、河流相砾岩、砂岩、粉砂岩和泥岩，含有薄层煤；上旋回为中、酸性火山岩、砂岩。地层厚度为200～500m。在凡兰吟期末有沉积间断。在戈特里夫期冲积扇地区陆相含煤沉积中含有大量河流相和沼泽相植物化石。地层厚度为400～800m。在巴列姆—亚普第期继续了大陆含煤沉积，多个煤层分布在中层和下部层位，厚度为200～850m。阿尔必期出现火山作用，形成英安岩和火成碎屑岩岩层，含凝灰砂岩和砂岩层，厚度由数米、数十米到800m。

辽源盆地(J_3—K_1)位于吉林造山带西部，面积600km^2。形成于晚侏罗世中期到早白垩世。中侏罗世的二长岩和花岗岩为其基底。在晚侏罗世中期沉积了火山-火成碎屑岩，厚500～900m。末期出现湖-沼相含煤地层，为砂岩、粉砂岩、泥岩与煤的夹层，局部见有安山岩和玄武岩，厚440m。其后出现了火山活动，主要以安山岩和玄武岩为代表，厚530m。在早白垩世重新开始了湖-沼相的沉积并含有煤层，厚765m。其后又出现了火山活动并形成火山岩薄层。上述火山岩层之上产出有河相砂岩、砾岩和粉砂岩岩层，厚930m。晚白垩世末，出现紫色的粗粒砂岩、粉砂岩和泥岩，表明当时属炎热和干旱的气候。

柳河盆地(J_3—K_1)位于龙岗地块中部。面积达2 500km^2。基底为变质岩系及晚二叠世花岗岩。上侏罗统地层以湖泊-河流沉积(砾岩、砂岩、粉砂岩、泥岩)为代表，厚度约2 000m。其上产有火山岩岩层，由安山岩、流纹岩、凝灰岩和粉砂岩组成，厚4 760m。其间还出现300m厚的河-湖相沉积。晚白垩世末期发生火山爆发作用。火山岩主要是安山岩、粗面-安山岩和安山角砾岩。在火山作用结束时出现了流纹岩。火山岩的岩层厚度约4 000m。

3. 中生代—新生代火山岩带

中生代—新生代的钙-碱性火山作用遍布于太平洋边缘到后贝加尔的广大区域。最大的岩浆活动发生在晚侏罗世—古近纪。火山岩构造单元一般呈封闭的等轴状拉长带状出现。与火山岩密切联系的是花岗岩类岩浆作用。

一些研究者指出，火山岩由西向东成岩时代由老而逐渐年轻。与此同时，白垩纪的火山作用遍布全境。从西到东划分出的火山-深成岩系(带)(米申等，2003)如下：乌德-大兴安岭系(晚侏罗世—早白垩世)、鄂霍茨克-松花江系(阿尔必期—赛诺曼期—坎佩期)和锡霍特-阿林系(赛诺曼期—渐新世)。

1) 晚侏罗世—早白垩世大兴安岭-乌德-斯塔诺夫巨型火山-深成岩带

乌德-大兴安岭系包括晚侏罗世—早白垩世火山-深成岩组合，研究区西部分布广泛，如中国东北火山岩区、结雅-布列因火山岩区等。较大的火山-深成岩带有：大兴安岭、乌德-斯塔诺夫、阿尔丹和乌德-鄂霍茨克等岩带。

大兴安岭火山岩带包括的火山岩带有伊图里、大杨树、呼玛、永青、翠峦、阿城、彰武、奥果任、乌姆列康、布列因、西图兰和伊钦等亚带。最后5个亚带常统称乌姆列康-奥果任火山岩亚带。

伊图里火山岩亚带(J_3—K_1)位于大兴安岭主峰的西坡之上。岩带走向北东，长约1 000km，宽200～350km。基底为海西期花岗岩类和中侏罗统沉积地层。带内的火山岩浆作用始于启莫里期，结束于阿尔必期。旋回早期(早基莫利期)表现为基性和中性成分的熔岩溢出，岩石组合主要是玄武岩、粗面玄武岩、玄武安山岩，少量集块岩和凝灰岩。火山岩层厚 140～500m，最大厚度达 1 160m。旋回中期（提塘期）为中酸性喷出岩。岩石组合为英安岩、英安质火山碎屑岩，少量流纹岩及凝灰岩，厚 280～450m。最大厚度达 960m。旋回晚期（从贝利阿斯到早凡兰吟期）以酸性喷发岩为主，主要为流纹岩和英安岩及凝灰岩，厚 300～500m，最大厚度为 930m。火山岩带岩石属于钙碱性系列，化学成分以硅酸盐、钾、钠含量偏高为特征，即岩石偏碱性。在火山作用停息期间形成含煤-碎屑岩岩层。

与火山岩共生的为花岗岩和花岗闪长岩侵入体。岩体规模不大，常呈岩株状产出。

乌姆列康-奥里任亚带沿近额尔古纳-马门、图兰-张广才岭地块及蒙古-鄂霍茨克造山带分布。活动时期为晚侏罗世—早白垩世，由奥果任、乌姆列康、西土兰、伊绍夫和布林丁等亚带构成。乌姆列康-奥里任亚带火山岩以 3 层结构为特征，下部层为塔尔丹组安山岩、英安岩及凝灰岩，厚 400～800m，火山岩的 Rb-Sr 同位素年龄为 117～119Ma（卡兹略夫，2001），同位素 Ar-Ar 年龄为 124～126Ma（索洛金等，2003）；中部层由弱酸性火山岩（开拉克斯岩层）及次火山岩组成。开拉克斯岩层形成于早白垩世，塔尔丹组和开拉克斯岩层钠大于钾；上部层以弱碱性为特征。由玄武岩-粗面流纹岩及较少的英安岩、粗面英安岩和粗面安山岩-安山岩所组成，分布局限。形成时代属于赛诺曼期（卡兹略夫，2001）。嘎尔京岩田 Ar-Ar 法粗面玄武岩的同位素年龄为 118Ma，粗面流纹岩的同位素年龄为 115Ma（索洛金等，2003）。从嘎尔根组的组成中分出来的粗面玄武岩-粗面安山岩的 Ar-Ar 同位素年龄为 100Ma。

早期的乌姆列康-奥果任岩浆岩带为马戈达嘎钦偏碱性花岗岩、花岗斑岩侵入杂岩，与花岗岩类密切相关的为粗面安山岩、粗面英安岩和粗面流纹岩等次火山岩体。其同位素年龄值为 140～148Ma，属晚侏罗世。上黑龙江侵入杂岩主要是钠质花岗岩、花岗闪长岩，分布于岗仁隆起，其 Ar-Ar 法年龄值为 135～140Ma。布伦丁侵入杂岩穿切到上黑龙江杂岩中，岩浆岩由偏碱性的二长岩、石英二长岩、花岗闪长岩所组成。杂岩之上的塔尔丹组安山岩的同位素 Ar-Ar 法年龄为 127～130Ma（索洛金等，2003）。

上述所有火山岩除石勒喀河、额尔古纳河之间个别岩体外，其他火山岩均属于氧化环境的磁铁矿系列。

乌德-斯塔诺夫火山-深成岩带，带宽 100～120km，沿纬向长为 1 000km。根据该带岩石形成时间和岩石化学特点，又划分为奥列克莫-纽克任带，中央斯塔诺夫带和乌德-朱格朱尔带（扎布洛茨基，1978；A M 拉林等，2002）。在朱格朱尔-斯塔诺夫褶皱区晚侏罗世—白垩纪期间分为 3 个阶段：①晚侏罗世（138～142Ma）形成土库林戈尔和晚斯塔诺夫杂岩（花岗岩）。花岗岩主要受扎尔土拉克斯断裂带控制。②S 型塔克沙康丁杂岩二云花岗岩（133Ma），局限在扎尔土拉克缝合带断裂发育，形成乌德-斯塔诺夫岩浆岩弧建造，由浅色带状花岗岩-花岗闪长岩（丁达-巴卡兰杂岩）构成。并伴有钙-碱系列的火山岩。丁达-巴卡兰花岗岩的同位素年龄为 127Ma（拉林等，2002），组成乌德-斯塔诺夫带岩基属于英闪岩-斜长花岗岩、闪长岩-花岗闪长岩、二长岩-花岗岩-花岗闪长岩和二长岩-正长岩-花岗岩建造。在空间上，上述建造按顺序从东到西相互取代（马克西莫夫，2003）。花岗岩中总碱度从东向西呈增高趋势。乌德-斯塔诺夫带形成结束阶段为聂瓦昌杂岩花岗正长斑岩等次火山岩岩体的侵入作用（101Ma）（拉林等，2002）。

阿尔丹带平行斯塔诺夫带延伸。带中分布大量体积不大的侵入岩体和脉岩群。与侵入岩相关的是同源岩浆的火山岩和次火山岩体。阿尔丹带重要的特点是，赋存有以纯橄榄岩为核的同心环带状岩体（伊纳戈里、康代尔斯、恰得、萨巴赫等岩体）。一般认为，本带岩浆作用出现在早侏罗世—早白垩世之间，而最活跃期为晚侏罗世—早白垩世。根据阿尔丹带岩浆岩成分、年龄有别于附近的碱性偏高的乌德-斯塔诺夫带，该带同样明显地见到纬向和经向分带性。例如，在带西翼恰罗-阿尔丹地段主要分布有钾碱和次碱性岩石，即白榴石-碱性正长岩和二长-正长岩建造（马克西莫夫，2003）。向东为乌秋尔-麦依块段，为花岗闪长岩-二长闪长岩和二长-花岗闪长岩-花岗岩建造。在东部边缘（达里宁和欧多林）主要是正常的碱性岩-花岗闪长岩-闪长岩建造。

乌德-鄂霍茨克火山岩带地处大陆边缘位置，由乌德和鄂霍茨克带组成。乌德带延长 500km，宽5～60km。基底为斯塔诺夫花岗-绿岩区的结晶片岩和部分阿亚诺-谢夫林边缘克拉通坳陷。乌德带火山岩划分为扎伦组，下部主要为凝灰质岩层含晚侏罗世植物化石；上部为基性和中性火山岩。扎伦组被尼欧克姆亚统的鲍康组和梅里康组的地层所覆盖。火山岩属钾-钠系列,部分学者认为应属岛弧火山岩范畴。

鄂霍茨克带分布于前朱格朱尔、乌里因卡瓦-雅姆和奎都火山岩区,属尼欧克姆岩浆建造。在前朱格朱尔坳陷,见有砾岩层。火山岩大都是安山岩,极少的英安岩、流纹岩。

卡瓦-雅姆火山岩亚带早白垩世火山岩底部分布有限。火山岩组合中最老的是乌力别里康组中性火山岩。其上产有流纹岩-英安岩和粗面流纹岩成分的火山岩。

奎都松亚带为中基性火山岩与流纹岩和英安岩及同源岩浆的辉长岩-花岗岩组合,其 K-Ar 同位素年龄为 120～125Ma。该带西部火山岩作用开始于阿尔必期。与火山岩共生的有巨大的石英闪长岩、花岗闪长岩、花岗岩。其同位素年代学数据表明,属晚侏罗世—早白垩世产物,形成于还原环境,属钛铁矿系列。

综合上述,涅欧告莫岩浆岩,前朱格朱尔、乌里因及卡瓦-雅姆火山岩岩浆具磁铁矿系列特点,并具金、银矿化专属性。而奎都松火山岩区外带具钛铁系列特点,并伴有亲石元素矿化专属性。

2) 白垩纪松花江-鄂霍茨克-楚科奇巨型火山岩带

该带主要包括阿尔必期—赛诺曼期的火山岩和同源岩浆的深成岩。又进一步分为鄂霍茨克-楚科奇带和南部陆内松花江-谢里特康带。

松花江-谢里特康带在空间上呈弧形条带分布。带宽 200km,长 1 250km,由单个分离开的火山岩田组成,带的西界与晚侏罗世—早白垩世磁铁系列的岩石相邻;南部发生尖灭并与华北地台北缘相毗邻。谢里特康-松花江段与锡霍特-阿林系相遇在近中央锡霍特-阿林断裂带附近。岩浆岩形成于氧化条件,属磁铁矿系列。

松花江-谢里特康带具有良好的地球化学、地层学和金属成矿学分带性。据此考虑其与太平洋边缘关系等方面因素可将其分为内、外两个带(米申,别尔德尼科夫,2000)。在内带分布着磁铁矿系列的岩石,而在外带则为钛磁铁矿系列。

松花江-谢里特康带北部内带有乌里班和埃乌尔等火山岩带;南部内带为侵入岩体和极少的火山岩残体。在滨海内带的阿儿昌火山岩带与南滨海火山岩带属西锡霍特-阿林火山岩带。在东北地区为佳木斯-牡丹江火山岩带。

南滨海带最老的火山岩为科尔根群,时代为晚阿尔必—赛诺曼期。在科里尼奇矿田侵入到科尔根火山岩层的花岗岩类的 Rb-Sr 和 K-Ar 法年龄为 104Ma、97Ma、98Ma(索亚丹等,1996),因此,科尔根群地层年龄应早于阿尔必期。而生物地层学的资料指出的时代亦是阿尔必期。科尔根群由杂色砂岩和粉砂岩及凝灰岩所组成,并为安山岩岩层所覆盖。厚度达 400m。在南滨海带南部(杜那依亚带)侵入岩分布很广。以花岗岩-花岗闪长岩为主,并侵入到侏罗纪陆源岩层中。根据同位素数据,其形成时代应介于早、晚白垩世之间。佳木斯-牡丹江带是南滨海带向西的延伸。

阿尔昌带中,岩浆岩杂岩包括阿尔昌组盖层及杂色次火山岩体——流纹岩、英安岩、安山岩、玄武岩和凝灰质沉积岩。在岩石化学方面属钙-碱性(钾-钠碱性)磁铁矿系列岩浆岩。阿尔昌组时代应为阿尔必期。

埃乌尔带在传统上应属于锡霍特-阿林造山系(马尔代纽克等,1990)。由火山岩建造组成。又细分为 4 个岩层,下两个岩层为安山岩;中部为英安岩-安山岩岩层;上部为粗面流纹岩。按铁氧化度,岩石属磁铁矿系列(米申,罗曼诺夫斯基,1992)。按植物化石鉴定和 K-Ar 法测年(89Ma、88Ma、80Ma、73Ma),埃乌尔带火山岩形成于晚白垩世。

乌里班带为封闭的火山岩田系列,位于松花江-谢里特康内带北端。该火山岩系包括下白垩统安山岩及上白垩统酸性火山岩。安山岩 K-Ar 测年,为 72～102Ma,酸性火山岩则为 91Ma、65Ma、62Ma。花岗岩类 K-Ar 测年为 82Ma、72Ma,应属晚白垩世。

侵入岩浆作用出现有两个阶段:即前火山岩阶段和后火山岩阶段。前火山岩阶段发生在巴得扎里火山岩构造和其环边,以碱性、次碱性辉长岩类和玄武岩类为主,如达扬杂岩(欧戈良诺夫,1978;马克西莫夫,1982)。根据岩石化学的特点属裂谷玄武岩型(高涅夫楚克,2002)。根据 K-Ar 法测年(130～

143Ma)，应属乌德-大兴安岭系岩浆作用的初始相。后火山岩阶段为晚期花岗岩，即同一的火山岩-深成岩组合。该阶段侵入岩以花岗岩为主，含较少的二长岩、花岗闪长岩及辉长闪长岩-花岗闪长岩组合。

松花江-谢里特康火山岩-深成岩带之外带的火山岩和深成岩不取决于基底成分，强烈还原环境下形成典型的钛铁矿系列，并具锡矿化专属性(米申，罗曼诺索夫斯基，1992；米申，1994)。而内带岩浆岩以低碱度及高铝土质为特征(高涅夫楚克，2002；米申等，2003)。

在东北小兴安岭地区本带趋于尖灭。沿走向上见有钛铁矿系列的火山岩-深成岩带，形成于晚侏罗世—早白垩世，并属于乌德-大兴安岭系。

谢里特康火山岩带处于谢里特康-松花江带最北翼，内带与外带之间。其底部为中酸性成分岩石。主要由英安岩及流纹岩成分的熔结凝灰岩所组成。按氧化铁与氧化亚铁之比，本带火山岩与侵入岩应属于磁铁矿和钛铁矿系列之间的过渡类型。与谢里特康侵入岩组合相关的有钼、钨和多金属矿化。

根据锆石 U-Pb 和 K-Ar 法，布留什岩体花岗闪长岩(谢里特康侵入岩第二相)测年为 105±2Ma，伊特马丁侵入岩(K-Ar 法，角闪石)为(94±5)Ma(阿嘎夫年科，谢拉日尼科夫，2001)。

鄂霍茨克-楚科奇火山岩带长 1 500km，宽 60～200km。鄂霍茨克段划分为两个呈 60°角的弧带——北东向朱格朱尔-乌里因和近东西向的鄂霍茨克两个带。朱格朱尔-乌里因带与松花江-谢里特康火山岩带在乌德河谷相接。带内分布有朱格朱尔、乌里因、奎都松和卡瓦-雅姆等坳陷，其火山岩厚度达 2 500～4 000m。

如松花江-谢里特康带一样，本带亦分为内带、外带两部分。朱格朱尔、乌里因及卡瓦-雅姆坳陷组成内带；奎都松坳陷及其南-西火山岩组成外带。

前朱格朱尔坳陷位于鄂霍茨克-楚科奇火山岩带的南西端，火山岩建造划分为马盖依组、莫塔林组和杜努姆组。马盖依组主要是酸性火山岩，含阿尔必阶化石，其成分为杂色互层的正常火山岩，有时碱性偏高，属典型磁铁系列钙-碱性火山岩。根据植物化石定为晚土仑—康尼亚克期。

晚白垩世侵入岩(朱格朱尔杂岩)，主要分布于埃丹得任隆起，即乌里因和前朱格朱尔坳陷接合处花岗闪长岩类发育有 3 个相，以偏碱性花岗岩为结束相，本侵入杂岩属于磁铁矿系列。

乌里因坳陷位于鄂霍茨克海滨岸带，呈平缓单斜层出现(5°～10°)。

火山岩岩层厚度大(据不同的估计为 3～4km)，剖面完整，形成于阿尔必期—晚白垩世，岩性从玄武岩至正常碱度流纹岩。H K 科特良尔和 Γ B 卢莎阔娃(2004)分析了高原玄武岩，并进行了同位素测年，结论是：粗面玄武岩火山作用开始于 86Ma 前、最强烈的时期发生在坎潘期(即大约在 80Ma 左右)。

乌里因坳陷侵入岩主要环绕着坳陷边部及构造隆起部位分布，如艾丹任、尤罗夫等隆起。一般认为这些花岗岩类小侵入体发生在苏浩列钦后期，但在哈卡林玄武岩溢出之前。即与朱格朱尔杂岩相似。

前朱格朱尔，乌里因带火山岩和侵入岩都属于磁铁矿系列并具有金、银、斑岩型铜钼矿化专属性。

奎都松火山岩带与南西向延伸火山岩带为鄂霍茨克-楚科奇带之外带。在地球物理场表现为重力低。为杂色中、酸性火山岩(阿夫林组合)，火山岩以熔结凝灰岩和酸性凝灰岩为主，厚达 2.5km，熔结凝灰岩组合分成组的岩系拼到库依都松斯基组合。与盖层密切相关系的是巨大的次侵入体，其成分介于熔结凝灰岩(内接触带相)与中心带的花岗斑岩之间。与内带相比，外带岩石以高岭土质、低碱度及分布不均的多种矿物斑晶为特征。总之，奎都松杂岩在岩石学方面，完全类似于松花江-谢里特康地带的外带火山岩。

应当指出，奎都松火山岩的岩层缺少植物化石，而且缺少同位素年龄测定数据(K-Ar 法 60～98Ma，高洛霍夫等)，因此，地层学研究程度较低。

奎都松火山岩带的火山岩、次火山岩和深成岩组合，按副矿物成分铁的氧化度及磁化率应属钛铁矿系列，并具锡、锡-多金属和锡-银矿化的专属性特点(米申等，2003)。

3) 晚白垩世—古近纪锡霍特-阿林火山-深成岩带

锡霍特-阿林火山-深成岩带沿鞑靼海湾的西部沿岸向北、北东向延伸，不整合地穿切俄远东白垩纪和侏罗纪盖层-褶皱构造带。带长约 1 500km，宽度达 100km。很多研究者发现横向断块构造(贝科夫斯卡娅，1960；巴什金娜，1982)和纵向分带性(米哈依洛夫，1989；米申，1994；米申，比尔德尼科夫，2000；

拉特京等,1997)。锡霍特-阿林火山岩带分为内带和外带(米申等,2003)。内带为连续的火山岩露头带组成的边缘单斜,平缓地向日本海方向倾伏,地球物理场具重力梯度带和地壳厚度梯度带;外带则为单个独立的火山构造坳陷,分布于锡霍特-阿林山脉的穹形部分,地球物理场表现为重力低和地壳厚度增大。内、外带岩石分别为磁铁矿系列和钛铁矿系列。金属成矿分带性与球化学分带性相一致。

内带以亲硫元素矿化为主,外带则以锡和钨化为主。金属成矿分带性对于金矿床各个建造类型分布特点、规律研究具有重要意义。如外带多集中有稀有金属矿床;而内带多出现金-银矿床,独立金矿床(金-石英建造)趋向于内外带的过渡带(艾里什,1991)。对于外带还有由早白垩世到古近纪氧化-还原条件的继承性特点,导致外带锡矿化的多期性(高涅夫秋克,2002)。

锡霍特-阿林火山岩和侵入岩系可划分为4个岩浆作用期(萨赫诺,2001),即一是赛诺曼期在近断裂盆地中的玄武-安山岩火山作用;二是土仑—三冬期形成滨海区大体积斑状结晶的火山碎屑熔结凝灰岩(流纹-英安岩成分);三是马斯特里赫特—丹尼期的岩浆火山作用,弱酸性和中性成分的火山口、后火山口岩石组合。四是古近纪的双峰式火山作用。

安山岩建造岩石和同源岩浆侵入岩属于钙碱系列岩浆岩。以高铝土质、低含Ti量和弱碱为特征(太平洋地质,1978)。

第四纪火山作用玄武岩成分逐渐地占据优势,而酸性成分的火山岩仅在局部形成火山岩中心(比赫塔奇、基德洛夫、科尔昌等组),而周边则分布着大面积的玄武岩、安山玄武岩及很少的安山岩。在黑龙江下游终期阶段火山岩常以碱性高为其特征。但在整体上,还是以典型的钙-碱系列高铝土质为主,仅在新近纪发生了拉斑玄武岩和碱性玄武岩的喷溢作用。按岩石地球化学特性,为陆内玄武岩(马尔代诺夫,1999)。

锡霍特-阿林火山-深成岩带,犹如鄂霍茨克-楚科奇带,具典型的环状岩浆构造单元(富列姆得,雷巴尔科等,1972),而线性构造则较少。火山结构特点则取决于岩浆作用性质和基底构造。

4. 大兴安岭中生代火山岩带形成特点及对比

中生代以来,大兴安岭中北段受到滨西太平洋和蒙古-鄂霍茨克洋的强烈影响,于侏罗纪、白垩纪形成了宏伟的北东东向大兴安岭火山-侵入岩带。

依据区域地层对比和岩石组合特征、沉积夹层中的化石资料及火山活动的旋回特征,大兴安岭中南部中生代火山岩自下到上依次划分为满克头鄂博组、玛尼吐组、白音高老组和梅勒图组。其中满克头鄂博组和白音高老组主要由酸性火山岩及相应的火山碎屑岩构成,岩石类型主要包括英安岩、流纹岩及凝灰质岩石,而玛尼吐组和梅勒图组则主要由中基性火山岩构成,包括玄武岩、安山岩及凝灰质岩石。已有的研究认为这些火山岩主体形成于晚侏罗世,但是缺乏高精度年龄数据的支持,只有很少高精度年龄数据报道,而且这些数据只局限在有限的范围内,因而不能限制大规模火山作用的时代,即其开始时间及主体形成时间。

沈阳地质调查中心在新一轮国土资源大调查1∶5万(9幅)及1∶25万(10幅)区调的实际资料和大兴安岭地区基础地质综合研究成果的基础上,从大兴安岭地区火山喷发旋回、火山岩岩石学、岩石化学、地层古生物及同位素地质测年等方面进行了研究与对比,将大兴安岭地区中生代(侏罗—白垩纪)火山岩划分为6个火山喷发旋回,分别对应6个火山岩石地层单位。由老至新如下。

1) 大兴安岭地区的西北部地层分布

(1) 塔木兰沟组(J_2t):分布广,区内均有出露,主要为玄武岩、玄武安山岩,SiO_2含量为55.9%~56.3%,同位素地质年龄为142~186Ma。

(2) 满克头鄂博组(J_3m):分布广,区内均有出露,主要为流纹岩,SiO_2含量为72.1%~73.8%,含Nestoria(尼斯脱叶肢介),同位素地质年龄为133 Ma。

(3) 玛尼吐组(J_3mn):分布广,区内均有出露,主要为英安岩及安山岩和安粗岩,SiO_2含量为64.4%~67.0%,含Nestoria xishunjingensis(西顺井尼斯托叶肢介),同位素地质年龄为113~119Ma。

(4) 白音高老组(J_3b):分布广,区内均有出露,主要为流纹岩及黑曜岩,SiO_2含量为73.8%~

74.4%，含 *Eosestheria* sp.（东方叶肢介），同位素地质年龄为112Ma。

（5）梅勒图组（K_1m）：分布广，区内均有出露，主要为玄武岩、玄武安山岩，SiO_2 含量为53.5%～57.5%，同位素地质年龄为95～98Ma。

（6）孤山镇组（K_2g）：分布零星，仅在扎兰屯地区见其出露，主要为流纹岩。

2）大兴安岭地区的北东部地层分布

（1）塔木兰沟组（$J_{2-3}t$）：分布较广，除阿荣旗地区外均有出露，主要为玄武安山岩、粗安岩，SiO_2 含量为55.0%～60.0%，同位素地质年龄为141～152Ma。

（2）光华组Ⅰ段（K_1gn^1）（吉祥峰组，J_3j）：分布较广，除龙江盆地外均有出露，主要为流纹岩，SiO_2 含量为71.4%～76.4%，含尼斯脱叶肢介、东方叶肢介、狼鳍鱼等，同位素地质年龄为120～136.2Ma。

（3）光华Ⅱ段（K_1gn^2）（龙江组，K_1l）：分布广，区内均有出露，主要为安山岩（英安岩），SiO_2 含量为62.5%～65.3%，同位素地质年龄为118～120Ma。

（4）光华Ⅲ段（K_1gn^3）（光华组，K_1gn）：分布较广，除阿荣旗地区外均有出露，主要为流纹岩，SiO_2 含量为70.7%～75.7%，同位素地质年龄为108～125Ma。

（5）甘河组（K_1g）：分布广，区内均有出露，主要为玄武安山岩、粗安岩，SiO_2 含量为54.3%～57.8%，同位素地质年龄为94.5～116.9Ma。

（6）孤山镇组（K_2g）：分布零星，仅在阿荣旗地区见其出露，主要为流纹岩，SiO_2 含量为68.4%，同位素地质年龄为91.9～104Ma。

通过实际资料的整理与研究，对大兴安岭北段（黑龙江省）、大兴安岭南段（内蒙古自治区）和冀北-辽西地区的中生代火山岩发育特征及岩石地层划分进行了对比，其特征见表2-2。

表2-2　大兴安岭地区中生代（J_2—K_2）火山岩（岩石地层）划分对比简表

时代	大兴安岭北段（黑龙江）	大兴安岭南段（内蒙古）	冀北-辽西	同位素年龄（Ma）	岩浆成分	岩石类型
K_2	孤山镇组	孤山镇组	大兴庄组	80～100	酸（偏碱）性，SiO_2 69%～73%	流纹岩、粗面英安岩
K_1	甘河组	梅勒图组	义县组	100～110	中基性，SiO_2 54%～57%	玄武安山岩、安山岩、粗安岩
K_1	光华Ⅲ段/光华组	白音高老组（J_3）	张家口组上段	110～120	酸（偏碱）性，SiO_2 72%～75%	流纹岩、珍珠岩、黑曜岩
K_1	光华Ⅱ段/龙江组	玛尼吐组（J_3）	张家口组中段	120～125	中酸（偏碱）性，SiO_2 64%～66%	粗安岩、粗面英安岩、英安岩
K_1	光华Ⅰ段/吉祥峰组（J_3）	满克头鄂博组（J_3）	张家口组下段	125～135	酸性，SiO_2 72%～73%	流纹岩
J_{2-3}	塔木兰沟组	塔木兰沟组（J_2）	髫髻山组	150～170	（中）基性，SiO_2 55%～56%	玄武安山岩、安山岩、粗安岩

大兴安岭北部和中南部火山岩在年代学格架上仍具有明显的差异，具有不同的火山作用终止时间和不同的岩浆期次，这表明大兴安岭北部和中南部具有不同的岩浆作用过程，反映了深部动力学过程的不同，这些年龄结果也表明大兴安岭地区中生代火山岩地层划分对比需要重新考虑，以前划分的满克头鄂博组、玛尼吐组当中包含了不同时代的火山岩，因而将这些不同时代的火山岩划分为一个组是不合理的，同时这4个组在形成时代上具有明显的重叠，因而以前认为的地层上下叠置关系并不存在。

从中晚侏罗世开始至晚白垩世的火山活动特点看，大兴安岭地区大致经历了6个火山喷发阶段（旋回），分别形成了6个火山岩岩石地层单位，火山活动晚期可出现少量的粗安岩或安山岩，岩浆上侵或喷溢由偏酸性向偏基性演化。中晚侏罗世以塔木兰沟组（$J_{2-3}t$）为代表，为一套基性-中基性火山岩浆呈中心式(点式)沿火山断陷盆地的边缘断裂喷发,主体形成北西西向展布的玄武质及玄武安山质火山熔岩及其火山碎屑岩;早白垩世早期以满克头鄂博组(K_1mk)、玛尼吐组(K_1mn)、白音高老组(K_1b)为代表,为一套酸性-中酸性-酸(偏碱)性火山岩浆呈中心式(点式)沿北北东向大兴安岭主脊断裂喷发,形成北东东向展布的流纹质、英安质及粗安质火山熔岩及其火山碎屑岩;早白垩世晚期以梅勒图组(K_1m)为代表,为一套基性-中基性火山岩浆呈中心式(点式)沿前期火山断裂喷发,形成玄武质及玄武安山质火山熔岩及其火山碎屑岩;晚白垩世以孤山镇组(K_2g)为代表,为一套酸(偏碱)性火山岩浆呈中心式(点式)沿前期火山断裂进行小规模的喷发,形成流纹质火山熔岩及其火山碎屑岩。

对大兴安岭及其邻区中生代火成岩形成时代的统计表明存在侏罗纪和早白垩世两期岩浆作用,前者以侵入岩为主,后者则以火山岩为主,其中火山岩具有自西向东逐渐变新的特征,而侵入岩则具有相反的趋势,即自西向东逐渐变老,二者之间有一个明显的岩浆作用平静期,而这个平静期的持续时间从大陆边缘向大陆内部逐渐变小,在大兴安岭地区小于10Ma,而在日本列岛则大于60Ma,另外一个显著特征就是早白垩世岩浆作用在不同地区具有相似的起始时间,集中在135Ma左右,整体上不超过140Ma。

大兴安岭北部中基性火山岩以碱性系列岩石为主,只有少量为亚碱性系列。而中南部火山岩则以亚碱性系列为主,只有少量晚侏罗世岩石为碱性系列。北部中基性岩石在稀土及微量元素上以富集轻稀土和大离子亲石元素而亏损高场强元素以及明显亏损Nb、Ta为特征,可以划分为高Ti和低Ti两种类型,其中高Ti岩类比低Ti岩类具有更高的轻稀土富集程度及较高的P、Ti丰度,富集Ba、Sr而低Ti岩类以明显的富集Th和P、Ti亏损为特征,中南部中基性岩总体上具有较低但是变化较大的轻稀土富集程度,同样富集大离子亲石元素而亏损高场强元素且具有明显的Nb、Ta负异常。按照微量元素特征可以分为高K和低K两种类型,前者具有较高的轻稀土和Rb、Ba、Th、Sr丰度,具有明显的K正异常;后者则以较低的轻稀土丰度和明显的Ba正异常以及K、Zr、Hf负异常为特征。地球化学及同位素特征表明大兴安岭中生代中基性系列岩石显示地球化学双重性,既有富集特征又有亏损特征,其中北部以富集型地幔源区为主,而中南部同时出现富集型和亏损型地幔源区,表明其源区的不均一性,而Nd、Hf同位素年龄表明富集型地幔的形成与古亚洲洋闭合事件有密切关系,酸性岩类包含两种明显区别的类型:第一类具有较低的重稀土丰度及微弱的Eu异常,微量元素表现出较高的Ba、Sr丰度;第二类则具有较高的重稀土丰度,强烈的Eu及Ba、Sr负异常,这两类岩石被划分为高Ba-Sr和低Ba-Sr岩类。其中第一类岩石主要分布在北区,而第二类岩石则广泛分布在北部和中南部;此外在时代特征上,低Ba-Sr岩类主要出现在岩浆作用的晚期阶段,其中北部低Ba-Sr岩石具有明显偏高的形成温度,而中南部同类型岩石则具有明显偏低的形成温度,这表明北部在岩浆作用晚期等温面明显抬升,而中南部则相反;这也表明早白垩世期间北部和中南部具有不同的深部作用过程。部分晚侏罗世酸性岩石具有埃达克质岩石的特征,表明晚侏罗世期间大兴安岭地区存在明显加厚的地壳。

大兴安岭早白垩世火山岩形成于伸展构造环境是众多研究者的共识,主要的证据包括区内广泛出露同时代的A型花岗岩及其他碱性岩石,变质核杂岩和中基性-酸性脉岩群。而岩石组合、区域构造特征以及亚洲大陆边缘广泛发育的拼贴增生杂岩表明晚侏罗世处于挤压环境当中;这表明晚侏罗世—早白垩世期间,大兴安岭及其邻区经历了构造环境的转换过程,即由挤压转换为伸展。这个转换时期对应于岩浆作用的平静期。

六、陆内裂谷构造

(一)中生代—新生代盆地

贝加尔地区裂谷盆地群呈北东向雁列式分布。区内见有两个地堑。即恰尔地堑和上托克京地堑。恰尔地堑深达2 000m,充填新生界陆相含煤的磨拉石岩层(砾石-砂质沉积层含粉砂岩、黏土和煤)。其东北为近东西向地垒与上托克京地堑分开。在地形上地堑为具有现代冲积层的平底陡边洼地。地堑带里发育有平移断层。

下阿穆尔埃沃隆-佟古尔盆地群由二十余个地堑(裂谷成因的)组成,具新生代地质构造特征,属于阿穆尔-鄂霍茨克地块东亚地堑带(裂谷成因的)(瓦尔那夫斯基,马雷舍夫,1986)。对其研究程度较差,主要是进行了地球物理方法检查和对尼梅林斯克、秋克恰吉尔盆地中的个别钻孔获得的一些资料进行了分析研究。

盆地群充填陆相的湖泊-冲积含煤地层。盖层厚度在500m左右的有比钦、尼兰、埃沃隆、库尔、盖依昌等盆地;盖层大于1 000m的有科宁、穆尼康、秋克恰吉尔、乌沙尔根、哈尔比其康、欧莫贡、上高林、浩戈都-高林等盆地;盖层大于2 000m的有通古尔、尼梅林、埃沃尔等盆地(库兹涅佐夫,乌拉洛夫,1994)。

上述盆地的主要演化特征是冲积裂谷发育阶段的地堑或半地堑,由粗碎屑的(湖泊-冲积沉积除外)斜坡冲积锥相于斜坡底部冲积有2/3的盖层厚度。裂谷阶段冲积为沉陷的河床-河漫滩和湖泊-沼泽沉积相所取代。该阶段盆地的演化扩大了沉积面积,并联合形成了宽阔的沉积平原,如科宁—穆尼康—通古尔—秋克恰吉尔—尼梅林—比钦—埃沃尔等。

鄂霍茨克沉积盆地位于鄂霍茨克海北岸,为一地堑构造群。地堑群沿纬向延伸,并填充有古近系渐新统—新近系的陆相沉积——泥岩、砂岩、砾岩等及含煤建造和近岸-海相沉积的透镜体。区内所见为鄂霍茨克-库赫图依、马列康、上卡温及中卡温4个盆地。

鄂霍茨克-库赫图依和马列康盆地为新生代大陆延伸的陆棚礁岩相冲积构造,其中鄂霍茨克-尚塔尔沉积盆地为石油天然气的远景区(瓦尔纳夫斯基,噶里恰宁,别什帕洛夫等,2001;瓦尔纳夫斯基,亚罗夫,基里洛娃,2002)。鄂霍茨克-库赫图依、马列康及上、中卡温等盆地盖层厚度略大于600m。岩层产状为平缓的波浪状,倾角6°,受断裂破坏而复杂化,断裂错动幅度为50m。在鄂霍茨克-库赫图依和马列康盆地中发现了库赫图依和马列康褐煤矿床。

中阿穆尔盆地在地貌上为辽阔的大平原。分布于阿穆尔河中游—三江地区,面积约6万多平方千米。

盆地为东亚地堑带的中阿穆尔地堑构造块段(瓦尔纳夫斯基,马雷舍夫,1986),可划分出50余个地堑和坳陷。大多是半地堑,其东及东南侧呈陡倾斜断层出现(库兹涅佐夫,乌拉洛夫,1994)。根据地堑的构造特点、分组特点、面积的大小及地堑倾没深度特点等,划分出3个构造-相带,即西部带(准确的讲是北西带),中央带和南东带(瓦尔纳夫斯基,1971)。北西带构造(萝北-比罗弗里德和库尔-乌尔米地堑组)从北西的佳木斯-小兴安岭岩体的小兴安岭地段到南东的乌力都拉-秋尔京隆起和完达山脉(沿郯卢断裂系),以平缓的北西(近布列因)到南的东陡断裂,明显地表现为北东向拉伸,而岩体深度由1 000m变化到2 500m。别列雅斯拉夫-安玉地堑群南东到锡霍特-阿林中生代构造带,而北-西至黑赫茨尔山脉、彼特罗巴夫洛夫高点、安玉-洪嘎林高地的中生代沉积火山岩隆起。该地堑群的特点是面积大,倾伏深,构造形态各式各样。除半地堑外,还有地堑、多阶地堑。新生代盖层最深倾伏处自底部白垩纪沉积组合明显地增厚。新生代盖层的最大厚度见于别列雅斯拉夫地堑,达2 000余米。白垩纪地层总厚度超过4 000m。中央构造带多为小的和较宽阔的地堑,都不深(小于1 000m),仅在与东带相邻的部位见南东侧陡倾斜的半地堑和新生代盖层厚度达1 500～2 000m的堆积。在里托夫-鲍隆地堑群亦如别列雅斯拉夫地堑一样,其新生代盖层亦增厚。根据地球物理调查资料,其白垩纪组合地层总厚度达4 000多米。

盆地盖层为陆相湖泊-冲积含煤地层,不整合地覆盖于前中生界地层之上,可划分为5个组。自下而上为切尔诺列钦组(E)、比罗弗里德组(E_3^3)、乌淑盟组(N_1^{1-2})、高洛温组(N_1^3)、阿穆尔组(N_2)(瓦尔纳夫斯基,1977)。在盆地的东部别列雅斯拉夫地堑里的比罗弗里德组为碳酸盐岩-钙质砂岩、深灰色和灰色泥灰岩、泥灰岩,属海水蒸发相,含有孔虫类化石(瓦尔纳夫斯基,1971)。因此,在中阿穆尔沉积盆地东部以北可能有残留海相组合。在马阿斯特赫特低平原带。见有同期海进(瓦尔纳夫斯基,2004),最深的地堑盖层剖面的底部为安山岩、英安岩、凝灰砾岩。在沉积盆地南-西的比罗弗里德地堑的地表岩层中获同位素年龄 34～65Ma(巴贝列夫,1966;邦达连柯,1966),这些岩石广泛地分布于东带。在沉积盆地和其环边见有基赞组(N_1^{1-2})和索夫盖旺组(N_2—Q),岩石组合主要为玄武岩、安山-玄武岩。沉积盆地盖层为含煤地层。切尔诺列钦上亚(E_2^3—E_3^{1-2})为含煤层,乌淑盟下亚组(N_1^1)亦为含煤层。

比金-乌苏里斯克沉积盆地包括新生代含煤裂谷、侵蚀-构造的有比金、阿尔强、中比金、上比金、高果列夫、马利也夫、白山、奥列霍夫、马里诺夫、克雷洛夫等。它们都是古生代—中生代锡霍特-阿林造山带复杂断层作用的产物,产于北东向、近南北向和近东西向的深断裂带之中,主要为半地堑型构造,极少地堑型构造。盆地走向与深断裂的走向一致,并为始新世—中新世裂谷阶段的湖泊-冲积含煤层所填充。盖层又分为 4 个岩性-地层层位。自下而上为乌戈洛夫层(E_2—E_3)、那捷日丁层(E_3^3)、达威多夫层(N_1^{1-2})和绥芬河口层(N_1^3)。盆地深度平均变化在数百到上千米之间,很少达到 1 800m(如比金盆地)。盖层均为含煤地层。

兴凯沉积盆地包括帕夫洛夫(齐赫兹)、拉阔夫、切尔奈雪夫、图里依-罗格、伊力茵、热里阔夫、波戈拉尼奇、达尼洛夫、瓦夏安诺夫、列索扎沃德等剥蚀构造盆地。盆地基底由非均质的前寒武纪、古生代的变质岩和岩浆岩构成。

渐新世—中新世—上新世时期的盆地盖层为陆相湖泊冲积,且不同程度地含煤。达威多夫河口(帕夫洛夫)组(E_3^3—N_1^{1-2})含煤组合具冲刷面,并被角度不整合地被无煤的绥芬河口组(N_1^3)所覆盖。局部为芬河口组砾岩和树方组(βN_2—Q)的玄武岩盖残留物所覆盖。

乌台里-基赞(下阿穆尔、马林)盆地为被地垒、火山构造隆起、火山机构等隔开的地堑系。盆地的盖层为拉尔格辛组赛诺曼—土仑阶海相复理式建造及乌多明组的磨拉石建造,由砂岩、粉砂岩、砾岩、细砾岩及沉积角砾的透镜体组成。剖面上部由凝灰岩、凝灰砂岩、熔岩、安山岩组成。上述地层又为赛诺鲍力滨组的安山岩和凝灰岩岩层所覆盖。古近纪萨马尔根组为安山岩和英安岩组合。苏玛尔组为霏细岩、英安岩、熔结凝灰岩组合。基赞组为玄武岩、玄武安山岩最为发育。

上结雅沉积盆地位于乌德-上结雅中生代坳陷的范围之内。盆地属半地堑型。南侧断裂陡而北侧断裂平缓。岩层呈水平产状。新生代盖层厚度北部为 100～150m;南部为 500～750m。南部古近纪地层不整合地覆在晚白垩世地层之上;而北部则覆盖于北亚克拉通斯塔诺夫花岗-绿岩区的结晶基底的风化壳之上。盆地盖层为陆相湖泊-冲积-沼泽相砂岩岩层(E_3),都特康组(N_1^{1-2})、洁姆宁组(N_1^{2-3})、阿尔根组(N_2)等组合。在中新统中-上部(特康组)地层中含煤,普查钻探发现褐煤数层,可以作为地下气化开发项目。

阿穆尔-结雅沉积盆地:新生代有乌思盟、阿穆尔-结雅、结雅-布列因、阿尔哈林等盆地,在这些盆地里充填有湖相-冲积含煤组合。与阿穆尔-结雅沉积盆地演化相关的还有乌尔康、中结雅地堑。乌思盟和结雅-布列因盆地归属于阿穆尔-结雅沉积盆地,到中新世中期相互分开,独立地发展,并具复杂的地堑和半地堑特点(瓦尔纳夫斯基,1978,1981,1985;谢台赫,雷巴尔柯,1988)。

在乌思梦和乌思门盆地范围内第四纪组合覆盖到上阿穆尔沉积盆地代波斯告依盆地侏罗纪—白垩纪的裂谷构造上(附图,见光盘)。在阿穆尔-捷依斯告依,捷依-布林斯告依和阿尔岭林斯告依盆地内,它带有冲蚀和不整合地覆盖到图-塔拉控斯告依、赛切夫斯告-克里莫乌柴夫斯告依、别尔蒙托夫斯告-别洛高尔斯告依、波雅尔戈沃-叶卡捷林诺斯拉夫斯告依和阿尔哈林斯告依中生代盆地的裂谷建造上。根据 B Г 瓦尔那夫斯基(1995,1996,1999,2000)意见,最后的 3 个在中生代是松辽盆地北缘的盆地。盆地被基底的地垒、隆起,彼得罗帕夫洛夫斯克、布拉戈维申斯克-斯沃包得宁斯克、马依库尔-扎维金斯克、布林斯克(图兰斯克)所分开。裂谷受近南北走向的断裂控制。在裂谷旁侧及它们的环边上广泛地发育着酸性、中性和基性成分的火山岩。

松辽盆地位于中国东北地区,处于大兴安岭和张广才岭之间。它呈北北东方向延伸长 750km,宽 350km,总面积达 26 万 km^2,属于裂谷陆相湖泊型盆地。盆地的形成演化分为两个阶段,即同裂谷阶段和后裂谷阶段(王东坡等,1996)。关于盆地的基底性质存在着不同观点:有人认为是前寒武纪结晶基底;还有人认为是古生代褶皱基底;还有人认为是前寒武纪和中生代非均质基底。根据盆地中的钻探资料可知,基底广泛分布有海西期花岗岩类,而加里东、印支和燕山期的花岗岩类则发育有限。盆地里的断裂分为:北东,北北东,北西和近东西向4个系统。它们当中多为具平移断层特征,而这种平移断层在盆地的形成过程中起了很大的作用(卢造勋等,2002)。

松辽的沉积盖层以中生代—新生代地层为主,厚度达万米以上。在白城地区中侏罗统地层属含煤建造,它呈角度不整合地覆盖在二叠系地层之上。其上同样地以角度不整合产有上侏罗统的火山岩和粗碎屑岩地层。下白垩统为沙河子组、营城组、登楼库组和泉头组等成分各异地层呈不整合地产在侏罗系地层之上。上白垩统由陈山沟组、姚家组、嫩江组、四方台组和明水组组成,并含有石油天然气层。古近系、新近系地层不整合地产在中生界地层之上。

满洲里至绥芬河的地学剖面横切过松辽盆地,并对该剖面进行了密度模式化(克雷洛夫等,1990;杨宝金等,1996;波德戈尔内,1999)。盆地地壳厚度在37～38km背景下,西侧缩减到31～34km,而东侧厚达40km。在盆地范围内,莫霍面具相反倾向,由东侧的31～32km到西侧的33～34km。地壳的最小厚度见于哈尔滨地区。松辽盆地的岩石圈厚度由于软流圈的隆起而减少。根据地温学和地电学资料,岩石圈厚度在60～70km之间。

盆地基底倾没达10km。沉积盖层中平均纵波速度为4.85km/s,基底表面的边界速度介于6.0～6.4km/s之间,并观察到基底中速度界限上升。莫霍面上速度分配表明,盆地速度下降的不大,为8.0km/s。

B Я 波德戈尔内(1999)完成了满洲里-绥芬河剖面岩石圈详细的速度剖面模式化。并建立了4种密度模型,即单层岩石圈-软流圈、双层岩石圈-软流圈、三层岩石圈-软流圈、多层岩石圈-软流圈模型。

在盆地中见有地壳岩石圈和软流圈中具较低的平均密度,而地幔岩石圈中则具较高的平均密度。在多层基底地壳中,密度分配更为复杂,分为低、高密度的基底岩块,可达到3.10g/m^3,于中间部分(25km)即进入到壳层中的地幔岩。整个松辽盆地以地幔物质引起的高热流值为特征(王公甫,2000)。

(二) 新近纪—第四纪玄武岩

新近纪—第四纪玄武岩广泛地分布于研究区的俄罗斯境内东部地区、中国东北地区和锡霍特-阿林造地区,包括北和南锡霍特-阿林、郯庐裂谷系(牡丹江、苏盖河、库尔宾等地)、阿穆尔河中、下游,斯塔诺夫和乌多康山脉区玄武岩类,以及松花江-巴扎里裂谷带的大量单成火山等。特别壮观的是阿穆尔州北部的欧浓火山,以及黑龙江省的五大连池现代火山群。

在研究区东北方的鄂霍茨克海西岸新近纪—第四纪玄武岩形成了两个分散的近东-西带状玄武岩带。西部带从乌德斯阔依海湾向南延伸。东部带宽达80km,沿鞑靼海峡沿岸展布。近于水平产状的玄武岩在这里不整合覆盖在所有老地质体之上。在研究区的东部同期玄武岩形成了一系列宽阔的、切割很差的台地。在北锡霍特-阿林东坡上属于最大的是索夫嘎旺和聂里敏两个玄武岩台地。两台地向北、向南分布于北纬48°海岸。比金玄武岩台地(捷温-那赫加赫金)从比金河上游向东延至鞑靼海峡沿岸。在西锡霍特-阿林山前带,辽阔的玄武岩台地分布于古拉河与阿牛牙河、聂姆图河和穆黑纳河之间。在南滨海地区分布有最大的什阔托夫、苏方和鲍里索夫玄武台地。中国东北的台地玄武岩主要集中分布于郯庐裂谷系的范围之内。

台地玄武岩与中心式单成火山岩的形成时代,依据绝对年龄和孢粉组合确定。斯阔托夫和鲍里索夫台地玄武岩的时代是12～13Ma。沿岸带玄武岩形成的时代在5.4～10.7Ma的区间(马尔代诺夫,1999)。欧阔诺火山岩生成于全新世。中国东北的台地玄武岩时代(镜泊湖、牡丹江等)为新近纪中新世—第四纪更新世。近代东西伯利亚和满洲里在第四纪更新世早期曾有过玄武-火山岩强烈地喷发。现代有过喷发的有中国的五大连池火山岩和白头山火山岩等。

锡霍特-阿林地区地层中新世—第四纪橄榄-辉石玄武岩、辉石玄武岩属于索夫嘎旺组。该组下部为细孔状玄武岩;中部为粗玄岩的或辉长玄武岩;上部为粗孔、穴孔状玄武岩。总厚度达350～400m。

中国东北台地玄武岩的形成特点反映在长白山和敦密火山区。第四纪早期,长白山火山区在庆余发生了玄武岩的裂隙喷溢,其岩石组合为拉斑玄武岩、橄榄玄武岩、玄武安山岩和粗面玄武岩(厚度176m);在第四纪中期则为粗面岩所代替(厚度50m);在第四纪晚期为碱性流纹岩(厚度110m),而在现代结束了粗面玄武岩的喷溢(厚度3m)。岩石的K-Ar同位素年龄波动于0.2～1.0Ma。在喷发的历史时间里,在1443年、1597年、1668年、1702年、1889年、1900年、1993年均发生过喷发活动。敦密火山岩区位于同名称的区域断裂带中,带长达500余千米。这里火山裂隙式喷溢活动始于中新世,并持续到整个第四纪时期。早期为橄榄玄武岩和拉斑玄武岩的裂隙喷溢(厚度418m),中期为橄榄辉石玄武岩喷发,并形成火山圆锥体,厚度10～20m。晚期为碱性玄武岩喷发结束了火山活动。它的碱性玄武岩K-Ar同位素年龄为0.068Ma,并一直延续到全新世。岩石以含有很多尖晶石的异剥古铜橄榄岩为特征。

新近纪—第四纪时期的火山活动,明显地反映出受亚洲太平洋边缘扩张作用控制。在很多地方与新生代构造盆地的形成同时发生,在贝加尔-鄂霍茨克带上这一关系表现的非常明显,致使火山岩的空间分布与盆地、地堑系统相伴生。

第三节　东北亚南部地区成矿区带的划分

一、成矿区带划分的原则

不同研究者对内生金属区域成矿区划的认识和依据并不一致,如在Ⅰ级成矿单元-成矿域的划分方面,郭文魁(1987)曾将东北地区笼统地划归为滨太平洋成矿域;陈尔臻等(2001)则认为东北地区为由古亚洲洋和滨太平洋两大成矿域构成;陈毓川(1999)主编的《中国主要成矿区带矿产资源远景评价》一书,将中国的成矿单元划分为5级:Ⅰ级—全球成矿区(带)-成矿域,往往对应的是全球性构造域,Ⅱ级—是Ⅰ级成矿单元内的次级成矿区带,与大地构造单元对应或跨越几个大地构造单元,成矿作用形成于几个或一个大地构造-岩浆旋回的地质历史时期;Ⅲ级—是Ⅱ级成矿单元内的次级成矿区带,它是一种或多种矿化集中分布区,成矿受控于某一构造-岩浆带、岩相带、区域构造或变质作用。在Ⅲ级成矿区带内还可划分出Ⅳ级(矿化集中区)和Ⅴ级(矿田)成矿单元等,徐志刚、陈毓川等(2008)在《中国成矿区带划分方案》一书中,按照上述原则对全国重要成矿区带再次进行了研究和划分。

本报告对东北亚南部地区成矿区带的划分原则,在划分级别上,按照全球性的成矿域,到大区性的成矿省,区域性的成矿区带及地区性的成矿亚区,将成矿单元划分为4级。

Ⅰ级成矿单元,为全球性的构造-成矿域,在东北亚南部地区分别对应于古亚洲洋构造域和滨太平洋构造域。通过近年来国内外学者对东北亚地区的研究进展和本次编图工作,认为东北亚地区地壳形成演化大体可分为3个演化阶段,即前寒武纪古陆(块)形成阶段(Ar—Pt,或前南华纪)、古亚洲洋构造域阶段(Pz或南华纪—中三叠世)和滨太平洋构造域阶段(Mz—Kz,或晚三叠世以来)。据内生金属成矿与构造-岩浆作用的紧密成生关系这一基本要素,考虑成矿的地质构造背景,我们将东北亚地区内生金属成矿域划分为3个,即前寒武纪古陆(块)成矿域、古亚洲洋成矿域和滨太平洋成矿域,其中滨太平洋成矿域叠覆于前两个成矿域之上。考虑到成矿域的叠置关系,本次编图将滨太平洋构造域内带区域和成矿期相对单一且成矿作用主要受中生代构造-岩浆活动控制的地域划归为滨太平洋成矿域,其余均划归为前寒武纪古陆(块)或古亚洲洋成矿域。

Ⅱ级成矿单元,为大区性的成矿省,属于Ⅰ级成矿域内的次级成矿区域,在东北亚南部地区一般对应于Ⅱ级构造单元,即为成矿域在东北亚地区具体的成矿区域。

Ⅲ级成矿单元，为成矿省内更次一级的成矿区(带)，其划分则是依据矿床空间展布的集中性、主要成矿期的一致性、含矿层(体)-成矿系列的共同性以及具体的构造-岩浆活动特征和区域地质构造背景的制约等原则来划分。其中，对于分布面积较大的Ⅲ级成矿带，依据矿床的分布特征进一步划分出Ⅳ级成矿单元——成矿亚带。

二、成矿区带的划分

遵循上述原则，本次编图工作，将东北亚南部地区划分了2个成矿域、9个成矿省、43个成矿带及11个成矿亚带。中国境内分布有5个成矿省、21个成矿带(含6个成矿亚带)(图2-4)。并依据可能的成矿地质构造背景[成矿地质构造条件、含矿层(体)、矿化特征等]及与成矿区(带)的可比性等，成矿区(带)的命名原则为地名＋成矿期＋矿种＋成矿带(亚带)，其中成矿期表述为主要成矿期在前，次要成矿期在其后，写于括弧内表示；矿种亦是主要矿种在前，次要矿种在其后(表2-3)。

表2-3　东北亚成矿区划表

成矿省(Ⅱ级)	成矿带(Ⅲ级)	主要成矿元素	主要成矿期	主要构造单元
贝加尔成矿省(B)	B_1 贝加尔-巴托姆成矿带	Au多金属	里菲期晚期；里菲期—早古生代—晚古生代	新元古宙贝加尔褶皱区
	B_2 贝加尔-维季姆成矿带	Au多金属	新元古代(700～1 000Ma)	
维尔霍扬-科雷姆成矿省(VK)	VK_1 谢岱-达班成矿带	Pb-Zn-Ag多金属	文德期；中泥盆世—早石炭世；早白垩世阿普特期—晚白垩世	中生代中期维尔霍扬-科雷姆造山带西缘褶皱逆冲构造带
	VK_2 哈雷亚山成矿带	Au-Cu多金属	晚侏罗世；早白垩世阿普特期—晚白垩世；晚白垩世和晚白垩世—古新世	中生代中期维尔霍扬-科雷姆造山带
	VK_3 鄂霍茨克成矿带	Au-Ag多金属	晚白垩世—古新世	鄂霍茨克地块及鄂霍茨克-楚科奇火山岩带
	VK_4 上任吉格尔成矿带	Au、Ag、Sn	早白垩世；晚白垩世—古新世	中生代中期维尔霍扬-科雷姆造山带—上任吉格尔构造带
阿尔丹-斯塔诺夫成矿省(外兴安岭成矿省)(AS)	AS_1 勒拿-玛娅成矿带	油气-钾盐-锂	元古代	西伯利亚地台盖层区的阿尔丹板块
	AS_2 阿尔丹成矿带	Au-Fe-Pt-REE-RE	太古代、古元古代、侏罗纪—早白垩世	阿尔丹-斯塔诺夫地盾区
	AS_3 奥列克敏成矿带	Cu-Fe-Ta-Nb-REE	太古代、古元古代、侏罗纪—早白垩世	阿尔丹-斯塔诺夫地盾区
	AS_4 斯塔诺夫成矿带	Au-Ag多金属	古元古代；早白垩世	朱格朱尔-斯塔诺夫地块
	AS_5 朱格朱尔山成矿带	Ti-Fe-Cu-Au	古元古代；晚白垩世—古新世	朱格朱尔-斯塔诺夫地块

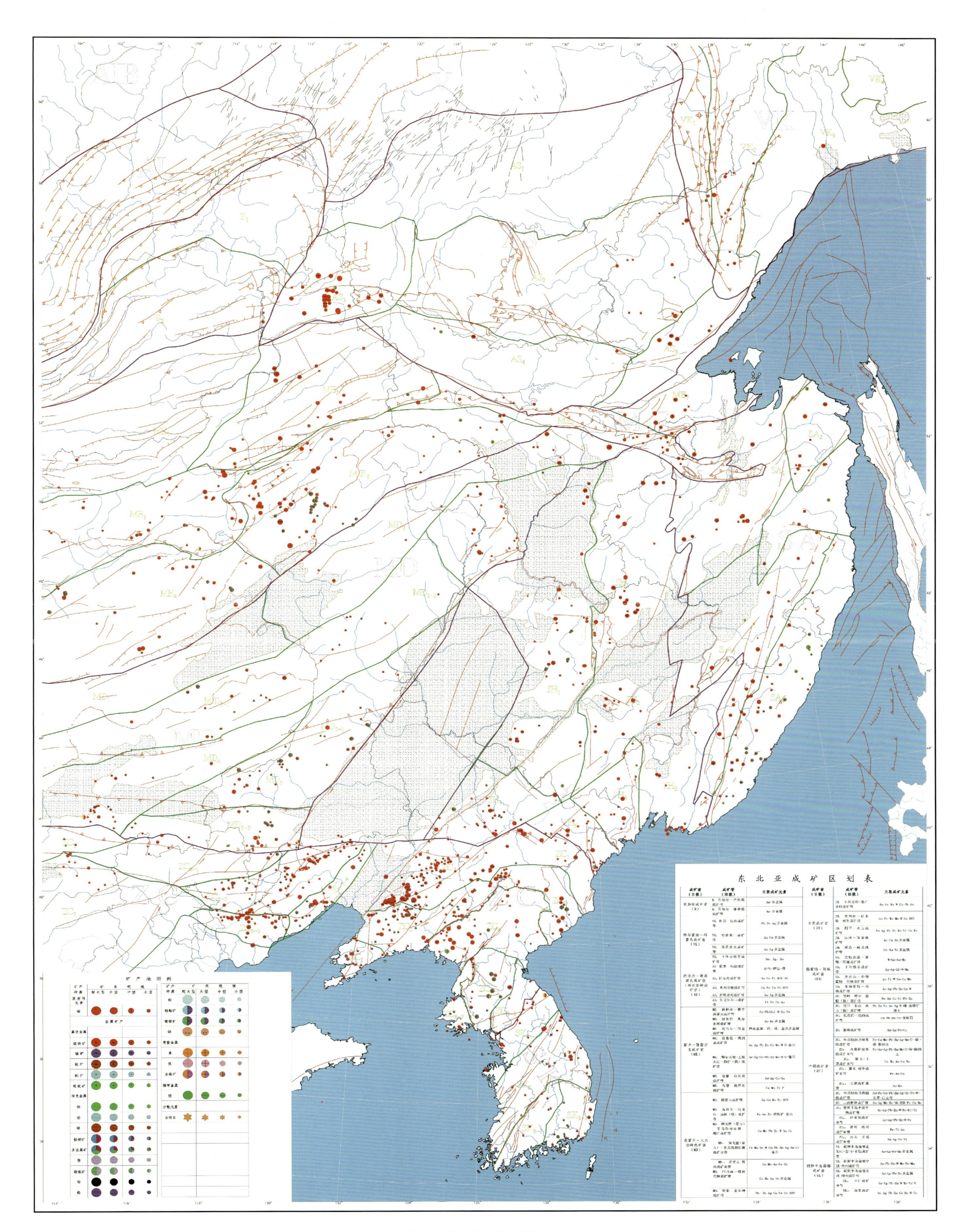

图2-4　东北亚成矿区划图

续表 2-3

成矿省（Ⅱ级）	成矿带（Ⅲ级）	主要成矿元素	主要成矿期	主要构造单元
蒙古-鄂霍茨克成矿省（ME）	ME_1　谢林津-雅布洛诺夫成矿带	Cu-Pb(Zn)-W-Sn-Fe	寒武纪—志留纪；中侏罗世—早白垩世	北蒙古-维季姆造山带
	ME_2　涅尔恰-奥廖克姆成矿带	Au-Mo 多金属	寒武纪—志留纪；中侏罗世—早白垩世	西斯塔诺夫地块及蒙古-颚霍茨克缝合带
	ME_3　达乌尔-阿金成矿带	稀有金属、钨、锡、金及多金属	中侏罗世—早白垩世	蒙古-颚霍茨克造山带的海西期-印支期缝合构造带
	ME_4　克鲁伦-满洲里成矿带	Au-Ag-Pb-Zn-Cu-Mo-W-U-萤石	中元古代；二叠纪；晚三叠世—早侏罗世；中侏罗世—早白垩世	中蒙古-额尔古纳造山带的西南段； 克鲁伦-近额尔古纳构造-岩浆带
	ME_5　额尔古纳-上黑龙江-岗仁(俄)成矿带	Au-Ag-Cu-Pb-Zn-Mo-W-U-萤石	中侏罗世—早白垩世	中蒙古-额尔古纳造山带的东北段； 克鲁伦-近额尔古纳构造-岩浆带
	ME_6　结雅-科尔宾成矿带	Au-Ag-Cu-Sn	中侏罗世—早白垩世；晚白垩世	蒙古-鄂霍茨克造山带
	ME_7　乌德-尚塔尔成矿带	Fe-Mn-Ti-P	古元古代；早古生代	蒙古-鄂霍茨克造山带东段乌德-尚塔尔构造带
南蒙古-大兴安岭成矿省（MD）	MD_1　南蒙古成矿带	Au-Cu-Mo-Be-REE	晚泥盆世—早石炭世；石炭纪—早二叠世；晚侏罗世—早白垩世	南蒙古-兴安造山带西段南蒙古带
	MD_2　乌奴尔-阿龙山-加林(俄)成矿带	Fe-Au-Zn-黄铁矿-萤石	晚寒武世；晚石炭世；晚侏罗世—早白垩世	南蒙古-兴安造山带东段鄂伦春早-中华力西期增生带 大兴安岭西部构造-岩浆带
	MD_3　南戈壁(蒙古)-东乌珠穆沁旗-嫩江成矿带	Cu-Mo-Pb-Zn-W-Sn-Cr	加里东期；华力西期—燕山期	南戈壁-伊尔施-多宝山加里东造山带； 阿巴嘎旗-东乌珠穆旗早华力西期造山带
	MD_{3-1}　南戈壁(蒙古)-东乌珠穆沁旗成矿亚带	Fe-Mo-Sn-W-Cu-Pb-Zn-Ag-Au-Cr-萤石	新元古代；华力西期；燕山期	南戈壁-伊尔施-多宝山加里东造山带； 阿巴嘎旗-东乌珠穆旗早华力西期造山带
	MD_{3-2}　多宝山-黑河成矿亚带	Cu-Mo-Au-Fe-Zn	加里东期；华力西中—晚期燕山期	多宝山岛弧带及弧后盆地
	MD_4　白乃庙-锡林浩特成矿带	Cu-Mo-Au-Fe 多金属	中元古代；新元古代早期；华力西期；燕山期	温都尔汗加里东造山带；阿巴嘎旗-东乌珠穆旗早华力西期造山带；蒙东南中-晚华力西造山带；锡林浩特中间地块
	MD_5　突泉-翁牛特成矿带	Pb-Zn-Ag-Cu-Fe-Sn-REE	燕山期	蒙东南中-晚华力西造山带；西拉木伦加里东造山带

续表 2-3

成矿省（Ⅱ级）	成矿带（Ⅲ级）	主要成矿元素	主要成矿期	主要构造单元
吉黑成矿省（JH）	JH_1 小兴安岭-张广才岭成矿带	Au-Fe-Mo-W-Cu-Pb-Zn	古元古代；新元古代；加里东期；华力西期；印支期；燕山期	小兴安岭-张广才岭-太平岭陆缘构造带；小兴安岭-张广才岭构造岩浆带
	JH_2 布列因-佳木斯-兴凯成矿带	Au-Fe-Mo-Mn-W-Sn-REE	新元古代—寒武纪；寒武纪；泥盆纪；二叠纪；晚三叠世；晚侏罗世—早白垩世	布列亚-佳木斯-兴凯地块
	JH_3 四平-永吉成矿带	Au-Ag-Pb-Zn-Mo-Ni-Cu-Fe	新元古代；加里东期；华力西期；印支期；燕山期	吉中华力西造山带
	JH_4 汪清-珲春成矿带	Au-Cu-Zn 多金属	华力西期；印支期；燕山期	太平岭晚古生代陆缘构造带
	JH_5 延边-咸北成矿带	Cu-Au-Ni 多金属	华力西期；印支期；燕山期	延边-咸北晚古生代陆缘构造带
锡霍特-阿林成矿省（SA）	SA_1 巴特热洛-亚姆-阿林成矿带	W-Sn-Au-Mo	晚白垩世	西锡霍特-阿林造山带
	SA_2 下阿穆尔成矿带	Au-Ag-Al-W-Mn	晚白垩世；晚白垩世末—古新世	东锡霍特-阿林造山带；东锡霍特-阿林火山岩带
	SA_3 完达山-中锡霍特-阿林成矿带	Au-Ti-W-Sn-Cu-Mo	晚白垩世	那丹哈达-萨玛金构造带（中锡霍特-阿林造山带）
	SA_4 东锡霍特-阿林成矿带	Au-Ag-Pb-Zn-Sn-W	晚白垩世末—古近纪	东锡霍特-阿林火山带
中朝成矿省（ZC）	ZC_1 铁岭-靖宇-冠帽（朝）成矿带	Fe-Au-Cu-Ni-Pb-Zn	中太古代；新太古代；古元古代；中元古代；燕山期	胶辽台隆铁岭-靖宇隆起；冠帽地块
	ZC_2 营口-长白-惠山（朝）成矿带	Pb-Zn-Fe-Au-Ag-U-硼-菱镁矿-滑石	古元古代；新元古代晚期；中生代	辽（河）-老（岭）-摩（天岭）古元古代裂谷带
	ZC_3 瓦房店-旅顺成矿带	Cu-Pb-Zn-Fe-金刚石	震旦纪；古生代；中生代	胶辽台隆内之复州台陷区
	ZC_4 狼林成矿带	Au-Ag-Fe-Cu	太古代；古元古代；中生代	狼林台背斜西南端；朔州-龟城褶皱构造带；部分熙川隆起带
	ZC_5 华北地块北缘东段成矿带	Fe-Cu-Mo-Pb-Zn-Ag-Mn-U-磷-煤-膨润土		华北地块北缘东段
	ZC_{5-1} 内蒙隆起东段成矿亚带	Fe-Au-Ag-Pb-Zn-Mo-U-磷-膨润土	新太古代；中元古代；华力西期；印支期；燕山期	内蒙地轴
	ZC_{5-2} 冀北-北票成矿亚带	Fe-Mn-Au-Cu-Mo	新太古代；中元古代；燕山期	燕辽次级坳陷

续表 2-3

成矿省 (Ⅱ级)	成矿带 (Ⅲ级)	主要成矿元素	主要成矿期	主要构造单元
中朝成矿省 (ZC)	ZC_{5-3}　冀东-绥中成矿亚带	Fe-Au-Cu	中太古代;新太古代早期;新太古代中期;华力西期;燕山期	山海关台拱和绥中凸起
	ZC_{5-4}　北镇成矿亚带	Au-Mo	太古代;燕山期	北镇台凸
	ZC_6　华北地块北缘西段成矿带	Au-Fe-Cu-Pb-Zn-Ag-Ni-Pt-W-石墨-白云母	新太古代;中-新元古代;华力西期	华北地块北缘西段
	ZC_7　山西断隆成矿带	Au-Ag-Mn-Zn-Nb-REE-Fe-Cu-Mo	太古代;古生代;燕山期	山西断隆
	ZC_8　朝鲜半岛中部平南成矿带	Au-Ag-Pb-Zn-W-Fe-Ni-Ti	太古代;元古代;中生代	平南台向斜
	ZC_{8-1}　沙里院成矿亚带	Au-Ag-Pb-Zn-W-Fe	太古代;元古代;中生代	平壤隆起带;海州沉降带
	ZC_{8-2}　肃州-海州成矿亚带	Fe-Ti-Au	太古代;中生代	平原-安岳-信川凸起带
	ZC_{8-3}　元山-开城成矿亚带	Au-Ag-Fe-Ni	太古代;中生代	伊川-开城凸起带
朝鲜半岛南部成矿省 (SK)	SK_1　朝鲜半岛南部金刚山-春川-水原成矿带	Au-Ag-Fe-Mn 多金属	古元古代;晚侏罗世—早白垩世	京畿地块
	SK_2　朝鲜半岛南部宁越-全州成矿带	Au-Pb-Zn-W-Mo-Fe-Mn	古元古代;中古元古代;晚侏罗世—早白垩世;晚白垩世	忠州-大田褶皱构造带;沃川沉降带
	SK_3　朝鲜半岛南部永川-顺天成矿带	Au-Ag-Pb-Zn 多金属	中元古代;晚侏罗世—早白垩世;晚白垩世	小白隆起带、洛东江坳陷带和迎日坳陷带
	SK_{3-1}　小白成矿亚带	Au-Ag-Pb-Zn-W-Mo-Ni-U	中元古代;晚侏罗世—早白垩世	小白隆起带
	SK_{3-2}　洛东成矿亚带	Au-Ag-Pb-Zn-Cu-Mo-W-Fe	晚白垩世	洛东江坳陷带和迎日坳陷带

第三章　东北亚南部地区主要金属矿产地的矿床类型与分布特征

本研究区内的各类矿产资源比较丰富，矿床分布较广泛。仅就中国东北地区而言，发现各类金属、非金属及能源矿产地(矿床、矿点)3 000多处，其中大中型矿产地700多处(附图，见光盘)，主要煤矿产地300多处，包括阿穆尔州、哈巴罗夫斯克边疆区、滨海边疆区、犹太自治州等9个联邦主体在内的俄罗斯远东地区，根据"俄罗斯远东经济区矿物原料基地现状"资料(Ю И Бакулин 等，2000)，共有探明矿床1 100个，经济评价矿床230个，矿点9 300个，矿化点和地球化学异常成千上万个，各种矿产的砂矿床3 300个，是俄罗斯最大的矿物原料基地，远东矿物原料探明储量价值7～10万亿美元，超过美国(8万亿元)和中国(6.5万亿元)探明储量的价值。

针对研究区内的众多矿床，本书主要概述东北亚南部地区金、银、铜、铅、锌、钼、铁等矿种的小型以上(包括矿点和规模未知的矿产地)矿床的数量、矿床类型和分布特征，包括了中国东北地区、朝鲜半岛及与中国东北毗邻的俄罗斯远东地区的阿穆尔州、哈巴罗夫斯克边疆区、滨海边疆区、犹太自治州和东西伯利亚地区的后贝加尔边疆区及蒙古国东部地区的苏赫巴托省、东方省、肯特省和苏赫巴托尔省，研究范围大致在东经108°～144°，北纬34°～60°之间的广大地区(附图，见光盘)。

第一节　东北亚南部地区主要金属矿床的类型

一、东北亚南部地区矿产资源信息系统数据库

本次研究工作完成的东北亚南部地区矿产资源信息系统数据库，建库工作以《1∶150万东北亚南部地区地质矿产图》的范围为限，以本次研究所收集到的境内外小型以上(包括矿点和规模未知的矿产地)矿床信息为主要建库内容，按照《全球矿产资源信息系统数据库建库指南》的标准，具体包括地理信息、矿种属性、矿床规模、控矿构造及成因、矿体形态、矿床储量和矿业开发信息等48项矿产地属性内容(表3-1)。共录入国内外矿产地信息1 475个，其中国外733个，国内742个，具体情况见表3-2。

表3-1　东北亚南部地区矿产资源信息系统数据库矿产地属性表

序号	数据项名称	数据项代码	数据类型及长度	备注
1	ID	Id	C10	
2	矿床(矿产地)编号	YhId	C100	自动生成
3	矿床名称(中文)	Dep_Name	C150	必填其一
4	矿床名称(外文)	Dep_Ename	C150	
5	坐标X	Lon_Dms	C20	度分秒坐标与十进制坐标必填其一
6	坐标Y	Lat_Dms	C20	
7	坐标X	Lon_Dec	N20	
8	坐标Y	Lat_Dec	N20	

续表 3-1

序号	数据项名称	数据项代码	数据类型及长度	备注
9	所属大洲	Cont_Name	C10	必须填
10	大洲代码	Cont_Code	C3	自动生成
11	所属国家	Ctry_Name	C20	必须填
12	国家代码	Ctry_Code	C3	自动生成
13	位置	Position	C255	
14	矿种属性	Com_Presen	C255	自动生成
15	矿种代码	Com_Code	C255	自动生成
16	主要矿种	Maj_Com	C255	自动生成
17	主要矿种代码	Maj_Com_Co	C255	必须填
18	次要矿种	Minor_Com	C255	自动生成
19	次要矿种代码	Min_Com_Co	C255	必须填
20	矿石矿物	Ore_Materi	C255	
21	矿床规模	Dep_Size	C5	必须填
22	规模代码	Dsize _Code	C2	自动生成
23	矿产类型	Minde_Type	C20	自动生成
24	构造背景	Tect_Set	C255	
25	赋矿岩性	Hr_Type	C255	
26	围岩蚀变	Alter	C255	
27	成矿时代	Min_Age	C255	
28	成因类型	Dep_Type	C100	
29	成因类型 1	Dep_Type1	C100	
30	类型代码	De_Typ_Cod	C6	自动生成
31	矿床模型	Dep_Model	C100	必须填
32	模型代码	Mod_Code	C10	自动生成
33	所属成矿带	Dep_Wmbelt	C100	
34	矿体长度	Oreb_Lengt	C255	注明单位
35	矿体宽度	Oreb_Width	C255	注明单位
36	矿体厚度	Oreb_Thick	C255	注明单位
37	矿床储量	Reserves	C255	
38	储量基础	Res_Base	C255	注明单位
39	品位	Grade	C255	
40	矿床资源量	Pr_Amt	C255	注明单位
41	年产矿石量	Ap_Ore_Amt	C255	注明单位
42	年产金属量	Ap_Met_Amt	C255	注明单位
43	累采矿石量	Cp_Ore_Amt	C255	注明单位
44	累采金属量	Cp_Met_Amt	C255	注明单位
45	发现时间	Yr_Disc	C20	
46	开采时间	Yr_1st_Pro	C20	
47	数据录入人	Datarep	C50	
48	资料来源	Source	C255	

表 3-2　东北亚南部地区矿产资源信息系统数据库矿产地录入情况表

国家（地区）	俄罗斯	蒙古国	朝鲜	韩国	中国				
					黑龙江	吉林	辽宁	内蒙古	河北
录入矿产地数(个)	387	182	108	56	96	105	293	174	74

二、矿产地的数量与国别分布

表 3-2 表明，本研究区矿产地的分布按照国别，俄罗斯 387 个，蒙古国 182 个，朝鲜 108 个，韩国 56 个，中国东北部地区 742 个。

三、矿产地的规模与国别分布

由于东北亚南部地区涉及到中国、俄罗斯、蒙古国、朝鲜和韩国等不同国家，其对矿床规模的划分标准不完全一致，为此，本次研究采用了美国地质调查局在编制《北美成矿图》和东北亚脉状矿床和砂矿床的数据表中矿床规模的分类标准(Guild P W,1981)，划分出了世界级、大型、中型、小型 4 个规模类型，这些规模类型主要用于表 3-3 中还没有确定的吨位和规模级别的矿床，小型矿床可能包括了未确定规模的矿产地。除了有特殊说明外，矿床规模的单位是矿物或矿石的公制吨。

表 3-3　矿床规模类型划分表(Guild P W,1981)　单位:t

金属	世界级	大型	中型	小型
锑		50 000(100 000)	5 000(10 000)	<5 000(10 000)
重晶石 ($BaSO_4$)		5 000 000	50 000	<50 000
铬 (Cr_2O_3)		1 000 000	10 000	<10 000
钴		20 000	1 000	<1 000
铜	5 million	1 000 000	50 000	<50 000
金		500	25	<25
铁 (矿石)		100 000 000	5 000 000	<5 000 000
铅	5 million	1 000 000	50 000	<50 000
镁 ($MgCO_3$)		10 000 000	100 000	<100 000
锰 (tons of 40% Mn)		10 000 000	100 000	<100 000
汞 (flasks)		500 000	10 000	<10 000
钼	500 000	200 000	5 000	<5 000
镍	1 million	500 000	25 000	<25 000
铌-钽 (R_2O_5)		100 000	1 000	<1 000
铂族		500	25	<25
黄铁矿 (FeS_2)		20 000 000	200 000	<200 000
稀土 (RE_2O_3)		1 000 000	1 000	<1 000
银		10 000	500	<500
锡		100 000	5 000	<5 000

续表 3-3

金属	世界级	大型	中型	小型
钛（TiO_2）		10 000 000	1 000 000	<1 000 000
钨	30 000	10 000	500	<500
钒	30 000	10 000	500	<500
锌	5 million	1 000 000	50 000	<50 000

按照 Guild P W(1981)的矿床规模分类标准，本研究区内 1 475 个矿产地中，小型以上的矿床共有 1 277个，按矿床规模分类统计的具体情况如表 3-4 所示。

表 3-4　矿产地录入情况表（按矿床规模统计）

矿床规模	俄罗斯	蒙古国	朝鲜	韩国	中国
超大型（个）	10	—	3	—	7
大型（个）	79	7	27	2	62
中型（个）	135	17	11	8	160
小型（个）	133	11	48	46	512
矿点（个）	4	—	19	—	1
未知（个）	26	147	—	—	—

四、矿产地的类型与国别分布

本研究区 1 475 个矿产地中，有色金属 608 个，贵金属 495 个，黑色金属 318 个，具体情况如表 3-5 所示，其分布情况将在第四章详细说明。

表 3-5　矿产地录入情况表（按矿产类型统计）

矿床规模	俄罗斯	蒙古国	朝鲜	韩国	中国
有色金属（个）	197	64	44	31	272
贵金属（个）	116	108	40	6	225
黑色金属（个）	43	5	21	14	235
放射性矿产（个）	7	3	1	5	2
稀土金属（个）	8	—	—	—	2
稀有金属（个）	15	2	—	—	3
非金属（个）	1		2		3

第二节　东北亚南部地区贵金属矿床的分布与潜力

本研究区内的贵金属资源较为丰富，共有贵金属矿产地 495 个，其中超大型 2 个，大型 40 个，中型

86 个，小型 256 个，矿点 1 个，规模未知的 110 个。贵金属以金矿居多，占研究区贵金属总数的 88.5%，其他贵金属还包含银矿、金银矿以及铂族元素矿产。

一、金矿资源的分布与潜力

（一）金矿床的数量与国别分布

本研究区内的金矿资源非常丰富，矿床分布较广泛，金矿床（矿产地）共有 438 个，其中超大型的 1 个，是位于朝鲜的大榆洞金矿；大型的达 32 个，主要分布在俄罗斯、朝鲜和中国；中型的达 74 个，主要分布于俄罗斯和中国；小型的 225 个，规模未知的 106 个，具体分布情况如表 3-6 所示。

表 3-6　金矿床（矿产地）按国家分布情况

矿床规模	俄罗斯	蒙古国	朝鲜	中国
超大型（个）	—	—	1	—
大型（个）	9	—	9	14
中型（个）	33	2	1	38
小型（个）	43	—	24	158
未知（个）	4	102	—	—
合计（个）	89	104	35	210

（二）金矿床按成矿带分布

上述矿床从成矿带来看，金矿床（矿产地）广泛分布于 34 个成矿带中，其中最主要分布于克鲁伦-满洲里成矿带（ME_4），共有 71 个，占研究区金矿总数的 16.2%，但该成矿带的金矿床大多都未知规模；其次分布于华北地块北缘东段成矿带（ZC_5）、营口-长白-惠山（朝）成矿带（ZC_2）、达乌尔-阿金成矿带（ME_3）、额尔古纳-上黑龙江-岗仁（俄）成矿带（ME_5）、铁岭-靖宇-冠帽（朝）成矿带（ZC_1）。从矿床规模来看，狼林成矿带（ZC_4）分布的大型以上矿床最多，共有 9 个。具体分布情况如表 3-7 所示。

表 3-7　金矿床（矿产地）按成矿带分布情况

成矿带	超大型（个）	大型（个）	中型（个）	小型（个）	未知（个）	合计（个）
涅尔恰-奥廖克姆成矿带（ME_2）	—	3	4	4	—	11
达乌尔-阿金成矿带（ME_3）	—	—	1	3	31	35
克鲁伦-满洲里成矿带（ME_4）	—	—	2	—	69	71
额尔古纳-上黑龙江-岗仁（俄）成矿带（ME_5）	—	2	6	17	2	27
结雅-科尔宾成矿带（ME_6）	—	1	3	7	—	11
突泉-翁牛特成矿带（含两个亚带）（MD_5）	—	1	3	7	—	11
小兴安岭-张广才岭成矿带（JH_1）	—	1	3	7	—	11
布列因-佳木斯-兴凯成矿带（JH_2）	—	2	7	9	—	18
下阿穆尔成矿带（SA_2）	—	1	5	4	—	10
铁岭-靖宇-冠帽（朝）成矿带（ZC_1）	—	3	6	18	—	27

续表 3-7

成矿带	超大型(个)	大型(个)	中型(个)	小型(个)	未知(个)	合计(个)
营口-长白-惠山(朝)成矿带(ZC_2)	—	2	8	28	—	38
狼林成矿带(ZC_4)	1	8	—	15	—	24
华北地块北缘东段成矿带(ZC_5)	—	2	8	41	—	60
其他 21 个成矿带	—	5	16	59	4	84

(三) 金矿床的主要成因类型和成矿时代

本研究区金矿床(矿产地)的成因类型多样,已查明成因类型的矿产地共有 332 个,主要成因类型为岩浆热液型(149 个,占 44.9%)和火山热液型(47 个,占 14.2%),其他成因类型有热液交代型(18 个)、斑岩型(13 个)、接触交代型(13 个)、中温热液型(12 个)、沉积变质型(9 个)、火山沉积变质热液型(10 个)、次火山热液型(7)、岩浆热液石英脉型(7 个)、变质热液型(5 个)、岩浆热液脉型(5 个)、热液交代型(4 个)、高温热液型(3 个)、火山岩型(2 个),以及变质火山热液型、沉积型等。大型矿床的成因类型大多为岩浆热液型。

已查明成矿时代的金矿床(矿产地)174 个,主要成矿时代为中生代(39 个,占 22.4%)、中生代—新生代(26 个,占 14.9%)和白垩纪(20 个,占 11.5%),其他成矿时代为中侏罗世—白垩纪(13 个)、早白垩世(10 个)、侏罗纪(10 个)、侏罗纪—白垩纪(6 个)、二叠纪(4 个)、晚古生代(3 个)、晚侏罗世—早白垩世(3 个)。

二、银矿资源的分布与潜力

(一) 银矿床的数量与国别分布

本研究区内银矿床(矿产地)数量不多,共有 16 个,其中大型 4 个,中型 3 个,小型 8 个,规模未知的 1 个,具体分布情况如表 3-8 所示。

表 3-8　银矿床(矿产地)按国家分布情况

矿床规模	俄罗斯	蒙古国	朝鲜	韩国	中国
大型(个)				1	3
中型(个)	1	1			1
小型(个)	2		1		5
未知(个)	1				
合计(个)	4	1	1	1	9

(二) 银矿床按成矿带分布

本研究区内的银矿床(矿产地)分布并不集中,广泛分布于 13 个成矿带中,其中 4 个大型的银矿床分布在额尔古纳-上黑龙江-岗仁(俄)成矿带(ME_5)、营口-长白-惠山(朝)成矿带(ZC_2)、四平-永吉成矿带(JH_3)和朝鲜半岛南部金刚山-春川-水原成矿带(SK_1)中。

(三)银矿床的主要成因类型和成矿时代

本研究区已查明成因类型的银矿床15个,主要成因类型为岩浆热液型(5个,占33.3%)、火山热液型(3个,占20%)、热液型(3个,占20%),其他成因类型有次火山热液型、接触交代型、岩浆热液脉型、中低温岩浆热液型。

已查明成矿时代的银矿床7个,主要成矿时代为侏罗纪(4个),其他成矿时代有中生代-新生代(2个)和白垩纪(1个)。

三、金银矿资源的分布与潜力

(一)金银矿床的数量与国别分布

本研究区内金银矿床(矿产地)共34个,超大型的1个,大型的1个,中型的8个,小型的18个,规模未知的3个。俄罗斯境内分布较多,共有17个;朝鲜境内的大型以上金银矿较多,共有4个。具体分布情况如表3-9所示。

表3-9　金银矿床(矿产地)按国家分布情况

矿床规模	俄罗斯	蒙古国	朝鲜	韩国	中国
超大型(个)			1		
大型(个)	1		3		
中型(个)	6	1			1
小型(个)	9			5	4
未知(个)	1	2			
合计(个)	17	3	4	5	5

(二)金银矿床按成矿带分布

本研究区内的金银矿床(矿产地)分布于19个成矿带中,分布较集中的成矿带有东锡霍特-阿林成矿带(SA_4),共9个矿床,其中大型1个,中型1个,小型7个,其次分布于朝鲜半岛中部平南成矿带(ZC_8)沙里院成矿亚带(ZC_{8-1})(3个大型)和下阿穆尔成矿带(SA_2)(2个中型),超大型矿床宣川金银矿分布于狼林成矿带(ZC_4)中。

(三)金银矿床的主要成因类型和成矿时代

本研究区已查明成因类型的金银矿床30个,主要成因类型为热液型(9个,占30%)、火山热液型(5个,占16.7%)和岩浆热液石英脉型(5个,占16.7%),其他成因类型有斑岩型(2个)、接触交代型(2个)、岩浆热液型(2个),以及次火山热液型、热液交代型、岩浆热液交代型和岩浆热液脉型。

已查明成矿时代的金银矿床10个,主要成矿时代为晚白垩世—古近纪(3个,约占30%)、白垩纪(2个)、中侏罗世—白垩纪(2个),以及侏罗纪、中生代、三叠纪—早侏罗世。

四、铂族元素的分布与潜力

本研究区内的铂族元素矿产地共7个,俄罗斯6个,其中中型1个,小型4个,矿点1个;中国1个,为小型。分布比较分散，7个铂族元素矿产地分布于6个成矿带中，其中阿尔丹成矿带(AS_2)中分布有2个矿床，中型1个，小型1个。

已查明成因类型的铂族元素矿床5个，主要成矿类型为岩浆热液型(3个)，其他成因类型有外生含金砂矿床和岩浆熔离型。

第三节　东北亚南部地区有色金属矿床的分布与潜力

本研究区内的有色金属资源非常丰富，共有608个矿产地，其中超大型5个，大型78个，中型164个，小型297个，矿点10个，规模未知的54个，超大型矿床分别位于俄罗斯的3个铜矿床和位于中国的钼矿床，以及位于朝鲜的铅锌矿床。本研究区有色金属以铜矿和铅锌矿为主，铜矿占有色金属总数的27%，铅锌矿占36%，其他还包含钼矿、钨矿、锡矿、镍矿等矿种。

一、铜矿资源的分布与潜力

(一) 铜矿床的数量与国别分布

本研究区内铜矿资源较丰富，铜矿床(矿产地)共有164个，其中超大型3个，大型22个，中型30个，小型90个，矿点4个，规模未知的15个。主要分布在俄罗斯和中国，俄罗斯超大型和大型矿床较多，超大型矿床有库尔图明矿田、鲁戈康矿结以及乌多坎铜矿床；中国的铜矿床数量较多，占研究区铜矿床总数的59%。具体分布情况如表3-10所示。

表3-10　铜矿床(矿产地)按国家分布情况

矿床规模	俄罗斯	蒙古国	朝鲜	韩国	中国
超大型(个)	3				
大型(个)	11		5		6
中型(个)	13		2		15
小型(个)	10		2	2	76
矿点(个)			4		
未知(个)	4	11			
合计(个)	41	11	13	2	97

(二) 铜矿床按成矿带分布

本研究区内铜矿床(矿产地)广泛分布于27个成矿带中，华北地块北缘东段成矿带(ZC_5)、铁岭-靖宇-冠帽(朝)成矿带(ZC_1)、营口-长白-惠山(朝)成矿带(ZC_2)、奥列克敏成矿带(AS_3)中分布较为集中。本区的超大型铜矿分布在奥列克敏成矿带(AS_3)和额尔古纳-上黑龙江-岗仁(俄)成矿带(ME_5)中。具体分布情况如表3-11所示。

表 3-11 铜矿床(矿产地)按成矿带分布情况

成矿带	超大型(个)	大型(个)	中型(个)	小型(个)	矿点(个)	未知(个)	合计(个)
华北地块北缘东段成矿带(ZC_5)			1	20			21
奥列克敏成矿带(AS_3)	1	8	7				16
额尔古纳-上黑龙江-岗仁(俄)成矿带(ME_5)	2	3	3	3		2	13
铁岭-靖宇-冠帽(朝)成矿带(ZC_1)		1	3	17			21
营口-长白-惠山(朝)成矿带(ZC_2)		6	2	11			19
其他 22 个成矿带		4	14	39	4	13	74

(三)铜矿床的主要成因类型和成矿时代

本研究区已查明成因类型的铜矿床 148 个,主要成因类型为接触交代型(27 个,占 18.2%)、斑岩型(26 个,占 17.6%)、岩浆热液型(22 个,占 14.9%),其他成因类型有沉积变质型(10 个)、沉积砂岩型(10 个)、火山热液型(10 个)、热液型(6 个)、岩浆岩型(5 个)、沉积型(4 个)、变质生成型(3 个)、岩浆熔离型(3 个)、中温热液型(3 个)、含金斑岩型铜矿床(2 个)、矽卡岩型(2 个)、岩浆分异型(2 个),以及变质改造型、变质热液型、沉积-变质热液型、次火山热液型、海底火山喷发-热液改造型、含铜沉积砂岩型、含铜砂岩矿床、火山沉积变质型等。超大型铜矿床的成因类型是斑岩型(2 个)和含铜沉积砂岩型(1 个),大型铜矿床主要是沉积砂岩型(7 个)和斑岩型(5 个)。

已查明成矿时代的铜矿床 75 个,主要成矿时代为中生代(15 个,占 20%),中生代—新生代(8 个,占 10.7%)、中侏罗世—白垩纪(8 个,占 10.7%)、元古代(8 个,占 10.7%)、侏罗纪(7 个,占 9.3%),以及白垩纪(3 个)、泥盆纪—二叠纪(3 个)、石炭纪(3 个)、古生代(4 个)、晚侏罗世—早白垩世(3 个)等。

二、铅、锌矿资源的分布与潜力

铅、锌矿在自然界里特别在原生矿床中共生极为密切,本研究区内铅、锌矿资源比较丰富,矿床(矿产地)共有 221 个,超大型 1 个,大型 19 个,中型 54 个,小型 117 个,矿点 1 个,规模未知的 29 个,包含铅矿、锌矿、铅锌矿以及铅锌多金属矿,其中铅锌矿的数量居多,占总数的 60%。

(一)铅、锌矿床的数量与国别分布

本研究区铅矿床(矿产地)共 36 个,大型 1 个,中型 2 个,小型 10 个,未知规模的 23 个,大型矿床分布于中国,中型矿床分别分布于俄罗斯和蒙古国。锌矿床(矿产地)共 17 个,大型 3 个,中型 4 个,小型 6 个,未知规模的 4 个,其中两个大型矿床位于蒙古国,另外一个位于中国。铅锌矿床(矿产地)共 131 个,超大型 1 个,大型 12 个,中型 40 个,小型 75 个,矿点 1 个,规模未知的 2 个,铅锌矿在中国分布最为集中,数量多达 84 个,大型的达 6 个,具体分布情况如表 3-12 所示。本研究区的铅锌多金属矿床(矿产地)包括铅锌铜矿、铅锌银矿共 37 个,大型 3 个,中型 8 个,小型 26 个,其中两个大型矿床位于蒙古国,另外一个位于中国,具体分布情况如表 3-13 所示。

表 3-12 铅、锌矿床(矿产地)按国家分布情况(一)

矿床规模	俄罗斯	蒙古国	朝鲜	韩国	中国
超大型(个)			1		
大型(个)	2	1	3		6

续表 3-12

矿床规模	俄罗斯	蒙古国	朝鲜	韩国	中国
中型(个)	20		2		18
小型(个)	5		3	7	60
矿点(个)			1		
未知(个)	2				
合计(个)	29	1	10	7	84

表 3-13　铅、锌矿床(矿产地)按国家分布情况(二)

矿种	俄罗斯	蒙古国	朝鲜	韩国	中国	合计
铅(个)	6	24			6	36
锌(个)	3	6		1	7	17
铅锌(个)	29	1	10	7	84	131
铅锌多金属(个)	7	5		7	18	37
合计(个)	45	36	10	15	115	221

(二)铅、锌矿床按成矿带分布

本研究区的铅、锌矿床(矿产地)广泛分布于 28 个成矿带中,在营口-长白-惠山(朝)成矿带(ZC_2)、克鲁伦-满洲里成矿带(ME_4)、额尔古纳-上黑龙江-岗仁(俄)成矿带(ME_5)、突泉-翁牛特成矿带(MD_5)中分布较为集中。具体分布情况如表 3-14 所示。

表 3-14　铅、锌矿床(矿产地)按成矿带分布情况

成矿带	铅矿(个)	锌矿(个)	铅锌矿(个)	铅锌多金属矿(个)	合计(个)
营口-长白-惠山(朝)成矿带(ZC_2)		1	33(超大型 1 个,大型 3 个)		34
克鲁伦-满洲里成矿带(ME_4)	19	5(大型 2 个)	3(大型 1 个)	3(大型 2 个)	30
突泉-翁牛特成矿带(MD_5)	1	1	17(大型 3 个)	8(大型 1 个)	27
额尔古纳-上黑龙江-岗仁(俄)成矿带(ME_5)	6		18(大型 2 个)		24
东锡霍特-阿林成矿带(SA_4)			10	5	15
朝鲜半岛中部平南成矿带(ZC_8) 沙里院成矿亚带(ZC_{8-1})			4(大型 2 个)		4

(三)铅、锌矿床的主要成因类型和成矿时代

本研究区已查明成因类型的铅、锌矿床 190 个,主要成因类型为岩浆热液型(32 个,占 16.8%)、接触交代型(31 个,占 16.3%)、火山热液型(26 个,占 13.7%)、热液交代型(16 个,占 8.4%)、热液型(16 个,占 8.4%),其他成因类型有沉积变质型(11 个)、火山热液交代型(11 个)、斑岩型(8 个)、变质热液型(8 个)、变质生成型(6 个)、次火山热液型(5 个)和中温热液型(5 个)等。

已查明成矿时代的铅、锌矿床 82 个，主要成矿时代为中生代(18 个，占 22%)、中侏罗世—白垩纪(12 个，占 14.6%)，其他成矿时代有侏罗纪(7 个)、中生代—新生代(7 个)、白垩纪(4 个)、泥盆纪—二叠纪(4 个)、晚白垩世—古近纪(3 个)和早二叠世(3 个)等。

三、钨矿资源的分布与潜力

(一) 钨矿床的数量与国别分布

本研究区内钨矿床(矿产地)共 46 个，大型 10 个，占总数 22%，中型 9 个，小型 27 个，分布于俄罗斯的钨矿较多，并有 6 个大型钨矿床。具体分布情况如表 3-15 所示。

表 3-15 钨矿床(矿产地)按国家分布情况

矿床规模	俄罗斯	蒙古国	朝鲜	韩国	中国
大型(个)	6		2	1	1
中型(个)	6	1			2
小型(个)	8	4		3	12
合计(个)	20	5	2	4	15

(二) 钨矿床按成矿带分布

本研究区的钨矿床(矿产地)比较分散，分布于 20 个成矿带中，具体分布情况如表 3-16 所示。

表 3-16 钨矿床(矿产地)按成矿带分布情况

成矿带	大型(个)	中型(个)	小型(个)	合计(个)
华北地块北缘东段成矿带(ZC_5)		1	4	5
达乌尔-阿金成矿带(ME_3)	2	2	3	7
完达山-中锡霍特-阿林成矿带(SA_3)	2	1		3
巴特热洛-亚姆-阿林成矿带(SA_1)	2			2
突泉-翁牛特成矿带(MD_5)			4	4
其他 15 个成矿带	4	5	16	25

(三) 钨矿床的主要成因类型和成矿时代

本研究区已查明成因类型的钨矿床共 46 个，主要为岩浆热液型(14 个，占 30.4%)和变质热液型(9 个，占 9.6%)，其他成因类型为沉积变质型(6 个)、热液交代型(6 个)、矽卡岩型(4 个)、中温热液型(2 个)，以及火山热液型、接触交代型、热液型、岩浆热液交代型、云英岩型。

已查明成矿时代的钨矿床 12 个，主要成矿时代为中侏罗世—白垩纪(5 个，占 41.7%)，其他成矿时代有侏罗纪(2 个)、第三纪(古近纪＋新近纪)、中生代等。

四、钼矿资源的分布与潜力

(一) 钼矿床的数量与国别分布

本研究区内钼矿床(矿产地)共 51 个，超大型 1 个，大型 15 个，中型 17 个，小型 14 个，矿点 1 个，未知规模的3个，主要分布在俄罗斯和中国，超大型矿床是位于俄罗斯的奥列基特康含金钼矿床，具体分布情况见表3-17。本研究区还分布有21个铜钼矿及8个钨钼矿，其中也包含大型矿床，具体分布情况见表3-18、表3-19。

表3-17 钼矿床(矿产地)按国家分布情况

矿床规模	俄罗斯	蒙古国	朝鲜	韩国	中国
超大型(个)	1				
大型(个)	9	1			5
中型(个)	6	1		1	9
小型(个)	5				9
矿点(个)			1		
未知(个)	3				
合计(个)	24	2	1	1	23

表3-18 铜钼矿床(矿产地)按国家分布情况

矿床规模	俄罗斯	蒙古国	朝鲜	韩国	中国
大型(个)					1
中型(个)	1	1	1		2
小型(个)	6			1	3
矿点(个)			4		
未知(个)	1				
合计(个)	8	1	5	1	6

表3-19 钨钼矿床(矿产地)按国家分布情况

矿床规模	俄罗斯	蒙古国	朝鲜	韩国
大型(个)		1	1	
中型(个)		1		1
小型(个)		1		2
未知(个)	1			
合计(个)	1	3	1	3

(二) 钼矿床按成矿带分布

本研究内钼矿床(矿产地)比较分散，超大型矿床分布在涅尔恰-奥廖克姆成矿带(ME_2)中，大型铜钼矿分布于白乃庙-锡林浩特成矿带(MD_4)，大型钨钼矿分布于朝鲜半岛南部金刚山-春川-水原成矿带(SK_1)。具体分布情况见表3-20。

表 3-20　钼矿床(矿产地)按成矿带分布情况

成矿带	超大型(个)	大型(个)	中型(个)	小型(个)	矿点(个)	未知(个)	合计(个)
华北地块北缘东段成矿带(ZC_5)		3	5	3			11
涅尔恰-奥廖克姆成矿带(ME_2)	1	4	2			1	8
额尔古纳-上黑龙江-岗仁(俄)成矿带(ME_5)		1	2			2	5
布列因-佳木斯-兴凯成矿带(JH_2)		3	1	1			5
其他 16 个成矿带		4	7	10	1		22

(三) 钼矿床的主要成因类型和成矿时代

本研究区已查明成因类型的钼矿为 47 个,主要成矿类型为岩浆热液型(17 个,占 36.2%)、斑岩型(15 个,占 31.9%),其他成因类型有接触交代型(5 个)、火山热液型(3 个),以及变质热液型、石英长石交代岩型、热液型、热液交代型等。超大型钼矿为岩浆热液型,大型钼矿以斑岩型(8 个,53.3%)和岩浆热液型(4 个,占 26.6%)为主。

钨钼矿成因类型以沉积变质型和变质热液型为主;铜钼矿以斑岩型(11 个,占 52.4%)、高温热液型(3 个)和火山热液型(2 个)为主。

已查明成矿时代的钼矿床 25 个,主要成矿时代为中生代(8 个,占 32%)和白垩纪(4 个,占 16%),其他成矿时代为中生代—新生代(3 个)、中侏罗世—白垩纪(3 个)、侏罗纪—白垩纪(2 个)、三叠纪、晚古生代—中生代等。

五、锡矿资源的分布与潜力

(一) 锡矿床的数量与国别分布

本研究区内锡矿床(矿产地)共 65 个,其中大型 5 个,中型 35 个,小型 21 个,规模未知的 4 个,主要分布在俄罗斯境内,俄罗斯的锡矿床(矿产地)占总数的 78.5%,5 个大型矿床也分布在俄罗斯。具体分布情况如表 3-21 所示。

表 3-21　锡矿床(矿产地)按国家分布情况

矿床规模	俄罗斯	蒙古国	朝鲜	中国
大型(个)	5			
中型(个)	29	1	1	4
小型(个)	13	4	1	3
未知(个)	4			
合计(个)	51	5	2	7

(二) 锡矿床按成矿带分布

锡矿床(矿产地)分布于 16 个成矿带中,主要分布于巴特热洛-亚姆-阿林成矿带(SA_1)、达乌尔-阿金成矿带(ME_3)和东锡霍特-阿林成矿带(SA_4)中,具体分布情况如表 3-22 所示。

表 3-22 锡矿床(矿产地)按成矿带分布情况

成矿带	大型(个)	中型(个)	小型(个)	未知(个)	合计(个)
巴特热洛-亚姆-阿林成矿带(SA_1)	4	4	2	1	11
达乌尔-阿金成矿带(ME_3)	1	4	6		11
东锡霍特-阿林成矿带(SA_4)		10	2		12
其他 13 成矿带		17	11	3	31

(三)锡矿床的主要成因类型和成矿时代

本研究区已查明成因类型的锡矿 61 个,主要成因类型为沉积变质型(18 个,占 30%)和热液型(14 个,占 23%),其他成因类型有岩浆热液型(8 个)、斑岩型(7 个)、变质热液型(6 个)、火山热液型(5 个),以及中温热液型、矽卡岩型、接触交代型等。大型锡矿床成因类型以沉积变质型和岩浆热液型为主。

已查明成矿时代的锡矿 23 个,主要成矿时代为白垩纪(13 个,占 56.5%),其他成矿时代为中侏罗世—白垩纪(4 个)、晚白垩世—古近近纪(3 个)、侏罗纪等。

六、其他有色金属资源的分布与潜力

(一)其他有色金属矿产地的数量与国别分布

本研究区还包含镍、锑、钴、汞、铝等有色金属矿产,由于数量和规模并不突出,故在这里一并介绍。包含镍矿床 12 个,大型 1 个,中型 1 个,小型 7 个,矿点 3 个,大型矿床位于中国;锑矿床(矿产地)11 个,大型 1 个,中型 4 个,小型 5 个,规模未知的 1 个,大型矿床位于俄罗斯;钴矿床(矿产地)7 个,大型 1 个,小型 3 个,矿点 3 个,大型矿床位于朝鲜;汞矿床 1 个,规模为中型,位于俄罗斯;铝矿床 1 个,规模为大型,位于俄罗斯。具体分布情况如表 3-23 所示。

表 3-23 其他有色金属矿床(矿产地)按国家分布情况

矿种	俄罗斯	蒙古国	朝鲜	韩国	中国	合计(个)
镍(个)			6	2	4	12
锑(个)	5	1	1		4	11
钴(个)			5	1	1	7
汞(个)	1					1
铝(个)	1					1

(二)其他有色金属矿产地按成矿带分布

以上 5 种有色金属的数量不多,分布比较分散,大型的镍矿床分布于四平-永吉成矿带(JH_3),大型的锑矿床分布于布列因-佳木斯-兴凯成矿带(JH_2),大型的钴矿床位于延边-咸北成矿带(JH_5),大型的铝矿床位于下阿穆尔成矿带(SA_2),汞矿床位于乌德-尚塔尔成矿带(ME_7)。

(三)矿床的主要成因类型

本研究区已查明成因类型的镍矿 12 个,主要成因类型是岩浆熔离型(7 个,占 58.3%),其他成因类型有热液型(2 个)、接触交代型、岩浆热液型和岩浆熔离贯入型。大型镍矿床为岩浆熔离型。已查明成矿时代的镍矿 4 个，主要是晚古生代(3 个)和早元古代。

已查明成因类型的锑矿 10 个，主要成因类型是岩浆热液型(3 个，占 30%)和中低温热液型(3 个，占 30%)，其他成因类型有变质热液型、沉积型、热液交代型。大型锑矿床为中低温热液型。

已查明成因类型的钴矿 7 个，主要成因类型为岩浆岩型(3 个)、热液型(2 个)和伟晶岩型。大型钴矿床为热液型。

本研究区汞矿床成因类型为中低温热液型，铝矿床为火山热液型。

第四节　东北亚南部地区黑色金属矿床的分布与潜力

本研究区内黑色金属资源丰富，共有矿产地 318 个，其中超大型 9 个，大型 45 个，中型 81 个，小型 172 个，矿点 4 个，规模未知的 7 个，超大型及大型矿床数量较多，占矿产地总数的 17%。本研究区内的黑色金属以铁矿为主，铁矿数量多、规模大，占黑色金属总数的 88%，中型以上的占铁矿总数的 37.5%。其他黑色金属还包括钛矿、锰矿和铬矿，矿产地数量虽不多，但大型矿床较多(附表，见光盘)。

一、铁矿资源的分布与潜力

(一) 铁矿床的数量与国别分布

铁矿床(矿产地)共 280 个，超大型 9 个，大型 32 个，中型 75 个，小型 155 个，矿点 4 个，规模未知的 5 个。主要分布在中国，共 220 个，占研究区内铁矿总数的 78.6%，并且分布有 7 个超大型铁矿床，分别是弓长岭铁矿、南芬(庙儿沟)铁矿、齐大山铁矿、眼前山铁矿、东鞍山铁矿、西鞍山铁矿以及红旗铁矿。另外两个超大型铁矿是位于俄罗斯的基姆坎-苏塔尔铁矿和苏鲁玛特铁矿。具体分布情况如表 3-24 所示。

表 3-24　铁矿床(矿产地)按国家分布情况

矿床规模	俄罗斯	蒙古国	朝鲜	韩国	中国
超大型(个)	2				7
大型(个)	12		3		17
中型(个)	7		4	4	60
小型(个)	3		7	10	135
矿点(个)			3		1
未知(个)		5			
合计(个)	24	5	17	14	220

(二) 铁矿床按成矿带分布

本研究区的铁矿床(矿产地)分布在 24 个成矿带中，集中分布于华北地块北缘东段成矿带(ZC_5)、铁岭-靖宇-冠帽(朝)成矿带(ZC_1)、营口-长白-惠山(朝)成矿带(ZC_2)等成矿带中，其中 7 个超大型铁矿均分布于铁岭-靖宇-冠帽(朝)成矿带(ZC_1)，具体分布情况如表 3-25 所示。

表 3-25　铁矿床(矿产地)按成矿带分布情况

成矿带	超大型(个)	大型(个)	中型(个)	小型(个)	矿点(个)	未知(个)	合计(个)
铁岭-靖宇-冠帽(朝)成矿带(ZC_1)	7	11	24	38	1		81
华北地块北缘东段成矿带(ZC_5)		4	17	40			61
营口-长白-惠山(朝)成矿带(ZC_2)		1	7	18	1		27
小兴安岭-张广才岭成矿带(JH_1)		2	6	4			12
布列因-佳木斯-兴凯成矿带(JH_2)		3	6	2			11
白乃庙-锡林浩特成矿带(MD_4)			2	10			12
乌奴尔-阿龙山-加林(俄)成矿带(MD_2)	1	2		2			5
奥列克敏成矿带(AS_3)	1	3					4
其他 16 个成矿带		6	13	41	2	5	67

(三) 铁矿床的主要成因类型和成矿时代

本研究区已查明成因类型的铁矿 275 个，主要成因类型为沉积变质型(173 个，占 62.9%)，其他成因类型有接触交代型(29 个)、沉积型(13 个)、火山热液型(11 个)、热液交代型(11 个)、沉积变质交代型(7 个)、火山沉积变质型(6 个)、岩浆热液型(6 个)、变质热液型(6 个)、热液型(2 个)，以及变质改造型、变质型、沉积变质改造型、高温热液型、火山沉积-热液交代型等。超大型矿床均为沉积变质型，大型矿床主要为沉积变质型(15 个，占 46.9%)，其他成因类型有火山热液型(4 个)、接触交代型(2 个)、变质热液型(2 个)等。

已查明成矿时代的铁矿 116 个，主要成矿时代为太古代(62 个，占 53.4%)，其他成矿时代为新元古代(9 个)、古元古代(7 个)、元古代(5 个)、泥盆纪(6 个)、中侏罗世—白垩纪(5 个)、志留纪—早泥盆世(3 个)等。

二、钛、锰、铬矿资源的分布与潜力

(一) 钛、锰、铬矿床的数量与国别分布

本研究区的黑色金属除铜矿外，还有钛矿、锰矿、铬矿，但数量并不多，钛矿 16 个，大型 11 个，占钛矿总数的 68.8%，中型 2 个，小型 2 个，规模未知的 1 个；11 个大型矿床全部位于俄罗斯；锰矿 15 个，大型 2 个，中型 3 个，小型 10 个，2 个大型矿床分布在中国和俄罗斯；铬矿 7 个，中型 1 个，小型 5 个，规模未知的 1 个，中型矿床位于中国。具体分布情况见表 3-26。

表 3-26　钛、锰、铬矿床(矿产地)按国家分布情况

矿种	俄罗斯	朝鲜	中国	合计
钛(个)	12	1	3	16
锰(个)	6	2	7	15
铬(个)	1	1	5	7

(二) 钛、锰、铬矿床按成矿带分布

钛、锰、铬矿床(矿产地)分布比较分散，大型钛矿床分布在朱格朱尔山成矿带(AS_5)(4 个)、完达山-

中锡霍特-阿林成矿带(SA_3)(3个)、奥列克敏成矿带(AS_3)(2个);大型锰矿床分布于布列因-佳木斯-兴凯成矿带(JH_2)、华北地块北缘东段成矿带(ZC_5)和冀北-北票成矿亚带(ZC_{5-2});中型铬矿床分布于南戈壁(蒙古)-东乌珠穆沁旗-嫩江成矿带(MD_{3-1})。

(三) 钛、锰、铬矿床的主要成因类型

本研究区已查明成因类型的钛矿15个,主要成因类型为岩浆热液型(11个,占73.3%),其他成因类型为岩浆岩型(2个)、岩浆熔离贯入型、岩浆熔离型。大型钛矿床为岩浆热液型(9个,占81,2%)和岩浆岩型(2个,占18.8%)。

已查明成因类型的锰矿15个,其中有沉积变质型(4个)、沉积型(3个)、火山热液型(2个)、热液型(2个)、岩浆热液型(2个)等。大型锰矿床为火山热液型和沉积型。已查明成矿时代的锰矿5个,主要是晚元古代(3个)和晚白垩世。

已查明成因类型的铬矿6个,分别是岩浆热液型(2个)、岩浆型(2个)、沉积变质型和热液型。

第五节　东北亚南部地区其他矿产资源的分布与潜力

本研究区除了产有以上贵金属、有色金属和黑金属外,还产有稀有金属、放射性矿产,以及稀土元素矿产等(附表,见光盘)。

一、稀有金属矿床的分布与潜力

(一) 稀有金属矿床的数量与国别分布

本研究区内稀有金属矿床(矿产地)共20个,超大型3个,大型7个,中型2个,小型6个,矿点1个,规模未知的1个,中型以上矿床均位于俄罗斯。超大型矿床是扎维京锂矿床、奥伦丁Li-Ta-Nb矿床、图根Nb-Ta-Zn矿床,大型矿床为锂矿、锆矿和钽矿。具体分布情况如表3-27所示。

表3-27　稀有金属矿床(矿产地)按国家分布情况

矿床规模	俄罗斯	蒙古国	中国
超大型(个)	3		
大型(个)	7		
中型(个)	2		
小型(个)	2	1	3
矿点(个)	1		
未知(个)		1	
合计(个)	15	2	3

(二) 稀有金属矿床按成矿带分布

本研究区内稀有金属矿床(矿产地)分布于9个成矿带中,集中分布于以下4个成矿带,具体分布情况如表3-28所示。

表 3-28　稀有金属矿床(矿产地)按成矿带分布情况

成矿带	超大型(个)	大型(个)	中型(个)	小型(个)	合计(个)
奥列克敏成矿带(AS_3)	2	1			3
达乌尔-阿金成矿带(ME_3)	1		1	1	3
额尔古纳-上黑龙江-岗仁(俄)成矿带(ME_5)		4		1	5
阿尔丹成矿带(AS_2)		2		1	3

(三)稀有金属矿床主要成因类型和成矿时代

本研究区已查明成因类型的稀有金属矿床 18 个，主要成因类型有岩浆热液型(4 个)、伟晶岩型(3 个)、变质热液型(2 个)、岩浆岩型(2 个)、火山热液型(2 个)、变质交代型、高温热液型、热液交代型等。超大型 Li 矿床为伟晶岩型(2 个)，Nb-Ta-Zn 矿床为变质交代型。

已查明成矿时代的稀有金属矿床 5 个，主要为侏罗纪(4 个)和元古代。

二、放射性矿产的分布与潜力

(一)放射性矿产的数量与国别分布

本研究区内放射性矿产为铀矿，共 18 个，超大型 1 个，中型 4 个，小型 11 个，矿点 1 个，规模未知的 1 个，超大型矿床是位于俄罗斯的斯特列里措夫矿床，具体分布情况如表 3-29 所示。

表 3-29　铀矿床(矿产地)按国家分布情况

矿床规模	俄罗斯	蒙古国	朝鲜	韩国	中国
超大型(个)	1				
中型(个)		3			1
小型(个)	4		1	5	1
矿点(个)	1				
未知(个)	1				
合计(个)	7	3	1	5	2

(二)放射性矿产按成矿带分布

铀矿分布于 10 个成矿带中，超大型铀矿床分布于额尔古纳-上黑龙江-岗仁(俄)成矿带(ME_5)，具体分布情况如表 3-30 所示。

表 3-30　铀矿床(矿产地)按成矿带分布情况

成矿带	超大型(个)	中型(个)	小型(个)	矿点(个)	未知(个)	合计(个)
额尔古纳-上黑龙江-岗仁(俄)成矿带(ME_5)	1		1		1	3
朝鲜半岛南部金刚山-春川-水原成矿带(SK_1)			3			3
克鲁伦-满洲里成矿带(ME_4)		2				2
布列因-佳木斯-兴凯成矿带(JH_2)		1	1	1		3
其他 6 个成矿带		1	6			7

（三）放射性矿产主要成因类型和成矿时代

本研究区已查明成因类型的铀矿 16 个，主要成因类型为沉积变质型（6 个，37.5%），其他成因类型有火山热液型（3 个）、岩浆热液型（2 个）、沉积型（2 个）、接触交代型等。超大型铀矿床为火山热液型。

已查明成矿时代的铀矿 4 个，主要为中生代和白垩纪。

三、稀土金属矿产的分布与潜力

（一）稀土金属矿产的数量与国别分布

本研究区内稀土金属矿床（矿产地）10 个，大型 4 个，小型 5 个，规模未知的 1 个，集中分布在俄罗斯，其中，中国境内分别有 1 个大型及 1 个小型矿床（表 3-31）。

（二）稀土金属矿产按成矿带分布

本研究区的稀土金属矿床（矿产地）分布在 4 个成矿带中，具体分布情况如表 3-31 所示。

表 3-31　稀土金属矿床（矿产地）按成矿带分布情况

成矿带	大型（个）	小型（个）	未知（个）	合计（个）
阿尔丹成矿带（AS_2）	1	4	1	6
布列因-佳木斯-兴凯成矿带（JH_2）	2			2
山西断隆成矿带（ZC_7）		1		1
突泉-翁牛特成矿带（MD_5）	1			1

（三）稀土金属矿产主要成因类型

本研究区已查明成因类型的稀土金属矿产共 9 个，主要为变质热液型和岩浆热液型及蚀变岩型矿床。

四、金刚石的分布与潜力

本研究区内金刚石矿床（矿产地）共 6 个，其中大型 3 个，分布于中国；小型 2 个，分布于朝鲜；矿点 1 个，分布于俄罗斯。3 个大型金刚石矿床均分布于瓦房店-旅顺成矿带（ZC_3）中。本研究区金刚石矿床多为岩浆型。

第四章　东北亚南部地区成矿带与典型矿床

东北亚南部地区总体上经历了前南华纪古陆(块)形成阶段(阜平构造旋回、五台构造旋回、扬子构造旋回)、南华纪—中三叠世古亚洲洋构造域演化阶段(兴凯构造旋回、加里东构造旋回、华力西构造旋回)和晚三叠世以来的滨太平洋构造域阶段(印支构造旋回、燕山构造旋回、喜马拉雅构造旋回)。特别是自晚印支构造旋回以来,东北亚南部地区构造格局发生了显著的变化,进入了滨太平洋构造域发展阶段,使得东北亚南部地区均成为滨太平洋陆缘构造-岩浆活动区。

因此,据内生金属成矿与多期构造-岩浆作用的紧密成生关系这一基本要素,考虑上述的东北亚南部地区成矿的地质构造背景,我们将东北亚地区内生金属成矿域划分为3个,即前南华纪古陆(块)成矿域、南华纪—中三叠世古亚洲洋成矿域和晚三叠世以来滨太平洋成矿域,其中滨太平洋成矿域叠覆于前两个成矿域之上。

但是,考虑到成矿域的叠置关系,本次编图仅将滨太平洋构造域内带区域和成矿期相对单一且成矿作用主要受中生代构造-岩浆活动控制的地域划归为滨太平洋成矿域,其余均划归为前寒武纪古陆(块)或古亚洲洋成矿域。以此,能够更好地反映出各成矿区带的成矿地质构造背景。基于上述认识,对东北亚南部地区共划分出3个大成矿域、9个成矿省、43个成矿带及11个成矿亚带,其中,境内分布5个成矿省、21个成矿带(含6个成矿亚带)(表2-3)。

在东北亚南部地区范围内所划分出的9个大的成矿省。其中,有4个成矿省分布于境外地区,其所包括的14条成矿带也没有延伸到中国东北境内,这4个分布于境外地区的成矿省分别为:贝加尔金-多金属成矿省(B),相当于新元古宙贝加尔褶皱区;阿尔丹-斯塔诺夫成矿省(外兴安岭成矿省)(AS);维尔霍扬-科雷姆成矿省(VK);朝鲜半岛南部成矿省(SK);有5个成矿省属跨境成矿省,其所包括的29条成矿带中有12个成矿带属跨境成矿带,这5个跨境成矿省分别为:蒙古-鄂霍茨克成矿省(ME)、南蒙古-大兴安岭成矿省(MD)、吉黑成矿省(JH)、锡霍特-阿林成矿省(SA)和中朝成矿省(ZC)。

第一节　贝加尔成矿省(B)

该成矿省分布于研究区西北部的俄罗斯贝加尔湖东北部地区,可进一步划分为两个Ⅲ级成矿带:贝加尔-巴托姆成矿带(B_1)和贝加尔-维季姆成矿带(B_2)。

一、贝加尔-巴托姆成矿带(B_1)

贝加尔-巴托姆成矿带位于俄罗斯伊尔库茨克州东部地区。

贝加尔-巴托姆成矿带地质构造上属于北亚克拉通南缘萨彦-贝加尔造山系,包括的主要构造单元有贝加尔-帕托姆克拉通边缘坳陷、霍洛得宁坳陷和阿基特康火山带(表4-1)。

表 4-1　贝加尔-巴托姆成矿带成矿地质特征简表

构造单元	主要构造-建造	成矿区	典型矿床
贝加尔-帕托姆克拉通边缘坳陷	变质陆源片麻岩类-炭质(黑色页岩)-磷质岩类	托诺德(Tonodskiy)黑页岩型金成矿带	Chertovo Koryto 黑页岩型中型 Au 矿床
		涅切尔-尼恰特 U、Pt、Au(Pb、Hg)成矿远景区	
		博代宾-苏霍伊 Au(Mo)、Pt 原生-砂矿区(超大型)	
		博代宾(Bodaibinskiy)黑页岩型 Au、Pt 成矿带	Sukhoy Log 黑页岩型大型 Au、Pt 矿床 Vysochaishiy 黑页岩型中型 Au 矿床
		Uguy-Udokanskiy Fe 成矿带	Charskoye Superior 型大型 Fe 矿床
霍洛得宁坳陷	细碧岩-辉绿岩;黑色板岩-碳酸盐岩	Mamsko-Chuiskiy 白云母-副长石类-蓝晶石成矿带	白云母伟晶岩型矿床: Chuyskoye 大型白云母(副长石类)矿床; Vitimskoye 大型白云母(蓝晶石,副长石类)矿床; Lugovka 大型白云母(副长石类,蓝晶石)矿床; Kolotovskoye 大型白云母(蓝晶石,副长石类)矿床; Bolshoye Severnoye 中型白云母(副长石类,蓝晶石)矿床; Komsomolsko-Molodezhnoye 小型白云母(副长石类)矿床
阿基特康火山带	流纹岩-粗面英安岩-花岗岩类	阿基特康 U、Sn、Pb 成矿远景区(PR?)	

在贝加尔-帕托姆克拉通边缘坳陷带内有托诺德(Tonodskiy)黑页岩型金成矿带、涅切尔-尼恰特U、Pt、Au(Pb、Hg)成矿远景区、博代宾-苏霍伊 Au(Mo)-Pt 原生-砂矿区(超大型)、博代宾(Bodaibinskiy)黑页岩型 Au-Pt 成矿带和 Uguy-Udokanskiy Fe 成矿带;在阿基特康火山带内发育有阿基特康 U-Sn-Pb 成矿远景区;在霍洛得宁坳陷与贝加尔-帕托姆克拉通边缘坳陷结合部位发育有 Mamsko-Chuiskiy 白云母-副长石类-蓝晶石成矿带。

其中,在托诺德(Tonodskiy)黑页岩型金成矿带内产出有 Chertovo Koryto 黑页岩型中型 Au 矿床;在博代宾(Bodaibinskiy)黑页岩型 Au-Pt 成矿带内产出有 Sukhoy Log 黑页岩型大型 Au-Pt 矿床和 Vysochaishiy 黑页岩型中型 Au 矿床;在 Mamsko-Chuiskiy 白云母-副长石类-蓝晶石成矿带内产出有 4 个大型、1 个中型和 1 个小型共 6 个白云母(副长石类、蓝晶石)伟晶岩型矿床。

下文重点介绍托诺德(Tonodskiy)黑页岩型金成矿带和苏霍伊-洛克(Sukhoy Log)黑页岩型 Au、Pt 成矿带。

(一)托诺德黑页岩型金成矿带

1.成矿带地质构造特征

托诺德(Tonodskiy)里菲期黑页岩型金成矿带位于贝加尔-帕托姆克拉通边缘坳陷的古元古代托诺德绿片岩地体中,该地体构成北亚克拉通基底的一部分。成矿带走向近东西,长度超过 200km,宽 35～60km,主要沿北亚克拉通的南东边界发育。地体主要包括石英、石英-长石变沉积岩(Albasinsky 岩系),浊流沉积岩,韵律黑色炭质片岩,石英变沉积岩,绿泥石-绢云母以及白云母-石英片岩(Mikhailovsky 岩系),夹少量变质玄武岩。该地体变质程度为绿片岩相到角闪岩相,后期经历变形,形成线性及穹状褶皱,大量逆冲断层发育。地体内大量中元古代 Chuya-Nechera 花岗质和花岗斑岩增生杂岩体发育。该成矿带含有大量的金矿床以及无经济价值的 Fe、Sn、菱铁矿、U 以及 Ti-磁铁矿等矿床。主要矿床位于 Chertovo Koryto 地区,具有发现大型矿床找矿潜力的数个矿化带位于 Vostochny,Kevaktinsky 和 Osennee 地区,所有矿床及矿化点均出露于 Kevaktinsky 穹隆周缘炭质片岩及变沉积岩中,沿逆冲断裂带发育。该成矿带的 Kevaktinsky 和 Taimendinsky 构造部位具备寻找大型金矿的潜力。

2. Chertovo Koryto 黑页岩型金矿床

该矿床(B V Antonov 等,1967;Ivanov 等,1995;Kotkin,1995)由 3 个平卧的网脉状矿带构成,产状与走向近南北的逆冲断层一致。矿带由赋存于古元古代炭质片岩及砂岩中的石英和硫化物构成。赋存于断裂带中的脉体以及细脉体构成网脉状矿体,厚度为 3～8m,局部可达 300m。硫化物赋存于石英脉及围岩中。矿石矿物主要为毒砂(0.1%～0.5%)、磁黄铁矿以及黄铁矿,少量方铅矿、黄铜矿、闪锌矿、钛铁矿、磷灰石、金红石、锆石以及电气石。金为细粒金,成色为 870～904。该矿床位于巴托姆成矿区托诺德隆起中部。矿床规模为中型,金平均品位约 2.6g/t。

3. 托诺德成矿带的成因以及构造控制因素

与 Chuya-Nechera 花岗质岩体的增生和形成有关的元古代热液-变质作用形成了金的初始沉积,随后的里菲期晚期岩浆岩的侵入事件,沿微地块边界以及地块内部(地幔柱)发生的构造和岩浆作用形成了金的工业富集。

(二)博代宾黑页岩型金成矿带

1. 成矿带地质构造特征

该成矿带为新元古代到早石炭世的成矿带,位于北亚克拉通边缘帕托姆(Patom)褶皱逆冲带内。主要矿床分布于 Sukhoy Log、Vysochaishi 及 Dogaldynskoye。该成矿带东西延伸长度 150km,南北长 160km。带内出露地层主要为中元古代到早古生代帕托姆(Patom)沉积盆地的叠覆体,该叠覆体形成于北亚克拉通南东被动大陆边缘的深水大陆架环境。盆地内出露岩石主要为 Teptorginsky、Balakhanakh、Dalnetaiginsky 及 Bodaibo 岩系厚层(8～10km)碳酸盐岩和碎屑沉积岩(Ivanov,1995)。黑页岩系构成沉积盆地的重要部分。岩石经历蓝晶石-矽线石相变质作用,里菲期晚期 Yazovsky 碰撞花岗质杂岩体的形成时间与变质作用时限相一致。Bodaibo 复背斜为矿床的主要控制构造。狭窄的背斜轴部,与剪切带、强烈的片理化带以及热液-交代作用,控制着一些矿集区的展布,如 Alexander-Dogaldynsky、Sukhoy Log、Verninsky 和 Ksmensky。褶皱的转折端,与断裂的交会处,是含金石英脉以及含金硫化物石英细脉的有利赋存部位(Buryak,1982),这里称其为黑页岩型含金矿床。主要矿床有 Sukhoy Log、Vysochaishy、Verninsky 和 Nevsky。最大的矿区为苏霍伊(Sukhoy Log),长度为 2.5km,宽度超过 200m。

2. 苏霍伊-洛格黑页岩型大型 Au、Pt 矿床

该矿床(Kotkin,1968,1975;Inshin,Gerasimova,1977;Konovalov,1985)矿化类型可包括两种:①浸染状的石英以及硫化物细脉型(占储量的 75%);②低硫的含金石英脉型(占储量的 25%)。在第一种矿化类型中,石英细脉以及浸染状的黄铁矿构成层状线型的网脉。硫化物含量为 2%～5%,其中以黄铁矿为主(95%),含少量方铅矿、闪锌矿、毒砂、磁黄铁矿、黄铜矿、镍黄铁矿、针镍矿以及方黄铜矿。金为细粒金(0.1～0.14 mm),成色为 780～820,多赋存于黄铁矿裂隙中,亦有少量赋存于毒砂中。对于第二种矿化类型,该矿床共发现 22 条石英脉,形态复杂,多出露于矿区西部。矿石矿物主要包括粗粒石英(90%～95%)、黄铁矿(1%～3%),碳酸盐(菱铁矿、铁白云石、白云石、方解石)以及黄铁矿的褐铁矿伪晶，同时含少量白云母、绿泥石、方铅矿、闪锌矿、黄铜矿、毒砂以及磁黄铁矿。金与磁黄铁矿、黄铜矿和方铅矿交替生长。Pt 含量与硫化物含量呈正相关。Sukhoy Log 形成于东西走向的第三级背斜的中部。背斜核部岩石主要为黑页岩、灰岩和石英砂岩，它们经历了绿片岩相的变质作用。矿床规模为大型，金平均品位为 2.8～3.6g/t，同时还含有相近品位的 Pt。

3. 博代宾成矿带的成因以及构造控制因素

带内主要矿床形成于两个阶段：①里菲期和早古生代，在沉积以及后期的变质和热液活动过程中，金发生积聚（Buryak，1982）。这些过程形成了零星的 Au-硫化物矿体。②在中晚古生代晚期的碰撞花岗岩、浅粒花岗岩侵入体与热液活动过程中，形成了 Au-石英硫化物的工业矿体（Konovalov，1985）。Sukhoy Log 金矿成矿年龄为 320Ma。后期的岩浆热事件包括晚古生代 Kadali-Butuinsky 岩墙杂岩体的侵位（Rundquist 等，1992）。此次地质事件造成了 Au-Ag-硫盐矿床的形成（Znamirovsky，Malykh，1974）。该成矿带具有寻找大型金矿床的潜力。

二、贝加尔-维季姆成矿带（B_2）

贝加尔-维季姆成矿带主要位于俄罗斯布里亚特共和国东北部地区，地质构造上属于北亚克拉通南部萨彦-贝加尔造山系的贝加尔-维季姆褶皱-坳陷带。在贝加尔-维季姆褶皱-坳陷带内发育有奥罗京（Olokitskiy）Zn-Pb-Cu 成矿带和贝加尔-穆伊（Baikalo-Muiskiy）Pb-Zn-Ag 成矿带。前者主要产出火山热液 Zn-Pb-Cu 块状硫化物（Kuroko，Altai 型）矿床，后者主要产出火山热液沉积型块状硫化物 Pb-Zn（±Cu）矿床、多金属（Pb、Zn、Ag）碳酸盐岩交代型矿床和赋存于蛇纹岩中的石棉矿床（表 4-2）。

表 4-2 贝加尔-维季姆成矿带成矿地质特征简表

成矿带	构造单元	主要构造-建造	典型矿床
奥罗京 Zn-Pb-Cu 成矿带	奥罗京-德鲁奴尔安增生楔地体西部的奥罗京盆地内	奥罗京裂谷盆地的浊积岩系及里菲期中期奥罗京岩系	霍洛德宁火山热液 Zn-Pb-Cu 块状硫化物矿床
贝加尔-穆伊 Pb-Zn-Ag 成矿带	贝加尔-穆伊岛弧，穆伊变质地体和奥罗京增生楔地体的局部范围内	岛弧地体下部不同时期的蛇绿岩构造楔以及半深海相沉积岩； 里菲期中期奥罗京系火山碎屑岩、沉积岩及丰富的拉斑玄武岩和流纹岩夹层； 里菲期晚期多夫乌仁岩系炭质、碎屑、碳酸盐沉积岩	霍洛德宁火山热液沉积型块状 Pb-Zn±Cu 硫化物矿床； 鲁格奥沃伊多金属（Pb-Zn-Cu、Ba、Ag、Au）碳酸盐岩交代沉积岩型矿床等； Molodezhnoye 赋存于蛇纹岩中的石棉矿床

（一）奥罗京 Zn-Pb-Cu 成矿带

1. 成矿带地质构造特征

奥罗京（Olokitskiy）Zn-Pb-Cu 成矿带为一新元古代成矿带，主要矿床类型为火山热液块状硫化物矿床（Kuroko，Altai 型），形成于奥罗京-德鲁奴尔安（Olokit-Delunuran）增生楔地体西部的奥罗京（Olokit）盆地内。成矿带位于贝加尔高原北部，从贝加尔湖到维季姆（Vitim）河的狭长范围内呈弧形展布，长 400km，宽 80km。奥罗京-德鲁奴尔安（Olokit-Delunuran）地体由奥罗京（Olokit）裂谷盆地（Distanov 等，1982）的浊积岩系及里菲期中期奥罗京（Olokit）岩系组成。奥罗京（Olokit）岩系包括火山碎屑岩和沉积岩夹玄武岩及石英粗面岩熔岩，玄武岩同位素年龄为 1 000Ma（Neumark 等，1990，

1994),可分为 N-MORB 和 E-MORB 型(Rytsk 等,1999),上部岩性包括火山岩、硅质、含氧化铁沉积岩和凝灰岩。上覆的多夫乌仁(Dovyren)岩系主要包括里菲期晚期炭质、碎屑以及碳酸盐沉积岩。以上岩石单元均经历角闪岩相变质作用,多变为石榴石-石英-斜长石-云母片岩,石英岩以及大理岩,强烈的剪切作用和变形作用形成陡倾角的等斜褶皱,褶轴与北东向贝加尔-帕托姆(Baikal-Patom)弧形构造的构造线方向近平行。主要矿床位于霍洛德宁(Kholodninskoye)地区。

2. 霍洛德宁火山热液 Zn-Pb-Cu 块状硫化物矿床

该矿床(Distanov,1977;Distanov,Kovalev,1995,1996)由一系列陡倾角-透镜状-韵律带状的薄层块状黄铁矿和多金属硫化物构成。该矿床延伸长度可达 7～8km。容矿围岩由互层的石墨-云母-碳酸盐-硅质片岩(几十米到几百米厚)及斑状变晶岩石组成,亦出露含有块状和浸染状的方铅矿、闪锌矿、黄铁矿及层状硫化物的矽卡岩。围岩为互层的石墨-硅质片岩。主要矿石矿物为方铅矿、闪锌矿、黄铁矿和磁黄铁矿,以黄铁矿为主,闪锌矿和方铅矿广泛分布,黄铜矿和磁黄铁矿主要发育于脉体内,脉石矿物主要为石英和石墨。该矿床层状的硫化物矿体形成于热液和沉积过程中,重结晶的硫化物形成于角闪岩相的进变质作用中,交叉的细脉以及浸染状的矿化则形成于退变质过程中。矿区内亦可见变质的辉长岩、辉绿岩以及煌斑岩岩墙或岩株。围岩蚀变包括石墨化和绿泥石化。该矿床被认为形成于里菲期,约 740～1 000Ma,与双峰式火山作用关系密切。矿床规模为大型,Zn、Pb、Cu、Cd、As 和 Sb 的平均品位依次为 4.0%～6.3%、0.5%～1.7%、0.02%～0.05%、$80\times10^{-6}\sim100\times10^{-6}$、$200\times10^{-6}\sim500\times10^{-6}$ 和 $30\times10^{-6}\sim50\times10^{-6}$。

3. 成矿带的成因以及构造控制因素

该成矿带被认为形成于构造拼贴到增生楔中的岛弧或弧后构造序列内。

(二) 贝加尔-穆伊 Pb-Zn-Ag 成矿带

1. 成矿带地质构造特征

该新元古代成矿带形成于贝加尔-穆伊(Baikal-Muya)岛弧,穆伊(Muya)变质地体和奥罗京(Olokit)增生楔地体的局部范围内。主要矿床位于 Kholodninskoye、Lugovoye 和 Molodezhnoye 地区。该成矿带发育于维季姆(Vitim)高地(地块)北缘(贝加尔湖北缘),由贝加尔湖延伸至维季姆(Vitim)河,长约 500km,宽 120km。

贝加尔-穆伊(Baikal-Muya)岛弧地体下部包括了不同时期的蛇绿岩构造楔以及半深海相沉积岩(下 Kelyansky 岩系),里菲期中期岛弧玄武岩、安山岩、斜长流纹岩杂岩(Verkhne Kelyansky 岩系)及辉长岩和斜长花岗岩侵入体。该岛弧地体岩石经历了绿片岩相变质作用(Dobretsov,1983;Bulgatov,Gordienko,1999;Bozhko 等,1999)。

穆伊(Muya)地体包括变质的 Kindikansky、Ileirsky 和 Lunkutsky 等岩系。

奥罗京-德鲁奴尔安(Olokit-Delunuran)增生楔地体地层主要包括:里菲期奥罗京(Olokit)系火山碎屑岩、沉积岩及丰富的拉斑玄武岩和流纹岩夹层,火山成因的硅质沉积岩以及凝灰岩;里菲期晚期多夫乌仁(Dovyren)岩系炭质、碎屑、碳酸盐沉积岩。以上所有单元均经历了角闪岩相的变质作用和褶皱变形作用。后增生期山间盆地相沉积岩地层(玄武岩、流纹质英安岩及里菲期晚期 Padrinsky 岩系磨拉石沉积)呈近平行状上覆于以上地层之上。

巴尔古津-维吉姆(Barguzin-Vitim)带中的早古生代碰撞造山花岗岩类构成了缝合带杂岩。

2. 主要矿床及成矿特点

该成矿带包括一系列矿床以及大的矿化点:霍洛德宁(Kholodninskoe)(火山热液沉积型块状 Pb-Zn 硫化物±Cu 矿床)、鲁格奥沃伊(Lugovoye)多金属(Pb-Zn-Cu、Ba、Ag、Au)交代沉积岩型矿床等。

这些矿床赋存于奥罗京(Olokit)弧后浊流盆地沉积岩中,沿贝加尔-穆伊(Baikal-Muya)岛弧北端分布。主要矿床有 Ni (Chaisky,Baikalsky)、Mo、Fe (Tyisky,Abchadsky-ferruginous quartzite)、Ti、Mn 和 REE,分布在贝加尔-穆伊(Baikal-Muya)带内一些盆地中(Distanov 等,1982)。构造特征主要表现为局部的背斜,岩性为火山及硅质碎屑岩,在经历了角闪岩相变质作用之后,多转变为石榴子石-石英-斜长石-云母片岩、石英岩以及大理岩。层状条带结构的黄铁矿-磁黄铁矿-闪锌矿-方铅矿-黄铜矿矿体赋存于以上岩石中(霍洛德宁矿床、Kholoysky 矿床 和 Kosmonavtov 矿化点)。

由辉闪苦橄岩-橄榄岩-橄长岩构成的多夫乌仁(Dovyren)杂岩体出露于盆地中部,Ni 矿化发育在部分侵入体的条带状片理化带中,条带-网脉状磁黄铁矿、镍黄铁矿以及磁铁矿矿体赋存于不同的超铁镁质杂岩中(与 Chaisky 铁镁质-超铁镁质相关的 Cu-Ni-PGE 矿床)。矿体中钴、铬和铂含量常表现出依次升高的趋势。

上安格拉(Angara)沉积盆地里菲期晚期和寒武纪叠覆体为多金属(Pb-Zn-Ag)交代型矿床(Lugovoye 矿床)的主要富矿地层,矿化主要出露于硅化灰岩层位中,矿体多为透镜状,矿石矿物为闪锌矿、方铅矿、黄铁矿和萤石。

高品质的纤蛇纹石温石棉-石棉矿产于交代蚀变的纯橄榄岩、斜方辉橄岩层状体中,矿床类型为赋存于蛇纹石中的石棉矿床(Molodezhnoye,Ust-Kelyansky)。透闪石软玉矿床(Paramskoye,Buronskoye)发育于超基性岩体边缘以及脱碳酸盐交代蚀变带中,围岩中有小型石墨矿床(Muyskoye)。具有古蛇绿岩特征的火山杂岩体中赋存有少量 Au-硫化物-黄铁矿矿床(Kamennoye,Samokutskoye,Ust-Karalonskoye),并主要被限定于地块间大型的糜棱岩化带中,硫化物矿体呈层状、透镜状,矿石矿物主要为黄铁矿、磁黄铁矿、黄铜矿、方铅矿、闪锌矿,以及 Ag、Pt 和 Pd 的硫盐矿物。

3. 成矿带的成因以及构造控制因素

该成矿带内各类矿床被认为是形成于贝加尔-穆伊(Baikal-Muya)岛弧内,或者是穆伊(Muya)变质地体与奥罗京-德鲁奴尔安(Olokit-Delunuran)增生楔地体的里菲期地体增生过程中。

第二节　维尔霍扬-科雷姆成矿省(VK)

维尔霍扬-科雷姆成矿省分布于研究区东北部的俄罗斯哈巴罗夫斯克边疆区北部及与马加丹州和萨哈共和国的毗邻地区(马亚河-阿尔丹河以东地区)。

维尔霍扬-科雷姆成矿省在地质构造上横跨中生代中期维尔霍扬-科雷姆造山带西缘和大部分鄂霍茨克地块,其东部又被鄂霍茨克-楚克奇火山岩带所覆盖,成矿时代自西向东表现为由元古代向古生代、中生代渐变的趋势。由此,自西向东可进一步划分为 4 个南北向分布的Ⅲ级成矿带:谢岱-达班成矿带(VK_1)、哈雷亚山成矿带(VK_2)、鄂霍茨克成矿带(VK_3)和上任吉格尔成矿带(VK_4),如谢岱-达班成矿带的山湖、萨尔纳达等稀土矿床及 Cu-Pb-Zn 多金属矿床,又如哈雷亚山成矿带、鄂霍茨克成矿带和上任吉格尔成矿带中的尤尔、塔斯-尤量赫、哈康任等金矿床,成矿时代从文德期起,可延迟至晚中生代。

一、谢岱-达班成矿带(VK_1)

(一) 成矿地质特征

谢岱-达班成矿带(VK_1)位于俄罗斯哈巴罗夫斯克边疆区北部与萨哈共和国毗邻的地区,马亚河-阿尔丹河以东至乌拉汉博姆山,南北向延伸长达 400km 的地带,地质构造上属北亚克拉通边缘的中生代中期维尔霍扬-科雷姆中生代褶皱逆冲构造带。

谢岱-达班成矿带的主要矿床(矿产地)共11个,其中大型2个,中型3个,小型2个,规模未知的4个,具体分布情况如表4-3所示。

表4-3　谢岱-达班成矿带(VK_1)矿床分布情况

矿种	大型(个)	中型(个)	小型(个)	未知(个)	合计(个)
金		1	2		3
铅锌	1	2		2	5
锌				1	1
稀土元素	1			1	2

谢岱-达班成矿带(VK_1)的成矿作用主要发生在文德期、中泥盆世—早石炭世和晚白垩世(表4-4),并据此划分出3个不同时期的矿带:文德期库拉赫Pb-Zn-Ag矿带主要分布于成矿带的西部地区,中泥盆世—早石炭世谢岱-达班矿带主要分布于成矿带的东部地区,早白垩世阿普特期—晚白垩世杭度加Au-Ag-Hg-Sb矿带主要分布于成矿带的东部地区,在空间分布上,三者在成矿带内相互重叠。其中,库拉赫(Kyllakh)Pb-Zn-Ag矿带已发现约40个Pb-Zn矿床或矿化点。

表4-4　谢岱-达班成矿带成矿地质特征简表

成矿带	成矿时代	成矿构造事件	主要矿床成矿模式与典型矿床
库拉赫(Kyllakh)Pb-Zn-Ag矿带	文德期	该成矿带形成于北亚克拉通大陆边缘的中生代中期维尔霍扬-科雷姆中生代褶皱逆冲构造带,主要Pb-Zn工业矿体产于文德期白云岩岩层薄化处	赋存于碳酸盐岩中的Pb-Zn矿床(密西西比河谷型); 产出有Sardana,Urui,Pereval'noe等主要矿床
谢岱-达班(Sette-Daban)Cu、Pb-Zn、REE矿带	中泥盆世—早石炭世	Cu形成于泥盆纪裂谷作用断裂系; REE和磷灰石矿床赋存于泥盆纪裂谷作用断裂系中的碱性超基性岩体和碳酸盐岩侵入体内	赋存于沉积岩中的Cu矿床(Kurpandzha); 玄武岩型Cu矿床(苏必利尔湖型)(Dzhalkan矿床和Rossomakha矿床); 碳酸盐岩型REE(±Ta、Nb、Fe)(Gornoye Ozero,Povorotnoye等矿床); 赋存于碳酸盐岩中的Pb-Zn矿床(密西西比河谷型)(Lugun, Segenyakh等矿床)
杭度加(Khandyga)Au-Ag-Hg-Sb矿带	早白垩世阿普特期—晚白垩世	成矿带形成于与构造增生期后的伸展作用有关的欧亚大陆盆地初始扩张时期; 成矿带发育脉状和交代型矿床,位于沿谢岱-达班构造带分布的南维尔霍扬-科雷姆中生代褶皱带和逆冲构造带内	Ag-Sb脉状矿床; 赋存于碳酸盐岩中的As-Au交代岩型矿床; 赋存于碎屑沉积岩中的Sb-Au矿床(Senduchen矿床); 赋存于碎屑沉积岩中的Hg±Sb矿床(Seikimyan矿床)

(二)库拉赫Pb-Zn-Ag矿带

1. 地质构造特征

该矿带属文德期成矿带,主要矿床赋存于里菲系到寒武系厚层碳酸盐岩和碎屑岩中。带内包括多个Pb-Zn和Cu矿化层位,从下至上依次为:①里菲期中期Bik、Muskel组(Cu、Pb-Zn);②里菲期晚期

Lakhanda 组(Pb-Zn);③里菲期晚期 Uy 组(Cu、Pb-Zn);④文德期 Sardana 组(Pb-Zn);⑤早寒武世 Pestrotsvetnaya 组(Cu)。主要的含矿层位为文德期 Sardana 组,其中已发现约 40 个 Pb-Zn 矿床或矿化点。这些矿床或矿化点主要发育在由西部近地台相向东部盆地相转换的部位。Sardana 组可细分为下部无矿化的砂岩、泥岩和碳酸盐岩单元,以及上部含矿化的灰岩白云岩单元。工业矿体主要赋存于砂糖状白云岩岩层厚度变薄的区域内。主要矿床位于 Sardana、Urui 和 Pereval'noe 等地。

2. 赋存于碳酸盐岩中的萨尔丹纳 Pb-Zn 矿床(密西西比型)

赋存于碳酸盐岩中的萨尔丹纳(Sardana)Pb-Zn 矿床(Ruchkin 等,1977;Kuznetsov,1979;Kutyrev 等,1989;Davydov 等,1990)的矿化类型包括浸染状、层状、块状、角砾状以及条带状,矿化形成于(或毗邻于)新元古代(文德期晚期)Yudom 组生物礁白云岩中,岩层厚度为 30~80m。透镜状矿体与上 Sardana 亚组白云岩产状一致,该亚组又可分为 3 个单元:①浅灰色细粒亮晶白云岩(厚 17~30m);②深灰色含沥青灰岩及亮晶白云岩(厚 5~29m);③层状灰岩及块状砂糖亮晶白云岩(厚 31~87m)。数层矿化层位发育,其中主要分布于 Kurung 背斜西翼中部区域。在该区域内,已发现 3 条 Pb-Zn 硫化物矿体,长度为 150~1 300m,厚度为 9~70m。其中最大的矿体赋存于第三单元内,厚度可达 50m。矿物以方铅矿和闪锌矿居多,以团块状、网脉状及浸染状产出。主要矿物包括闪锌矿、方铅矿和黄铁矿,黄铜矿、白铁矿和毒砂次之。氧化矿物为菱锌矿、白铅矿、硫酸铅矿、针铁矿、水针纤铁矿和霰石。该矿床是赋存于 Sardana 组矿床中规模最大的一个,主要发育于 Selenda 向斜内,并受到 Kurung 背斜和南北向逆冲断层的叠加改造。在两翼数千米范围内以及南北向背斜轴部 3km 宽、10km 长范围内的新元古代(文德期早期)白云岩普遍发生低品位矿化。零星分布的辉绿岩岩墙侵入于矿床内。Pb+Zn 平均混合品位为 6%,最大可达 50%。该矿床规模可达大型,Pb+Zn 综合储量超过 100 万 t。钻探表明,在 200~300m 深部仍存在硫化物矿体。

3. 矿带的成因以及构造控制因素

该矿带形成于北亚克拉通大陆边缘的中生代中期维尔霍扬-科雷姆中生代褶皱逆冲构造带,主要 Pb-Zn 工业矿体产于文德期白云岩岩层薄化处。

二、哈雷亚山成矿带(VK_2)

哈雷亚山成矿带(VK_2)位于俄罗斯哈巴罗夫斯克边疆区北部与萨哈共和国的毗邻地区,沿乌拉汉博姆山以东南北向延伸长达 400km 的地带,地质构造上属中生代中期维尔霍扬-科雷姆造山带。

哈雷亚山成矿带主要矿床(矿产地)共 28 个,其中大型 2 个,中型 4 个,小型 13 个,规模未知的 9 个,具体分布情况如表 4-5 所示。

表 4-5　哈雷亚山成矿带(VK_2)矿床分布情况

矿种	大型(个)	中型(个)	小型(个)	未知(个)	合计(个)
金		1	6	2	9
金银	1				1
铜		1	3	3	7
钨			1		1
铜、钼		1		1	2
钨钼				1	1
锌			1	1	2

续表 4-5

矿种	大型(个)	中型(个)	小型(个)	未知(个)	合计(个)
铅锌多金属		1	1		2
锡				1	1
稀有金属	1		1		2

哈雷亚山成矿带成矿作用主要发生在晚侏罗世、早白垩世阿普特期—晚白垩世、晚白垩世和晚白垩世—古新世，并据此划分出 4 个不同时期的矿带：晚侏罗世阿拉赫云(Au、Cu)矿带主要分布于成矿带的西部地区，部分西南部地区延入谢岱-达班成矿带(VK_1)；早白垩世阿普特期—晚白垩世南维尔霍扬金多金属矿带主要分布于成矿带的北部—中部地区；晚白垩世—古新世车拉辛 Cu-Au-Sn-B 矿带分布于成矿带的南部地区；晚白垩世上乌德玛多金属矿带的东北部。上述 4 个矿带的主要成矿地质特征及主要矿床成矿模式与典型矿床见表 4-6。

表 4-6　哈雷亚山成矿带成矿地质特征简表

成矿带	成矿时代	成矿构造事件	主要矿床成矿模式与典型矿床
阿拉赫云(Allakh-Yun')Au、Cu 矿带	晚侏罗世	该成矿带形成于鄂霍茨克地块向北亚克拉通的增生期，位于西南维尔霍扬复向斜中的晚石炭世和二叠纪 Minorsk-Kiderikinsk 强变形带中。石英脉型 Au 矿床稍老于南维尔霍扬复向斜中的大型深熔花岗岩体	韧性剪切带中的石英脉型 Au 矿床(Yur，Nekur，Bular 等矿床)； 矽卡岩型 Cu (±Fe、Au、Ag、Mo) 矿床(Muromets 矿床)； 黑色页岩中的 Au 矿床 (Svetly 矿床)
南维尔霍扬(South Verkhoyansk)Au-多金属矿带	早白垩世阿普特期—晚白垩世	该成矿带形成于鄂霍茨克地块向北亚克拉通的增生作用形成的南维尔霍扬强变形带中，含金石英脉稍早于侵入南维尔霍扬复向斜中的大型花岗质侵入岩体(^{40}Ar-^{39}Ar年龄为 120～123Ma)	韧性剪切带中 Au 矿床和石英脉型 Au 矿床(Nezhdaninka 矿床)； 脉状和网脉状 Pb-Zn ±Cu (±Ag、Au)多金属矿床(Upper Menkeche 矿床)； 与花岗岩类有关的脉状 Au 矿床； 网脉状和石英脉状云英岩型 W-Mo-Be 矿床； 浅成低温脉状 Au-Ag 矿床
车拉辛(Chelasin)Cu-Au-Sn-B 矿带	晚白垩世—古新世	该成矿带形成于早白垩世阿普特期—晚白垩世活动大陆边缘岛弧构造环境下的鄂霍茨克-楚克奇火山-深成岩带内晚期花岗岩的形成时期。成矿与侵入和超覆北亚克拉通的鄂霍茨克-楚克奇火山-深成岩带及乌达火山-深成岩带有关的交代作用和花岗岩类有关	矽卡岩型 Sn-B 矿床(Fe，硼镁铁矿)； 与花岗岩类有关的脉状 Au 矿床； 矽卡岩型 Cu (±Fe、Au、Ag、Mo) 矿床； 斑岩型 Cu (±Au) 矿床(Chelasin 矿床)
上乌德玛(Upper Uydoma)多金属矿带	晚白垩世	该成矿带形成于早白垩世阿普特期—晚白垩世活动大陆边缘岛弧构造环境下的鄂霍茨克-楚克奇火山-深成岩带内晚期花岗岩的形成时期。成矿与侵入和超覆北亚克拉通边缘-维尔霍扬褶皱逆冲构造带的鄂霍茨克-楚克奇火山-深成岩带有关的脉状和交代作用有关	脉状和网脉状锡石-硫化物-硅酸盐矿床(Khoron 矿床)； 脉状和网脉状 Pb-Zn ± Cu (±Ag、Au)多金属矿床； 网脉状和石英脉状云英岩型 Sn-W 矿床； 斑岩型 Mo (±W、Sn、Bi)矿床

三、鄂霍茨克成矿带(VK_3)

鄂霍茨克成矿带(VK_3)位于俄罗斯哈巴罗夫斯克边疆区东北部地区，成矿带最北部延入萨哈共和国，沿朱格朱尔山脉北东段库赫图伊地区至乌利亚河流域，近南北向延伸长达400km的地带，地质构造上属鄂霍茨克地块及白垩纪鄂霍茨克-楚科奇火山岩带乌里因地段。

鄂霍茨克成矿带为一晚白垩世—上新世Au-Ag多金属成矿带，矿带形成于早白垩世阿普特期—晚白垩世活动大陆边缘岛弧构造环境下的鄂霍茨克-楚克奇火山-深成岩带内晚期花岗岩的形成时期，发育有与侵入和超覆鄂霍茨克地块的鄂霍茨克-楚克奇火山-深成岩带有关的脉状矿床，主要有：浅成低温脉状Au-Ag矿床(Khakandzha，Yurievka等矿床)；斑岩型Mo(±W、Sn、Bi)矿床；斑岩型Sn矿床；赋存于火山岩中的Pb、Zn±Cu、Ba、Ag、Au多金属交代型矿床。

四、上任吉格尔成矿带(VK_4)

上任吉格尔成矿带(VK_4)位于俄罗斯哈巴罗夫斯克边疆区东北部与马加丹州的毗邻地区，沿哈亚塔山延伸至塔隆地区长达约300km的地带，地质构造上属霍茨克地块东部的中生代中期维尔霍扬-科雷姆造山带——上任吉格尔构造带。

上任吉格尔成矿带(VK_4)成矿作用主要发生在早白垩世和晚白垩世—古新世，并据此划分出两个不同时期的矿带：早白垩世库鲁-扬(Au、Ag)矿带主要分布于成矿带的西部地区；晚白垩世—古新世扬恩Sn矿带主要分布于成矿带的东部地区。

第三节　阿尔丹-斯塔诺夫成矿省(AS)

阿尔丹-斯塔诺夫成矿省分布于研究区北部的俄罗斯萨哈共和国南部、赤塔州北部、阿穆尔州北部和哈巴罗夫斯克边疆区北部地区。在构造上位于西伯利亚地台南部，以发育有超大型、大型Fe、Au、U、Ti、Cu、Pt、Ta、Nb及稀有元素矿床为特征。可进一步划分为5个Ⅲ级成矿带：勒拿-玛娅成矿带(AS_1)、阿尔丹成矿带(AS_2)、奥列克敏成矿带(AS_3)、斯塔诺夫成矿带(AS_4)和朱格朱尔山成矿带(AS_5)。

一、勒拿-玛娅成矿带(AS_1)

勒拿-玛娅成矿带位于俄罗斯萨哈共和国南部的勒拿河流域至阿尔丹河以北的区域，地质构造上属西伯利亚地台盖层区的阿尔丹板块，主要发育沥青质陆源碳酸盐岩相地层。在上勒拿区，其涅帕盆地的钾盐和食盐资源丰富，该区还发现了远景看好的涅帕含油气盆地。此外，在含盐岩层中有矿化度较高的碘-溴溶液和含锂溶液。

二、阿尔丹成矿带(AS_2)

阿尔丹成矿带位于俄罗斯萨哈共和国南部和哈巴罗夫斯克边疆区北部地区，界于斯塔诺夫山脉(外兴安岭)以北，阿尔丹河以南，马亚河以西的广大地区，总体上呈东西向带状分布。该成矿带在地质构造上总体属于阿尔丹-斯塔诺夫地盾区，西部主要为变质及深变质花岗-片麻岩岩相的阿尔丹原地块，东部和南部主要为麻粒岩相-角闪岩相变质结晶的东阿尔丹地块及发育含古老风化壳残余物的红色长石砂岩的乌丘尔-麦依坳陷。在成矿带的东南角发育有以流纹岩—粗面英安岩—花岗岩类为主的中生代乌达康火山坳陷。此外，在该成矿带的西南部和东南部发育有含石化多层含煤地层的南雅库特盆地（丘里曼和托金盆地）。

阿尔丹成矿带主要矿床（矿产地）共 21 个，其中大型 7 个，中型 2 个，小型 9 个，规模未知的 3 个，具体分布情况如表 4-7 所示。

表 4-7 阿尔丹成矿带（AS_2）矿床分布情况

矿种	大型（个）	中型（个）	小型（个）	未知（个）	合计（个）
金	1	1	2	1	5
金银			1		1
铂族		1	1		2
铁	4			1	5
稀有金属	1		1		2
稀土元素	1		4	1	6

阿尔丹成矿带的成矿作用主要发生在太古代（2.5～3.0Ga）、古元古代早期（2.1～2.3Ga；2.0 Ga）、古元古代晚期（1.75 ～1.9Ga）、侏罗纪—早白垩世，并据此划分出 3 个不同时期的 10 个成矿带。

太古代苏塔姆铁成矿带主要分布于成矿带南部的苏塔姆地块的太古代高温高压麻粒岩-正片麻岩中，发育有阿尔戈马式铁建造，典型矿床有 Olimpiyskoe 等大型矿床。

古元古代早期，在成矿带内自西向东分布有 5 条矿带，分别是：①北西向阿穆加-斯塔诺夫（Amga-Stanovoy）金矿带，成矿时代约在 2.0 Ga，金矿带形成于阿尔丹-斯塔诺夫造山带的西阿尔丹和图达（Tynda）复合地体与中阿尔丹超地体的碰撞造山期和随后发生的造山崩塌期，碰撞造山作用的原因尚不明晰，金矿化主要发育在穿切变质镁铁质-超镁铁质岩体等深成岩体的韧性剪切带中。主要矿床类型为产于阿穆加构造混杂岩带内的韧性剪切带中 Au 矿床和石英脉型 Au 矿床；②北东向德伊奥斯-勒格列尔（Dyos-Leglier）铁矿带，成矿时代约在 2.0Ga，矿带产于中阿尔丹超地体的麻粒岩-正片麻岩中，形成于前述的碰撞造晚期或期后的岩浆交代作用，主要矿床类型为矽卡岩型铁矿床，典型矿床有 Tayozhnoe 2、Dyosovskoe、Emeldzhak 等矿床；③北东向缇姆普顿（Timpton）金云母矿带，矿带主要发育在中阿尔丹超地体和东阿穆加构造混杂岩带中，成矿时代在 1.9～2.8Ga，围岩时代为 2.1～2.3Ga，形成于前述的碰撞造山晚期的岩浆交代作用，主要矿床类型为矽卡岩型金云母矿床，典型矿床有 Nadyozhnoe 等矿床；④北西向图尔康达-斯塔诺夫（Tyrkanda-Stanovoy）金矿带，成矿时代约在 2.0Ga，金矿带形成于阿尔丹-斯塔诺夫造山带的图达（Tynda）复合地体与中阿尔丹和东阿尔丹超地体的碰撞造山期和随后发生的造山崩塌期，碰撞造山作用的原因亦尚不明晰，金矿化亦主要发育在穿切变质镁铁质-超镁铁质岩体等深成岩体的韧性剪切带中，主要矿床类型为产于图尔康达（Tyrkanda）构造混杂岩带内的韧性剪切带中 Au 矿床和石英脉型 Au 矿床（Kolchedannyi Utyos 矿床）；⑤乌楚尔（Uchur）金云母矿带，矿带主要形成于中阿尔丹和东阿尔丹超地体的碰撞造山晚期或碰撞造山期后构造期，碰撞造山作用的原因亦尚不明晰，成矿时代约在 2.0Ga，矿带发育在东阿尔丹超地体和帕托姆复合地体中，主要矿床类型为矽卡岩型金云母矿床，典型矿床有 Megyuskan 等矿床。

古元古代晚期，在成矿带内自西向东分布有 3 条矿带，均形成于中阿尔丹超地体的麻粒岩-正片麻岩带中，分别是：①北西向上阿尔丹（Upper Aldan）压电石英矿带，矿带形成于碰撞造山期后的裂谷中，赋存于新太古代和古元古代石英岩层及变质程度达麻粒岩相的高铝片麻岩和镁铁质片岩中，成矿时代在 1.75～1.83Ga，典型矿床有 Perekatnoye、Bugarykta 等矿床；②南北向尼穆奴尔（Nimnyr）磷灰石矿带，与成矿有关的碳酸盐岩形成于板内裂谷作用发生期，矿床由发育在不对称碳酸盐岩岩株中的石英-碳酸盐、假象赤铁矿-磷灰石-石英-碳酸盐、假象赤铁矿-磷灰石-碳酸盐、磷灰石-碳酸盐-石英矿石组成，碳酸盐岩岩体的同位素年龄为 1.9Ga，成矿时代为古元古代晚期，典型矿床有 Seligdar 矿床；③东西向

(Avangra-Nalurak)铁-稀土矿带，矿带形成于与前寒武纪内克拉通盆地的地堑有关的内克拉通裂陷发生期，稀土矿物的源岩是中阿尔丹超地体的花岗岩类和内克拉通裂陷期的碱性火山岩，砂矿赋存于厚层石英砂岩和长石砂岩及砾岩层中。主要矿床有稀土砂矿和苏必利尔型铁矿床，典型铁矿床有 Atugey 苏必利尔型铁矿床。

侏罗纪—早白垩世恰拉-阿尔丹(Chara-Aldan)U-Au 矿带自西向东呈带状遍及阿尔丹成矿带，其向西延伸进入奥列克马成矿带(AS_3)内，并遍及该成矿带的北部地区。该矿带形成于早白垩世北亚克拉通边缘的由亚碱性-碱性侵入体(包括正长岩、二长岩、花岗正长岩和碱性辉长岩的岩体、岩株及岩床)和相对应的火山岩类及带状碱性超镁铁质侵入体所组成的安第斯型大陆边缘岛弧带的弧后区域，成矿作用与侵入北亚克拉通和中阿尔丹超地体的南亚库特亚碱性-碱性岩浆岩带的花岗岩类及交代作用有关，形成钾交代岩型金矿床(Kuranakh 矿床)、矽卡岩型金矿床(Klin 矿床)、U-Au 矿床(El'kon 群)、韧性剪切带中 Au 矿床和石英脉型 Au 矿床(Krutoy 矿床)、恰拉石(Charoite)交代岩型矿床(Murunskoye 矿床)。

三、奥列克敏成矿带(AS_3)

奥列克敏成矿带位于俄罗斯赤塔州北部和萨哈共和国南部及阿穆尔州西北部地区，卡拉尔山脉以北至奥廖克马亚河以西的地区，总体上呈北东西向带状分布。该成矿带在地质构造上总体属于阿尔丹-斯塔诺夫地盾区，主体部分为深熔花岗岩相-淡色花岗岩相的奥列克敏地块及其西部的克达尔-乌达康断陷槽，东部主要为变质及深变质花岗-片麻岩岩相的阿尔丹原地块，在成矿带的东南角及西南角出露有麻粒岩相-角闪岩相变质结晶的东阿尔丹地块的变质地体。

奥列克敏成矿带主要属铜、铁和稀有金属成矿带。主要矿床(矿产地)共 33 个，其中超大型 4，大型 17 个，中型 7 个，小型 2 个，规模未知的 3 个。确定成因类型的矿床(矿产地)27 个，主要为沉积砂岩型(10 个)、沉积变质型(3 个)、沉积型(2 个)、岩浆分异型(2 个)、岩浆热液型(2 个)、岩浆岩型(2 个)。具体分布情况如表 4-8 所示。

表 4-8　奥列克敏成矿带(AS_3)矿床分布情况

矿种	超大型(个)	大型(个)	中型(个)	小型(个)	未知(个)	合计(个)
金				1	3	4
铜	1	8	7	1		17
钼		1				1
铁	1	7				8
稀有金属	2	1				3

奥列克敏成矿带的成矿作用主要发生在太古代、古元古代、侏罗纪—早白垩世，并据此划分出 3 个不同时期的矿带：①太古代西阿尔丹 Au-Fe 矿带；②古元古代乌古伊-乌多坎(Uguy-Udokanskiy)铜多金属矿带；③侏罗纪—早白垩世恰拉-阿尔丹(Chara-Aldan)U-Au 矿带。

太古代西阿尔丹 Au-Fe 矿带主要分布于成矿带中部和北部的西阿尔丹地区的花岗岩-绿岩复合地体内，在矿带中已经发现了大型 BIF 矿床 (阿尔戈马型铁矿)，绿岩带 Au、Pt 矿点，磷灰石磁铁矿，磁铁矽卡岩，锆石-钛铁矿矿床等。大型 BIF 矿床年龄大概是 2.7～3.0Ga.，金矿点的成矿时代为晚太古代—古元古代。主要 BIF 铁矿床有 Charskoye、Tarynnakh、Nelyuki、Dagda、Sulumatskoye、Severnoye and Yuzhnoye NizhneSakukan、Sakukannyrskoye and Oleng-Turritakhskoye 等矿床，韧性剪切带中 Au 矿床和石英脉型 Au 矿床主要有 Lemochi 和 Olondo 等矿床。西阿尔丹花岗岩-绿岩复合地体由年龄为 2.7～3.0Ga 的太古代变火山岩和变沉积岩组成的线性绿岩带构成，绿岩带常由英云闪长岩、奥长花岗岩片麻岩、花岗岩和结晶岩石侵入或包围。地体单元在大范围温度和压力变化影响下变质为麻粒岩相。

正片麻岩主要由英云闪长岩和奥长花岗岩组成，发育于含若干大型线性块体且块体被4个纵向带分开的奥雷克马杂岩中。该复合地体长300km，宽30km，还包含有Subgan杂岩和Kurulta麻粒岩杂岩中的绿岩带。绿岩带四周发育变余糜陵岩。这些不同的杂岩和岩带构成了独立的岩体，从而构成了西Aldan这一复合地体。条带含铁建造(BIF)矿床(磁铁石英岩)常发育于变玄武岩和闪长岩的层状岩层及扁豆状矿体中，在变硅质火山岩和片岩中或有少量发育。BIF矿床被认为是形成于弧后盆地和(或)岛弧构造环境。Au矿点则主要分布于切割变玄武岩、闪岩和超镁铁质岩的剪切带中，被认为形成于2.5～2.6Ga的地体聚合或古元古宙后期的构造事件中。

Tarynnakh条带含铁建造矿群(Akhmetov，1983；Gorelov and others，1984；Bilanenko and others，1986；Biryul'kin and others，1990)包含由片麻状花岗岩、片麻岩和不定成分的片岩组成的3个矿床。主要成分为细粒角闪石-阳起石-磁铁矿含铁石英岩。也发育有镁铁闪石-磁铁矿、绿泥石-磁铁矿，以及磁铁矿的变体。含铁石英岩中含有黑云母-石英片岩和白云母-绢云母-石英片岩(有时有石榴石、十字石、蓝晶石、硅线石和红柱石)的夹层，厚度为1.4～3.3km的石英岩单元，角闪石-斜长石片岩，0.5～7m宽的角闪岩，以及0.2～8m厚的花岗类岩。地体单元在中等压力下变质为绿帘-角闪岩相。矿床绵延22.5km，厚330m。矿床向西倾斜显著，倾角达60°～90°。岩体结构主要受近南北向断层控制。该大型矿群的估计储量约为20亿t，平均铁品位28.1%。

苏必利尔型含条带含铁建造的Charskoye矿群(Petrov，1976；Myznikov，1995；M N Devi and others，1979)位于赤塔州北部，恰拉河西岸的西阿尔丹铁矿区的Kodar山脊处，包含Chara-Tokka铁矿区西侧的部分区域。沿近南北向断裂带走向发育，长185km，宽50km。主要含铁石英岩矿床有Sulumatskoye、Severnoye、Yuzhnoye、Nizhne Sakukan、Sakukannyrskoye和Oleng-Turritakhskoye等矿床。矿床年龄为2.5～2.6Ga (Arkhangelskaya，1998)。在断层盆地附近形成一个矿床群，该断层盆地由高度变质的太古代火山岩和碎屑岩填充，显示曾有大量的花岗岩化和铁质-硅质变质作用事件发生(Myznikov，1995)。Chara矿群中的含铁石英岩和其他铁质-硅质岩沿3条近南北向断裂带发育。矿床由高度倾斜的磁铁矿层组成。共有10个类型的铁矿。最具特点的有条带状磁铁矿石英岩、黑云母-角闪石-磁铁矿石英岩、块状磁铁矿和紫苏辉石-磁铁矿片岩。该矿床中铁的平均品位为28%。

剪切带中的石英脉型Olondo金矿床(Popov and others，1990；Popov and others，1997；Zhizhin and others，2000；Smelov and Nikitin，in press)包含切割Olondo绿岩带变玄武岩和变超镁铁质岩的石英脉，以及块状碳酸盐岩和角闪石-石英-硫化物交代岩带。变火山岩中Au的含量随交代变质的程度不同增至最高品位0.2～0.5g/t。这些矿床的宽度从几厘米到10～15m不等，倾斜度高。平均品位为Au3～5g/t，Pt最高为2.5g/t。

古元古代乌古伊-乌多坎(Uguy-Udokanskiy)铜多金属矿带分布于成矿带中部和南部地区。赋存于沉积岩中的铜矿床形成于沿被动大陆边缘裂陷带发育的克达尔-乌达康断堑槽的沉积岩中，乌多坎铜矿床含铜砂岩的时代为1.8～2.2Ga；Cr-PGE矿床产于镁铁-超镁铁深成岩带中；Ta-Nb-REE碱性交代岩型矿床被认为形成于碰撞造山晚期的深熔花岗岩中，成矿时代为1.6～2.0Ga。主要矿床有Chineyskoye、Udokanskoye、Pravo-Ingamakit、Sakinskoye、Sulbanskoye和Katuginskoye等矿床。

侏罗纪—早白垩世恰拉-阿尔丹(Chara-Aldan)U-Au矿带自西向东呈带状遍及奥列克敏成矿带和阿尔丹成矿带，其主要成矿地质特征已在阿尔丹成矿带(AS_2)中予以介绍。

四、斯塔诺夫成矿带(AS_4)

斯塔诺夫成矿带主要位于俄罗斯阿穆尔州北部地区，斯塔诺夫山脉(外兴安岭)及以南的地区，总体上呈东西向带状分布。该成矿带在地质构造上属于朱格朱尔-斯塔诺夫地块，主体部分为紫苏花岗岩-奥长花岗岩-片麻岩相变质建造。

斯塔诺夫成矿带主要属金-银多金属成矿带。主要矿床(矿产地)共10个，其中大型1个，中型4个，小型4个，规模未知的1个。确定成因类型的矿床(矿产地)9个，主要为岩浆热液型(3个)、斑岩型

（2个）。具体分布情况如表4-9所示。

表4-9　斯塔诺夫成矿带(AS_4)矿床分布情况

矿种	大型(个)	中型(个)	小型(个)	未知(个)	合计(个)
金		1	1	1	3
金银		1			1
铂族			1		1
铜		1			1
钼			2		2
锡		1			1
钛	1				1

斯塔诺夫成矿带的成矿作用主要发生在古元古代和早白垩世，并据此划分出2个不同时期的3个矿带：①古元古代卡瓦克特钛铁矿-磷灰石矿带；②早白垩世北斯塔诺夫Au-Ag矿带；③早白垩世德结尔图-拉克斯基Au矿带。

古元古代卡瓦克特(Kavakta)钛铁矿-磷灰石矿带位于成矿带北部的阿穆加镁铁质-超镁铁质深成岩构造混杂岩带中，矿带形成于推测的新太古代大陆裂解期(2.3～2.5Ga)，形成岩浆型和交代型矿床，典型矿床有大型卡瓦克特钛铁矿-磷灰石矿床。

早白垩世北斯塔诺夫Au-Ag矿带位于成矿带北部的斯塔诺夫花岗岩带中，矿带形成于蒙古-鄂霍茨克洋的最终闭合阶段，南部的布列亚超地体向北部北亚克拉通的构造增生晚期。成矿与侵入腾达地体的斯塔诺夫花岗岩带的花岗岩类有关，形成与花岗岩有关的石英脉型金矿床和浅成低温热液脉型金矿床，典型矿床：前者代表有巴姆(Bamskoe)金矿，后者代表有布林丁(Burindinskoe)金矿。

早白垩世德结尔图-拉克斯基(Djeltu-laksky)Au矿带位于成矿带南部的斯塔诺夫花岗岩带中，矿带亦形成于蒙古-鄂霍茨克洋的最终闭合阶段，南部的布列亚超地体向北部北亚克拉通的构造增生晚期。成矿与侵入腾达地体(斯塔诺夫地块)的斯塔诺夫花岗岩带的花岗岩类及朱格朱尔斜长岩带有关，形成与花岗岩有关的石英脉型金矿床，典型矿床有Zolotaya Gora金矿。

五、朱格朱尔山成矿带(AS_5)

朱格朱尔山成矿带主要位于俄罗斯哈巴罗夫斯克边疆区北部的朱格朱尔山脉的西南段地区，总体上呈北东向带状分布。该成矿带在地质构造上属于朱格朱尔-斯塔诺夫地块的东段，主体部分为紫苏花岗岩-奥长花岗岩-片麻岩相变质建造。

朱格朱尔山成矿带属Ti-Fe-Cu-Au矿带。主要矿床(矿产地)共6个，其中大型4个，中型1个，小型1个。主要成因类型为岩浆热液型(5个)和矽卡岩型(1个)。具体分布情况如表4-10所示。

表4-10　朱格朱尔山成矿带(AS_5)矿床分布情况

矿种	大型(个)	中型(个)	小型(个)	合计(个)
金			1	1
铜		1		1
钛	4			4

朱格朱尔山成矿带的成矿作用主要发生在古元古代和晚白垩世-古新世这2个时期，并据此划分出2个不同时期的矿带：①古元古代巴吉登-麦伊玛康钛铁矿-磷灰石矿带；②白垩纪—古新世前朱格朱尔山Cu-Mo-Au矿带。

古元古代巴吉登-麦伊玛康(Bogidenskoe-Maimakanskoe)钛铁矿-磷灰石矿带位于成矿带的中部地区，产出有4个大型钛铁矿-磷灰石矿床，分别为：巴吉登(Bogidenskoe)矿床、扎明(Dzhaninskoe)矿床、盖乌姆(Gayumskoe)矿床、麦伊玛康(Maimakanskoe)矿床。矿床类型属与斜长岩杂岩相关的含磷灰石-Ti-Fe-P型矿床，矿床的形成时代为古元古代，围岩的U-Pb同位素年龄为1 700Ma。

白垩纪—古新世前朱格朱尔山Cu-Mo-Au矿带主要位于成矿带的北东段。矿带形成于沿活动大陆边缘岛弧带(由早白垩世阿尔比期—晚白垩世鄂霍茨克-楚科奇火山-深成岩带组成)发育的花岗岩类形成时期，矿化与侵入和超覆东阿尔丹超地体-帕托姆加复合地体的鄂霍茨克-楚科奇火山-深成岩带的花岗岩类及朱格朱尔斜长岩带和乌尔坎深成岩带关系密切，形成斑岩型Cu-Mo(±Au、Ag)矿床、斑岩型Cu(±Au)矿床、浅成低温热液脉型Au-Ag矿床(Avlayakan矿床)、与花岗岩有关的脉型Au矿床及矽卡岩型Cu(±Fe、Au、Ag、Mo)矿床。

第四节　蒙古-鄂霍茨克成矿省(ME)

蒙古-鄂霍茨克成矿省分布于蒙古国东北部、俄罗斯布列亚特共和国东南部、赤塔州大部、阿穆尔州中部和哈巴罗夫斯克边疆区中部地区和中国大兴安岭西坡地区，总体上呈东西向展布，自西向东可进一步划分为7个Ⅲ级成矿带：谢林津-雅布洛诺夫成矿带(ME_1)、涅尔恰-奥廖克姆成矿带(ME_2)、达乌尔-阿金成矿带(ME_3)、克鲁伦-满洲里成矿带(ME_4)、额尔古纳-上黑龙江-岗仁(俄)成矿带(ME_5)、结雅-科尔宾成矿带(ME_6)和乌德-尚塔尔成矿带(ME_7)。

一、谢林津-雅布洛诺夫成矿带(ME_1)

谢林津-雅布洛诺夫成矿带位于俄罗斯布列亚特共和国东南部和赤塔州西北部地区，雅布洛夫山脉和北至贝加尔湖东南侧的广大地区，总体上呈北东向带状分布。该成矿带在地质构造上总体属于兴凯期萨彦-额尔古纳造山系之北蒙古-维季姆造山带的图瓦-后贝加尔地块镶嵌带。自北而南，可进一步划分出5个北东向构造单元：①淡色花岗岩-片麻岩建造组成的巴尔古津-维吉姆混合地块；②深熔花岗岩相-淡色花岗岩相的西斯塔诺夫地块；③变质陆源片麻岩类-炭质-磷质岩类建造组成的图尔卡-维吉姆构造带；④陆源碳酸盐岩-复理石-磨拉石建造组成的东后贝加尔复合坳陷；⑤片麻岩-混合岩-淡色花岗岩组成的布图里努尔-基亚赫塔-玛尔汉中间地块。此外，在该成矿带中部的图尔卡-维吉姆构造带内发育有北东向带状分布的晚新生代大陆裂谷碱性玄武岩。

谢林津-雅布洛诺夫成矿带主要属铜、锌(铅)、钨、锡、铁成矿带。矿带内矿床共7个，其中大型1个，中型2个，小型3个，具体分布情况如表4-11所示。

表4-11　谢林津-雅布洛诺夫成矿带(ME_1)矿床分布情况

矿种	大型(个)	中型(个)	小型(个)	合计(个)
铜		1		1
锌(铅)	1		1	2
钨		1		1
锡			1	1
铀			1	1
铁				1

谢林津-雅布洛诺夫成矿带的成矿作用主要发生在寒武纪—志留纪和中侏罗世—早白垩世，并据此

划分出2个不同时期的3个矿带。

寒武纪—志留纪奥泽尔尼斯基(Ozerninsky)Pb-Zn-Fe矿带主要分布于成矿带中部的图尔卡-维吉姆构造带中。该构造带内发育有艾拉夫纳(Eravna)岛弧地体（规模小至15m),矿带形成于被巴尔古津-维季姆岩基中心花岗岩侵入的岛弧带内,较年轻的花岗岩年龄为320～400Ma,形成火山热液-沉积型Pb-Zn（±Cu）块状硫化物矿床(VHS型)和火山-沉积型铁矿床,典型矿床有奥泽尔诺耶(Ozernoye)铅锌(铜)矿床和阿日辛斯克(Arishinskoye)铁矿床。

中侏罗世—早白垩世艾拉夫纳(Eravninsky)锡-萤石矿带和基罗克斯基(Khilokskiy)锡-钨矿带分别分布于成矿带中部的图尔卡-维吉姆构造带和成矿带南部的东后贝加尔复合坳陷中。

艾拉夫纳(Eravninsky)锡-萤石矿带的成矿作用主要与沿微地块边界以及地块内部(热流柱)的剪切拉张构造带部位发生的岩浆作用有关,形成与侵入和超覆Orhon-Ikatsky地体、巴尔古津-维季姆花岗岩带和塞雷加沉积-火山深成岩带的后贝加尔-大兴安岭沉积-火山深成岩带的火山杂岩有关的交代矿化作用,发育有脉状-网脉状锡石-硫化物-硅酸盐型矿床(Kydzhimitskoye矿床)和赋存于碳酸盐岩中的萤石矿床(Egitinskoye矿床)。

基罗克(Khilokskiy)锡-钨矿带的成矿作用则主要与沿微地块边界以及地块内部(热流柱)的压剪性构造带部位发生的岩浆作用有关,亦形成与侵入和超覆鄂尔浑-伊卡特(Orhon-Ikatsky)地体、巴尔古津-维季姆花岗岩带和塞雷加沉积-火山深成岩带的后贝加尔-大兴安岭沉积-火山深成岩带的火山杂岩有关的交代矿化作用,发育有云英岩型网脉状-石英脉状Sn-W矿床。

二、涅尔恰-奥廖克姆成矿带(ME_2)

涅尔恰-奥廖克姆成矿带位于俄罗斯赤塔州北部地区和阿穆尔州西北部的一小部分地区,地理上卡拉尔山脉以南至石勒喀河以北的地区,总体上呈北东向带状分布。该成矿带在地质构造上总体属于兴凯期萨彦-额尔古纳造山系之北蒙古-维季姆造山带的东段。自西向东,可进一步划分出2个构造单元:①深熔花岗岩相-淡色花岗岩相岩浆岩建造的西斯塔诺夫地块;②紫苏花岗岩-奥长花岗岩-片麻岩相建造组成的斯塔诺夫地块。

涅尔恰-奥廖克姆成矿带主要属金、钼多金属成矿带。本成矿带矿床(矿产地)共29个,其中超大型1个,大型7个,中型9个,小型8个,矿点1个,规模未知的3个。确定成因类型的矿床(矿产地)25个,主要为岩浆热液型(16个)、斑岩型(4个)、火山热液型(2个)。具体分布情况如表4-12所示。

表4-12　涅尔恰-奥廖克姆成矿带(ME_2)矿床分布情况

矿种	超大型(个)	大型(个)	中型(个)	小型(个)	矿点(个)	未知(个)	合计(个)
金		3	4	4			11
银				2		1	3
铅锌多金属			1				1
钼	1	4	2			1	8
钨			1	1			2
锡				1			1
钛						1	1
稀有金属			1		1		2

涅尔恰-奥廖克姆成矿带的成矿作用主要发生在寒武纪—志留纪和中侏罗世—早白垩世这2个时期,并据此划分出2个不同时期的3个矿带:①寒武纪—志留纪科茹奇-宁(Kruchi-ninskiy)Ti-Fe矿带;②中侏罗世—早白垩世卡仁格(Karengskiy)Mo（±W,Bi）矿带;③中侏罗世—早白垩世聂尔琴斯克

(Nerchinsky)Au-W-Mo-Be-萤石矿带。其中,寒武纪—志留纪科茹奇-宁 Ti-Fe 矿带位于成矿带的西南部,中侏罗世—早白垩世的2个矿带自北西向南东呈北东东向依次分布在成矿带内。

寒武纪—志留纪科茹奇-宁(Kruchi-ninskiy)Ti-Fe 矿带位于成矿带的西南部。矿带形成于早古生代板内岩浆作用,成矿与西斯塔诺夫地块内的侵入镁铁质-超镁铁质岩石的巴尔古津-维季姆花岗岩带有关,形成与镁铁质-超镁铁质岩有关的 Ti-Fe (±V)矿床,典型矿床有 Kruchininskoye 矿床。

中侏罗世—早白垩世卡仁格(Karengskiy)Mo (±W、Bi) 矿带呈北东东向分布于成矿带的西北地区。矿带形成于沿微地块边界以及地块内部(热流柱)的剪切拉张构造带发生的岩浆作用部位,成矿与侵入和超覆西斯塔诺夫地体(地块)、巴尔古津-维季姆花岗岩带和塞累加沉积-火山深成岩带的后贝加尔-大兴安岭沉积-火山-深成岩带的火山杂岩和花岗岩类关系密切,形成斑岩型 Mo (±W、Bi) 矿床,典型矿床有奥里基特康(Orekitkanskoye)大型矿床。

中侏罗世—早白垩世聂尔琴斯克(Nerchinsky)Au- W-Mo-Be-萤石矿带呈北东东向分布于成矿带的中部地区。矿带形成于沿微地块边界以及地块内部(热流柱)的剪切拉张构造带发生的岩浆作用部位,成矿与侵入和超覆西斯塔诺夫地体(地块)、巴尔古津-维季姆花岗岩带和塞累加沉积-火山深成岩带的后贝加尔-大兴安岭沉积-火山-深成岩带的火山杂岩和花岗岩类有关,形成与花岗岩类有关的脉状 Au 矿床、云英岩型网脉状和石英脉状 W-Mo-Be 矿床、脉状萤石矿床。典型矿床有大型达拉松金矿床、穆奥克拉康(Muoklakanskoye)中型钨矿床和乌苏格林萤石矿床。

三、达乌尔-阿金成矿带(ME_3)

达乌尔-阿金成矿带大部分位于俄罗斯赤塔州南部地区,南部边缘部分分布于蒙古国东北部地区。该成矿带在地质构造上总体属于亚洲东缘造山系之蒙古-鄂霍茨克造山带的海西期—印支期缝合构造带。自北西向南和东,可进一步划分出6个构造单元:由细碧岩-辉绿岩-蛇绿岩-火山硅质岩建造为主的北杭爱隆起、达乌尔构造带和乌里特扎-前阿金蛇绿岩带,陆源碳酸盐岩-复理石-磨拉石建造为主的杭盖坳陷,火山硅质岩-陆源复理石类-浊积岩复合建造为主的中阿金构造带,淡色花岗岩-片麻岩建造为主的北克鲁林地块。

达乌尔-阿金成矿带主要属于稀有金属、钨、锡、金及多金属成矿带。主要矿床(矿产地)共73个,其中超大型1个,大型3个,中型12个,小型17个,规模未知的40个。确定成因类型的矿床(矿产地)33个,主要为沉积变质型(10个)、岩浆热液型(7个)、斑岩型(5个)、变质热液型(3个)、火山热液交代型(2个)、火山热液型(2个)。具体分布情况如表4-13所示。

表 4-13　达乌尔-阿金成矿带(ME_3)矿床分布情况

矿种	超大型(个)	大型(个)	中型(个)	小型(个)	未知(个)	合计(个)
金			1	3	31	35
金银					2	2
铜					3	3
铅					2	2
铅锌多金属			2			2
钼			1			1
钨		2	2	3		7
钨钼				1		1
铜钼			1			1
锡		1	4	6		11

续表 4-13

矿种	超大型(个)	大型(个)	中型(个)	小型(个)	未知(个)	合计(个)
锑					1	1
铁					1	1
锰				2		2
稀有金属	1		1	1		3
铀				1		1

达乌尔-阿金成矿带的成矿作用主要发生在中侏罗世—早白垩世时期，自西向东可进一步划分出4个矿带：①鄂嫩-赤科奥伊 Sn-W-Mo-Be 矿带；②上伊格奥丁 Sn 矿带；③鄂嫩-图林 Au-Sn 矿带；④阿金斯克 Sn-W-Hg-Sb-Ta-Nb-REE 矿带。

鄂嫩-赤科奥伊(Onon-Chikoiskiy)Sn-W-Mo-Be 矿带位于成矿带的西部地区，矿带发育在沿微地块边界以及地块内部(热流柱)的压剪性构造带发生的岩浆作用部位，成矿与侵入和超覆杭爱-达乌尔地体(地块)、扎格-哈拉(Zag-Haraa)浊积岩盆地和塞累加沉积-火山深成岩带的后贝加尔-大兴安岭沉积-火山-深成岩带的花岗岩类和火山杂岩有关，形成脉状和交代型矿床。典型矿床有：中型苏米洛夫云英岩型网脉状和石英脉状 Sn-W 矿床、小型上乌穆尔云英岩型网脉状和石英脉状 W-Mo-Be 矿床。

上伊格奥丁(Verkhne-Ingodinsky)Sn 矿带位于成矿带的中西部地区。矿带发育在沿微地块边界以及地块内部(热流柱)的压剪性构造带发生的岩浆作用部位，成矿与侵入和超覆杭爱-达乌尔地体(地块)及塞累加沉积-火山深成岩带的后贝加尔-大兴安岭沉积-火山-深成岩带火山杂岩的交代作用有关，形成脉状、火山杂岩型及交代型矿床，典型矿床有脉状-网脉状锡石-硫化物-硅酸盐型 Sn 矿床(Ingodinskoye，Levo-Ingodinskoye 等矿床)。

鄂嫩-图林(Onon-Turinskiy)Au-Sn 矿带位于成矿带的中部。矿带发育在沿微地块边界以及地块内部(热流柱)的压剪性构造带发生的岩浆作用部位，矿带及含矿围岩沿近南北向鄂嫩-图兰(Onon-Tura)断裂带分布，成矿与侵入和超覆塞累加沉积-火山深成岩带的后贝加尔-大兴安岭沉积-火山-深成岩带火山杂岩的交代作用有关，形成脉状、火山杂岩型及交代型矿床，典型矿床有：与花岗岩类有关的脉状 Au 矿床(Lubavinskoye 矿床)、斑岩型 Au 矿床(Ara-Ilinskoe 矿床)、脉状-网脉状锡石-硫化物-硅酸盐型 Sn 矿床(Khapcheranga，Tarbaldzheiskoe 等矿床)。

阿金斯克(Aginskiy)Sn-W-Hg-Sb-Ta-Nb-REE 矿带位于成矿带的东部。矿带发育在沿微地块边界以及地块内部(热流柱)的压剪性构造带发生的岩浆作用部位，成矿与侵入和超覆额尔古纳(Argunsky)地体(地块)的后贝加尔-大兴安岭沉积-火山-深成岩带火山杂岩的交代作用有关，形成脉状、火山杂岩型及交代型矿床。典型矿床有：云英岩型网脉状和石英脉状 Sn-W 矿床(Spokoininskoye 矿床)、伟晶岩型 REE-Li 矿床(Malo-Kulindinskoye)、碱性交代岩型 Ta-Nb-REE 矿床、脉状-网脉状 Hg-Sb-W 矿床(Barun-Shiveinskoye 矿床)。

四、克鲁伦-满洲里成矿带(ME_4)

克鲁伦-满洲里成矿带位于蒙古国东北部及中国的满洲里一带，为蒙古国中蒙古成矿带沿克鲁伦河地区延伸至中国满洲里地区的一条跨境成矿带。该成矿带在地质构造上总体属于兴凯期萨彦-额尔古纳造山系之中蒙古-额尔古纳造山带的西南段，呈北东向带状分布，可进一步划分出4个构造单元：淡色花岗岩-片麻岩建造为主的北克鲁伦地块和南克鲁伦地块，闪长岩-斜长花岗岩-片麻岩建造为主的北乔巴山地块，大陆次碱性安山岩-英安岩-流纹岩建造为主的东蒙古火山岩带。克鲁伦-满洲里成矿带主要属 Au-Ag-Pb-Zn-Cu-Mo-W-U-萤石成矿带。主要矿床(矿产地)共126个，其中大型8个，中型12个，小型5个，规模未知的101个。确定成因类型的矿床(矿产地)25个，主要为斑岩型(5个)、沉积变质型(5

个)、热液交代型(5个)、热液型(5个)、火山热液型(3个)、次火山热液型(2个)。具体分布情况如表4-14所示。

表4-14 克鲁伦-满洲里成矿带(ME_4)矿床分布情况

矿种	大型(个)	中型(个)	小型(个)	未知(个)	合计(个)
金		2		69	71
银		1			1
金银		1			1
铅				19	19
锌	2	1		2	5
铅锌	1	1	1		3
铅锌多金属	2	1			3
铜	1			7	8
钼	1	1			2
钨		1	3		4
钨钼	1				1
镍		1	1		2
铁				3	3
钽				1	1
铀		2			2

克鲁伦-满洲里成矿带的成矿作用发生在中元古代、二叠纪、晚三叠世—早侏罗世、中侏罗世—早白垩世4个时期,并据此划分出4个不同时期的4个矿带:①中元古代臣赫尔曼德勒-莫道特(Tsenhermandal-Modot)石墨矿带;②二叠纪中蒙古Au-Cu-Mo-W-Sn-Fe-Pb-Zn矿带;③晚三叠世—早侏罗世戈壁乌格塔尔-西乌尔特(Govi-Ugtaal-Baruun-Urt)Cu-Fe-Pb-Zn-Sn矿带;④中侏罗世—早白垩世东蒙古-近额尔古纳-德尔布干Au-Cu-Mo-Pb-Zn-W-Sn-Fe-U-萤石矿带。其中,中侏罗世—早白垩世东蒙古-近额尔古纳-德尔布干矿带是本区最主要的成矿期,其分布范围覆盖了整个成矿带及其北部的额尔古纳-上黑龙江-岗仁(俄)成矿带。

中元古代臣赫尔曼德勒-莫道特石墨矿带位于成矿带的西北部的北克鲁伦地块内,形成于里菲期被动大陆边缘盆地内的炭质-铁质沉积岩中,并在里菲期晚期经受了区域变质作用,形成变质型石墨矿床,典型矿床有Zulegt小型石墨矿床,由产于强烈变形的古元古代变质岩中的石墨石英岩和石墨矽卡岩透镜体组成。

二叠纪中蒙古Au-Cu-Mo-W-Sn-Fe-Pb-Zn矿带位于成矿带的南部,呈北东向展布。矿带被认为形成于南克鲁伦地块南缘的二叠纪活动大陆边缘,成矿与花岗岩类的交代作用关系密切,形成矽卡岩型Fe-Zn矿床、矽卡岩型Sn矿床、矽卡岩型Zn-Pb(±Ag、Cu)、矽卡岩型W±Mo±Be、矽卡岩型Cu(±Fe、Au、Ag、Mo)(额尔德尼海尔汗)、斑岩型Cu-Mo(±Au、Ag)矿床(佐斯乌尔)、斑岩型Mo(±W、Bi)矿床、矽卡岩型Au矿床(布乌查干)、与花岗岩类有关的脉状Au矿床、云英岩型网脉状和石英脉状W-Mo-Be矿床、玄武岩型Cu矿床(苏必利尔湖型)。

晚三叠世—早侏罗世戈壁乌格塔尔-西乌尔特Cu-Fe-Pb-Zn-Sn矿带位于成矿带的南部,呈近东西向展布。矿带形成于与北戈壁大陆(南克鲁伦地块)边缘岛弧有关的早中生代花岗岩类形成期,赋存于晚三叠世—早侏罗世白岗岩、花岗岩和碱性花岗岩中,矿化与侵入和超覆伊德尔迈格(Idermeg)地体(地块)的蒙古-后贝加尔火山-深成岩带的交代作用关系密切,形成矽卡岩型Fe-Zn矿床(特莫林敖包矿床)、矽卡岩型 Cu(±Fe、Au、Ag、Mo)矿床、矽卡岩型 Zn-Pb(±Ag、Cu)矿床、矽卡岩型 Sn 矿床(奥尔特索格敖包矿床)、矽卡岩型 Fe 矿床、斑岩型 Mo 矿床(中型阿伦湖矿床)。

中侏罗世—早白垩世东蒙古-近额尔古纳-德尔布干 Au-Cu-Mo-Pb-Zn-W-Sn-Fe-U-萤石矿带的成矿作用遍及整个成矿带,并几乎覆盖了本成矿带(ME_4)北部的额尔古纳-上黑龙江-岗仁(俄)成矿带(ME_5)。其形成与中侏罗世—早白垩世张性大地构造环境下的后贝加尔-额尔古纳火山-深成岩带关系密切,在本成矿带内主要表现为分布于北克鲁伦地块-北乔巴山地块-南克鲁伦地块三者之间沿克鲁伦河流域发育的火山岩带及发生于地块内部的火山作用,使得中侏罗世—早白垩世的成矿作用在成矿带内广泛发育。在中国境内,该成矿带展布于海拉尔盆地以西的满洲里-克鲁伦河地区(呼伦湖东缘断裂以西地区),特点是以大面积分布的火山岩带为主体,前寒武纪变质岩出露稀少(北乔巴山地块的主体分布于西部的蒙古国境内),因此,该成矿带在中国境内仅表现为中侏罗世—早白垩世的成矿作用,而蒙古国境内前述的中元古代、二叠纪和晚三叠世—早侏罗世的成矿作用在中国境内很少发育。

总体上,东蒙古-近额尔古纳-德尔布干矿带被一系列北东向和北西向断裂带所控制,其中,北东向断裂带(布尔津-乌罗夫断裂,加济穆尔-乌留姆坎断裂,额尔古纳断裂)控制了区域岩浆活动、热液活动及矿带的内部构造。成矿作用发生于中侏罗世—早白垩世,金矿床的形成时代分布在 180～190Ma、165～175Ma 等几个时间段;乌兰 Ag-Pb-Zn 矿床的绢云母 K-Ar 同位素年龄为 161Ma;Dornot 铀矿床的云母 K-Ar 同位素年龄为 141Ma、142Ma 和 143Ma;花岗闪长斑岩的同位素年龄为 164Ma。矿化与侵入和超覆额尔古纳地块、伊德尔迈格(Idermeg)地块、加济穆尔沉积盆地、戈壁-杭爱-大兴安岭火山-深成岩带、下博尔兹加弧前盆地、上博尔兹加海相磨拉石的后贝加尔沉积-火山-深成岩带的交代作用关系密切,形成脉状、火山杂岩型及交代型矿床,典型矿床有:赋存于碳酸盐岩中的交代型 Pb-Zn-Ag 多金属矿床(Klichkinskoye,Vozdvizhenskoye)、As-Au 矿床(Zapokrovskoye)、Hg-Sb 矿床;矽卡岩型 Zn-Pb(±Ag、Cu)矿床、Au 矿床(Savinskoye-5,Bayandun)、赋存于火山岩中的交代型 Pb-Zn±Cu-Ba-Ag-Au 多金属矿床(Tsav,Jiawula)、Au 多金属矿床(Novo-Shirokinskoye)、U 矿床;云英岩型网脉状和石英脉状 W-Mo-Be 矿床(Tumentsogt)、Sn-W 矿床、斑岩型 Cu-Mo(±Au、Ag)矿床(Wunugetushan)、Mo(±W、Bi)矿床(Shakhtaminskoye);与花岗岩类有关的脉状 Au 矿床(Urliin Ovoo);浅成低温热液脉状 Au-Ag 矿床(Noni,Tsagaanchuluut khudag II,Erentaolegai);沉积型菱铁矿床;脉状萤石矿床。

五、额尔古纳-上黑龙江-岗仁(俄)成矿带(ME_5)

额尔古纳-上黑龙江-岗仁(俄)成矿带位于俄罗斯赤塔州东南部—中国满洲里以北-漠河-俄罗斯阿穆尔州西北部地区,总体上介于西北侧的鄂霍茨克断裂—滨石勒喀断裂—东阿金断裂—乌利金断裂和东南侧的得尔布干断裂带(呼伦湖东缘断裂—根河断裂—呼玛河断裂)之间,为跨越中-俄毗邻地区的一条重要成矿带。该成矿带的地质构造极为复杂,一些初步识别出来的构造单元的形成时代及构造属性还不十分清晰。目前,总体上认为本区属于兴凯期萨彦-额尔古纳造山系之中蒙古-额尔古纳造山带的东北段,呈北东向带状分布,可进一步划分出 3 个不同时代及构造属性的 7 个构造单元。

属于额尔古纳复合地块的 4 个构造单元分别是:①闪长岩-斜长花岗岩-片麻岩建造为主的加济穆尔-鲍尔绍沃克地块,其建造特点与北乔巴山地块一致;②淡色花岗岩-片麻岩建造为主的乌鲁留圭-乌罗夫-东额尔古纳地块,其建造特点与南、北克鲁伦地块特点一致;③花岗岩-混合片麻岩建造为主的茨济留赫-北额尔古纳地块;④结晶片岩-变角闪岩-变辉长岩建造为主的上黑龙江-马门地块(岗仁地块)。属于中生代的 3 个构造单元分别是:陆源碳酸盐岩-复理石-磨拉石建造为主的东后贝加尔复合坳陷和上黑龙江复合坳陷,大陆碱性-亚碱性玄武岩-安山岩-流纹岩建造为主的近额尔古纳火山岩带。

额尔古纳-上黑龙江-岗仁(俄)成矿带主要属 Au-Ag-Cu-Pb-Zn- Mo-W-U-萤石成矿带。中国境内部分包括了《中国成矿区带划分方案》(徐志刚,陈毓川,2008)中的大兴安岭成矿省的上黑龙江(边缘海)Au(Cu-Mo)成矿带和额尔古纳 Cu-Mo-Pb-Zn-Ag-Au-萤石成矿亚带。主要矿床(矿产地)共 86 个,其中超大型 3 个,大型 13 个,中型 29 个,小型 33 个,规模未知的 8 个。确定成因类型的矿床(矿产地)77 个,主要为岩浆热液型(17 个)、斑岩型(11 个)、火山热液交代型(11 个)、火山热液型(6 个)、变质热液型(4 个)、沉积型(4 个)、次火山热液型(3 个)、接触交代型(2 个)、热液型(2 个)、伟晶岩型(2 个)。具体分布情况如表 4-15 所示。

表 4-15　额尔古纳-上黑龙江-岗仁(俄)成矿带(ME_5)矿床分布情况

矿种	超大型(个)	大型(个)	中型(个)	小型(个)	未知(个)	合计(个)
金		2	6	17	2	27
银		1				1
金银			1			1
铜	2	3	3	3	2	13
铅			1	5		6
铅锌		2	12	3	1	18
钼		1	2		2	5
钨			1	2		3
锡			1			1
锑				1		1
铁			1			1
锰			1			1
稀有金属		4		1		5
铀	1			1	1	3

现有研究资料表明,额尔古纳-上黑龙江-岗仁(俄)成矿带的成矿作用主要发生在中侏罗世—早白垩世,可进一步划分出 2 个矿带:①东蒙古-近额尔古纳-得尔布干 Au-Cu-Mo-Pb-Zn-W-Sn-Fe-U-萤石矿带;②北布列亚 Au-Ag 矿带。其中,中侏罗世—早白垩世东蒙古-近额尔古纳-得尔布干矿带是本区最主要的成矿期,其分布范围覆盖了整个成矿带及其西南部的克鲁伦-满洲里成矿带,该矿带的主要成矿特点已在克鲁伦-满洲里成矿带中介绍,在此不再赘述。

北布列亚 Au-Ag 矿带位于成矿带北东部的俄罗斯阿穆尔州西北地区的上黑龙江坳陷区,其与中国境内的上黑龙江坳陷(漠河盆地)同属一个构造单元。俄罗斯学者认为该矿带形成于古太平洋板块消减期所形成的东西向乌姆列康-奥果扎大陆边缘岛弧带,现存的古板块作为插入构造残片而保留,如巴德扎尔(Badzhal)、哈巴罗夫斯克(Khabarovsk)和萨玛尔卡(Samarka)等地体。成矿与侵入和超覆小兴安岭地体(Malokhingansk terrane)、布列亚超地体的图兰地体(Turan terrane of the Bureya superterrane)、岗仁地体(Gonzha terrane)、诺拉-苏霍丁-多宝山地体(Nora-Sukhotin-Duobaoshan terrane)和土库林格尔-扎格达地体(Dzhagdy terrane)的乌姆列康-奥果扎火山-深成岩带的花岗岩类有关,形成脉状矿床。典型矿床有:浅成低温热液脉状 Au-Ag 矿床 (Pioneer)、与花岗岩有关的石英脉型 Au 矿床 (Pokrovskoe)。

六、结雅-科尔宾成矿带(ME_6)

结雅-科尔宾成矿带位于俄罗斯阿穆尔州图库林格拉-贾格德山脉地区,地质构造上属于东北亚造山系之蒙古-鄂霍茨克造山带的扬卡诺-图库林戈尔构造带和贾格德-科尔宾构造带,主要为一套细碧岩-辉绿岩-蛇绿岩-火山硅质岩建造。

结雅-科尔宾成矿带主要属 Au-Ag-Cu-Sn 成矿带。主要矿床(矿产地)共 20 个,其中大型 1 个,中型 8 个，小型 10 个，矿点 1 个。确定成因类型的矿床(矿产地)19 个，主要为岩浆热液型(12 个)、中低温热液型(2 个)、沉积变质型(2 个)。具体分布情况如表 4-16 所示。

表 4-16　结雅-科尔宾成矿带(ME_6)矿床分布情况

矿种	大型(个)	中型(个)	小型(个)	矿点(个)	合计(个)
金	1	3	7		11
金银		1			1
铂族				1	1
铜		1			1
锡		1	2		3
锑		2	1		3

结雅-科尔宾成矿带的成矿作用发生在中侏罗世—早白垩世和晚白垩世 2 个时期，自西向东，可进一步划分出 2 个不同时期的 3 个矿带：①位于成矿带西部的中侏罗世—早白垩世施尔金斯克-土库林格尔(Shilkinsko-Tukuringrskiy) Au-W-Mo-Be-Sn- Pb-Zn- Ta-Nb-REE-萤石矿带；②位于成矿带东部的科尔宾-赛累姆扎(Kerbi-Selemdzha) Au-Sn(Kerbi-Selemdzha)矿带；③位于成矿带东部的晚白垩世伊兹奥尔-亚姆-阿林(Ezop-Yam-Alin) Sn- W-Mo-Be 矿带。

中侏罗世—早白垩世施尔金斯克-土库林格尔 Au- W-Mo-Be-Sn- Pb-Zn- Ta-Nb-REE-萤石矿带呈北东东向转南东东向的带状，分布于成矿带的西部地区。矿带产于沿分离北亚克拉通与华北克拉通及众多地体的蒙古-鄂霍茨克缝合带分布的陆相沉积岩类、碱性岩浆侵入体和火山岩中，矿化形成于沿微地块边界以及地块内部(热流柱)的剪切拉张构造带发生的岩浆作用部位，成矿与侵入和超覆西斯塔诺夫地体(地块)、奥诺恩(Ononsky)地体、额尔古纳地体及毗邻构造单元的后贝加尔-大兴安岭沉积-火山-深成岩带的花岗岩类、火山岩类的交代作用有关，形成与花岗岩类有关的脉状 Au 矿床、斑岩型 Au 矿床(Ukonikskoe)、矽卡岩型 Au 矿床、浅成低温热液脉型 Au-Ag 矿床(Baleyskoe)、斑岩型 Mo (±W、Bi)矿床(Zhirekenskoye)、云英岩型网脉状和石英脉状 W-Mo-Be 矿床、脉状-网脉状锡石-硫化物-硅酸盐型 Sn 矿床、碱性交代岩型 Ta-Nb-REE 矿床、脉状-网脉状 Pb-Zn ± Cu (± Ag、Au)多金属矿床(Berezitovoe)、脉状萤石矿床(Kalanguyskoye)。

中侏罗世—早白垩世科尔宾-赛累姆扎 Au-Sn 矿带呈北西向带状，分布于成矿带的东部地区。该矿带形成于布列亚-兴凯大陆边缘岛弧超地体与北亚克拉通的碰撞带及伴随发生区域变质和深熔花岗岩类侵位的构造带内，沉积岩中金的初始富集作用发生于中三叠世，至中侏罗世—早白垩世，金在韧性剪切带中发生再活化，形成韧性剪切带中 Au 矿床和石英脉型 Au 矿床，托库尔矿床的冰长石 ^{40}Ar-^{39}Ar 同位素年龄为 114Ma，石英脉型 Au 矿床主要发育在土库林格尔-扎格达地体和巴德扎尔地体中。典型矿床有：托库尔韧性剪切带 Au 矿床和石英脉型 Au 矿床、马洛穆尔(Malomyr)与花岗岩有关的石英脉型 Au 矿床、脉状-网脉状锡石-硫化物-硅酸盐型 Sn 矿床。

晚白垩世伊兹奥尔-亚姆-阿林(Ezop-Yam-Alin) Sn- W-Mo-Be 矿带呈带状分布于成矿带的东部地区。矿带形成于沿兴凯转换大陆边缘岛弧分布的花岗岩形成时期，岛弧带主要由与古太平洋板块的斜向消减有关的兴凯-鄂霍茨克火山-深成岩带组成。成矿发生于晚白垩世，含 Sn 花岗岩的同位素年龄为 75～100Ma，形成与兴凯-鄂霍茨克火山-深成岩带有关的脉状和交代型矿床。主要矿床有：云英岩型网脉状和石英脉状 W-Mo-Be 矿床(Lednikovy-Sarmaka)、Sn-W 矿床；脉状-网脉状锡石-硫化物-硅酸盐型 Sn 矿床；斑岩型 Mo (±W、Sn、Bi)矿床(Ippatinskoe，Olgakanskoe，Shirotnoe)。

七、乌德-尚塔尔成矿带(ME_7)

乌德-尚塔尔成矿带位于俄罗斯哈巴罗夫斯克边疆区的中部地区，地质构造上属于东北亚造山系的蒙古-鄂霍茨克造山带东端的乌德-尚塔尔构造带和沿该构造带两侧发育的阿雅诺-科尔宾坳陷。乌德-尚塔尔构造带呈北东向带状分布，主要为一套细碧岩-辉绿岩-蛇绿岩-火山硅质岩建造；阿雅诺-科尔宾坳陷亦呈北东向带状分布，主要为一套陆源碳酸盐岩-复理石-磨拉石建造。

乌德-尚塔尔成矿带主要属 Fe-Mn-Ti-P 成矿带。主要矿床共 12 个，其中大型 4 个，中型 4 个，小型 4 个。确定成因类型的矿床 11 个，主要为火山热液型（6 个）和岩浆热液型（2 个）。具体分布情况如表 4-17 所示。

表 4-17 乌德-尚塔尔成矿带（ME_7）矿床分布情况

矿种	大型（个）	中型（个）	小型（个）	合计（个）
金		1	1	2
铂族			1	1
铅锌		1		1
汞		1		1
铁	3	1	1	5
锰			1	1
钛	1			1

乌德-尚塔尔成矿带的成矿作用发生在古元古代和早古生代 2 个时期，并据此划分出 2 个不同时期的矿带：①位于成矿带西南部的古元古代巴拉德克（Baladek）Ti-Fe-P 矿带；②位于成矿带中部的早古生代乌德-尚塔尔（Uda-Shantar）Fe-Mn-P 矿带。

古元古代巴拉德克 Ti-Fe-P 矿带呈北北东向带状分布于成矿带的西南部。矿带形成于巴拉德克（Baladek）地体的斜长岩中，成矿与侵入斜长岩体中的古元古代早期，花岗岩和花岗闪长岩体（同位素年龄普遍为 2.2～2.6Ga）等板内岩浆作用有关，形成斜长岩型磷灰石-Ti-Fe-P 矿床（Bogidenskoe，Gayumskoe，Maimakanskoe，Dzhaninskoe）。

早古生代乌德-尚塔尔 Fe-Mn-P 矿带呈北东向带状分布于成矿带的中部。矿带形成于与玄武质火山作用有关的海底热液活动，在盆地内伴随有燧石沉积，铁、锰矿床赋存于长条形岩床和透镜体中，沉积型磷矿床形成于石灰岩覆盖层中，后者分 2 个阶段形成于增生海岭、环礁和平顶海山中。这些构造单元和沉积矿床随后构造合并带到构造增生楔中（格拉姆地体，出露规模仅有 15m）。主要矿床有：火山成因的沉积型铁矿床（Gerbikanskoe）、火山成因的沉积型锰矿床（Ir-Nimiiskoe-1）、沉积型磷酸盐矿床（North-Shantarskoe，Nelkanskoe，Ir-Nimiiskoe-2，Lagapskoe）。

第五节 南蒙古-大兴安岭成矿省（MD）

南蒙古-大兴安岭成矿省主要分布于研究区中西部的中国大兴安岭地区及蒙古国东南部地区和俄罗斯阿穆尔州中西部地区。可进一步划分为 5 个Ⅲ级成矿带：南蒙古成矿带（MD_1）、乌奴尔-阿龙山-加林（俄）成矿带（MD_2）、南戈壁（蒙古）-东乌珠穆沁旗-嫩江成矿带（MD_3）、白乃庙-锡林浩特成矿带（MD_4）和突泉-翁牛特成矿带（MD_5）。

一、南蒙古成矿带（MD_1）

南蒙古成矿带主要位于蒙古国东南部地区，地质构造上属于天山-兴安造山系之南蒙古-兴安造山带。南蒙古构造带西起蒙古国的阿拉格山，沿蒙古国南部弧形延伸，经塔木察格（蒙古国）-海拉尔（中国）盆地延入中国。南蒙古构造带主要经历了志留纪—早石炭世的构造演化，发育有志留纪—早石炭世地槽沉积，以火山岩系为主，其中，发育有绿片岩建造，并伴生有硅质岩-碳酸盐岩建造和硅质岩-砂岩建造。南蒙古构造带的主构造运动发生在早-中石炭世，其上部覆盖有早二叠世陆相火山岩和晚二叠世磨拉石沉积（东蒙古和南蒙古二叠纪大陆磨拉石-火山-深成杂岩带）。南蒙古构造带可分为南北 2 个带，北带为戈壁-苏赫巴托早古生代褶皱带，主要为志留纪和泥盆纪沉积；南带为戈壁-兴安晚古生代增生带，主要为泥盆纪和早石炭世沉积。

南蒙古成矿带主要属 Au-Cu-Mo-Be-REE 成矿带。成矿带东部由于大部分地区被塔木察格（蒙古国）-海拉尔（中国）盆地所覆盖，因此，在图幅范围内，其主要矿床（矿产地）共 7 个，但规模未知，具体分布情况如表 4-18 所示。另外，在图幅范围以西的地区，各类矿床分布较多，由于未在本图幅内，故没有列入南蒙古成矿带（MD_1）矿床分布情况表。

表 4-18　南蒙古成矿带（MD_1）矿床分布情况

矿种	中型（个）	未知（个）	合计（个）
金		2	2
铜		1	1
铅		1	1
锌		1	1
铁	1	1	1

南蒙古成矿带经历了复杂的构造演化，并于不同阶段形成不同的矿床，主要成矿时代发生于晚泥盆世—早石炭世、中石炭世—早二叠世、中侏罗世—早白垩世 3 个时期。其中，早古生代褶皱带内主要产出浅成低温热液型、与侵入体有关的斑岩型和矽卡岩型金矿床，并可能发育有块状硫化物型 Cu、Zn、Co 和 Ni 矿床；晚古生代的大陆增生带和裂谷带则产出 Cu、Mo、REE、Nb、Zr、Au、Ta 和 Sn 矿床；中古生代与大陆裂谷有关的增生带主要产出含 Au、Cr、Fe、Mn 的块状硫化物矿床和多金属矿床。据此划分出 3 个不同时期的 4 个矿带：①晚泥盆世—早石炭世巴彦查干-苏瓦尔加 Au-Cu-Mo 矿带；②石炭纪—早二叠世哈尔卖格台-洪古特-奥尤特 Cu-Mo-Au 矿带；③晚侏罗世—白垩世戈壁-塔木察格 U-石膏-天青石-沸石矿带；④晚侏罗世—早白垩世木沙盖呼达格-乌列盖呼勒德 Be-REE 矿带。

晚泥盆世—早石炭世查干-苏瓦尔加 Cu-Mo-Au 矿带呈北东向带状位于成矿带西部的蒙古国南部巴彦敖包-查干-苏瓦尔加地区。矿带形成于成熟岛弧和活动大陆边缘，成矿与花岗岩有关的古尔班赛汗岛弧地体有关。其中，查干-苏瓦尔加斑岩 Cu 矿床的 ^{40}Ar-^{39}Ar 同位素年龄为 364.9±3.5Ma。典型矿床有：斑岩型 Cu-Mo（±Au、Ag）矿床（查干-苏瓦尔加；奥尤套勒盖；奥尤特；布尔敖包）、斑岩型 Cu（±Au）矿床（奥尤套勒盖）、斑岩型 Au 矿床和与花岗岩类有关的脉状 Au 矿床（阿拉格套勒盖）。

石炭纪—早二叠世哈尔卖格台-洪古特-奥尤特 Cu-Mo-Au 矿带呈北东东向带状位于成矿带西部的蒙古国南部达兰扎德嘎德-赛音山达地区，延伸 450km，宽度为 30～60km。Yakovlev（1977）定义为曼达赫铜成矿区，Shabalovskii 和 Garamjav（1984）、Sotnikov 等（1984，1985）称之为南蒙古斑岩铜（±金）成矿带。该矿带形成于超覆曼达勒敖包-温都尔岛弧地体和曼达赫增生楔地体的活动大陆边缘岛弧带内，成矿时代为石炭纪—早二叠世，矿化与侵入曼达勒敖包-温都尔岛弧地体和曼达赫增生楔地体的南蒙古火山-深成岩带的花岗岩类关系密切。曼达赫复合侵入岩体由二长闪长岩、花岗闪长岩、花岗岩和作为矿化围岩的闪长斑岩、花岗闪长斑岩组成。该复合岩体与德沙因敖包（Doshiin ovoo）地层中的火山岩、安山岩、英安岩、流纹岩属于同一时代。曼达赫复合岩体为晚石炭世到早二叠世（Goldenberg and others，1978）或中到晚石炭世（Tomurtogoo，1999）的产物。地质和同位素年龄显示，深成岩体（南曼达赫，洪古特等）在成矿区东部为晚石炭世（Sotnikov and others，1984），深成岩体（哈尔卖格台等）在成矿区西部为晚石炭世到早二叠世。主要矿床有：斑岩型 Cu-Mo（±Au、Ag）矿床（纳林呼达格，洪古特，哈尔卖格台)、斑岩型 Au 矿床、与花岗岩类有关的脉状 Au 矿床(乌哈呼达格,哈尔卖格台,Shine,哈特萨尔)、浅成低温热液型脉状 Au 矿床(Shuteen)。

晚侏罗世—早白垩世戈壁-塔木察格 U-石膏-天青石-沸石矿带呈北东向带状位于成矿带西部的蒙古国南部曼莱—赛音山达—巴彦德勒格尔—马塔德广大地区。矿带形成于覆盖中生代东蒙古-近额尔古纳裂谷带的早白垩世阿普特期—阿尔比期和局部地区的古近纪地堑及坳陷中,裂谷带主要发育有后贝加尔-大兴安岭沉积-火山-深成岩带,其侵入和超覆在伊德尔曼格被动大陆边缘和曼达勒敖包-温都尔岛弧地体中,成矿时代为晚侏罗世—早白垩世,沉积型 U 矿床形成于晚中生代末期的裂谷带内,石膏矿床形成于陆相蒸发盆地中。典型矿床有:赋存于沉积岩中的 U 矿床(Haraat)、蒸发沉积型石膏矿床(Shiree Uul,Taragt-2)、沉积型天青石矿床(Horgo uul)和赋存于火山岩中的沸石矿床(Tsagaantsav)。

晚侏罗世—早白垩世木沙盖呼达格-乌列盖呼勒德(Mushgaihudag-Olgiihiid)Be-REE 矿带呈近东西向带状位于成矿带西部的蒙古国南部达兰扎德嘎德—赛音山达地区。矿带形成于碰撞造山期后的晚中生代裂陷期,Rb-Sr 同位素年龄为 107～125Ma,K-Ar 年龄为 115～118Ma,赋矿层位为侵入和超覆在曼达赫、曼达勒敖包-温都尔、古尔班赛汗等地体中的后贝加尔-大兴安岭沉积-火山-深成岩带,形成碳酸盐岩型 REE (±Ta、Nb、Fe) 矿床(Mushgai hudag)和含 Be 凝灰岩矿床(Teg uul)。

二、乌奴尔-阿龙山-加林(俄)成矿带(MD_2)

乌奴尔-阿龙山-加林(俄)成矿带主要位于中国大兴安岭地区,地质构造上属于天山-兴安造山系之南蒙古-兴安造山带东段的鄂伦春早中华力西期增生带,总体上呈北东向带状分布于得尔布干断裂带和头道桥-鄂伦春深断裂带之间,向北东跨越俄罗斯阿穆尔-结雅盆地延伸到马门隆起一带。该成矿带中国境内部分相当于《中国成矿区带划分方案》(徐志刚,陈毓川,2008)中的大兴安岭成矿省的海拉尔盆地煤石油成矿亚带(燕山晚期)和陈巴尔虎旗-根河 Au-Fe-Zn-黄铁矿-萤石成矿亚带(早石炭世,燕山中-晚期)。

乌奴尔-阿龙山-加林(俄)成矿带古生代时期属鄂伦春早-中华力西期增生带,总体呈北东向展布。西北侧以得尔布干断裂带为界与额尔古纳地块毗邻,北部与上黑龙江盆地接壤,东南侧以头道桥-鄂伦春深断裂为界与伊尔施加里东增生带相邻。华力西旋回早、中期,该成矿带强烈活动,裂陷发育。泥盆系由浅海碳酸盐岩建造、复理石建造(上大民山组)、含放射虫硅质岩建造组成。上泥盆统局部地区发育有海陆交互相碎屑岩建造。早石炭世地壳又裂陷沉降,早期沉积仅发育于乌奴尔地区,为浅海相碎屑岩、碳酸盐岩。而后,地壳沉降扩展至根河地区,相继出现安山质火山岩夹碳酸盐岩和碎屑岩(伴生块状硫化物矿床,如六一含铜黄铁矿床)、陆源碎屑岩和碳酸盐岩、海底喷发中酸性火山岩,形成了巨厚的滨、浅海相-海相类复理石建造、火山岩建造、细碧角斑岩建造(角高山组)及含放射虫硅质岩建造。该海槽向东扩展至塔河、呼玛、兴隆地区,发育下石炭统细碎屑岩、泥岩、杂砂岩和灰岩。早石炭世末期的造山运动,使该带上升隆起成陆,仅于根河局部地区发育了中石炭统海陆交互相-陆相砂页岩建造的盖层沉积。同期花岗岩浆活动强烈,形成了巨大的花岗岩-花岗闪长岩岩带。构造变动以断裂构造发育,褶皱构造次之。需要强调的是,该成矿带北东段的中国境内主要由北兴安地块的变质基底隆起[古元古代兴华渡口群($Pt_1 Xh$)深变质岩系和大面积出露的斜长花岗质-二长花岗质片麻岩组成]和古生代陆内裂陷[伊勒呼里山群(OY)、泥鳅河组(S_3—$D_2 n$),红水泉组($C_1 hg$)]及在隆起边缘分布的晚中生代次级火山断-坳陷盆地组成,向北东跨越俄罗斯阿穆尔-结雅盆地延伸到马门隆起一带,则主要由图兰-十月前寒武纪变质基底隆起、晚古生代恰格-塞格扬等边缘坳陷及晚中生代次级火山断-坳陷盆地组成,晚古生代以来,其与鄂伦春早-中华力西期褶皱带共同经历了古生代陆内裂陷增生和晚石炭世—早二叠世板块碰撞造山的构造演化而形成为统一的前中生代陆块。中生代时期发生广泛的大兴安岭火山岩浆喷发作用和强烈断块升降活动对本区进行了叠覆、改造,并发生了较广泛的区域成矿作用,造成鄂伦春早-中华力西期增生带的大部分古生代地层被火山喷发带所覆盖,仅在局部的根河-牙克石晚古生代断隆区有部分出露。因此,乌奴尔-阿龙山-加林(俄)成矿带主体分布于海拉尔-额尔古纳右旗-额尔古纳左旗地区,大兴安岭火山岩已将该成矿带根河以北的地区覆盖,向北直至兴隆隆起西北缘的塔河—干部河一带及俄罗斯马门隆起边缘一带才有一定规模的出露，并在俄罗斯境内形成大型-超大型铁矿床。

乌奴尔-阿龙山-加林(俄)成矿带主要属 Fe-Au-Zn-黄铁矿-萤石成矿带。主要矿床共 10 个，其中超大型 1 个，大型 2 个，小型 7 个，确定成因类型的矿床 10 个，主要为火山热液型(3 个)和沉积变质交代型(2 个)。具体分布情况如表 4-19 所示。

表 4-19　乌奴尔-阿龙山-加林(俄)成矿带(MD_2)矿床分布情况

矿种	超大型(个)	大型(个)	小型(个)	合计(个)
金			2	2
铂族			1	1
铜			1	1
铅锌多金属			1	1
铁	1	2	2	5

综上所述，乌奴尔-阿龙山-加林(俄)成矿带的成矿作用主要发生在晚寒武世、晚石炭世和晚侏罗世—早白垩世 3 个时期，并据此划分出 3 个不同时期的矿带：①位于成矿带北东段的晚寒武世施马诺夫-加里(Shimanovsk-Gεr)Fe-Cu-Zn 矿带；②位于成矿带中南部的晚石炭世乌奴尔 Fe-Cu-Zn 矿带；③覆盖整个成矿带的晚侏罗世—早白垩世 Au-萤石矿带。

晚寒武世施马诺夫-加里 Fe-Cu-Zn 矿带位于成矿带北东段的俄罗斯阿穆尔州马门隆起一带。矿带形成于侵入马门隆起(被动陆缘)及加里地体(构造增生楔)中的基维利乌杂岩带内，矿化与基维利乌杂岩带内的花岗岩类关系密切，该杂岩带最年轻的花岗质岩石 K-Ar 同位素年龄为 495Ma。矽卡岩型铁矿床被认为形成于基维利乌杂岩带内的花岗岩侵入时期；层状矿床被认为形成于海盆内与伴随有燧石沉积的玄武质火山作用有关的海底热液活动时期。主要矿床有：矽卡岩型 Fe 矿床(加里大型 Fe 矿床)、火山成因沉积型 Fe 矿床、乌拉尔型火山成因 Cu-黄铁矿块状硫化物矿床(卡梅努申小型 Cu-Fe 矿床)和沉积喷气型(SEDEX 型)铅-锌矿床(查戈杨小型铅-锌-银矿床)。

晚石炭世乌奴尔 Fe-Cu-Zn 矿带位于成矿带中南部的乌奴尔地区，被认为处于曼达勒敖包-乌奴尔岛弧带内。矿带形成于海相火山岩-碎屑岩-碳酸盐岩建造中。成矿带内已经发现有大型火山喷发沉积-热液交代型谢尔塔拉铁锌矿床和六一牧场块状硫化物型层控含铜黄铁矿床，斑岩型煤窑沟铜银矿点和岩山西北钼矿点，矽卡岩型保村南铜矿点和石灰窑东-西山铜矿点，热液型北翼山铜矿点、牧源河东岸铜矿点、依根铜铅锌矿点和外新河钼矿点。

晚侏罗世—早白垩世 Au-萤石矿带遍及整个成矿带区域内。在成矿带东北段的俄罗斯境内有次火山热液型(卡林型)朱尔吐拉克(Джелтулак)金-砷矿床；进入中国境内，在北兴安地块的变质基底隆起和隆起边缘分布的晚中生代次级火山断-坳陷盆地中形成北东向塔源-兴隆-韩家园子燕山期金铜矿带，分布有塔源二支线铜金矿床，四道沟东、西山小型岩金矿床 2 处及十八站东、十七站、新街基、新闹达罕、韩家园子、瓦拉里、黑龙沟西、黑龙沟东、十五站等岩金矿点，成矿受近东西向逆冲推覆韧性变形变质带、北东向区域 J_3—K_1 火山岩带及火山机构边缘和含矿建造复合叠加控制，矿(化)点分布受糜棱岩带和含矿建造组合的控制，北西向、北东向韧性变形晚期或后期脆性构造为主要容矿构造；在成矿带中南段乌奴尔等地区，分布有许多中生代火山热液型萤石矿，如东方红中型萤石矿床，昆库力、十五里滩、明石山小型萤石矿床，牙克石、乏佛山等萤石矿点，在海拉尔以北的中生代火山岩盆地中发现了四五牧场石英-明矾石型浅成低温热液金(铜)矿床，进一步表明本成矿带确属早古生代、中华力西期、燕山期铁金多金属成矿带。

从大范围来看，乌奴尔-阿龙山-加林(俄)铁金多金属成矿带与东部的多宝山中(晚)华力西期、燕山期铜钼金成矿带和西南部东乌旗-犁子山中(晚)华力西期、燕山期铜钼多金属成矿带连为一体，构成一个巨大的华力西期—燕山期铜钼金多金属北东向成矿带。

三、南戈壁(蒙古)-东乌珠穆沁旗-嫩江成矿带(MD_3)

南戈壁(蒙古)-东乌珠穆沁旗-嫩江成矿带主要位于中国大兴安岭东坡地区及西南部的蒙古国南戈壁构造带,地质构造上属于红格尔-伊尔施-多宝山加里东造山带和阿巴嘎旗-东乌珠穆旗早华力西期造山带(徐志刚,陈毓川,2008),总体上呈北东向带状分布于头道桥-鄂伦春断裂带和二连-贺根山-黑河断裂带之间,自南西向北东方向,依次为西部的南戈壁(蒙古)-东乌旗成矿远景区、中部的东乌旗-犁子山中(晚)华力西期、燕山期铜钼多金属成矿远景区和东北部的多宝山中(晚)华力西期、燕山期铜钼金成矿远景区,沿南戈壁(蒙古)—东乌珠穆沁旗—伊尔施—加格达奇—多宝山一带呈北东东—北东向带状展布。该成矿带中国境内部分相当于《中国成矿区带划分方案》(徐志刚,陈毓川,2008)中的大兴安岭成矿省的东乌珠穆沁旗-博克图 Fe-Mo-Sn-W-Cu-Pb-Zn-Ag-Au-Cr-萤石成矿亚带和多宝山-黑河 Cu-Mo-Au-Fe-Zn 成矿亚带(Vm-l,Y,Q)(华力西中-晚期,燕山期)。本书基本采用了该成矿区划方案,并进一步将东乌珠穆沁旗-博克图成矿亚带和蒙古国南戈壁成矿带合并称之为南戈壁(蒙古)-东乌珠穆沁旗成矿亚带。

南戈壁(蒙古)-东乌珠穆沁旗-嫩江成矿带主要属 Cu-Mo-Fe-Au-Pb-Zn 成矿带。主要矿床(矿产地)共 47 个,其中大型 4 个,中型 9 个,小型 33 个,规模未知的 1 个。确定成因类型的矿床(矿产地)45 个,主要为接触交代型(16 个)、热液型(7 个)、火山热液型(5 个)、沉积变质型(4 个)和斑岩型(4 个)。

如前所述,本成矿带分为 2 个成矿亚带,分别是南戈壁(蒙古)-东乌珠穆沁旗成矿亚带(MD_{3-1})和多宝山-黑河成矿亚带(MD_{3-2}),矿产地数量分别为 28 个和 19 个,各成矿亚带的矿产地分布情况如表 4-20 和表 4-21 所示。

表 4-20 南戈壁(蒙古)-东乌珠穆沁旗成矿亚带(MD_{3-1})矿床分布情况

矿种	大型(个)	中型(个)	小型(个)	未知(个)	合计(个)
金			2		2
银			1		1
金银			1		1
铜			3		3
铅		1		1	2
铅锌	1	1	1		3
铅锌多金属			3		3
钼			1		1
钨		1			1
钨钼		1			1
铁	1		6		7
铬		1	1		2
铀		1			1

表 4-21 多宝山-黑河成矿亚带(MD_{3-2})矿床分布情况

矿种	大型(个)	中型(个)	小型(个)	合计(个)
金		2	10	12
铜	2		2	4
铅锌多金属			1	1
钛		1		1
铁			1	1

南戈壁(蒙古)-东乌珠穆沁旗-嫩江成矿带内的奥陶纪弧后岩系发育于多宝山岛弧带两侧的兴隆-伊勒呼里山及二连北部等地，地质构造上属于红格尔-伊尔施-多宝山加里东造山带，构成内蒙-兴安成矿区内一个巨大的以斑岩型铜钼多金属矿为特征的加里东期—华力西期—燕山期铜钼金多金属北东向成矿带。在多宝山-黑河成矿亚带内产出有多宝山(Cu-Mo 大型)、铜山(Cu 大型)、付地营子(Cu-Zn 中型)、三矿沟(Cu-Fe 小型)、二十四号桥(Au 小型)、宽河后沟(Au 小型)、桦树排子(Au 小型)、罕达气(Au 中型)等矿床。

华力西期，沿红格尔-伊尔施-多宝山加里东造山带的东南侧，开始发育有裂陷沉积的泥盆系浅海相碎屑岩夹火山碎屑岩建造，晚期过渡为浅海相碎屑岩、碳酸盐岩建造，形成阿巴嘎旗-东乌珠穆沁旗早华力西期造山带，至早石炭世海相沉积后，该带晚石炭世上升为陆，接受了陆相碎屑沉积、火山活动和同时代的多期花岗岩浆活动及强烈的燕山期构造-岩浆活动与成矿作用。因此，该成矿带又表现为一个中(晚)华力西期、燕山期以矽卡岩型铁多金属矿为主的成矿带的特点。现已发现 10 余个矿床(点)。自北向南有矽卡岩型梨子山中型铁钼矿床、矽卡岩型塔尔其小型铁矿床、矽卡岩型八十公里小型铅锌矿床、热液型紫河源小型铅锌银矿床、矽卡岩型神山小型铁铜矿床和朝不楞中型铁铜锌矿床。此外，还有不少的矽卡岩型和热液型铁多金属矿点。因此，该成矿带 20 世纪 70 年代主要是侧重于找铁。实际上仅在梨子山铁(钼)矿床外围，已发现不少铜多金属矿点(床)和物化探异常，如翠岭矽卡岩铅锌矿点、柴河源热液脉型铅锌矿床等，且化探异常情况良好。在南戈壁(蒙古)-东乌珠穆沁旗成矿亚带的中国境内产出有卡巴(Fe 小型)、白音敖包(Fe 中型)、包日汗(Fe 小型)、赫格敖拉(Cr 中型)、小坝良(Cu 小型)、苏木查干敖包(Fl 超大型)、北敖包吐(Fl 大型)、八十公里(Pb-Zn 小型)、梨子山(Fe-Mo 小型)、苏呼河 3 号沟(Fe-Zn 小型)、南兴安(Mo 小型)、朝不楞(Fe-Zn-Sn-W-Cu 小型)、吉林宝力格(Ag-Au 小型)、沙麦(W 中型)、奥由特(Cu 小型)等矿床。

蒙古国境内的南戈壁地区位于与中国毗邻的蒙古国南部边境地区，其东南翼即为东乌旗复向斜带。出露的地层主要为：新元古界、奥陶系、志留系、泥盆系、上石炭统—下二叠统、二叠系、上侏罗统—下白垩统等。新元古界为褶皱带的基底，主要造山运动发生于早石炭世之前，中石炭世—二叠纪发育一系列的陆内坳陷。其中：奥陶系为海相陆源碎屑沉积岩、基性中基性以及中酸性酸性火山岩组合；泥盆系为广阔的海盆沉积物，构成古生代陆缘增生带的主要组成部分；石炭系主要为海相火山岩、陆源碎屑岩和陆相火山岩、碎屑岩。即海相、滨海相火山陆源沉积；上石炭统—下二叠统有两类沉积，其一为海相安山英安岩、英安流纹岩、陆源碎屑岩夹碳酸盐岩，其二为陆相玄武粗面岩、粗面岩、粗面玄武岩、粗安岩、安山流纹粗面流纹岩及砂岩、粉砂岩；二叠系为陆相偏碱性基性火山岩、正常系列的中性-酸性火山岩、碎屑岩组合；上侏罗统—下白垩统为陆相碎屑岩(磨拉石)、含煤碎屑岩(磨拉石)及正常系列的中性-酸性火山岩。

南戈壁地区的主要成矿时代为晚三叠世—早侏罗世。沿蒙古国南部边境地区自西向东主要分布有 2 个矿带：①东部的努赫特达瓦钨-钼矿带；②西部的哈尔木里特-汗博格多-奴根河 Sn-W 矿带。

努赫特达瓦钨-钼矿带位于蒙古国苏赫巴托尔省和东方省南部边境地区的一条北东向钨-钼矿带。该成矿带与蒙古-后外贝加尔火山深成岩带中的交代作用和花岗岩类有关，后者侵入和超覆在东乌珠穆沁旗-努赫特达瓦岩体和海拉尔-塔木察格沉积盆地中。成矿带位于努赫特达瓦隆起中，沿蒙古国东南边界延伸超过 170km，宽 30～40km。成矿带最初被描述为东蒙古稀土元素成矿带(Kovalenko 等，1986)。矿床与晚三叠世和早侏罗世的花岗岩-淡色花岗岩质的尤戈孜尔杂岩侵入体有关，尤戈孜尔杂岩的K-Ar同位素年龄为 210～220Ma(Marinov 等，1977)。重要矿床有尤戈孜尔中型黑钨矿-辉钼矿矿床、瑙木尔根河脉状钨矿和花岗岩中的钽矿化、木伦敖包(Modon ovoo)铅-锌-锡矿化等(Marinov 等，1977)。中生代构造活动和岩浆作用叠加在戈壁腾格尔山-努赫特达瓦被动大陆边缘地体上，该地体由古元古代变质杂岩、里菲期变质碳酸盐岩和砂质页岩、文德期(晚前寒武纪)和早寒武世的碳酸盐岩及碎屑状杂岩组成(Tomurtogoo，2001)，早中生代的岩体侵入层位较浅，最大范围达到 260～300km^2，主要由黑云母花岗岩和 Li-F 淡色花岗岩组成。较重要的矿床是尤戈孜尔(Yugzer)。该成矿带被解释为板块间花岗岩岩浆作用的产物，这种岩浆作用与晚古生代和早中生代碰撞作用有关或者直接发生在碰撞期后。因为岩体侵入期在晚古生代到早中生代之间变化，所以该成矿带的确切年龄并不是很清楚。古生代期间，在蒙古国南部有各种各样的火山弧和大陆块增生块体(Ruzhentsev，Pospelov，1982；Sengor，Natal′in，1996；Zorin，others，1994；Badarch，Orolmaa，1999)。二叠纪，沿中亚转换大陆边缘拼贴有复杂的构造单元，包括碰撞带、消减带和走向滑动断裂作用(Sengor，Natal' in，1996)。金属成矿带的年龄和相关的构造成因不详。该成矿带主要沿云英岩和云英岩化花岗岩或花岗岩体的外接触带分布，矿化类型主要为钨-钼矿化，典型矿床为尤戈孜尔钨-钼矿床。

哈尔木里特-汗博格多-奴根河矿带位于蒙古国南戈壁省和东戈壁省南部边境地区的一条北东东向Sn-W矿带。矿带形成于晚古生代—早中生代时期沿被动大陆边缘发生的裂陷作用所形成的钙碱性和碱性花岗岩类中。矿化和侵入与超覆呼台格山-锡林浩特地体、古尔班赛汗地体及奴根音河上叠火山-沉积盆地的南蒙古火山-深成岩带的花岗岩类关系密切。成矿时代为晚三叠世—早侏罗世，奴根河霞石正长岩体的Rb-Sr全岩等时年龄为244Ma，全岩-矿物等时年龄为222Ma和180～199Ma，K-Ar年龄为228～242Ma。汗搏格多REE-Nb-Zr矿床与晚古生代碱性花岗岩体有关，后者的Rb-Sr年龄为277Ma，K-Ar年龄为293Ma。主要矿床有：哈尔木里特云英岩型网脉状和石英脉状Sn-W矿床、汗搏格多碱性交代岩型Ta-Nb-REE矿床、奴根河碳酸盐岩型REE(±Ta、Nb、Fe)矿床及与过碱性花岗岩有关的Nb-Zr-REE矿床和伟晶岩型REE-Li矿床。

四、白乃庙-锡林浩特成矿带(MD_4)

白乃庙-锡林浩特成矿带(MD_4)位于大兴安岭西南段地区，总体上呈北东东向带状分布于二连坳陷东缘断裂(东界)、华北陆块北缘断裂(南界)、二连-贺根山-黑河断裂(北界)之间。地质构造上，本成矿带跨越了4个主要构造单元：①占成矿带面积近一半的蒙东南中-晚华力西造山带；②位于成矿带中东部地区的锡林浩特中间地块；③位于成矿带西北部边缘的阿巴嘎旗-东乌珠穆沁旗早华力西期造山带；④成矿带西南部的温都尔庙加里东造山带。

白乃庙-锡林浩特成矿带主要属Cu-Mo-Au-Fe多金属成矿带；主要矿床共23个，其中大型1个，中型4个，小型18个。确定成因类型的矿床23个，主要为沉积变质型(11个)、火山热液型(3个)、热液型(3个)、岩浆热液型(2个)和沉积型(2个)。具体分布情况如表4-22所示。

表4-22 白乃庙-锡林浩特成矿带(MD_4)矿床分布情况

矿种	大型(个)	中型(个)	小型(个)	合计(个)
金			4	4
铜		1	2	3
铜钼	1			1
钨			1	1
锡		1		1
铁		2	10	12
锰			1	1

依据白乃庙-锡林浩特成矿带的主要大地构造特征，可进一步划分出3个主要的成矿亚带：①位于北部缝合带部位的苏林赫尔(蒙古国)-贺根山铬铁矿带；②主要位于锡林浩特中间地块内的苏尼特左旗-锡林浩特金、铁多金属矿带；③温都尔庙加里东造山带的达茂旗-白乃庙铜、金、铁多金属矿带。

苏林赫尔(蒙古国)-贺根山铬铁矿带位于阿巴嘎旗-东乌珠穆沁旗早华力西期造山带与蒙东南中-晚华力西期造山带的构造缝合带内，自蒙古国苏林赫尔至中国贺根山一带呈北东东向断续出露。该铬铁矿带形成于古生代中期的构造增生带内的蛇绿混杂岩中，蒙古国苏林赫尔蛇绿混杂岩位于索伦山增生带中，推测形成时代为石炭纪；贺根山蛇绿混杂岩的橄榄岩 K-Ar 年龄为 380Ma，形成于中泥盆世的构造增生带中。矿床类型为豆荚状-透镜状铬铁矿。

苏尼特左旗-锡林浩特金、铁多金属成矿亚带东部属于锡林浩特地块，出露古元古界宝音图群云母石英片岩和中元古界长城—蓟县系温都尔庙群绿片岩及石英片岩、含铁石英岩夹大理岩。地块两侧及内部零星出露有石炭系、二叠系海相、浅海相碎屑岩、碳酸盐岩夹中性中基性火山岩及上侏罗统陆相火山岩。矿化以铁、金、铜多金属为主。该区古元古界宝音图群云母石英片岩和中元古界长城—蓟县系温都尔庙群绿片岩及石英片岩、含铁石英岩夹大理岩发育。在苏尼特左旗小型金矿床及其外围宝音图群、温都尔庙群绿片岩发现了多处类似的金矿点、金矿化点，显示出该区具有较大的金矿找矿潜力。已发现有白音敖包中型铁矿床及与苏尼特左旗-东乌旗成矿带一样的苏尼特左旗白音宝力道-巴彦哈尔金矿床矿化带。与苏尼特左旗白音宝力道、巴彦哈尔金矿床一样，该矿化带产于温都尔庙群绿片岩及石炭—二叠纪花岗闪长岩中，矿石由微细粒玉髓状石英组成，属低温热液型金矿床。该矿床品位较低（为 3～4g/t左右），但矿体规模较大，最宽处达 20m，具有较好的找矿远景，其远景可达中型以上规模。在上述矿床的外围宝音图群、温都尔庙群绿片岩系出露区，发现了多处类似的金矿点、金矿化点，显示出该区具有较大的金矿找矿潜力。

达茂旗-白乃庙铜、金、铁多金属成矿亚带出露的地层主要为古生界奥陶系—二叠系海相碎屑岩-碳酸盐岩及中生代火山岩。零星出露有古元古界宝音图群、温都尔庙群浅变质碎屑岩系，新元古界青白口系白乃庙群绿片岩、变质砂岩、千枚岩夹结晶灰岩，古生界奥陶系包尔汉图群、志留泥盆系西别河组、石炭系阿木山组碎屑岩、碳酸盐岩系。该区构造及岩浆活动强烈，加里东期、华力西期岩浆岩发育。远景区内铜、金、铁矿产发育，东段主要有白乃庙铜金钼矿和白乃庙小型金矿床、别鲁乌图铜矿，西段主要有小型金矿和铜矿产出，成矿时代主要为早古生代。成矿作用与岛弧环境的岩浆活动有关。

五、突泉-翁牛特成矿带（MD_5）

突泉-翁牛特成矿带位于大兴安岭中南段地区，总体上呈北东向带状分布于二连坳陷东缘断裂（西界）、华北陆块北缘断裂（南界）、二连-贺根山-黑河断裂（北界）和嫩江断裂（东界）之间。地质构造上，以西拉木伦河断裂为界，北部属于蒙东南中-晚华力西造山带，南部属于西拉木伦加里东造山带。

总体上，突泉-翁牛特成矿带主要属 Pb-Zn-Ag-Cu-Fe-Sn-REE 成矿带，成矿时代为早侏罗世—早白垩世，其中早中侏罗世成矿系列以铜-多金属为主，晚侏罗世—早白垩世成矿系列以锡-多金属为主；前者形成于挤压环境，后者形成于伸展环境。已发现孟恩陶勒盖（Ag、Pb、Zn）、黄岗（Sn、Fe）、白音诺（Pb、Zn、Cu、Sn）、浩布高（Pb、Zn、Cu、Sn）、大井（Ag、Pb、Zn、Cu、Sn）和巴尔哲（Nb、Y、Ta、Be）等大型矿床多处，矿床成因类型主要有矽卡岩型、热液脉型、碱性花岗岩型、斑岩型等。

据不完全统计，本成矿带矿床共 72 个，其中大型 7 个，中型 19 个，小型 46 个。确定成因类型的矿床 72 个，主要为火山热液型（25 个）、岩浆热液型（15 个）、接触交代型（14 个）和斑岩型（11 个），具体分布情况如表 4-23 所示。由此，显示该成矿带具有广阔的找矿远景。其中，矽卡岩型矿床是本区重要的矿床类型，白音诺、浩布高、黄岗等大型矿床都为矽卡岩型；斑岩型矿床是本区主要的矿床类型，典型矿床为敖脑达巴锡多金属矿床；热液脉型矿床在本区分布较多，其中主要有孟恩陶勒盖、大井、毛登、莲花山等大、中型矿床及长春岭等小型矿床。

表 4-23　突泉-翁牛特成矿带（MD_5）矿床分布情况

矿种	大型（个）	中型（个）	小型（个）	合计（个）
金	1	3	7	11
银			1	1
金银			1	1

续表 4-23

矿种	大型(个)	中型(个)	小型(个)	合计(个)
铜		4	5	9
铅			1	1
锌			1	1
铅锌	3	5	9	17
铅锌多金属	1		7	8
钼		2		2
铜钼		1	1	2
钨			4	4
锡		3	2	5
铁	1	1	6	8
铬			1	1
稀土元素	1			1

依据突泉-翁牛特成矿带的主要地质构造特征，可进一步划分出 2 个成矿亚带：①蒙东南中-晚华力西造山带内的乌兰浩特-林西成矿亚带，包括了 3 个呈北东向带状分布的成矿远景区，分别是花敖包特-超浩尔图铅锌、银、铜找矿远景区，哈达吐-黄合吐地区铅锌、银锡、铜成矿远景区，布敦花-水泉铜多金属成矿远景区；②西拉木伦加里东造山带内的赤峰-翁牛特成矿亚带，主要有呈东西向分布的红山子-黄花沟铀钼、铅锌、银多金属成矿远景区。

第六节 吉黑成矿省(JH)

吉黑成矿省分布于研究区东部的中国吉林省—黑龙江省东部、俄罗斯阿穆尔州南部、犹太自治州、哈巴罗夫斯克边疆区西南部、滨海边疆区西南部及朝鲜的咸镜北道东北部地区。

吉黑成矿省范围相当于吉黑造山系，位于天山-兴蒙造山系最东部，南邻华北陆块的辽东隆起，西部为松辽盆地，北部止于东西向的蒙古-鄂霍茨克造山带，东邻环太平洋造山系的锡霍特-阿林造山带。

吉黑成矿省的主要大地构造单元可以划分为：华北陆块辽东隆起北侧的呼兰加里东造山带（增生带）和吉中-延边-咸北华力西造山带；张广才岭地块及其东侧的伊春-延寿加里东造山带（增生带）和叠加在这两个构造单元之上的张广才岭华力西裂陷海槽或陆表海；布列亚-佳木斯-兴凯地块及其东侧的密山-宝清华力西裂陷海槽。

据此，可进一步将吉黑成矿省划分为 5 个Ⅲ级成矿带：小兴安岭-张广才岭成矿带(JH_1)、布列亚-佳木斯-兴凯成矿带(JH_2)、四平-永吉成矿带(JH_3)、汪清-珲春成矿带(JH_4)和延边-咸北成矿带(JH_5)。

吉黑东部成矿带位于古亚洲洋构造域与滨太平洋构造域的交接部位，地质历史复杂、漫长，地质构造多样，成矿地质条件优越，成矿期次多、强度大。截至目前，区内共发现多金属矿床 50 余处，大型矿床 13 处（东安金矿、翠宏山铁钨多金属矿、霍吉河钼矿、小西林铅锌矿、鹿鸣钼矿、团结沟金矿、羊鼻山铁金矿、老柞山金矿、金厂金矿、小西南岔金铜矿、大黑山钼矿、大石河钼矿和刘生店钼矿），中型矿床 18 处（大西林铁矿、镜泊铁矿、弓棚子铜钨矿、五道岭钼矿、白岭铜锌矿、徐老九沟铅锌矿、铁力二股铅锌矿、响水河铅锌矿，富强金矿、平顶山金矿、东风山金矿、鸡东五星铂钯铜镍矿、四平山金矿等），小型矿床 20 多处。其中，有 10 余处大、中型矿床是 20 世纪 90 年代以来新发现的，特别是一些钼矿，更是近年来地质矿产勘查重要突破性的成果。其中，在古亚洲构造域及前长城系基底中的矿产有：①产于佳木斯微陆块古元古代变质岩系中的变质热液型金矿床（如鹤岗市东风山金矿床）、石墨矿床（如鸡西市柳毛、双鸭山市羊鼻山和虎林县姚英等石墨矿床）、矽线石矿床（如鸡西矽线石矿床）；②镁铁质-超镁铁质岩中（铜）镍硫化物矿床，产于双城子-红旗岭-卧龙岩带的红旗岭岩群和漂河川岩群中，现已找到大型镍矿床 1 处（红旗岭），中型镍矿床 2 处，小型镍矿床 14 处及小型铜矿床多处（王书丹等，1982）；③产于海相火山-沉积岩系中的块状硫化物矿床（如产于奥陶系的伊通市放牛沟锌硫化物矿床和产于下二叠统的汪清市红太平沟钼矿床）及铁矿床（如敦化市塔东铁矿床）；④与华力西晚期—印支期花岗岩有关的矽卡岩型铅锌多金属矿床，如逊克县翠宏山钨钼铅锌铁矿床，伊春市小西林、阿城市石发和白岭铅锌铁矿床及宾县弓棚子钨铜锌矿床。中-新生代的滨太平洋构造域阶段发育 25 个较大的火山岩盆地，属黑吉辽鲁火山岩带的北段，火山岩平均成分为英安岩，显示该地区受构造挤压可能不太强烈。在此构造-岩浆带内可分出张广才岭 Au-Fe-Mo-W-Cu-Pb-Zn 成矿带和吉中-延边 Pb-Zn-Cu-Au 成矿带。前一成矿带有超大型大黑山斑岩型钼（铜）矿床、大型团结沟潜火山斑岩型金矿床和山门火山岩型银矿床等矿床，还有较多的砂金矿床和局部产出的膨润土矿床。后一成矿带有小西南岔潜火山斑岩型铜金矿床、天宝山矽卡岩型铅锌矿床和海沟金矿矿床等许多大、中型矿床。

一、小兴安岭-张广才岭成矿带（JH_1）

小兴安岭-张广才岭成矿带主要位于小兴安岭-张广才岭-太平岭地区，其北部的俄罗斯地区主要被阿穆尔-结雅盆地所覆盖，呈南北向带状分布于德惠-逊克断裂（西界）、牡丹江断裂（东界）和吉林-蛟河断裂（南界）之间。

小兴安岭-张广才岭成矿带的成矿时代主要为古元古代、新元古代、加里东期、华力西期、印支期和燕山期，是本区漫长、复杂地质构造演化历史的反映。本区元古代属张广才岭地块，新元古代晚期发育有张广才岭裂陷槽，早古生代时期形成小兴安岭-张广才岭-太平岭早古生代陆缘构造带（寒武纪伊春、铁力陆缘海盆、早古生代小金沟山弧带），晚古生代为张广才岭华力西期裂陷海槽或陆表海，中生代以来，进入滨太平洋构造演化阶段，形成规模巨大的小兴安岭-张广才岭构造岩浆带。该构造岩浆带呈近南北向分布于伊春—延寿—辽源—九台—明月镇一带，明显受控于依兰-伊通、敦化-密山和牡丹江深断裂带。岩带分布有早古生代、晚古生代及 40 余个早-晚三叠世花岗岩体（火成岩成岩年龄在 195～248Ma 之间），空间上构成了一个 NNE 向展布的岩浆岩带，主要由初始造山辉长-闪长岩组合、峰期造山花岗闪长岩-二长花岗岩组合、晚期造山正长花岗岩组合及后造山 A 型花岗岩-过碱性花岗岩组合组成。该造山过程为一套完整的演化序列，反映了初始造山的岩浆底侵作用，峰期造山强烈的壳幔相互作用（岩浆混合作用），后期造山岩石圈开始拆沉作用及后造山的伸展构造背景。本岩带花岗岩类主体上为 I 型及 A 型花岗岩，其侵位表明吉黑东部三叠纪时期陆壳已经达到相当高的成熟度，古亚洲洋濒于固结，全区进入滨太平洋构造发展阶段。与成矿关系最为密切的是燕山期的中酸性侵入杂岩和花岗质的浅成侵入岩。如东安岩金矿区的岩浆岩是下白垩统甘河组中基性火山岩、酸性火山岩，与矿有关的潜火山岩有潜流纹斑岩及中基性-酸性脉岩。

小兴安岭-张广才岭成矿带主要属 Au-Fe-Mo-W-Cu-Pb-Zn 成矿带，主要矿床共 49 个，其中大型 5 个，中型 21 个，小型 23 个。确定成因类型的矿床 47 个，主要为接触交代型（17 个）、沉积变质型（5 个）、沉积变质交代型（4 个）、火山热液型（4 个）、火山岩型（4 个）、岩浆热液型（4 个）和中温热液型（3 个）。具体分布情况如表 4-24 所示。

表 4-24　小兴安岭-张广才岭成矿带(JH_1)矿床分布情况

矿种	大型(个)	中型(个)	小型(个)	合计(个)
金	1	3	6	10
金银		2		2
铅			3	3
锌		2		2
铅锌		4	2	6
铅锌多金属		1	2	3
铜		2	3	5
钼	1	1	1	3
钨	1		1	2
铁	2	6	4	12
铀			1	1

小兴安岭-张广才岭成矿带是东北地区重要的金及铁、铅锌、银、钨、钼等金属成矿带之一，也是黑龙江省最为重要的铁、铅锌、银、铁、钨、钼等多金属成矿带，总体呈南北向展布，向南延入吉林省境内，成矿潜力巨大。可以进一步划分为翠宏山-二股铁-有色金属成矿亚带、五星-西林铁-铅锌成矿亚带和海林铁、铅锌成矿亚带。带内主要矿床类型为热液-接触交代型，表现为铜、铅锌、钼、钨等金属矿床共生的特点。成矿与构造活动-沉积建造-岩浆活动关系密切，成因类型以矽卡岩型和热液型为主。

铁矿床主要位于张广才岭边缘隆起带的古元古代变质岩系的沉积变质型东风山铁矿床中。

铅锌矿床主要赋存在早寒武世碳酸盐岩-碎屑岩建造(主要)和二叠纪碳酸盐岩-碎屑岩建造(次要)中。代表性矿床包括分布于北部伊春翠宏山、铁力地区二股西山等地的铅锌矿，滨东地区为单一锌矿床的分布区，赋矿围岩以中生代花岗岩类、中酸性火山岩为主，次为早寒武世大理岩、炭质板岩及奥陶纪大理岩，以及少量晚古生代二叠纪火山岩、大理岩；成因类型主要为岩浆热液型、接触交代型，亦见有火山热液-沉积改造型和变质热液型；成矿期以中生代为主，与中生代岩浆作用关系密切，其次为早古生代成矿期。

铜矿床主要产于滨东地区，赋矿围岩为中生代花岗岩、花岗闪长岩、早-晚古生代(S_1—C_2)火山岩、碳酸盐岩；成因类型为岩浆热液型、接触交代型及海底火山喷发-热液改造型；成矿期以中生代为主，次为晚古生代。

钼矿床亦主要产于滨东地区，成因类型分别为斑岩型、火山热液型-接触交代型、岩浆热液型；含矿层则为晚侏罗世花岗闪长岩、花岗岩及上二叠统凝灰质砂岩、流纹质凝灰岩与晚二叠世碱长花岗岩接触带的矽卡岩；成矿期为中生代及晚古生代晚期。重要矿床类型为斑岩型钼矿，新发现的鹿鸣、霍吉河等斑岩型钼矿床等，开辟了新的找矿方向。鹿鸣和霍吉河超大型斑岩钼矿床位于伊春铁铅锌钼钨锡铜银成矿亚带内，成矿作用与翠宏山-玉泉印支晚期花岗岩带有关。这两个钼矿床推断和预测钼矿石资源量(333＋3341)均在 50 万 t 以上。

金矿床分布较为广泛，赋矿围岩多样，有中生代中酸性火山岩、早古生代变质火山岩、碳酸盐岩，成因类型亦多样，主要有岩浆热液型、浅成低温热液型(冰长石-绢云母型)、变质-火山热液型(浅成低温热液型)及接触交代型；成矿期除弯月金矿为早古生代(志留纪)外，其余金矿床皆形成于中生代(侏罗纪—白垩纪)，成矿与中生代岩浆作用关系极为密切。区内金矿重要类型之一是浅成中低温热液型，如东安金矿；其次是与古元古代东风山群 BIF 建造有关的金矿，如东风山铁金矿。近期，在成矿带南部宁安小北湖-东苇塘韧性剪切带内发现了营城子金银矿。东安和富强金矿均位于东安-平顶山金成矿亚带内，东安金矿位于乌云-结雅火山沉积盆地(K_1—E)西缘的南北向构造带上，共探明金资源储量 24t；富强金矿位于乌云-结雅火山沉积盆地(K_1—E)内部的东西向基底隆起带内，共探明金资源储量6t。

二、布列亚-佳木斯-兴凯成矿带(JH_2)

布列亚-佳木斯-兴凯成矿带位于黑龙江东部、俄罗斯阿穆尔州南部、犹太自治州、哈巴罗夫斯克边疆区西南部、滨海边疆区西南部地区，自北向南，呈带状分布于布列亚-佳木斯-兴凯地块内。

20世纪90年代前的研究一直认为，佳木斯地块以南北向的牡丹江断裂为界与西部的松嫩陆块相邻，主要由太古代的麻山群、元古代的黑龙江群两套变质地层和大面积的元古代花岗质岩石组成。但是，由于在产状上麻粒岩相变质的麻山群位于蓝闪绿片岩相变质的黑龙江群之上，致使对二者的关系及其时代等问题一直存有争议。90年代以来的一系列研究证明，黑龙江群不是一套正常的变质地层，而是一套含有解体蛇绿岩残块、并经历了高压变质作用的构造混杂岩，它们沿佳木斯地块的西缘和南缘分布，分别代表佳木斯地块与西部松嫩陆块和南部兴凯陆块之间的缝合带(朱群，1996；张兴洲等，1991；曹熹等，1992；李锦轶等，1992；王莹，1993)。因此，佳木斯地块的组成主要由相当于孔兹岩系的麻山群和花岗质岩石组成，不应包括所谓的黑龙江群。近年来的同位素年代学研究表明，麻山群中的麻粒岩相变质作用不是发生在太古代，而是在早古生代(500～520Ma)(Wilde et al，2000)，具有相当规模的所谓元古代花岗质岩石也有相当一部分为晚古生代(260～270Ma)。目前在周边陆块中尚未发现这两期事件的记录，结合该陆块西侧存在有以蓝片岩、蛇绿岩为代表的构造混杂岩，说明佳木斯地块作为一个外来体在与松嫩陆块拼贴前有着独立的演化历史。与佳木斯地块密切相关的另一个构造单元是其北部俄罗斯境内的所谓布列亚地块。多年来一直认为二者是一个构造单元，统称为布列亚-佳木斯地块。1996年，L I Krasnyi等在黑龙江以北俄罗斯境内的奥布卢奇那确定了一套含有蓝片岩和蛇绿岩的构造岩带，它们呈北东走向，与一北东向断裂带平行，其岩石组合及构造配置特点与我国境内嘉荫地区的构造混杂岩基本一致。这似乎说明，佳木斯地块与布列亚地块之间可能存在一北东向的碰撞拼合带，也就是说，从基底构造单元划分上，布列亚地块的主体应与我国境内的松嫩陆块(小兴安岭单元)同属一个构造单元。以往的生物地层学研究成果也支持这一认识，如松嫩陆块东缘伊春地区发育的含有寒武纪三叶虫化石的灰岩在俄罗斯小兴安岭地区也十分发育。近年来的研究表明，额尔古纳-兴安陆块、锡林浩特-松嫩陆块和佳木斯地块在晚古生代早期已经拼合成为一体，并作为一个统一的古陆块先后与华北板块和西伯利亚板块拼合碰撞。

兴凯地块主体位于俄罗斯境内，具有非均一结构，其主要部分为沃兹涅辛带。沃兹涅辛带为一具有被动陆缘的里菲期晚期(?)—寒武纪陆源碎屑和碳酸盐岩沉积建造，而且被早奥陶世(450Ma)和晚志留世(411Ma)的花岗岩侵入。在沃兹涅辛带以北划分出斯巴斯克带，其主要由早古生代浊积岩构成，并夹有寒武纪蛇绿岩、硅质岩及灰岩。在浊积岩中完好保存有大量寒武纪微化石的古海洋型带状硅质岩岩块。在斯巴斯克带以北，兴凯和布列亚地块主要是从绿片岩到麻粒岩相带的变质岩穹隆。原岩为里菲期晚期—寒武纪灰岩、蛇绿岩、硅质岩和陆源碎屑岩。认为兴凯和布列亚地块的深变质岩属太古代或古元古代的看法毫无地质根据。不久前，对佳木斯地块变质锆石颗粒作的离子探针研究表明，麻粒岩变质作用年龄为晚寒武世(502±8Ma和498±11Ma)。所有研究者都认为佳木斯地块的麻粒岩与兴凯地块麻粒岩相似。兴凯地块的上覆地层年龄范围是从志留纪到新生代。在兴凯地块中暂时划分出晚奥陶世—志留纪的陆源碎屑沉积。泥盆纪—石炭纪岩石属裂谷性质的浅海及陆相沉积岩和火山-深成岩。岩浆岩属双峰系列，其中以流纹岩为主(占95%)，玄武岩中钛和铝含量高。兴凯地块的二叠纪沉积为裂谷岩系，形成于老爷岭-戈罗杰格沃岛弧后的边缘海中，玄武岩中含近2%的氧化钛，还广泛分布有晚二叠世裂谷成因的花岗岩。三叠纪为浅海相和陆相沉积，兴凯地块南部见有晚三叠世(诺利期)凝灰岩。侏罗系的特点是浅海相和陆相碎屑沉积，有时夹有灰岩透镜体和凝灰物质的混入物。布列亚和兴凯地块北部上覆地层剖面有别于南部同时代剖面，南部中古生界为泥盆纪陆源碎屑岩的少量露头。兴凯地块的戈罗杰格沃带由二叠纪岛弧性质的火山-深成杂岩构成，局部分布不明成因的早志留世火山岩和沉积岩。戈罗捷格沃带与我国吉林南部老爷岭地区构造条件十分相似。兴凯地块的南部为谢尔盖耶夫带，谢尔盖耶夫带由含洋壳性质变质岩块和夹有变质陆源碎屑岩石的花岗岩-片麻岩的同造山角闪辉长岩、闪长片麻岩(居多)和大型深成岩体构成，同造山侵入体可能是由俯冲杂岩部分熔融产生，年龄为504～528Ma，又被早奥陶世花岗岩所侵入。晚泥盆世凝灰岩以沉积接触盖在谢尔盖耶夫辉长岩类之上，二叠纪地层同样以沉积接触盖在奥陶纪花岗岩之上。为何不见二叠纪岩石沉积在谢尔盖耶夫辉长岩类之上，这仍是一个谜，这些岩石为海相及陆相火山和沉积地层，并夹有灰岩岩块，火山岩可部分地划分为俯冲(岛弧)和裂谷成因(弧后)两类。其上为三叠纪和侏罗纪陆源碎屑岩所盖：向西为大陆和大陆架，向东为陆坡上部。在海相地层中记录有陆相晚侏罗世流纹岩(莫纳金组)和安山岩，可能还有俯冲带之上的地层(奥克拉英组)。此外，还见有早白垩世(贝里亚斯期?)碱性苦橄岩和玄武岩(波哥组)出露。谢尔盖耶夫带逆冲于锡霍特-阿林造山带的萨玛金带之上，形成构造推覆体和残片，并同后者一起遭受挤压而形成褶皱，而一些碎片沿中央锡霍特-阿林断层平移。

布列亚-佳木斯-兴凯成矿带主要属 Au-Fe-Mo-Mn-W-Sn-REE 成矿带，主要矿床(矿产地)共 54 个，其中大型 12 个，中型 18 个，小型 21 个，矿点 2 个，规模未知的 1 个。确定成因类型的矿床(矿产地)51 个，主要为变质热液型(8 个)、沉积变质型(7 个)、火山热液型(5 个)、斑岩型(5 个)、岩浆热液脉型(5 个)、岩浆热液型(5 个)和接触交代型(3 个)。具体分布情况如表 4-25 所示。需要说明的是，以上为主要金属矿床的统计，没有考虑佳木斯地块内的大型石墨、矽线石和磷灰石等非金属矿床。

布列亚-佳木斯-兴凯成矿带的主要成矿时代为新元古代—寒武纪、寒武纪、泥盆纪、二叠纪、晚三叠世、晚侏罗世—早白垩世 6 个时期，并据此划分出 6 个不同时期的 12 个矿带：①晚元古代—寒武纪箩北-林口 Fe-Au-石墨-矽线石矿带；②新元古代—寒武纪南兴安 Fe 矿带；③寒武纪查格奥彦 Pb-Zn 矿带；④寒武纪卡巴尔加 Fe 矿带；⑤寒武纪—二叠纪沃兹涅申卡 Pb-Zn 矿带；⑥泥盆纪比詹 Sn-W-萤石矿带；⑦晚寒武世—泥盆纪雅罗斯拉夫 Sn-W-萤石矿带；⑧二叠纪老爷岭-戈罗捷格沃 Cu-Mo-Au-Ag 矿带；⑨二叠纪麦尔金-聂曼 Mo-U-REE 矿带；⑩晚侏罗世—早白垩世团结沟-八面通金矿带；⑪晚三叠世—晚侏罗世五星 Au-Pt 矿带；⑫早白垩世别聂夫 Au-W±Mo±Be 矿带。

表 4-25　布列亚-佳木斯-兴凯成矿带(JH_2)矿床分布情况

矿种	大型(个)	中型(个)	小型(个)	矿点(个)	未知(个)	合计(个)
金	2	7	9			18
铜			1			1
锌		1				1
铅锌			1			1
钼	3	1	1			5
钨			1			1
锡		2	2		1	5
钴			1			1
锑	1					1
铁	3	6	2			11
锰	1					1
稀有金属			2			2
稀土	2					2
铀		1	1	1		3
金刚石				1		1

新元古代—寒武纪萝北-林口 Fe-Au-石墨-矽线石矿带位于佳木斯地块内，前寒武纪区域动力热流

变质作用和混合岩化作用有关的受变质沉积或受变质沉积-混合岩化改造的铁、金、石墨和矽线石矿床，主要分布于新太古代—古元古代麻山群、兴东群条带状含铁建造和富铝片麻岩建造(孔兹岩系)中，成矿时代为新元古代—寒武纪(540～1 000Ma)，典型矿床有：阿尔戈马型条带状铁矿床(双鸭山大型铁矿床)、霍姆斯塔克型金矿床(东风山大型金矿床)、变质石墨矿床(柳毛大型石墨矿床)和变质矽线石矿床(三道沟大型矽线石矿床)。

新元古代—寒武纪南兴安 Fe 矿带位于俄罗斯布列亚地块的小兴安岭增生楔地体中，矿带形成于不稳定克拉通(或太古代克拉通碎块构造拼贴到增生楔地体中)的边缘火山-沉积盆地中，条带状铁建造被 K-Ar 同位素年龄为 301Ma 和 604Ma 的花岗质岩体侵入，认为成矿时代为新元古代—寒武纪，形成苏必利尔型条带状铁矿床，典型矿床有 Yuzhno-Khingan，Kimkanskoe，Kostenginskoe 等矿床。

寒武纪查格奥彦 Pb-Zn 矿带位于俄罗斯布列亚地块内，由地块裂陷作用、中性成分的脉岩侵入作用和海相化学沉积作用发生时期形成的热流活动，形成喷气沉积矿床(SEDEX 型)，典型矿床有查格奥彦(Chagoyan)Pb-Zn 矿床。

寒武纪卡巴尔加 Fe 矿带位于俄罗斯兴凯地块的卡巴尔加地体(增生楔)中，矿带形成于海相沉积地层中，并被构造卷入到高级变质的卡巴尔加增生楔地体中，成矿时代为寒武纪，形成苏必利尔型条带状铁矿床，典型矿床有乌苏里铁矿床。

寒武纪—二叠纪沃兹涅申卡 Pb-Zn 矿带位于俄罗斯兴凯地块的沃兹涅申卡(Voznesenka)地体中，其被认为属于冈瓦纳大陆的被动大陆边缘构造相，含矿层发育在沃兹涅申卡地体中的海相沉积单元内，形成朝鲜型块状硫化物 Pb-Zn 矿床，主要矿床有 Voznesenka-I 和 Chernyshevskoe 矿床，成矿时代为寒武纪—二叠纪。成矿期后，在沃兹涅申卡地体的部分地区发育与碰撞有关的黑云母和 Li-F 钾铁云母花岗岩类，其 Rb-Sr 和 Sm-Nd 同位素年龄均为相近的 450Ma 左右。

泥盆纪比詹 Sn-W-萤石矿带位于俄罗斯布列亚地块的小兴安岭增生楔地体的犹太自治州地区。矿带形成于与大陆边缘岛弧的消减作用有关的兴凯-布列亚花岗岩带的最终岩浆侵入阶段。K-Ar 同位素年龄变化在 301～604Ma 之间，成矿时代为泥盆纪。成矿与侵入小兴安岭增生楔地体的兴凯-布列亚花岗岩带的花岗岩类关系密切，形成云英岩型网脉状和石英脉状 Sn-W 矿床及云英岩型萤石矿床，典型矿床有云英岩型 Preobrazhenovskoye 萤石矿床。

晚寒武世—泥盆纪雅罗斯拉夫 Sn-W-萤石矿带位于俄罗斯兴凯地块的沃兹涅申卡(Voznesenka)地体中，矿带形成于冈瓦纳大陆碎块的碰撞型岛弧带中，主要为早古生代沃兹涅申卡地体与卡巴尔加地体的碰撞造山形成的淡色花岗岩，花岗岩类侵入沃兹涅申卡地体(被动大陆边缘)中，K-Ar 同位素年龄为 396～440Ma，成矿时代为晚寒武世—泥盆纪，矿化与侵入寒武纪碎屑岩和灰岩的花岗岩类关系密切，形成云英岩型网脉状和石英脉状 Sn-W 矿床及云英岩型萤石矿床，典型矿床有 Voznesenka-II 云英岩型萤石矿床、Yaroslavskoe 云英岩型网脉状和石英脉状 Sn-W 矿床。

二叠纪老爷岭-戈罗捷格沃 Cu-Mo-Au-Ag 矿带位于兴凯地块西缘老爷岭-戈罗捷格沃(Laoeling-Grodekov)岛弧带的花岗岩类中，成矿时代为二叠纪，形成斑岩型 Cu-Mo (±Au，Ag)矿床和浅成低温热液脉型 Au-Ag 矿床，典型矿床有 Komissarovskoe 浅成低温热液脉型 Au-Ag 矿床。

二叠纪麦尔金-聂曼 Mo-U-REE 矿带形成于布列亚地块消减花岗岩带中的图尔马-布列亚花岗质岩石组合中，该花岗质岩石组合侵入到布列亚变质地体中，成矿时代为二叠纪，形成长英质侵入岩型 U-REE 矿床(Chergilen)和斑岩型 Mo 矿床(Melginskoye，Metrekskoye)。

晚侏罗世—早白垩世团结沟-八面通金矿带位于佳木斯地块的嘉荫团结沟、桦甸、七台河、八面通等地，赋矿围岩为早白垩世花岗斑岩、次火山岩及中元古代兴东群石墨片岩、白云石英片岩、变粒岩层，以及侏罗纪砂砾岩层；成因类型为斑岩型-次火山热液型浅成低温热液型)、岩浆热液型-接触交代型、变质热液型等。典型矿床有团结沟金矿和老柞山金矿。团结沟金矿位于佳木斯地块北端的鹤岗隆起与乌拉嘎断陷交界处。矿区出露的岩层有中元古界一套韧性变形岩石、中生界中酸性火山-碎屑沉积岩层。在中元古界韧性变形岩层中侵入了浅成-超浅成斜长花岗斑岩体，该侵入岩体位于北北东向乌拉嘎深大断裂与中元古界韧性变形岩层中的东西向断裂交会处，赋矿花岗斑岩体黑云母 K-Ar 同位素年龄为

100Ma 、102Ma 和 112.6Ma，锆石同位素年龄为 80Ma、105Ma 和 114Ma(江雄新等，1986)，对覆盖在斑岩体上的沉积岩进行孢粉鉴定，孢粉以海金沙科和水龙骨科为主，地层时代确定为早白垩世(沈阳地质矿产研究所，1979)，与区域地层对比，这套地层为下白垩统淘淇河组，据此亦可认为金矿化发育在早白垩世，该矿床为斑岩-浅成低温热液型金矿床。老柞山金矿位于佳木斯地块中段桦南隆起内，矿区内出露地层为古元古界兴东群大马河组，主要岩性为黑云斜长片麻岩和矽线石榴石英片岩等，均呈残留体产出，全区有 200 余条金矿体，分布在东、中、西 3 个矿带内。矿体主要赋存于混合岩和混合花岗岩破碎带及裂隙中，部分产于燕山期闪长玢岩破碎带和裂隙中或矽卡岩的层间破碎带内。平均含金品位在 $6.73\times10^{-6}\sim11.51\times10^{-6}$ 之间，该矿床为混合岩化热液叠加岩浆期后热液金矿床，属燕山期与花岗岩类有关的石英脉型金矿床。

晚三叠世—晚侏罗世五星 Au-Pt 矿带位于兴凯地块西缘，金矿床成矿期为中生代(晚三叠世、晚侏罗世)，成因类型为岩浆热液型-火山热液型(浅成低温热液型)，赋矿围岩为晚三叠世花岗斑岩和晚侏罗世—早白垩世闪长玢岩，成矿受中生代岩浆作用控制。铂族金属矿床仅在鸡东县下亮子乡见有 1 处，即五星铂族金属矿床，铂与铜、镍、钴共生构成中型矿床，矿体赋于新元古代超基性岩(橄榄透辉石岩、透辉石岩)中，成因类型为岩浆熔离型。

早白垩世别聂夫 Au-W±Mo±Be 矿带位于兴凯地块西缘，矿带形成于沿转换大陆边缘俯冲下插的库拉洋中脊和双峰式岩浆岩组合的花岗岩中，成矿时代为早白垩世，成矿与侵入 Taukha 地体和 Sergeevka 地体的 Khungari-Tatibi 花岗质岩带的花岗岩类关系密切，典型矿床有 Benevskoe 矽卡岩型 W±Mo±Be 矿床。

三、四平-永吉成矿带(JH_3)

四平-永吉成矿带位于吉林省中部地区，地质构造上属于天山-兴安造山系之北山-内蒙-吉林造山带(任纪舜等，1990)，《吉林省区域地质志》(1989)将吉黑褶皱系划分为松辽坳陷、吉林优地槽褶皱带和延边优地槽褶皱带，认为本成矿带属于吉林优地槽褶皱带。该成矿带西邻松辽坳陷，南接华北地台，东邻延边优地槽褶皱带，北与黑龙江省小兴安岭-张广才岭成矿带相接壤。赵春荆等(1996)在深入研究了吉黑东部构造格局和演化后，认为西伯利亚板块与华北板块之间的界线为长春-吉林-蛟河隐匿(伏)对接带和汪清-珲春隐匿对接带。由此，《中国成矿区带划分方案》(徐志刚，陈毓川，2008)将吉林省位于长春-吉林-蛟河隐匿(伏)对接带和汪清-珲春隐匿对接带与华北古陆块北缘断裂带之间的地区统称为吉中-延边成矿带(包括吉中成矿亚带和延边成矿亚带)，并将汪清-珲春隐匿对接带之北东侧、敦化-密山断裂南东侧的吉林东北隅、黑龙江东南隅太平岭地区划归张广才岭构造带和成矿带。此次暂取吉林优地槽褶皱带作为四平-永吉成矿带的范围，而将吉林东北隅和黑龙江东南隅及俄罗斯滨海边疆区的西南隅的太平岭地区划分为汪清-珲春成矿带。

四平-永吉成矿带属 Au-Ag-Pb-Zn-Mo-Ni-Cu-Fe 成矿带，主要矿床共 27 个，其中大型 5 个，中型 3 个，小型 19 个。确定成因类型的矿床 27 个，主要为岩浆热液型(8 个)、接触交代型(5 个)、变质热液型(2 个)、火山沉积变质型(2 个)和岩浆熔离型(2 个)。具体分布情况如表 4-26 所示。

表 4-26　四平-永吉成矿带(JH_3)矿床分布情况

矿种	大型(个)	中型(个)	小型(个)	合计(个)
金	1		5	6
银	1			1
铜		1	4	5
铅锌	1		3	4
钼	1		1	2

续表 4-26

矿种	大型(个)	中型(个)	小型(个)	合计(个)
镍	1	1	1	3
锑			1	1
铁		1	4	5

四平-永吉成矿带可进一步划分出山门-放牛沟银多金属成矿亚带、八台岭-兰家贵金属有色金属成矿亚带、那丹伯-沙河镇有色金属贵金属成矿亚带、五里河-榆木桥子多金属成矿亚带、上营有色金属贵金属成矿亚带和红旗岭-漂河川铜镍成矿亚带 6 个成矿亚带。

山门-放牛沟银多金属成矿亚带位于松辽断陷与伊-舒裂陷之间，受四平-德惠和依兰-伊通两条北北东向超岩石圈断裂的控制，呈北东向长条形展布，地层主要为下古生界的西保安组的基性火山岩-硅铁建造，石缝组、桃山组的中酸性火山-类复理石建造。在大顶山一带有上古生界石炭系上统磨盘山组和石咀子组碳酸盐岩建造等。侵入岩从加里东晚期至燕山期均有分布，形成明显的以北东向为主的构造-岩浆岩带，各期次侵入岩形成了不同类型的矿化。区内构造以断裂最为发育，主要是以平行断陷及裂陷边缘的次一级北东—北北东向压性-压扭性冲断层和糜棱岩化带为主，北西向和其他方向断裂次之。褶皱构造多不完整，主要发育在下古生界地层中，形成复式褶皱，在放牛沟地区以东西向为主，如产于奥陶系中的伊通市放牛沟锌硫化物矿床，大顶山地区以北西向为主，在山门地区则以北东向为主。本区控岩、控矿主要为几组构造的复合部位，矿床主要受与依兰-伊通、德惠-四平两条深大断裂平行的次级断裂及近东西向断裂控制。本亚带至目前为止，已发现贵金属和有色金属矿床、矿点、矿化点几十处，硅灰石矿床(点)十几处。该区具备形成大型金、银、铜矿及硅灰石矿的条件，资源潜力大，是寻找大中型金、银、铜及硅灰石矿床的重要远景区。

八台岭-兰家贵金属有色金属成矿亚带位于大黑山条垒的中偏西段。出露有下二叠统范家屯组和上二叠统杨家沟组、马达屯组，属火山-类复理石-类磨拉石建造。局部地段有下白垩统营城子组陆相火山岩(安山岩)和泉头组砂砾岩；侵入岩以燕山期花岗岩类为主；区内构造以断裂最为发育，主要为北东向和北西向压-压剪性断裂，侵入体的展布和矿化带的方向与上述构造方向相同。成矿亚带内有以 Au、Ag、Cu、Pb、Zn 等元素为主的组合异常 20 余处。亚带内已知矿产有铜、铁、金、银等，已发现矿床、矿(化)点多处。主要分布在岩体与地层接触带上或岩体内及地层内构造裂隙控制的热液充填型脉状矿化体中，如兰家金矿、八台岭银金矿等。该成矿亚带金、银、铜成矿地质条件比较有利，找矿前景好，寻找贵金属、有色金属资源潜力较大，特别是各种类型的热液矿床，有一定的资源前景，同时更应注意兰家金矿的外围及深部金的找矿潜力。

五里河-榆木桥子多金属成矿亚带位于吉中中生代火山盆地的东南缘，是吉林地区有色金属重要成矿远景区。区内晚古生代处于被动大陆边缘构造环境，于晚石炭世在八道河子东部和北部形成了碳酸盐岩-碎屑岩建造。早二叠世在暖木条子—民主屯—大顶子山一带，形成了海相中酸性火山岩-沉积岩建造，其他地区形成了浅海陆棚相类复理石建造。本区晚古生代处于次稳定大陆边缘造山阶段特有的构造环境，对成矿较为有利。本区的下二叠统 Pb、Zn、Ag 等成矿元素背景普遍偏高，特别是 Pb、Zn 的背景明显偏高。各层位中矿化剂元素 Cl 含量较高，有利于成矿物质的迁移富集。区内的已知矿床(点)均赋存在早二叠世地层内。本区华力西期、印支期及燕山期中酸性侵入岩较发育。中生代区内陆相火山-岩浆活动强烈，形成了以中性火山岩为主的中酸性火山岩建造。火山热液活动与金、砷矿化关系密切。本区构造较发育，褶皱构造以晚古生代地层组成的一系列紧闭褶皱为主。以烟筒山-二道林子东西向基底断裂为界，南部以北西向为主，发育有磐石-明城背斜、黑石-官马向斜；北部以北东向为主，形成一些与韧性剪切带有关的规模不大的鞘褶皱。断裂构造以北西向黑石-烟筒山深断裂为主，南北向断裂和北东向头道川-烟筒山韧性剪切带等对本区成岩及成矿作用有着重要的控制作用。区域内已知矿产有铜、金、银、铅、锑、钨、钼等，已发现矿床、矿点及矿化点 20 余处。综上分析，本区有色金属和贵金属成矿地质条件较好，具有较大的找矿潜力。

红旗岭-漂河川铜镍成矿亚带紧邻槽台边界槽区一侧，出露地层主要有下古生界呼兰群变质岩系、石炭系、二叠系火山岩等。呼兰群变质岩系是含铜镍基性、超基性岩体的围岩，同时也是金矿的赋矿层位，如二道甸子金矿主矿带产于炭质角页岩和斜长角闪岩的互层带中。区域与铜镍成矿有关的岩浆活动为华力西早期基性-超基性岩侵入，主要分布在红旗岭及漂河川一带。区内还分布有大面积的燕山期花岗岩类。这些岩浆活动与金矿成矿关系密切。控制基性、超基性岩的构造主要为辉发河超岩石圈断裂的次一级断裂，北西向构造为容岩、容矿构造，东西向构造为导浆构造。目前红旗岭-漂河川区内已发现超基性岩体200多个，现已查明1号、6号、新6号、9号、10号、115号、120号、7号等岩体探获镍金属量，发现一批铜镍矿床、矿点。漂河川矿田，已评价的12个岩体中，含矿岩体9个，含矿率75%，并探明小型铜镍矿床1处，尚有近100个岩体未进行评价，预测该矿田岩体潜在资源量10万t。按类比法计算，预测远景资源量30万t。

上营有色金属贵金属成矿亚带位于成矿带的东北部位，区内有色金属铜、铅、锌、钼，贵金属金、银等矿产以及非金属矿产十分丰富，形成了众多的大、中、小型矿床。该区处于华北板块和西伯利亚板块结合带的增生褶皱带部位。区内地层主要有二叠系马达屯组、一拉溪组，其岩性主要为火山碎屑岩夹少量正常沉积的陆源碎屑岩；局部有少量的三叠系(马鞍山带)分布，第三系、第四系则分布于盆地及沟谷中。区域内侵入岩主要为华力西期闪长岩类，印支期和燕山期花岗岩类。区内已知的舒兰福安堡钼矿及其他众多的铜、铅、铅、金等矿点、矿化点大多分布在印支期、燕山期花岗岩小岩株内或其周围，为本矿区主要控矿因素之一。区域构造演化经历了寒武纪—二叠纪地槽发展、三叠纪—新生代滨太平洋大陆活化两大阶段。形成了加里东褶皱(寒武系—奥陶系)、印支褶皱(二叠系)及中生代的断陷盆地(上三叠统)、坳陷盆地(第三系—第四系)并伴随有多方位的断裂产生。构造以断裂构造最为发育，主要是以平行断陷及裂陷边缘的次一级北东—东西向断裂构造带为主，这两组断裂不仅是区内主要的控岩构造，同时也是重要的控矿构造。在福安堡地区的蚀变似斑状二长花岗岩中发现了钼矿体。上营有色金属贵金属成矿带内，与福安堡地区成矿地质条件相似的、并且Mo及多金属化探异常均较好的综合异常有十几处，所以该成矿带是以钼为主的重要的有色金属成矿带。

四、汪清-珲春成矿带(JH_4)

汪清-珲春成矿带位于吉林东北隅和黑龙江东南隅及俄罗斯滨海边疆区的西南隅的太平岭地区，在大地构造位置上，成矿带夹于佳木斯地块、兴凯地块、龙岗地体(华北板块部分)之间，发育在新元古代五道沟裂陷槽和晚古生代延边上叠盆地中。是一个经历过古亚洲洋演化和兴蒙造山对接、中生代古太平洋板块俯冲以及新生代超壳断裂作用的叠加复合构造区(彭玉鲸等，2002)。在寒武纪至早-中三叠世，汪清-珲春成矿带受西伯利亚古板块与中朝板块的碰撞，一直处于强烈的活动环境，形成了经过强烈变形变质的早、晚古生界地层和大面积分布的海西期花岗质岩石，以及复杂的构造格架。晚三叠世至新生代该区进入滨太平洋大陆边缘发展阶段，受太平洋板块与欧亚板块碰撞作用，发生多期次岩浆侵入和火山喷发-侵入作用、沉积和构造作用，形成大陆边缘发展阶段的构造岩浆活化区。唐克东等(2004)重新审视延边缝合带，认为它不是如很多中、外学者所认为的那样，是由西拉木伦缝合带延伸过来的，而是晚侏罗世兴凯地块与龙岗-冠帽地块联合的增生缝合带，属东北亚中生代环太平洋构造带的一部分，并把这两个地块之间自(北)东向(南)西依次分为3个构造带：①属兴凯地块西南缘的太平岭-南滨海二叠纪陆缘火山弧；②属延边缝合带北部的开山屯中-晚二叠世增生杂岩带；③南部的色洛河-青龙村含晚古生代岛弧、洋壳碎块的晚侏罗世花岗-变质岩带。一种可能的解释是：开山屯中-晚二叠世增生杂岩带应属龙岗-冠帽地块北东缘增生带，它与兴凯地块西南缘的太平岭-南滨海二叠纪陆缘火山弧之间界线相当于汪清-珲春(南)隐匿接触带，而色洛河-青龙村晚侏罗世花岗-变质岩带才是中生代环太平洋构造带的一部分。

成矿带内吉林省出露最老地层为古生代五道沟群和青龙村群，主要表现为一套浅变质岩系，原岩为海相火山岩-沉积岩建造，与区内白钨矿化、铜金矿化具密切的空间和成因联系。受多期次构造作用影响，轴向近EW向的褶皱和断裂构造控制了区内成矿岩体和矿床(点)的空间展布，而NE向、NW向、近SN向断裂构造则是主要的控矿构造，控制着矿体的形态、产状和规模。不同时期，尤其是燕山期大规模中酸性岩浆侵入为区内内生金属矿床的形成提供了丰富的物质基础。成矿带内黑龙江省东宁地区出露地层主要为新元古界黄松群变质岩系，主要由云母(石英)片岩、变粒岩、斜长角闪岩组成，外围出露地层为中-上侏罗统屯田营组火山岩系。南北向的褶皱和断裂构造极为发育，而影响本区岩浆活动和矿床形成的构造为太平岭复背斜和绥阳深断裂。

汪清-珲春成矿带主要属Au-Cu-Zn多金属成矿带，带内矿床数量多，矿种较为齐全，并不乏大中型矿床，主要矿床共16个，其中大型2个，中型2个，小型12个。确定成因类型的矿床16个，主要为火山热液型(4个)、岩浆热液型(3个)和斑岩型(3个)。具体分布情况如表4-27所示，主要矿种为金、铅、锌，其次为铜、镍、锑、钼。区内金矿床发育，著名的海沟、小西南岔大型金矿床就产于此带中。金矿床主要发育在安图、汪清、龙井、春化一带，总体呈近东西向展布，赋矿围岩为晚侏罗世—早白垩世中酸性火山岩、花岗岩类及后期脉岩；成因类型以火山热液型(浅成低温热液型)为主，其次为岩浆热液型、斑岩型；成矿期为中生代(J_3—K_1)。铅锌矿床发育在龙井、汪清等地，在龙井天宝山金、铜、钼与铅锌共生或伴生，构成天宝山大型多金属矿床。天宝山多金属矿床为一多期、多次(二叠纪、早三叠世)复合成因矿床(早期成矿为隐暴角砾岩型、海底火山喷流，晚期为接触交代型)。铅锌矿床见于汪清棉田，产出于中生代花岗岩与呈捕虏体的中二叠世庙岭组大理岩接触带矽卡岩中，成因类型为接触交代型。铜矿床除与镍共生的长仁铜镍矿床为中型外，其余都为小型矿床，铜矿床的成因类型为岩浆热液型、火山热液型，成矿期为中生代。镍矿床仅见长仁铜镍矿床，位于和龙市长仁地区，赋矿围岩为寒武纪超基性岩(辉石橄榄岩、斜长辉石岩)，成因类型为岩浆熔离贯入型。锑矿床分布在西部安图一带，为小型矿床，赋矿围岩为白垩纪花岗岩，成因类型为岩浆热液型，成矿时代为早白垩世。钼矿床仅见于敦化市的三岔子，赋矿围岩为中生代英云闪长岩，成因类型为岩浆热液型，成矿时代为中生代早期。

表4-27　汪清-珲春成矿带(JH_4)矿床分布情况

矿种	大型(个)	中型(个)	小型(个)	合计(个)
金	1	1	8	10
铂族			1	1
铜			2	2
锌	1			1
钼		1		1
铜钼			1	1

汪清-珲春成矿带可进一步划分出天桥岭多金属成矿亚带、西滨海-东宁-百草沟-复兴金铜多金属成矿亚带和板石-小西南岔金铜钨成矿亚带。

天桥岭多金属成矿亚带处于龙岗地块与佳木斯-兴凯地块之间古生代陆缘增生褶皱带的晚古生代庙岭-开山屯裂陷槽的北东段。区内出露有上元古界、中生界、新生界地层。在该裂陷槽内相继发现了多处有色金属矿床(点)。区内断裂构造较为复杂和发育，可分4组即北东向、北西向、东西向、近南北向，其中以北东向、北西向断裂最为发育，属重磁同源构造，是本区重要的控矿构造。两组断裂交会处是矿体赋存的有利空间。本区岩浆活动频繁，有华力西晚期大陆碰撞型闪长岩、花岗闪长岩及中基性火山喷发岩，燕山期中酸性喷发岩，喜马拉雅期基性火山岩，构成了3个构造-岩浆旋回，对内生金属矿产形成十分有利。

西滨海-东宁-百草沟-复兴金铜多金属成矿亚带为延边地区、黑龙江省东南部地区及俄罗斯滨海边疆区西南部中生代火山岩最集中的分布区，自吉林八道镇向西到屯田农场经十里坪至杜荒岭一带，往北进入黑龙江的东宁地区及西滨海地区。为一北向的金铜成矿带。以金为主的金铜矿化主要受火山-次火山岩带控制。出露地层主要有五道沟群中基性火山沉积建造，形成兴凯地块南西缘新元古—早古生代裂陷槽环境。二叠系的开山屯组、柯岛组、庙岭组、解放村组是浊积或滑塌堆积产物，形成于二叠纪庙岭-开山屯裂陷槽环境。三叠系大兴沟群，是一套中酸性火山岩。侏罗系主要是金沟岭组、屯田营组，其岩性主要是陆相中酸性火山岩类。白垩系长财组分布局限，岩性为含煤碎屑岩类；本区晚古生代至中生代火山-岩浆活动十分强烈。晚古生代以岩基状侵入的斜长花岗岩类为主，中生代则为岩枝、岩珠状产出的闪长岩。后者与成矿有关；该带以东西向、北西向及北东向构造最为发育。东西向构造是控岩构造。矿体明显受火山机构及经火山作用改造的某些次级断裂控制。在该带中，与金矿床的形成有成因联系的地层是元古代地层和中生代晚侏罗世、早白垩世火山岩地层。元古代变质岩系是中生代火山断陷盆地的基底地层，含金丰度偏高，在热液的作用下或熔融的过程中均可作为矿源层提供成矿元素，金矿的出露部位往往伴有元古代地层的出露。晚侏罗世火山岩地层是矿体的主要围岩，金丰度近于地壳的平均值。带内已知有五凤-五星山、刺猬沟、闹枝、九三沟等多处小型金矿床及众多的金、铜矿点及矿化点。成矿时代为燕山期，成因类型以火山热液型为主，次为岩浆热液型。

板石-小西南岔金铜钨成矿亚带处于东西向中生代火山构造带与北东向晚古生代活动陆缘带的交会部位，构造上属于兴-佳地块南西缘新元古—早古生代陆缘活动带。区内出露地层主要是震旦系—早古生界五道沟群，是一套中基性火山岩-碎屑岩建造。该区晚古生代—中生代火山-岩浆作用发育。五道沟群和晚期中基性次火山岩中 Au、Cu 等成矿元素高于同类岩石克拉克值的 2～4 倍。上古生界(青龙村群)主要为火山-碎屑岩建造；侵入岩主要有华力西晚期花岗岩和闪长岩类，Au 元素丰度为 1.63×10^{-9}；印支期闪长岩类，Au 元素丰度为 2.3×10^{-9}；燕山期闪长岩等，Au 元素丰度为 2.94×10^{-9}；次火山相脉岩发育，其中次安山岩 Au 元素丰度为 3.8×10^{-9}～98.0×10^{-9}。另在珲春一带发育有华力西期(?)超基性-基性岩，其与铂钯矿化关系密切。带内发育有东西向、北北东向、北西向及南北向断裂，它们具多期活动的特征，不同期次的断裂往往被不同阶段的岩脉、矿脉所充填，相互叠加或穿插。北北西向断裂为主要的含矿断裂。该带已知有小西南岔大型金铜矿床及多处小型金、铜矿床、矿点，近年在珲春烟筒砬子一带发现含铂钯的超基性-基性岩体以及钨矿，新发现的钨矿位于小西南岔铜金矿床南约 20km 处，吉林省有色地勘局找到我国北方最大的白钨矿床——珲春县杨金沟白钨矿床，矿体以脉状、复脉及含白钨矿石英脉-石英细脉带产于下古生界五道沟群片岩中，并与岩层产状大致一致，成因上属“层控”叠加热液型(卢秀全等，2005)，经 4 年勘探已控制 WO_3 资源量 10.9 万 t，品位 0.4%±，将进行工业化开采(高轩，2008)。本带是一重要的与燕山期侵入作用有关的斑岩型-岩浆热液型金铜多金属成矿带。

五、延边-咸北成矿带(JH_5)

延边-咸北成矿带位于华北陆台北缘北侧，属铁岭-靖宇-冠帽太古代古陆块的北侧陆缘增生带。

延边-咸北成矿带主要矿种为铜、金、镍，次为钼、银、铁、铅、锌，为金-多金属重要成矿带。主要矿床(矿产地)共 20 个，其中大型 3 个，中型 1 个，小型 13 个，矿点 3 个。确定成因类型的矿床(矿产地)20 个，主要为岩浆热液型(7 个)、火山热液型(3 个)、接触交代型(3 个)、斑岩型(2 个)和岩浆熔离型(2 个)。具体分布情况如表 4-28 所示。

表 4-28　延边-咸北成矿带(JH_5)矿床分布情况

矿种	大型(个)	中型(个)	小型(个)	矿点(个)	合计(个)
金			6		6
铜	1	1	2	1	5
铅	1				1
铅锌			1		1
钼			1		1

续表 4-28

矿种	大型(个)	中型(个)	小型(个)	矿点(个)	合计(个)
镍				1	1
钴	1				1
锑			2		2
铁				1	1
铬			1		1

延边-咸北成矿带在中国境内包括吉林省延边地区的大蒲柴河、新合、龙井的开山屯地区。出露主要地层为上古生界石炭系结晶灰岩、板岩及早二叠世中酸性火山岩、碎屑岩夹板岩、灰岩等，中生代侏罗纪火山岩发育。Cu、Pb 元素在结晶灰岩中含量高，而 Zn 元素在火山岩中富集；区内岩浆活动强烈，华力西期花岗闪长岩 Cu、Pb、Zn 的丰度值分别为 47×10^{-6}、90×10^{-6}、88×10^{-6}，此期侵入岩与成矿关系密切。印支期英安斑岩 Cu、Pb、Zn 丰度值分别为 23×10^{-6}、47×10^{-6}、138×10^{-6}，为天宝山铅锌矿立山坑的主成矿母岩；燕山期花岗斑岩 Cu、Pb、Zn 的丰度值分别为 47×10^{-6}、126×10^{-6}、114×10^{-6}，与成矿关系密切；区内构造发育，主要为北东及北西向，它们与近东西向断裂的叠加，控制矽卡岩型及隐爆角砾岩型矿床的形成。华力西晚期花岗岩的东清岩体(中生代?)和燕山期牡丹岭岩体均呈近东西向展布，受东西向构造控制。属于东西向构造带断层的有大蒲柴河-万宝屯冲断层。此外大蒲柴河南见有东西向断层，挤压破碎带切割了富尔河断层。北西向构造带主要有大甸子向斜盆地，富尔河压扭性断裂带，西北岔冲断层等组成。区内有以 Cu、Mo 组合为主的综合异常多处。通过普查及异常查证发现了铜钼矿体。但由于工作程度较低，尚有待进一步工作。20 世纪 80 年代以来，本区发现一批矿点，计有 30 多处。其中有小蒲柴河锑矿点、万宝锑矿点及金矿点、铜镍矿点等，现已发现有 Au、As、Sb、Ni 异常区 11 处。其成矿条件优越，寻找金、铜镍、锑等矿产潜力比较大。本矿带的主要成矿作用为与华力西期海底火山喷气作用有关的铅锌矿床及与晚印支—燕山期侵入(火山)作用有关的铜、钼矿床。

延边-咸北成矿带的朝鲜境内称之为咸北成矿区，西北以图们江为界与我国接壤，西南面以清津江深断裂与摩天岭成矿区为界，南北长 60km，面积约 4 200km^2。地质构造范围包括三级构造单元——图们江沉降带。区内主要矿产有镍、钴、铬及铜矿，矿床形成主要与清津一带的基性-超基性岩体有关。主要有龙川铬矿床、三海镍矿床、三惠铜镍矿床、会宁钴矿床，以及富宁和梨津的铜矿床等。它们都与晚古生代的清津岩群、中生代的豆满江岩群及端川岩群有关。

第七节　锡霍特-阿林成矿省(SA)

锡霍特-阿林成矿省分布于研究区东部的俄罗斯哈巴罗夫斯克边疆区的南部、滨海边疆区的东部及中国黑龙江的完达山地区。该成矿省在地质构造上主要属于锡霍特-阿林造山带，由 6 部分组成：那丹哈达-比金带、巴德扎利带、茹拉夫列夫-阿穆尔带、塔乌欣带、科玛带和基谢列夫带-马诺明带。

那丹哈达-萨玛金带(中锡霍特-阿林造山带)沿兴凯地块的谢尔盖耶夫带东缘和北缘出露，其中，萨玛金带是那丹哈达-萨玛金带在俄罗斯境内部分，该带由夹泥盆纪蛇绿岩、二叠纪和三叠纪硅质岩及晚古生代灰岩包体的侏罗纪浊积岩构成。该带可以与日本境内的美浓-丹波地体和中国境内的那丹哈达地体对比，属统一的侏罗纪增生杂岩的碎片。

巴德扎利带(西锡霍特-阿林造山带)位于锡霍特-阿林造山带的西北部，沿布列亚地块东缘出露，在构造带中夹有灰岩的晚三叠世硅质岩外来体呈带状连续出露。需要指出的是，Б А Натальин 所划分的早白垩世哈巴罗夫斯克增生杂岩，据其观点，在西部与前寒武纪陆块相连，由此形成缝合带并分割巴德扎利和萨玛金带。然而，最近的一些资料证实哈巴罗夫斯克杂岩的基底年龄为侏罗纪，也证实将其归入统一的侏罗纪增生楔是合理的。巴德扎利带与萨玛金带的不同是，广泛分布晚三叠世大陆边缘陆源碎屑岩构造推覆体和缺失蛇绿岩。

南锡霍特-阿林的塔乌欣带由3个提塘期—早白垩世增生杂岩带组成：西部构造带由扩张型玄武岩构成，被晚侏罗世硅质岩覆盖；中部构造带由尼欧科玛统浊积岩构成，夹有二叠纪和侏罗纪硅质岩，三叠纪石灰岩和古盖约特（海底平顶山）玄武岩包体；东南部构造带由夹泥盆纪—二叠纪盖约特、二叠纪和三叠纪硅质岩碎片包体以及二叠纪、晚三叠世和早白垩世大陆边缘陆源碎屑岩的构造推覆体及提塘期沉积岩构成。塔乌欣带向东南倾斜，这可能证明塔乌欣带是日本本州岛北部和北海道西南部早白垩世火山弧相伴的古俯冲带的一部分。

茹拉夫列夫-阿穆尔带（东锡霍特-阿林造山带）为早白垩世陆源碎屑沉积，厚度近10km，沿侏罗纪增生杂岩带延伸。构造带中发育凡兰吟期布希耶夫动物化石群的地层，这些地层呈S形带状分布，沿整个锡霍特-阿林造山带延伸。茹拉夫列夫-阿穆尔带由在凡兰吟期的大陆架和浊积沉积构成，夹有碱性苦橄岩和玄武岩流。茹拉夫列夫带底部的某些地段出露晚侏罗世(?)玄武岩和硅质岩石，有理由认为它是茹拉夫列夫-阿穆尔带的一部分，属大陆坡底沉积杂岩。

位于锡霍特-阿林造山带最东端的2个构造带分别是科玛带和基谢列夫-马诺明带，其主体属东锡霍特-阿林火山带的分布区域。其中，科玛带为阿普特-阿尔布期岛弧碎片。基谢列夫-马诺明带为一个早白垩世（从贝里亚斯开始）增生杂岩带，其中夹有侏罗纪玄武岩和硅质岩包体。进一步的详细研究构造带杂岩的年龄被确定为中白垩世，其中浊积基质的年龄为阿普特—阿尔布期。而早白垩世前阿普特期的岩石为大洋板块沉积。此外，值得注意的是在基谢列夫-马诺明增生杂岩中发育有欧特里夫—巴列姆期岛弧的捕虏体。

根据上述构造特点，可将锡霍特-阿林成矿省进一步划分为4个Ⅲ级成矿带：巴特热洛-亚姆-阿林成矿带(SA_1)、下阿穆尔成矿带(SA_2)、完达山-中锡霍特-阿林成矿带(SA_3)和东锡霍特-阿林成矿带(SA_4)。

一、巴特热洛-亚姆-阿林成矿带(SA_1)

巴特热洛-亚姆-阿林成矿带主要位于俄罗斯哈巴罗夫斯克边疆区布列亚山东北地区，地质构造上主要属于巴德扎利构造带（西锡霍特-阿林造山带）。

本成矿带主要属W-Sn-Au-Mo成矿带，成矿时代主要为晚白垩世。主要矿床（矿产地）共15个，其中大型6个，中型5个，小型3个，规模未知的1个。确定成因类型的矿床（矿产地）14个，主要为沉积变质型（8个）和岩浆热液型（3个）。具体分布情况如表4-29所示。

表4-29　巴特热洛-亚姆-阿林成矿带(SA_1)矿床分布情况

矿种	大型(个)	中型(个)	小型(个)	未知(个)	合计(个)
金		1			1
钼			1		1
钨	2				2
锡	4	4	2	1	11

二、下阿穆尔成矿带(SA_2)

下阿穆尔成矿带主要位于俄罗斯哈巴罗夫斯克边疆区下黑龙江流域，地质构造上主要属于茹拉夫列夫-阿穆尔构造带（东锡霍特-阿林造山带）和东锡霍特-阿林火山带。

本成矿带主要属 Au-Ag-Al-W-Mn 成矿带，成矿时代主要为晚白垩世和晚白垩世末—古新世 2 个时期。主要矿床(矿产地)共 17 个，其中大型 2 个，中型 9 个，小型 5 个，规模未知的 1 个。确定成因类型的矿床(矿产地)16 个，主要为次火山热液型(6 个)、火山热液型(2 个)、热液型(2 个)和岩浆热液型(2 个)。具体分布情况如表 4-30 所示。

表 4-30　下阿穆尔成矿带(SA_2)矿床分布情况

矿种	大型(个)	中型(个)	小型(个)	未知(个)	合计(个)
金	1	5	4		10
金银		2			2
钨			1		1
锡		1		1	2
铝	1				1
锰		1			1

三、完达山-中锡霍特-阿林成矿带(SA_3)

完达山-中锡霍特-阿林成矿带主要位于俄罗斯滨海边疆区中部—哈巴罗夫斯克边疆区南部地区，地质构造上主要属于那丹哈达-萨玛金构造带(中锡霍特-阿林造山带)。

本成矿带主要属 Au-Ti-W-Sn-Cu-Mo 成矿带，成矿时代主要为晚白垩世。主要矿床共 22 个，其中大型 5 个，中型 9 个，小型 8 个。确定成因类型的矿床(矿产地)22 个，主要为斑岩型(7 个)、热液型(5 个)、岩浆热液型(4 个)、矽卡岩型(3 个)和岩浆热液石英脉型(2 个)。具体分布情况如表 4-31 所示。

表 4-31　完达山-中锡霍特-阿林成矿带(SA_3)矿床分布情况

矿种	大型(个)	中型(个)	小型(个)	合计(个)
金		4		4
金银			1	1
铜			1	1
铜钼			4	4
钨	2		1	3
锡		5	1	6
钛	3			3

四、东锡霍特-阿林成矿带(SA_4)

东锡霍特-阿林成矿带主要位于俄罗斯滨海边疆区东部—哈巴罗夫斯克边疆区东南部地区，地质构造上主要属于东锡霍特-阿林火山带。

本成矿带主要属 Au-Ag-Pb-Zn-Sn-W 成矿带，成矿时代主要为晚白垩世—古近纪。主要矿床共 49 个，其中大型 2 个，中型 25 个，小型 22 个。确定成因类型的矿床 49 个，主要为斑岩型(10 个)、变质热液型(7 个)、热液型(6 个)、岩浆热液石英脉型(6 个)、岩浆热液型(6 个)、火山热液型(4 个)、岩浆热液脉型(4 个)、沉积变质型(3 个)和矽卡岩型(3 个)。具体分布情况如表 4-32 所示。

表 4-32 东锡霍特-阿林成矿带(SA_4)矿床分布情况

矿种	大型(个)	中型(个)	小型(个)	合计(个)
金	1	2	1	4
银		1		1
金银	1	1	7	9
铜			5	5
铅锌		8	2	10
铅锌多金属		2	3	5
钼			1	1
铜钼			1	1
钨		1		1
锡		10	2	12

第八节 中朝成矿省(ZC)

该成矿省分布于矿产图南部的中国东北南部、河北东北部、朝鲜半岛北部地区,呈东西向展布。

中朝成矿省的地域范围相当于中朝古陆块东部,该陆块经历了太古宙、古元古代、中-新元古代、古生代和中-新生代时期的大地构造阶段的演化,伴随各种成矿作用,形成丰富的矿产。通过研究不同构造时段的形成演化与成矿作用之间的关系,认为在中朝古陆块东部成矿带主要是在早期构造-岩浆活动的基础上叠加了中-新生代滨太平洋构造域的构造-岩浆作用,进而形成火山-岩浆侵入及伴生强烈的成矿作用,形成差异较大的构造-岩浆-成矿带。冀东-辽西、辽东-吉南构造-岩浆带上叠在铁岭-靖宇-冠帽和营口-宽甸-惠山两太古宙—古元古代隆起和坳陷上,伴随有金、铜、钴、铅、锌成矿作用发生。

该成矿省共划分为8个Ⅲ级成矿带、7个Ⅲ级成矿亚带:铁岭-靖宇-冠帽(朝)成矿带(ZC_1)、营口-长白-惠山(朝)成矿带(ZC_2)、瓦房店-旅顺成矿带(ZC_3)、狼林成矿带(ZC_4)、华北地块北缘东段成矿带(ZC_5)、华北地块北缘西段成矿带(ZC_6)、山西断隆成矿带(ZC_7)、朝鲜半岛中部平南成矿带(ZC_8)。其中华北地块北缘东段成矿带(ZC_5)成矿带又划分出4个成矿亚带:内蒙隆起东段成矿亚带(ZC_{5-1})、冀北-北票成矿亚带(ZC_{5-2})、冀东-绥中成矿亚带(ZC_{5-3})、北镇成矿亚带(ZC_{5-4});朝鲜半岛中部平南成矿带(ZC_8)又划分出3个成矿亚带:沙里院成矿亚带(ZC_{8-1})、肃州-海州成矿亚带(ZC_{8-2})、元山-开城成矿亚带(ZC_{8-3})。

带内典型矿床有:金厂沟梁岩浆热液型金矿、夹皮沟沉积变质热液型金矿、板石沟火山沉积变质型铁矿、排山楼变质热液改造型金矿、鞍山式沉积变质型铁矿、二棚甸子接触交代型铅锌矿、桓仁接触交代型铜矿、瓦房子沉积型锰矿、兰家沟斑岩型钼矿、杨家杖子接触交代型钼矿、高家堡子岩浆热液型银矿、青城子变质生成型铅锌矿、五龙岩浆热液型金矿、瓦房店岩浆型金刚石矿、峪耳崖高温热液型金矿、金厂峪热液型金矿、惠山岩浆热液型铜矿、检德超大型沉积变质改造型铅锌矿、上农岩浆热液-变质改造型铜矿、利原沉积变质型铁矿、鲸水岩浆热液交代型钨矿、笏洞接触交代型金多金属矿、银波沉积变质型铅锌矿。

一、铁岭-靖宇-冠帽(朝)成矿带(ZC_1)

该成矿带近东西向展布于辽宁的鞍山-抚顺-铁岭-吉林的靖宇及朝鲜的冠帽地区,成矿带全长约750km,面积约75 000km^2。受华北陆台北缘断裂控制,北缘主要受抚顺-清原浑河和龙-清津江断裂控制,大地构造位置主要位于胶辽台隆铁岭-靖宇隆起及冠帽地块之上,为近东西向展布的一套遭受区域变质作用而形成的中深变质的太古宙岩系。

本成矿带属 Fe-Au-Cu-Ni-Pb-Zn 成矿带，主要矿床共 139 个，其中超大型 7 个，大型 15 个，中型 35 个，小型 79 个，矿点 3 个。确定成因类型的矿床 139 个，主要为沉积变质型（77 个）、岩浆热液型（32 个）、火山沉积变质热液型（11 个）、接触交代型（7 个）、斑岩型（4 个）、沉积型（4 个）和火山沉积变质型（4 个）。具体分布情况如表 4-33 所示。

表 4-33　铁岭-靖宇-冠帽（朝）成矿带（ZC_1）矿床分布情况

矿种	超大型（个）	大型（个）	中型（个）	小型（个）	矿点（个）	合计（个）
金		3	5	18		26
银				1		1
铜		1	3	17		21
铅				1		1
铅锌			1	2		3
钼				1		1
铜钼			1		2	3
铁	7	11	24	38	1	81
锰			1	1		2

区内太古宙绿岩地体广泛分布，浑河超岩石圈断裂北部绿岩地体较发育，较大的绿岩带有红透山-树基沟绿岩带、大荒沟-南龙王庙-稗子沟绿岩带、夹皮沟绿岩带。以绿岩带为中心，出现以铜、金为轴，金、银、镍、铅为翼部的矿床分布规律，形成 Fe-Au-Cu-Ni-Pb-Zn 成矿组合。成矿期主要在新太古代、中生代及元古代。

太古代地层，在辽东地区称之为鞍山群，绝大部分呈残留体分布于大面积混合岩、混合花岗岩之中。各区地层相互间不连续，但在多数情况下变质岩残留体的片麻理产状仍可大致恢复地层的原始产状，这在磁铁石英岩中保留得尤为明显。

在吉林南部称龙岗群和夹皮沟群，分别为两套变质表壳岩，即中太古代变质表壳岩和新太古代变质表壳岩。中太古代变质表壳岩主要岩性为黑云变粒岩、斜长角闪岩夹磁铁石英岩；新太古代变质表壳岩主要岩性为黑云绿泥片岩、斜长角闪片岩和角闪磁铁石英岩。

在朝鲜北部的冠帽地区，东面以清津江断裂为界与图们江沉降带接壤；西面以北大川断裂与惠山-利原台向斜为界；主要分布为古元古界地层。其岩性主要为云母片岩、大理岩、基性凝灰岩与角闪岩。在南部吉州—明川一带分布有第三系渐新世地层，地层中有玄武岩及煤层。区内岩浆岩主要有：古元古代甑津岩群和中侏罗世端川岩群，此岩群是本区分布最广，出露面积最大的岩体。变质岩层呈北东-南西走向，主要的断裂构造除北西向的清津江断裂及北大川断裂外，区内尚有若干条北东走向的断层。矿产主要有铁、铜（锌）。代表性大型铁矿有“茂山式”铁矿。

受太古宙沉积建造控制的矿产主要有铁、铜（锌）、金、黄铁矿等。在成矿期形成 BIF 型铁矿和金矿。铁矿统称为“鞍山式”铁矿，赋存于茨沟组、樱桃园组、通什村组。铜（锌）、金、黄铁矿严格受层位控制，红透山铜锌矿即赋存在红透山岩组角闪质岩石与黑云变粒岩互层带中，为典型的受变质火山-沉积块状硫化物矿床。

鞍本-吉南地区是我国重要的太古宙花岗绿岩地体分布区，在大面积的太古宙花岗质岩石中残留着为数众多的表壳岩。这些含铁表壳岩系和 TTG（花岗闪长岩-英云闪长岩-二长花岗岩）一起，构成了地壳的结晶基底。随着地球历史的演化，由富含铁的表壳岩系组成的结晶基底可以直接出露地表形成沉积变质型的“鞍山式铁矿”；而“鞍山式铁矿”主要分布于辽宁省鞍山-本溪地区、救兵-南口前地区和吉南的通化等地区，是目前最重要的铁矿工业类型，储量占全国铁矿储量的二分之一以上。按照现代成矿理论，这种类型铁矿均来源于富含铁的变质结晶的表壳岩系。

区内主要的矿产为“鞍山式”铁矿，成因类型为火山-沉积变质铁矿床，受太古宙克拉通控制。由于成矿环境的不同，矿床特征也存在一定的差异。赋存于下部鞍山群基性火山岩建造中的铁矿床，一般呈分散的多层状，矿床规模以中小型为主；中部鞍山群中酸性-基性火山岩建造中的铁矿床，一般呈密集的多层状，矿床规模大、中、小型都有；上部鞍山群火山-沉积岩建造中的铁矿床，一般呈厚大的单层状，矿床规模为大型、特大型。

在下部硅铁建造中的铁矿和火山块状硫化物建造中，已发现火山气液交代充填型铜锌矿床（如红透山）及含金丰度较高的上壳岩系——金矿原生矿原层。

清原-吉林夹皮沟地区即浑北花岗绿岩地体内形成金、铜成矿带，在该台隆起中出现了具有相近演化过程和相似地质特征的清原绿岩带。

在吉林省夹皮沟地区的含金围岩建造中，已发现夹皮沟特大型金矿、爱林大型金矿和六批叶沟大型金矿床。在浑北地区已发现井家沟、线金厂、朱家沟等以石英脉型为主，伴有蚀变岩型金矿。

二、营口-长白-惠山(朝)成矿带(ZC_2)

该成矿带呈近东西向带状展布，西起辽宁的营口-宽甸、东延至吉林南部的老岭地区、进入朝鲜的惠山-利源地区，沿辽东吉南-朝鲜的惠山-利源古元古代褶皱带分布，东西延长约700km，宽50～100km，面积约54 200km^2。

本成矿带属Pb-Zn-Fe-Au-Ag-U-硼-菱镁矿-滑石成矿带，主要矿床共127个，其中超大型1个，大型12个，中型19个，小型92个，矿点3个。确定成因类型的矿床127个，主要为岩浆热液型(55个)、沉积变质型(24个)、接触交代型(20个)、变质生成型(8个)、变质热液型(3个)和岩浆岩型(3个)。具体分布情况如表4-34所示。

表4-34　营口-长白-惠山(朝)成矿带(ZC_2)矿床分布情况

矿种	超大型(个)	大型(个)	中型(个)	小型(个)	矿点(个)	合计(个)
金		2	8	28		38
银		1				1
铜		6	2	11		19
锌				1		1
铅锌	1	2	1	29		33
钼				1		1
钨				2		2
镍				1	1	2
锑			1			1
钴					1	1
铁		1	7	18	1	27
锰				1		1

区域构造为太古宙克拉通发生张性裂开，产生了近东西走向的辽(河)-老(岭)-摩(天岭)大裂谷带。在非稳定性构造环境下，成为一条宽50～100km的狭长形海槽，长期接受海相沉积，并逐渐堆积成一套完整的地槽相沉积物。在辽宁南部为辽河群，在吉林南部称老岭群，朝鲜称为摩天岭系。检德铅锌矿所在的摩天岭地区即为此裂谷的一部分。

由于地壳的非均一性构造运动，致使辽-老-摩裂谷在纵向、横向上都表现了非对称性的特征。并由此形成了一系列性质、规模都不相同的裂谷沉积盆地。裂谷带中由于发育有同沉积断裂(生长断裂),以及深部热点形成高的地热梯度,导致了海底喷气(流)及热卤水含矿溶液的广泛活动,并在适当环境下形成了区域中一系列层状和层控的铅、锌、铜多金属矿床,从这一裂谷带的摩天岭成矿区开始,向西经吉林省以荒沟山为代表的老岭铅锌矿化区,而至西部辽宁省以青城子铅锌矿为代表的矿化集中区,构成了中国-朝鲜元古宙铅锌矿带。

在朝鲜北部的惠山-利原台向斜位于太古代狼林台背斜与冠帽地块之间,呈北北西向分布:北起鸭绿江上游的惠山,南至东海的利原,长约130km,宽达90km,面积约11 700km^2,构成一狭长的成矿区。

成矿期主要为中生代,次要成矿期为元古宙及古太古代。赋矿围岩为中生代花岗岩类、古元古代和古太古代岩组。

带内主要矿种为金、铁、铅锌、铜,次要矿种为钴、钨、锰、钼等。金矿主要分布于古元古代大石桥-通远堡裂谷、惠山-利原裂谷、宽甸裂谷构造单元之内,成因类型为沉积变质型、变质生成型及蚀变岩型等;赋于中生代的花岗岩类金矿成因类型主要为岩浆热液型。

铁矿主要分布于古元古代大石桥-通远堡裂谷、宽甸裂谷构造单元及大连地区早前寒武纪基底古太古代表壳岩之中,赋矿层为古元古代辽河群及早太古代前台岩组(BIF);铁矿床成因类型为沉积变质型、变质热液型-热液交代型、接触交代型。

铅锌矿主要产于古元古代大石桥-通远堡裂谷和惠山-利原裂谷之内,成因类型为变质生成型、岩浆热液型、接触交代型和火山热液型(浅成低温热液型)铅锌多金属矿床。

铜矿分布于古元古代大石桥-通远堡裂谷和惠山-利原裂谷构造单元之中,成因类型以接触交代型和斑岩型为主。

成矿区岩浆活动强烈,主要表现为元古代和中生代的侵入及新生代的喷发与溢出。区内成矿作用表现为多矿种、多成因、多期次成矿的特征。尤以变质层控矿床最具特色:下辽河里尔峪组中赋存有硼、铁、铜、钴、黄铁矿等特大型矿床、矿点;上辽河群高家峪、大石桥和盖县组中赋存有层控及受后期变质岩浆热液叠加改造的铅锌、金、银、菱镁矿、水镁石、大理石、滑石、玉石、硫铁矿等。

古元古代的辽河旋回是辽宁省辽东地区最重要的地史和成矿时期,区域成矿大致经历了7个大的发展阶段。

(1) 古元古代之初,在太古代克拉通上出现了辽东裂谷。裂谷发展早期,在其中央裂陷区及其南缘火山活动强烈,形成了细碧角斑岩、流纹岩等火山沉积岩系建造,即南里尔峪组含硼岩系;裂谷北缘斜坡带属沉积碎屑岩建造,在太古代克拉通上沉积了浪子山和北里尔峪组。下部含硼岩系,由酸性火山气液沉积成矿作用与富镁碳酸盐同时沉积形成了硼矿;同时出现了由岩浆熔离作用形成的磁铁矿,二者殊途同归,常堆积于同一沉积凹地之中,形成含铁、硼及稀土、铜、磷等矿产的近火山沉积建造,如翁泉沟。上部含硼岩系,则主要由火山碎屑及火山气液作用形成了含铜、钴(如永甸)、铁(如杨林)、硫(如丹东五道沟)及金红石、钠长石等矿产的近火山含矿沉积建造。

(2) 裂谷发展中期,依次沉积了上辽河群的浊积岩系、碳酸盐岩系和陆源细碎屑岩系。在浊积岩系中,由远火山气液沉积和热泉等成矿作用形成了层状铅锌矿(如青城子榛子沟)及石墨、矽线石、石榴石、磷矿等沉积矿产。在碳酸盐岩系中,除沉积了富钙、富镁、富硅镁等有价值的矿产外,仍由远火山气液和热泉等成矿作用形成了层状、似层状、脉状的铅锌(青城子)、金(小佟家堡)、银(高家堡)矿体、矿化体或矿源层。在陆源碎屑岩系中,部分岩区承袭了源区(太古代金矿原生矿源层或金矿床)的富金特征形成了衍生矿原层,部分地区仍由远火山气液沉积和热泉成矿作用形成较贫的金矿体、矿化体和矿源层(如白云、猫岭、四道沟)。

(3) 古元古代晚期,在距今约20亿年,发生了辽河运动一幕,使雏地槽全面褶皱回返,发生区域变质、变形、混合岩化及岩浆活动和与之相伴的重要变质成矿作用。在裂谷火山-沉积成矿作用的基础上,经辽河运动一幕的变质成矿作用,形成了辽东地区重要而复杂的变质成矿系列组合。原先形成的火山-沉积矿床或矿源层,在变质作用中和变质热液作用下,发生了各种改变,可初步归纳为如下变质成矿系列:①沉积-变质成矿系列,分浊积岩亚系列(如楼沟石墨矿);泥质岩亚系列(太平哨刚玉矿点)。②受变质沉积成矿系列，分受变质浊积岩亚系列（如榛子沟铅矿、杨木川磷矿）；受变质碳酸盐亚系列（如张家卜铅矿、张家沟黄铁矿、富家沟白云岩等）；受变质沉积锰矿亚系列（如黄土坎锰矿）。③受变质沉积-变质热液交代成矿系列，分变质热液交代亚系列（如大石桥菱镁矿、岫玉）和挤压应力带变质热液高代亚系列（如滑石矿）。④受变质近火山沉积成矿系列，如杨林式铁矿、永甸含钴黄铁矿。⑤受变质近火山气液沉积-变质及混合岩化热液改造成矿系列，如辽东硼矿、袁家沟铁矿等。⑥受变质远火山及热泉沉积-变质热液富集（燕山期）构造岩浆热液改造成矿系列，按层位由下而上依次如青城子铅矿、高家卜银矿、小佟家卜金矿、白云金矿、猫岭及四道沟金矿等。

（4）古元古代末期（1 900Ma），发生了辽河旋回二幕。辽东古裂谷挤压消亡，与太古代克拉通一起构成地台结晶基底，进入了准地台发展阶段。

（5）中元古代-中三叠世地台盖层发展阶段。该阶段地壳相对稳定，显示给我们的是地壳缓慢地此起彼伏的垂直运动，形成一些局部地区的显生宙盆地沉积。构造岩浆活动微弱，故有关的贵重、有色金属等矿产成矿作用微弱。但在郯-庐断裂带附近，在加里东期构造和深源岩浆活动强烈，形成了复州等地的金伯利岩型金刚石矿床。

（6）晚三叠世以来大陆边缘活动带阶段。

（7）晚三叠世以来，全省进入了滨西太平洋大陆边缘活动带的发展阶段。构造岩浆活动再度强烈，因而出现了第三个与之有关的贵重、有色金属重要成矿期。

这一时期成矿最有意义的是岩浆成矿系列组合，而且是以中酸性同熔或重熔的岩浆期后热液交代充填成矿系列为主。这些矿床的成矿作用和矿质来源具有很大的继承性，矿质多来源于早期已有的矿源层。主要矿床类型及矿种有：斑岩型金矿床和铜钼矿床（如辽西二道沟、宽甸东北沟、江岔）；矽卡岩型铅、锌、铜矿床（如二棚甸子、万宝等）；岩浆热液充填型脉状金（银）、铜、铅、锌矿床（如五龙金矿、八家子铅锌矿）。

这一时期成矿意义的另一方面是对以往形成的某些变质贵重、有色金属矿床的叠生再造成矿作用。如猫岭、四道沟金矿、青城子铅矿喜鹊沟矿段等，其岩浆热液叠生成矿过程是这些矿床最终成矿或造就富矿体不可或缺的重要成矿阶段。

在朝鲜境内，早期的岩浆活动在区内主要有早元古代侵入的利原岩群（γ_2），晚期为中生代侏罗纪侵入岩（γ_5^2），该期岩浆活动与铅锌多金属矿化作用有密切联系。

三、瓦房店-旅顺成矿带（ZC_3）

该成矿带大地构造位置属胶辽台隆内之复州台陷区。主要分布于辽东半岛的南部，区域基本构造格架为前寒武纪东西向构造带上叠加中生代北东向构造，北东向构造多为郯-庐深大断裂的次级断裂构造。岩浆岩以中生代花岗岩类为主，从印支期至燕山晚期均有活动，趋势由强至弱。

本成矿带属 Cu-Pb-Zn-Fe-金刚石成矿带，主要矿床共 15 个，其中大型 3 个，中型 1 个，小型 11 个。确定成因类型的矿床 15 个，主要为沉积型（4 个）、沉积变质型（3 个）、岩浆型（3 个）、接触交代型（2 个）和岩浆热液型（2 个）。具体分布情况如表 4-35 所示。

表 4-35　瓦房店-旅顺成矿带（ZC_3）矿床分布情况

矿种	大型（个）	中型（个）	小型（个）	合计（个）
金			1	1
铜			3	3
铅锌		1		1
铁			7	7
金刚石	3			3

成矿带内主要矿床有杨家屯铁矿、华铜铜矿、望宝山铅锌金矿，在复州河上游地区已知有瓦房店、涝

力沟和头道沟等4处大型金刚石矿床。沿河谷有利砂矿沉积部位以及河流入海处的滨海地区，有望找到大、中型金刚石砂矿床。预计探求金刚石资源量20万克拉。

四、狼林成矿带(ZC_4)

该成矿区范围为鸭绿江以南，清川江以北地区，面积15 000km^2。大地构造属于狼林台背斜西南端，包括朔州-龟城褶皱构造带及部分熙川隆起带。区内出露的地层为太古界—古元古界狼林群，多呈捕虏体残留于莲花山花岗岩中，并遭受强烈的混合岩化作用，它们是本成矿区的主要赋矿围岩。

本成矿带主要属Au-Ag-Fe-Cu多金属成矿带，主要矿床(矿产地)共35个，其中超大型2个，大型10个，中型2个，小型18个，矿点3个。确定成因类型的矿床(矿产地)35个，主要为岩浆热液型(20个)、沉积变质型(6个)和岩浆岩型(4个)。具体分布情况如表4-36所示。

表4-36　狼林成矿带(ZC_4)矿床分布情况

矿种	超大型(个)	大型(个)	中型(个)	小型(个)	矿点(个)	合计(个)
金	1	8		15		24
金银	1					1
铜			1		2	3
铅锌			1	1		2
铜钼					1	1
钨		1				1
镍				1		1
铁		1				1
钻石				1		1

本区历经太古代末的莲花山运动，使太古代沉积物褶皱、变质、混合岩化、花岗岩化。古元古代末的摩天岭运动，形成了狼林地块。中生代以来的松林运动(中三叠世)、大宝运动(中、晚侏罗世)、鸭绿江运动(晚侏罗世—早白垩世)又导致地台活化、继承性断裂产生以及中晚侏罗世为主的大量岩浆岩的侵入及构造盆地的形成。

区内矿产资源以金为主，金矿的矿床类型主要为含金硫化物石英脉，也有破碎带的浸染蚀变岩型。大小矿床、矿点140处以上，其次为银、磷灰石、石墨、铁矿等。尤其以金矿高度集中，区内有十余个(造岳、天山、天摩、云山、大榆洞、玉浦、竹大、宣川、九岩和新延)大型矿床。成矿期主要为太古代、古元古代和中生代。

五、华北地块北缘东段成矿带(ZC_5)

该成矿带位于图幅西南部河北省北东部、辽西、赤峰地区，呈东西向的带状分布，面积约26 600km^2。北界以华北地块北缘的赤峰-开原断裂为界；西与山西省接壤；东界止于下辽河盆地西缘，呈一三角形置于华北陆块及早古生代坳陷之上，包括的主要构造单元有：燕山台褶带、辽西台陷、北镇凸起、山海关台拱和绥中凸起。

本成矿带属Fe-Cu-Mo-Pb-Zn-Ag-Mn-U-磷-煤-膨润土成矿带，主要矿床共189个，其中大型11个，中型37个，小型141个。确定成因类型的矿床188个，主要为沉积变质型(52个)、岩浆热液型(45个)、火山热液型(22个)、接触交代型(16个)、中温热液型(16个)、高温热液型(10个)、热液型(8个)和沉积型(5个)。

本成矿带共有4个成矿亚带，分别是内蒙隆起东段Fe-Au-Ag-Pb-Zn-Mo-U-磷-膨润土成矿亚带(ZC_{5-1})、冀北-北票Fe-Mn-Au-Cu-Mo成矿亚带(ZC_{5-2})、冀东-绥中Fe-Au-Cu成矿亚带(ZC_{5-3})和北镇Au-Mo成矿亚带(ZC_{5-4})，矿产地数量分别为38个、75个、42个和34个。各成矿亚带的矿床分布情况如表4-37、表4-38、表4-39和表4-40所示。

表4-37　内蒙隆起东段成矿亚带(ZC_{5-1})矿床分布情况

矿种	大型(个)	中型(个)	小型(个)	合计(个)
金	1	3	17	21
银			1	1
金银			1	1
铜			1	1
铅锌		1	1	2
铅锌多金属			1	1
钨			1	1
锡			1	1
铁		1	8	9

表4-38　冀北-北票成矿亚带(ZC_{5-2})矿床分布情况

矿种	大型(个)	中型(个)	小型(个)	合计(个)
金		3	14	17
铜			8	8
锌			1	1
铅锌			4	4
铅锌多金属			2	2
钼		1		1
铜钼		1	2	3
钨			3	3
镍			1	1
铁	2	6	23	31
锰	1			1
钛		1	1	2
铬			1	1

表4-39　冀东-绥中成矿亚带(ZC_{5-3})矿床分布情况

矿种	大型(个)	中型(个)	小型(个)	合计(个)
金	1	2	10	13
铜		1	3	4
铅锌			1	1
钼			1	1
钨			1	1

续表 4-39

矿种	大型(个)	中型(个)	小型(个)	合计(个)
铁	2	10	8	20
铬			1	1
稀有金属			1	1

表 4-40　北镇成矿亚带($ZC_{5\text{-}4}$)矿床分布情况

矿种	大型(个)	中型(个)	小型(个)	合计(个)
金	1	2	6	9
铜			8	8
铅锌		1	4	5
钼	3	4	2	9
铁			1	1
锰			2	2

本成矿带主要成矿期为中生代,且集中于中侏罗世,次要成矿期为新元古代青白口纪、中元古代蓟县纪以及中太古代。其含矿层(体)主要为中生代花岗岩类、青白口系下马岭组(细碎岩建造)、蓟县系铁岭组(细碎屑岩-碳酸盐岩建造)、寒武—奥陶系(碎屑岩-碳酸盐岩建造)以及中太古界乌拉山岩群(BIF)。

金矿床赋存于中太古代乌拉山岩群、中生代花岗岩类及火山岩之中,成矿期主要为中生代,其中以晚侏罗世—早白垩世为主,成因类型以岩浆热液型为主,次为火山热液型(浅成低温热液型)和韧性剪切-变质热液型。钼矿集中产于该带东南部女儿河坳陷东缘及外侧,赋存于寒武—奥陶系碳酸盐岩层与中生代花岗岩-二长花岗岩体接触带形成的矽卡岩、中生代花岗岩、花岗斑岩及火山-次火山(超浅成)岩体中。成矿期为中生代中、晚侏罗世。成因类型为矽卡岩型、斑岩型、火山-次火山岩(超浅成岩)型。铁矿赋存于中太古代乌拉山岩群(BIF)及新元古代青白口系中。成矿期为中太古代及新元古代青白口纪,相应的成因类型为沉积变质型和沉积型。锰矿赋存于中元古代蓟县系,成矿期为中元古代及中侏罗世;成因类型为沉积型、岩浆热液型。铅锌矿以赋存于中生代花岗岩类岩体中的岩浆热液型矿床为主(约占 90%),次为中生代火山热液型(浅成低温热液型)。此外,还有赋存于中太古代乌拉山岩群辉绿岩中的铅锌矿(前人认为是变质生成类型),以及寒武系—奥陶系的碳酸盐岩层与侏罗纪花岗岩类的接触交代(矽卡岩)型铅锌矿。铜矿均呈小型矿床出现,成矿期为中生代,岩浆热液型矿体赋存于侏罗纪花岗岩类中;火山热液型(浅成低温热液型)赋存于早白垩世中酸性火山岩中;接触交代型赋存于早-中侏罗世闪长岩、花岗岩类与中元古代蓟县系灰岩或是寒武系—奥陶系灰岩的接触带矽卡岩之中。此外还分布于北票市东官营子乡铜镍矿床一处,矿体赋存于晚元古代超基性岩体(角闪斜辉岩、角闪橄榄岩)的上盘,形成似层状、脉状及透镜状矿体;矿体与围岩呈渐变关系,为岩浆熔离型(-铜镍硫化物型)矿床,该铜矿的储量较少,以镍矿为主体。

六、华北地块北缘西段成矿带(ZC_6)

该成矿带位于华北地块北缘西段,张家口以西地区,区内分布面积约 4 300km^2,主构造线方向为近东西向,太古宙—古元古界变质岩系构成结晶基底,变质变形强烈;中-新元古界构成地台最下部盖层,并有一次强烈的裂解事件发生;早古生代为重要的陆缘增生时期,大地构造为兴蒙造山带南部发育活动型的火山-沉积建造;晚古生代为古亚洲洋闭合期,发育强烈的褶皱变形和断裂,奠定了本区主体构造格局;中生代以来特别是燕山期受滨太平洋构造域的影响,岩浆作用强烈,北部有多条近东西向区域性深大断裂。受滨太平洋构造域中生代以来活动影响，北东—北北东向断裂、褶皱发育，中生代火山岩、侵入岩非常发育。区内矿产与构造岩浆活动密切相关，构成 Au-Fe-Cu-Pb-Zn-Ag-Ni-Pt-W-石墨-白云母成矿带。主要成矿期为中生代，次为太古代。

本成矿带图幅内的主要矿床共 3 个，全部为小型，主要成因类型为火山热液型（2 个）和沉积变质型，具体分布情况如表 4-41 所示。

表 4-41　华北地块北缘西段成矿带（ZC_6）矿床分布情况

矿种	小型(个)	合计(个)
金银	1	1
铅锌	1	1
铁	1	1

七、山西断隆成矿带（ZC_7）

该成矿带位于华北地台中部燕山造山带南侧，属于华北地台北缘的基底构造格架和兴蒙造山带的构造演化带。在吕梁山-五台山-恒山地区主要表现为中生代以来强烈隆升、剥蚀，太古宙—三叠纪地层广泛出露，侏罗纪、白垩纪地层不发育。主体构造线方向呈北北东—北东向，为印支期、燕山期构造运动的产物；太古宙—古元古代基底变质变形强烈，盖层变形相对较弱。其间，汾渭地堑呈北北东—北东向斜贯本区中部，与其两侧太行、吕梁以及华北平原构成由伸展机制制约的盆-岭构造；太行山前断裂表现明显，为重力异常梯度带和岩石圈减薄带。南部边缘受秦岭造山带构造影响，近东西—北西西构造渐趋发育。

本成矿带属 Au-Ag-Mn-Zn-Nb-REE-Fe-Cu-Mo 成矿带，成矿期主要为中生代，其次为太古代、古生代。图幅内的主要矿床共 10 个，其中中型 3 个，小型 7 个，主要成因类型为火山热液型（6 个）和热液型（3 个），具体分布情况如表 4-42 所示。

表 4-42　山西断隆成矿带（ZC_7）矿床分布情况

矿种	中型(个)	小型(个)	合计(个)
金	2	4	6
银	1	1	2
锌		1	1
稀土		1	1

八、朝鲜半岛中部平南成矿带（ZC_8）

该成矿带位于朝鲜半岛的中部，属于平安南道管辖。北起清川江，南止临津江，南北长 200km，东西宽 200km，面积 40 000km²。区内矿产以金银有色金属（铜、铅、锌、钨、锡）、铁和磷灰石为主，如成兴金银铜矿床、笏洞和遂安金银铅锌矿床、成川和银波铅锌矿床及万年钨锡矿床等大型矿床。

本成矿带属 Au-Ag-Pb-Zn-W-Fe-Ni-Ti 成矿带，主要矿床（矿产地）共 32 个，其中大型 6 个，中型 6 个，小型 16 个，矿点 4 个。确定成因类型的矿床（矿产地）32 个，主要为热液交代型（6 个）、岩浆热液型（6 个）、接触交代型（5 个）、沉积变质型（3 个）、岩浆岩型（3 个）和热液型（3 个）。

本成矿带共有 3 个成矿亚带，分别是：①沙里院 Au-Ag-Pb-Zn-W-Fe 成矿亚带（$ZC_{8\text{-}1}$），主要位于平南台向斜之平壤隆起带中部地区和海州沉降带中部地区，成矿时代为太古代、元古代、中生代；②肃州-

海州 Fe-Ti-Au 成矿亚带(ZC_{8-2}),主要位于平原-安岳-信川凸起带,成矿时代为太古代和中生代;③元山-开城 Au-Ag-Fe-Ni 成矿亚带(ZC_{8-3}),主要位于伊川-开城凸起带,成矿时代亦为太古代和中生代。上述 3 个成矿亚带的矿产地数量分别为 15 个、13 个和 4 个,按成矿亚带的矿床分布情况如表 4-43、表 4-44、表 4-45 所示。

表 4-43　沙里院成矿亚带(ZC_{8-1})矿床分布情况

矿种	大型(个)	中型(个)	小型(个)	矿点(个)	合计(个)
金银	3				3
铜				1	1
铅锌	2	1	1		4
钼				1	1
铜钼				1	1
钨	1				1
锑		1			1
铁		1	1		2
钻石			1		1

表 4-44　肃州-海州成矿亚带(ZC_{8-2})矿床分布情况

矿种	中型(个)	小型(个)	矿点(个)	合计(个)
金	1	5		6
铅锌		1		1
铁	2	2		4
钛		1		1
钴			1	1

表 4-45　元山-开城成矿亚带(ZC_{8-3})矿床分布情况

矿种	小型(个)	合计(个)
金	1	1
银	1	1
镍	1	1
铁	1	1

沙里院 Au-Ag-Pb-Zn-W-Fe 成矿亚带(ZC_{8-1}),处于平南台向斜的平壤隆起带中部地区和海州沉降带中部地区,表现为中元古代裂陷盆地特征,元古代末转化为稳定地台,中生代则活化而呈现出复杂的构造特征。出露地层主要有元古代北部详原系、上元古代的南部详原系及驹岘系、下古生代和上古生代地层。中元古代(北部详原系)地层,主要分布在松林—遂安—谷山—元山一线以北地区,上元古代(南部详不改系)及驹岘系地层,主要分布在松林—遂安—谷山—元山一线以南地区,下古生代及上古生代地层主要分布在本区的中心部位,中生代地层分布在博川、平壤至南浦一带。

肃州-海州 Fe-Ti-Au 成矿亚带(ZC_{8-2})主要位于平原-安岳-信川凸起带,元山-开城 Au-Ag-Fe-Ni 成矿亚带(ZC_{8-3})主要位于伊川-开城凸起带,主要出露地层为平南台向斜的东部和西部边缘地区的太古代狼林群。

区内岩浆活动发育,太古代至中新生代各期侵入岩均有出露,太古代莲花山岩群,主要分布于本区北部、中部和东南部；元古代利原岩群分布比较零星，仅分布在中部和东部；中三叠世—晚三叠世的惠山岩群仅分布在本区南部南川店至白川一带。中侏罗世的端川岩群在本区分布广泛，全区均为大面积分布，是本区最发育的岩浆岩，晚侏罗世至早白垩世的鸭绿江岩群本区仅有个别出露。此外，在新溪、平原沿断裂有新生代基性喷出岩出露。与成矿关系密切的有端川岩群、惠山岩群、鸭绿江岩群以及莲花山岩群。

本区遭受多次区域构造运动，褶皱构造多至三期以上，断裂构造遍布全区；褶皱与盖层的褶皱轴基本平行或与本区台向斜基本构造相一致，以近东西向和南北向占优势，有些与个别隆起带边部相平行，形成围绕隆起的同心环状断裂或放射状断裂。

区内矿产以金银有色金属（铜、铅、锌、钨、锡）、铁和磷灰石为主，如成兴金银铜矿床、笏洞和遂安金银铅锌矿床，成川和银波铅锌矿床以及万年钨锡矿床等大型矿床。主要成矿期为中生代、其次为元古代和太古代。

朝鲜平南成矿带的矿产资源多与端川岩体有关，矿产有金、银、铅、锌等，并见有钨、锡矿化，鸭绿江岩群与铜矿关系密切。阳德侵入体周围矿化分带性明显，由近而远为钨→金、铅、锌→银。其他岩体也大体如此。并且与地层层位也关系密切，如桧仓金矿、成川铅锌、麻田铅锌矿主要集中在详原系祠堂隅组和直岘组地层。

第九节　朝鲜半岛南部成矿省（SK）

朝鲜半岛南部成矿省分布于研究区朝鲜半岛南部地区。可进一步划分为 3 个Ⅲ级成矿带：金刚山-春川-水原成矿带（SK_1）、宁越-全州成矿带（SK_2）和永川-顺天成矿带（SK_3）。在永川-顺天成矿带（SK_3）中又划分出两个成矿亚带：小白成矿亚带（$SK_{3\text{-}1}$）、洛东成矿亚带（$SK_{3\text{-}2}$）。

该成矿省内典型矿床有：金刚岩浆热液型钨钼矿、满川沉积变质热液型金矿、濮阳（Bupyoung）火山热液型银铅多金属矿、桑冬（sangdong）矽卡岩型钨钼矿、蔚山矽卡岩型铁铜多金属矿、咸安火山热液型铜锌多金属矿。

一、金刚山-春川-水原成矿带（SK_1）

金刚山-春川-水原成矿带位于朝鲜半岛中部，属于京畿台背斜的一部分，相当京畿隆起带，北起临津江构造带南缘，南与中州-大田构造带为界，南北长 100km，东西宽 220km，面积约 22 000km^2。大地构造单元主要属于京畿地块，基底由太古宙涟川岩群构成。涟川岩群为一未解体的表壳岩与变质深成侵入体的混合体，其成分既有具绿岩特征的斜长角闪岩、黑云变粒岩、片麻岩、磁铁石英岩及大理岩和结晶片岩组成的表壳岩，又有由 TTG 岩系及灰色片麻岩组成的变质深成侵入体。其中变质深成侵入体占总体成分的 80%以上，伴生的超基性岩零星分布。涟川岩群（表壳岩与变质深成侵入体混合体）可视为一花岗-绿岩地体。表壳岩所受变质作用为绿片岩相-角闪岩相，后期受动力变质作用，岩石破碎、糜棱岩化，岩层呈构造岩片出现。元古宙时期，地块之上垂向增生发育了中元古代和古生代坳陷沉积，形成了开城、鹰峰山坳陷和沃川坳陷。岩石组合为砂质砾岩、钙质砾岩、钙质砂岩、板岩、灰岩、千枚岩、粉砂岩、石英岩、角岩及黏板岩。临津群内广泛分部有铁镁质-中性喷出岩及其凝灰岩、细碧岩、角斑岩。为一侧向增生杂岩相含碳酸盐岩、火山岩-碎屑岩建造。

区内以产金为主，其次为银、铅锌、铁、钼、锑、钨及非金属矿产。著名矿床有：太古代狼林群中的大型石英脉型洪川金矿，汉成隆起带中的仁川-端川坳陷带内的九峰金矿区的 7 个裂隙充填石英脉型金矿床，天安金矿区内产于太古代狼林群、莲花山岩群与中生代端川花岗岩、伟晶岩脉及接触带中的 3 个裂隙充填石英脉型金矿床，太古代沉积变质型襄阳铁矿、岩浆分异型古南山铁矿、广州铁矿和京仁铁矿，热液脉型三堡铅锌矿及利川铅锌矿、西横铅锌矿，春川地区的新浦萤石矿及三和萤石矿。

本成矿带矿床（矿产地）共18个，其中大型3个，中型2个，小型9个，矿点4个。确定成因类型的矿床（矿产地）18个，主要为沉积变质型（4个）、热液交代型（3个）、热液型（3个）和岩浆热液型（2个）。具体分布情况如表4-46所示。

表4-46　朝鲜半岛南部金刚山-春川-水原成矿带（SK_1）矿床分布情况

矿种	大型（个）	中型（个）	小型（个）	矿点（个）	合计（个）
金	1		1		2
银	1				1
铅锌				1	1
钨钼	1				1
镍				1	1
钴				1	1
铁		2	3	1	6
锰			2		2
铀			3		3

二、宁越-全州成矿带（SK_2）

宁越-全州成矿带位于朝鲜半岛中南部，北部以公州断裂与京畿成矿区为界，南部以沃川坳陷东缘为界与庆尚成矿区接壤。南北长160km，东西宽350km，面积约56 000km²。其地质构造范围包括：北部的忠州-大田褶皱构造带和南部的沃川沉降带2个Ⅳ级构造单元。前寒武纪成矿期形成的矿种有赤铁矿、石墨、滑石、石棉、白钨矿；古生代成矿期有赤铁矿、石灰石矿；侏罗纪—早白垩世成矿期有金、银、铅、锌、铜、钨、锡、磁铁矿、萤石、锰；晚白垩世末—古近纪成矿期有镍、金、银、铅、锌、铜、钨、钼、磁铁矿、叶蜡石。根据成矿地质特征，又可将沃川成矿区进一步划分为东北成矿亚区、中部成矿亚区和西南成矿亚区，其中，以东北成矿区矿产资源尤为丰富。

东北成矿亚区主要由寒武纪—奥陶纪及石炭纪—三叠纪的碳酸盐岩地层所构成，称为太白山盆地。太白山盆地的北部地区赋存有较丰富的铅锌矿，伴以铜和钨，形成了与晚白垩世佛国寺期花岗岩浆作用有关的铅锌和钨的矽卡岩型矿床，包括了朝鲜半岛南部的三大铅锌矿床（莲花Ⅰ号矿床、莲花Ⅱ号矿床和蔚珍矿床）和世界最大的钨矿之一的上东钨矿，蔚珍-莲花-上东铅锌钨矿区是朝鲜半岛南部最主要的有色金属产地之一。太白山盆地的西部地区构成了本成矿亚区的另一个朝鲜半岛南部最主要的有色金属矿产地之一——新礼美铅锌矿床。在该成矿亚区的沃川沉降带中部黄江里地区，分布有月岳和守山石英脉型钨钼矿床，此外，尚有锦城钼矿和提川铜钼矿。在该成矿亚区的忠州-大田褶皱构造带中产出有数个大型磁铁矿床，其中，寿山铁矿是朝鲜半岛南部最大的铁矿床。在庆尚北道奉化郡分布有中元古界祥原系中的沉积型锰矿床——将军锰矿。

中部成矿亚区的金、银和铜矿化主要与忠州-大田褶皱构造带的深成岩体有关，如无极、金旺金矿是朝鲜南部最著名的金矿产地之一，是朝鲜型金矿脉的代表，含金-银石英脉呈裂隙充填型赋存于花岗岩中，花岗岩侵入到白垩系地层中。在该成矿亚区的忠田-大田褶皱构造带的首尔东南约75km处，产出有世界最著名的粒大质优的白钨矿晶体的白垩纪裂隙充填石英脉型大华钨钼矿床，以此为代表的朝鲜其他一些热液钨矿的地球化学资料相似性表明，朝鲜热液钨矿床从总体上讲都与白垩纪浅成花岗质火山作用有关。该成矿亚区的萤石矿床主要分布于大田—永洞一带，主要矿床有深川和锦山矿床。

西南成矿亚区，包括酸性-中性火山沉积岩和熔岩流，砂质和泥质陆相沉积，在靠近中部成矿亚区除有年轻深成岩沿朝鲜半岛西海岸一带分布，有凝灰岩热液蚀变形成的叶蜡石、明矾石和一些冲击型砂矿外，该区在内生金属成矿作用方面没有实际的矿化作用。

本成矿带矿床共 27 个，其中大型 1 个，中型 4 个，小型 22 个。确定成因类型的矿床（矿产地）26 个，主要为热液交代型（12 个）、沉积变质型（5 个）、热液型（5 个）和变质热液型（3 个）。具体分布情况如表 4-47 所示。

表 4-47　朝鲜半岛南部宁越-全州成矿带（SK_2）矿床分布情况

矿种	大型（个）	中型（个）	小型（个）	合计（个）
金银			2	2
锌			1	1
铅锌			2	2
铅锌多金属			3	3
钨	1		2	3
钨钼		1	1	2
锡		1	1	2
钴			2	2
铁		2	6	8
铀			2	2

三、永川-顺天成矿带（SK_3）

永川-顺天位于朝鲜半岛最南部，北起沃川坳陷沉降带东缘，南至东南海岸。东南宽 150km，东北长 200km，面积约 30 000km²。其地质构造范围包括：小白隆起带、洛东江坳陷带和迎日坳陷带 3 个Ⅳ级构造单元。

本成矿带矿床共 24 个，其中中型 3 个，小型 21 个。确定成因类型的矿床 24 个，主要为热液型（14 个）、火山热液型（5 个）和变质热液型（2 个）。

本成矿带共有 2 个成矿亚带，分别是小白成矿亚带（$SK_{3\text{-}1}$）和洛东成矿亚带（$SK_{3\text{-}2}$），矿床数量分布为 6 个和 18 个，各成矿亚带的矿床分布情况如表 4-48、表 4-49 所示。

表 4-48　小白成矿亚带（$SK_{3\text{-}1}$）矿床分布情况

矿种	小型（个）	合计（个）
金银	1	1
铅锌	1	1
钨钼	1	1
镍	2	2
铀	1	1

表 4-49　洛东成矿亚带(SK_{3-2})矿床分布情况

矿种	中型(个)	小型(个)	合计(个)
金银		2	2
铜		2	2
铅锌		4	4
铅锌多金属	1	3	4
钼	1	1	2
钨		1	1
铁	1	2	3

小白成矿亚带从下至上分布有前寒武纪早-中期的平海群花岗片麻岩系、萁成群变质火山岩系、远南群变质碳酸盐岩系、栗里群变质绿片岩系，侏罗纪花岗岩广泛分布，而白垩纪花岗岩只以小岩株形式在少数地区出现。该亚带东北部地区的金银矿床有金井矿床和大都矿床，其中，金井矿山是朝鲜半岛最大的生产矿山之一，属新元古代白岗岩脉型金矿床。该亚带东北部地区的奉化郡一带分布有热液交代型的将军铅锌银矿床和早古生代沉积型莲花锰矿床，将军铅锌银矿床位于寒武纪将军石灰岩与春阳花岗岩体的岩枝接触部位。该成矿亚带中部地区的全罗北道长水郡分布有大型铜钼矿床——长水铜钼矿床。

洛东成矿亚带主要分布有白垩纪和新生代陆相火山-沉积地层及白垩纪佛国寺花岗岩系列。区内各矿产具有明显的分带性，由北向南可划分出 3 个矿带：①东北部铅锌矿带，以七里谷、军威和西店为代表，属热液脉型铅锌矿；②中部钨钼矿带，有达城、三内、永城和蔚山钨、钼、铜、铁矿床，属寒武纪—奥陶纪灰岩与白垩纪佛国寺花岗岩及火山岩侵入接触所形成的矽卡岩型矿床系列；③南部铜矿带，主要分布在南部，产于坳陷西部边缘的沉积岩、中性—酸性火山岩及花岗岩中，有黄铜矿脉型、角砾岩筒型、斑岩型及明矾石-叶蜡石型，包括有固城、三峰、咸安、锂山、马山、九龙湖和东莱等铜矿床。

第五章　东北亚南部地区主要跨境成矿带成矿地质条件对比和找矿方向

与我国东北直接相连接的跨境重要成矿区带有：蒙古-鄂霍茨克成矿省(ME)的克鲁伦-满洲里成矿带(ME_4)和额尔古纳-上黑龙江-岗仁(俄)成矿带(ME_5)；南蒙古-大兴安岭成矿省(MD)的南蒙古成矿带(MD_1)、乌奴尔-阿龙山-加林(俄)成矿带(MD_2)、南戈壁(蒙古)-东乌珠穆沁旗-嫩江成矿带(MD_{3-1})和多宝山-黑河成矿亚带(MD_{3-2})；吉黑成矿省(JH)的布列因-佳木斯-兴凯成矿带(JH_2)、汪清-珲春成矿带(JH_4)、延边-咸北成矿带(JH_5)；锡霍特-阿林成矿省(SA)的完达山-中锡霍特-阿林成矿带(SA_3)；中朝成矿省(ZC)的铁岭-靖宇-冠帽(朝)成矿带(ZC_1)、营口-长白-惠山(朝)成矿带(ZC_2)。

第一节　蒙古-鄂霍茨克成矿省的跨越中-俄-蒙毗邻地区的中蒙古-额尔古纳成矿带成矿地质条件对比和找矿方向

蒙古-鄂霍茨克成矿省(ME)在研究区内包括了7个成矿带，自西向东分别为：①谢林津-雅布洛诺夫成矿带(ME_1)；②涅尔恰-奥廖克姆成矿带(ME_2)；③达乌尔-阿金成矿带(ME_3)；④克鲁伦-满洲里成矿带(ME_4)；⑤额尔古纳-上黑龙江-岗仁(俄)成矿带(ME_5)；⑥结雅-科尔宾成矿带(ME_6)；⑦乌德-尚塔尔成矿带(ME_7)。其中，克鲁伦-满洲里成矿带(ME_4)是中蒙古成矿带(图1-21)延伸至中国满洲里地区的一条北东向成矿带，该成矿带向北东延伸至中-俄界河额尔古纳河-上黑龙江两侧地区，即为额尔古纳-上黑龙江-岗仁(俄)成矿带(ME_5)。国内许多研究者从地质构造演化和大地构造单元性质考虑，认为这2条成矿带在地质构造上均属于中蒙古-额尔古纳兴凯期造山带(地块)，而统称二者为中蒙古-额尔古纳成矿带。

一、成矿地质背景

介于蒙古-鄂霍次克断裂带和中蒙古-得尔布干断裂带之间的中蒙古-额尔古纳成矿带(图5-1)，西起蒙古国杭爱山，经中戈壁省、乔巴山，向东延伸至我国大兴安岭北段得尔布干断裂带西北侧的满洲里—呼吗一带，并封闭于俄罗斯阿穆尔州，东西长约2 400km，总面积约48万km^2，中国境内部分包括了《中国成矿区带划分方案》(徐志刚，陈毓川，2008)中的大兴安岭成矿省的上黑龙江(边缘海)Au(Cu-Mo)成矿带和额尔古纳Cu-Mo-Pb-Zn-Ag-Au-萤石成矿亚带。在大地构造上，中蒙古-额尔古纳成矿带前中生代属于古亚洲巨型造山带(中亚-蒙古地槽褶皱区)东部的兴凯期萨彦-额尔古纳造山系的中蒙古-额尔古纳造山带，中生代以来，其与北侧的东北亚造山系的燕山期蒙古-鄂霍次克造山带共同构成了亚洲东部燕山期造山系(东北亚造山系和亚洲东缘造山系)的组成部分，包括了蒙古-鄂霍茨克构造带(已延入蒙古国中部肯特山脉区)。滨太平洋构造域对前期构造的叠覆改造形成了与俯冲带大致平行的北东—北北东向盆地-山脉的叠加构造带，构成了中蒙古-额尔古纳成矿带近东西向—北东向和北北东向两组主干构造交叉的总格局。在中蒙古-额尔古纳地块内部复合造山区多旋回构造-岩浆活动继续作用的同时，又发育和叠加了燕山期东北亚大陆边缘与太平洋板块的相互作用——燕山期蒙古-鄂霍次克造山作用，形成了呈北东—北北东向展布的巨型构造-岩浆带、盆-山体系和断裂构造带，表现为外贝加尔-

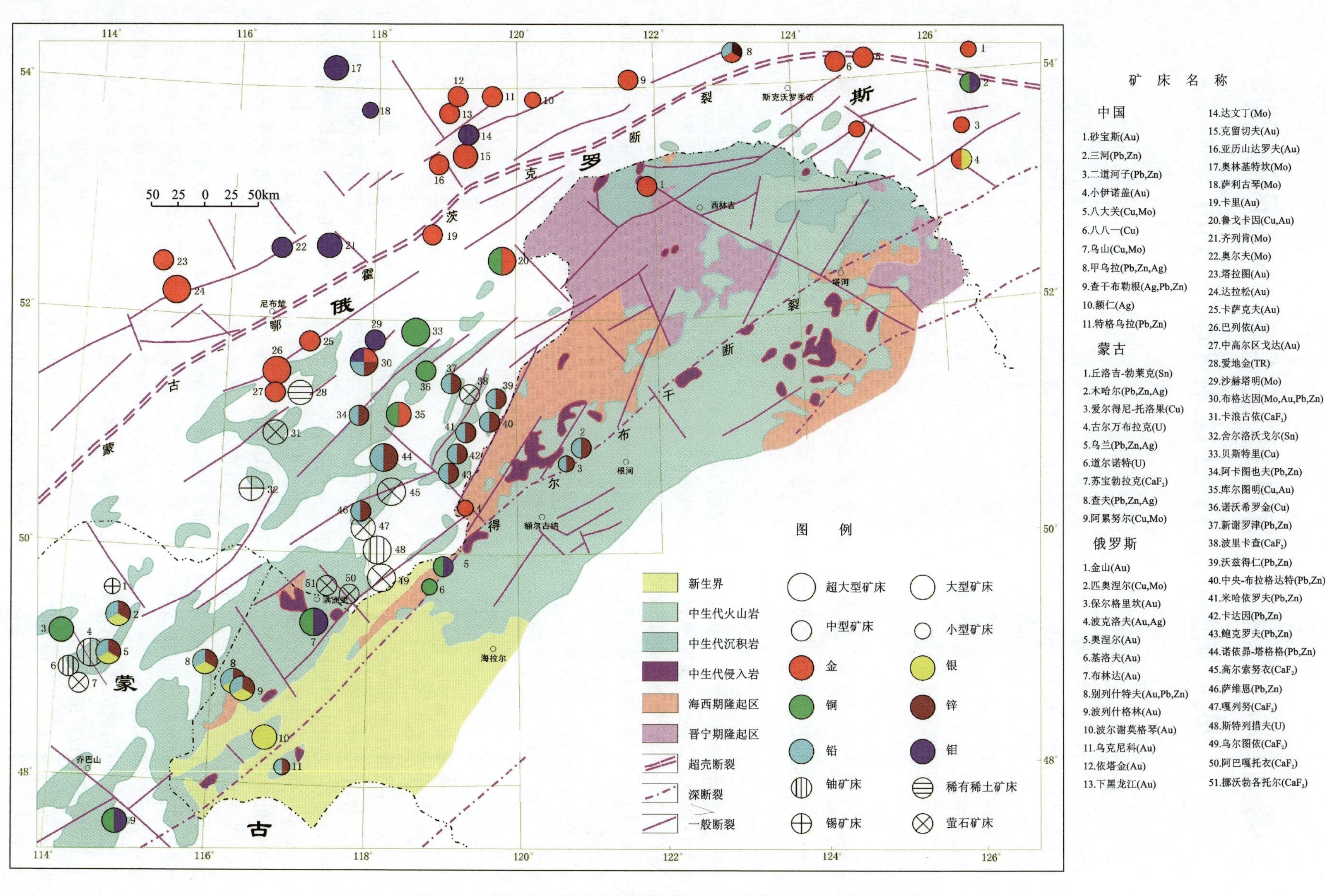

图5-1　得尔布干成矿带及俄罗斯、蒙古毗邻地区矿床分布略图

东蒙古-大兴安岭火山岩带(构造-岩浆岩带)、上黑龙江坳陷(J_{1-2})、海拉尔盆地(K)等(图5-2)。

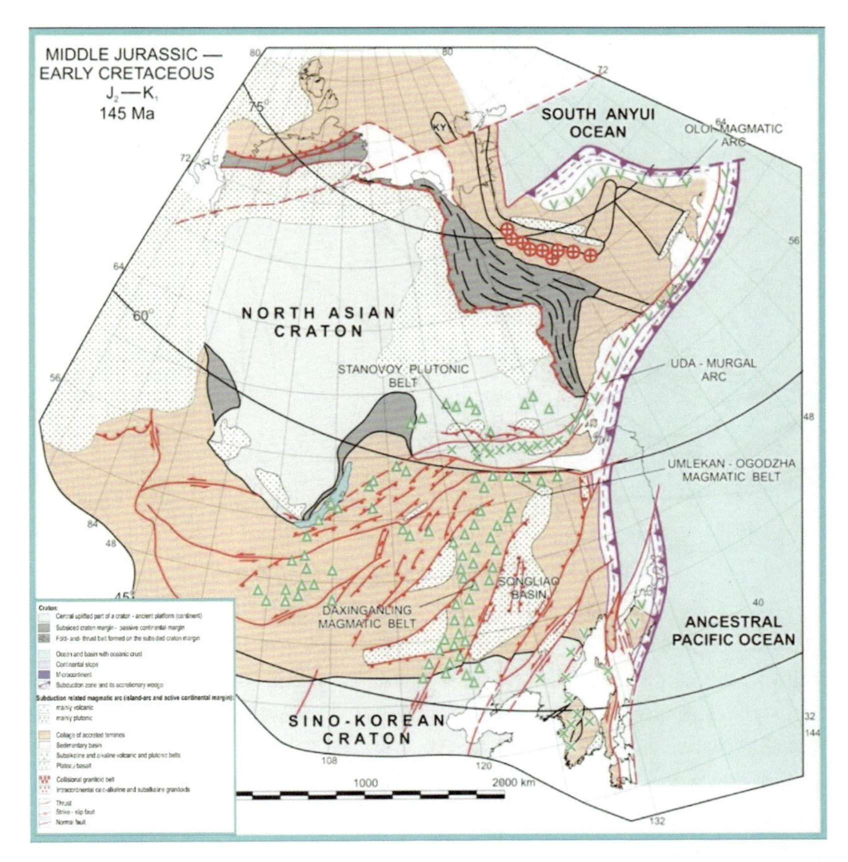

图 5-2　中侏罗世—早白垩世东北亚地区构造示意图
(据 PARFENOV,2001)

古亚洲洋与滨太平洋构造域的发展、演化与相互作用,决定了本区的地质构造分区,造就并控制了本区矿产资源的形成与时空配置。因此,从成矿地质历史及其最终结果四维考虑,中蒙古-额尔古纳成矿带的克鲁伦-满洲里成矿带(ME_4)、额尔古纳-上黑龙江-岗仁(俄)成矿带(ME_5)和其北东侧的结雅-科尔宾成矿带(ME_6)、北西侧的达乌尔-阿金成矿带(ME_3)等以燕山期蒙古-鄂霍次克造山带为主体的成矿带均被卷入强烈的中生代成矿作用,属于滨太平洋燕山期成矿域(图5-3)。

中蒙古-额尔古纳-岗仁隆起(图5-3、图5-4),为中蒙古-额尔古纳成矿带的主体,其结晶基底杂岩主要有:中太古界-新太古界莫果琴杂岩(Ar_{2-3})、新太古界岗仁岩群(Ar_3)和古元古界兴华渡口岩群(Pt_1)。中太古界-新太古界莫果琴杂岩(Ar_{2-3})仅见于北部边缘的俄罗斯赤塔州石勒喀河一带,其岩石组合为斜长片麻岩、基性麻粒岩、铝土质结晶片岩、片麻岩、大理岩、石英岩、混合岩等;新太古界岗仁岩群(Ar_3)分布于俄罗斯阿穆尔州岗仁、马门地区,其岩石组合为角闪片麻岩、辉石-角闪-黑云片麻岩、斜长片麻岩、角闪岩、结晶(绿)片岩、磁铁石英岩,具绿岩岩系特征。古元古代兴华渡口群(Pt_1Xh)分布于中国的大兴安岭北段,主要岩性为暗色斜长角闪岩、片麻岩、片岩、变粒岩、浅粒岩、磁铁石英岩、大理岩及其交代成因的花岗岩类(混合岩)。上述古老变质杂岩原岩为一套产于活动陆缘裂陷构造环境形成的中基性、酸性火山岩-碳酸盐岩-复理石建造,兴东运动使上述古老变质杂岩产生广泛的巴洛型区域变质作用,变质程度达绿片岩相-低角闪岩相,由此推测这些古老变质杂岩系可能分别形成于中朝古陆核和西伯利亚古陆核的古元古代陆缘海槽中,曾是中朝原地台和西伯利亚原地台的一部分,在中-新元古代时期,从原地台边缘裂解出来的,构成兴蒙海中的一些次级陆块。近年来,通过对阿木尔林业局绿林林场前人原划古元古代兴华渡口群中采集2件样品进行了SHRIMP锆石U-Pb定年(武广,2006),细粒花岗闪长岩样品HP22B中锆石存在4组年龄,即2 600Ma±、1 888Ma±、800～900Ma和450Ma±。其中450±15Ma年龄代表了细粒花岗闪长岩的岩体侵位年龄,而前3组年龄为岩浆上升侵位过程中捕获

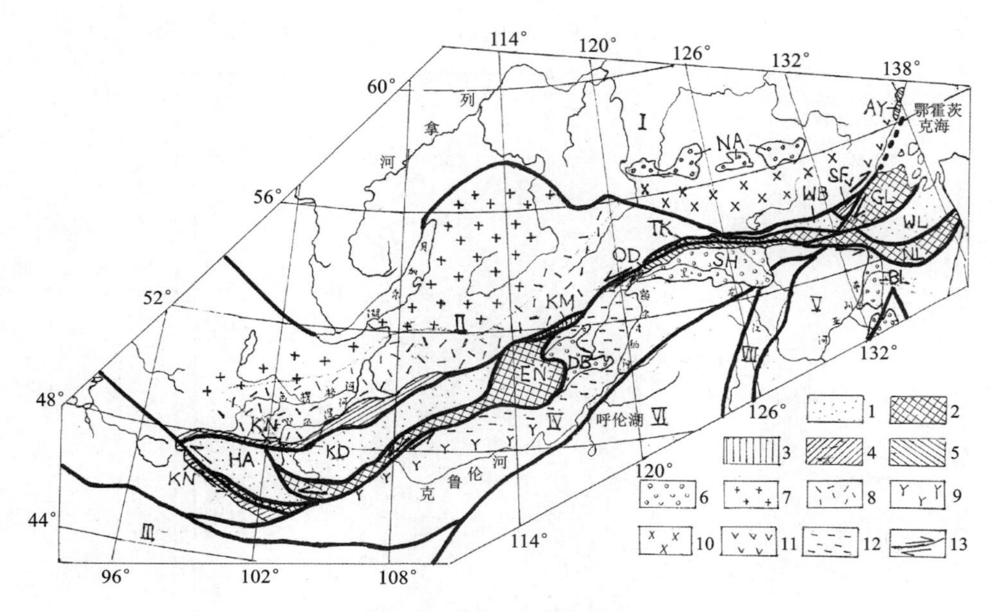

图 5-3　蒙古-鄂霍茨克缝合带构造略图

（据 Л М Парфенов и др. ,1999；Yu A Zorin,1999）

Ⅰ.西伯利亚陆台；Ⅱ.色楞格-斯塔诺夫新元古代—寒武纪增生地体带；Ⅲ.南蒙古带；Ⅳ.克鲁伦-额尔古纳-兴华-莫梅恩联合地块；Ⅴ.图兰-松嫩-布列亚地块；Ⅵ.兴安加里东活动陆缘带；Ⅶ.诺腊-苏霍金带。1.以浊积岩盆地为主，大洋岩石较次要的增生楔地体：杭爱-达乌尔地体(S_3—C_1)，HA.杭爱岩片；KD.肯特-达乌尔岩片；WB.乌尼亚-保穆斯克地体(D—J_2)；WL.乌尔班地体(T_3—J_2)；2.以大洋岩石为主，含蛇绿岩、蓝闪片岩，浊积岩次要的增生楔地体：阿根地体，EN.鄂嫩岩片(D—T_3)；TK.吐库伦格尔岩片(D—J_1)；NL.尼兰岩片(D—P)；GL.加拉姆地体(S—C_1)；3.活动陆缘地体：KM.卡门地体(T)；被动陆缘地体：4.新元古代—早古生代地体.KN.库纳列依地体；SF.舍夫利地体；5.中古生代地体：AY.阿扬地体；OD.奥利多依地体；6.中生代盆地：DB.东外贝加尔浊积岩($J_{1\text{-}2}$)和磨拉石(J_2)；SH.上黑龙江海相浊积岩($J_{1\text{-}2}$)和陆相含煤磨拉石(J_2—K_1)；BL.布列亚海相陆屑($J_{1\text{-}2}$)和陆相含煤沉积(J_2—K_1)；NA.南阿尔丹含煤沉积(J—K_1)；7.巴尔古津-维季姆泥盆-石炭纪花岗岩-花岗闪长岩带；8.色楞格泥盆纪—早石炭世和晚二叠世—早侏罗世火山深成岩带；9.南肯特早二叠世岩浆岩带；10.斯塔诺夫中晚侏罗世花岗岩带；11.乌达晚侏罗世火山-深成岩带；东蒙古火山-深成岩带；13.平移断层

了围岩物质或花岗闪长岩源区物质的年龄。二云母石英片岩 HP28 样品中存在明显不同的 3 组锆石年龄，分别为 2 400～2 600Ma、892±20Ma 和 300Ma±。其中 2 400～2 600Ma 的锆石年龄为捕获的围岩年龄，892±20Ma 年龄为二云母石英片岩的变质年龄，而 300Ma±的年龄代表了后期构造热事件的年龄。上述年龄数据表明，大兴安岭北部确实存在新太古代—古元古代的结晶基底，只是由于后期的兴凯-萨拉伊尔运动，尤其是大规模的华力西期花岗岩类侵入活动，已经使兴华渡口群的大部分被花岗岩所吞噬，支离破碎，呈小的孤岛状分布于大面积的花岗岩中。1 888±85Ma 的年龄代表了古元古代末期的一次重要构造热事件，相当于兴东运动，这次运动使兴华渡口群褶皱回返，形成了额尔古纳地块结晶基底。892±20Ma 的变质年龄代表了西伯利亚地台南缘罗迪尼亚超大陆形成时期的一次区域变质事件，相当于晋宁运动，与发生在北美的格林威尔运动可以对比，是一次全球性的大陆会聚过程，形成了罗迪尼亚超大陆。450±15Ma 时期的岩浆侵入事件，为加里东运动在该区的表现，考虑到加里东期岩浆活动在额尔古纳地区表现的比较微弱，表明研究区的加里东运动并不强烈。另外，凤水山片麻杂岩中获得了 564～565Ma(1∶25 万区域地质调查报告，阿龙山镇幅)和 763±24Ma(1∶25 万区域地质调查报告，莫尔道嘎幅)的单颗粒锆石 U-Pb 年龄，认为上述年龄并不是凤水山片麻杂岩的形成年龄，564～565Ma 的年龄应解释为兴凯—萨拉伊尔期花岗岩的侵位年龄。

中蒙古-额尔古纳-岗仁隆起的新元古界—下寒武统，构成兴凯期构造层(蒙古国境内称之为早加里东期构造层或地块)。中国境内发育有青白口系佳疙瘩群($Q_{11}J$)、震旦系额尔古纳河组(Ze)，倭勒根群($Z\text{Є}_1Wl$)和兴隆群(Є_1Xl)；在俄罗斯赤塔州石勒喀河一带分布有里菲期晚期嘎兹穆尔群(R_3)，在额尔古纳河左岸分布有下里菲统—寒武系(R_1—Є)额尔古纳群、倍尔京群、达乌尔群及纳达罗夫组未分地层，在俄赤塔州上黑龙江一带分布有文德系阿尔嘎康组(V)。其中，分布于满洲里-漠河地区的佳疙瘩群系

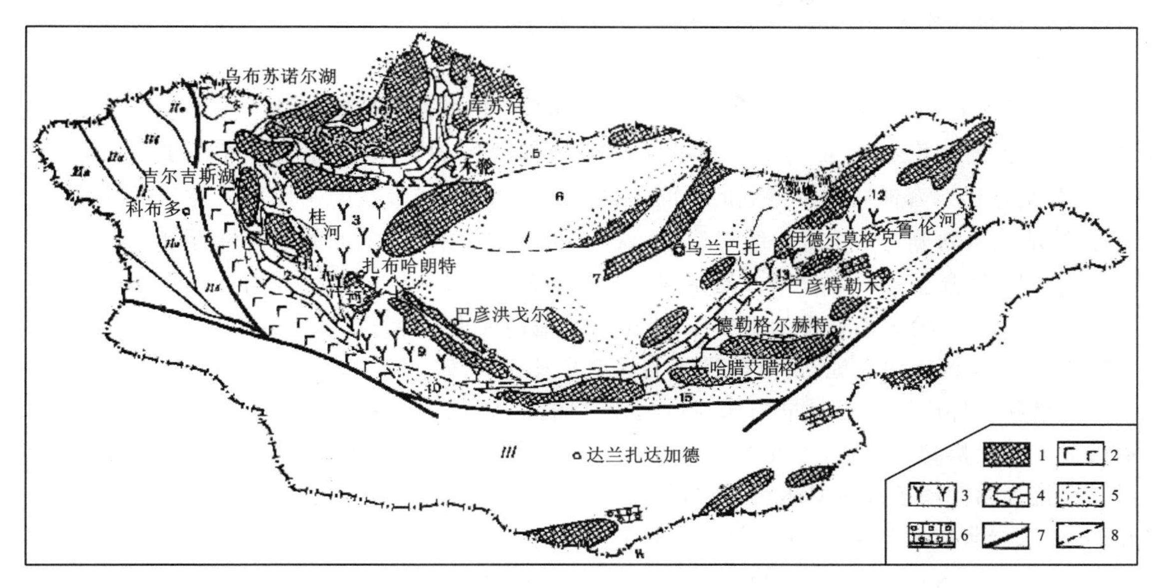

图 5-4　蒙古国构造示意图

Ⅰ.北蒙早加里东地块;Ⅱ.西蒙加里东地块(Ⅱa.阿尔泰带,Ⅱб.哈里林带,Ⅱв.察干锡贝图带);Ⅲ.南蒙海西地块;1.南部和北部地块中元古代花岗岩化基底地凸;2～6.早加里东(里菲期晚期—中寒武世)构造-建造带;2.安山-玄武岩成分的火山岩为主的构造-建造带;3.流纹岩-英安岩-安山岩成分的火山岩为主的构造-建造带;4.主要为碳酸盐岩的构造-建造带;5.陆源-碳酸盐岩-火山岩构造-建造带;6.南部和北部地块里菲统中上部或者下寒武统碳酸盐岩-陆源沉积发育地段;7.最主要的断裂:蒙古主断裂(a);察干锡贝图断裂(б);8.构造-建造带的推断界限。

带名(图上数字):1.湖泊带;2.察干诺洛姆(扎布汗)带;3.伊德尔带;4.滨库苏泊带;5.治达带;6.塔里亚图-色楞格带;7.杭爱-肯特带;8.巴彦洪戈尔带;9.拜达里克带;10.大博格多带;11.中戈壁带;12.北克鲁伦带;13.克鲁伦带;14.南克鲁伦带;15.温都尔里克带;16.散吉连带

由一套浅变质的片岩组成,即上部的绿色片岩夹大理岩和下部的银色、银灰色石榴子石红柱石云母石英片岩、炭质黑云母片岩、石英岩,属绿片岩相变质的产物,其向西南延伸至蒙古国境内,与其相对应的新元古界岩石通常分成3套杂岩系,下部片麻岩-片岩系、中部碳酸盐岩系或石英-碳酸盐岩系及上部绿片岩系,这些变质杂岩基本上都是由原始沉积岩形成,只是在绿片岩中有些地方以火山岩为主(图5-4)。额尔古纳河组主要分布于额尔古纳隆起区的莫尔道嘎以北地区,在上黑龙江盆地和满洲里-克鲁伦浅火山盆地也有零星分布,为一套浅海碳酸盐岩组合,即白云质大理岩、大理岩、白云岩、结晶灰岩夹少量浅变质碎屑岩,顶底界线不清,该组碳酸盐岩与后期侵入岩的接触部位在本区广泛发育有矽卡岩型金、铜、铁、铅、锌矿化,是形成矽卡岩多金属矿床的有利层位。倭勒根群(Z-$\in_1 Wl$)主要分布于北兴安地块的新林—兴隆—韩家园子等地,顶底界线不清,最大厚度为2 804m,该岩群划分为两个岩组。下部吉祥沟组(Z-$\in_1 j$),主要岩性为微晶片岩、千枚岩、板岩、灰岩或大理岩,具碳、泥、灰建造的特征,为一套在深水还原环境下形成的细屑-碳酸盐岩建造。上部大网子组(Z-$\in_1 d$),在兴隆地区主要岩性为细碧岩、角斑岩、变安山岩、变流纹岩、变砂岩、硅质岩、板岩、千枚岩等;在新林—塔源地区见有蛇绿混杂岩等,这些都说明其是在不成熟洋盆的构造环境中形成的。萨拉伊尔运动使不成熟洋盆闭合碰撞,并伴有基性岩类、花岗岩类侵入,形成新林-韩家园子构造带。该岩群的各类岩性中金元素含量最高的是变砂岩、黄铁矿化变流纹岩、黑云母微晶片岩、阳起石板岩;其次是绢云板岩、变细碧岩、变安山岩、糜棱岩。矿带一些有色金属、贵金属矿床与该岩群的成矿关系表明,其具有有色金属、贵金属成矿初始矿源层的意义,尤其以碳、泥、灰组合建造。兴隆群($\in_1 Xl$)集中分布于北兴安地块的兴隆至老焦布勒石河一带,为一套在裂谷边缘浅海环境下形成的细碎屑-碳酸盐岩-火山复理石沉积建造,厚度变化较大,最大厚度达2 329.2m。该群进一步划分出4个组,自下而上分别为高力沟组($\in_1 g$)、洪胜沟组($\in_1 h$)、三义沟组($\in_1 s$)和焦布勒石河组($\in_1 j$)。主要岩性为千枚岩、结晶灰岩、白云质大理岩、硅质板岩、粉砂-泥质板岩,中酸性-酸性凝灰岩、凝灰质熔岩。洪胜沟组底有含磷结核。该群具有碳、泥、硅、灰组合建造特征,区域变质程度较浅,可达低绿片岩相。该群地层分布区内,形成了一些中小型砂金矿。从已发现的岩金矿点特征和岩性组合特征分析,具备形成微细浸染型岩金矿的地质条件。

中寒武世—早石炭世，中蒙古-额尔古纳-岗仁隆起发育间断性的后期盖层沉积，从中石炭世起，便进入了隆起阶段。

从成矿地质背景和主要成矿特点考虑，本书将中蒙古-额尔古纳成矿带进一步划分为跨越中-蒙毗邻地区的克鲁伦-满洲里成矿带（ME_4）和跨越中-俄毗邻地区的额尔古纳-上黑龙江-岗仁（俄）成矿带（ME_5），主要是基于二者地质构造特点的不同，根据上述不同发展阶段的主要地质建造特征，可在中蒙古-额尔古纳地块内划分为2个次一级构造单元：一是跨越中-蒙毗邻地区的克鲁伦-满洲里浅火山盆地，其构成了克鲁伦-满洲里成矿带（ME_4）的主体，表现为晚侏罗世—早白垩世火山活动强烈发育，构成晚中生代东蒙古-大兴安岭火山岩带的组成部分，由于盆地内火山岩厚度不大，早期盖层多出露地表，而称其为克鲁伦-满洲里浅火山盆地，其成矿作用与该时期构造-岩浆活动关系密切；二是晚中生代侏罗纪，在额尔古纳隆起北部广泛发育有早中侏罗世河流-湖泊-洪积相含煤碎屑岩建造，因分布于黑龙江上游地区而得名——上黑龙江盆地，主要由早-中侏罗世河流-湖泊-洪积相含煤碎屑岩组成，盆地内的晚侏罗世—早白垩世火山活动主要沿得尔布干北延断裂分布，呈北北东向与盆地南部的大兴安岭中生代火山岩带相连，侵入岩浆作用受蒙古-鄂霍茨克造山作用控制，而呈近东西向展布。

《内蒙古自治区区域地质志》(1993)及赵国龙等(1989)对内蒙古东南部中生代火山岩的研究，都强调大兴安岭中生代火山岩大致以集宁—博克图一线分为东、西两亚带。徐志刚等(1997，1999，2006)认为大兴安岭火山岩带东、西两亚带的分界线可能位于二连—五叉沟—博克图一线，西亚带火山岩SW向延伸至蒙古国克鲁伦河一带，是蒙古-鄂霍茨克洋在T_3—K_1闭合期间、逆时针转动的布列亚-兴凯地块后缘拉张作用，属蒙古-鄂霍茨克中生代岩浆岩带的一部分；考虑到蒙古-鄂霍茨克洋当时已是古太平洋伸入亚洲大陆东北部的一个海湾，故仍可归入滨太平洋构造域。东亚带火山岩SSW向延至辽西-冀北-晋北，其J_3—K_1英安-流纹质(局部夹少量安山质)火山作用及相关成矿作用起因于西太平洋古陆与亚洲大陆NNW向斜向碰撞及继之的古太平洋板块的斜向俯冲导致的构造挤压环境。自K_1^2起，大兴安岭地区开始转为拉张，发育玄武质火山岩(伊列克得组/梅勒图组)和巴尔哲、台莱花和沙尔塔拉等碱性花岗岩的侵位及相应的稀土成矿作用。徐志刚等(1999)曾较详细讨论大兴安岭西北部和东部两构造-岩浆带及其成矿作用特征。根据PARFENOV(2001)的研究(图5-2)和本次编图，笔者认为在东蒙古—后贝加尔—大兴安岭地区实际上发育有3条晚侏罗世—早白垩世巨型构造-岩浆带，一是呈东西向分布的乌姆列康-奥果扎构造-岩浆带，位于上黑龙江盆地以北的蒙古-鄂霍茨克构造带南缘；二是呈北东向分布的东蒙古-后贝加尔-额尔古纳构造-岩浆带，位于得尔布干断裂带以西地区；三是呈北北东向分布的大兴安岭-辽西-冀北-晋北构造-岩浆带。后二者分别相当于《内蒙古自治区区域地质志》(1993)和徐志刚等(1997，1999，2006)提出的大兴安岭火山岩带之东、西两亚带，但是，二者间的分界线应当位于得尔布干断裂带。

二、中蒙古-额尔古纳成矿带的总体成矿特征

如上所述，中蒙古-近贝加尔成矿带从蒙古国的阿尔泰东部起，沿巴彦洪戈尔—温都尔汗—乔巴山一线进入中国满洲里和根河、塔河地区，并继续东沿进入俄罗斯的上黑龙江-布列亚成矿带。该带在中俄蒙毗邻地区发育有一条规模宏大的构造岩浆岩带，它所跨越的中俄蒙边境三角地区，其中的矿床规模之大、类型之复杂，堪称东北亚之最。在地质构造上，该区属中蒙古-额尔古纳微板块，其基底由太古界构成，岩性为辉石-角闪石-黑云母片岩、辉石-黑云斜长片麻岩、麻粒岩、斜长片麻岩和结晶片岩，并共生有超基性侵入体。古元古界由结晶片岩、片麻岩构成；中上元古界岩性为变质砂岩、粉砂岩和绢云片岩、片麻岩。新元古代(文德期)至早寒武世，以含基性、中酸性火山岩为夹层的绿片岩、砂岩、粉砂岩和含炭硅质岩为主；奥陶系大部分缺失，加里东期花岗岩大规模分布；志留系分布很少，泥盆纪只在俄罗斯奥利多伊和加戈-萨加扬坳陷内接受了陆缘碎屑岩和碳酸盐岩沉积，并伴有辉长闪长岩和斜长花岗岩侵入；

石炭系只在俄罗斯额尔古纳河和上黑龙江流域古生代坳陷中有少量分布，主要为下石炭统碳酸盐岩沉积；在额尔古纳河流域及其以东地区，以中-晚石炭纪闪长岩、花岗岩侵入为主，形成大面积中海西花岗岩带。进入中生代以后，又叠加了古太平洋板块俯冲产生的构造岩浆作用的强烈影响，形成了大量的中生代火山岩和侵入岩，以及与之相伴的各类成矿作用。由此可见，中蒙古-额尔古纳成矿带具有复杂的地质演化历史，形成了独具特色的区域成矿作用，特别是古生代和中生代成矿作用的发生及二者的叠加构成了本带区域成矿作用的主要特征。

蒙古国境内的中蒙古-近贝加尔构造岩浆带产出里菲期晚期-早寒武世大洋环境的Au、Cu和Ni矿床，与晚古生代大陆增生和裂谷有关的Cu、Mo、Pb、Zn和Ag矿床以及与中生代大陆地壳活化作用有关的W、Sn、Cu、Au、多金属和萤石矿床。矿床规模巨大，且与岩浆热液、火山热液和次火山热液有关(图5-1)。

俄罗斯境内的中蒙古-近贝加尔构造岩浆带也产出有大量的金属和非金属矿床。如斯特列措夫U矿田，该矿田内有19个矿床，其中4个达到超大型，其余为大、中型，布格达因大型Mo矿床、高尔索努伊大型萤石矿床，鲁戈卡因金铜矿床和大型库尔图明铜(金)矿床，两者均属矽卡岩型，等等(图5-1)。

中蒙古-近贝加尔构造岩浆带穿越中国的满洲里、根河及其以北的地区，构成了中国境内的得尔布干成矿带地区，即额尔古纳燕山期铜、铅锌、银、金、钼成矿带。由于前述众所周知的原因，自20世纪80年代末开始，中国对得尔布干成矿带地区的有色、贵金属矿产资源的地质调查给予了高度的重视，并在得尔布干成矿带地区南段满洲里—新巴尔虎右旗一带找矿工作取得了突破性进展，快速勘查评价了乌山铜钼矿床，额仁银矿床，甲乌拉铅、锌、银矿床和查干布拉根银、铅、锌矿床4个大型矿床，引起了国内地质界对本区的广泛重视。截止到目前已在得尔布干成矿带(主要是黑山头以南的内蒙古草原地区)发现及勘查大型银(多金属)矿床3个，大型铜(钼)矿床1处和许多有色、贵金属矿床(点)，主要有下吉宝沟、小伊诺盖沟、四五牧场等金矿床(点)，乌山、八大观、八八一、二十一站等铜矿床，三河、甲乌拉、查干布拉根、额仁、二道河等银、铅、锌矿床，使得本区经勘查评价和地质科研提交的新增金储量近100t(主要为砂金)，银储量4 000t，铜储量近200万t，铅锌储量100多万吨，等等。据不完全统计，目前在得尔布干成矿带金(累计)200余吨。值得提出的是上述矿产主要产出于得尔布干成矿带地区的南段，而该成矿带地区的北段由于地处大兴安岭北部的森林沼泽覆盖区，研究与勘查程度较低，矿床(点)比较稀疏，但其找矿潜力是很大的。在额尔古纳河以西俄罗斯靠近我国边境地带，已发现有别列佐夫大型富铁矿床(距中国仅10km，总矿石量4.47亿t，富矿品位为50.33%)、斯特利佐夫超大型铀矿(距额尔古纳界河仅30km，工业储量达20.4万t)、鲁戈卡因大型铜金矿床(距我国边境仅20km，铜储量169.8万t，金储量167t)，在上黑龙江以北俄罗斯境内分布的Pionerskoe和Pokrovskoe等中大型金(银)矿床，其与我国境内在中生代火山盆地中发现的额仁冰长石-绢云母型银(金)矿床和四五牧场、大坝、巴彦浩雷紫金山式酸性硫酸盐型铜金(银)矿床、在上黑龙江凹陷南缘西林吉-塔河断裂带发现的奥拉奇、页索库、马达尔等浅成低温热液金、银矿床均具有可比性，同时，在上黑龙江凹陷中发现的产于侏罗纪含炭砂岩中的与浅成低温热液活动有关的“造山型”金矿床也显示出较大的找矿前景。由此表明得尔布干成矿带北部森林沼泽区已在金矿找矿方面取得了重大的突破，改变了以往对本区主要属银多金属成矿区的认识。尤其是浅成低温热液冰长石-绢云母型金、银矿床属于世界范围内的特大型-大型矿床类型，它们在本区的发现，具有极为重大的现实意义。

三、跨越中-蒙毗邻地区的克鲁伦-满洲里成矿带(ME_4)

跨越中-蒙毗邻地区的克鲁伦-满洲里成矿带(ME_4)为蒙古国中蒙古成矿带沿克鲁伦河地区延伸至中国满洲里地区的一条跨境成矿带。该成矿带的蒙古国中戈壁省—乔巴山部分属中蒙古褶皱系，成矿带南缘断裂带即为蒙古国主断裂——中蒙古断裂带(大博格多、布尔根、温都尔希林等断裂)，其在蒙古国东北部地区总体呈北东向展布,进入中国境内称之为得尔布干断裂(图 5-1),沿克鲁伦河北上进入中国境内后连接内蒙古呼伦湖东缘断裂,沿得尔布尔河谷,向北东经金山镇、阿龙山镇延伸至黑龙江省盘古镇一带。在蒙古国境内,该成矿带北缘主要发育 2 条平行分布的北东向断裂带,一是鄂嫩深断裂带,二是其北西侧的南肯特深断裂带(图 5-5)。

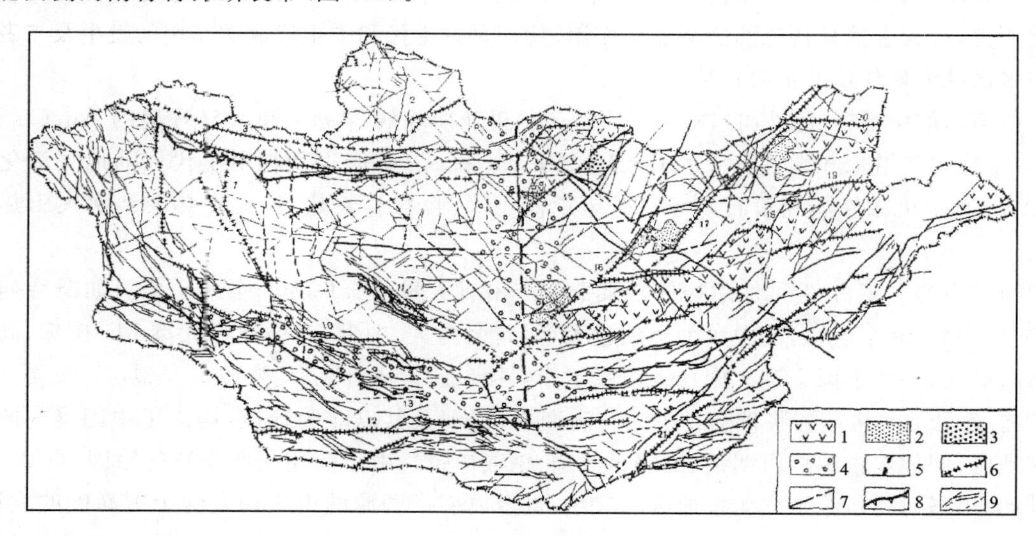

图 5-5　蒙古国断裂草图

(据 B И 吉洪诺夫编,1975)

1.东蒙火山带(渗透性地带);2.二叠系陆源沉积;3.上元古界—下寒武系火山-沉积地层;4.密集带;5.太梅尔-贝加尔断裂推测的延长线;6.深断裂;7.区域性断裂;8.逆掩断层和盖层;9.其他断裂。断裂标号(图中数字):1.达尔哈特;2.库苏泊;3.巴彦努尔;4.汗呼赫;5.叠柳恩萨格赛;6.察干希别图;7.扎布汗;8.布尔刚;9.外阿尔泰;10.大博格多;11.巴彦洪戈尔;12.戈壁天山;13.古尔邦赛汗;14.色楞格;15.伊乌鲁河;16.南肯特;17.鄂嫩;18.克鲁伦;19.乔巴山;20.乌勒吉;21.宗巴音

克鲁伦-满洲里成矿带在地质构造上总体属于兴凯期萨彦-额尔古纳造山系的中蒙古-额尔古纳造山带的西南段,呈北东向带状分布,可进一步划分出 4 个构造单元:淡色花岗岩-片麻岩建造为主的北克鲁伦地块和南克鲁伦地块;闪长岩-斜长花岗岩-片麻岩建造为主的北乔巴山地块;上叠的大陆次碱性安山岩-英安岩-流纹岩建造为主的东蒙古火山岩带。其中,在蒙古国境内出露的主要地层有:中元古界、新元古界—下寒武统、泥盆系、石炭系、中石炭统—下二叠统、二叠系及中生代火山-沉积岩系;三叠纪岩浆作用主要呈火山-深成岩浆作用形式出现,主要出现在中戈壁和克鲁伦地区,岩性属于粗面安山岩-玄武岩-流纹岩建造,以浅色花岗岩和次碱性白岗花岗岩为主的侵入岩体在空间上与三叠纪火山岩共生,这些岩体统归于晚三叠世—早侏罗世博罗温都杂岩;中、晚侏罗世—早白垩世沉积-火山杂岩从成矿带的西部向东部逐渐发育,东部延伸到俄罗斯外贝加尔地区及中国东北部和大兴安岭火山岩带连在一起,与中、晚侏罗世—早白垩世火山岩同源的岩浆侵入岩有蒙古国的汉德勒格尔罕杂岩和俄罗斯外贝加尔地区及中国境内的燕山期花岗岩类,这些杂岩体,在蒙古国东部、俄罗斯外贝加尔地区和中国额尔古纳成矿带内是主要的成矿母岩。在中国满洲里-克尔伦地区,除有部分盆地基底岩石——新元古代佳疙瘩群及晚古生代花岗岩出露外,主要由 J_3—K_1 期火山-沉积岩系和同时期的侵入岩、次火山杂岩体及火山喷发中心构成若干规模不等的穹隆和与其有关的放射状、环状构造。

克鲁伦-满洲里成矿带主要属 Au-Ag-Pb-Zn-Cu-Mo-W-U-萤石成矿带(图 1-21,图 5-1),主要成矿时代分别为中元古代、二叠纪、晚三叠世—早侏罗世、晚侏罗世—早白垩世 4 个时期,并主要发育有 4 个不同时期的 4 个矿带:①中元古代臣赫尔曼德勒-莫道特石墨矿带;②二叠纪中蒙古 Au-Cu-Mo-W-Sn-Fe-Pb-Zn 矿带;③晚三叠世—早侏罗世戈壁乌格塔尔-西乌尔特 Cu-Fe-Pb-Zn-Sn 矿带;④晚侏罗世—早白垩世东蒙古-近额尔古纳 Au-Cu-Mo-Pb-Zn-W-Sn-Fe-U-萤石矿带。这 4 个矿带的主要成矿特征已在第四章的主要矿带及典型矿床内容中予以介绍(表 5-1)。

表 5-1　克鲁伦-满洲里成矿带境内外成矿地质特征对比表

地区 构造单元	蒙古国东北部	中国满洲里
北克鲁伦地块	中元古代臣赫尔曼德勒-莫道特石墨矿带； 晚侏罗世—早白垩世多金属成矿区	
北乔巴山地块		
东蒙古-近额尔古纳上叠火山岩带	晚侏罗世—早白垩世东蒙古- 近额尔古纳 Au-Cu-Mo-Pb-Zn-W-Sn-Fe-U-萤石矿带	
南克鲁伦地块	二叠纪中蒙古 Au-Cu-Mo-W-Sn-Fe-Pb-Zn 矿带；晚三叠世—早侏罗世戈壁乌格塔尔-西乌尔特 Cu-Fe-Pb-Zn-Sn 矿带；晚侏罗世—早白垩世多金属成矿区	

（一）蒙古国境内成矿特点及典型矿床

蒙古国境内，该成矿带西起蒙古国境内翁金河盆地，沿北东方向延伸进入研究区克鲁伦河两岸地区。其主要成矿特点如下。

(1) 成矿带在构造位置上大致相当于中蒙褶皱系东段(图 1-21，图 5-1)，其南界以温都尔希林断裂(分割蒙古国南、北两大构造的主断裂)为界，北与肯特成矿带相接壤。已发现的矿床(点)大部分集中在该带南部(鲁伦断裂以南)，即中蒙褶皱系南部。已知矿产以稀有金属为主(W、Sn)，其次是铁及多金属矿，此外，还有一些金矿化。

(2) 该带是蒙古国境内重要稀有金属矿带之一(图 1-21)，但其含矿元素组合与肯特成矿带不同，本带是以钨锡为主，钼次之。含钨锡(钼)花岗岩在该带内为中-晚侏罗世的沙哈达花岗杂岩，由浅色花岗岩及白岗花岗岩组成，矿化类型为黑钨矿-石英脉型和黑钨矿云英岩型，共生矿物常见绿柱石、磁黄铁矿、闪锌矿、黄铜矿和辉钼矿，辉钼矿也有独立矿床。该花岗杂岩产于早加里东褶皱基底的前中生代隆起中，在含钨花岗岩出露地区未发现中生代的火山岩，蒙古国最大的布伦佐格托钨矿床即位于此带内。布伦佐格托钨矿床赋存于三叠纪的砂砾岩内，矿体产于东西和北东东向密集裂隙带内，主要工业矿体分布于矿区西段，由一系列陡倾的黑钨矿-石英脉组成。地表有矿脉 30 余条，长 30～250m，宽 0.2～0.3m，最宽 1.5～2m，沿倾斜延伸 300m，最长一条延伸达 370m。近矿围岩蚀变为云英岩化。矿物成分除石英和黑钨矿外，还有白云母、萤石、白钨矿、锡石、硫化物。

(3) 该带北部的北克鲁伦地块-北乔巴山地块分布区范围(图 1-21、图 5-1、图 5-4)，主要以金和铁矿化为主。金矿化成因上主要与侏罗纪花岗岩侵入体有关，主要成因类型有：低温热液型、金-硫化物-石英建造型、含金矽卡岩型，在侏罗纪碱性花岗岩中发现有含金碱性交代岩型矿化。含铁石英岩产于新元古代变质岩系内，如额伦铁矿床。

(4) 已发现的矿床(点)大部分集中在该带南部地区(鲁伦断裂以南)，即南克鲁伦钨钼多金属成矿区，沿南克鲁伦地块边缘分别发育有二叠纪活动大陆边缘的中蒙古 Au-Cu-Mo-W-Sn-Fe-Pb-Zn 矿带和晚三叠世—早侏罗世地块边缘岛弧带内的戈壁乌格塔尔-西乌尔特 Cu-Fe-Pb-Zn-Sn 矿带。前者成矿与花岗岩类的交代作用关系密切，有额尔德尼海尔汗矽卡岩型 Cu (±Fe、Au、Ag、Mo)矿床、佐斯乌尔斑岩型 Cu-Mo (±Au、Ag) 矿床、布乌查干矽卡岩型 Au 矿床及云英岩型网脉状和石英脉状 W-Mo-Be 矿床；后者成矿与晚三叠世—早侏罗世白岗岩、花岗岩和碱性花岗岩有关，有特莫林敖包矽卡岩型 Fe-Zn 矿床、奥尔特索格敖包矽卡岩型 Sn 矿床、阿伦湖斑岩型 Mo 矿床等。

(5) 晚侏罗世—早白垩世东蒙古-近额尔古纳 Au-Cu-Mo-Pb-Zn-W-Sn-Fe-U-萤石矿带是本区最主要的成矿期，其分布范围覆盖了整个成矿带及其北部的额尔古纳-上黑龙江-岗仁(俄)成矿带，其形成与中侏罗世—早白垩世张性大地构造环境下的后贝加尔-额尔古纳火山-深成岩带关系密切，在本成矿带内主要表现为分布于北克鲁伦地块-北乔巴山地块-南克鲁伦地块三者之间的沿克鲁伦河流域发育的火山岩带及发生于地块内部的以火山热液型为主的Pb-Zn-Cu-U-萤石矿床，使得中侏罗世—早白垩世的成矿作用在成矿带内广泛发育。重要铅锌矿矿床有乌兰铅锌矿床（火山热液型）、查夫铅锌银矿床（裂隙控制的碳酸盐-石英脉型）、萨尔希特矽卡岩型铅锌银矿床和图木尔廷敖包矽卡岩型锌铁矿床；铜矿化有3种类型，即含铜石英脉，钼-沸石及斑岩型钼铜矿（阿累努尔矿床）；火山热液型铀矿床主要有埃尔胡德格矿床和道尔脑德铀矿化集中区；脉状萤石矿床沿克鲁伦河两侧地区广泛发育。

(6) 中戈壁石膏-煤非金属成矿区内的石膏矿床主要为沉积蒸发型。Khuut煤和油页岩矿位于中戈壁省的巴彦扎尔嘎朗(Bayanjargalan)附近，该矿床形成于侏罗纪，油页岩层形成于湖区和沼泽地带，煤形成于淡水湖区。

查夫(TSAV)铅锌银矿床位于东方省，在省会乔巴山城东北120km(图5-1)。矿区属中低山丘陵区，最高山峰海拔825m，比高50～80m。1983—1990年，东方省第二地质队在前人工作的基础上，进行了1∶50 000地质填图和找矿评价。矿区出露地层主要有元古宙片岩、片麻岩、大理岩和石英岩。地层中出露的侵入岩有早古生代的花岗岩、晚侏罗世的花岗岩和花岗闪长岩以及不同时代呈北西向延伸的中酸性岩墙。晚侏罗世的安山质-玄武质喷出岩覆盖了上述变质岩。矿床属热液成因，与晚侏罗世花岗斑岩和二长闪长岩有关。石英-绢云母化为主要蚀变类型。矿体呈脉状或透镜状，已发现的有21个，其中已研究评价的有11个，平均长1 500～4 000m，宽0.44～4.86m，延深140～440m。热液脉主要有碳酸盐-石英脉、黄铁矿-石英脉、黄铜矿-闪锌矿-方铅矿-石英脉。共生矿物有黄铁矿、闪锌矿、黄铜矿、方铅矿、自然银、银黝铜矿、硫锑银矿（浓红银矿）、硫锑铜银矿等。矿石的品位及金属储量如表5-2所示。

表5-2　查夫(TSAV)银铅锌矿床品位及金属储量表

金属元素	品位	储量(t)
Pb	6.487%	226 200
Zn	3.53%	123 300
Cu	0.16%	5 600
Ag	254g/t	881 990
Au	1.5g/t	
Bi	0.004%～0.097%	
In	0.006%	
Cd	0.014%	

乌兰铅锌矿床位于东方省乔巴山西北(图5-1)。矿区为陡峻小山区，海拔最大高程1 660m，比高100～300m。矿区属中生代构造-岩浆活动带东方陆内火山构造带的北缘，其下构造层为晚元古代—早古生代陆相沉积建造，上构造层与下构造层呈明显的构造不整合，由晚中生代充填构造盆地的火山岩系构成。上构造层的总厚度为1 500m。本矿区共有14个矿体，其中7个已做了较详细的勘探工作。矿体为脉状和网脉状，脉长120～650m，脉厚1.8～80m，延深150～700m。矿石矿物有黄铜矿、白铁矿、毒砂、磁铁矿、方黄铜矿、赤铁矿、自然银、磁黄铁矿、辉铋矿、辉砷钴矿、砷黝铜矿、黝铜矿和自然金。矿石结构为浸染状、团块状和角砾状。2002年蒙古国公布的矿石品位与储量如表5-3所示。该矿床是2002年蒙古国公布的45个招商引资的固体矿床之一。值得注意的是，在乌兰矿区附近，尚有若干类似矿点或矿床。莫克尔矿床就是1982年在乌拉矿床东南1km处发现的又一个多金属矿床。

表 5-3　乌拉矿床金属储量和矿石品位表

金属元素	潜在资源量	没有经济意义的资源量	品位
锌	78.24 万 t	31.9 千 t	2.0%
铅	42.45 万 t	32.6 千 t	1.09%
银	2 062.0t	101.0t	53g/t
金	8 159.9kg		0.21g/t
镉	3 910.0kg		0.01%
硫	1 052.4 千 t		2.68%
硒	275.0kg		0.000 7%
碲	278.0kg		0.000 7%

萨尔希特铅锌银多金属矿床位于东方省乔巴山县，距查夫铅锌银矿床 23km。萨尔希特矿区属东蒙古火山侵入岩带。本区出露少量晚侏罗世花岗岩和大量流纹岩、安山岩和闪长岩岩墙。该矿床共发现 6 个北西向的脉状矿体。矿体长度 500～1 500m，厚度 0.35～20m。矿体中普遍含铅、锌、银、铋。主矿体中金属平均品位为铅 1%～25.4%、锌 1.1%～21.5%、银 70g/t。估计矿床总储量为铅 101 585t、锌 168 228t、银 233.8t。有用组分在各矿体中略有差异，开采技术条件一般。水文地质条件尚未查清。该矿床是 2002 年蒙古国公布的 45 个招商引资的固体矿床之一。

图木尔廷敖包锌铁矿床矿位于蒙古国东部苏赫巴托省境内。矿区南距省城西乌尔特市 16km，西乌尔特市距首都乌兰巴托 520km，东北距与西伯利亚铁路相通的乔巴山火车站 190km，西南距中蒙铁路赛音山达火车站 340km，赛音山达距中国二连火车站 219km，有草原公路相通，可整年行驶汽车，省城至首都并有定期航班。该矿床（Yakovlev，1977；Podlessky and others，1988；D Dorjgotov，1990）由沿着泥盆纪石灰岩和中生代微碱性花岗岩之间接触分布的钙矽卡岩组成。矽卡岩西北向延伸 800m，倾向为南西向，与围岩一致。中部向下倾斜 480m，在东和西翼下倾 200～230m。平均厚度为 14m。主要矿物有钙铁榴石、钙铁辉石、钙铝榴石、绿帘石、石英和硅灰石。矿床呈带状，主要的矿石矿物是闪锌矿和磁铁矿，规模为大型。储量为锌 750 000t、镉 1 770t。平均品位为铁 17%、锌 9.9%～13.1%、镉 0.024%。

（二）中国满洲里-克鲁伦地区成矿特点

中国满洲里-克鲁伦地区位于额尔古纳隆起以南，得尔布干断裂带以西，属俄罗斯乌卢留圭和蒙古国境内奥博拉山-额博尔生诺尔两大隆起之间的晚中生代火山-沉积盆地地区，在我国境内大约为 1.8 万 km^2。区内除满洲里一带有部分盆地基底岩石——新元古代佳疙瘩群及晚古生代花岗岩出露外，主要由 J_3—K_1 期火山-沉积岩系所覆盖，同时期的侵入岩、次火山杂岩体及火山喷发中心构成的若干规模不等的穹隆和与其有关的放射状、环状构造，主要为 Ag、Pb、Zn、Cu(Mo)、Au 成矿亚区，产出有 3 条北西向成矿带及相应的 5 种矿床类型和 5 个矿床式。

区内构造主要为断裂构造。总体构造线方向为北东和北西走向，次为南北向。由于草地覆盖严重，地表显示出的断裂构造较少。但是，遥感影像解译图（图 5-6）中可以看到较多的断裂构造，并有一些环状构造。北东向断裂构造一般规模较大、形成较早，如区内主导断裂构造——得尔布干断裂；而北西和南北向断裂构造为次级断裂构造，一般规模较小、形成较晚，但与成矿关系密切。环状构造为岩浆岩体或中心式火山机构，规模较大的环可能是深成侵入岩体，规模较小的环可能是中心式火山机构和燕山晚期小岩浆杂岩体，后者与成矿关系密切。本区被北东—北北东向断裂构造和北西—北北西断裂构造分割成似网格状构造格局（图 5-6），从图中清楚地看到，矿床（点）多分布在断隆带内，与北西和南北向断裂构造关系密切，并与燕山晚期小岩浆杂岩体（包括次火山岩体）有成因关系。

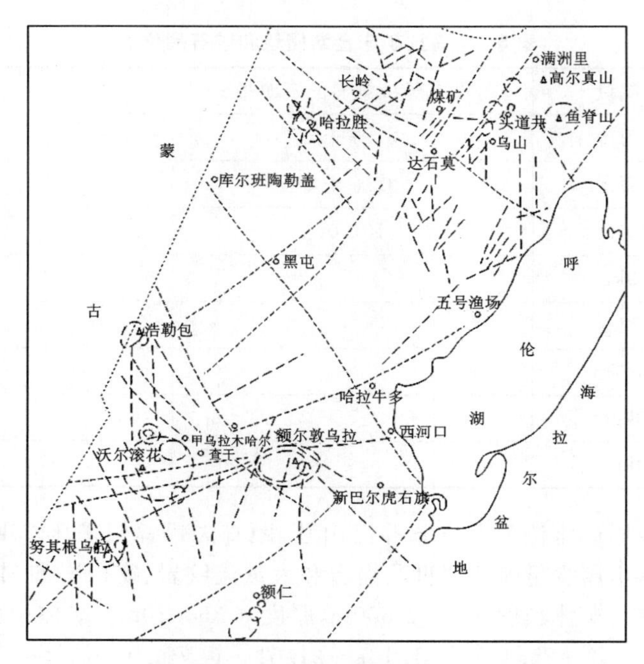

图 5-6　满洲里-克鲁伦地区遥感影像解译与矿床分布图

满洲里-克鲁伦浅火山盆地被 NE 和 NW 向断裂构造分割成似棋盘格状，断隆和断陷呈 NE 向相间排列。在其中断隆部位的边部，是铜钼铅锌银成矿的有利地区。

本区为金银多金属尤其是银铅锌的成矿区，成矿作用主要与燕山期岩浆活动有关，本区所有不同时期的地质体，只要受到燕山期岩浆活动的叠加(侵入、同生脉岩的贯入或邻近该期岩体)，皆有矿化或矿床(点)的产出。即与花岗岩、花岗斑岩和次火山岩有关；从成矿系列上看均属于中酸性斑岩-次火山岩成矿系列；热液来源主要为岩浆热液和次火山热液。因此，可以将本区矿化划分为两大矿化类型，即与岩浆热液有关的矿化(Cu、Mo 为主)和与次火山热液有关的矿化(Ag、Pb、Zn 为主)。进一步划分为“乌山式”斑岩型 CuMo(Ag、Au)矿化、“龙岭式”矽卡岩型 Cu 多金属矿化、“甲乌拉-查干式”次火山热液型 PbZnAgCu(Au)多金属矿化、“额仁式”冰长石-绢云母次火山热液型 Ag(Au)矿化、“大坝式”石英-明矾石次火山热液型 AgPbCu 多金属矿化 5 种成因类型。

本成矿亚区内主要可划分为 3 条北西向成矿亚带及相应的 5 种主要矿化(成因)类型和 5 个矿床式。

1. 北西向哈泥沟铜钼铅锌银金成矿亚带

该成矿亚带分布于火山盆地边缘及其与前中生代隆起的交接部位。主要矿床有乌努格吐山斑岩型 Cu-Mo 矿床(大型)、龙岭矽卡岩型 Cu 多金属矿点、大坝浅成低温热液石英-明矾石型 Cu-Au(Ag)矿点及头道井、长岭、哈拉胜等众多的 Cu(Mo)、Pb-Zn 矿床(点)等。其中乌努格吐山斑岩 Cu(Mo)矿床是得尔布干成矿带地区本类型矿床的典型代表，矿床产于火山盆地边缘的前中生代背斜隆起带内。

2. 北西向额仁-木哈尔银多金属成矿亚带

该成矿亚带沿北西向甲乌拉-查干布拉根断裂和木哈尔断裂之间及其两侧分布，主要矿床有甲乌拉大型热液型 Pb-Zn(Ag)矿床、查干布拉根大型热液型 Ag(Pb-Zn)矿床、额仁陶勒盖大型冰长石-绢云母型浅成低温热液 Ag 矿床、特格乌拉 Pb-Zn 矿床、额尔登乌拉热液型银矿点、巴颜浩雷浅成低温石英-明矾石型 Cu-Au(Ag)矿点等。

3. 北西向克尔伦-尚丁高志高铅锌银成矿亚带

该成矿亚带位于克鲁伦河以南的汗乌拉-敖包特乌拉断隆的西南边缘，分布有高吉高尔银矿化点、海力敏呼都格 Ag 多金属矿化点、海力敏中大型萤石矿床及 N48 钼矿点等，并产出有高吉高尔 Ag-Au-W-Sb-Mo-Pb-As-Cu 异常、海力敏呼都格 Ag-Au-Sb-Li-W 异常、鲁特乌拉 Ag-Li-As-Sb-F 异常、哈勒金 Mo-Ag 异常、温都尔陶勒盖 Ag-Sn-Pb-Sb-Cu-Pb-Zn 异常、道劳乃花 Au-Cu 异常 6 个 1∶20 万化探组合异常。目前该区未发现成型的金属矿床，但此区成矿地质构造条件与额仁-木哈尔银多金属成矿带一致，其中，在海力敏呼都格 Ag、Pb、Zn 矿化区已经圈定出 4 个 1∶5万 Ag-Pb-Zn-Cu 组合异常和 3 个激电异常及含银石英脉，在高吉高尔矿化区出露有 22 条含银石英脉，在鲁特乌拉异常区出露有 13 条含银石英脉等。据此，本成矿带在进一步查明成矿地质条件和控矿构造的基础上，有望取得找矿突破。

（三）成矿地质条件对比分析与找矿方向

跨越中-蒙毗邻地区的克鲁伦-满洲里成矿带的晚侏罗世—早白垩世东蒙古-近额尔古纳 Au-Cu-Mo-Pb-Zn-W-Sn-Fe-U-萤石矿带是本区最主要的成矿期，其分布范围覆盖了整个成矿带及其北部的额尔古纳-上黑龙江-岗仁(俄)成矿带，其形成与中侏罗世—早白垩世张性大地构造环境下的后贝加尔-额尔古纳火山-深成岩带关系密切，在本成矿带内主要表现为分布于北克鲁伦地块-北乔巴山地块-南克鲁伦地块三者之间的沿克鲁伦河流域发育的火山岩带及发生于地块内部的火山作用，使得中侏罗世—早白垩世的成矿作用在成矿带内广泛发育。但是，在中国境内，该成矿带展布于海拉尔盆地以西的满洲里-克尔伦地区(呼伦湖东缘断裂以西地区)，特点是以大面积分布的火山岩带为主体，前寒武纪变质岩出露稀少(北乔巴山地块的主体分布于西部的蒙古国境内)，因此，该成矿带在中国境内仅表现为相对强烈的中侏罗世—早白垩世时期的成矿作用，而前述的蒙古国境内的中元古代、二叠纪和晚三叠世—早侏罗世的成矿作用在中国境内很少发育。

为此，克鲁伦-满洲里成矿带的中国境内满洲里-克尔伦地区应主要围绕前述的 3 条北西向成矿亚带开展找矿，其中：哈泥沟铜钼铅锌银金成矿亚带是寻找大型“乌努格吐山式”斑岩型 Cu、Mo 矿床、“甲乌拉-查干布拉根式”次火山热液型银铅锌矿床、“额仁式”冰长石-绢云母型银(锰)矿床、“大坝式”石英-明矾石型银(铜)矿床和“龙岭式”矽卡岩型铜多金属矿床的有利地段；额仁-木哈尔银多金属成矿亚带是寻找大型“甲乌拉-查干布拉根式”次火山热液型银铅锌矿床、“额仁式”冰长石-绢云母型银(锰)矿床和“大坝式”石英-明矾石型银(铜)矿床的有利地段；克尔伦-尚丁高志高铅锌银成矿亚带是寻找大型“甲乌拉-查干布拉根式”次火山热液型银铅锌矿床、“额仁式”冰长石-绢云母型银(锰)矿床和“大坝式”石英-明矾石型银(铜)矿床的有利地段。同时，该带蒙古国境内为重要稀有金属矿带之一(图 1-21)，以钨锡矿化为主的中-晚侏罗世的沙哈达花岗杂岩出露广泛，蒙古国最大的布伦佐格托赋存于三叠纪的砂砾岩中的钨矿床即位于此带内，中国境内满洲里-克尔伦地区的克尔伦-尚丁高志高等成矿亚带内也发现有许多钨锡地球化学异常，本区应注意寻找蒙古国最大的布伦佐格托型钨矿床等稀有金属矿床。

同样，克鲁伦-满洲里成矿带的蒙古国境内地区，其比较有利的找矿地区是优选与中国毗邻的乔巴山地区——克鲁伦金铅锌铜钼成矿远景区(图 5-7)。

一是该带北部的北克鲁伦地块-北乔巴山地块分布区范围主要以金和铁矿化为主，特别是金矿(化)点星罗棋布，成因上主要与侏罗纪花岗岩侵入体有关，主要成因类型有：低温热液型、金-硫化物-石英建造型、含金矽卡岩型，在侏罗纪碱性花岗岩中发现有含金碱性交代岩型矿化，是寻找金矿的有利远景区。

二是该区的北克鲁伦地块-北乔巴山地块-南克鲁伦地块三者之间的沿克鲁伦河流域发育的晚侏罗世—早白垩世火山岩带及发生于地块内部的火山作用特点与我国境内满洲里-克尔伦地区相一致，已经发现铅锌矿矿床有乌兰铅锌矿床(火山热液型)、查夫铅锌银矿床(裂隙控制的碳酸盐-石英脉型)、萨尔希特矽卡岩型铅锌银矿床和图木尔廷敖包矽卡岩型锌铁矿床，亦发现 3 种类型有铜钼矿化，即含铜石英脉型，钼-沸石型及斑岩型钼铜矿(阿累努尔矿床)，均可与我国境内的“乌努格吐山式”斑岩型 Cu、Mo 矿床、“甲乌拉-查干布拉根式”次火山热液型银铅锌矿床及“龙岭式”矽卡岩型铜多金属矿床对比，特别是该地区前寒武纪隆起出露广泛，“乌努格吐山式”斑岩型 Cu、Mo 矿床的成矿地质条件相对优越，是寻找铜钼铅锌矿床的重要远景区。

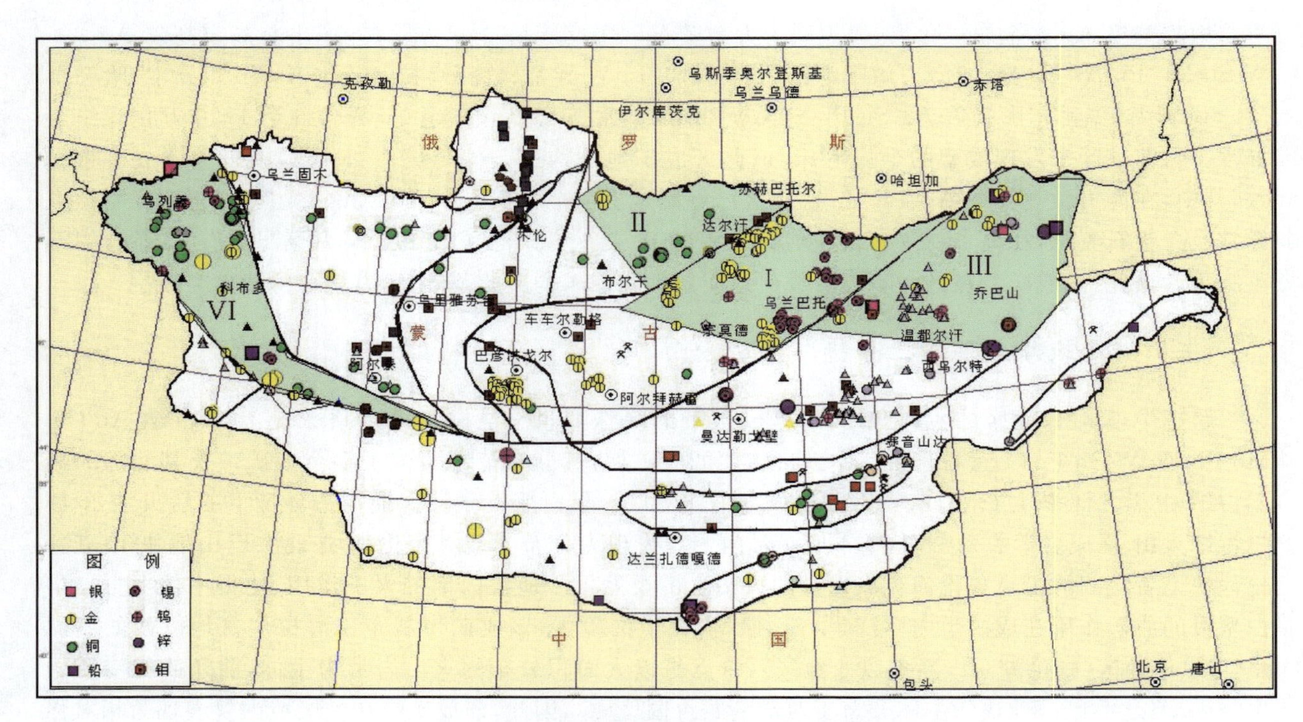

图 5-7　蒙古国贵金属与多金属成矿远景区分布图

Ⅰ.肯特多金属金成矿远景区；Ⅱ.额尔登特金铜成矿远景区；

Ⅲ.克鲁伦金铅锌铜钼成矿远景区；Ⅳ.蒙古阿尔泰多金属金成矿远景区

四、跨越中-俄毗邻地区额尔古纳-上黑龙江-岗仁(俄)成矿带(ME_5)

(一) 成矿地质背景

跨越中-俄毗邻地区的额尔古纳-上黑龙江-岗仁(俄)成矿带(ME_5)总体上界于西北侧的鄂霍茨克断裂-滨石勒喀断裂-东阿金断裂-乌利金断裂和东南侧的得尔布干断裂带(呼伦湖东缘断裂-根河断裂-呼玛河断裂)之间(图 5-1),该成矿带的地质构造极为复杂,一些初步识别出来的构造单元的形成时代及构造属性还不十分清晰。目前,总体上认为本区属于兴凯期萨颜-额尔古纳造山系之中蒙古-额尔古纳山带的东北段(图 5-4),呈北东向带状分布,可进一步划分出 3 个不同时代及构造属性的 7 个构造单元。主要有:属于额尔古纳复合地块的 4 个构造单元分别是:①闪长岩-斜长花岗岩-片麻岩建造为主的加济穆尔-鲍尔绍沃克地块,其建造特点与北乔巴山地块一致;②淡色花岗岩-片麻岩建造为主的乌鲁留圭-乌罗夫-东额尔古纳地块,其建造特点与南、北克鲁伦地块特点一致;③花岗岩-混合片麻岩建造为主的茨济留赫-北额尔古纳地块;④结晶片岩-变角闪岩-变辉长岩建造为主的上黑龙江-玛梅地块(岗仁地块)。属于中生代的 3 个构造单元分别是:陆源碳酸盐岩-复理石-磨拉石建造为主的东后贝加尔复合坳陷和上黑龙江复合坳陷;大陆碱性-亚碱性玄武岩-安山岩-流纹岩建造为主的近额尔古纳火山岩带。具体区域成矿特征概述如下。

(1) 介于蒙古-鄂霍次克断裂与得尔布干断裂之间的额尔古纳复合地块、东后贝加尔复合坳陷、上黑龙江复合坳陷和近额尔古纳火山岩带的中-俄毗邻地区,前中生代时同属额尔古纳-岗仁地块的组成部分,北止于蒙古-鄂霍次克缝合带,东南以得尔布干断裂带分别与北兴安地块和颚伦春早中华力西期增生带相邻。本区有色、贵金属成矿作用,实际上受上述两个 NE 向断裂(系)和多个 NW 向断裂带的双重控制,表现出“北东成带”和“北西成行”的展布特征(图 5-1)。

(2) 中生代时期受到滨西太平洋板块扩张和蒙古-鄂霍茨克洋封闭的强烈构造活动的影响及其双重控制,因而,本区的构造-岩浆-金属成矿作用主要以燕山期为主。区内有色、贵金属内生成矿作用主要与燕山期火山-侵入岩浆活动关系密切，且主要与该时代的火山岩及浅成-超浅成侵入杂岩体有关，其主成矿期主要为晚侏罗世至早白垩世期间。

(3) 本区在中生代时期表现为以 NE 向为主的构造活动，其基本构造格局是断陷带（火山喷发带）与断隆带（火山基底隆起带）呈 NE—NNE 向左行斜列、相间产出。由于受到 NE 向构造调整过程所派生的 NW 向断裂的差异升降活动的影响，在形成 NE 向主构造格架的同时，发育了一系列 NW 向次级断隆与断坳。这些 NW 向次级断隆与断坳的边界带或次级断隆一侧常常是成矿的有利部位。因此，额尔古纳-岗仁成矿省的燕山期火山-侵入岩浆热液型等矿床，在其展布特征上具有“NE 成带、NW 成行”的特点，而且“NW 成行”之间表现出等间距（100～120km）排列特点（图 5-8）。

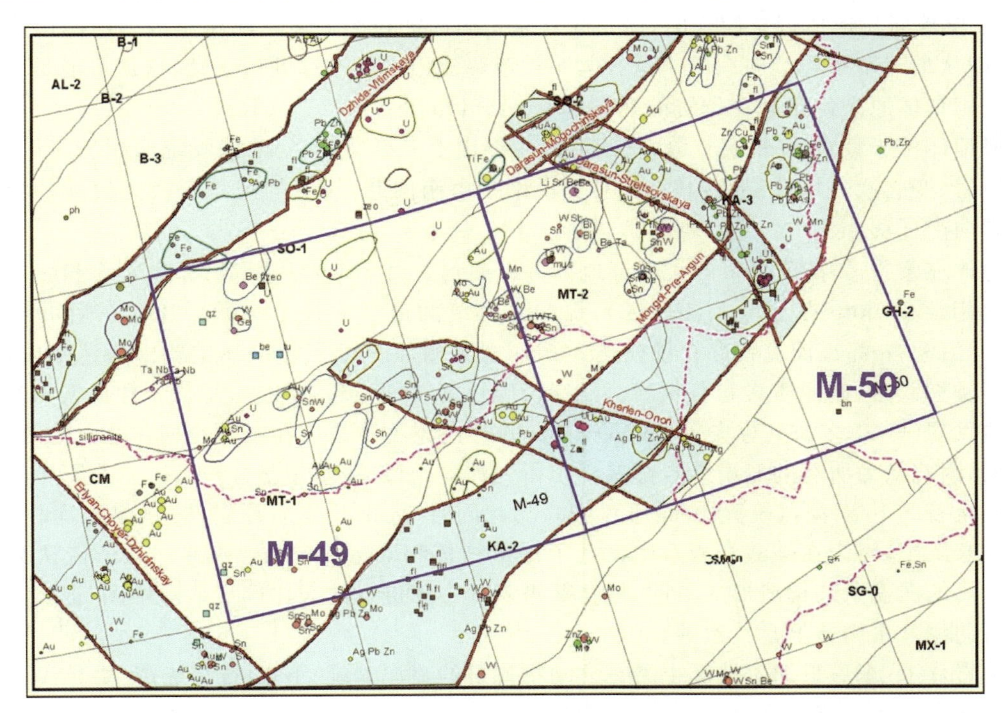

图 5-8　中-俄-蒙毗邻地区成矿规律性分布示意图

（二）蒙古-鄂霍茨克缝合带及其对区域构造演化的影响

蒙古-鄂霍茨克缝合带是佳-蒙古陆和西伯利亚陆台之间的碰撞造山带，宽达 300km，延长约 3 000km，由鄂霍茨克海的乌达海湾向西南延伸到中蒙古（图 5-3）。据俄罗斯学者研究，造山带的组成包括大洋组分，是蛇绿岩碎块、玄武岩、浊积岩、硅质岩和硅泥质沉积；动物化石证明其时代为泥盆纪和早石炭世，而在东部还有晚古生代、三叠纪和早侏罗世，也可能存在早古生代和里菲期的岩石。该带在上黑龙江地区中断约 200km，其西端尖灭于中蒙古。蒙古-鄂霍茨克带一方面占据中亚古生代造山带的轴部位置，另一方面与西太平洋中生代增生造山带紧密相关。

1. 蒙古-鄂霍茨克缝合带的组成地体

在蒙古-鄂霍茨克缝合带内划分出沿走向延伸达几百千米的多个透镜状地体，按其成分和构造可分出主要由浊积岩组成及主要由大洋岩石（包括岛弧碎片）组成的两种类型增生楔地体。属于前者的有杭爱-达乌利雅地体和乌尼亚-保穆斯克及乌尔班地体；属于第二型的有阿根和加拉姆地体。大部分地体分裂成碎块，相互离开几百千米，或相反的不止一次在平面上相互联合。这是由于沿蒙古-鄂霍茨克带的大规模（几百千米）水平移动所造成的。

杭爱-达乌尔地体位于蒙古国北部，由杭爱和肯特-达乌尔二岩片组成，它们被阿根地体岩石的窄带所分开。地体由复杂变形的志留纪、泥盆纪和石炭纪深水复理石沉积组成，带有少量硅质岩、碧玉、安山岩和安山玄武岩岩层，在剖面上部有砾岩。在肯特-达乌尔岩片上，还有下二叠统—下三叠统的浅水海相砂岩、粉砂岩和砾岩。在蒙古国，上志留—下泥盆统沉积物下伏为蛇绿岩，查明其成分为洋脊型玄武岩和席状岩墙群。其上的志留纪、泥盆纪和石炭纪岩层形成增生楔。

乌尼亚-保穆斯克地体，相当 Б А 纳塔林(1993)的兰斯克和乌尼亚-保穆斯克复理石地体，分布在蒙古-鄂霍茨克缝合带东段北缘，其特征是随着远离克拉通，由老的沉积不间断地变换为较年轻的，即泥盆石炭纪岩层向南被二叠纪，然后是三叠纪、早、中侏罗世岩层替换。与主要的复理石沉积在一起，还存在玄武岩、深水硅质岩和硅泥质岩，以及含植物碎屑的浅水砾岩和砂岩沉积。看来是构造混杂在一个剖面上。其特征是具有几十米大小的砂岩、粉砂岩、石灰岩岩块的滑塌堆积，岩块中含寒武纪和志留纪化石。

乌尼亚-保穆斯克地体近东西走向，向东与北东走向的加拉姆地体块断相连接。地体构造受加拉姆地体阻挡，而从前无疑是连续向东的。这种关系被解释为沿右旋平移断层运动，这最可能是中生代末发生的。加拉姆地体原来位于现在位置的北东 100～150km 处。

乌尔班地体位于蒙古-鄂霍茨克缝合带东部，主要由上三叠统和下-中侏罗统浊积岩组成，与少量中侏罗统硅质岩、变玄武岩构造混杂，其特征总的说来是由南向北，较老的沉积变换为较新的沉积。运动分析证明它向南迁移。

阿根地体在蒙古-鄂霍茨克带的大部分地方可追溯到。由 3 个岩片组成：鄂嫩岩片和吐库伦格尔岩片在走向上相距 200km(在上黑龙江地区)，更向东延续为尼兰岩片。鄂嫩岩片在东后贝加尔地区呈“Σ”状，证明沿蒙古-鄂霍茨克带存在规模达 100km 的左旋平移断层。地体主要由绿色变质片岩组成，其成分主要是玄武岩、硅泥质岩和石灰岩。蛇绿岩碎块的特征是超基性岩、辉长岩和英云闪长岩。已知有蓝闪片岩发现(Н Л 多布列佐夫等，1998)，岩石的时代还不清楚。在吐库伦格尔岩片上发现早-中泥盆世的珊瑚，因此认为所有的变质杂岩都属于志留—泥盆纪(Г Л 基里洛娃，1979)。在鄂嫩岩片上也划分出含动物化石的下-中泥盆统火山-硅质片岩。与此同时，大部分变质片岩(鄂嫩组和库林达组)时代都归于晚前寒武纪，因为在碳酸盐岩石中发现了藻灰结核和 катаграфия。一些地质学者认为鄂嫩岩组与含动物化石的泥盆系的构造形式不同，但在鄂嫩岩片中部进行的大比例尺地质填图，证实这些岩组与含动物化石的泥盆系构造上是一致的。

在鄂嫩岩片上，东后贝加尔地区也见有含动物化石的上泥盆统、下-中石炭统，主要是浅水海相碎屑沉积-砂岩、粉砂岩、细砾岩、砾岩，较少的流纹岩、英安岩及凝灰岩(4 000～4 500m)；它们不整合地产在鄂嫩岩组及下-中泥盆统之上。下二叠统的海相浅水碎屑岩沉积不整合地产在石炭纪沉积及鄂嫩岩组之上。剖面最上部是上三叠统海相沉积(2 000m)，它不整合地覆盖在下-中石炭统岩层之上。同时，在这里查明了不间断地上二叠统—三叠系剖面，是砂岩、粉砂岩、硅质岩和玄武岩(达 4 000m)，它们组成独立的被断裂围限的岩块，差不多是等轴状的(120km×150km)，自西边与东后贝加尔的“Σ”状褶皱带相邻。这个岩块的名称是阿克沙-伊林地体，可能是像早先推测的独立地体，但是不排除它加入了阿根增生楔；而更上部发现的上泥盆统、石炭系和下二叠统很厚的浅水岩层属弧前盆地堆积。在东后贝加尔南部下-中泥盆统碳酸盐岩层分布地区发现早二叠世特提斯纺锤虫，有利于证明在晚古生代和早中生代形成增生楔的结论。

对鄂嫩岩片上晚古生代巴什基尔期、莫斯科期和晚二叠世岩石的古地磁研究(Xi Xu et al，1997)表明，鄂嫩岛弧当时的位置距蒙古-华北古陆较近，而距西伯利亚陆台较远。在吐库伦格尔岩片的北部，已知有产早侏罗世纺锤虫和珊瑚的碳酸盐岩层。

尼兰岩片包括传统划分的尼兰复背斜，由中古生代(?)、泥盆系、石炭系和二叠系岩层组成，其中与主要的泥质、硅泥质岩层一起，还有绿岩化的玄武岩，存在浊积岩层。在岩片西部，中-晚古生代岩层强烈片理化及变质，伴有穹隆形成。

加拉姆地体分布在蒙古-鄂霍茨克缝合带东北端，具增生楔的特征结构。它由志留系、泥盆系和早石炭世岩石共生组成，它们构造混杂，并不止一次地在剖面上重复：①碧玉，缟带状硅质岩，硅泥质页岩，玄武岩；②具浊积岩标志的层状陆屑岩层；③含下寒武统石灰岩、硅质灰岩、硅质岩和辉绿岩岩块的滑塌堆积。二叠纪沉积是含植物化石的砾岩和砂岩，组成不大的以断裂为界的楔子。

与两种类型的增生楔地体一起，在蒙古-鄂霍茨克带内，还出现活动陆缘的卡门地体。它由卡门组的陆相火山-沉积岩层和片麻岩状辉长岩及英云闪长岩组成，沿蒙古-鄂霍茨克带北缘断续延伸达150km。根据地球化学研究，辉长岩、英云闪长岩和火山岩属俯冲带上的岩石。一些研究者认定组成地体岩石的性质为岛弧；然而，在卡门组剖面的底部有很厚(约1 000m)形成于大陆环境的砾岩，砾岩层被安山岩、英安岩和流纹岩的分异岩群所覆盖，未发现生物化石。火山弧的时代被定为晚三叠世或晚三叠世到早侏罗世；其根据是K-Ar法测定的火山岩年龄为212Ma，变质年龄为159.8～169.4Ma；并推测它们成层地覆盖在其南边的含化石的上三叠统沉积之上。然而，这个接触最可能是构造的。不能排除卡门地体是位于更北面的色楞格晚古生代—早三叠世火山-深成岩带的碎块，参加到蒙古-鄂霍茨克带的变形构造中。

2. 蒙古-鄂霍茨克缝合带周缘可能与俯冲有关的岩浆弧

(1) 在蒙古-鄂霍茨克缝合带周缘，存在与增生楔地体成对的岩浆弧。最明显的在蒙古-鄂霍茨克带东北边缘，包括位于鄂霍茨克海乌达海湾区的乌达火山深成岩带和西延的斯塔诺夫深成岩带。乌达带主要由玄武岩和安山岩的熔岩及凝灰岩组成，它们与陆相碎屑岩互层，剖面上部是英安岩和流纹岩的熔岩及凝灰岩，它们被粗碎屑岩石(含贝里阿斯—凡兰吟期植物化石)不整合覆盖。该带的时代通常被定为晚侏罗世—早白垩世。火山岩的K-Ar法年龄为118～176Ma。带上的侵入岩主要是花岗闪长岩，以及闪长岩、花岗岩、辉长闪长岩和辉长岩，它们的K-Ar法年龄为150～190Ma。斯塔诺夫带的岩基在岩石成分上与乌达火山深成岩带的侵入岩相似，时代通常被认为是晚侏罗世—泥欧克姆期。但是，岩浆活动开始较早，直到三叠纪，花岗岩类的个别K-Ar法年龄达200Ma。

南阿尔丹盆地系平行于斯塔诺夫岩基带，在深成岩带更北边延伸，充填厚的(达5 000m)侏罗系和下白垩统含煤岩层，是中生代活动陆缘的后部盆地。其位于广阔的中生代亚碱性和碱性岩浆活动区北边，但是，这些岩浆活动也是该活动陆缘后部带的组成。

乌达火山深成岩带和斯塔诺夫岩基带平行于蒙古-鄂霍茨克带的乌尼亚-保穆斯克增生楔地体延伸。该地体的增生楔形成于晚三叠—中侏罗世，与斯塔诺夫及乌达岩浆带同时，并伴随厚的复理石岩层堆积，可能是弧前坳陷或深水海槽的沉积物。通常它们被看做是与一般俯冲带有关的统一构造对。但是，当增生楔形成，且蒙古-鄂霍茨克带东部大洋盆地已经关闭之后，这些晚侏罗世和泥欧克姆期的岩浆弧还在继续活动。

(2) 由斯塔诺夫岩基带向西南延续，在蒙古-鄂霍茨克带西段北缘划分出中石炭—早三叠世的色楞格火山深成岩带，在北蒙古和外贝加尔延伸2 000km。该带由安山岩、粗面安山岩、英安岩、安山玄武岩、流纹岩和粗面流纹岩组成，与陆相碎屑岩互层(3 500m)。深成岩是花岗闪长岩、花岗岩、花岗正长岩和二长岩。与形成在俯冲带上的钠质钙碱性岩系不同，色楞格带的岩石是亚碱性的，并以K_2O的高含量为特征。该带的形成结束于二叠纪末—三叠纪初的双模式碱性岩浆活动。

Л А 科祖保娃等(1982)发现色楞格火山深成岩带剖面下部岩浆岩的分布有带状性，具有与俯冲作用有联系的陆缘岩浆弧的特征；在其东南部，接近于蒙古-鄂霍茨克带的界限处，它们是完全分异的钙碱性火山岩和深成岩，它们向北被碱性增加的岩石代替。现在，一系列研究者认为该带是与蒙古-鄂霍茨克带界线上的活动陆缘带。色楞格火山深成岩带以南，在杭爱-达乌利雅地体内，延伸着时代相近的岩基带。这些由钙碱性花岗闪长岩和花岗岩形成的岩基地球动力学性质及与色楞格带的时间关系还不确实清楚。在杭爱-达乌尔地体的杭爱岩片内，花岗岩类常见于下二叠统砾岩的砾石中。更向东，在肯特-达乌尔岩片内，花岗岩类侵入石炭纪沉积，而被下三叠统沉积物覆盖。不能排除岩基和色楞格火山岩带是一个统一的陆缘岩浆弧，它们成分上的差别反映岩浆弧特征的带状性，这与向陆缘下的俯冲作用有关。

由色楞格火山深成岩带向北，在西外贝加尔分布伟晶的安加拉-维季姆岩基，近年测定锆石U-Pb法和Rb-Sr法资料，时代为石炭纪末和二叠纪初(290～320Ma)，也就是说差不多与色楞格带的形成同时。岩基的成分主要是钙碱性复杂成分的花岗岩类，它们的形成与大规模陆壳熔融有关。花岗岩形成的热源可能仅是热的地幔物质渗透。

据Yu A Zorin(1999)研究，在杭爱-达乌尔增生楔地体以北的色楞格-巴尔古津带上，广泛分布泥盆纪和早石炭世的花岗岩。同时，在希洛克带上发育早侏罗世钙碱性花岗岩类和晚二叠世—三叠纪的钙碱性火山岩，包括流纹岩、英安岩、安山岩和少量玄武岩。

(3) A Π 佐宁沙因等(1990)推测东蒙古火山-深成岩带与蒙古-鄂霍茨克缝合带共轭是与俯冲带有关。分布在蒙古-鄂霍茨克缝合带南边的该火山-深成岩带由安山岩、英安岩、流纹岩等钙碱性岩系和粗面流纹岩、亚碱性花岗岩组成。沿着它北界延伸的北戈壁坳陷，由石炭纪复理石沉积和二叠纪及早三叠世浅水海相沉积(含火山岩夹层)组成，可以认为是东蒙古岩浆弧的弧前坳陷。

向北东延伸，在滨额尔古纳河地区广泛分布文德期花岗岩类，是辉长闪长岩、花岗闪长岩及较少的花岗岩和淡色花岗岩的岩基状岩体。它们被晚二叠世沉积不整合覆盖，并在上二叠统砾岩中存在其砾石。同时，滨额尔古纳河地区的一些花岗岩类 Rb-Sr 年龄为 240～250Ma，按其岩石化学和地球化学特征，符合活动陆缘的花岗岩类。滨额尔古纳河地区的花岗岩类应该看做是东蒙古火山-深成岩带的延续。东后贝加尔的博尔集亚坳陷在蒙古-鄂霍茨克带东后贝加尔“Σ”状褶皱的东边与它相邻，分布在蒙古国的北戈壁坳陷的延续位置。它充填以上二叠统海相砂-粉砂和砾岩沉积，厚度为 6 000～11 000m；可能也是这个统一的活动陆缘的前弧坳陷。

(4) 更向东，在滨黑龙江的黑龙江超地体东北边缘范围内，出现区域性分布的三叠纪花岗岩类，为花岗岩、淡色花岗岩和白岗岩。它们被看做是与向黑龙江超地体边缘之下俯冲作用有关的俯冲带岩浆活动。

3. 蒙古-鄂霍茨克缝合带周缘可能的被动陆缘碎块

沿蒙古-鄂霍茨克带周边，很多地方查明了相当小的坳陷和地体，具有很厚的不同时代的变形沉积岩。这些坳陷和地体沿断裂与蒙古-鄂霍茨克缝合带相邻，组成被动陆缘。属于这种类型的在带的北缘有舍夫利地体和库纳列依地体，在南缘有奥利多依地体，上黑龙江、东外贝加尔和布列亚坳陷。有的坳陷的发展可能延续到造山期。

舍夫利地体从西北与加拉姆地体为邻，由寒武系、下奥陶统、中-上泥盆统的碳酸盐岩和碎屑岩石组成(近 9 000m)。在下寒武统的成分中存在玄武岩层(约 1 500m)。

库纳列依地体是一系列线状碎块的联合，沿蒙古-鄂霍茨克缝合带西和西北边缘延伸。在蒙古国境内，地体剖面底部划分出绿片岩岩层，由砂-泥质、长石砂岩沉积组成，含双模式火山岩及产里菲期晚期叠层石的石灰岩。剖面增加了含文德期微植石和早寒武世藻类的碳酸盐岩-页岩岩层，并被花岗岩侵入。其上被杂色的上奥陶统沉积不整合覆盖。在蒙古-鄂霍茨克带西缘，库纳列依地体包括巴彦洪戈尔蛇绿岩，其年龄为 569Ma。它形成滑塌岩块线状延伸，产于碳酸盐岩-页岩岩层中，并与它们同时变形。

奥利多依地体从南边与蒙古-鄂霍茨克缝合带东支相邻，由志留纪、泥盆纪和早石炭世浅水海相碳酸盐岩和碎屑岩沉积组成，厚达 6 000m。有很小的在图上表示不出来的中-上泥盆统和下石炭统的成分相似的岩石见于蒙古-鄂霍茨克缝合带的南缘(在东后贝加尔地区)。

上黑龙江坳陷充填侏罗纪沉积，以角度不整合覆盖在奥利多依地体变形的古生代岩层之上。早-中侏罗世沉积是复杂的变形复理石岩层(达 6 000m)。中-晚侏罗世沉积整合产在下-中侏罗统之上，向东南，分布相混，并在那里不整合地覆盖黑龙江超地体的不同时代岩层。它们是砾岩、细砾岩，含泥质岩、凝灰岩夹层，含煤，厚 2 000～4 000m，实质上是造山产物。

东后贝加尔坳陷从东边与蒙古-鄂霍茨克带东后贝加尔部分相邻，并构成黑龙江超地体的边缘。它由早-中侏罗世沉积组成，总的构造特征与上黑龙江坳陷相似。在与蒙古-鄂霍茨克带的界线上，它组成厚约 5 000 m 的浅水粉砂岩及砂岩，其特征是单一的线状褶皱。它们向东被中-上侏罗统陆相砾岩和砂岩(达 7 000m)代替，产状缓，不整合覆盖复杂变形的里菲期和早古生代岩层，以及侵入它们的晚古生代花岗岩。

布列亚坳陷为南北走向，早-中侏罗世沉积海相陆屑岩石，中侏罗世到早白垩世沉积陆相含煤岩层。

4. 蒙古-鄂霍茨克缝合带的构造演化

从新元古代到早寒武世，西伯利亚古陆南缘曾发生过大规模的俯冲增生作用。其后，在古陆南边

(现代方位)仍然为大洋盆地。库纳列依地体上，晚奥陶世沉积不整合地覆盖新元古代蛇绿杂岩增生楔和后贝加尔地区广泛分布的早古生代岛弧杂岩都表明这个大洋的活动。岛弧被“S”型巴尔古津花岗岩类岩石侵入，花岗岩的锆石 U-Pb 年龄为 426±24Ma、386±6Ma，表明岛弧与西伯利亚陆台的碰撞作用发生在中志留世，结束于泥盆纪初。泥盆纪形成杂色陆相磨拉石(Yu. Zorin et al,1997)。这次构造运动使蒙古陆块群联合为大陆，形成统一的含图瓦贝组合生物群的大陆边缘。但是，这一早古生代大洋是否为蒙古-鄂霍茨克洋，是有争议的。

在蒙古-鄂霍茨克缝合带大部分范围内最老的含化石的沉积是泥盆系。杭爱、肯特、达乌尔和阿根带中广泛分布泥盆—石炭纪的大洋、岛弧杂岩和边缘海槽沉积，表明此时期蒙古-鄂霍茨克洋盆的扩张。古地磁研究也表明泥盆纪时，蒙古陆块北缘的奥利多依带距西伯利亚大陆南缘至少在 3 500～4 000km 以上(克拉夫琴斯基等,2001)。色楞格-巴尔古津带的泥盆纪—早石炭世陆缘火山-深成岩带，表明这个时期向西伯利亚陆台之下的俯冲作用。靠近蒙古-华北古陆的鄂嫩岛弧，存在时间亦为泥盆纪—早石炭世，俯冲作用也在中石炭世之前停止。中-晚石炭世和早二叠世，在岛弧陆架之上堆积被动陆缘的海相陆屑沉积物。可能就是这次构造运动，使蒙古古陆在蒙古国西部与西伯利亚陆台联合，蒙古古陆向西伯利亚陆台之下俯冲，岩石变形，使陆壳缩短至少 500～600km。在杭爱地区形成早二叠世的陆相磨拉石和花岗岩类大规模侵入活动。古生物地理学资料也表明西伯利亚型植物传播到蒙古国是从二叠纪开始的。在其东边则形成蒙古-鄂霍茨克大洋湾。据 М И Кузьмин 等(1996)的古磁研究，晚二叠世蒙古-鄂霍茨克洋在东外贝加尔地区的宽度达 3 000km。

晚二叠世到早侏罗世，西伯利亚陆台南缘继续发生俯冲作用，在肯特-达乌尔带和色楞格带上，此时期发育与陆相沉积互层的钙碱性火山岩和大面积的石英闪长岩-花岗闪长岩-花岗岩侵入体，K-Ar 法年龄为 170～250Ma。而在阿根带南边的阿根-博尔集亚带形成厚逾 10km 的砂泥质沉积，发育河流三角洲。

蒙古-鄂霍茨克缝合带各地体被超覆及它们相互之间的“缝合”，并和其周缘构造带“缝合”的形成时间，从西到东愈来愈年轻。这与蒙古-鄂霍茨克洋盆连续封闭有关。在东后贝加尔见到早侏罗世的海相复理石建造被中侏罗世的陆相磨拉石代替，与磨拉石堆积同时，发生较老岩层变形作用和钙碱性岩浆活动。流纹岩、英安岩、安山岩、安粗岩和玄武岩与中晚侏罗世的砾岩、砂岩和粉砂岩互层产出。与火山岩同源的富钾花岗岩类和正长岩，Rb-Sr 年龄在(156±3)～(173±3)Ma 之间(Zorin,1999)。更向东，在经度 120°～132°之间，最早的盖层是晚侏罗世的陆相磨拉石，它们组成窄的(几千米)向斜，沿蒙古-鄂霍茨克缝合带的北和南界延伸。乌姆列坎奥戈镇火山-深成岩带由泥欧克姆期陆相火山岩和浅成闪长岩、花岗闪长岩、花岗岩和花岗斑岩岩体组成，它们覆盖了蒙古-鄂霍茨克缝合带东段的南缘和黑龙江超地体的相邻界线。在蒙古-鄂霍茨克缝合带东部的边缘，覆盖和“缝合”的产物是陆相火山岩类及伴随它们的花岗岩类，时代是晚泥欧克姆期—晚白垩世。它们北东向延伸，覆盖加拉姆和乌尔班地体，尼兰岩片与黑龙江超地体的相邻界线。

对地质、地震和重力资料综合研究得到的地壳断面图，表明碰撞作用后期，西伯利亚陆台继续向南，沿缝合带逆冲在蒙古古陆之上(据 Zorin et al,2002,2003)。

Л И 克拉斯内依(1997)用现代红海型的拉开模式解释蒙古-鄂霍茨克造山带的起源。但是，造山带的两边缺乏裂谷时代的被动陆缘。同时，古磁资料表明，西伯利亚陆台在泥盆纪时差不多位于北纬 50°～60°处，并向北极方向移动(佐宁沙因,1990)，而黑龙江超地体在寒武纪、志留纪、泥盆纪和石炭纪初，位于接近阿尔泰-萨彦的地区。

另一些广泛流传的模式，主要是蒙古-鄂霍茨克洋由于西伯利亚和黑龙江超地体互相面对面地相对旋转而封闭，并且自西向东连续接近，类似相合的剪刀；由石炭纪—二叠纪初从西边开始，到东边是侏罗纪末。如果同意这些模式，那么在蒙古-鄂霍茨克带东部，在相邻的西伯利亚和黑龙江超地体的边缘，洋壳需要俯冲下去差不多 3 000～4 000km；并且在二叠纪和中生代的大部分时期，在蒙古-鄂霍茨克缝合带的边缘，俯冲带之上的岩浆弧应长期发展，但是，这里没有。沿蒙古-鄂霍茨克造山带东段的外围仅查明侏罗纪—泥欧克姆期的乌达火山-深成岩带和斯塔诺夫深成岩浆弧。较老的岩浆弧，中石炭—早三叠世时期出现在更西的蒙古-鄂霍茨克带中及西段的周缘。而且当西伯利亚大陆和黑龙江超地体正交相碰时，应当有碰撞花岗岩发育，但它们实际上不存在，甚至在边缘坳陷中。相当边缘坳陷的构造，也是残缺不全地发育。属于它的可能是东外贝加尔和上黑龙江坳陷，以及蒙古-鄂霍茨克带东段充填上侏罗统陆相沉积的沿断裂向斜构造带。另外，西伯利亚与黑龙江超地体旋转的模式也使得蒙古-鄂霍茨克带西缘外框的构造弯曲(Ю A 佐林，1994，A M C Sengor，1996)。当这样弯曲时，应有巨大的拉张裂缝，由蒙古-鄂霍茨克带西缘向外辐射。这些裂缝的时代按照佐宁沙因的模式，应当是晚石炭世—二叠纪；按照辛格的模式是三叠纪。但是，这样的裂缝在这里没有。

A M C 辛格和 Б A 纳塔林(1996)首先注意到巨大的平移变动(几百千米甚至几千千米)对不同时代的中亚造山带形成的决定意义。正如作者所指出的，这样的移位变动发生在造山带形成的所有阶段，从开始俯冲到大陆岩块碰撞结束。但是，他们重新在右旋平移变动起决定作用概念的基础上，认为整个图瓦-蒙古弧沿着它们分裂成碎块，并从东向西连续增生到西伯利亚大陆上。但是，如前所述，蒙古-鄂霍茨克带构造的总特点证明左旋移动起决定作用。A M Zieglerd 等(1996)推测，中亚陆块在晚古生代和早中生代总的与西伯利亚面对面一起旋转运动，可能相伴发生自西向东(现代方位)继续地左旋平移变位。这样，关于志留纪、泥盆纪和早石炭世黑龙江超地体的动物化石与阿尔泰-萨彦地区相似的生物地理资料可以得到比较合理的解释。

根据古地磁资料，在二叠纪时，西伯利亚陆台位于纬度 50°～70°，并且曾相对它的现在位置反时针旋转差不多 90°。而中朝克拉通此时位于赤道的位置，也就是在西伯利亚西边几千千米的距离(现代坐标)。在蒙古-鄂霍茨克造山带之南的蒙古国和华北，查明了二叠纪时东西向的替换古生物地理带性状，自北向南，北极区动物组合向热带动物组合过渡。特提斯纺锤虫动物群对于近东西向的索朗克尔构造带是特征的，它分布在南蒙古边缘，并向东延伸到相邻的中国境内。为了使这个广阔地带具有西伯利亚二叠纪时的古纬度，必须顺时针旋转黑龙江地体 90°，如佐宁沙因等(1990)所做的。同时，不能不注意到令人可疑的古地磁资料，它们通常都被引用作为黑龙江超地体与西伯利亚在古生代末大规模迁移的证据。关于阿根地体鄂嫩岩片的中石炭统哈拉希比尔岩组及下二叠统日普和申岩组形成于相当北纬 21°和 32°的热带和亚热带的古地磁资料，与古生物地理资料是矛盾的。岩组产有北极区动物化石和安加拉植物群，其中有具年轮的木质。色楞格火山深成岩带的二叠纪古纬度，那时它分布在(位于)西伯利亚大陆边缘，确定为北纬 21°，明显不符合当时西伯利亚位置的纬度。该作者(P Pruner，1987)所确定的东蒙古带的二叠纪古纬度(北纬 19°)同样是可疑的，如这个带产安加拉植物群。

在蒙古-鄂霍茨克造山带的形成完成以后，在其周边及较少在带内，广泛出现双模式碱性岩浆活动，其时间是从西到东连续地变年轻，由晚二叠世(蒙古国中部地区)到泥欧克姆期(带的东部地区)。在蒙古国和后贝加尔查明了岩浆活动与裂谷作用的联系。这里广泛分布中-晚侏罗世和早白垩世坳陷系，它们是两面和单面的地堑，充填陆相碎屑岩，以及双模式火山岩；广泛分布粗面安山岩的系列和稀有金属花岗岩。在后贝加尔裂谷中，伴随变质核的形成，它们形成伸长的线状长垣，突起成被盆地分开的隆起状。其形成发生于晚中生代的拉伸条件下，其定向是切过它们的走向，伴随有变余糜棱岩的缓倾斜带形成。

在俯冲作用结束和蒙古-鄂霍茨克带北缘和南缘的两大陆块闭合以后，在海洋岩石圈中发生拆离和沉降的模式，解释蒙古-鄂霍茨克造山带周边的最后一次岩浆活动，被认为是合适的。同意这个模式，同时发生的地壳渗漏热岩流物质，使得下地壳熔融，并使上地壳拉张。所有这些作用，可能都发生在大型左旋平移变动的条件下。

(三) 成矿地质条件对比分析与找矿方向

1. 上黑龙江复合坳陷和东后贝加尔复合坳陷的成矿特点

位于额尔古纳-兴华地块北部的上黑龙江复合坳陷(漠河盆地，图 5-9)，实际上是跨越中俄边界的上黑龙江前陆盆地。根据 Yu A Zorin(1999)的研究，在俄罗斯上黑龙江西部，额尔古纳河与石勒卡河河间地区，广泛分布早、中侏罗世的复理石沉积(浊积岩)和中、晚侏罗世陆相磨拉石。岩层受到复杂变形，发育指向南东的逆冲断层。在我国境内的漠河盆地内仅见中、晚侏罗世的河流相湖相沉积，形成厚达

4 000～15 000m 的含煤磨拉石。

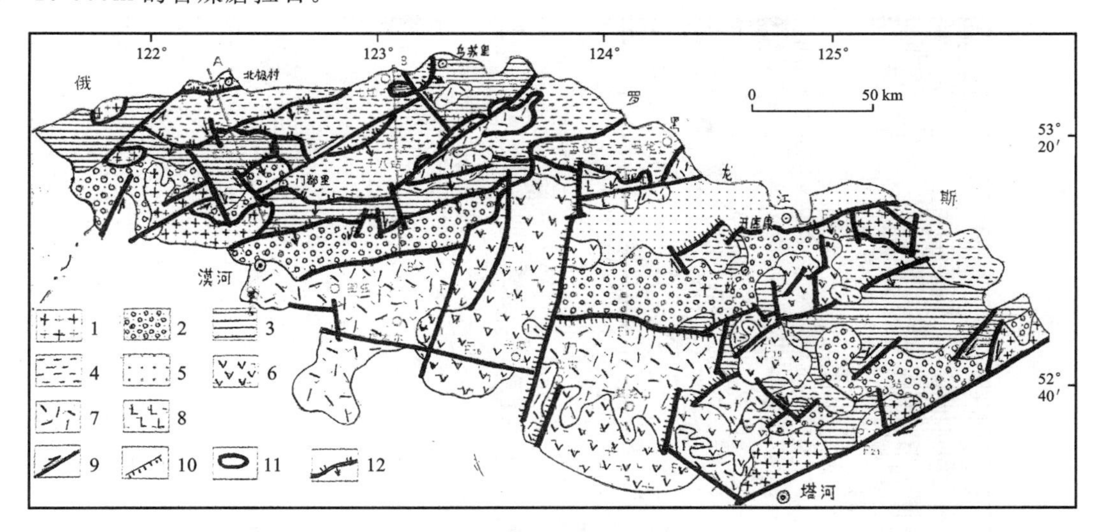

图 5-9 漠河盆地地质构造图

（据张顺等，2003，局部有修改）

1.新元古代—古生代花岗岩；2.中侏罗统绣峰组；3.中侏罗统二十二站组；4.中侏罗统漠河组；5.上侏罗统开库康组；6.上侏罗统塔木兰沟组；7.下白垩统上库力组；8.下白垩统伊列克得组；9.走滑断层；10.正断层；11.飞来峰；12.逆掩断层

在盆地东南部，有较多的晚侏罗世到早白垩世火山岩分布。可见盆地沉积中心由早侏罗世到晚侏罗世逐渐向东南迁移。据张顺等(2003)研究，漠河盆地内断裂发育，主要为北东和北东东向，除少量平移断层外，盆地西北部主要发育指向南东的逆冲断层，由北极村—漠河—二十五站一带，形成宽约100km 的逆冲推覆带。而在盆地东南部则主要发育向西北倾斜的张性断裂。从这些沉积和构造特征来看，上黑龙江盆地的形成与中、晚侏罗世蒙古国和西伯利亚陆块的汇聚活动密切相关，其性质应为前陆盆地，不是什么"弧后断陷盆地"。东后贝加尔复合坳陷从东边与蒙古-鄂霍茨克带东后贝加尔部分相邻，并构成黑龙江超地体的边缘。它由早-中侏罗世沉积组成，总的构造特征与上黑龙江坳陷相似。

(1) 我国境内的上黑龙江盆地成矿特点与找矿方向

我国境内的上黑龙江盆地主要属 Au(Ag)、Cu 成矿亚区，分别发育有 2 条近东西向成矿带：老沟-依西肯中低温热液蚀变岩型金矿带和二十一站-马林斑岩型铜(金)矿带。

东西向老沟-依西肯中低温热液蚀变岩型金矿带呈近东西向展布于毛河、砂宝斯、龙沟河、二根河、西小根气河一带。其容矿岩石为中侏罗统陆相碎屑岩，受断裂-裂隙控矿，表现出辉锑矿、毒砂、辰砂、黄铁矿(以胶状黄铁矿为主)、炭质等相伴生的中低温矿物组合特点。经研究认为该"中低温热液蚀变岩型金矿"即是著名的上黑龙江砂金区最主要的金矿源，具有十分广阔的成矿远景。可进一步划分为面状硅化为主的"砂宝斯式"、强硅化脉状为主的"二根河式"和产于辉绿岩脉中的"砂宝斯林场式"，这 3 种形式的金矿床(点)在区域上构成了一条近东西向的"老沟-依西肯金成矿带"。根据武广(2006)的研究认为，砂宝斯等金矿床形成于造山期及造山晚期的构造-岩浆活动，成矿流体为混合水，成矿温度为中温，属浅成造山型金矿床(图 5-10)，其在上黑龙江盆地具有广阔的找矿前景。

东西向二十一站-马林斑岩型铜(金)矿带分布于上黑龙江盆地内，西起马林西，东到二十一站，呈近东西向展布。该矿带受中生代蒙古-鄂霍茨克造山晚期的花岗岩类控制，主要岩石类型为石英闪长岩、花岗岩、花岗闪长斑岩和花岗斑岩。成矿亚带内出露的地层主要是下-中侏罗统额木尔河群陆相碎屑岩。已发现二十一站铜(金)矿床、马林西铜矿点和丘里巴赤铜矿点。该矿带向西可能与龙沟河铜(金)矿点相连，在上黑龙江盆地内构成一条长近 200km 的斑岩型铜金成矿带。铜矿化主要赋存在燕山期花岗斑岩体和石英闪长岩体中，金主要赋存于石英闪长岩体与二十二站组砂岩的外接触带中。由围岩向岩体出现如下矿化分带：Au、Ag、As-Au、Ag、As、Cu-Au、Cu、Cu-Mo。该成矿亚带是寻找"二十一站式"斑岩型铜(金)矿床的有利地带。

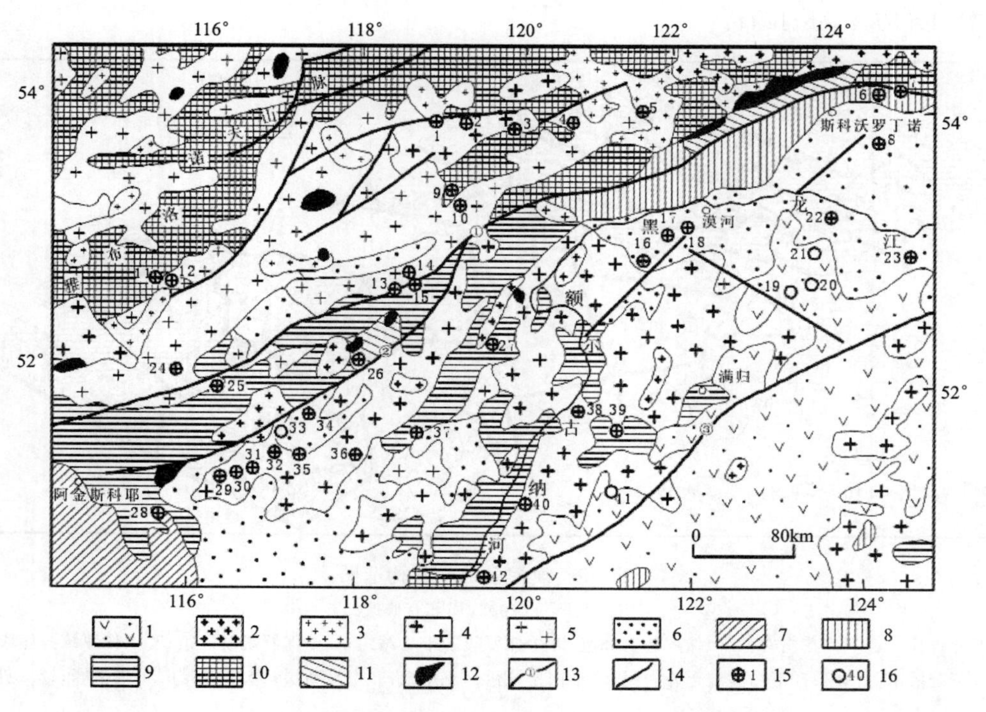

图 5-10 蒙古-鄂霍茨克成矿带及邻区地质和金矿床分布简图

（据武广，2006）

1.晚中生代中-酸性火山岩；2.晚中生代中-酸性侵入岩；3.早中生代中-酸性侵入岩；4.晚古生代中-酸性侵入岩；5.早古生代中-酸性侵入岩；6.中生代盖层（海陆交互相、陆相砾岩、砂岩和粉砂岩）；7.晚古生代盖层（灰岩、粉砂岩）；8.晚古生代褶皱带；9.早古生代褶皱带；10.前寒武纪基底；11.中生代混杂堆积；12.蛇绿岩；13.主要断裂及编号；14.一般断裂；15.造山型金矿床及编号；16.浅成低温热液型金矿床及编号。主要断裂名称：①蒙古-鄂霍茨克断裂带主支；②蒙古-鄂霍茨克断裂带分支；③得尔布干断裂带。矿床（点）名称：1.依塔卡；2.乌阔尼克；3.阿玛泽尔康；4.波尔谢莫格琴；5.波列什格林；6.基洛夫；7.奥涅尔；8.布林达；9.亚历山大罗夫斯克；10.克留切夫；11.切列姆肯；12.达拉松；13.乌树梦；14.比里宾斯克；15.卡里；16.虎拉林；17.砂宝斯；18.老沟；19.奥拉齐；20.马大尔；21.页索库；22.二根河；23.二十一站；24.台里玛切克；25.阿甫列里阔沃；26.卡卡；27.新库里图玛；28.乌罗纳依；29.松都雅；30.索里诺夫卡；31.法季莫夫斯克；32.中果尔古塔；33.巴列依；34.卡萨阔夫斯克耶；35.科塞齐；36.阿连古；37.新西罗京；38.西牛耳河；39.佳疙瘩；40.下吉宝沟；41.莫尔道嘎；42.小伊诺盖沟

(2) 俄罗斯境内的上黑龙江复合坳陷的成矿特点与找矿方向

在俄罗斯境内的上黑龙江复合坳陷内主要发育有早、中侏罗世的复理石沉积（浊积岩）和中、晚侏罗世陆相磨拉石建造，形成北布列亚 Au-Ag 矿带，俄罗斯学者认为该矿带的形成与古太平洋板块消减期所形成的东西向乌姆列康-奥果扎大陆边缘岛弧岩浆作用有关，典型矿床有先锋浅成低温热液脉状 Au-Ag 矿床和与鲍克罗夫花岗岩有关的石英脉型 Au 矿床。

鲍克罗夫大型金矿床位于布列因地块岗仁高地边部的上叠中生代乌树盟坳陷（属上黑龙江复合坳陷），坳陷内充填有侏罗纪砂岩、泥岩等。矿石品位 Au 4.4g/t，Ag 8.1g/t，矿床储量平衡表中，表内 Au 57.6t，Ag 95t，表外 Au 10.5t，Ag 30.3t。成因上属火山热液型。矿床分布于台戈达-乌龙津火山岩机构（35km×60km）和谢尔盖耶夫花岗岩类杂岩体与中生代盆地的接触带上。金矿化受控于英安岩岩体，厚 40～45m。属金-银建造矿床（Au-玉髓-石英建造），自然金成色 670～735，平均 680～690。矿体产状平缓，集中分布于 K_1 花岗岩的逆掩断层带中，其下部的英安岩、流纹英安岩起挡板作用，矿带厚 30～50m，局部达 70～80m，平行的石英脉体产于花岗岩破碎带、硅化带中，平均含 Au 7×10^{-6}～8×10^{-6}，Ag 6×10^{-6}～11×10^{-6}。1955 年产金 330kg。重选-氰化法选矿流程：回收率 Au 为 95%～98%，Ag 为 69%～83%。

2. 晚侏罗世—早白垩世火山岩带的控矿作用及找矿方向

本区晚侏罗世—早白垩世火山岩带属于东蒙古-后贝加尔-额尔古纳构造-岩浆带（强拉张区）的主要部

分，呈NE-SW向延伸至俄、蒙两国，构成蒙古-鄂霍茨克中生代岩浆岩带南侧的克鲁伦-根河火山岩带的一部分，以发育双峰式火山作用为特征，迥异于大兴安岭东部流纹-英安质火山作用。如在毗邻的俄蒙地区发育大量裂谷环境的火山岩型铀矿床（如满洲里北不远处的俄罗斯之斯特列利佐夫特大型铀矿床和蒙古国乔巴山附近的诺尔特大型铀矿床）以及很多萤石矿床，在本区西南部三河一带也发育许多大-中型萤石矿床和铀矿化点。对本区双峰式火山作用及其相伴的矿化作用，在美国西部里奥·格郎德(Rio Grande)裂谷中也有许多铀矿床和萤石矿床(Guild,1978)，挪威奥斯陆裂谷中产大型斑岩型钼铜矿床(Mitchell and Garson,1981)。因此，本区成矿条件和找矿前景皆好。本区几个与晚侏罗世—早白垩世火山岩带有关的矿带有：①北北东向奥拉奇-页索库金（银）矿带；②北西向乌姆列康-奥果扎金（银）矿带（俄罗斯）；③北东向下护林-西吉诺铅锌银金铜矿带；④北东向近额尔古纳Pb-Zn-Au-U矿带（俄罗斯）。

北北东向奥拉奇-页索库金（银）矿带沿超覆于上黑龙江盆地的北北东向交鲁山-东天山中生代火山岩带分布。区内与晚侏罗世—早白垩世火山作用有关的金矿有奥拉奇、马大尔、页索库等，经研究认为该成矿带是浅成低温热液型金（银）矿床的成矿有利地段。金矿化与上库力期酸性流纹岩、凝灰岩关系密切，多属矿体赋存于下白垩统上库力组流纹英安岩中的黄铁矿化、硅化热液角砾岩带中，并严格受控于火山机构。

向北延伸进入俄罗斯境内的上黑龙江盆地区，发育有NWW向的乌姆列康-奥果扎火山岩带，产出有布林达等浅成低温热液型金（银）矿床。布林达矿床受控于东西向阿穆尔-结雅深断裂和近南北向塔尔丹断裂。产于早白垩世火山构造盆地，其中充填有早白垩世火山岩及下部安山喷出岩。盆地西侧为侏罗纪沉积岩，盆地南北两侧均为早白垩世花岗闪长岩，火山盆地分为内、外两个岩相带，其中，均发育有北北东向花岗质脉岩。沿经向及北西向断裂发育有青磐岩化蚀变及石英脉带，厚达35m，长500～1 100m，含Au品位26.3～72g/t，Ag<195g/t。Au-Ag建造矿体产于白垩纪安山岩、安山英安岩中，特别是内、外两个岩相带的北北东向接触带间的构造破碎带内，已发现矿脉11条，一般长80～1 200m，宽2.4m，延深达400m。属Au-Ag贫硫化物建造。含金银品位：金2～15g/t，银11.6～160g/t，平均品位金6g/t，银16g/t。石英-碳酸盐脉矿石呈角砾状、梳状构造，发育黄铁矿化、黄铜矿化、碳酸盐化、冰长石化，其结构构造类型与古利库矿床矿石特征极为类似。该矿床金储量达7t（已采取），远景储量15t，目前，该矿山已经闭坑。但是，在该矿区外围还在进行找矿勘查工作（据俄罗斯阿穆尔地质企业副总工程师安德列口述），矿床成因类型属火山热液明矾石-石英岩型。

北东向下护林-西吉诺铅锌银金铜矿带主要沿NE向得尔布干断裂带两侧展布，属变质基底隆起带与火山断陷带的过渡接壤地带。其中，在靠近额尔古纳隆起一侧的次一级火山盆地浅剥蚀区成矿更为有利，分布有三河、二道河子次火山岩浆热液型Pb-Zn(Ag)矿床，下护林矽卡岩型Pb-Zn(Ag)矿床，莫尔道嘎冰长石-绢云母型浅成低温热液Au矿点，西吉诺Cu、Au、Pb、Zn、Ag多金属矿床，这些矿床的成矿作用主要与上库力期酸性火山-次火山岩浆热液活动关系密切。该成矿带西南段的“三河式”火山-次火山岩浆热液型Pb-Zn(Ag)矿床赋存于早期喷溢的塔木兰沟组基性-中基性火山岩中，矿物组合以方铅矿、车轮矿、铁闪锌矿、闪锌矿、黄铜矿、磁黄铁矿及银金矿为特征，硅化-绢云母化与青磐岩化是该类型矿床的主要蚀变类型。在该成矿带北东段的呼中地区，近年新发现了西吉诺铜、金、铅、锌、银多金属矿床，矿体呈脉群状产于上侏罗统安山岩和下白垩统酸性火山岩中，近矿岩浆岩有燕山早期花岗斑岩和印支期花岗岩等，围岩蚀变亦主要为硅化-绢云母化和青磐岩化，由于该区化探异常范围很大，有可能继续寻找到“西吉诺式”铜金银铅锌次火山热液型大型矿床和“下护林式”矽卡岩型铅锌（银）矿床。特别是在该成矿带中段，黑龙江省物探队曾在金林一带圈定了1∶50万水系大型Pb、Zn异常，地质矿产部第二物探大队在阿南林场一带通过1∶20万水系测量，亦圈定了Pb、Zn、Ag等异常，它们均位于得尔布干断裂带次一级火山盆地内，该异常区成矿-控矿条件及异常特征与三河铅锌银矿可完全类比，且异常面积远大于三河异常，可视为本区多金属矿床的一个重要有望突破的地段，亦是俄罗斯“诺伊昂-塔洛格式”和蒙古国“乌兰式”大型铅锌矿床的找矿远景区。另外，在该成矿带的次一级火山盆地浅剥蚀区是寻找与燕山期火山岩浆作用有关的“四五牧场式”石英-明矾石型浅成低温热液Cu(Au)矿和“莫尔道嘎式”冰长石-绢云母型浅成低温热液型Au矿的有利地段。

北东向近额尔古纳 Pb-Zn-Au-U 矿带分布于额尔古纳河左岸的俄罗斯境内(图 5-9)。本次编图表明,位于黑山头-奇乾段的额尔古纳河是分布于我国境内的额尔古纳隆起与分布于俄罗斯境内的晚侏罗世—早白垩世北东向近额尔古纳火山岩带的分界线。而后者的成矿地质条件不仅与位于额尔古纳隆起东缘的北东向下护林-西吉诺铅锌银金铜矿带一样,而且已发现 8 个中大型-超大型火山热液型铅锌(银)矿床、1 个大型铁矿床和铀矿床以及很多萤石矿床。该带是俄罗斯著名的东后贝加尔陆相火山岩-次火山岩型脉状铅锌(银)多金属矿床集中区,文献中常称之为"东后贝加尔式"多金属矿床,该区至少已经有 200 多年的采矿历史,俄罗斯后贝加尔边区的 700 多个铅和锌的矿床和矿化显示中大约有 500 个位于卡兹木拉河与额尔古纳河之间的铀-金-多金属带内。铅锌矿可划分两个地质工业类型:即涅尔钦斯克型和新谢罗金型。这两种类型的矿产都有矿石成分多样性的特点(铅、锌、银、金、镉、铜、铟、铊、铋、碲、硒及其他元素)。涅尔钦斯克类型的矿床集中了全边疆区约 90%的多金属储量,并主要代表富含银(>500g/t)的中、小型矿床类型,这是很久以来被开采的沃斯得维热、布拉果戈达特、叶卡捷林娜布拉戈达特、戈达依,萨维 5 区,阿卡杜也夫和其他矿区。在近额尔古纳河地区预测该类型资源为 150 万 t 铅和 210 万 t 锌,显示了俄罗斯近额尔古纳 Pb-Zn-Au-U 矿带的深厚的找矿潜力。

3. 额尔古纳复合地块内及边缘地带的成矿特征与找矿方向

额尔古纳-上黑龙江-岗仁(俄)成矿带的成矿作用同时受控于前寒武纪隆起(额尔古纳复合地块)的分布,大致包括了 4 个主要的呈北东向分布古隆起:加济穆尔-鲍尔绍沃克、乌鲁留圭-乌罗夫-东额尔古纳、茨济留赫-北额尔古纳和上黑龙江-玛梅(岗仁)。研究表明:在这些古隆起的内部以 Au-Mo 矿化为主,而在隆起区的边缘古生代或中生代盆地部位常形成 Cu 多金属矿化。本区几个与前寒武纪隆起有关的矿带有:北东向库尔图明-鲁戈卡因-洛古河铜(金)、钼矿带和北东向八大关-富克山铜(钼)金成矿带。

北东向铜(金)、钼矿带位于俄罗斯赤塔州西南部库尔图明-鲁戈卡因至中国乌玛-洛古河一带分布,中国境内位于北东向乌玛河断裂带以北地区,俄罗斯境内主要位于加兹穆尔河一线。中国境内出露有古元古界兴华渡口群、青白口系佳疙瘩组和下寒武统额尔古纳河组,岩浆活动强烈,兴东期、晋宁期、兴凯—萨拉伊尔期、华力西期和燕山期花岗岩类均有出露。近年的 1:25 万区域地质调查工作(奇乾幅),在华力西期花岗岩中辨别出大量的印支期花岗岩,并认为前人划分出的大量华力西期花岗岩,其主体形成于华力西晚期—印支期。该成矿带内缺失晚石炭世—早侏罗世地层,而存在中侏罗世南平组磨拉石建造,表明本区在印支期及以后经历了大规模的抬升运动。在出露的前寒武纪隆起内有西口子、乌玛河、八道卡、赤金口子等大型砂金矿床多处,并有毛河金矿、八道卡金矿点等。其中八道卡金矿点为造山型金矿,金矿化带呈北西向产于闪长岩-石英闪长岩杂体与糜棱岩化的佳疙瘩组地层及二云母花岗岩的外接触带上,从接触带向地层一侧矿化蚀变带水平分带明显,依次出现白云母-电气石化带、黄铁绢英岩化带和碳酸盐岩化带,其成矿特点与俄罗斯东后贝加尔地区的达拉松金矿相同。在额尔古纳河组大理岩出露区形成与矽卡岩化关系密切的洛古河铜(金、多金属)矿化,并在奇乾、吉里毛斯、乌启洛夫东、果瑶普通卡河上游一带也发现了铜(金多金属)矿化,如在奇乾东北约 10km 处,在花岗斑岩与额尔古纳河组大理岩的接触带上见到矽卡岩,并在地层一侧见到约 100m 宽的黄铁矿化硅质岩石;经路线地质调查初步确定奇乾额尔古纳河组大理岩出露面积约为 $100km^2$,并在其南侧与花岗岩接触部位见到了铁帽,初步认为奇乾地区是矽卡岩型矿床形成的有利地段,具有较大的找矿前景,但目前尚未找到成型的矿床。但是,该带在俄罗斯境内十分发育,已经发现有大型、特大型矿床,如鲁戈卡因矽卡岩型 Cu(Au)矿床,特别是近年来已达到建立大型铜原料基地的远景地区的气候,主要是下寒武统额尔古纳河组大理岩分布区的矽卡岩中斑岩型铜矿(贝斯特林,鲁戈卡因,库尔图明)。最有前景的是贝斯特林矿床,其铜的平均含量相当于乌多坎矿区的品位,但在这里到处都发现了矿石中金的普遍含量为 0.1～36g/t(平均 0.5g/t),在地下 200m 深处预测资源量 1 000 万 t 铜。鲁果康矿床的预测资源量为 170 万 t 铜,且矿石平均含有 1.55g/t 的金,22.4g/t 的银。库尔图明的矿化显示研究得较差,可以把它划到金、铜斑岩型。铜含量波动于 0.01%～9.35%之间(平均 0.4%),金最高达 33.8g/t(平均 1.5g/t)。因此,该成矿亚带内基底变质岩系出露区是中生代造山型金矿的有利成矿地段,而下寒武统额尔古纳河组大理岩分布区是寻找“鲁戈卡因式”矽卡岩型 Cu(Au)矿床和“洛古河式”矽卡岩型与中高温热液脉复合型 Cu、Mo 多金属矿床的有利地区。

北东向八大关-富克山铜(钼)金成矿带位于额尔古纳隆起区的北东向乌玛河断裂带以南和北东向得尔布干断裂带以北地区。区内分布有大型砂金矿床10余处，并已发现了多处铜(钼)、金矿床。在隆起区地带，或称中深成侵入杂岩广泛出露的深度剥蚀区，分布有“下吉宝沟式”二长岩-似斑状花岗岩深成侵入杂岩型金矿床(与俄罗斯毗邻地区的克留切夫、达拉松等侵入杂岩型 Au 矿类比)，产于额尔古纳河韧性剪切带中的与中生代斑岩体有关的“小伊诺盖沟式”金矿床。在半隆起区地带，或称斑岩体广泛出露的中等剥蚀区，分布有八大关、八八一、卡米奴什克等斑岩型铜(钼)矿床，该带为“八大关”式斑岩型铜(钼)矿床的成矿有利地带。本成矿带是寻找“八大关”式斑岩型 Cu(Mo)矿床、“下吉宝沟式”二长岩-似斑状花岗岩深成侵入杂岩型金矿床、产于韧性剪切带中的与中生代斑岩体有关的“小伊诺盖沟式”金矿床和沉积铀(金)矿床的有利找矿远景区。

第二节　南蒙古-大兴安岭成矿省的南蒙古-乌奴耳-阿龙山-加林(俄)成矿带成矿地质条件对比和找矿方向

南蒙古-大兴安岭成矿省(ME)在研究区内包括了5个成矿带，自北西向南东分别为：南蒙古成矿带(MD_1)、乌奴耳-阿龙山-加林(俄)成矿带(MD_2)、南戈壁(蒙古)-东乌珠穆沁旗-嫩江成矿带(MD_3)、白乃庙-锡林浩特成矿带(MD_4)和突泉-翁牛特成矿带(MD_5)。其中，南蒙古成矿带和乌奴尔-阿龙山-加林(俄)成矿带同属于南蒙古-兴安造山带华力西造山带(任纪舜等，1998)；徐志刚等(1997，2008)进一步称之为赛音山达-鄂伦春早-中华力西造山带，二者虽被塔木察格(蒙古国)-海拉尔(中国)盆地分隔为东、西两段，但是，在地质构造演化和成矿作用上均具有相似的发展历程。

一、成矿地质背景的对比

南蒙古构造带主要经历了志留纪—早石炭世的构造演化，发育有志留纪—早石炭世地槽沉积，以火山岩系为主，其中，发育有绿片岩建造，并伴生有硅质岩-碳酸盐岩建造和硅质岩-砂岩建造。南蒙古构造带的主构造运动发生在早-中石炭世，其上部覆盖有早二叠世陆相火山岩和晚二叠世磨拉石沉积(东蒙古和南蒙古二叠纪大陆磨拉石-火山-深成杂岩带)。南蒙古构造带可分为南北两个带，北带为戈壁-苏赫巴托早古生代褶皱带，主要为志留纪和泥盆纪沉积；南带为戈壁-兴安晚古生代增生带，主要为泥盆纪和早石炭世沉积。

乌奴耳-阿龙山-加林(俄)成矿带主要发育华力西旋回早、中期构造层。泥盆系由浅海碳酸盐岩建造、复理石建造(上大民山组)、含放射硅质岩建造组成。上泥盆统局部地区发育有海陆交互相碎屑岩建造。早石炭世地壳复又裂陷沉降，早期沉积仅发育于乌奴尔地区，为浅海相碎屑岩、碳酸盐岩。之后，地壳沉降扩展至根河地区，相继发生安山质火山岩夹碳酸盐岩和碎屑岩(伴生块状硫化物矿床，如六一含铜黄铁矿床)、陆源碎屑岩和碳酸盐岩、海底喷发中酸性火山岩，形成了巨厚的滨、浅海相-海相类复理石建造、火山岩建造、细碧角斑岩建造(角高山组)及含放射虫硅质岩建造。该海槽向东扩展至塔河、呼玛、兴隆地区，发育下石炭统细碎屑岩、泥岩、杂砂岩和灰岩。早石炭世末期的造山运动，使该带上升隆起成陆，仅于根河局部地区发育了中石炭统海陆交互相-陆相砂页岩建造的盖层沉积。该带向北东跨越俄罗斯阿穆尔-结雅盆地延伸到马门隆起一带，则主要由图兰-十月前寒武纪变质基底隆起、晚古生代恰格-塞格扬等边缘坳陷及晚中生代次级火山断-坳陷盆地组成。

由此可见，乌奴耳-阿龙山-加林(俄)成矿带的古生代构造层相当于南蒙古成矿带南部的晚古生代构造增生带。

二、成矿特征的对比

现有研究和已有的找矿线索表明：在成矿时代上，南蒙古带主要成矿时代发生于晚泥盆世—早石炭世、中石炭世—早二叠世、中侏罗世—早白垩世3个时期；而乌奴耳-阿龙山-加林（俄）成矿带的成矿作用主要发生在晚寒武世、晚石炭世和晚侏罗世—早白垩世3个时期。即中国境内尚未发现和寻找到蒙古国境内的晚泥盆世—早石炭世成矿期的查干-苏瓦尔加Cu-Mo-Au矿带的典型矿床，也没有发现俄罗斯境内的晚寒武世成矿期的施马诺夫-加里（Shimanovsk-Gar）Fe-Cu-Zn矿带的典型矿床（该2个成矿带境外成矿带及典型矿床已在第四章中详细讨论）。

三、找矿方向

乌奴耳-阿龙山-加林（俄）成矿带的中国境内，一是应加强寻找蒙古国查干-苏瓦尔加Cu-Mo-Au矿带的典型矿床，如查干-苏瓦尔加斑岩型Cu-Mo（±Au，Ag）矿床和和阿拉格套勒盖与花岗岩类有关的脉状Au矿床；二是应注重寻找俄罗斯晚寒武世施马诺夫-加里（Shimanovsk-Gar）Fe-Cu-Zn矿带的典型矿床，如加里大型矽卡岩型Fe矿床、查戈杨积喷气型（SEDEX型）铅-锌矿床和卡梅努申乌拉尔型火山成因Cu-黄铁矿块状硫化物矿床。根据已掌握的找矿线索，应重点在如下几个成矿远景区开展找矿工作：一是乌尔其汉-乌奴耳铜、金银、钼成矿远景区；二是呼中-塔河金铅锌银铜（钼）金铀成矿远景区。

乌尔其汉-乌奴耳铜、金银、钼成矿远景区的乌奴耳—免渡河一带发育一套厚度达5km的泥盆统大民山组细碧-角岩系。下部地层由细碧岩与角斑岩互层构成，上部地层主要为细碧岩及含铁碧玉岩，顶部见铜矿化。富钠质火山岩系发育的地区多有铜矿化点出现，如三根河林场及免渡河矿点矿化明显。同时，区内古生代泥盆纪、石炭纪花岗质侵入杂岩体发育。泥盆纪、石炭纪石英闪长岩、花岗闪长岩、石英闪长斑岩构成杂岩体的主体，普遍具有绢云母、绿帘石、绿泥石、碳酸盐蚀变，并已经发现有煤窑沟斑岩型铜矿点、岩山西北钼矿点、矽卡岩型保村南铜矿点和石灰窑东-西山铜矿点，热液型北翼山铜矿点、牧源河东岸铜矿点、依根铜铅锌矿点和外新河钼矿点。因此本区是寻找查干-苏瓦尔加斑岩型Cu-Mo（±Au，Ag）矿床的有利成矿远景区。

呼中-塔河金铅锌银铜（钼）金铀成矿远景区的韩家园子-塔源地区系由北兴安地块的变质基底隆起内的古元古代兴华渡口群（$Pt_1 Xh$）深变质岩系和大面积出露的斜长花岗质-二长花岗质片麻岩组成，并发育有古生代陆内裂陷，包括伊勒呼里山群（OY）、泥鳅河组（$S_3—D_2 n$）、红水泉组（$C_1 hg$）等海相火山-沉积建造，分布有塔源二支线铜金矿床，四道沟东、西山小型岩金矿床2处及十八站东、十七站、新街基、新闹达罕、韩家园子、瓦拉里、黑龙沟西、黑龙沟东、十五站等岩金矿点，1∶20万航磁ΔT平剖图上，在呼玛镇—北疆一带是异常强度超过±100nT、正负异常交替变化频繁、等值线排列极其紧密的紊乱磁异常，其中，部分局部正异常呈串珠状沿北东向排列；1∶20万地球化学图上，本区Ag、Cu、Pb、Zn、Mo、W、U表现为高背景场，形成巨大的地球化学省。可见，本成矿远景区有可能寻找到俄罗斯加里大型矽卡岩型Fe矿床、查戈扬积喷气型（SEDEX型）铅-锌矿床和卡梅努申乌拉尔型火山成因Cu-黄铁矿块状硫化物矿床。

第三节　南戈壁（蒙古）-东乌珠穆沁旗-嫩江成矿带成矿地质条件对比和找矿方向

如前所述，南戈壁（蒙古国）-东乌珠穆沁旗-嫩江成矿带（MD_3）是南蒙古-大兴安岭成矿省（ME）的一条跨越中-蒙毗邻地区的Cu-Mo-Fe-Au-Pb-Zn成矿带。

其中，蒙古国南戈壁地区与我国的东乌珠穆沁旗-嫩江地区同属于南戈壁-伊尔施-多宝山加里东造山带及阿巴嘎旗-东乌珠穆旗早华力西期造山带（徐志刚等，1997，2008），二者在地质构造演化和成矿作用上均具有相似的发展历程。

由于该成矿带分布范围大，又跨越加里东期和早华力西期2个不同时代的造山带，在此，重点对比南戈壁(蒙古)-东乌珠穆沁旗地区的成矿地质特点。

一、成矿地质背景的对比

在大地构造单元上，蒙古国南戈壁地区主要属于红格尔-伊尔施加里东造山带，位于与中国毗邻的蒙古国南部边境地区，它的东南翼即为东乌旗复向斜带。出露的地层主要为：新元古界、奥陶系、志留系、泥盆系、上石炭统—下二叠统、二叠系、上侏罗统—下白垩统等。新元古界为褶皱带的基底，主要造山运动发生于早石炭世之前，中石炭世—二叠纪发育一系列的陆内坳陷(图5-11，表5-4)。

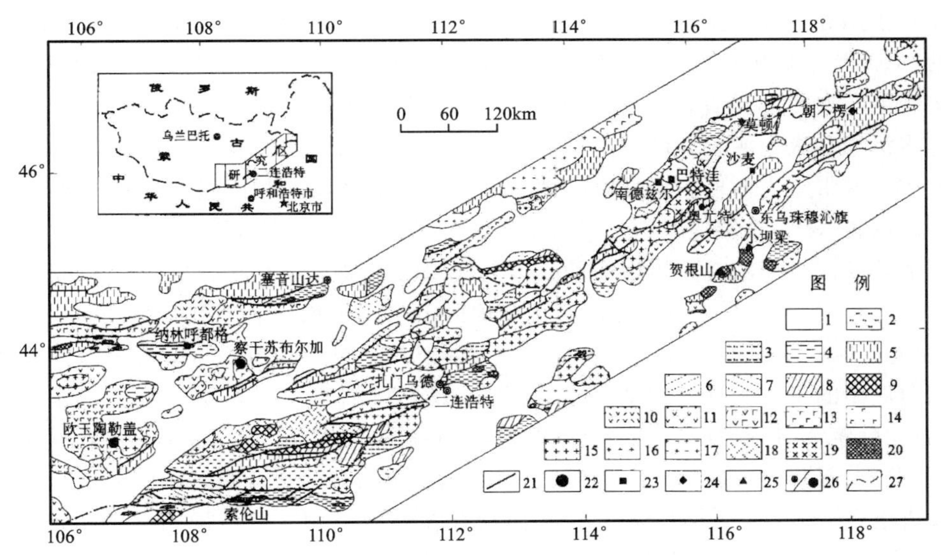

图5-11　南戈壁-东乌珠穆沁旗铜多金属成矿带古生代地质矿产略图

1. 中新生界；2～7. 古生界碎屑岩、碳酸盐岩系(2. 二叠系，3. 石炭—二叠系，4. 石炭系，5. 泥盆系，6. 志留系，7. 奥陶系或奥陶—寒武系)；8. 寒武系—中上元古界；9. 下元古界；10～14. 古生代中基性—中酸性火山岩(10. 二叠纪火山岩，11. 石炭—二叠纪火山岩，12. 石炭纪火山岩，13. 泥盆纪火山岩，14. 奥陶纪火山岩)；15～19. 古生代花岗岩—花岗闪长岩—闪长岩类侵入岩(15. 二叠纪侵入岩，16. 石炭—二叠纪侵入岩，17. 石炭纪侵入岩，18. 泥盆纪侵入岩，19. 志留纪侵入岩)；20. 古生代基性—超基性侵入岩；21. 断层；22. 铜金、铜金钼矿床；23. 钨、钨钼矿床；24. 铅锌多金属矿床；25. 铬矿床；26. 中小型/大型矿床；27. 国界线

表5-4　中国二连-东乌旗地区与蒙古国南戈壁地区古生代地层综合对比

地层	中国二连-东乌旗地区	蒙古国南戈壁地区
P		为陆相偏碱性基性火山岩、正常系列的中性-酸性火山岩、碎屑岩组合
C_2—P_1	有两类沉积，其一为浅海、滨海相中性-中酸性火山岩(细碧岩、石英角斑岩)、火山碎屑岩夹碎屑岩、生物灰岩透镜体；其二为陆相中酸性火山岩、火山碎屑岩夹黑色砂板岩	有两类沉积，其一为海相安山英安岩、英安流纹岩、陆源碎屑岩夹碳酸盐岩；其二为陆相玄武粗面岩、粗面岩、粗面玄武岩、粗安岩、安山流纹粗面流纹岩及砂岩、粉砂岩
C		海相火山岩、陆源碎屑岩和陆相火山岩、碎屑岩
D	为一套巨厚的浅海相、滨海相碎屑岩夹碳酸盐岩及火山岩建造。即长石石英砂岩、砂砾岩、凝灰质长石砂岩及泥质钙质粉砂岩夹碳酸盐岩及火山岩组合	为广阔的海盆沉积物，主要由海相安山英安岩、英安流纹岩和深海相硅质岩、碧玉岩及凝灰碎屑岩组成

续表 5-4

地层	中国二连-东乌旗地区	蒙古国南戈壁地区
S	砂岩夹粉砂岩、板岩组合	海相陆源碎屑岩，包括类复理石岩和凝灰碎屑岩
O	海相正常沉积的碎屑岩，岩性主要为砂质板岩、千枚岩、硅质板岩、粉砂岩、长石石英砂岩及结晶灰岩；海相中性、中酸性火山岩夹细碎屑岩，岩性主要为安山岩、凝灰岩、安山玢岩、细碧角斑岩、流纹岩夹凝灰质细砂岩、板岩、粉砂岩、灰岩等；浅海相各种板岩夹少量粉砂岩及灰岩透镜体	海相陆源碎屑沉积岩、基性-中基性以及中酸性-酸性火山岩组合。岩性包括类复理石岩和凝灰碎屑岩、碧玉岩、硅质岩夹碳酸盐岩和细碧岩、石英角斑岩以及英安岩流纹岩

我国境内的东乌珠穆沁旗-嫩江成矿带位于头道桥-鄂伦春断裂带和二连-贺根山-黑河断裂带之间，沿东乌珠穆旗—伊尔施—加格达奇—多宝山一带呈北东向带状展布。带内东部奥陶纪岛弧岩系发育，为一套巨厚的(局部达 2 200m)火山-沉积建造，其中，中性火山岩层含铜高达 130×10^{-6}，是带内多宝山等铜矿床的矿源层。奥陶纪弧后岩系发育于多宝山岛弧带两侧的兴隆、伊勒呼里山、二连北部等地，为浅海相陆缘碎屑沉积和火山源沉积的冒地槽型碎屑岩沉积建造。同时期的花岗岩浆活动，形成了塔河等二长花岗岩体。该带华力西期主要发育有裂陷沉积的泥盆系浅海相碎屑岩夹火山碎屑岩建造，晚期过渡为浅海相碎屑岩、碳酸盐岩建造。至早石炭世海相沉积后，该带晚石炭世上升为陆，接受了陆相碎屑沉积和火山活动及同时期的花岗岩浆活动。中生代则为大兴安岭火山-沉积岩带所覆盖。

通过对中国二连-东乌旗地区与蒙古国南戈壁地区古生代地层综合对比(表 5-4)可见，构成古生代南戈壁-东乌旗晚古生代陆缘增生带的主体——地层，在二连-东乌旗地区与蒙古国南戈壁地区相同，主要为呈北东东向展布的下古生界奥陶系海相、浅海相火山岩(细碧岩、石英角斑岩) 及碎屑岩、碳酸盐岩组合，上古生界泥盆系浅海相滨海碎屑岩、碳酸盐岩及海相火山岩系，上石炭统—下二叠统海相中性-中酸性火山岩(细碧岩、石英角斑岩)、火山碎屑岩夹碎屑岩、碳酸盐岩组合及陆相中酸性火山岩、火山碎屑岩夹黑色砂板岩组合。但是，二者的构造-岩浆活动存在一定差别。蒙古国南戈壁地区侵入岩分布广泛，尤以晚古生代中酸性侵入岩最为发育，呈近东西向、北东东向、北东向展布，属晚古生代火山岩浆活动的产物，部分地区有三叠纪—早中侏罗世侵入岩分布，后者构成蒙古国南戈壁地区的钨-钼矿带的主要成矿岩浆岩；而我国境内毗邻地区的岩浆活动虽然广泛发育，如石炭纪—二叠纪侵入岩广泛出露于该地区的中-西段，东部中生代构造岩浆活动强烈，以侏罗纪岩浆岩最为发育，呈岩基大面积出露于东乌旗北，其余为北东东向、北东向带状断续分布，并沿二连-贺根山一线泥盆纪基性、超基性岩发育，构成著名的二连-贺根山基性、超基性岩带，但是没有发现蒙古国境内的晚三叠世—早侏罗世的黑云母花岗岩和 Li-F 淡色花岗岩。

二、成矿特征的对比与找矿方向

南戈壁地区的主要成矿时代为晚三叠世—早侏罗世，沿蒙古国南部边境地区自西向东主要分布有 2 个矿带：①东部的努赫特达瓦钨-钼矿带，矿化类型主要为钨-钼矿化，与叠加在戈壁腾格尔山-努赫特达瓦被动大陆边缘地体上的晚三叠世和早侏罗世的黑云母花岗岩和 Li-F 淡色花岗岩质的尤戈孜尔杂岩侵入体有关，典型矿床为尤戈孜尔钨-钼矿床；②西部的哈尔木里特-汗博格多-奴根河 Sn-W 矿带，矿带形成于晚古生代—早中生代时期沿被动大陆边缘发生的裂陷作用所形成的钙碱性和碱性花岗岩类中，成矿时代亦为晚三叠世—早侏罗世，主要矿床有：哈尔木里特云英岩型网脉状和石英脉状 Sn-W 矿床、汗博格多碱性交代岩型 Ta-Nb-REE 矿床等。另外，在本区还有莫顿(中型?) 铅锌矿床和巴特洼(中型?) 钨矿床。

现有研究和已有的找矿成果表明，我国境内与蒙古国南戈壁地区毗邻的二连-东乌旗地区，在构成古生代南戈壁-东乌旗晚古生代陆缘增生带的各时代地层方面，与蒙古国南戈壁地区相同。矿化以铜、银、钨、锡等多金属为主。目前发现朝不楞中型铁多金属矿床、沙麦中型钨矿床和吉林宝力格小型银矿床及奥尤特小型铜多金属矿床等多处，在二连—贺根山一线，矿化以铬、金(铂)、铜多金属为主，已发现赫格敖拉大型铬矿床和小坝梁小型铜金矿床等。因此，二连-东乌旗地区与蒙古国南戈壁地区相比，我国境内以铜、银、钨、锡等多金属为主，而蒙古国境内以钨、钼、锡及稀有金属为主，究其原因，很可能是我国境内还很少发现蒙古国境内的与钨-钼矿化关系密切的晚三叠世—早侏罗世的黑云母花岗岩和 Li-F 淡色花岗岩，这也是今后的找矿工作重点。

同时，值得重视的是，蒙古国南戈壁成矿带北部为南蒙古 Au-Cu-Mo-Be-REE 成矿带，主要发育有晚泥盆世—早石炭世巴彦查干苏瓦尔卡 Au-Cu-Mo 矿带和石炭纪—早二叠世哈尔麦格台-洪古特-奥尤特 Cu-Mo-Au 矿带，前者即包括了著名的查干-苏瓦尔加斑岩型 Cu-Mo (±Au,Ag)矿床、阿拉格套勒盖与花岗岩类有关的脉状 Au 矿床和奥尤套勒盖斑岩型 Cu(±Au)矿床，尽管这些矿床分布于蒙古国南戈壁成矿带北部的南蒙古成矿带，但毕竟与我国二连-东乌旗地区相距不远，加之二连-东乌旗地区也广泛发育有与这些矿床同时期的构造-岩浆活动，有众多的铜多金属矿点、矿化点，此外还有多处重砂异常、金属量异常以及化探异常，这些中小型矿床及主要矿点均分布于二连-东乌旗东部；而西部工作程度很低，仅发现一些铜、金矿点、矿化点。因此，本区是寻找查干-苏瓦尔加斑岩型 Cu-Mo (±Au,Ag)矿床的有利成矿远景区。

第四节　吉黑成矿省的布列亚-佳木斯-兴凯成矿带境内外成矿地质条件对比和找矿方向

吉黑成矿省(JH)在研究区内包括了 5 个Ⅲ级成矿带，分别为：小兴安岭-张广才岭成矿带(JH_1)、布列亚-佳木斯-兴凯成矿带(JH_2)、四平-永吉成矿带(JH_3)、汪清-珲春成矿带(JH_4)和延边-咸北成矿带(JH_5)。其中，布列亚-佳木斯-兴凯成矿带呈南北向跨越中-俄地区，同属于布列亚-佳木斯-兴凯地块，二者在地质构造演化和成矿作用上均具有相似的发展历程。

一、成矿地质背景的对比

佳木斯地块以南北向的牡丹江断裂为界与西部的松嫩陆块(或张广才岭构造带)相邻，北隔黑龙江与布列亚地块相对，而东、南方向的界线尚未十分明确(图 5-12)。自北向南，出露有太平沟隆起、桦南隆起、麻山隆起、牡丹江隆起、虎头隆起、宝清隆起和兴凯湖隆起 7 个主要的前寒武纪基底隆起。其中，后三者分布于敦-密断裂南部，并被认为可能属于兴凯地块内的前寒武纪隆起。被认为属太古代的麻山群仅分布于麻山隆起和虎头隆起一带，构成了佳木斯-兴凯地块的古陆核，为一套角闪岩相-麻粒岩相变质岩系，原岩为典型的富铝、富碳的陆屑-碳酸盐岩建造，在麻山隆起中，富铝片麻岩系被认为是孔兹岩系，该套变质岩系的底部层位含磷。被认为属古元古代的兴东群分布于北部的太平沟隆起和桦南隆起中，由石英片岩、黑云片岩、变粒岩、大理岩、含铁石英岩和片麻岩组成，原岩建造与麻山群不同，特点是含铁不含磷。时代不明的黑龙江群分布于北至太平沟隆起，中部的桦南隆起西部的依兰地区，南到牡丹江隆起，总体上位于佳木斯地块的西部和南部边缘地带，为一套蓝闪片岩相、蓝闪绿片岩相及角闪岩相变质的构造岩片，发育有变质含铁石英岩，并含有较多的规模不等的变质基性-超基性岩岩体(规模大者)及构造透镜体(规模小者)。新元古界马家街群出露于桦南隆起中，早寒武世钙质碳酸盐岩沉积盖层分布于太平沟隆起和兴凯湖隆起中。被认为属新元古界的跃进山群和黄松群，分布于地块东部的虎林市以北、东宁、鸡东一带。跃进山岩群为构造地层单位。主要岩性为变粒岩、角闪片岩、云母斜长片岩、大理岩，普遍具糜棱岩化。属陆缘环境下的基性火山岩-碎屑岩-碳酸盐岩建造。该岩群中赋存有矽卡岩型铁矿(跃进山铁矿)，也是跃进山铜金矿床主要围岩。黄松群分杨木组、阎王殿组，出露范围很广、厚度大于 6 000m。下部为杨木组，以钠长片岩、变粒岩夹角闪片岩及含铁石英岩为特征。上部为阎王殿组，以千枚状含石榴石炭质云母片岩为特征。原岩属于大陆边缘环境下的中酸性火山岩-磁铁石英岩-含炭质泥质岩-泥质粉砂岩建造。近年来新发现的鸡东县四山林场金矿即赋存于该地层中。

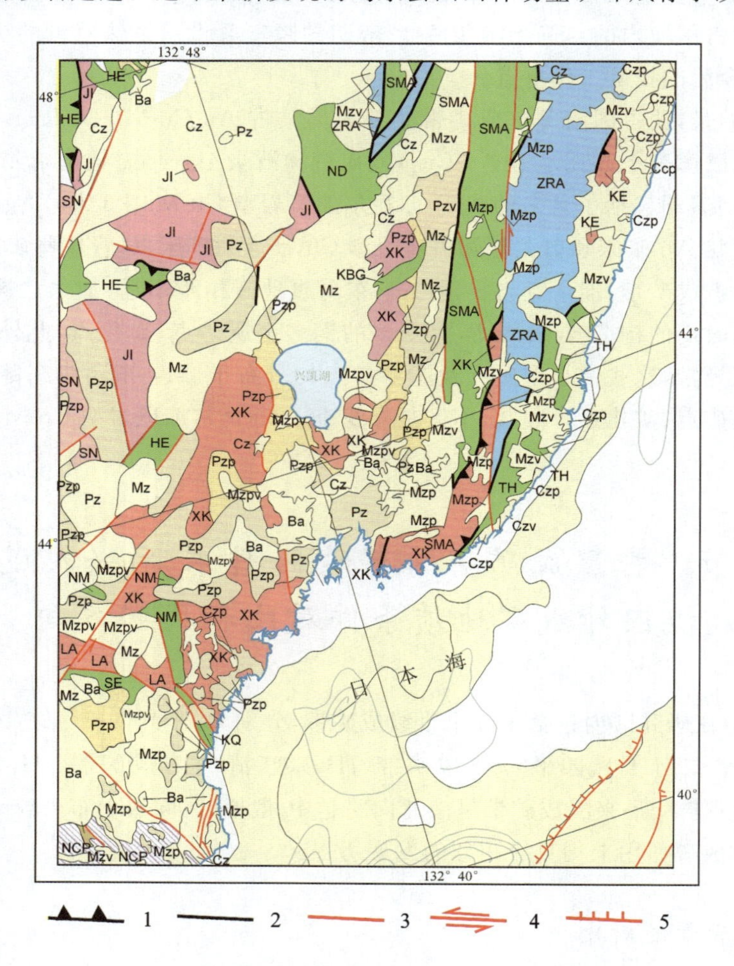

图 5-12　佳木斯-兴凯地块及邻区地质构造略图

1. 构造单元边界逆冲断裂；2. 构造单元边界产状不明断裂；3. 后期活动产状不明断裂；4. 走滑断层；5. 正断层；NCP. 华北克拉通；JI. 佳木斯地块；XK. 兴凯地块；SN. 松嫩地块；HE. 黑龙江增生杂岩带；SE. 色洛河-青龙村增生带；NM. 华北克拉通北缘增生带；LA. 老岭陆缘活动带；KQ. 开山屯-清津增生杂岩带；ND. 那丹哈达地体；锡霍特-阿林大陆边缘活动带：SAM. 萨玛金带；ZRA. 茹拉夫列夫-阿穆尔带；KE. 科玛带；TH. 塔乌欣带。Pzp. 古生代侵入岩带；Pzv. 晚古生代火山岩带；Mzp. 中生代侵入岩带；Mzv. 中生代火山岩带；Mzpv. 中生代侵入岩和火山岩带；Czp. 新生代侵入岩带；Czv. 新生代火山岩带；Ba. 新生代玄武岩；沉积盖层：Pz. 古生代盖层；Mz. 中生代盖层；Cz. 新生代盖层

兴凯地块基底基本上由新太古代和古元古代镁铁质及铝质岩组成，变质为角闪岩相和麻粒岩相，在几个复向斜中，这些岩石被厚达 1 000m 以上的里菲期和寒武纪碎屑岩及碳酸盐岩沉积物所覆盖。这些里菲期和寒武纪的地层单元主要部分为沃兹涅辛带。沃兹涅辛带具有被动陆缘的里菲期晚期(?)—寒武纪陆源碎屑和碳酸盐岩沉积，而且被早奥陶世(450Ma)和晚志留世(411Ma)的花岗岩侵入。在沃兹涅辛带以北划分出斯巴斯克带，其主要由早古生代浊积岩构成，并夹有寒武纪蛇绿岩、硅质岩及灰岩。在浊积岩中完好保存有大量寒武纪微化石的古海洋型带状硅质岩岩块。在斯巴斯克带以北，兴凯和布列亚地块主要是从绿片岩到麻粒岩相带的变质岩穹隆，一些学者认为原岩是里菲期晚期—寒武纪灰岩、蛇绿岩、硅质岩和陆源碎屑岩，并就此认为兴凯和布列亚地块的深变质岩属太古代或早元古代的看法毫无地质根据。由此可见，有关东北亚地区的前寒武纪研究尚需深入。

二、成矿特征的对比与找矿方向

布列亚-佳木斯-兴凯成矿带主要为Au-Fe-Mo-Mn-W-Sn-REE成矿带，并发育有6个不同时期的12个矿带，主要成矿时代及主要成矿元素特点见表5-5。

表5-5 布列亚-佳木斯-兴凯地块成矿带成矿地质特征表

构造单元	成矿带名称	成矿元素	成矿时代
布列亚地块	南兴安	Fe-Mn	新元古代—寒武纪
	查格奥彦	Pb-Zn	寒武纪
	比瞻	Sn-W-萤石	泥盆纪
	麦尔金-聂曼	Mo-U-REE	二叠纪
	东布列亚	Pt	Союзненская组及辉长岩-超基性岩体
佳木斯地块	箩北-林口	Fe-Au-石墨-矽线石	晚元古代—寒武纪
	五星	Au-Pt	晚三叠世—晚侏罗世
	团结沟-八面通	Au	晚侏罗世—早白垩世
兴凯地块	卡巴尔加	Fe-Mn	寒武纪
	雅罗斯拉夫	Sn-W-萤石	晚寒武世—泥盆纪
	沃兹涅申卡	Pb-Zn	寒武纪—二叠纪
	老爷岭-格洛德克夫	Cu-Mo-Au-Ag	二叠纪
	别聂夫	Au-W±Mo±Be	早白垩世
	比金	Pt	基性-超基性岩体
	西滨海	Pt	二叠纪火山-陆源岩及黑色页岩

佳木斯地块在成矿时代上主要为新元古代—寒武纪、晚三叠世—晚侏罗世和晚侏罗世—早白垩世3个时期，分别形成箩北-林口Fe-Au-石墨-矽线石矿带、五星Au-Pt矿带和团结沟-八面通Au矿带，基本与布列亚地块和兴凯地块的这3个时期的成矿特点较为一致。

但是，布列亚地块内还发育有泥盆纪比瞻Sn-W-萤石矿带和二叠纪麦尔金-聂曼Mo-U-REE矿带，前者有云英岩型网脉状和石英脉状Sn-W矿床及云英岩型萤石矿床，后者有长英质侵入岩型U-REE矿床(Chergilen)和斑岩型Mo矿床(Melginskoye，Metrekskoye)；同样，在兴凯地块内也发育有晚寒武世—泥盆纪的雅罗斯拉夫Sn-W-萤石矿带和二叠纪老爷岭-格洛德克夫Cu-Mo-Au-Ag矿带，前者有Yaroslavskoe云英岩型网脉状和石英脉状Sn-W矿床，后者有Komissarovskoe浅成低温热液脉型Au-Ag矿床和斑岩型Cu-Mo(±Au，Ag)矿床。其成矿时代为晚寒武世—泥盆纪和二叠纪这2个时期，而我国境内的佳木斯地块尚未发现这些时代的矿床及矿化类型的出现。

三、布列亚-佳木斯-兴凯成矿带及邻区找矿方向

通过以上的对比分析，可见在布列亚地块和兴凯地块中，除晚元古代—寒武纪Fe-Mn矿带、晚侏罗世—早白垩世Au矿带及Pt矿带延伸进入佳木斯地块内，还有比瞻、麦尔金-聂曼，雅罗斯拉夫、老爷岭-格洛德克夫等华力西期的多条锡钨多金属矿带。同时，著名的兴安、共青城，卡瓦列罗沃锡矿区是R G泰勒划分出的全球23个锡成矿省中的3个，它们均产在布列亚-佳木斯-兴凯地块边缘的兴安-鄂霍茨克及锡霍特-阿林中生代褶皱系中，这些褶皱系中的成矿区和地块内的锡矿带均呈北北东—近南北向延伸，其南延部分均伸展到我国佳木斯地块及边缘褶皱带中，因此，在佳木斯地块及东缘密山-宝清华力

西裂陷海槽及毗邻的中生代褶皱地区，寻找锡矿及其相伴生的钨、铅、锌矿是很有前景的。

邻区中既有白垩纪锡矿化区，又有小兴安岭新元古代—早寒武世铁锰成矿带，还有砂金区等，据苏联成矿图上表示，这些矿带均呈近南北向或北北东向，向南伸入我国黑龙江省鹤岗地区以北和北东地区，这里的一些金矿、锑矿及布列亚砂金区与黑龙江省团结沟成矿区连接，并在鹤岗以北和北东地区亦出现新元古代—早寒武世地层、白垩纪火山岩及燕山晚期小侵入体，表明两者具有可比性。因而在这一地区不仅要注意金，而且应注意寻找锡、铁锰矿产，对 M92 航磁异常应予以足够的注意(据吴振寰，1993)。

此外，俄罗斯境内的列索扎沃铁矿层向南延入黑龙江省内，可与该区 M6 航磁异常相接，加里希曼诺夫斯克铁锰矿层延伸到我国黑龙江省三卡乡和东方红乡等地区。该区新元古代—早寒武世岩层发育，并在该区分布有 M37、M3、M38、M35 等航磁异常，因此，建议对这些航磁异常应作进一步地表检查，找出新矿化点。

第五节　中-朝毗邻地区成矿地质条件对比和找矿方向

一、成矿地质构造背景的对比

中-朝毗邻地区在地质构造上位于中朝板块的东部、西伯利亚板块的东南端和扬子板块东端的交会部位。前中生代，该 3 个板块均由稳定古陆区(台)和构造增生(褶皱)带两部分构成。稳定区为北部的中朝古陆、兴凯(-佳木斯)地块和南部的扬子古陆。其中，中朝古陆为其东北部的吉南-辽东复合地块和狼林地块组成；扬子古陆为其东北端的京畿地块组成。中朝古陆与兴凯地块之间构造增生(褶皱)带为兴蒙-吉黑增生构造系的吉中-延边造山带，中朝古陆与扬子古陆间出露的构造增生(褶皱)带为临津造山带，其总体特征显示出一“块带镶嵌结构”构造格局。中生代则为古亚洲板块与泛太平洋板块相互作用所形成的“盆岭构造”相间的北东向带状构造格局(图 5-13)。

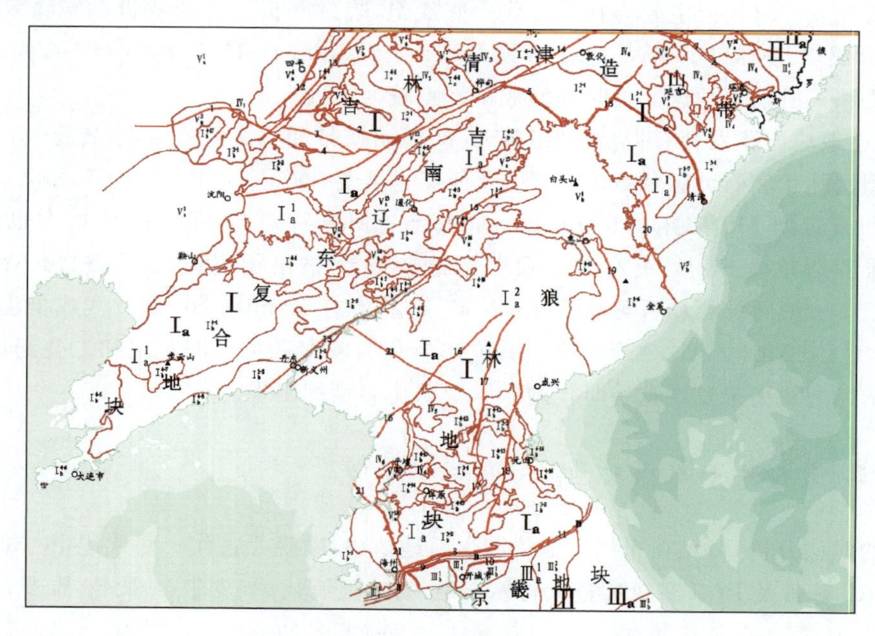

图 5-13　中-朝毗邻地区地质构造略图

(构造单元见表 5-6)

表 5-6　地质构造单元表

	古陆形成构造域	古亚洲洋构造域	滨太平洋构造域
中朝板块Ⅰ	Ⅰ$_a$.中朝古陆(Ar) Ⅰ$_a^1$.吉南-辽东复合地块(Ar) Ⅰ$_a^2$.狼林地块(Ar) Ⅰ$_b$.陆上增生构造带 Ⅰ$_b^{1-1}$.大石桥-通远堡裂谷(Pt$_1$) Ⅰ$_b^{1-2}$.孤山子-新义州裂谷(Pt$_1$) Ⅰ$_b^{1-3}$.宽甸-集安裂谷(Pt$_1$) Ⅰ$_b^{1-4}$.清河裂谷(Pt$_1$) Ⅰ$_b^{1-5}$.临江裂谷(Pt$_1$) Ⅰ$_b^{1-6}$.南大川裂谷(Pt$_1$) Ⅰ$_b^{1-7}$.官帽山裂谷(Pt$_1$) Ⅰ$_b^{2-1}$.冯贝堡坳陷(Pt$_2$) Ⅰ$_b^{2-2}$.柴河堡坳陷(Pt$_2$) Ⅰ$_b^{2-3}$.黄海坳陷(Pt$_2$) Ⅰ$_b^{3-1}$.祥源-成川坳陷(Pt$_3$) Ⅰ$_b^{3-2}$.沙里院-金化-马息岭坳陷(Pt$_3$) Ⅰ$_b^{4-1}$.太子河坳陷(Qb—O$_2$) Ⅰ$_b^{4-2}$.八道江坳陷(Qb—O$_2$) Ⅰ$_b^{4-3}$.白山坳陷(Qb—O$_2$) Ⅰ$_b^{4-4}$.云峰坳陷(Qb) Ⅰ$_b^{4-5}$.桦树甸子坳陷(Qb—O$_2$) Ⅰ$_b^{4-6}$.瓦房店-金州坳陷(Qb—O$_2$) Ⅰ$_b^{4-7}$.步云山坳陷(Qb) Ⅰ$_b^{4-8}$.庄河坳陷(Qb—Є) Ⅰ$_b^{4-9}$.古峰坳陷(Qb—O$_2$) Ⅰ$_b^{4-10}$.满浦-和平坳陷(Qb—O$_2$) Ⅰ$_b^{4-11}$.八道沟坳陷(Qb—O$_2$) Ⅰ$_b^{4-12}$.德川-耀德海盆(Є—O$_2$) Ⅰ$_b^{4-13}$.君子海盆(Є—O$_2$) Ⅰ$_b^{4-14}$.中和海盆(Є—O$_2$) Ⅰ$_b^{4-15}$.谷山-水洞海盆(Є—O$_2$) Ⅰ$_b^{4-16}$.镇兴里-大川海盆(Є) Ⅰ$_b^{4-17}$.秀水河子陆缘火山弧(Є)	Ⅰ$_c$.吉林-清津造山带(侧向增生构造带) Ⅰ$_c^{3-1}$.西保安-黄泥河-清津山弧带(Pt$_3$) Ⅰ$_c^{4-1}$.下二台-呼兰-漂河川活动陆缘带(O—S$_2$) Ⅳ.上覆构造 Ⅳ$_1$.石灰窑上叠构造盆地(C) Ⅳ$_2$.磐石-明城裂陷槽(C—P) Ⅳ$_3$.吉中上叠构造盆地(C—P) Ⅳ$_4$.延边-咸镜上叠构造盆地(C$_2$—P) Ⅳ$_5$.长安山上叠构造盆地(C$_2$—T$_1$) Ⅳ$_6$.大同-桧仓上叠构造盆地(C$_2$—T$_1$)	Ⅴ.滨太平洋构造 Ⅴ$_a$.中生代构造 Ⅴ$_a^1$.松嫩盆地(K) Ⅴ$_a^2$.下辽河盆地(K) Ⅴ$_a^3$.兴隆盆地(K$_1$) Ⅴ$_a^4$.四平盆地(K$_1$) Ⅴ$_a^5$.辽源盆地(J$_3$—K$_1$) Ⅴ$_a^6$.双阳盆地(J$_3$—K$_1$) Ⅴ$_a^7$.双河盆地(T$_3$—J$_1$) Ⅴ$_a^8$.大兴盆地(T$_3$—K) Ⅴ$_a^9$.延吉盆地(K$_1$) Ⅴ$_a^{10}$.塔子沟盆地(K) Ⅴ$_a^{11}$.南杂木盆地(J$_3$—K$_1$) Ⅴ$_a^{12}$.柳河盆地(J$_2$—K$_1$) Ⅴ$_a^{13}$.通化盆地(J$_2$—K$_1$) Ⅴ$_a^{14}$.和龙盆地(J$_2$—K$_1$) Ⅴ$_a^{15}$.抚松盆地(J$_1$—K$_1$) Ⅴ$_a^{16}$.慈城盆地(J$_1$—K$_1$) Ⅴ$_a^{17}$.青山里盆地(J$_1$—K$_1$) Ⅴ$_a^{18}$.鹤泉里盆地(J$_2$—K$_1$) Ⅴ$_b$.新生代构造 Ⅴ$_b^1$.白头山火山高地(Q) Ⅴ$_b^2$.伊通盆地(E) Ⅴ$_b^3$.珲春盆地(E—N) Ⅴ$_b^4$.行营里盆地(N) Ⅴ$_b^5$.吉州盆地(N)
西伯利亚板块Ⅱ	Ⅱ$_a$.兴凯地块(Ar$_3$)	Ⅱ$_c$.侧向增生构造带 Ⅱ$_c^1$.五道沟裂陷槽(Pt$_3$)	
	古陆形成构造域	临津构造域	
扬子板块Ⅲ	Ⅲ$_a$.扬子古陆(Ar) Ⅲ$_a^1$.京畿地块(Ar) Ⅲ$_b$.陆上增生构造带 Ⅲ$_b^1$.开城坳陷(Pt$_2$) Ⅲ$_b^2$.鹰峰山坳陷(Pt$_2$) Ⅲ$_b^3$.沃川坳陷(Pz$_1$)	Ⅲ$_c$.上覆构造 Ⅲ$_c^1$.临津造山带(D$_3$—C$_1$)	

(一) 中朝板块(Ⅰ)

中朝板块包括了中朝古陆和吉中-清津造山带,后者的盖层为上古生界构成的上覆构造。中朝板块在区内的分布占全区面积的80%。

1. 中朝古陆(Ar)

(1) 古陆基底发育阶段(Ar):古陆基地由吉南-辽东复合地块(I_a^1)和狼林地块(I_a^2)组成,其中吉南-辽东复合地块由铁岭、龙岗、抚顺-清原、辽东4地块组成。古陆基底由太古宙变质杂岩-黑云斜长变粒岩、斜长角闪岩、绿泥石英片岩、磁铁石英岩及麻粒岩等和变质深成侵入体构成。变质杂岩岩石组合显示绿岩建造特点,伴有超镁铁质岩产出。受变质作用以绿片岩相-角闪岩相为主,部分地区达麻粒岩相。变质深成侵入体以TTG岩系的英云闪长质、奥长花岗质、花岗闪长质片麻岩为主,次为花岗质片麻岩、石英闪长质-花岗闪长质片麻岩。新太古代出现二长花岗片麻岩、钾长花岗片麻岩。基底遭受强烈动力变质作用,致使变质杂岩呈岩片出现,岩石碎裂,糜棱岩化、韧性剪切带发育。

基底盖层发育的元古宙—古生代时期,属于垂向增生构造阶段。

(2) 古元古代裂谷发育阶段(Pt_1):该阶段形成的裂谷为大石桥-通远堡裂谷($\mathrm{I}_b^{1\text{-}1}$)、孤山子-新义州裂谷($\mathrm{I}_b^{1\text{-}2}$)、宽甸-集安裂谷($\mathrm{I}_b^{1\text{-}3}$)、清河裂谷($\mathrm{I}_b^{1\text{-}4}$)、临江裂谷($\mathrm{I}_b^{1\text{-}5}$)、南大川裂谷($\mathrm{I}_b^{1\text{-}6}$)、官帽山裂谷($\mathrm{I}_b^{1\text{-}7}$)。裂谷为在太古宇基底之上发育而成。

裂谷呈南东东向—北东向带状分布于辽南-两江道惠山-检德地区。分别由古元古界辽河群、集安群、老岭群、摩天岭群组成的辽河期构造层构成,岩石组合属裂谷相碳酸盐岩-碎屑岩-火山岩建造,岩石遭受绿片岩相-角闪岩相变质作用。伴生的侵入岩为不发育的花岗岩类、闪长岩和辉长-辉绿岩、辉石橄榄岩。

(3) 中元古代坳陷发育阶段(Pt_2):形成的坳陷为冯贝堡坳陷($\mathrm{I}_b^{2\text{-}1}$)、柴河堡坳陷($\mathrm{I}_b^{2\text{-}2}$)、黄海坳陷($\mathrm{I}_b^{2\text{-}3}$),主要为在太古宇基底之上发育而成。坳陷分布于铁岭柴河堡、冯贝堡及黄海南道西部地区。由中元古界长城系、蓟县系、北部祥源群组成的扬子期构造层构成,岩石组合属陆壳克拉通海相碎屑岩建造及少量碳酸盐岩建造,岩石受绿片岩相变质作用,伴生的侵入岩为不发育的花岗岩类、闪长岩和二辉岩、角闪石岩。

(4) 新元古代坳陷发育阶段(Pt_3):该发育阶段主要见于朝鲜中南部沙里院-马息岭、祥源-成川地区的祥源-成川坳陷($\mathrm{I}_b^{3\text{-}1}$)、沙里院-金化-马息岭坳陷($\mathrm{I}_b^{3\text{-}2}$),为在太古宇和中元古基底之上发育而成。由新元古代南部祥源群组成的扬子期构造层上部青白口系和兴凯构造层构成,具有二元结构特征,岩石组合属陆壳克拉通海相碳酸盐岩-碎屑岩建造。伴生的侵入岩为极不发育的花岗岩类和较为发育的辉长-辉绿岩。

(5) 青白口纪—早古生代坳陷、盆地发育阶段($Qb—O_2$):该期发育的坳陷主要见于中国辽东半岛和朝鲜半岛北部。发育时限为青白口纪—中奥陶世(或寒武纪),构成成分包括扬子构造层上部的青白口系、兴凯构造层和加里东构造层,具有三元结构特点。分布于中国辽东半岛的有太子河坳陷($\mathrm{I}_b^{4\text{-}1}$)、八道江坳陷($\mathrm{I}_b^{4\text{-}2}$)、白山坳陷($\mathrm{I}_b^{4\text{-}3}$)、云峰坳陷($\mathrm{I}_b^{4\text{-}4}$)、桦树甸子坳陷($\mathrm{I}_b^{4\text{-}5}$)、瓦房店-金州坳陷($\mathrm{I}_b^{4\text{-}6}$)、步云山坳陷($\mathrm{I}_b^{4\text{-}7}$)、庄河坳陷($\mathrm{I}_b^{4\text{-}8}$)。坳陷呈EW—NE向展布。由扬子构造层上部的青白口系、兴凯构造层的南华系、震旦系和加里东构造层的寒武—奥陶系构成,岩石组合为陆壳克拉通海相碳酸盐岩-碎屑岩建造。伴生的侵入岩极不发育,仅于辽东半岛北部古陆边缘见有零星出露的早古生代花岗岩类和辉长岩小岩体。分布于朝鲜半岛北端的坳陷为古峰坳陷($\mathrm{I}_b^{4\text{-}9}$)、满浦-和平坳陷($\mathrm{I}_b^{4\text{-}10}$)、八道沟坳陷($\mathrm{I}_b^{4\text{-}11}$)。坳陷规模不大,沿上鸭绿江左岸展布,岩石组合亦为陆壳克拉通海相碳酸盐岩-碎屑岩建造。为由新元古界南部祥原群、寒武—奥陶系等组成的上部扬子构造层、兴凯构造层、加里东构造层构成,岩石组合为陆壳克拉通海相碳酸盐岩-碎屑岩建造。未见同期侵入岩出露。朝鲜半岛北部该阶段海盆发育于寒武纪至中奥陶世,形态呈近椭圆形展布于中和、德川、谷山、水洞一带。它们是德川-耀德海盆

(I_b^{4-12})、君子海盆(I_b^{4-13})、中和海盆(I_b^{4-14})、谷山-水洞海盆(I_b^{4-15})、镇兴里-大川海盆(I_b^{4-16})。海盆由下古生界黄州群构成的加里东构造层组成，岩石组合为陆壳克拉通海盆碎屑岩-碳酸盐岩建造，基底为扬子期构造层或兴凯期构造层。亦未见同期侵入岩出露。此外，该阶段于工作区西北部法库秀水河子地区发育一火山弧形构造，称为秀水河子陆缘火山弧(I_b^{4-17})。该单元呈北东向带状产出于古陆北缘，由寒武纪佟家屯组变质安山岩夹黑云阳起片岩组成的加里东期构造层构成。古陆之上未见晚奥陶世至早石炭世沉积。

(6) 晚古生代上覆构造阶段(C_2—T_1)：华力西晚期构造层亦不发育。晚石炭世至早三叠世见有少量的沉积，岩石组合为砂砾岩、砂岩、粉砂岩、板岩、泥岩、页岩、煤层，属海陆交互相-陆相的碎屑岩含煤岩系建造，生成构造背景应为上覆构造盆地环境。由于规模不大，难以划出单元，故图上未予表示。同期见有不发育的花岗岩类、闪长岩和零星的基性-超基性小岩体产出，局限地分布于辽东半岛之上。

2. 吉林-清津造山带(I_c)

自新元古代中期(南华纪)开始至早古生代，即兴凯期至加里东期为中朝古陆作侧向增生发育阶段。在中朝古陆北侧，发育形成了吉林-清津造山带，造山带自南而北由西保安-黄泥河-清津山弧带(I_c^{3-1})、下二台-呼兰-漂河川活动陆缘带(I_b^{4-1})组成。

(1) 西保安-黄泥河-清津山弧带(I_c^{3-1})：山弧带位于中朝古陆北缘近侧，呈近东西向带状分布于西保安、黄泥河、青龙村、清津等地。与中朝古陆自西而东以威远堡-西丰-海龙断裂带、红石-夹皮沟断裂带、两江-清津断裂带为界，与古陆呈构造接触关系。山弧带由新元古代(南华—震旦纪)西保安组、青龙村群、色洛河群组成的兴凯期构造层构成，其岩石组合为云母石英片岩、斜长云母片岩、斜长角闪(片)岩、角闪岩，夹磁铁石英岩、大理岩，为一套含碳酸盐岩的碎屑岩-火山岩建造，属火山弧相构造背景产物。同期见有花岗岩类和基性-超基性岩类。

(2) 下二台-呼兰-漂河川活动陆缘带(I_b^{4-1})：该带位于西保安-黄泥河-清津山弧带北侧，呈近东西向断续展布于昌图下二台、磐石呼兰、蛟河漂河川等地段，由奥陶纪—中志留世呼兰群黄莺屯组、小三个顶子组(O)，下二台群盘岭组(O_1)、黄顶子组(O_{1-2})、烧锅屯组(O_2)，放牛沟火山岩(O_3)，景家台大理岩(O_3)，桃山组(S_1)，弯月(S_1)，石缝组(S_1)等组成的加里东期构造层构成。该单元以双火山弧结构为其主要特征，从北而南大致可分成前缘弧(放牛沟火山弧)-弧间盆地(桃山-弯月弧间沉积盆地)-后缘弧(下二台火山弧)-弧后盆地(呼兰-漂河川弧后盆地)。同期见有花岗岩类、闪长岩和基性-超基性岩类。放牛沟火山弧位于伊通西北大黑山、放牛沟一带，由放牛沟火山岩构成。火山弧为玄武岩-安山岩-流纹岩和碱性玄武岩-粗面岩两类岩石组合，岩石化学系列，以钙碱性系列和拉斑系列为主，碱性系列次之，具岛弧火山岩的特征；稀土元素组成及配分曲线模式图，均介于岛弧钙碱性火山岩系列与大陆火山岩系列之间，更接近岛弧高钾安山岩的稀土成分及配分模式。桃山-弯月弧间沉积盆地主体位于伊通景台桃山一带，散见于辽源、桦甸等地。由桃山组、弯月组、石缝组及景家台大理岩构成，其主体为一套滞流相沉积组合，发育了特征的黑色笔石页岩建造，其顶、底均见有碎屑、碳酸盐岩建造。下二台火山弧位于昌图下二台、赵家沟一带。由下二台群盘岭组、黄顶子组、烧锅屯组构成。火山岩系的岩石组合为石英安山岩-流纹英安岩-英安流纹岩-流纹岩组合，属钙碱性系列及拉斑系列，钾钠比表现为富钠，这与前缘弧放牛沟火山岩以富钾的特征相反，显示了后缘弧火山岩系的特征。呼兰-漂河川弧后盆地位于桦甸呼兰、漂河川一带。由呼兰群黄莺屯组、小三个顶子组构成。弧后盆地下部(黄莺屯组)火山岩显示两套岩石组合，一为碱性玄武岩-粗安岩组合，并见有霞石玄武岩出现；另一为玄武岩-流纹岩组合，见有苦橄岩，典型安山岩极少，表明该火山岩有一个以碱性→亚碱性，从拉斑系列→钙碱性系列的演化历程，即弧后盆地经历了由拉张体制到挤压体制的构造发育历史。弧后盆地上部(小三个顶子组)为一套以大理岩为主伴有板岩、杂砂岩、石英砂岩组成的碎屑岩-碳酸盐岩建造。

3. 上覆构造(Ⅳ)

中朝板块与西伯利亚板块于晚志留世早期碰撞对接，形成了长春-吉林-蛟河、汪清-珲春构造结合带。自晚志留世开始，进入了一个新的构造发展阶段，全区发生了裂陷、沉降构造作用。在中朝、西伯利亚两大板块拼合成的古亚洲大陆板块之上，形成了晚古生代上叠构造盆地和裂陷槽。同期见有花岗岩类、闪长岩和基性-超基性岩类。

上叠构造盆地和裂陷槽多集中分布于构造结合带两侧造山带区域中。它们是：石灰窑上叠构造盆地（$Ⅳ_1$）、磐石-明城裂陷槽（$Ⅳ_2$）、吉中上叠构造盆地（$Ⅳ_3$）、延边-咸镜上叠构造盆地（$Ⅳ_4$）、长安山上叠构造盆地（$Ⅳ_5$）、大同-桧仓上叠构造盆地（$Ⅳ_6$）。上叠构造盆地和裂陷槽由石炭纪—早三叠世组成的上部华力西早期构造层和华力西晚期构造层构成。岩石组合显示为海相-陆相碳酸盐岩-碎屑岩建造、火山岩-碎屑岩建造。在裂陷槽中（磐石-明城裂陷槽）发育了海底细碧-角斑岩系（余富屯组）；同期伴有阿拉斯加型基性岩类产出。

进入中生代，中朝板块受滨太平洋构造域作用，被改造、叠覆，其上发育了众多火山-沉积盆地和侵入岩的贯入。

（二）西伯利亚板块（Ⅱ）

区内西伯利亚板块见于西北角汪清—珲春一线以北，出露面积不大，区内所见为由西伯利亚板块东南缘的兴凯地块（$Ⅱ_a$）和侧向增生的五道沟裂陷槽（$Ⅱ_b^1$）组成。

1. 兴凯地块（Ar_3）

地块基底由新太古代孔兹岩系和古元古代绿岩，以及与其伴生的岩浆岩组成的高级变质区、花岗-绿岩区构成，所受变质作用为绿片岩相-角闪岩相，局部达麻粒岩相。后期遭受动力变质作用，岩石破碎、糜棱岩化，岩层呈构造岩片出现。

地块盖层发育于新元古代中期至古生代。新元古代中晚期（Nh—Z），即兴凯期，地块局部地区有碎屑岩、碳酸盐岩沉积；早寒武世晚期（勒拿期）沉积了具相当规模的碳酸盐岩、碎屑岩和少量的火山岩；晚古生代地块在上覆构造环境下，发育了海陆交互相-陆相含碳酸盐岩的碎屑岩-火山岩碎屑岩-火山岩沉积；进入中生代，地块被纳入滨太平洋构造域，作为古亚洲大陆的东缘，受泛太平洋大洋板块的作用，地块上发育了具一定规模的上叠构造盆地及相伴生的岩浆活动，使其遭受了强烈的叠覆、改造作用。

2. 五道沟裂陷槽（Pt_3）

五道沟裂陷槽为兴凯地块侧向增生的产物。裂陷槽位于兴凯地块西南缘外侧的延边珲春地区小西南岔—五道沟—马滴达一带，呈一西窄东宽带状展布，向东延入俄罗斯。裂陷槽由新元古代中晚期（Nh—Z）五道沟群组成的兴凯期构造层构成，主要岩石类型为角闪片岩、角闪石英片岩、黑云角闪石英片岩、黑云石英片岩、二云片岩、二云石英片岩，夹变安山质-英安质火山岩、火山碎屑岩，夹大理岩和变质砂岩；恢复原岩为一套拉张裂陷构造环境下形成的含碳酸盐岩的碎屑岩-火山岩建造。同期伴有阿拉斯加型基性岩类产出。

作为西伯利亚板块南缘的兴凯地块（含其侧向增生的五道沟裂陷槽），于早古生代末期（S_4—D_1），与中朝板块对接，发育了汪清-珲春结合带（A）。晚古生代（D—T_1）为在华北板块与西伯利亚板块间超碰撞作用下，地壳作垂向增生，形成了诸多的上叠构造盆地。滨太平洋构造域阶段（T_2—Q）则为古亚洲大陆板块与泛太平洋板块相互作用，古亚洲大陆作侧（垂）向增生，地壳主要为垂向增生，并对前期构造进行了叠覆、改造；进入新生代，区内基本为陆内拉分-裂陷沉积和玄武岩浆喷发（溢）活动，以及极少的酸性-碱性岩浆活动。

（三）扬子板块（Ⅲ）

扬子板块见于朝鲜半岛南部，图内所见为扬子板块的东北部分，由京畿地块（$Ⅲ_a^1$）及其垂向增生的开城坳陷（$Ⅲ_b^1$）、鹰峰山坳陷（$Ⅲ_b^2$）、沃川坳陷（$Ⅲ_b^3$）和临津造山带（$Ⅳ_7$）组成。

1. 京畿地块(Ar)

京畿地块分布于开城—铁原—日邑里一线以南地区。基底由太古宙涟川岩群构成，涟川岩群为一未解体的表壳岩与变质深成侵入体的混合体，其成分既有具绿岩特征的斜长角闪岩、黑云变粒岩、片麻岩、磁铁石英岩及大理岩和结晶片岩组成的表壳岩，又有由TTG岩系及灰色片麻岩组成的变质深成侵入体；其中变质深成侵入体占总体成分的80%以上，伴生的超基性岩零星分布。涟川岩群(表壳岩与变质深成侵入体混合体)可视为一花岗-绿岩地体；表壳岩所受变质作用为绿片岩相-角闪岩相，后期受动力变质作用，岩石破碎、糜棱岩化，岩层呈构造岩片出现。同位素年龄为2 700～2 900Ma。

元古宙时期，地块之上垂向增生发育了中元古代和古生代坳陷沉积，形成了开城、鹰峰山坳陷和沃川坳陷。

2. 中元古代坳陷(Pt_2)

坳陷呈带状分布于海州东部、开城及江原道鹰峰山脉一带，称为开城坳陷(III_{b}^{1})和鹰峰山坳陷(III_{b}^{2})。裂陷槽由中元古代北部型详源群组成的扬子期构造层构成，岩石类型组合为石英岩、砾岩绿泥片岩、大理岩、白云岩、灰岩、千枚岩；原岩为大陆坳陷相碳酸盐岩-碎屑岩建造，局部见有不发育的火山岩建造。与辽东半岛发育的中元古代坳陷相比较，这里的碳酸盐岩较发育。

同期见有不发育的花岗岩类小岩体和超基性岩小岩株。

3. 早古生代坳陷(Pz_1)

这里的早古生代坳陷是朝鲜半岛著名的沃川坳陷(III_{b}^{3})北东段的一部分。于图内出露于江原南道东北部玉溪—大和道一带，出露面积不足$10km^2$。坳陷由加里东构造层构成，该构造层由黄州群的寒武系中和组、黑桥组、茂津组、古丰组和下奥陶统新谷组、中奥陶统万达组组成；岩石组合为泥灰质板岩、灰岩、白云岩、硅质白云岩、角砾钙质白云岩、泥灰岩；粉砂岩等，为一陆壳克拉通坳陷相碎屑岩-碳酸盐岩建造，地层所含化石与我国华南地区相当。据此，我们将京畿地块划归于扬子板块之内是可行的。坳陷上覆盖层为平安群上石炭统洪店组和上石炭统—下二叠统立石组，岩石组合为海相-陆相砾岩、砂岩、碳质泥岩、粉砂岩、灰岩、板岩、泥岩等，上部含有无烟煤层。

4. 临津造山带(D_3—C_1)

造山带位于扬子板块北缘，呈狭长带状展布于康翎半岛—金川—铁原一线。由临津群上泥盆统鞍形组、付压山组和下石炭统塑宁组组成的华力西早期构造层构成，岩石组合由砂质砾岩、钙质砾岩、钙质砂岩、板岩、灰岩、千枚岩、粉砂岩、石英岩、角岩及黏板岩组成。临津群内广泛分部有铁镁质-中性喷出岩及其凝灰岩、细碧岩、角斑岩，为一侧向增生杂岩相含碳酸盐岩、火山岩-碎屑岩建造。晚泥盆世地层所含化石亦与我国华南地区相当。

按经典板块构造理论，这一位于中朝板块与扬子板块之间的构造单元应为一复合造山带，由两板块侧向增生构造带构成，两板块的终极对接构造结合带亦应存于其中。故此，我们推测划出了临津构造结合带。

(四) 滨太平洋构造

区内滨太平洋构造发育，并对前期构造进行了叠覆、改造。

1. 中生代构造(T_3—K)

该期构造为亚洲大陆板块与泛太平洋大洋板块相互作用的产物，由各种类型的盆地构造组成。受其构造作用控制特征明显，盆地的展布，除巨大规模的松辽盆地外，其他盆地皆呈NE—NNE向排列。纵观全区，辽东半岛盆地构造较朝鲜半岛发育，它们是松嫩盆地(V_{a}^{1})、下辽河盆地(V_{a}^{2})、兴隆盆地(V_{a}^{3})、四平盆地(V_{a}^{4})、辽源盆地(V_{a}^{5})、双阳盆地(V_{a}^{6})、双河盆地(V_{a}^{7})、大兴盆地(V_{a}^{8})、延吉盆地

(V_a^9)、塔子沟盆地(V_a^{10})、南杂木盆地(V_a^{11})、柳河盆地(V_a^{12})、通化盆地(V_a^{13})、和龙盆地(V_a^{14})、抚松盆地(V_a^{15})。而朝鲜半岛仅见有慈城盆地(V_a^{16})、青山里盆地(V_a^{17})、鹤泉里盆地(V_a^{18})3个发育较好的盆地构造。该期盆地构造由陆相含煤碎屑岩建造、碎屑岩-火山岩建造或火山岩建造组成的印支期构造层,燕山早、晚期构造层构成。构造盆地往往见有由2个(期)或3个(期)构造层构成,使其具有二元或三元结构特征。

同期见有极发育的花岗岩类,有的呈巨大岩基和不发育的闪长岩、碱性岩、超基性岩小岩株产出。

2. 新生代构造(E—Q)

该期构造基本为中生代构造的延续,主要以火山活动、河-湖相沉积为主和极少的海相沉积(辽东半岛西海岸、朝鲜半岛东海岸),发育了为数不多的沉积盆地和火山高地。它们是白头山火山高地(V_b^1)、伊通盆地(V_b^2)、珲春盆地(V_b^3)、行营里盆地(V_b^4)和吉州盆地(V_b^5)。本期构造主要由陆相含煤碎屑岩建造、火山岩建造、碎屑岩-火山岩建造组成的喜马拉雅期构造层构成。火山岩类以钙碱性系列为主,进入第四纪出现了偏碱性粗面岩或粗面质玄武岩(白头山等地)。

本期岩浆侵入活动极不发育,仅于吉林省桦甸永胜出露一古近纪碱性岩体,规模不大,出露面积为18km^2;在朝鲜于黄海北道沙院里、平安北道云田见有3个渐新世小超基性岩体。

通过对区内构造层、区域地质构造特征等的研究,我们对区内构造层、构造旋回、构造发展阶段进行了划分。从表5-7中可以看出,区内地壳的演化形成史起始于早前寒武纪。中朝、兴凯、扬子古陆(块)形成于古陆(台)形成阶段($Ar—Pt_3^1$)。此后在北部,古亚洲洋构造域阶段早期($Pt_3^2—S_3$)的演化生成了中朝古陆与兴凯(-佳木斯)地块之间的早古生代构造增生(褶皱)带,构成了该期地壳独特的"块带镶嵌结构";于早古生代末期($S_4—D_1$),中朝、西伯利亚两大板块于汪清—珲春一带对接,表现为汪清—珲春构造结合带的生成。晚古生代($D_2—T_1$)在华北板块与西伯利亚板块间对接超碰撞构造作用下,地壳作垂向增生,形成了诸多的上叠构造盆地。在南部,中朝古陆与扬子古陆之间,于古生代至中生代早期($P_z—T_1$)期间,完成了侧向增生和对接。构造结合带据资料推测在康翎半岛—金川—铁原一带。

滨太平洋构造域阶段($T_2—Q$)在区内则为古亚洲大陆板块与泛太平洋板块相互作用,对前期构造进行了叠覆、改造,古亚洲大陆作侧、垂向增生。中生代区内地壳主要为垂向增生,发育了诸多火山-沉积盆地。进入新生代,区内基本为陆内拉分-裂陷沉积和玄武岩浆喷发(溢)活动,以及极少的酸性-碱性岩浆活动。

表5-7　中-朝毗邻地区构造层、构造旋回、构造阶段表

地质时代		构造层	大地构造相杂岩类型	伴生侵入岩	构造旋回	构造发展阶段
地质时期	地质时段(Ma)	构造层名称				
$E_2—Q$	0.00～57	喜马拉雅期构造层	cs、vl	$\xi\Sigma$	喜马拉雅构造旋回	滨太平洋构造域阶段
$K_2—E_1$	57～96	燕山晚期构造层	pb	$\kappa\rho\gamma$、ξ、$\gamma\pi$	燕山构造旋回	
$J_3—K_1$	96～154	燕山早期构造层	pb	γ、$\kappa\rho\gamma$、$\xi\gamma$、$\eta\gamma$、$\gamma\delta$、$\gamma\delta o$、ηo、δ、δo、ξ、$\gamma\pi$		
$T_2—J_2$	154～241	印支期构造层	pb	γ、$\xi\gamma$、$\eta\gamma$、$\gamma\delta$、$\gamma\delta o$、$\kappa\gamma$、ξ、δ、δo、Σ	印支构造旋回	
$C_2—T_1$	241～320	华力西晚期构造层	pb	γ、$\kappa\rho\gamma$、$\xi\gamma$、$\eta\gamma$、$\gamma\delta$、$\gamma\delta o$、$\kappa\gamma$、$\xi\pi$、δ、$\delta o\nu$、Σ	华力西构造旋回	古亚洲洋构造域阶段
$S_4—C_1$	320～415	华力西早期构造层	pb	γ、$\kappa\rho\gamma$、$\xi\gamma$、$\eta\gamma$、$\gamma\delta$、γ、δo、$\kappa\gamma$、$\xi\pi$、δ、δo、ν、Σ		
$Є_1—S_3$	415～543	加里东期构造层	pb、ia	γ、$\eta\gamma$、$\gamma\delta$、δ、δo、ν、Σ	加里东构造旋回	
Pt_3^{2-3}	543～800	兴凯期构造层	pb、ia	$\eta\gamma$、$\gamma\delta$、$\gamma\delta o$、ν、Σ	兴凯构造旋回	

续表 5-7

地质时代		构造层	大地构造相杂岩类型	伴生侵入岩	构造旋回	构造发展阶段
地质时期	地质时段(Ma)	构造层名称				
Pt_2—Pt_3^1	800～1 800	扬子期构造层	pb	γ、$\kappa\rho\gamma$、$\eta\gamma$、$\gamma\delta$、$\gamma\delta o$、δ、δo、Σ	扬子构造旋回	古陆形成构造阶段
Pt_1	1 800～2 500	辽河期构造层	rf	γ、$\kappa\rho\gamma$、$\eta\gamma$、$\gamma\delta$、$\gamma\delta o$、δ、δo、$\beta\mu$、ν、Σ	辽河构造旋回	
Ar_3	2 500～2 800	清原期构造层	mc	变质深成侵入体-TTG岩系、灰色花岗质片麻岩、富钾花岗岩、伟晶岩及$\kappa\rho\gamma$、$\eta\gamma$	清原构造旋回	
Ar_2	2 800～3 200	本溪期构造层	mc	变质深成侵入体-TTG岩系、灰色花岗质片麻岩、富钾花岗岩和伟晶岩	本溪构造旋回	
Ar_1	3 200～3 600	鞍山期构造层	Ar	变质深成侵入体-英云闪长质片麻岩、花岗闪长质片麻岩	鞍山构造旋回	
Ar_0	>3 600	始太古期构造层	未见	变质深成侵入体		
Ar	2 500～3 600	太古宙构造层	mc	变质深成侵入体		

大地构造相杂岩类型：ia. 岛弧、山弧杂岩；rf. 大陆裂谷杂岩；mc. 古陆及微大陆(块)变质杂岩；pb. 古陆、地块盆地、坳陷杂岩；cs. 新生代沉积杂岩；vl. 新生代火山杂岩

二、成矿特征的对比

中朝毗邻地区的总体成矿特点可以概述为：①太古宙基底隆起区的铁、铜锌、金、镍等金属矿床；②古元古代裂谷区的菱镁矿、滑石、硼、铅锌、铁、铀、金、银、铜、钴、硫铁矿等矿床；③中-新元古代地层分布区的铅、锌、锰等金属矿床；④与古生代岩浆岩有关的铂、钯、铜、镍矿床；⑤与中生代岩浆岩有关的金、银、铂、钯、铜、镍、铅锌、钼等矿床；⑥中生代沉积岩区的煤炭、石油、天然气、黏土以及三叠纪沉积型锰矿等。

本区内生金属矿床在成矿时间上有两个高峰期，即前寒武纪和中生代。已知的优势矿种有铁、金、银、铜、铅、锌、钼、镍、钴等。

其中，跨越中朝毗邻地区的成矿带主要包括了中-朝成矿省的铁岭-靖宇-冠帽(朝)成矿带(ZC_1)、营口-长白-惠山(朝)成矿带(ZC_2)和吉黑成矿省的延边-咸北成矿带(JH_5)。

(一) 铁岭-靖宇-冠帽(朝)成矿带的境内外对比与找矿方向

该成矿带近东西向展布于辽宁的鞍山-抚顺-铁岭-吉林的靖宇及朝鲜的冠帽地区。地质构造上属太古代铁架山-龙岗山-冠帽峰隆起。

该成矿带发育4种主要成矿建造：太古宙绿岩建造(鞍山群、板石沟群、茂山群)，燕山期火山、次火山岩建造，印支—早燕山期中酸性岩浆岩建造和晚燕山期镁铁质-超镁铁质岩建造。从而形成4种主要类型矿床：火山沉积变质铁矿，火山、次火山岩建造中的铜、(金、银、铅、锌)矿，中、酸性侵入体内、外接触带的脉状铜、钼、铅锌矿和硫化铜镍矿。

火山沉积变质铁矿(鞍山式铁矿)是该成矿带的主要矿化形式。集中分布于辽宁省鞍山-本溪地区和吉林省通化板石沟地区以及朝鲜的茂山地区(图5-14)。一系列超大型和大型铁矿床构成我国主要铁矿石原料基地。鞍山式铁矿层控特征明显。在鞍本地区，鞍山群茨沟组、大峪沟组和樱桃园组均为成

矿的有利层位。其中,茨沟组二段成矿最佳,齐大山、弓长岭、南芬、大河沿、歪头山等超大型、大型铁矿均产于茨沟组二段地层中。在板石沟地区,主要受控于板石沟群。在朝鲜是茂山群。构造环境是鞍山式铁矿的另一主要控制因素。据徐光荣等(1992)研究,鞍山式铁矿受绿岩盆地控制,含铁岩系主要分布在盆地边部,铁矿围绕盆地边部呈环形分布。

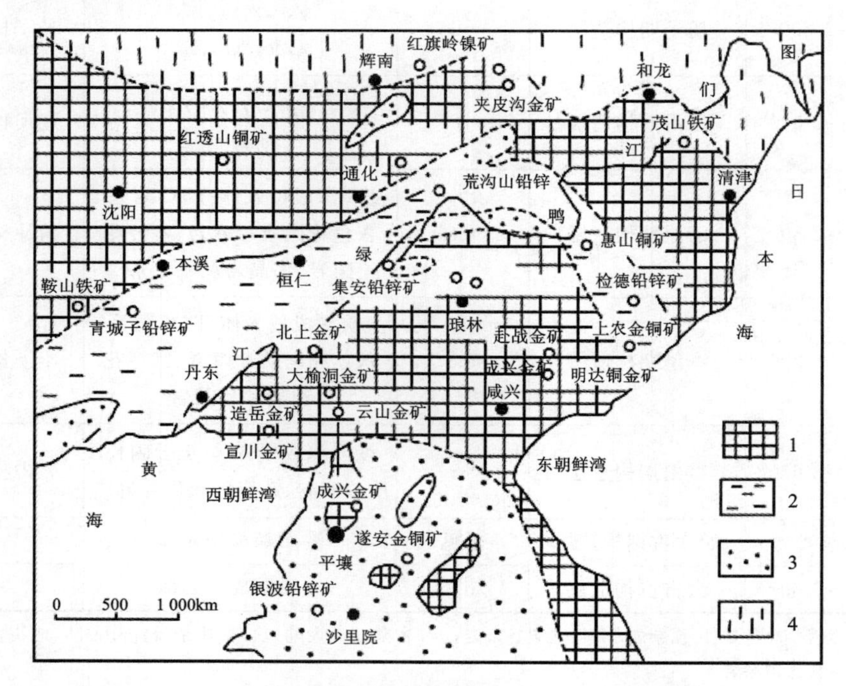

图 5-14　辽吉南部、朝鲜北部主要金属矿产及前古生界古地理图

1.太古宇古陆基底;2.中下元古界裂谷海槽;3.下古生界沉积盖层;4.古生界地槽褶皱带

火山、次火山建造中的铜(金、银、铅、锌)矿与叠加在该成矿带之上的中、晚燕山期火山盆地有关。以吉林省通化地区的二密火山盆地及有关的二密铜矿为代表。

中酸性侵入体内、外接触带有关的脉状铜、钼、(铅、锌)矿化主要发育在鞍山—桓仁一带。矿化与印支—早燕山期中酸性侵入体有关。矿床产于鞍山-桓仁花岗岩带的内、外接触带。

硫化铜镍矿产于龙岗山花岗-片麻岩穹隆的核部的吉林省通化赤柏松—辽宁省拐磨一线。受北北东—近南北向的张剪性断裂控制。成矿岩石为镁铁质-超镁铁质岩脉和岩墙。成矿时代为白垩纪。

冠帽成矿区位于朝鲜北部地块冠帽峰隆起带(朝鲜工作者将其划入咸北褶皱带)。区内主要分布古元古界地层。其岩性主要由云母片岩、大理岩、基性凝灰岩与角闪岩组成。在南部吉州—明川一带分布有第三系渐新世地层,地层中有玄武岩及煤层。区内岩浆岩主要有两期:古元古代瓮津岩群呈小岩基和岩基分布于本区北部及中部地区,主要岩性为花岗岩和闪长岩;中侏罗世初的端川岩群呈岩基、岩床分布于本区中部、北部及大部分地区,主要岩性为花岗岩及闪长岩。此岩群是本区分布最广,出露面积最大的岩体。本区变质岩层呈北东-南西走向,主要断裂构造除北西向的清津江断裂及北大川断裂外,区内尚有若干条北东走向的断层。在南部的吉州-明川边缘坳陷带以北东向断裂与端川岩群接触。

1. 茂山铁矿地质特征

茂山铁矿是朝鲜最大的铁矿。它产于冠帽峰构造带的茂山群中。茂山群主要岩性为角闪岩类,其次为二云母片麻岩、白云质大理岩、细粒石英岩、磁铁石英岩和二云母硅质片岩。磁铁石英岩除含有大量的磁铁矿和赤铁矿外,还含辉石和闪石类矿物,从而可以进一步划分为角闪磁铁石英岩、透闪石磁铁石英岩、顽火辉石磁铁石英岩和铁镁闪石磁铁石英岩系列。有一些磁铁石英岩含钠长石和钾长石,而另一些磁铁石英岩中含角闪石和贵榴石。茂山群的角闪岩主要有含绿帘石、黑云母、有时是辉石的角闪岩为最多。在茂山铁矿区，片理走向北东，倾向北西，倾角 40°～80°，角闪岩类的化学成分是含有较多的钛和磷，Fe_2O_3 含量大于 FeO，碱含量较高（图 5-15）。

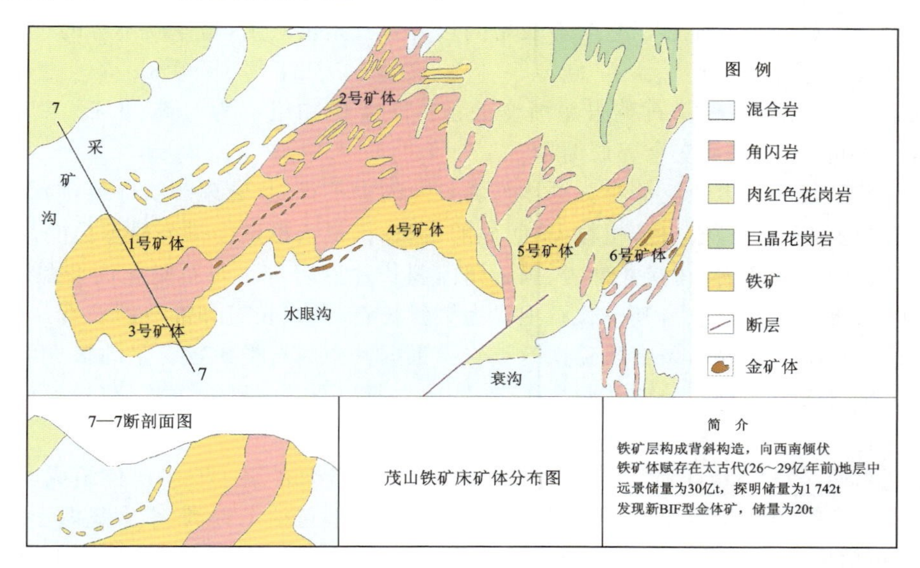

图 5-15　茂山铁矿矿床地质略图

含铁石英岩有两层，沿走向延伸约 10km，厚达 100m，最厚可达 250～300m。含铁矿物主要为磁铁矿和少量赤铁矿，矿物含量为石英（38.3%）、磁铁矿（29.6%）、黑云母（3.3%）、磷灰石（2.45%）、钠阳起石（4.3%）。

矿石的全铁品位为 25%～60%，平均品位为 38%～39%。此外 SiO_2 32%～47%，Al_2O_3 0.5%～3%（个别达 6%～10%），CaO 1.2%～2.3%，MgO<1.5%，磷 0.2%～0.4%，锰 0.08%～0.3%，钛<0.03%和痕量的 Cu、Ni、V、Pb、Zn。

2. 板石沟铁矿地质特征

板石沟铁矿位于吉林省白山市北约 10km 处。铁矿产于新太古代板石沟群变质岩系中。矿体小而多，成组成带出现（图 5-16）。

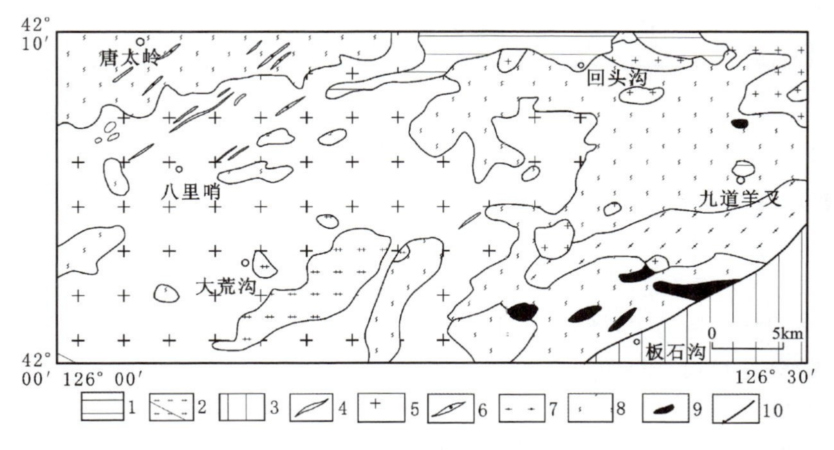

图 5-16　大荒沟-板石沟地质略图

（据姜继圣等，1997）

1. 第四系玄武岩；2. 燕山期花岗斑岩；3. 古元古代地层；4. 变辉绿岩脉；5. 变黑云母钾长花岗岩；6. 角闪石岩脉；7. 浅色黑云母长英片麻岩；8. 暗色黑云母长英片麻岩；9. 变质上壳岩系；10. 脆性断裂

矿区主要出露新太古代板石沟群、古元古代老岭群以及新生代火山岩。板石沟群是含矿岩系，主要由斜长角闪岩、磁铁石英岩、石英岩和片麻岩类组成。

斜长角闪岩类在矿区呈条带状、钩状、透镜状分布于片麻岩类岩石中。主要岩石类型有：斜长角闪岩、含榴斜长角闪岩、角闪岩及斜长角闪片麻岩等。岩石多呈绿—灰绿色，条带状或片麻状构造。

磁铁石英岩是主要的工业矿石。它与斜长角闪岩类岩石紧密共生，呈厚度不等的透镜状、条带状断续分布于斜长角闪岩、角闪岩中。

石英岩见于矿区东部，与磁铁石英岩呈渐变关系。主要矿物组成为石英、长石、少量黑云母、白云母，局部可见长石和石英。保留变余碎屑结构。

片麻岩类在矿区及区域上广泛分布。总体与斜长角闪岩平行，片麻理产状一致，局部可见二者呈侵入穿插关系。宏观上，岩石呈灰白色，粗粒，具明显的由长石、黑云母定向排列显示出的片麻状构造。主要岩石类型有黑云斜长片麻岩、花岗片麻岩、黑云角闪斜长片麻岩等。岩石呈花岗变晶结构，主要由粗粒长石、石英、黑云母、白云母组成，其中长石主要为微斜长石、条纹长石和部分斜长石。

板石沟铁矿矿石类型主要为条带状磁铁石英岩。根据其中闪石类矿物含量的多少可分为石英磁铁矿石和角闪石英磁铁矿石两种。分南北两个矿带，铁矿与薄层石英岩渐变过渡，与斜长角闪岩类岩石紧密共生。

矿区分布在东西长约 8km，南北宽约 3km 的范围内，由 15 个矿组 170 个矿体组成。矿区划分为大致平行的南北两条含铁角闪质岩层，北为第一含铁角闪质岩层，包括上青沟、李家堡两个矿区；南为第二含铁角闪岩层，包括棒槌园子矿区。以第一含铁角闪质岩层产出的矿体规模较大。含铁角闪岩层的分布受区域北东东构造线的控制(图 5-17)。

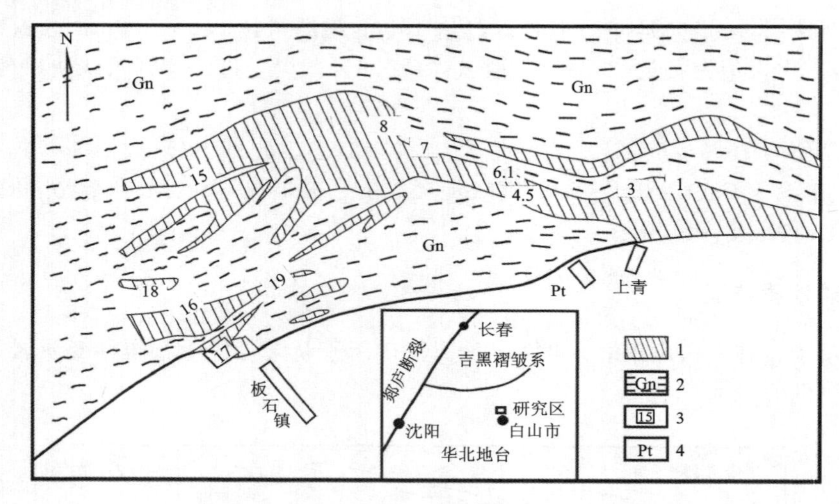

图 5-17 板石沟铁矿区地质图

1.斜长角闪岩；2.片麻岩；3.矿组位置及编号；4.古元古代地层

矿石以中粒粒状变晶结构为主，当有闪石类矿物时构成粗粒粒状变晶结构。磁铁矿多呈自形、半自形晶，粒度细小、均匀，多在 0.05～0.1mm 之间，与石英呈平整晶界、平衡共生，反映出变质重结晶的特征。

矿石以条纹、条带状构造为主，条纹、条带宽窄不等，宽者可达 1cm，细者仅 0.05cm，表现为磁铁矿、石英、硅酸盐矿物的分异和相对集中。

磁铁石英岩的 TFe 含量一般在 25%～40%之间，属贫铁矿石。

矿区岩石的典型矿物共生组合有 4 种类型：普通角闪石＋斜长石＋黑云母＋石英、普通角闪石＋黑云母＋石英、斜长石＋石英＋黑云母＋白云母、斜长石＋黑云母＋石英＋铁铝榴石。以上特征说明本区岩石经历了低角闪岩相的变质作用，变质温度大致为 500～600℃。

板石沟群在太古宙经历了强烈的塑性变形(D_1)。这期构造变形置换了本区太古宙表壳岩的原始沉积层理(S_0)，产生了一套新的构造组合：面状构造(S_1)、褶皱构造(F_1)和线理构造(L_1)。S_1构造面控制着单个矿体及矿组的总体展布；F_1造成原始仅有 2 层的铁矿褶皱重复，在转折端加厚，变为“多层”，形成有开采价值的矿体，而在翼部则变薄、拉断，只构成民采的小矿条，L_1 则控制着铁矿钩状体向深部的延伸(屈奋雄等，1977)。

3. 茂山铁矿与板石沟铁矿的对比

茂山铁矿与板石沟铁矿可对比性主要体现在如下几个方面。

构造位置的一致性：茂山铁矿和板石沟铁矿均位于辽-吉-朝古元古代裂谷带以北的构造带中。

含矿岩系的岩性和岩相的一致性。茂山铁矿的含矿岩系(茂山群)主要是角闪岩类。包括斜长角闪岩、角闪岩、黑云角闪片岩、斜长角闪片岩、角闪斜长片麻岩、黑云角闪片麻岩等，原岩是基性火山熔岩和火山碎屑岩。而板石沟铁矿的含矿岩系(板石沟群)在板石沟铁矿区主要表现为斜长角闪岩类为主，包括斜长角闪岩、含榴斜长角闪岩、角闪石岩及斜长角闪片麻岩等。原岩为基性-中基性火山熔岩和火山碎屑岩。

变质程度的一致性。从岩石组合以及与之相关的矿物组合来看，两个矿区的角闪岩类的矿物组合以普通角闪石＋斜长石＋黑云母＋石英组合为主。但是从经常有绿帘石和石榴子石共生来看，其变质程度应均属于低角闪岩相。

形成时期的一致性。尽管早期的朝鲜学者和我国的一些文献上都把茂山群与古元古代下部的城津统相对比，但很少有任何相关对比证据的报道。曹林等(1999)在中文文献中最早将茂山群与我国的新太古代变质岩系(夹皮沟群)相对比，对比依据更多来自岩石组合。刘永江和梁道俊(2008)在“朝鲜半岛地壳的形成与演化—古陆的形成阶段($Ar—Pt_1$)”一文中，明确提出在狼林地块形成稍晚些时候形成了冠帽小陆，在古元古代时期在狼林小陆和冠帽小陆之间形成了摩天岭海的论断。这个论断暗示了茂山群应该形成于新太古代晚期。根据板石沟群表壳岩系中单颗粒锆石蒸发年龄(2 519Ma，毕守业，1989)和斜长角闪岩与黑云变粒岩的全岩样品 Rb-Sr 等时年龄(2 585±67Ma，沈保丰等，1994)，板石沟群显然应形成于新太古代晚期。

矿化特征的一致性：在角闪岩类中，茂山磁铁石英岩层状、似层状和透镜状的矿体群成群、成带产出。在板石沟矿区，有多达 170 多个矿体。除宏观特征的一致性外，含矿岩系(磁铁石英岩)的特点也非常相似：茂山铁矿的磁铁石英岩可进一步分为含普通角闪石的、透闪石的、顽火辉石的和铁镁闪石的磁性石英岩，而板石沟铁矿区的磁铁石英岩也可分为磁铁石英岩和角闪磁铁石英岩。矿石中广泛存在的碱(Na、Mg、Ca、K)交代作用也是两者矿化特征方面的一致性。

4. 茂山铁矿与板石沟铁矿对比的意义与找矿方向

在探讨茂山铁矿和板石沟铁矿的对比意义之前，有必要探讨一下板石沟铁矿、茂山铁矿与鞍本地区的鞍山式铁矿之间的关系。

从三者的空间分布来看，都有位于辽-吉-朝古元古代裂谷带以北；围绕龙岗-铁架山古-中太古代穹隆分布；是新太古代晚期的表壳岩系。

从含矿岩系的特点来看，板石沟铁矿和茂山铁矿应该相当于鞍本地区位于茨沟组中的铁矿(如弓长岭铁矿和歪头山铁矿)。尽管从矿体的形状、产状乃至规模上，板石沟铁矿和茂山铁矿(特别是前者)与弓长岭、歪头山铁矿不可简单对比，但仅从含矿层位的时代和岩相、岩性特点来看，应该是一致的。

因此，鞍本地区、板石沟地区和朝鲜的茂山地区共同构成了辽-吉-朝古元古代裂谷带北侧新太古代铁矿成矿带。在这个地区，鞍山式铁矿不应该是鞍本地区的专利，在板石沟—茂山一带，有进一步寻找大型和超大型鞍山式铁矿的可能性。

(二) 营口-长白-惠山(朝)成矿带的境内外对比与找矿方向

营口-长白-惠山(朝)成矿带与辽-吉-朝古元古代裂谷带展布一致(图 5-15)。太古宙后期，大体沿北纬 41 线南北地区，太古宙克拉通发生张性裂开，产生了近东西走向的辽(河)-老(岭)-摩(天岭)大裂谷。在非稳定性构造环境下，成为一条宽 50～100km，总长在 650km 以上的狭长形海槽，长期接受海相沉积，并逐渐堆积成一套完整的地槽相沉积物。在辽宁南部为辽河群，在吉林南部称老岭群，朝鲜称为摩天岭系。检德铅锌矿所在的摩天岭地区即为此裂谷的一部分。由于地壳的非均一性构造运动，致使辽老摩裂谷在纵向、横向上都表现了非对称性的特征。并由此形成了一系列性质、规模都不相同的裂谷沉积盆地。裂谷带中由于发育有同沉积断裂（生长断裂），以及深部热点形成高的地热梯度，导致了海底喷气（流）以及热卤水含矿溶液的广泛活动，并在适当环境下形成了区域中一系列层状和层控的铅、锌、铜多金属矿床，从这一裂谷带的摩天岭成矿区开始，向西经吉林省以荒沟山为代表的老岭铅锌矿化区，而至西部辽宁省以青城子铅锌矿为代表的矿化集中区，构成了中国-朝鲜元古宙铅锌矿带。

1. 中国境内的营口-长白成矿带

该成矿带营口-长白地区的成矿建造主要为古元古代海相碎屑岩-碳酸盐岩建造和火山岩-碎屑岩-碳酸盐岩建造。此外还有印支—早燕山期的中、酸性侵入岩（埃达克岩）成矿建造和晚燕山期火山、次火山岩成矿建造。

与古元古代海相碎屑岩-碳酸盐岩建造和火山岩-碎屑岩-碳酸盐岩建造有直接成因关系的是热水沉积矿床，以铅锌矿为主，包括青城子铅锌矿、北瓦沟铅锌矿、正岔铅锌矿、检德铅锌矿等。其次为金（银）矿（小佟家堡子金矿、猫岭金矿）、银（金）矿（高家堡子银矿）、翁泉沟式铁矿和大栗子式铁矿、大横路式钴（铜）矿。

在营口-长白古元古代裂谷带，印支期和早燕山期中、酸性侵入岩发育，在裂谷带中部和南缘，形成两条花岗岩带。形成了与之有关的热液脉状或矽卡岩型铅锌矿、铜铅锌多金属矿和金（银）矿等。热液脉状矿化多是叠加在早期热水沉积型层状铅锌矿之上，是早期矿床在岩浆热液活动中的再就位。在青城子、北瓦沟、荒沟山矿床中均有该类矿体。矽卡岩型矿化即有叠加在早期矿化之上的情况（如荒沟山铅锌矿），也有独立的矽卡岩型矿床（如二棚甸子矽卡岩型多金属矿）。

在辽-吉-朝古元古代裂谷带之上，叠加了两个重要的中、新生代火山盆地：桓仁盆地和长白山盆地。在盆地边缘形成了与火山、次火山岩有关的热液脉状或矽卡岩型铜、铅锌、金（银）、钼的矿床、矿点和矿化点。长白山盆地是一个新生代火山盆地，但周边和盆地内部断续分布的侏罗系、白垩系以及燕山期中、酸性侵入岩，暗示该盆地是在燕山期盆地基础上发育的。金、铜、铅、锌、钼矿化分布在盆地边缘，与燕山期火山岩、次火山岩和浅成侵入岩有直接的成因关系。

2. 朝鲜境内的惠山-利原成矿带

1）地层及矿床分布

摩天岭成矿区位于朝鲜北部的太古代狼林台背斜与咸北褶皱带之间的惠山-利原台向斜内（图5-18）；呈北北西向分布：北起鸭绿江上游的惠山，南至东海的利原，长约130km，宽达90km，面积约11 700km^2，构成一狭长的成矿区。带内铅锌、铜、金、铁、菱镁矿、滑石、磷灰石、石墨、云母、硫及硼等矿产资源丰富，是朝鲜最重要的有色工业基地。

摩天岭系在沉积建造和岩石组合上反映出明显的三部分：即下部由富含基性喷出的陆源碎屑岩和碳酸盐岩（城津组）；中部为厚层碳酸盐岩（北大川组）；上部以陆源碎屑岩夹火山碎屑岩（南大川组）。在成矿区的北部、中部和南部，摩天岭系上部的南大川组在岩石组合上有明显的不同：北部甲山、惠山-云兴地区，上部的石英岩类比较发育，而下部的角闪岩类未见出露；南部上农-龙源地区下部角闪岩相比较发育，上部石英岩类较少；而介于两者之间的检德-洞岩地区，在沉积特点上似乎介于两者之间，上部即有少量的石英岩类，下部也有少量的角闪岩相，而中部的含磷岩系则比较发育，这是与上述地区完全不同的。由此可见，在万塔山岩体南北的某个部位可能存在几个横（斜）切裂谷的同沉积断裂（生长断裂），控制并形成了上述不同性质的三、四级构造沉积盆地。岩相组合：大体以北大川、长坡里断裂为界，最东部的洞岩—金策一带古海槽较深，北大川组白云岩厚度较大，但上部白云岩类不发育。中部检德一带古海槽较浅，北大川组上部层和中部层都比较发育，泥砂质沉积物也比较多。长坡里断裂以西地区古海槽很浅，致使北大川组、南大川组海相沉积物都不发育，而以近浅海相的泥砂质碎屑物质为主。这也是造

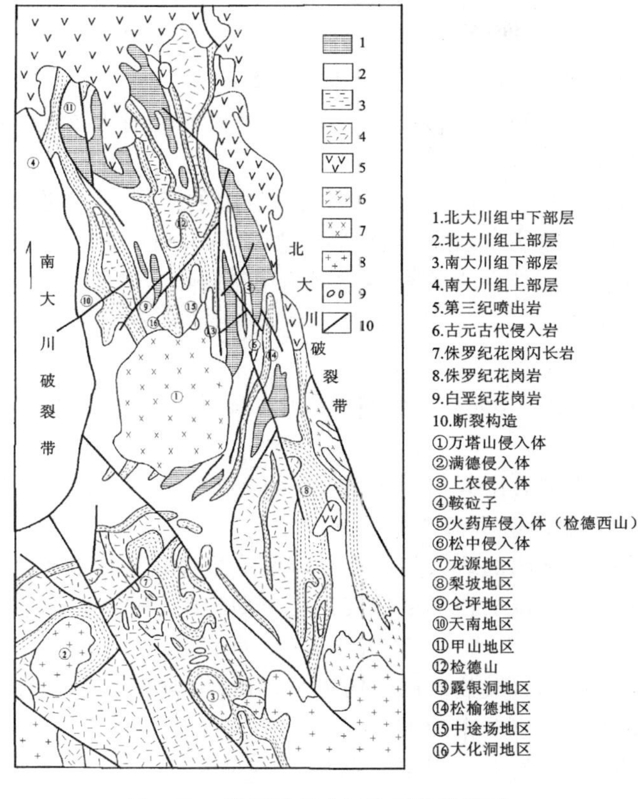

图 5-18　摩天岭成矿区地质构造略图

成矿产种类不同的原因。摩天岭系与下伏狼林群和太古宙花岗质岩石呈断层接触。其同位素年龄为 17.30～18.70 亿年。

成矿区岩浆活动强烈，主要表现在元古代和中生代的侵入及新生代的喷发与溢出。早期的岩浆活动在区内主要有早元古代侵入的利原岩群(γ_2)和中生代侏罗纪侵入岩(γ_5^2)。区内万塔山岩体，面积约 130km，岩体中心相以粗粒闪长岩类为主，向边部逐渐过渡为花岗闪长岩、细粒花岗岩等。岩枝及小岩株也比较发育，同位素年龄为 1.8～1.9 亿年。侵入体接触带为碎屑岩并已角岩化，当其与碳酸盐岩接触时，常形成矽卡岩类，并有铜、铅锌、铁和少量辉钼矿化出现。本期岩浆活动虽与铅锌多金属矿化作用有一定联系，但矿化规模很小，不构成大的工业矿床。晚期的喷发作用主要表现为新生代的玄武岩、粗面岩类的喷溢，喷出厚度达 250～300m，覆盖在前期各种岩层之上，在摩天岭成矿区内，主要分布在白岩—甲山北一带，给地质找矿勘查工作带来了困难。

成矿区遭受多次区域地质构造运动，构造形态十分复杂。尤其褶皱构造非常发育，是本区构造的重要特点。目前已知有两期褶皱构造：第一期褶皱构造在全区广泛发育，为摩天岭系沉积后元古代末期的摩天岭构造运动所致，多以紧闭线型倒转的同斜褶皱为主，构成了本区地质构造的基本骨架；第二期褶皱构造形成于中生代，并受断裂构造控制，以全区的宽缓皱曲为特征。区内有北西向、北东向和南北向断裂构造，其中前者最为发育。纵贯全区的大断裂有 3 条：即虚川江断裂、惠山-长坡断裂和北大川断裂。在中生代松林-大宝运动时期有明显的活动，并控制区域下元古界摩天岭系及上元古界详原系和古生界沉积盖层的分布，成为次一级构造单元的分界线（西为虚川江沉降带，东为摩天岭隆起带），具有长期活动的性质（图 5-19）。

摩天岭成矿区是最重要的成矿地区。该成矿带被北大川断裂和长坡里断裂分割成 3 个自然矿带：东部带（北大川断裂以东）以非金属矿产如菱镁矿、滑石、石棉、磷灰石、云母、石墨为主；中部带（两大断裂之间）为多金属大中型矿床集中的重要矿带，以铅锌、铜、金、菱镁矿、滑石为主，产有著名的检德铅锌矿，仓坪、文乐、天南、旧铜店铅锌矿，甲山、惠山-云兴铜矿，著名的龙阳菱镁矿均在此带中；西部带以黄铁矿、铜、金、铅锌、铁为主，如上农金铜矿、满德铜、黄铁矿，虚川、丰山、北青铁矿，釜(富)洞黄铁矿等矿床。

矿化分带：由西向东分带为铁带，铜、铅锌带和非金属带。

产于摩天岭系上部(南大川组)矿产：以铜、金为主，主要矿床有上农金、铜矿，满德、釜洞含铜黄铁矿，青年铁矿及惠山、云兴铜矿等多金属矿床。

产于摩天岭系中部(北大川组)上段的白云岩、大理岩中的矿产：主要有著名的检德式铅锌矿床(含本山、黄铁沟、间店、露银洞、中途场、检德山、桦树沟、如云洞、舞鹤洞等)和外围的天南、仓坪等铅锌矿床。产于中段大理岩与片岩互层带中的矿床：主要有甲山铜矿。

2) 区域矿产的分布特征

(1) 区域分布。

北大川断裂以东的南大川组、北大川组和城津组中以磷灰石、石墨、石棉及滑石、菱镁矿、萤石等非金属矿为主。

西部矿段中万塔山岩体南部有南大川组中的上农-满德矿田：以铜、金矿为主，分布有铁、钴和黄铁矿矿床。矿床类型以沉积变质-改造型为主。

万塔山岩体以北与检德山之间的北大川组上部碳酸盐岩类岩层中的检德铅锌矿田，以铅锌矿为主，局部含铜，但为数极少，矿床类型以层控类型的沉积变质型为主，也有少量溶液脉状矿体。已知大、中型铅锌矿床即有10处以上。

检德山以北的北大川组中部碳酸盐岩层中的甲山矿田，以铜矿为主，铅锌矿较少，层位也较检德矿区为低。矿床类型也以沉积变质型矿床为主。

鸭绿江南侧(甲山以北地区)的南大川组结晶片岩中的惠山-云兴矿田，以铜矿为主，铅锌较少。惠山铜矿主要赋存于南大川组结晶片岩内构造断裂中，同时切穿上覆的第三纪砂页岩，矿床类型为脉状溶液充填交代型。云兴铜矿赋存于南大川组上部层位，特征与上农—虚川一带类似，相当于上农铜矿类型。

(2) 成矿区划。

在矿床成因特征方面，根据地质构造条件、矿化特征及类型等，按矿化区域中成矿区、矿田及矿床的顺序，划分为万塔山及龙源两个成矿亚区和4个矿田，7个矿化带，共包括已知的13个矿床。

① 万塔山岩体南部的黄谷-银兴矽卡岩带。

② 万塔山岩体西部北大川组碳酸盐岩中的天南-黄谷铅锌铜带(北西方向)。

③ 北大川组碳酸盐岩层中的树义-金仓铅锌矿带(北东方向)。

④ 利原岩群花岗岩类两端，南大川组结晶片岩内的虚川-上农-下农金铜矿带(北西方向)。

⑤ 准平及虚川-上农西侧南大川组结晶片岩中的铁(锰)矿带(北西方向)。

⑥ 端川岩群花岗岩类侵入体周围、南大川组结晶片岩中的釜洞-满德-恩德-番在德环形硫化铁、铜带。

⑦ 釜洞-满德东南部及番在德西北部南大川组结晶片岩中的弧形硫化铁带。

3) 主要矿田

(1) 上农-满德矿田。

矿床分属于两个矿化带。

上农-虚川矿化带：位于区域东部，目前(至20世纪70年代)已发现了上农、虚川、准平、下农等铜矿床。其中某些矿床(如上农)尚可包含几处相邻的不同钠长岩透镜体中的矿体。每处矿体长都在1km左右。这些矿床都位于元古代混合花岗岩(利原岩群)附近。

满德-釜洞矿化带：位于区域西部，其中发现的矿床情况有所不同。包括满德铜矿床。20世纪60年代中期已发现矿体10个，最大矿体长几百米，延深大于600m，上部膨大部厚几十米，向深部减薄。这里的钠长岩中石英含量变化大，其中含较多的白云岩和灰岩透镜体，并矽卡岩化。透辉石矽卡岩及其蚀变的透闪石-阳起石和金云母岩中叠加块状、浸染状硫化物矿石。构成矿石主体，其外侧的电气石石英岩和部分钠长岩中也有稀疏浸染状偶见条带状矿石。主要矿物是黄铁矿(浅部)、磁黄铁矿(深部)、黄铜矿。黄铁矿含钴,黄铜矿及毒砂含金,某些矿体铜品位高。

其中,釜洞含铜黄铁矿带已发现矿体10余个,呈平行透镜体群。矿体长达450m,延深大于350m,平均厚4~5m,局部达10~15m。电气石钠长岩是含矿岩石。黄铁矿(浅部)和磁黄铁矿(深部)在其中呈浸染状、细脉状、块状、角砾状,大体沿层分布。含黄铜矿稀少,品位低,碳酸盐岩透镜体少,因而矽卡岩不发育。还发现了恩德、番在德等矿床,其特点与釜洞矿床相似。上述矿体都围绕中生代满德花岗岩体(端川岩群)分布,与其有密切的成因关系。

(2) 甲山铜矿田。

甲山铜矿田属大型矿床。位于虚川江沉降带内的甲山凹陷带中,铜矿体赋存在古元古界摩天岭北大川组白云岩、白云质灰岩层所组成的北北西-南南东向背斜东翼,矿体主要赋存在块状白云岩中,属层控型铜矿床,形成时代为古元古界。已发现矿体20余条,多沿一层白云岩发育,呈柱状、脉状、串珠状。由粗粒黄铁矿、磁黄铁矿、黄铜矿组成块状矿石的矿巢,被细脉状矿石的外壳包围。块状矿石沿走向和倾向有时被硫化物与白云岩组成的条带状矿石代替。白云岩含炭,有时有电气石、角闪石而呈黑色。矿石的层控特征明显,也有后期的热液改造。与检德铅锌矿可能分属两个沉积盆地。此外,在铜矿层位之上的透闪石白云岩中尚有磁铁矿、赤铁矿和菱铁矿组成的铁矿存在。边缘部有细粒铅锌矿化。位于老山矿区的南部,相距1 200m。共有4个矿体,其中2、3号矿体为工业矿体,矿体的顶板为石英斑岩和长石斑岩;底板为晚达灰岩和斑岩。斑岩蚀变强烈,灰岩遭受硅化,硅化强度与矿体的厚度及矿石质量关系密切。

(3) 检德铅锌矿田。

该矿田包括检德铅锌矿及天南、仓坪、文乐等矿床。

位于虚川江沉降带的甲山凹陷带中,矿床均赋存于古元古界摩天岭系北大川组上部层的白云岩及透闪白云大理岩内。矿床成因类型为层控型的沉积变质再造铅锌矿床。成矿时代为古元古代至中生代。含矿层及矿体受第一期褶皱控制,大多数工业矿体位于摩天岭系第一期褶皱的收敛处或一级褶皱构造的翼部,矿体集中在检德山向斜和本山-直洞向斜中,呈层状、似层状、扁豆状。矿体长几十米至700m,厚0.3~25m,延深几十米至400m,整个矿带长4.5~13km。矿石以闪锌矿和方铅矿为主,Pb+Zn品位3%~4%,Ag20~30g/t。

位于咸镜南道广泉郡内的新德(金沟)矿床,距端川北50km,目前已勘探提交的矿石储量达2.2亿t。铅锌矿石储量达7 000万t,矿区面积达170km^2,包括检德山、中途场、露银洞、本山、复沟、舞鹤洞、大化洞、桦树沟、黄铁沟、直洞、间店等矿段,是世界上罕见的巨型层控铅锌矿床。矿床位于狼林台背斜和咸北褶皱带之间的惠山-利原台向斜中。出露地层为下元古界摩天岭系,由下而上划分为城津组、北大川组和南大川组。侵入岩有元古代利原杂岩、三叠纪惠山杂岩以及侏罗纪端川杂岩等,岩浆活动较为频繁。矿区出露地层简单,主要为北大川组白云岩、大理岩和南大川组各种片岩。矿体主要赋存在以南大川统结晶片岩为核部的紧闭倒转向斜的两翼及其封闭部位之下的北大川统上部的第六层位条带状炭质白云岩(含硅质)中,在赋存铅锌矿体的白云岩中,常常夹或含有烟灰—灰白色不规则致密块状或透镜状的硅质岩,与白云岩的岩层层理一致,这是含矿岩层的特殊标准。

检德矿田内大体可分为3个矿带(图5-19),由东而西为本山-间店东部矿带、老银洞-中途场-检德山中部矿带、舞鹤洞西部矿带。矿带一般长2~20km,厚20~100m不等,呈南北向与地层展布方向完全一致。由于被晚期北东向中途场、白砬子两断裂所切割,矿田被分成3个自然段,9个铅锌矿床,即:南部的本山、老银洞、桦树沟3个铅锌矿床;中部的黄铁沟、中途场、如云洞、舞鹤洞4个铅锌矿床;北部的间店、检德山2个铅锌矿床。矿床由几条至几十条矿体群组成,除本山、中途场、老银洞等矿床部分矿体出露地表外,大部分为盲矿体产出。由于中途场一带南北向紧闭线性倒转复式褶皱由南向北呈15°~20°侧伏,因此检德山的铅锌矿体大部分被南大川统结晶片岩所覆盖,埋藏深度向北越来越大,均呈隐伏矿分布。整个矿田内的铅锌矿体均赋存于以南大川统结晶片岩为核部的紧闭倒转向斜的两翼及其封闭部位之下的北大川统上部层中。

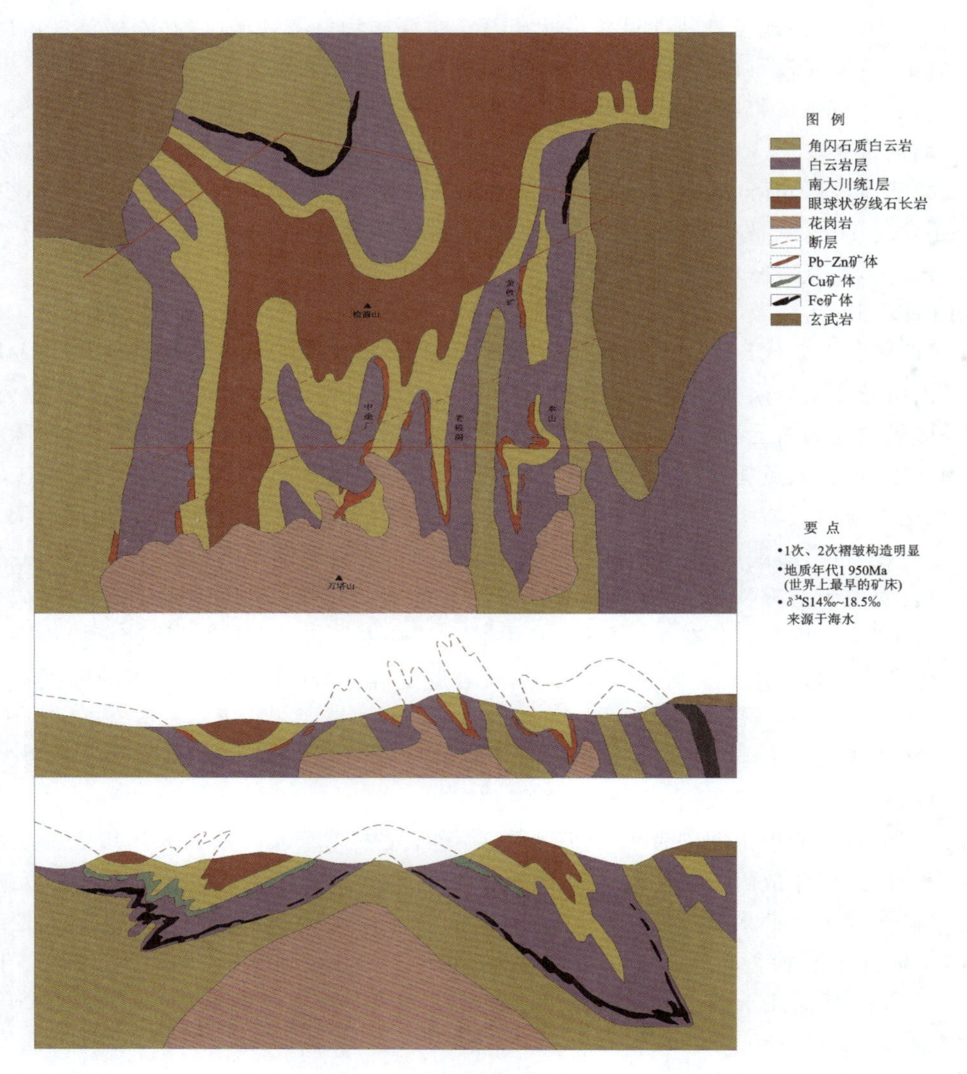

图 5-19　检德铅锌矿地质略图

由于轴向近南北，两翼向东倾 55°～70°，形成西缓东陡的特点，即倒转翼陡，正常翼缓，西翼之底部及向斜之封闭部位劈理发育地段，形成铅锌矿富矿体。东翼陡劈理不发育，往往形成幅度较大的铅锌矿贫矿体。褶皱两翼矿体多为板状、似层状和扁豆状，向斜封闭部位则以鞍状及筒状矿体为主。矿石构造多为条带状及致密块状。贫矿部位多为条带状及浸染状。

矿石矿物比较简单，主要为闪锌矿、方铅矿，还有少量的黄铁矿、磁黄铁矿、白铁矿、黄铜矿和极少量的黝铜矿、辉锑矿、硫锑铅矿、辉银矿及脆硫锑银矿等。次生氧化矿主要为菱锌矿、白铅矿、异极矿、褐铁矿等。伴生有益组分有银、镉、汞、镓、铟等，局部见有自然银、淡红银矿等。脉石矿物一般为白云石、方解石、石英及少量石墨、透闪石、滑石等。

矿石品位：铅锌矿富矿石达 10%～15%，贫矿石为 2%。铅锌比值一般为 4:1或 5:1，在铅矿石中银品位一般为 20～30g/t，富矿石中达 30～50g/t。含汞品位为 0.002%。为正相关关系。

(4) 惠山铜矿床。

该矿床位于惠山市北西约 3km，矿区北端距鸭绿江仅 700m，与我国吉林省长白县长白镇沿江村隔江相望。

惠山铜矿靠近虚川江断裂带，矿体赋存在虚川江断裂带东侧的春冬断层和马山断层中。以春冬断层为界，东侧为下元古界摩天岭系南大川组，主要岩性为暗灰色及灰绿色粉砂岩和千枚岩；西侧为下古生界晚达组，主要岩性为灰色、暗灰色中、厚层石灰岩、角砾状石灰岩，为惠山矿体的主要围岩，在两条近似平行的断裂之间有石炭—二叠纪平安系呈锥状分布，为一套砂岩、页岩夹灰岩透镜体和局部可采煤层（图 5-20）。

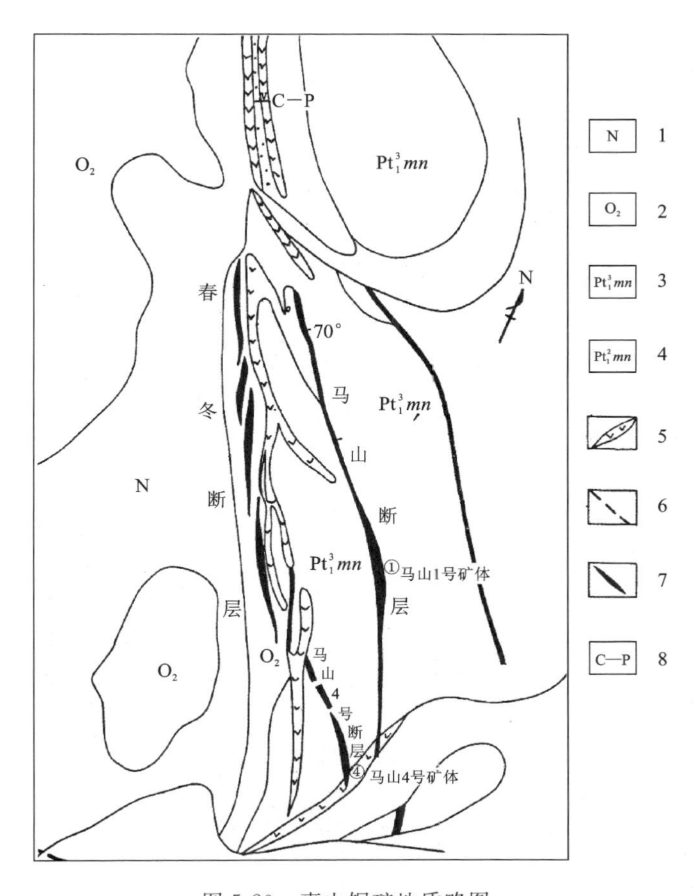

图 5-20　惠山铜矿地质略图

1. 第三系；2. 晚达组；3. 南大川组(中)；4. 南大川组(上)；5. 花岗斑岩；6. 断层；7. 矿体；8. 平安系

矿区内与矿体有直接关系的是春冬断层和马山地层。春冬断层：走向 330°，倾向北东，倾角 60°～70°，断层多次活动，切断了所有的地层，使春冬断层分为数段，且彼此呈侧列式排列，并有强烈的石墨化和多金属矿化，局部发展成矿体，春冬断层在深部与虚川江断裂汇合。马山断层：走向 325°～330°，倾向东、倾角 65°～70°。马山断层与春冬断层近似平行，两侧围岩均为南大川组，西侧为云母硅岩和绢云母片岩，东侧为硅质绢云母片岩。马山 4 号断层发育在南大川组下段地层中，与春冬断层斜交，走向 310°。矿区内未见深成岩侵入岩，各类岩脉十分发育，主要有石英斑岩、花岗斑岩、长石斑岩、花岗闪长斑岩等。脉岩一般宽度不大，长度只有几米至十几米。但多呈尖灭再现的形式出现。

矿体受春冬断层和马山断层控制，矿体产在长石斑岩与围岩的接触带。本（老）山矿区共有 3 个矿体，1 号矿体顶板为石英砂岩，底板为平安系砂岩，赋存在春冬（洞）地层的上盘。矿体断续延长 500m，走向北西 330°，最大厚度 8m，向下延深已控制 200m，呈透镜状或饼状。主要矿物为黝铜矿和硫砷铜矿。老山 2 号矿体，产在晚达组灰岩与平安系砂岩接触部位，矿体长 200m，厚 2.5m，品位铜 1.45%，铅 3.5%，锌 1.38%，主要矿物为黝铜矿、方铅矿、闪锌矿和黄铁矿。老山 3 号矿体也是隐伏矿体，赋存在晚达灰岩内，矿体长 80m，厚 1.5m，主要为闪锌矿。

（5）马山矿区。

马山矿区位于老山矿区的南部，相距 1 200m。共有 4 个矿体，其中 2、3 号矿体为工业矿体，矿体的顶板为石英斑岩和长石斑岩；底板为晚达灰岩和斑岩。斑岩蚀变强烈，灰岩遭受硅化，硅化强度与矿体的厚度及矿石质量关系密切。

矿体走向长 700～800m，2 号矿体最长达 1 800m，平均厚 20m，矿体走向 NW350°，倾向东，倾角 60°，矿体延深大于 1 000m，矿体呈饼状、板状，铜品位平均 0.8%，向下有变富的趋势。

石英斑岩中含 Au0.015g/t,Ag 最高达 1 500g/t。

矿床储量:马山铅锌储量 18 万 t,铜 50 万 t;马山 2 号矿体估计远景储量超过 100 万 t。

惠山铜矿包括本山和马山两个矿区。其成矿特点为:

第一,矿体与断裂构造密切相关,主要矿体均赋存在断裂中,尤其在断裂交叉部位矿体发育较好,石墨带发育的断裂中矿体多数由硫砷铜矿和黝铜矿组成,同时具有断裂倾斜角度大时,所形成的矿体宽度大,但品位低,而构造倾斜度较缓时,矿体薄,品位高。

第二,矿体与岩脉密切相关,特别是与石英斑岩、长石斑岩相伴出现。在岩脉尖灭处,岩脉的下盘或边缘,矿体发育较好。

第三,矿体与围岩蚀变关系密切,与矿体有关的围岩蚀变较多,其中硅化和矽卡岩化最直接,这些蚀变作用常改变围岩的成分。

矿床的成因,多数人认为属于火山热液矿床。但随着矿山的开发,“斑岩铜矿型”的观点逐渐成为主导。

(6) 云兴铜矿床

云兴铜矿床赋存于南大川组上部,由下而上划分为:第一层为灰绿色长石质石英岩;第二层为白—灰色石英岩;第三层为粉砂质片岩、绢云绿泥片岩和绢云片岩互层;第四层为粉砂质石英岩和绢云片岩互层。其中第一层中部为石英岩夹层,上部为片岩和石英岩互层带,第一、二层间的石英岩是本区的几个主要含矿层位(图 5-21)(包括惠山矿床的部分矿体)。

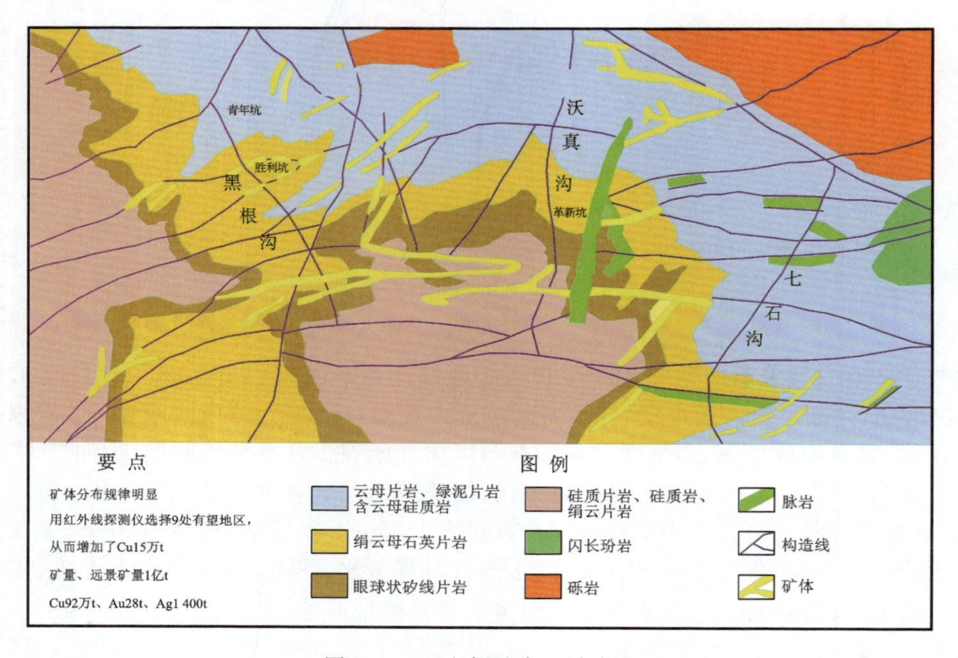

图 5-21　云兴铜矿床地质略图

矿体位于层间滑动、层间断裂及厚层石英岩劈理中,大体沿层,局部穿切层。主要矿物是黄铁矿、砷硫铜矿、黝铜矿、方铅矿和闪锌矿。类型为与早白垩世酸性超浅成岩体有关的热液矿床。硅化及绢云母化具有重要意义。

4) 利原铁矿和大栗子铁矿对比

(1) 利原铁矿地质特征。

利原铁矿位于咸镜南道遮湖港西 4～6km 处。矿区出露详源群变质岩系——石英岩、变质砂岩、千枚岩、千枚状绢云片岩和石英绢云片岩。矿石矿物主要为赤铁矿,伴生磁铁矿和黄铁矿。矿体呈稳定的层状,走向延长 8.5km,倾斜延伸 500～600m,厚 1.3～6.2m,平均厚 2～3m。矿石比较富:含铁 30%～64%,平均 45%～55%,含硫小于 0.02%,含磷 0.05%,$MnO_2$0.01,MgO+CaO 小于 2%,$SiO_2$17%～24%,$Al_2O_3$1%～4%。

(2) 大栗子铁矿地质特征。

大栗子铁矿床位于吉林省白山市临江县大栗子镇。为赋存于古元古代老岭群大栗子组千枚岩夹大理岩和变质粉砂岩层中的受变质沉积铁矿。

大栗子组岩性划分为 7 段(H_1～H_7)。按照沉积旋回和含矿性，进一步划分为 2 个亚组：下亚组(H_1～H_4)，由青灰色千枚岩、白云质大理岩、糖粒状大理岩组成，矿石以菱铁矿为主，其次为赤铁矿、含锰磁铁矿；上亚组(H_5～H_7)，以棕色千枚岩为主，矿石以赤铁矿为主。大栗子组地层在本区构成一个轴向北东-南西、向南西倾伏的复向斜。已知矿体绝大多数赋存于复向斜北西翼小向斜之核部或小背斜的鞍部。北西翼地层走向一般为北东东，倾向南，倾角 30°～60°。

矿体多呈平行产出，单个矿体长 100～300m，厚 1～5m 者居多，延深大于长度。矿石可分为赤铁矿、磁铁矿、菱铁矿及混合矿。赤铁矿和磁铁矿矿石的围岩多为千枚岩，而菱铁矿则赋存于大理岩中。赤铁矿、磁铁矿型矿石富含铁和锰，硫和磷含量低，为平炉、高炉富矿，含铁 39.38%～58.58%。菱铁矿型矿石含铁 35%～42%，平均 38%，含锰、硫均较高。

矿体一般呈层状，亦有不规则的似层状、囊状及扁豆状(图 5-22)。大栗子铁矿床中赤铁矿经常产于千枚岩中，部分产于千枚岩与大理岩界面上。这种类型矿床以西部区较发育，在中部区亦可见到，其特点是矿体的走向与围岩走向完全一致，接触界线一般是清晰的，有的是与千枚岩过渡的。矿体厚度从数厘米到十多米，一般在 1～2m 左右。矿体沿走向一般延长 50～80m，最大可达 580m。

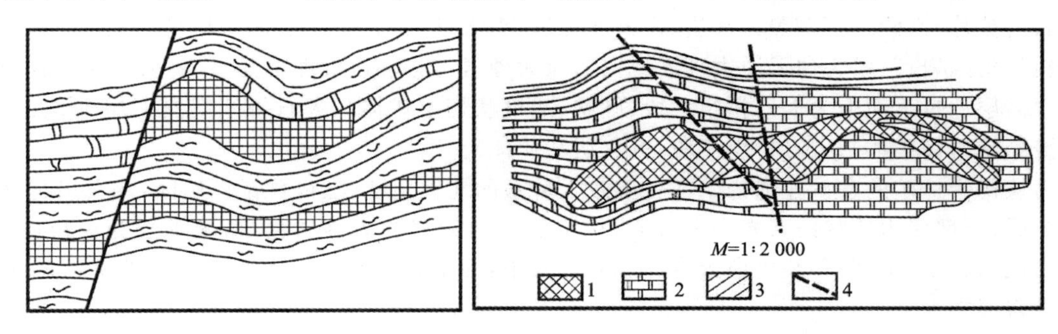

图 5-22　大栗子铁矿矿体形态：层状矿体(左)和透镜状矿体(右)

1. 赤铁矿；2. 大理岩；3. 千枚岩；4. 断层

菱铁矿体赋存的岩层一定是大理岩。常是赤铁矿体沿走向或倾向过渡为菱铁矿。常见顺序是：赤铁富矿—赤铁贫矿—菱铁矿—大理岩。硫化物往往在菱铁矿的周围较多，如黄铁矿、黄铜矿、方铅矿、闪锌矿等多呈散点状分布于菱铁矿体内及两侧。此外，在赤铁矿与围岩接触处往往有数厘米至十几厘米的绿泥石化，在菱铁矿的边部及其与大理岩接触处亦有绿泥石化现象。

(3) 大栗子铁矿与利原铁矿的可对比性。

从矿床特征来看，利原铁矿是以赤铁矿为主，伴生磁铁矿；但大栗子铁矿有菱铁矿、赤铁矿，有时甚至有磁铁矿矿体。看上去两者之间似乎不具有可对比性。但实际上，无论是菱铁矿、赤铁矿还是磁铁矿矿体，反映的只是铁矿沉积时的物理和化学条件，以及特有的地质环境。例如，人们很早以前已经注意到，在大栗子铁矿区，菱铁矿矿体往往与大理岩共存，而赤铁矿经常与片岩和千枚岩共存。并且，在大栗子铁矿中也存在大量的赤铁矿型的矿体。因此，从矿石类型的角度，两者应该是可对比的。

按照本书的观点，详源群、榆树砬子群和大栗子组是分别位于南大川统、花山组和临江组以及盖县组之上的古元古代末期的沉积建造，代表辽-吉-朝古元古代裂谷带褶皱后山间或前陆盆地沉积。我们这里所说的详源群，只指发育在辽-吉-朝裂谷带中的详源群，与平南地块中的详源群应区分开。

在榆树砬子群底部的石英角砾岩夹千枚岩中，发育似层状-透镜状矿体，称为仰山式铁矿。矿石主要由赤铁矿组成，脉石矿物为石英和绿泥石，有时含磷，构成铁磷矿床。这说明，在含矿性方面，详源群、榆树砬子群和大栗子组也有可对比性。

5) 检德铅锌矿与青城子铅锌矿的对比

在辽-吉-朝古元古代裂谷带中发育一系列铅锌矿。典型代表是朝鲜的超大型检德铅锌矿和辽宁省青城子大型铅锌矿。此外还有一系列类似的中、小型铅锌矿床以及矿点和矿化点。无论是检德铅锌矿、青城子铅锌矿还是那些中、小型的铅锌矿或者是那些矿点或矿化点，其成因都有同生说（喷流-沉积）和次生说（岩浆热液或变质热液）。目前，对于大多数矿床来说，喷流-沉积观点占主导地位。

关于检德铅锌矿和青城子铅锌矿，国内外均有大量论述。下面将两个矿床的异同点概述如下。

两个矿床的共同点有如下几个方面。

（1）两者形成于相同的地球动力学背景。

两者均形成于古元古代时期的辽-吉-朝裂谷带中。形成于裂谷活动的中-晚期，火山活动较弱、沉积作用以化学沉积为主的时期。

辽-吉-朝裂谷带早期，火山活动频繁，形成了一套火山-沉积建造。在辽宁省境内为下辽河亚群的里尔峪组和高家峪组，在吉林省境内为集安群的清河组、新开河组和大东岔组，在朝鲜境内为摩天岭系的城津统。其上，为一套海相碳酸盐岩建造：在辽宁省为大石桥组，在吉林省为珍珠门组，在朝鲜境内为北大川统。检德铅锌矿和青城子铅锌矿均是在该时期形成的。可以说，它们形成于大陆裂谷的构造背景下裂谷活动相对稳定的坳陷期。

（2）具有相同的含矿建造。

它们均产于同一时期的碳酸盐岩含矿建造中。作为青城子铅锌矿的含矿建造的大石桥组可分3段，自下而上为：一段以方解石大理岩为主，夹白云质大理岩、透闪透辉变粒岩和石榴黑云石英片岩；二段为二云石英片岩、矽线石榴黑云片岩、黑云变粒岩，夹大理岩、含石墨透闪透辉变粒岩、十字黑云石英片岩及斜长角闪岩；三段为白云质大理岩或白云质大理岩与方解石大理岩互层，夹黑云变粒岩和透闪透辉岩。含矿层位自下而上为大石桥组二段（脉状、透镜状切层矿体）；大石桥组三段一层（脉状切层矿体和稠密浸染状铅锌矿体）；大石桥组三段三层（层状矿体）。

作为检德铅锌矿的含矿建造为下元古界摩天岭系的北大川统，在检德铅锌矿区，北大川统自下而上可分为3层：下部层为块状白云岩和大理岩；中部层为白云岩和大理岩互层；上部层为白色白云岩（下部）、灰白色白云岩（中部）和杂色白云岩（上部）。其中，检德铅锌矿床位于北大川统的上部层位上部的杂色白云岩层中。

因此可以说，大石桥组三段和北大川统的上部层岩性基本一致，并均为层状铅锌矿的主要含矿层位。

（3）具有相同或类似的控矿构造环境。

检德铅锌矿和青城子铅锌矿不仅形成于相同的大地构造背景，而且在控制矿田的构造上也具有很大程度的相似性。

对于喷流-沉积矿床来说，在裂谷盆地（一级构造单元）中的断陷盆地（二级构造单元）的存在是控制矿带分布的必要条件。对于控制矿田的构造条件是二级盆地内的三级盆地。而控制矿床和矿体的构造与三级盆地中的断陷或凹陷（四级盆地）或与之有关的生长断层有关。

在辽-吉-朝古元古代裂谷带的辽宁省境内，裂谷带内部被分成3个二级构造单元，自北向南是：大石桥-草河口坳陷，虎皮峪-宽甸隆起，盖县-岫岩坳陷，庄河隆起和丹东-长海坳陷。在北部的大石桥-草河口坳陷（二级盆地）中，控制了一系列包括青城子铅锌矿在内的喷流-沉积矿床的成矿带。而青城子矿田就是位于该二级盆地中的断陷（三级盆地）的青城子断陷内。而青城子断陷内的次一级构造单元（受朱家堡子-新岭-荒甸子断裂和尖山子断裂控制）对矿床和矿体的就位起到直接的控制作用。

在辽-吉-朝裂谷带的朝鲜境内，该裂谷带被两条纵断层——北大川断裂和长坡里断裂分为沉积岩性、岩相和沉积厚度具有明显差异的三部分：东部北大川统白云岩厚度大，而上部白云岩不发育；在中部检德至虚川之间，北大川统中部和上部层位的泥、砂质沉积比较多；在长坡里断裂以西，碳酸盐岩发育很少，主要为南大川统近浅海相的泥砂质堆积（图5-23）。纵向上，裂谷带朝鲜境内也可以分为北、中、南三部分：北部的甲山、惠山-云兴地区，上部的石英岩类比较发育；南部的上农-龙源地区，下部的角闪岩类比较发育；介于两者之间的检德—洞岩地区，既发育有上部的石英岩类，也发育有下部的角闪岩类。并且发育中部的含磷岩系。因此前人认为，在甲山以南和梨坡以北可能存在几条横切或斜切裂谷的同沉积断裂，控制了一系列三、四级沉积盆地。显然，检德铅锌矿就是位于这样的次级盆地内。

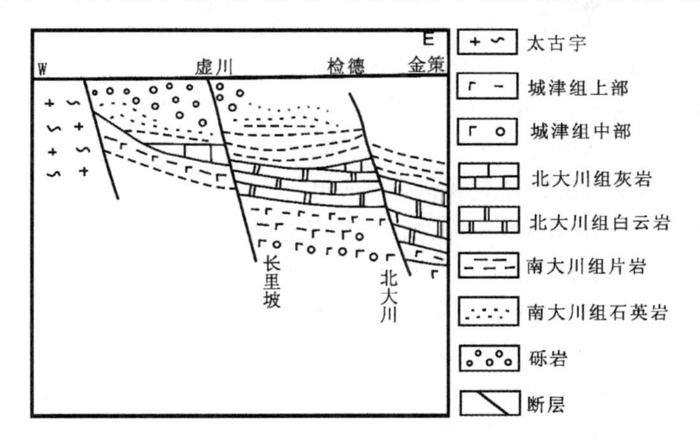

图 5-23　惠山-利原裂谷带横向分区图

(4) 形成于相同或相近的裂谷演化阶段。

辽-吉-朝古元古代裂谷带经历了裂陷期、凹陷期和回返期 3 个主要阶段。在裂陷期，火山活动频繁，形成了一套以具有双峰式火山岩特点的火山-沉积建造。在辽宁省境内为下辽河亚群，在吉林省境内为集安群，在朝鲜境内为城津统。在凹陷期的典型代表是沿整个裂谷广泛发育的碳酸盐岩建造。在辽宁省境内为大石桥组，在吉林省境内为珍珠门组，在朝鲜为北大川统。裂谷回返期形成的沉积建造在辽宁省境内为榆树砬子群，在吉林省境内为大栗子组，在朝鲜的惠山-利原裂谷带内可能为发育在该裂谷带内的详原系（在本书中，我们将发育在辽-吉-朝裂谷带中的详原系作为古元古代晚期的沉积，并与榆树砬子群和大栗子组对比）。

青城子铅锌矿和检德铅锌矿均形成于裂谷的稳定凹陷期。因此可以说是形成于相同或相近的裂谷演化阶段。

(5) 其他共性特征。

从矿石组构上看，青城子铅锌矿的层状矿体与检德铅锌矿的层状矿体均具有沉积组构，如条带状、条纹状、层状构造等。同时，两者都具有变质组构和热液组构，表明变质作用和岩浆作用对矿床的改造及成矿作用的叠加。

在两个矿区都有广泛分布的硅质岩，并且硅质岩的发育与矿化强度有一定的空间关系。

除上述共性外，两者之间也存在一定的差异。

首先，前人对裂谷带沉积建造的厚度进行了对比，发现从辽宁到吉林最后到朝鲜的检德铅锌矿区，古元古代沉积厚度有巨大的差异：在辽宁省境内，古元古代地层的最大沉积厚度为 13 000m；在吉林省境内，最大沉积厚度为 7 500m；而在朝鲜的检德地区，沉积物的最大厚度为 17 000m。

而从岩性和岩相的变化来看，从裂谷西侧的辽宁省至东侧朝鲜的检德地区，岩性和岩相的总体分布一致，但细节上有差别。例如，下辽河群、集安群和城津统以广泛发育火山岩为特征，但发育程度明显不同：城津统火山岩最发育，暗示该区早期裂陷活动强烈。

另外，尽管检德铅锌矿和青城子铅锌矿均属于喷流沉积为主的矿床，但两者在矿体的形状和产状上有一定差异。检德超大型铅锌矿的主要储量来自几个大型层状矿体，但青城子铅锌矿的矿体规模小而分散，100 多万 t 的储量分散于 200 多个矿体中。同时，青城子铅锌矿的非层状矿体也相对较多，暗示岩浆和变质热液叠加及改造比较强烈，这一点与矿石铅和硫同位素组成上具有相同的含义。

检德铅锌矿的$^{207}Pb/^{206}Pb=\pm 0.936$，模式年龄为 1 800～1 900Ma，属于古老正常铅；而青城子铅锌矿的$^{207}Pb/^{206}Pb=0.87\pm 0.01$，属于多源混合铅，正常铅与异常铅之比为 2∶1（孙洪云等，2004）。

检德铅锌矿 $\delta^{34}S$ 值为 $+14‰\sim+20‰$；青城子铅锌矿的 $\delta^{34}S$ 值为 $+4.25‰\sim+11.52‰$。检德铅锌矿明显更富集重硫，推测其硫主要来自海水硫酸盐（孙洪云等，2004）。

上述宏观和微观上的差异均暗示了同一个问题：与检德铅锌矿相比，青城子铅锌矿经历了更多的后期改造作用。

综上所述,我国辽东裂谷已探明铅锌矿 234 万 t,目前保守预测资源总量为 704 万 t,探明储量占预测总量的 33.7%,尚有 470 万 t 的潜在资源量,找矿潜力巨大。

辽东裂谷探明的金储量为 234 万 t,与朝鲜检德铅锌矿探明的铅锌储量 6 000 万 t 相比,辽东裂谷所探明的铅锌金属总量不及朝鲜检德一个矿区的 1/26,而辽东裂谷与朝鲜检德同处于一个裂谷的两个端缘,并且都存在硅质岩,即初始沉积模式相同,具有相同的火山喷流-热水沉积作用,岩石建造及变质程度相似,并且期后演化变异样式相同,所以裂谷具备寻找检德铅锌矿床的条件。

辽东裂谷一批铅锌矿集区工作程度差,找矿前景好的矿化集中区,如与青城子相似的三家子海盆,盆岭-瓦家堡子区,析木-小孤山区,其沉积建造及层位结构与青城子相似,并存在硅质岩,也是铅锌矿化集中区,为地球物理及地球化学场提供了很好的找矿信息,但由于工作程度低,盖县组赋盖于大石桥组之上,有很少一部分界线出露,但出露的界线具有铅锌矿化,并且矿化的部位为三级海盆的盆缘,可以预计上述区段底部存在大型铅锌矿床的可能性极大。

综上所述,辽东裂谷具备寻找大型铅锌矿的条件,具有很大的找矿潜力,随着地质理论的不断成熟,新技术、新方法的大量运用,辽东裂谷段的地质找矿工作一定会再有一次飞跃、一次突破。

三、对朝鲜北部地区矿床分布规律的一些认识

(一)矿床的分布规律

1. 铅锌矿

朝鲜半岛北部地区的铅锌矿主要分布于惠山-利原坳谷地的摩天岭系地层,层状铅锌矿带沿着一定的层位,可延长到数十、数百千米远处。由陆源层—海成层—陆源层组成,构成一个沉积旋回构造。

检德矿床在这个沉积旋回的北大川统碳酸盐岩层中产生。矿床中铅锌矿体主要偏重于上部层中属于第五分层的条带状白云岩中。其中高品位矿体沿着分布在杂色白云岩分层与白云岩交接部的硅质岩展布。矿体跨越本山—中途场—如云洞广阔空间分布,含矿层的总距离达 100 余千米。

检德地区矿体与古元古代一次褶皱有密切的空间和形态联系。含矿层受一次褶曲构造的影响而同样变形,又受二次褶曲的影响而再次变形。由此含矿层多次反复出现于不同空间,这说明矿体形成时期是古元古代的向斜时期。这种现象在平南坳谷地区也有出现,矿带被褶曲构造多次变形。

其次分布于平南坳谷地的铅锌矿带,分布在分散的几个地区,只是偏重于沉积旋回中的一定层序内。

银波-曙红地区大部分铅锌矿带偏重于祠堂宇统云积山层上大部分层白云质灰岩中,也出现于德才山层内白云质灰岩层间,矿带延长到新元—银波—林山—曙红。

银波地区的含矿层受轴向为东西的长寿山背斜褶曲两翼和其南部雪花山向斜南翼褶曲的影响反复 3 次出现。

在成川地区,矿带则偏重于直岘统最下部白云质大理岩,祠堂宇统一层的白云质灰岩,二层的白云岩及灰岩中。矿带延长到阶石里—石宇里—防火洞。

成川地区见有呈椭圆形的对称褶曲,褶曲通常具有近于南北的北西走向,并几乎平行发育,这些褶曲控制着矿带。

在麻田里地区以二层和三层接触部位的黑色片岩为中心,其上部和下部层灰色结晶灰岩及暗色白云岩中有产出。

觅美地区矿体偏重于黄州系阳德统下部一层白云质硅质岩和一层的白云质灰岩中,延长达数十千米。矿体偏重于干燥气候带的浅海性岩相中。白云质灰岩相中,有祠堂宇统内沉积热液成因的矿体;硅质碳酸盐岩相中,有阳德统沉积热液矿床。矿体同含矿层一起受褶皱构造控制。

觅美—谷山地区的铅锌矿带受褶曲多次反复出现。本山—水洞地区有5～6个主要背斜隆起出现。所以矿体从层序上位于相同的位置，在空间上顺着受褶皱影响反复出现的含矿层，占据着不同的位置。含矿层随褶曲构造发生褶皱，因此，在深部被向斜褶曲核部限制在一定的界线内。

2. 金矿

金矿主要分布在以下3种不同类型地段：①新元古代—古元古代坳褶区伴有太古代结晶基地突起地段，如铁山、碧潼突起；②地台基底上有构造-侵入岩叠加分布地段，如云山、大榆洞；③坳陷区中有中生代岩浆喷发侵入地段，如博川、新义州。基本含矿构造为北西向断裂，一般远离北西向断裂带，含金石英脉的规模越小，含金性也变差。含矿构造尽管是个分支断层裂隙，但它与褶皱基底片理方向的北东向裂隙相一致时，就形成大型金矿床，并且它的集中性也好。在断裂带中，含金石英脉的规模与构造关系较为密切。如在平北断裂带，上盘分布的金矿床含金石英脉走向为北东向(50°～80°)，长度100～1 000m，最大2～3km，而走向北西向(290°～330°)的含金石英脉长度大部分为200～500m；但在断裂下盘，与上盘相反，以北西向裂隙为主，含金石英脉的长度为100～200m或400～700m。

与金矿成因联系的侵入岩有属于端川花岗岩的云山岩体、龟城-大馆岩体、昌城岩体、上广里岩体、宁边岩体以及属于鸭绿江岩群的宣川岩体、博川岩体和碧潼地区的裂隙性岩脉、小岩株等。

区内金矿的矿石组合类型有金-黄铁矿-石英组合、金-毒砂-黄铁矿-石英组合。在中生代火山喷发侵入地段往往有金-银-石英组合、含金-石英-方铅矿组合，偶尔有金-黄铁矿-方铅矿-闪锌矿组合，在构造-侵入岩叠加分布地段以金-黄铁矿-石英组合为主，主要分布于断裂带和端川花岗岩内部带，其余金矿组合在断裂-侵入岩带附近出现。

西北部成矿区金矿床具有如下共同点：①金矿受北西向断裂构造控制明显，断裂上、下盘均有大型矿床形成，上盘(上升盘)埋藏浅，下盘(下落盘)埋藏深，矿体产状多垂直于主干断裂；②具有工业意义的矿体多产于狼林群混合岩或莲花山花岗岩中；③中生代岩浆侵入活动强烈，金矿主要产于端川花岗岩的内外接触带；④金的主成矿期为第二期含金硫化物石英阶段，并与金属硫化物呈正相关关系；⑤金粒甚细，一般肉眼不可见，含金量地表贫(多为0.5～1g/t)、地下富；含金脉地表少，地下成倍增加。

因此，寻找这类金矿床，应同时具备下列区域地质条件：①地台区相对隆起部位，太古宙—古元古代变质岩出露地区；②变质岩遭受混合岩化，并已形成混合花岗岩的地区；③中生代岩浆活动频繁，有大量中生代花岗岩出现；④断裂构造发育区。

（二）近年来的新认识

朝鲜科学院地质学研究所多位地质矿产学者自1999年以来对朝鲜地区的铅锌矿床做了大量的研究工作，取得了一些新的认识，这里提供大家参考。

1. 认为无法确定侵入岩体和矿床之间的成因联系

在检德矿区曾被认为成矿母岩的万塔山侵入体的岩枝和其演化物细晶岩脉切断了很多矿体。矿体不仅被与花岗岩有成因联系的石英-钼矿脉切断，还被早于万塔山侵入岩体的辉绿岩脉切断(朝鲜金丽洙准博士、李元雄准博士)。

平南坳谷地地区的矿床，通常花岗岩体远离矿床中心一定距离，矿化作用本质的特征上没有差异。

另外，检德地区或者平南坳谷地地区的铅锌矿床均不出现侵入岩体周围热液矿床特征矿物的同心圆带状分布。

2. 含矿围岩的变质现象认为主要是与区域变质作用有关

检德矿区，过去被认为是矿体附近围岩蚀变产物的硅质岩、透闪石化带、滑石带，实际主要与区域变质作用有关。

平南坳谷地的矿床中出现的硅化作用、绢云母化作用、绿泥石化作用是后期热液的产物。

3. 矿体产出的构造-结构标志

铅锌矿体的韵律性和细层状构造均出现于全部铅锌矿床地区。平南坳谷地区域和检德地区的矿体,与多阶段的韵律结构有关,显示出 2～5 个韵律层。

祠堂隅统和阳德统中的含矿层形成于强韵律运动的环境下,它们又分为数个韵律分层。

大部分矿体由矿石物质与白云岩、白云质灰岩互层的条带状和浸染状构造表现。也有闪锌矿颗粒和黄铁矿颗粒好像“银河水”似的,呈带状散布的情况。

以银波矿床为首的部分矿床中,黄铁矿、方铅矿、闪锌矿的微层状构造广泛发育。这些矿物是隐晶质或微粒质。不少情况下隐晶质黄铁矿呈鸡蛋形状的球状世代结构,有时沿着闪锌矿的劈开面发育有小于 1mm 的黄铁矿球粒体(觅美矿)。有的地方黄铁矿的球粒世代结构,常被方铅矿、闪锌矿细粒结晶交代。隐晶质黄铁矿形成于成岩作用时期。这些资料说明,在沉积物集聚的过程中,矿石物质的原始浓集是在经历长时间中断过程中发生的。

4. 矿床的矿物组成标志

检德矿床的矿物组成并不复杂。矿石由闪锌矿、方铅矿、黄铁矿、磁黄铁矿、黄铜矿等和石英、透闪石、透辉石、滑石、方解石等组成。铅和锌的比例为 1∶4左右。

硅质岩和矿石物质具有明确的共生关系是其特征。

沉积热液成因铅锌矿床的矿物组成比较简单,由闪锌矿、方铅矿、黄铁矿和白云石、石英、方解石、重晶石、萤石等组成。矿石中铅和锌量的比为 1∶2～1∶1。

成川和觅美地区的方铅矿及闪锌矿以含量比相等或方铅矿较多为特征。

尤其在平南坳谷地独特的现象是在盐化的盆地沉积物中自生矿物重晶石和萤石呈分散矿物或矿层形态出现在稍高在含矿层的部位。这在矿物共生方面提示了含矿围岩和矿物质是同一时期形成的产物。

5. 同位素地质学的标志

朝鲜科学家为了查明铅锌矿床多成因特征,近年来对代表性的矿床检德矿床和银波矿床的矿石铅和硫化物硫同位素组成进行了研究(表 5-8)。

对矿床进行了铅-铅法测定矿床年龄。测定结果:检德矿床主要工业矿体层状的中途场 7.1 矿体和中途场西部矿体、舞鹤洞矿体中铅年龄为 8.90～9.05 亿年。银波矿床主要工业矿体-南寺矿体中铅年龄为 890～905Ma。

6. 成因认识

金丽洙准博士、李元雄准博士等认为检德矿床有过两个阶段的成矿作用,与检德矿床主要开采对象的含矿层白云岩和硅质岩形成同时发生的古元古代成矿作用(19±0.5 亿年)及中生代侵入体有关系的成矿作用(1.9 亿年～0.8±0.5 亿年)。

姜元俊准博士和金丽洙准博士认为朝鲜铅锌矿床具有很多外生标志,其中代表性的有如下几种:

(1) 比较大的矿体产于断层中。

(2) 铅锌矿脉切断了岩脉。

(3) 矿石中形成有切断构造和交代结构。

(4) 只在矿体周边部出现了围岩蚀变。

(5) 矿体周边有地球化学扩散带,这些现在仍被利用于勘查标志。

(6) 铅同位素分析结果,一部分方铅矿形成时代为中生代末期。

表 5-8　朝鲜矿床中方铅矿的铅同位素组成及模式年龄表

矿床	矿体	样号	$Pb^{204}=1$		模式年龄(Ma)
			Pb^{206}	Pb^{207}	
检德矿床	中途场 7.1	2	15.502	15.283	1 860
	中途场西部	15	15.492	15.286	1 870
	舞鹤洞西部	28	15.595	15.280	1 810
	先进洞	11	18.594	15.676	120
	间店	12	18.303	15.688	−15
银波矿床	南寺	35	17.324	15.560	890
	南寺	36	17.295	15.594	905
	南寺	37	17.317	15.561	895
	南寺	40	17.315	15.560	895

第六节　俄罗斯远东及西伯利亚地区铂族元素普查现状及找矿远景

当前，铂族金属世界储量在 100 000t 以上，而市场需求量，每年则以 10%的速度增长。2001 年铂族元素世界总产量为 430t，而 2002 年达到 450t，主要产自南非、俄罗斯，其次是加拿大、美国等。其中，南非 2001 年铂产量为 130.3t，俄罗斯 40t；钯产量俄罗斯 86t，南非 62.6t。由于市场的需求，每年产量仍不断地扩大。近年来，俄罗斯远东地区铂族金属矿床勘查取得了长足进展，发现铂族金属矿化与金矿化密切相关，铂族金属矿床与中心型环带状基性—超基性侵入杂岩体在空间和成因上有密切联系，在黑色岩系及褐煤矿床中也发现了铂族金属矿化。上述成果指明了该区铂族金属矿床的找矿方向，发现并探明了一批铂族金属矿床。这些勘查进展对我国的铂族金属矿床勘查具有借鉴意义。

一、俄罗斯铂族金属元素矿床类型的研究进展

（一）岩浆热液型含铂族元素矿化的 Cu-Ni 硫化物矿床

岩浆热液型含铂族元素矿化的 Cu-Ni 硫化物矿床（或岩浆熔离型矿床），主要以西伯利亚诺里尔斯克矿床、加拿大肖德别里矿床及南非布什维尔德矿床为代表，成因上与基性-超基性岩密切相关。

1. 南非布什维尔德矿床

前寒武纪岩浆分异型层状异剥苏长岩、含基性斜长石辉长岩杂岩体中分布有厚 0.8～1.5m，局部达 9m 的汉斯-梅林斯基矿层，该层岩石主要由橄榄石、古铜辉石、异剥石、基性长石及硫化物等组成。硫化物含量达 2%～3%，局部达 10%，主要是磁黄铁矿、镍黄铁矿、黄铜矿及少量含镍黄铁矿，其中镍黄铁矿∶磁黄铁矿＝1∶1。在该层中铂族元素分布较均匀，一般品位 Pt 为 10×10^{-6}，即远远高于肖德别里矿床。铂族元素主要分散于含镍黄铁矿、磁黄铁矿、镍黄铁矿中，以铂为主，其次为钯、金等。在氧化矿石、硅酸盐矿物及铬铁矿中，铂族元素含量甚少，一般近于痕量。

2. 俄罗斯诺里尔斯克 Co-Ni-Cu 硫化物矿床

该矿床位于东西伯利亚地台西北部，为浸染状、致密块状及脉状硫化物矿床，成因上与海西期分异

型辉长岩、辉长苏长岩及橄榄辉绿岩密切相关。硫化物矿石主要集中分布于基性-超基性岩侵入体底部及外接触带，形成铜、镍硫化物矿物，如镍黄铁矿、磁黄铁矿、黄铜矿等。致密块状硫化物矿石中还见有磁铁矿、黄铜矿、方黄铜矿、淡红辉镍铁矿、墨铜矿、针硫镍矿、闪锌矿等；矿石中，特别是铜矿石中富含Pt、Pd、Ag、Au，铂矿物有砷铂矿、钯铂矿、硫铂矿等。贵金属矿物多组成交代嵌晶，属岩浆晚期热液交代产物，主要集中于方铅矿-磁铁矿-镍黄铁矿-方黄铜矿-硫铜铁矿矿石中。矿石类型有：致密块状和细脉浸染状两种，其中：

(1) 致密块状型 Cu-Ni 矿石含∑Pt 品位 10.76×10^{-6}。

(2) 细脉浸染型 Cu 矿石含∑Pt 品位 9.82×10^{-6}。

(3) 诺里尔斯克-I 浸染状矿石含∑Pt 品位 4.34×10^{-6}。

诺里尔斯克矿床中的不同硫化物中含铂族元素品位见表 5-9。

表 5-9　诺里尔斯克矿床中的不同硫化物中含铂族元素品位

铂族金属元素 / 硫化物	Pt	Pd	Rh	Ir
磁黄铁矿(致密块状)	0.1		1.0	0.05
磁黄铁矿(浸染状)	1.1	4.0	24.0	2.0
镍黄铁矿(致密块状)	0.2	90.0	2.0	0.2
镍黄铁矿(浸染状)	2.0	1 200.0	12.0	2.0
黄铜矿(致密块状)		10.0		
黄铜矿(浸染状)		30.0		

此外，在硫化物矿石中 Pt/(Pt+Pd)随 Cu/(Cu+Ni)的加大而减少，同时，Cu/(Cu+Ni)比值随成矿硅酸盐岩浆的不断分异而增加。因此，Pt/(Pt+Pd)减少的趋势应与岩浆分异作用密切相关。

1976 年奇伊等人发现 Au、Pd 与镍黄铁矿一起富集，其富集系数为 16；而 Pt、Ir 则与黄铜矿伴生，其富集系数为 6。

近年来，通过含金、含铂族元素矿物组合的电子探针、电子显微镜研究表明，该岩浆热液型方铅矿-磁铁矿-镍黄铁矿-方黄铜矿-硫铜铁矿矿石中，含金、铂矿物(如四方铁铂矿、锡铂钯矿、等轴锡铂矿、等轴铅钯矿、金银矿、铋铅钯矿、四方金铜矿等)多具高含铅性，低含砷、碲特点，即它们多生成于强还原条件，并交代方铅矿、硫铜铁矿、方黄铜矿、镍黄铁矿。在流体相中 Pt、Pd、Au、Ag、Bi 进行运移，而 Pb、Cu、Fe 则多来自交代的硫化矿物。根据四方金铜矿的存在，Pd、Pt、Ag、Au 矿物的形成作用应在低于 410℃的温度条件下进行。

3. 加拿大肖德别里 Cu-Ni 硫化物矿床

该矿床产出于前寒武纪分异型呈岩盆状苏长岩、辉长岩中，含∑Pt 矿物有磁黄铁矿、镍黄铁矿，大多数情况下属岩浆固熔体解离作用的产物，并与古铜辉石、异剥石、拉长石、钛铁矿、钛磁铁矿等共生。

矿石矿物主要呈浸染状或块体状(异离体状)集中出现于底部苏长岩中，成因上明显地具有岩浆热液作用特点，硫化物与云母、绿泥石等自变质矿物密切共生。上述矿石一般含 Ni (2.5%～3.0%)、Cu (1.5%～2%)、Pt (或 Pd) $(0.5\sim1.0)\times10^{-6}$。

4. 俄罗斯克拉半岛蒙奇山地区

克拉半岛蒙奇山地区亦分布有类似矿化类型。蒙奇山层状基性-超基性杂岩体属早元古代(2 450～2 530Ma)含 Cu-Ni-∑Pt 矿化岩体，∑Pt 矿化主要集中于脉状、细脉-浸染状 Cu-Ni 矿石中，产出于蒙奇山岩体与蒙奇苔原岩体的复合带上，以及蒙奇山深成岩体的南部边缘。

在 Cu-Ni 矿石中，∑Pt 矿物以 Pt、Pd 的 Bi-Te 化物为主，如六方锡铂矿、砷铂矿、六方锑钯矿等，以及少量硫砷铑矿、硫砷铱矿、单斜砷钯矿等。

此外，在韵律明显的矿化层中，还见有硫镍钯铂矿-硫铂矿-硫钯矿、砷铂矿及铂族元素与镍、钴的硫砷化物、金银矿物组合等。

（二）岩浆型分层状基性-超基性侵入岩铬铁矿矿床

1. 南非布什维尔德杂岩体铬铁矿矿床

含∑Pt 超基性岩（镁铁橄榄石型纯橄榄岩和钙铁橄榄石型纯橄榄岩），一般含∑Pt 品位为 $(10\sim30)\times10^{-6}$，局部可达 $n\times100\times10^{-6}$。上述岩体向外过渡为辉石岩，则未见∑Pt 矿化。

2. 俄罗斯乌拉尔含∑Pt 矿化的基性-超基性岩型铬铁矿矿床

该含∑Pt 带（辉长-超基性岩带）绵延 1 000km，在空间上、成因上与海西期（D_2）塔吉尔岛弧系岩浆作用密切相关。

铬铁矿层一般产出于分层状超基性岩（辉石岩、橄榄岩、纯橄榄岩）带中，∑Pt 矿化呈异离矿条状（分结作用产物）出现于纯橄榄岩中，与铬铁矿带密切，局部 Os、Ir 出现于蛇纹石化橄榄岩中。上述平均含∑Pt 0.5×10^{-6}，即远远低于南非布什维尔德岩体。

过去最低开采品位为 5×10^{-6}，而实际上大量则取自砂铂矿床。

近年来，在极地乌拉尔的萨乌姆-开乌超基性岩体有关的铬铁矿中发现可顺便回收的∑Pt矿化，其类型有：

(1) 与高镁铬铁矿矿石相关的∑Pt 矿化，以 Ir-Os-Ru 矿化（硫锇矿-硫钌矿系列）为主，含∑Pt 0.3×10^{-6}。

(2) 与富三氧化二铝的铬铁矿矿石相关的∑Pt 矿化，以铁铂矿矿化为主，一般出现于巨粒再结晶的纯橄岩中，铬铁矿以贫三价铁为特征，同时，富含硫化物，∑Pt 含量达 6.5×10^{-6}。

(3) 与辉石岩有关的硫化物矿石中广泛地分布有 Pt-Pd 矿化（砷镍钯矿-砷铂矿系列），一般∑Pt 含量为 1.2×10^{-6}。

综上所述，铂族元素矿物的形成作用明显地具有岩浆成因特点，即与辉长岩-纯橄岩-单斜辉石岩密切伴生，而且主要来源于下地幔。在熔体与上地幔岩石相互作用过程中，矿质析出，同时，在伴随有氧化-还原的结晶作用过程中形成不同组成的∑Pt 矿物。

在岩浆作用晚期阶段，于超基性岩中出现有强烈的交代作用，形成铬尖晶石变晶、铬铁矿异离体及与之相共生的∑Pt 矿物。区域砂铂矿物的形成一般多与蛇纹石化纯橄榄岩的剥蚀作用有关。砂铂重砂矿物系列为 Pt>Ir>Os>Rh>Pd>Ru，其中以含 Ir 的等轴铁铂矿最为稳定。

上述∑Pt 矿化的发现与回收可大幅度地提高铬铁矿矿石的利用率。

（三）晚元古代岩浆型分层状基性-超基性岩有关的含∑Pt 矿化的 Ti-磁铁矿、磷灰石-磁铁矿矿床

典型矿床有后贝加尔的克鲁奇宁 Ti-磁铁矿矿床。该矿床在成因上与新元古代辉长岩、苏长岩及斜长岩有关，含有∑Pt 品位可达 $(n\sim n\times10)\times10^{-6}$，∑Pt 矿物一半多赋存于钛磁铁矿或磷灰石-磁铁矿组合中，远景储量达百吨。

（四）中心型环状构造的基性-超基性岩有关的∑Pt 矿化及砂铂矿床

经地质调查研究发现，远东地区中心型环带状基性—超基性岩中铂族金属矿化发育。典型矿床和岩体有：远东伯力边区的康焦尔、恰德砂铂矿床，其中康焦尔岩体呈直径达 8km 的同心环带状构造出

现，其中心部分为含∑Pt矿化的纯橄榄岩、纯橄榄岩伟晶岩，并伴有含铬尖晶石分凝脉，风化后形成含铂砂矿分布于河床盆地中。在中心部分纯橄榄岩之外过渡为橄榄石-透辉石交代岩，在向外为单斜辉石岩环带，并为J_3—K_1的阿尔丹侵入杂岩(二长岩、正长岩、辉长岩)所穿切。铂族元素矿物于超镁铁岩中呈次显微副矿物形式赋存于铬尖晶石细脉、透镜体周围，其平均含量介于$(1\sim3)\times10^{-6}$之间，最高可达$(30\sim100)\times10^{-6}$。

纯橄榄岩(角闪橄榄岩)一般多经历再结晶作用，形成伟晶状或不等粒状构造，与此同时，富集较高含量的有Cr和∑Pt。因此在纯橄榄岩核部往往形成Cr、∑Pt等元素的再分配和富集作用，从而出现自然铂、铬铁矿(达3%)。根据稀碱金属(Li、Rb、Ta)的含量康焦尔岩体的纯橄榄岩与乌拉尔含∑Pt带的纯橄榄岩极为相似，成分上与地幔岩相近。

铂族元素矿物的Re-Os平均模式年龄为340Ma，即相当于早石炭世。

(五) 与金矿化有关的铂族金属矿化

与金矿化有关的铂族金属矿化既有原生矿化，也有砂矿化，但砂矿化规模更大。无论哪类矿化，其成矿背景大多与基性-超基性杂岩体有关。

在柯尔切丹-乌切斯金矿床中，石英-硫化物矿脉中铂族金属含量高达Pt 69.8×10^{-6}、Ir 1.17×10^{-6}、Pd 0.6×10^{-6}、Os 0.2×10^{-6}，已具有经济价值。该发现表明在远东地区存在热液型铂族金属矿化。

经济价值更大的是与砂金矿床共生的砂铂矿床。在黑龙江上游的达姆布京砂金矿床中发现与砂金相伴生的铂族金属矿物有自然铂、砷铂矿、铱锇矿等，也发育有硫钌矿、硫铂矿、铜铱矿、黄碲钯矿、铜铁铂矿等。该砂铂矿床的成矿物质来源于侵入早太古代片麻岩、结晶片岩中的大量元古代基性-超基性小侵入体，铂族金属原生矿化在成因上与橄榄岩-辉石岩-辉长岩-苏长岩侵入体有关，属PGE-Cu-Ni硫化物建造。经对锇铱矿Re-Os模式年龄测定，上述铂族金属原生矿化年龄为1 030±45Ma。

位于扎格达—谢列姆任地区的嘎尔河冲积含铂族金属砂金矿床为超大型砂金矿床。砂金与铬铁矿、磁铁矿、钛铁矿共生，伴有铂族金属矿物，主要为铱锇矿、锇铱矿以及砷铂矿、自然铂、铁铂矿等。砂金主要来源于区内的元古宙绿色片岩中，铂族金属矿物主要来源于侵入绿色片岩中的蛇纹石化超基性岩，铂族金属原生矿化在成因上与纯橄榄岩-斜方辉橄岩有关，锇铱矿的Re-Os模式年龄平均为620Ma。

(六) 炭质页岩中含铂族元素矿化的金矿床

炭质页岩中的金-铂族金属矿化发现较早，其中20世纪70年代在东西伯利亚博代博市东北130km处发现的苏霍依-罗格金铂族元素矿床就是典型的矿床实例。苏霍依-罗格金矿床(东西伯利亚)位于萨彦岭-贝加尔褶皱带博代博复向斜，博代博市东北130km。20世纪70年代发现了该矿床，2002年勘探储量金1 037t，铂族元素250t，属超大型贵金属矿床。博代博复向斜位于维提姆河中游(勒拿河上游)，自1846年以来一直是砂金的重要产地，至1997年近150年期间，开采砂金达2 000t，其中大部分原生来自本矿床。

近年来，通过地质-地球物理资料解译对该矿床的成矿背景和成矿过程取得了重要认识，通过地质-物探(重力、地电)资料解译将本区地壳划分为：

(1) 上部层(R_3—R_2)厚7～9km，以片岩-碳酸盐岩为主，属陆源-碳酸盐岩变质岩建造，并构成了博代博复向斜，明显地表现为Δg低。

(2) 中部层(R_1)厚7km(东部)～12km(西部)，以玄武岩类为主，含超基性岩及富铁变质岩(铁质石英岩、磁铁岩等)，属裂谷成因，表现为Δg高。

(3) 下部层(PR_1—AR)厚18～21km，主要由基性高的深变质岩、麻粒岩所构成。本层主要分布于博代博复向斜以东地区，即阿尔丹地盾与外兴安岭褶皱带的缝合线上，具明显的贵金属成矿专属性，如坦戈拉克基性-超基性岩体(二级Δg最高，圈出直径25km)，于退变质辉石岩岩体中见有大量细脉-浸染状磁黄铁矿-镍黄铁矿-黄铜矿矿化，伴有自然金、砷铂矿、Cu、Pb 等矿物。该岩体之西分布有布尔帕林分异岩体，属异剥橄榄岩-单斜辉石岩-辉长岩建造，伴有 Cu-Ni 矿化和∑Pt 矿化，其中黄铁矿-磁黄铁矿交代岩含 Pd $(0.09\sim0.23)\times10^{-6}$、Pt 0.5×10^{-6}。

此外，苏霍依-罗格矿床以东 110km 处有霍达康矿床，金矿化产于里菲期早期砾岩、含细砾岩、片岩、砂岩、变玄武岩薄层，以及基底裂谷杂岩（石英岩-砂岩、石英-绢云母-绿泥石片岩等）。矿石矿物主要有：含金黄铁矿、磁黄铁矿、黄铜矿、石英等，硫化物-石英脉中含金品位为 $(2.5\sim108.5)\times10^{-6}$。

伊奥柯-多维林层状纯橄榄岩-橄长岩-辉长岩岩体含 Cu-Ni 矿化及∑Pt 矿化（以 Pt、Pd 为主），属少硫化物类型，∑Pt 矿化远景甚大。

综上所述，博代博复向斜沉积岩层之下的下部层（AR—PR_1）的麻粒岩及中部层（R_1）的裂谷深色岩层为区域贵金属的主要来源。

本区重力场定量解译（比例尺 1∶20 万）结果表明，上部层顶位于深 3km 部位，乌格汉花岗深成岩（隐岩基显示 Δg 最小，厚 6km，面积 $110km^2$，矿床即位于该深成岩体之边部、3km 高度上）。与之相反，在深部未出现花岗岩类地段则未发现有金矿床形成，故本区主要矿化因素之一应为中、晚古生代花岗深成岩基，其岩浆晚期热液活动则导致 Au-∑Pt 矿化堆积和运移，从而形成巨型矿床。

此外，本矿床具层控性质特点，含金-铂族元素矿化的石英-黄铁矿、石英-碳酸盐岩-黄铁矿建造矿石，主要产出于里菲期晚期（R_3）霍莫尔欣组碳酸盐化、绿泥石化石英-炭质-绢云母岩层（即热液炭质交代岩）中。按主成矿阶段富含氮和贵金属元素的深部流体上涌与作为矿化富集的地球化学障的有机质相互作用，金、铂族元素与炭质形成有机化合物，贵金属元素可在非溶性炭质中存在，并以不同电价形式出现：即自然元素状态如 Pt、合金形式（如 Pt、Fe）、硫化物形式（如 Pt、S）、硒碲化物形式，如（Pt、Pd）（Te、Bi）等，并富集成矿。此种含炭岩系成矿带多形成于同造山期的区域性变质条件，故往往延伸巨大，找矿远景十分广阔。

（七）褐煤矿床中的金-铂族元素矿化

近年来，世界各地越来越多地重视煤矿中含 Au、∑Pt 矿化的可能性，即开展煤中及其灰烬、围岩中 Au、∑Pt 含量的检查工作，并开始在工业上利用热电站灰渣、露天采场的剥离砂土以回收贵金属元素。俄远东滨海区南部新生代褐煤中的贵金属含量在 $(n\times10\sim n\times1\ 000)\times10^{-9}$ 之间，如巴甫洛夫煤矿床，下比京、中比京、汪青等煤矿床。在中生代煤矿床（如兰山煤矿床）中也见有贵金属矿化，从而表明该区贵金属矿化具有区域性特点。除此之外，还见有 Ge、REE、W、Mo、Sb、Ag、V、U 等矿化。

滨海区巴甫洛夫褐煤矿床中的贵金属矿化就是典型实例。该褐煤矿床位于兴凯地块西南部，由数个褐煤盆地构成。Au-∑Pt 矿化见于新生代各个褐煤层位中，且出现于其下部经过热液改造的基底岩石中。盆地基底主要由早寒武世硅质及炭-硅质片岩夹白云岩层所构成。此外，局部见有晚古生代次碱性花岗岩分布。

Au-Pd 及 Pt 矿物见于新近系中新统（N_1）煤层中，上新统（N_2）砂、砾石层及木化石中，上新统—第四系坡积黏土及新生代晚期泥化喷出角砾岩中。从而表明矿化的多期性。

第一期（中新世晚期）：煤层中形成热液型锗-锑-钨-稀土矿化，在腐殖作用和凝胶化作用过程中，有机质具高渗透性，饱和有气体的热液有利于厚数米的煤层矿化，而贵金属矿化多出现于煤层中部的镜煤透镜体中，贵金属离子自热液还原、析出并为有机质所吸附。

第二期（上新世）即火山活动间歇期、区域脉动隆起期，中新世含煤沉积剥蚀，同时，也是上新世冲积层的形成过程，在砂、砾石层中积累了砂金。

第三期（上新世晚期—第四纪初期）出现新的热液活动，Au 和∑Pt 矿化形成于新生代盆地，同时，也可出现于盆地之间的隆起部位。

贵金属矿物有 2 种类型，即：

(1) 粗粒碎屑金，浑圆状，一般集中出现于上新世底板及局部剥蚀下盘。

(2) 自然金、自然钯、铜金矿、汞金矿、铁铂矿、铂钯矿等分布广，粒度可达 0.5～1.0mm，一般呈薄片状出现于冲积层上部的 Fe-Mn 化的砂砾石层中。自然金成色介于 800～950 之间，Pd/Pt 比值介于 0.8～7 之间。在隆起部位贵金属矿物见于石英脉或石英-Fe-Mn 脉中、泥化的基性岩墙或角砾岩中，以及其上的坡积黏土中，Au+∑Pt 含量变化甚大，为$(n\times10)\times10^{-9}\sim(n\times10)\times10^{-6}$，大多数样品含量为$(n\times100)\times10^{-9}\sim n\times10^{-6}$。

在含煤盆地基底泥化岩中，Au+∑Pt 矿物主要有铜金矿、汞金矿、自然钯、钯铂矿等，多呈薄片状出现。自然金成色介于(500～600)至(800～900)之间，Pd/Pt 比值变化亦大。

本区贵金属矿化具多期性、多成因形成作用特点，其主要因素为与晚中生代陆内裂谷型火山活动二次爆发有关的热液流体作用。矿产来源于岩浆源及早寒武世炭质片岩、页岩。

(八) 铂族金属砂矿床

上述铂族金属原生矿化区域往往形成含铂砂矿，但在以基性-超基性岩为背景的区域砂铂矿化更为显著。

20 世纪 90 年代，在科里雅克高地南部地区发现了与乌拉尔地区类型相似的砂铂矿床，即科里雅克高地超大型砂铂矿床，至 1998 年从该矿床开采铂砂 12t，其远景储量超过 100t，集中分布于维文卡河支流的维特韦依河—列夫台林瓦雅姆河—台别尔瓦雅姆河沿岸河床、阶地、冲积层中。

该区为科里雅克-堪察加活动大陆边缘之嘎里莫艾南和赛纳夫奥流托尔构造带，沿维文卡河流域分布有新生代多相分带的辉长岩-辉石岩-纯橄榄岩岩体。砂铂矿床的矿质主要来自纯橄榄岩，特别是碎斑状纯橄榄岩、伟晶状纯橄榄岩等，铂族金属矿物在超基性岩中大多呈他形粒状，与铬尖晶石、橄榄石、钙镁辉石-钙铁辉石系列辉石及角闪石类矿物呈连生包体形式出现。砂矿中铂族金属矿物为 Pt-Ir 矿物-地球化学类型。一般认为 Pt-Ir 矿物-地球化学类型形成的砂铂矿床多具工业意义，多为大、中型矿床。

二、俄罗斯远东及东西伯利亚地区铂族元素普查与找矿新进展

近 20 多年来，由于乌拉尔等地铂族金属资源的急剧减少以及前苏联的解体，俄罗斯本土的铂族金属勘查工作重点转移到远东地区，并首先开展了含铂族金属矿化的基性-超基性岩体、“黑色炭质页岩”型 Au-PGE 矿化带岩石地球化学勘查工作。在此基础上，通过进一步普查找矿工作，陆续获得了一些新发现并取得了对区域成矿规律的认识。在区域成矿调查研究方面亦取得了突破性进展，发现铂族金属矿化与金矿化密切相关，在砂金矿床中往往也出现砂铂矿；铂族金属矿床与环带状基性-超基性侵入杂岩体在空间和成因上有密切联系；与基性—超基性杂岩体有关的 Cu-Ni 矿床、磷灰石-钛铁矿-钛磁铁矿、钒钛磁铁矿矿床中经常出现铂族金属矿化；更为重要的是在褐煤矿床中发现了铂族金属矿化。上述成果指明了该区铂族金属矿床的找矿方向。

将远东地区含铂族金属矿化划分出 5 个片区和 7 个带，具体为：①鲁肯今区；②达姆布京区；③嘎尔区；④托洛姆-山塔尔区；⑤乌尔米区；7 个带为：①外兴安岭带；②比康带；③东布列因带；④麦伊玛康带(康焦耳等环带状杂岩体)；⑤乌苏里带；⑥比京带；⑦西滨海带(图 5-24)。

此外，还有上述带外的 5 个片区，即：①鲁肯今区；②达姆布京区；③嘎尔区；④托洛姆-山塔尔区；⑤乌尔米区。

(一) 斯塔诺沃(外兴安岭)含铂带

沿外兴安岭、米格米尔山分布，长度大于 1 300km，宽 50～100km。主要由古太古代变质岩系(变粒岩、麻粒岩)构成。其中米格米尔山分布有辉长-斜长岩原土岩体，与磷灰石-钛铁矿-钛磁铁矿、磷灰石-钛铁矿矿石有关。

东部在扎纳河上游见有大量含铂族元素(特别是 Pt、Pd)深色岩(辉长岩-斜长岩)体，如磷灰石-钛铁

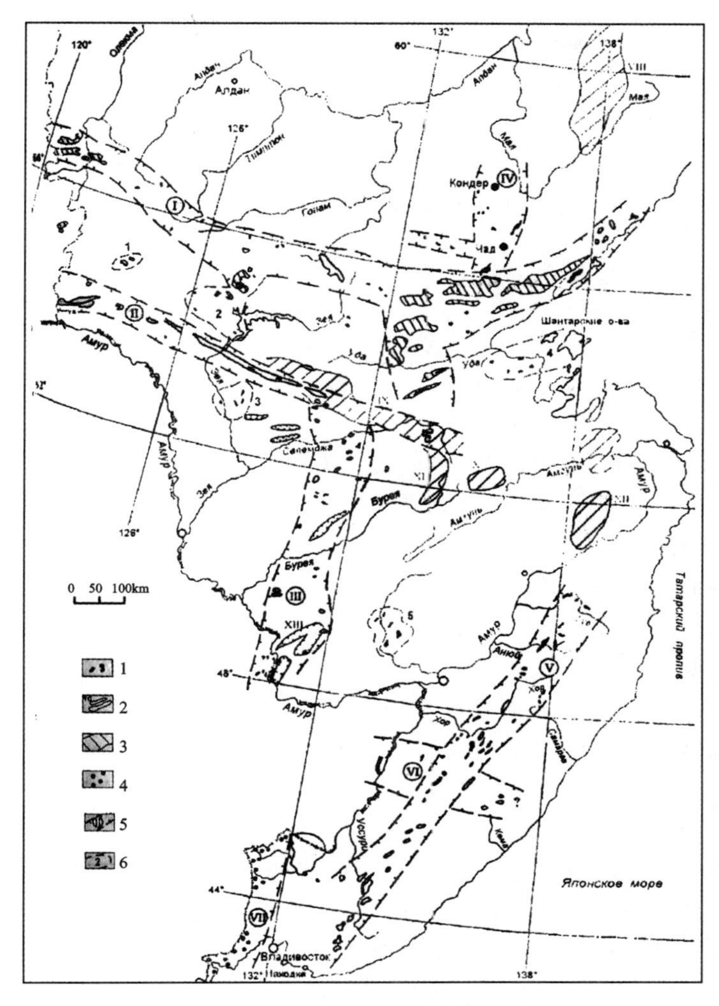

图 5-24　远东潜在含铂侵入体及造山带黑色页岩杂岩系分布略图

1—3. 含铂族元素侵入岩：1. 超基性岩类，2. 辉长岩类、辉长闪长岩，3. 斜长岩类；4. 基性岩—超基性岩体露头（不成比例）；5. 含铂族元素（或潜在的）带，成因上与基性—超基性侵入杂岩有关：Ⅰ. 斯塔诺沃（外兴安岭）带，Ⅱ. 比康带，Ⅲ. 东布列因带，Ⅳ. 麦伊玛康带，Ⅴ. 乌苏里带，Ⅵ. 比京带，Ⅶ. 西滨海带；6. 含铂族元素的片区：1. 鲁肯今区，2. 达姆布京区，3. 嘎尔区，4. 托洛姆-山塔尔区，5. 乌尔米区；7. 潜在的含铂族元素造山黑色页岩杂岩：a）Pz—Mz 期（地区：Ⅷ. 阿拉赫—云，Ⅸ. 上谢列姆任，Ⅹ. 克尔滨，Ⅺ. 尼曼，Ⅻ. 比利达—里姆里），b）里菲（R）—E 期（XIII. 兴安期）

矿-钛磁铁矿矿床（鲍吉达和成尤姆矿床）含较高的 Pt（0.06×10^{-6}）、Pd（0.3×10^{-6}），在退变斜长岩中碳酸盐脉中含 Pt 0.2×10^{-6}、Pd 0.4×10^{-6}。

此外，在秋嘎尔河下游见有硫化物脉，含 Pt、Au 的砷化物浸染达 70.3×10^{-6}。对乌达河两岸的纯橄榄岩、蛇纹岩及其他的基性-超基性岩（多见有硫化物化、石英化等）进行了检查，一般含 Pt、Pd 达（$n\times0.001\sim n\times0.01$）$\times10^{-6}$。区域深色岩，特别是斜长岩体底部常见有深色辉长岩、橄榄岩、辉长苏长岩、苏长岩等互层出现，其中往往夹有致密块状磁黄铁矿-镍黄铁矿，一般含铂族元素较高，形成工业矿床（如诺里尔斯克、蒲德别里等）。

在一些含 Au 石英硫化物脉矿床中（如柯尔切丹-乌切斯矿床）金矿石含铂族元素达 491×10^{-6}（其中 Pt 69.8×10^{-6}、Ir 1.17×10^{-6}、Pd 0.6×10^{-6} 等）。

（二）比康含铂族元素带

比康侵入杂岩（Pz）侵入于巨厚的（R—Pz_2）火山-硅质岩-陆源岩层中，主要是辉长岩类、辉长-闪长岩类，以及稀少的超基性岩。仅翁雅-巴姆地区的扎格达岩体（辉长岩、蛇纹石化斜长岩）人工重砂中夹有数十粒砷铂矿。

(三) 东布列因含铂带

该带呈近南北向分布，长 500km，见有数十个辉长岩-超基性岩侵入体分布，尚未研究铂族元素的分布。仅在小兴安岭 Союзненская 组合炭质岩层中含铂族元素达 0.5×10^{-6}。

(四) 麦伊玛康含铂族元素带

该带长 200m，见有数个超基性岩体，其中著名的有康焦尔和恰特二岩体。

1. 康焦尔岩体(图 5-25)

该岩体为直径达 8km 的同心环状岩体，中心部分为河床盆地，含工业铂砂(以 Pt 为主，85.5%)矿床，伴生有铬铁矿、钛磁铁矿。中心部分为含铂族元素的纯橄榄岩、纯橄榄岩伟晶岩，其中见有含铬尖晶石分凝脉，风化后形成上述含铂族元素砂矿。

在纯橄榄岩之外为橄榄石-透辉石交代岩，再向外为单斜辉石环带，并为 J_3—K_1 的阿尔丹侵入杂岩(二长岩、正长岩、辉长岩等)所穿切。故康焦尔杂岩时代应在 PR_1(Pt_1)—J 之间，铂族元素矿物的 Re-Os 平均模式年龄为 340Ma(即 C_1)。

在岩体超镁铁岩中，铂族元素以次显微副矿物形式出现，大多数铂族元素矿物赋存在铬尖晶石细脉、析离体、透镜体周围，铂族元素矿物平均含量在 1～3g/t 之间，最少达 30～100g/t。

2. 恰特超基性岩体

该岩体为同心环状岩体，直径 4.4km，其中心部分为含铂族元素及铬铁矿的纯橄榄岩，其镶边为变纯橄岩、橄榄石-单斜辉石及磁铁矿-橄榄石-单斜辉石岩，东半环过渡为橄榄石辉长岩、辉长苏长岩；而西半环过渡为(K_1)正长岩、正长辉石岩。与上述岩体之区别在于，含 Pd＞Pt，并含极低的 Rh(铑)、Ru(钌)、Ir(铱)。含 Pt＋Pd 很少达 1×10^{-6}，一般为 $n\times0.1$。

此外，在达利雅河砂矿含高成色金砂矿中也伴生有 Pt、Os、Ir 矿，其品位为砂金重量的 0.8%～1%。

(五) 乌苏里含铂族元素带

该元素带呈北东向延绵 900km，宽 70～100km，见有大量基性-超基性岩体，主要是中生代火山陆源岩岩层断层位移形成的。通过对 Au、Cu、W、Sn 矿床取样分析，发现数个含铂族元素矿化点，如博雷尼赫、奥特阔斯、列克丁、梅德维日等。其中博雷尼赫一个硅化角砾岩样品中含 Pt 4.6×10^{-6}、Ir 0.07×10^{-6}、Au 2.4×10^{-6}；在奥特阔斯的硫化物-石英矿石中含 Au 低(仅 0.4×10^{-6})，而含 Pt 2.6×10^{-6}、Ir 0.07×10^{-6}；在列克丁 W-Sn-Cu 矽卡岩化、硫化物化矿石中含 Pt 0.7×10^{-6}、Pd 1×10^{-6}。

在南部兴凯湖地区巴甫洛夫褐煤矿层中富集有稀土元素，同时，含 Pt 2.37×10^{-6}、Pd 3.17×10^{-6}、Rh 0.04×10^{-6}、Ru 0.1×10^{-6}、Os 0.24×10^{-6}、Ir 0.06×10^{-6}。即在含稀土元素褐煤中铂族元素与 Au 含量之和为$(2.7\sim6.3)\times10^{-6}$，而在煤灰分中其含量达$(19\sim23.3)\times10^{-6}$。

(六) 比京含铂族元素带

该元素带呈东西向绵延 300km，宽 100km，发现数个基性-超基性岩体，仅发现其中一个岩体含 Pt＋Pd 为 0.11×10^{-6}。

(七) 西滨海含铂族元素带

该元素带沿中俄边界分布，已发现二叠纪火山-陆源岩及黑色页岩中含金矿化，上述岩层中见有 Pz_2

图 5-25　康焦尔超基性岩岩体特征图

1. 第四系冲洪积层(Q)；2. 欧姆亨组粉砂岩(杂色及黑色层状)，有时为钙质粉砂岩，很少为砂岩(细粒)泥质灰岩，a)图上，b)剖面上；3. 康焦尔组(R_2kn)：灰色、黑色粉砂岩、细粒石英砂岩，很少的细砾岩，a)图上，b)剖面上；4. Ar_1(早太古代)片麻岩、黑云母辉石结晶片岩，角闪岩、大理岩、斑花大理岩、花岗片麻岩；5. 白云石大理岩(Ar_1)：a)以比例尺表示；b)不按比例尺表示；6—8. 阿尔丹侵入杂岩(J_3—K_1a)：6. 碱性系列，正长岩墙及其伟晶岩、碱性花岗岩(剖面图)；7. 二长岩系列：辉长岩(a)、异剥磁铁橄榄岩(d)、次碱性闪长岩(B)、二长闪长岩(r)；8. 交代岩脉或细脉(钛磁铁矿-黑云母-单斜辉石含角闪石；橄榄石-符山石等(剖面))；9. 康焦尔侵入杂岩(C_1k)：似斑状纯橄榄岩(a)、细粒及中粒纯橄榄岩(d)、纯橄榄岩-伟晶岩岩墙或小岩脉(B)(剖面)、单斜辉石岩(r)；10. 相界限；11. 辉长岩及异剥磁铁橄榄岩分层性；12. 含钛磁铁矿的交代岩；13. 长石-普通辉石交代岩(剖面)；14. 产出在层位中的断裂；15. 含铂族元素砂矿界限(a)，含 Pt、Pd 矿化点界限

末玢岩岩墙，基性-超基性岩小侵入体(角闪橄榄岩、纯橄榄岩、单斜辉石岩、角闪石岩、角闪石化辉长岩)，在河积砂金矿床中，开采砂金时伴有铂族元素矿物，铂族元素矿化可能与同心环状分布的碱性纯橄榄岩-单斜辉石岩岩体(拉斑玄武岩系列)有关。铂族元素矿物以铁铂矿、铱锇矿为主。在毒砂-石英脉中 Pt 含量达 0.33×10^{-6}。

此外，含铂族元素片区如下。

嘎尔片区：沿嘎尔河(I)、(II)冲积层含砂金矿开采过程中 Os+Ir 占砂金总采量 1%，铂砂小于 1mm，呈灰色金属光泽，未浑圆。在卡拉卡吉萨河口砂金矿于 1966 年开采了 660 块自然金(重量在 10～7 000g 之间)，总重量为 79kg，而 Os、Ir 矿物含量在 15mg/m³。在嘎尔河(I)砂金矿床属巨大型，金成色高达 960～990，并与铬铁矿、磁铁矿、钛铁矿共生。铂族元素矿物以铱锇矿、锇铱矿为主。少量见有砷铂矿、自然铂等。铂族元素在成因上与元古界蚀变绿岩有关，该绿岩为含有铬铁矿浸染的超基性岩体(蛇纹岩、斜方辉橄岩、橄榄岩）所穿切。

该区为普查铂族元素资源曾进行 1:25 000（1990 年）地球化学找矿，发现 Au、Ag、Ni、Co、Pd、Zn、Cu、Mo 等元素异常。

根据同位素 Re-Os 法测年，铂族元素矿化时代为文德期（620±30Ma）。

在显生宙造山构造带中，炭质金矿杂岩的含铂性问题研究尚十分薄弱，仅限于成因上与炭质页岩有关的金矿床。例如：

上谢列姆任金矿区：在玛拉梅尔金矿床细脉浸染型少硫化物（黄铁矿、毒砂）矿脉中 6 个样品含铂族元素品位分别为 8.4×10^{-6}、8.3×10^{-6}、5.0×10^{-6}、2.6×10^{-6}、0.5×10^{-6}、0.1×10^{-6}、，矿脉围岩为古生代火山-陆源岩层。

尼曼含金区：含碳的钠长石-绢云母片岩样品中（含毒砂浸染），含铂族元素品位为 4.8×10^{-6}、2.7×10^{-6}、0.5×10^{-6}、0.01×10^{-6}。

此外，在布良特地段于硫化物化更强烈的炭质片岩中含 Pt 品位为 3.5×10^{-6}、1.5×10^{-6}、0.8×10^{-6}、0.5×10^{-6}、0.1×10^{-6}、0.05×10^{-6}之间。

在阿拉赫一云含金地区（附图，见光盘）于层状、浸染状硫化物矿石中，硫化物含金达 14×10^{-6}、含铂族元素达 $(2\sim5)\times10^{-6}$。

在兴安复向斜（位于中国小兴安岭以东黑龙江对岸）的苏塔尔含金区元古界炭质页岩中含 Pt $(0.2\sim0.5)\times10^{-6}$；在大理岩化灰岩中见有很少的硫化物浸染。

在黑龙江下游（左岸）比里达-利姆里含金区，对阿格尼-阿法纳西也夫石英脉型金矿床围岩（K_1 砂岩-页岩）中石英质页岩进行了研究，其中含硫化物浸染（1.5%～4%），并以针状毒砂及立方体黄铁矿为主，含 Pt$(1.5\sim7.9)\times10^{-6}$；在石英脉集中的页岩中含 Pd$(0.05\sim0.23)\times10^{-6}$、Os$<0.01\times10^{-6}$，矿化条件及硫化物与苏霍依罗格、卖依等 Au-Pt 矿化区相一致。

在中央锡霍特-阿林带的格鲁霍沃金矿床的 K_1 砂泥岩围岩强烈地动力变质黑色交代岩矿石中含 Au$(2\sim3)\times10^{-6}$，矿石中以黄铁矿、毒砂、磁黄铁矿为主，个别样品中含 Pt$(0.16\sim0.39)\times10^{-6}$，Ru $n\times0.01\times10^{-6}$，其他铂族元素 $n\times0.001\times10^{-6}$。

三、俄罗斯远东及东西伯利亚地区铂族金属矿床勘查的经验与启示

近 20～30 年来，俄远东、东西伯利亚地区在普查铂族元素成矿条件、划分矿化区和找矿远景区、发现新类型矿床及深部找矿等方面取得了长足的进展，主要经验是：

（1）科研部门与地区地质勘查单位密切合作，充分发挥科研部门和地方地勘部门的优势。及时总结大区域和局部找矿经验，综合找矿理论，并科学地指导找矿和资源预测。

例如，近年来强调对造山带黑色页岩系的普查找矿工作，在普查金矿、铂族元素等综合性矿床方面取得了重大进展。造山带的黑色页岩地区，其面积一般可达数千平方千米以上，往往可能形成大型或超大型贵金属矿化富集。如博代博复向斜面积达 $900km^2$，乌嘎汉花岗岩体 Δg 低带面积为 $110km^2$，而隐伏深成岩体的"影响带"内（一般扩展 3 倍）也可能有矿化形成。

（2）充分地利用物探、化探勘查与地质综合解译，在深部构造和深部找矿研究方面取得了突破性进展。

以苏霍依-罗格含铂族元素金矿床为例，该矿床位于萨彦-贝加尔褶皱带博代博复向斜中，属前寒武纪层控型岩浆晚期热液成因的超大型矿床。贵金属矿化源自下部层（AR—PR_1）和中部层（里菲期早期 R_1）基性-超基性深变质岩层，具有重力场 Δg 偏高特点。含 Au-$\sum$Pt 矿化的石英-黄铁矿、石英-碳酸盐-黄铁矿建造的矿体具层控性质，主要产于里菲期中-晚期的上部层（R_3—R_2）中，即里菲期晚期霍莫尔欣组石英-炭质-绢云母岩层中，并碳酸盐化、绿泥石化。与之同时，Au-$\sum$Pt 矿化受深部乌嘎汉花岗深成岩体（Pz_{2-3}）的控制，矿床产出于该岩体之边部 3km 高度之上。根据该区重力场定量解译（1:200 000）结果表明，乌嘎汉花岗深成岩（隐伏岩基）显示 Δg 最小，厚 6km，面积 110km，同时，控矿的上部层顶位于

深3km部位。与之相反，未出现花岗深成岩地段则未发现金矿化形成，故主要矿化因素是基性深变质矿源层，控矿的炭质岩层和早、中古生代的花岗深成岩岩基，岩浆晚期热液活动则导致Au-∑Pt运移、堆积及矿化的形成。根据该矿床的成矿、控矿条件，应用重力测量和大地电磁测深、地震测深等方法，阐明了区域深部构造，例如博代博复向斜的地壳基底深度为35～37km，壳层位于密度变小、活化地幔隆起之上，裂谷构造、隐伏的花岗深成岩基的分布等，对于找矿可取得事半功倍的效果。在成因上与本矿床相近似的乌兹别克斯坦穆龙套金矿床（Au储量大于1 500t），亦分布于重力低异常场（黑云母花岗岩）的北部边缘，其变沉积围岩亦与本矿床的地球物理参数相近，因此，利用重力测量的局部重力低可作为普查此类型矿床的评价标志。

（3）对可能含∑Pt矿化的基性-超基性杂岩体进行岩石化学、地球化学分析，同时，配合以区域水系地球化学找矿、重砂测量等调查。此外，对于砂金矿床及已开采的砂金矿床亦应进行铂族元素矿物的普查和回收工作。在远东地区不同成因类型金矿床均可能伴随有Au-∑Pt矿化，而且分布广泛，因此，在开采、选矿流程中应注意回收Au-∑Pt的可能性。同时，应注意检查已开采过的尾矿砂。

（4）应用航天照片、航测、遥感解译、大地地貌学方法等形态构造分析研究识别和发现中心型环带状构造杂岩体，特别是以超基性岩（纯橄榄岩）为核心的环带状构造杂岩体，大多伴随有铂族元素矿化，形成工业型砂铂矿床，如康焦耳、恰德等岩体。

此外，以碳酸盐岩石为核心的碱性-超基性环状杂岩体往往伴随有稀土、钪、铌、钽矿化，如阿尔丹地盾阿尔巴拉斯塔赫杂岩体。以花岗岩为核心的碱性-超基性岩杂岩，如穆龙杂岩体盛产紫硅碱钙石（“紫丁香”石，至今为世界上唯一产地）；钾霞正长岩碱性杂岩体，如牙克申杂岩，可作为钾、铝原料，上述二碱性杂岩体均为北贝加尔裂谷所控制，多系中-新生代构造-岩浆活化作用的产物。此外，上述中心型环状构造杂岩体，除贵金属元素矿化外，往往伴随有稀土元素、钪、锆、铪、铌、钽等稀有元素矿化。

（5）近年来，对于远东煤矿中含Au、∑Pt矿化可能性的检查工作取得了重大进展，不仅在煤层中、围岩中发现有Au、∑Pt矿化，而且开始以工业利用热电站灰渣露天煤矿、剥离层砂土等。在新生代褐煤中含贵金属品位为$(n\times10\sim n\times1\ 000)\times10^{-9}$，见于滨海区巴甫洛夫、中比京、下比京等煤矿中。中生代煤矿（如兰山等矿床）亦见有Au、∑Pt矿化。此外上述地区煤矿中还见有Ge、REE、W、Mo、Sb、Ag、V、U等异常含量。

该区在煤矿中Au、∑Pt矿化具有区域性、形成多期性、多成因性特点，其主要因素是晚新生代裂谷型火山活动二次爆发作用伴随热液流体所致，矿质来自岩浆源及基底早寒武世炭质页岩。

早期（晚中新世）贵金属自热液中借助于有机质还原作用析出，并为有机质所吸附，故矿化多出现于煤层中部，接触部位或角砾化带中。

中期（上新世）火山活动进入间歇期，早期含煤沉积剥蚀，在冲积层（砂砾石及木化石）中有新的热液活动，于坡积层黏土之下盘及上部Fe-Mn沉积物或脉中形成贵金属矿化。

俄罗斯远东地区铂族金属矿床勘查的理论依据和实践经验值得我们借鉴。与俄罗斯远东地区相毗邻的我国东北及内蒙古东部地区也发现了与基性-超基性岩有关的铜镍型铂钯矿床，如位于兴凯地块北缘、敦密深断裂南东新元古代五星含矿超基性岩体中的五星铂族金属矿床。更为重要的是东北及内蒙古东部地区黑色页岩系分布广泛，从元古代—中新生代均有发育，主要见于各种成因类型的含煤盆地和不含煤的洼地之中，如本溪、阜新、鹤岗、抚顺、霍林河及扎赉诺尔等含煤盆地，辽东、辽西、辽北、吉南、滨东等裂谷或裂陷槽。黑色岩系分布区普遍经历了加里东、华力西、印支—燕山期和喜马拉雅期构造运动，并伴随有强烈的基性-超基性到中酸性岩浆活动，与俄罗斯远东地区具有颇为相似的区域成矿背景，应当是我国铂族金属矿床勘查的重要远景区，需进一步加以综合调查研究，可望获得突破性进展。

第六章 结 语

此次东北亚地区地质矿产综合编图和境内外成矿对比研究主要是依据中国、俄罗斯、蒙古国、朝鲜、韩国等国中比例尺地质矿产图件，综合分析已有的地质矿产文献，结合本项目研究成果编制而成。由于涉及地域大、地质演化时序长，给图面表达和有关属性确认带来了很大难度。特别是所收集邻国的地质图的比例尺大小不一，所获得的一系列资料表明，各国地质工作者对大地构造单元、地层划分、侵入岩定位和成矿区划等地质矿产问题的见解、观点存在着一定的差异。且这些资料之间尚存在认识上的不同，鉴于此，对这些资料只能在综合分析研究后部分地应用。故此次编图和对比研究只能是对这些资料的初步总结，对于存在的主要重大问题在此予以指出，以便在今后的地质研究工作中解决。

1. 地（岩）层方面

太古宙地（岩）层的划分各国划分不一。我国为四分，俄罗斯、蒙古国为两分，朝鲜、韩国为三分；此次编图按我国的四分方案进行了处理。由于资料有限，这种处理的结果肯定存在一定的问题，这是今后应深入研究解决的。

原划太古宙地（岩）层的认识各国存在差异。20 世纪 90 年代经对太古宇岩层的深入研究，国际地质界认定原划混合岩部分为侵入岩类，将其从太古宇岩层中剔出，称为变质深成侵入体，从而对太古宇岩层进行了解体。变质深成侵入体和绿岩伴生，构成“花岗绿岩区”，这一认识在我们所收集的俄罗斯、蒙古国、朝鲜、韩国等各国地质图上并没有表现出来。此次编图除朝鲜半岛对太古宙地（岩）层进行了解体外，俄罗斯、蒙古国两国地域内的太古宙地（岩）层仍保留了原图划分。

在元古宙地（岩）层的认识上，俄罗斯地质专家对上黑龙江西段两岸所出露的前寒武纪地（岩）层兴华渡口群（中国境内）与岗仁群（俄罗斯境内）完全可以对比的认识是一致的，但对两者时代的厘定却有差异。中方划定为古元古代，俄方划定为新太元古代；同样，对上黑龙江东段两岸所出露的前寒武纪地（岩）层同称黑龙江群的时代，中方划定为古元古代，俄方划定为新太古代。此次编图将其时代统一定为古元古代处理，显然，对其年代学研究是极为必要的。

此次编图对俄罗斯地质界所称文德系（V）、里菲系（R）与我国中、新元古界的对比按如下方案处理：文德系（V）相当于南华系（Nh）—震旦系（Z）；里菲系（R）的上里菲统（R_3）相当于青白口系（Qb）；中里菲统（R_2）相当于蓟县系（Jx）；下里菲统（R_1）相当于长城系（Ch）。该方案是否妥当尚有待研讨。

古生代地层，此次编图按国际地层委员会 2004 年地层序列表，对原志留系三分、石炭系三分和二叠系二分等分别进行四分、两分、三分划分处理。在重新划分中，由于我们掌握他国资料有限，对这一问题的处理可能存在不足，甚至有错误的地方。

2. 侵入岩类方面

区内太古宙侵入岩类，由于上述各国太古宇划分方案的不同，所涉及的侵入岩类时代即要随之改变。此次编图相应的对太古宙侵入岩类进行了四分划分处理；由于掌握其资料有限，划分的结果尚存有问题。同样，随着志留系、石炭系、二叠系的四分、二分、三分划分方案的实施，其相应时期的侵入岩类的时代亦随之进行调整厘定。由于掌握其资料有限，划分的结果亦存有问题。如中朝毗邻地区中生代侵入岩极为发育，朝鲜一侧侵入体的侵位时代主要为三叠纪，即大面积分布的“惠山岩群”，在中国一侧中生代侵入岩则主要形成于 160～170Ma 和 120～130Ma 两个阶段。显然，按照目前资料所显示的中朝两侧侵入岩形成的时代存在很大差异。

3. 区域构造方面

此次编图对区域构造所叙述内容，概括的阐述了区域构造格架特征和地壳形成演化简史，对东北亚区域地质构造与演化的整体认识及所编制的东北亚南部地区大地构造略图和东北亚南部地区构造单元略图尚需要进一步完善。

在中朝毗邻地区1:100万地质构造图的编制中，朝鲜半岛部分主要参考资料是朝鲜自然资源部矿产资源部中央地质调查局编制的1:100万朝鲜半岛地质图、朝鲜半岛地质构造图及其说明书；朝鲜科学院地质研究所编制的1:100万朝鲜半岛地质图及其说明书；韩国地质学和矿产资源研究院编制的1:500万朝鲜半岛地质图。编图过程中深感缺乏朝鲜部分的资料，且这些资料之间尚存在认识上的不同，对这些资料只能在综合分析研究后部分地应用。此次编图只能是对所收集资料的初步总结，故此，图中存在未解决的问题仍然很多。诸如，在区域构造阶段、构造层划分研究中，是依它们之间界面的明显区域不整合面为基础依据来划分的。但是在中朝古陆中，我们所划分的扬子期构造层和兴凯期构造层之间却未见区域不整合面存在，蓟县系和青白口系之间亦为整合或平行不整合。基于造山带中兴凯期构造运动的存在考虑，我们将中朝古陆中的扬子期构造层和兴凯期构造层硬性分出，这样处理是否合适有待进一步研究。又如，图内所划临津造山带是一个未研究清楚的构造单元，在图件编制的过程中，未能将两板块间的侧向增生构造带细化划分开来，只好将其暂归扬子板块之内。据任纪舜(1997)在编制中国及邻区大地构造图(1:500万)时，将其划为临津造山带，西延与苏-胶造山带相连的资料，现暂作上述处理。此外，在该带内也没有发现存在构造结合带的任何地质痕迹，所划临津构造结合带纯属推测。显然，沿北纬38°线的这一地带的地质构造研究不够深入，对京畿地块基底组成成分、特征等重大基础问题均应进行深入研究。

4. 区域成矿规律对比研究方面

此次编图对区域成矿带划分到了Ⅲ级，并对东北亚地区内生金属矿床的成矿体系和成矿区带进行了较详细的论述，但感到不足的是：

(1) 根据现有资料，毗邻国家的优势矿种，与我国境内大体相似，但在矿床数量和规模上明显有别。朝鲜太古界、元古界内所赋存矿产，俄罗斯境内中生代火山-侵入岩系内所赋存矿产远比我国丰富。我国境内尚未完全突破。根本原因是什么？其成矿内涵的对比需要细微深入地去考察分析和研究，如选择重要成矿带开展1:20万～1:50万尺度的对比研究，

诸如，成矿带划分与对接问题，在中-朝毗邻地区的成矿带目前只能进行简单的对接，如图上的对接，由于缺少足够的成岩、成矿作用的时代对比数据，对产于古元古代岩层中的铅锌矿，其具体的成矿作用没能够到朝鲜进行现场观察和年龄取样测试，只能凭朝鲜科学家提供的数据和收集的资料来分析，可能存在成矿带划分的差异。在区域构造演化、构造层划分研究中，是依据地质图界面明显的区域不整合面为基础依据来划分的。与地质构造问题一样，没有足够的年龄数据和第一手的矿产成矿作用数据，所以其矿床的成矿时代和成因都存在很多问题有待解决。朝鲜地质学家也认为，目前的同位素年龄测试手段较单一，所以很多年龄数据存在争议，与国内的成因和成矿作用的对比存在难度。对产于元古宙建造中的矿产成因和成矿作用有待进行深入研究。

(2) 尽管在辽吉地区已经有大量的地质勘查和局部的、对于某一个矿山或某一种矿床较详细的研究，但是对于该地区的内生金属矿产资源的内在联系、时空分布规律等系统的研究和认识还不全面。例如，对于鞍山钢铁基地的弓长岭等铁矿做过大量的研究工作，对通化钢铁基地的板石沟铁矿等也做过许多工作，本次也开展了与朝鲜茂山铁矿的对比，但是，人们也只是认为两者都属于太古宙沉积-变质型铁矿，而两者之间的时空乃至成因关系和控矿条件方面的系统研究不够深入。因此不可能确切地进行更大区域范围内的找矿预测和矿产总量评价。该地区的金矿研究也存在同样的问题。人们对辽东和吉南的金矿集中区以及局部成矿带和具体金矿床都做了大量的研究工作，但是从构造环境、成矿作用及控矿条件上的系统研究还有待于深入。对于该区的铅锌矿、铜矿等的研究，也存在同样的问题。因此，有必

要在该区开展内生金属矿床的成矿系列和控矿条件的对比研究。

(3) 在进行区域成矿条件对比时，多是一些表面现象的对比。例如，在辽吉古元古代裂谷带中在辽宁境内和朝鲜境内分别发育大型和超大型铅锌矿床，但是在吉林省境内只有正岔和荒沟山两个中小型矿床。人们一直希望在吉林省境内有所突破，原因在于人们认为吉林境内有着和辽宁及朝鲜相似的地质环境。其实，所谓的相似的地质环境是指它们位于相同的古元古代裂谷带，并且吉林境内的集安群和老岭群与辽宁境内的南辽河群和北辽河群以及朝鲜的南大川组和北大川组具有可对比性。这种所谓的可对比性，其实不过是基本成矿条件的对比。在吉林境内是否真正具备了相应的成矿条件，控矿特征如何，到何处找检德式铅锌矿，还需要做深入、细致的对比工作。

此次编图过程中得到了中国地质调查局科技外事部的具体指导和大力支持，同时也得到了内蒙古自治区、黑龙江省、吉林省、辽宁省等诸地调院及其所承担的地调项目有关部门的支持和帮助。俄罗斯赤塔州自然资源委员会、阿穆尔州地质企业、俄科学院远东分院构造和地球物理研究所、俄科学院远东分院远东地质研究所等，提供了其辖区的地质图和资料，沈阳地质调查中心领导和科技外事管理部门为此次编图研究工作的顺利开展提供了支持和保证条件。单海平研究员、唐克东研究员、张允平研究员、李景春教授级高级工程师、刘英才工程师、张广宇工程师等中心科技人员给予了热情的帮助，谨此一并表示深切的谢意。由于编者水平所限，文、图中错谬一定不少，敬请指教。

主要参考文献

芮宗瑶,施林道,方如恒,等.华北陆块北缘及临区有色金属矿床地质[M].北京:地质出版社,1994.

表尚虎,李仰春,何晓华,等.黑龙江省塔河绿林林场一带兴华渡口群岩石地球化学特征[J].中国区域地质,1999,18(1):29-33.

柴社立,莱晶,邹祖荣.华北地台含钼和含金花岗岩系的地质地球化学及其成矿作用对比[J].长春地质学院学报,1994,24(3):284-290.

崔成根.检德地区劈理特征及对矿体形态、分布的影响[J].地质与地理,1990(5).

崔润河.茂山磁铁矿矿体的剩余磁化率及分布特征[J].地质与地理,1992(5).

陈斌,赵国春,Wilde S.内蒙古苏尼特左旗南与俯冲和碰撞有关的两类花岗岩的同位素年代学及其构造意义[J].地质论评,2001,47(4): 361-367.

陈森煌,刘道荣,包志伟,等.华北地台北缘几个超基性岩带的侵位年代及其演化[J].地球化学,1991(2):128-133.

陈殿芬,孙淑琼.吉林正岔铅锌矿床矿物及其共生组合特征[J].地质论评,1995,41(1):52-60.

陈江.辽宁青城子矿田浊积岩型金银多金属矿床[J].辽宁地质,2000,17(4):241-244.

陈江峰,喻钢,薛春纪.辽东裂谷带铅锌金银矿集区 Pb 同位素地球化学[J].中国科学 D 辑,2004,34(5):404-411.

段瑞焱,杨方,李兰英.周边国家金矿地质与我国金矿展望[M].北京:地质出版社,1990.

戴薪义,刘劲鸿,邵建波,等.吉林夹皮沟一金城洞花岗岩一绿岩带地质特征[J].前寒武纪地质,1990(4):51-59.

戴自希.我国周边国家矿产资源的分布和潜力[J].国土资源情报,2001(11):36-43.

地质调查与研究编辑部.朝鲜检德铅锌矿床地质特征[J].地质调查与研究,1985,8(4):107-109.

丁悌平,蒋少涌等.华北元古宙铅锌成矿带稳定同位素研究[M].北京:北京科学技术出版社,1992.

董耀松,杨言臣.裂谷演化对铅锌矿成矿作用的影响——以辽吉裂谷为例[J].地质找矿论丛,2006,21(1):19-22.

方如恒.辽宁铁矿类型与演化[J].辽宁地质,1995(2):106-120.

富文.朝鲜矿产简况[J].地质与勘探,1972,8(1):33-35.

冯守忠.吉林正岔铅锌矿床地质特征及成因机理[J].桂林工学院学报,1998,18(2):112-123.

冯守忠.吉林荒沟山铅锌矿床地质特征及成因探讨[J].地质找矿论丛,2004,19(3):153-158.

高胜铁.惠山地区根据卫星情报资料解释预测热液矿床的研究[J].地质与地理,2001(1).

葛文春,吴福元,周长勇,等.兴蒙造山带东段斑岩型 Cu-Mo 矿床成矿时代及其地球动力学意义[J].科学通报,2007,52(20):2407-2417.

葛文春,隋振民,吴福元,等.大兴安岭东北部早古生代花岗岩锆石 U-Pb 年龄、Hf 同位素特征及地质意义[J].岩石学报,2007,23(2):423-440.

葛文春,吴福元,周长勇,等.大兴安岭北部塔河花岗岩体的时代及对额尔古纳地块构造归属的制约[J].科学通报,2005,50(12):1239-1247.

关键.大功率激电在吉林某铜矿新一轮找矿中的应用[J].物探与化探,2002,26(5):364-367.

郭海军.中朝有色金属矿床的地质分析[J].世界有色金属,2006(12):16-18.

郭永志.太古代绿岩带及其矿产[M].李上森,译.北京:地质出版社,1980.

郭伟,林应铛,刘广虎.内蒙古西乌旗地区早二叠世皱纹珊瑚化石组合及其地质意义[J].吉林大学学报(地球科学版),2003,33(4):399-407.

华北陆台北缘地区"辽宁营口地区元古宙变质岩区金矿的成矿条件及预测研究"[C]//中国东部金矿地质研究文集.北京:地质出版社,1994:41-72.

韩龙渊,严铉哲.狼林地块早期前寒武纪火成岩的分类的岩浆作用特征[J].地质与地理,2004(2).

韩庆军,邵济安.内蒙古喀喇沁地区早中生代闪长岩中麻粒岩捕虏体矿物化学及变质作用温压条件[J].地球科学——中国地质大学学报,2000(1):1-7.

郝旭,徐备.内蒙古西林郭勒杂岩的原岩年代和变质年代[J].地质论评,1997,43(1):101-104.

洪大卫,黄怀曾,肖宜君等.内蒙古中部二叠纪碱性花岗岩及其地球动力学意义[J].地质学报,1994,68(3):219-230.

洪大卫,王式恍,谢锡林等.兴蒙造山带正ε(Nd.t)位花岗岩的成因和大陆地壳生长[J].地学前缘,2000,7(2):441-456.

胡铁军.青城子地区金银成矿作用、控矿因素及找矿思路[J].地质找矿论丛,2001,16(3):187-191.

黑龙江省商务厅.朝鲜的矿物资源及与中国的合作开发[N].中俄经贸时报,2008-11-26.
江八京.狼林陆背斜重要金矿床的成因(1)[J].地质与地理,1993(3).
姜八京.我国岩浆热液型金矿床矿化阶段的研究[J].地质与地理,1995(3).
姜八京.我国岩浆热液型金矿床矿化阶段的研究[J].地质与地理,1996(1).
姜万植,姜成日.在碱性岩体中岩浆演化作用时 Zr 和 REE 的分配特征[J].地质与地理,2001(1).
姜继圣,刘志宏.吉林省大荒沟-板石沟早前寒武纪基底的岩石单元划分及其地质演化[J].岩石学报,1997,13(3):346-355.
江世永.我国斑岩型矿床岩石化学特征及对实际资料的编制与预测[J].地质与地理,1992(6).
江铁林,崔成三.在我国北部火山带中分布的金—银矿床形成的岩浆条件与其成矿学意义[J].地质与地理,1993(2).
姜元.殷波矿床的形成时代[J].地质与地理,1991(2).
姜元俊.在我国铅-锌矿床中观察的复成矿化作用现象[J].地质与地理,1999(4).
姜元俊.关于我国铅锌矿床形成时代的上界问题[J].地质与地理,1990(1).
姜元俊.关于分析检德矿床南部地区的重叠矿化作用征候[J].地质与地理,1988(6).
姜永锆,郑炳日.茂山铁矿床的古地磁特征和地质构造的意义[J].地质与地理,1999(3).
姜英,刘利先,刘志远.青城子矿田石英脉—硅质岩与金银成矿关系讨论[J].辽宁地质,1999,16(3):194-202.
姜英,刘先利.青城子矿田高家堡子大型金银多金属矿床成因机制[J].辽宁地质,1998(3):205-213.
姜英,刘先利.青城子地区辽河群地层中硅质岩及其与金银矿的关系[J].有色金属矿产与勘查,1997,6(4):218-225.
金顿镐,孔繁生,刘浩.吉林省铅锌矿成矿地质特征及其成矿规律[J].吉林地质,1993,12(1):1-15.
金昌元.关于我国主要层状铅锌矿床的成因标志(1)[J].地质与地理,1988(6).
金昌元,田承旭,金东旭.摩天岭地区矿床类型及其特征[J].地质与地理,1994(4).
金丽洙,李元雄.检德矿床铅同位素组成与演化特征[J].地质与地理,1991(2).
金益男,崔英.我国分布在老变质岩带的主要金矿床之矿床——地球化学特征和在勘查中提到的几个问题[J].地质与地理,1998(3).
金益男,金南松.关于用莞美铅—锌矿主矿种元素分布特征解释成矿作用的研究[J].地质与地理,2000(1).
金钟来.我国中—新生代沉积盆地与含矿性[J].地质与地理,1993(3).
金钟来,金永洙.依据矿脉的延长规律,预测金野地区金矿床远景[J].地质与地理,1995(1).
柯西金学术研讨会论文.俄罗斯哈巴罗斯科,2009.
李朝阳等.中国铜矿主要类型特征及其成矿远景[M].北京:地质出版社,2000.
李斗英,崔成日."S"地区铅——锌矿床含矿岩的空间位置的确定方法[J].地质与地理,2004(2).
李立新.青城子矿田主要控矿因素、矿床类型及找矿方向[J].矿产与地质,2005,19(1):39-42.
李琳.朝鲜的采矿业[J].世界有色金属,2006(6):44-45.
李继伟,陈秀有,王宝海.板石沟铁矿控矿因素初步分析与找矿靶区预测[J].矿业快报,2007(1):76-78.
李之彤,朱群.吉黑东部花岗岩类的稳定同位素组成[J].岩石矿物学杂志,2001,20(3):354-359.
李文国等.内蒙古自治区岩石地层[M].武汉:中国地质大学出版社,1996.
李声之等.河北省岩石地层[M].武汉:中国地质大学出版社,1996.
李文德.摩天岭地区南大川统中分布的金矿床金品位与含金矿物的相关性考察[J].地质与地理,1994(4).
李俊建,沈保丰,李双保,等.辽北—吉南地区太古宙花岗岩-绿岩带地质地球化学[J].地球化学,1996,25(5):458-467.
李俊建,沈保丰,李双保,等.清原—夹皮沟绿岩带地质及金的成矿作用[M].天津:天津科学技术出版社,1995.
李述靖,高德臻.内蒙古苏尼特左旗地区若干地质构造新发现及其构造属性的初步探讨[J].现代地质,1995,9(2):130-141.
李忠权,萧德铭,侯启军等.松辽盆地深层古前陆盆型地的发现及其天然气地质意义[J].地质通报,2002,21(10):689-690.
李赞益,金炳勋.形成八兴金矿的成矿热液演化特征[J].地质与地理,1998(4).
林宝钦,阮忠义.吉林南部夹皮沟地区早前寒武纪地质及金的成矿作用[J].沈阳地质矿产研究所所刊,1986(13):1-115.
林宝钦,阮忠义.吉林南部夹皮沟地区早前寒武纪地质及金的成矿作用[J].沈阳地质矿产研究所所刊,1986(13):l-116.
林东洙,杨正赫.关于清津地区鸡龙山统几个蛇绿岩特征[J].地质与地理,2000(2).
林东根,全明燮,张显哲.关于中山-平原地区变超基性及基性岩类的岩石学特征和有用矿物[J].地质与地理,2000(4).
罗曼诺夫斯基 Н П.岩石圈结构及演化的规律性[M].远东科学出版社,2004.

柳永一.关于检德矿床有望地区为寻找新的铅锌矿体群而设计的勘察网度[J].地质与地理,1994(4).
刘斌,余昌涛.辽宁营口地区中生代花岗岩类的成因及其含金性[J].贵金属地质,1993,2(2):118-126.
刘斌,余昌涛.辽南猫岭细脉浸染型金矿床的成矿模式[J].贵金属地质,1994,(1-4):103-107.
刘斌,余昌涛.辽宁凌源毛家店金矿床微量元素特征[J].贵金属地质,1995,(1-4):20-24.
刘斌等.辽宁毛家店金矿成矿预测研究[M]//中国地质科学院沈阳地质矿产研究所集刊.沈阳:沈阳出版社,1997.
刘斌,马启波,刘培喜.延边地区东部火山-岩浆活动特点及矿化特征[J].地质论评,1999,45(增刊):339-342.
刘斌,马启波.九十三沟金矿床地质特征[J].贵金属地质,1999,8(3):136-146.
刘斌,马启波,张哲.延边东北部地区中生代火山—岩浆岩区金铜矿成矿特征[J].贵金属地质,2000,9(3):149-154.
刘斌.冀北水泉沟-后沟偏碱性侵入杂岩体的成矿特征[J].地质与资源,2001,10(1):25-32.
刘斌.吉林东部中生代火山岩区的成矿环境及成矿模式探讨[J].矿床地质,2002,21(supp.):165-168.
刘斌.吉林东部火山—岩浆岩区金铜矿成矿模式探讨[J].地质与资源,2003.12(2):72-77.
刘敦一,简平,张旗等.内蒙古图林凯蛇绿岩中埃达克岩SHRIMP测年:早古生代洋壳消减的证据[J].地质学报,2003,77(3):317-327.
刘立,汪筱林,刘招君等,满洲里-绥芬河地学断面域内中新生代裂谷盆地的构造-沉积演化[M]//中国满洲里-绥芬河地学断面域内岩石圈结构及其演化的地质研究.北京:地震出版社,1994.
柳永斌,金元模.翁津金—多金属矿床形成条件[J].地质与地理,1995(2).
刘劲鸿,李金龙.东北亚地区的矿产资源及开发合作战略的初步设想[J].东北亚论坛,1995(3):14-19.
刘志宏,姜继圣.吉南大荒沟-板石沟地区早前寒武纪变质变形作用与地壳演化[J].中国区域地质,1995(3):228-232.
刘先利,姜英.青城子外围块硫锑铅矿型金矿地质特征和找矿意义[J].有色金属矿产与勘察,1998(1):17-21.
刘国平.辽宁青城子矿田的同位成矿作用[J].有色金属矿产与勘查,1999,8(5):277-282.
刘志宏,姜继圣.吉林南部板石沟地区变质上壳岩的Sm-Nd同位素年龄及其地质意义[J].岩石矿物学杂志,1999,18(1):46-49.
刘国平,艾永富,邓延昌,等.青城子矿田金银矿床成矿环境和找矿评价[J].中国地质,2001,28(1):40-45.
罗照华,珂珊,湛宏伟.埃达克岩的特征、成因及构造意义[J].地质通报,2002,41(7):436-440.
刘世伟.大兴安岭地区中生代火山岩岩石地层的划分与对比问题[J].地质与资源,2009,4(18):241-244.
苗来成,范蔚茗,张福勤等.小兴安岭西北部新开岭-科洛杂岩锆石SHRIMP年代学研究及其意义[J].科学通报,2003,48(22):2315-2323.
孟庆丽,周永昶,柴社立.中国延边东部斑岩—热液脉型铜金矿床[M].长春:吉林科学技术出版社,2001.
廖经桢.国内外钼-钨组合矿床的综合评价和利用[J].中国钼业,1995,19(6):43-47.
马瑞.辽宁省营口地区玉龙铅锌矿床成因探讨[J].地质找矿论丛,1995,10(3):34-42.
马俊孝,李之彤,张允平,等.吉林中部古生代构造—岩浆活动与金银成矿作用[M].北京:地质出版社,1998.
倪志耀,翟明国,王仁民等.华北古陆块北缘中段发现晚古生代退变榴辉岩[J].科学通报,2004,49(6):585-591.
聂凤军,裴荣富,吴良士等.内蒙古温都尔庙群变质火山岩、沉积岩钐-钕同位素研究[J].科学通报,1994,39(13):1211-1214.
朴柒星.关于我国布格重力场与地壳深部构造[J].地质与地理,1993(2).
朴万锡,金龙,梁昌天.豆满江蛇绿岩中金矿前景勘察预测[J].地质与地理,1995(2).
樊志勇.内蒙古西拉木伦河北岸杏树洼一带石炭纪洋壳"残片"的发现及其构造意义[J].中国区域地质,2003(4):339-405.
裴荣富,翟裕生,张本仁.深部构造作用与成矿[M].北京:地质出版社,1999.
祁建誉.辽宁省铁岭市柴河铅锌矿床成矿机理探讨[J].有色矿冶,2004,20(3):1-3.
秦宽.红旗岭岩浆硫化铜镍矿床地质特征[J].吉林地质,1995,14(3):17-30.
仇甘霖,杜玉申.对白乃庙群的再认识[J].长春地质学院院报(内蒙白乃庙区域古板块构造及白乃庙矿床专辑),1992,22卷:1-10.
全国夫,林东云.检德矿床闪锌矿含铁性研究[J].地质与地理,1978(6).
屈奋雄,张宝华,催文智.吉林省板石沟铁矿区地质特征[J].吉林地质,1992(3):1-10.
屈奋雄,张宝华,刘如琦.构造置换及其控矿规律——以吉林板石沟铁矿为例[J].地质科学,1977,32(1):103-109.
曲关生等.黑龙江省岩石地层[M].武汉:中国地质大学出版社,1997.
瑞曰先,金永默,崔元正.大型菱镁矿矿石矿物成分及其矿物学特征[J].地质与地理,1981(3).

瑞曰先,白英爱.检德矿床中途场矿体矿石随深度的变化特征[J].地质与地理,1993(3).
瑞京锡,金起勋.关于上农碱性岩岩石化学特征及成因[J].地质与地理,1995(2).
邵济安,唐克东.兴蒙造山带的后期构造特征[M]//中国大陆构造.武汉:中国地质大学出版社,1992:43-50.
邵济安,韩庆军,张履桥,等.内蒙古东部早中生代堆积杂岩捕虏体的发现[J].科学通报,1999,44(5):478-485.
邵济安,洪大卫,张履桥.内蒙古火成岩 Sr-Nd 同位素特征及成因[J].地质通报,2002,21(12):817-822.
邵济安,唐克东.吉林省延边开山屯地区蛇绿混杂岩[J].岩石学报,1995,11(增刊):212-220.
施光海,刘敦一,张福勤,等.中国内蒙古锡林郭勒杂岩 SHRIMP 锆石 U-Pb 年代学及意义[J].科学通报,2003,48(20):2187-2192.
石原舜三,李大磐等.朝鲜南部和日本西南部中生代花岗岩类与有关钨—钼矿化的对比研究[J].矿山地质,1951,31(4):311-320.
沈阳地质矿产研究所.中国金矿主要类型区域成矿条件文集 4(辽南地区)[M].北京:地质出版社,1988.
沈保丰,李俊建,毛德宝,等.吉林夹皮沟金矿地质与成矿预测[M].北京:地质出版社,1998.
沈保丰,翟安民,杨春亮,等.中国前寒武纪铁矿床时空分布和演化特征[J].地质调查与研究,2005,28(4):196-206.
宋建朝,王恩德,贾三石,等.辽北—吉南地区太古宙矿产形成特点分析[J].地质调查与研究,2008,31(2):125-129.
苏蒙地质科学研究队.蒙古地质基本问题[M].北京:地质出版社,1980.
隋延辉,戚长谋.关于吉林红旗岭 1 号含矿岩体橄榄岩相的定名问题[J].吉林地质,2004,23(2):11.
孙均.朝鲜半岛北部金属矿产地质特征及其对我国找矿方向的启示[J].矿产与地质,1994,8(3):161-168.
孙洙敏,金丽洙.含硼层群岩石的形成条件[J].地质与地理,2000(2).
孙德有,吴福元,李惠民,等.小兴安岭西北部造山后 A 型花岗岩的时代及与索伦山-贺根山-扎赉特碰撞拼合带东延的关系[J]。科学通报,2000,45(20):2217-2222.
孙德有,吴福元,李惠民,等,小兴安岭西北部造山后 A 型花岗岩的时代及与索伦山-贺根山-扎责特碰撞拼合带东延的关系[J].科学通报,2000,45(20):2217-2222.
孙立民,孙文涛,赵广繁.青城子矿田小佟家堡子金银矿床地质特征及成矿物质来源探讨[J].黄金,1997,18(12):13-18.
孙宏伟,王海波,张炯飞.埃达克岩研究现状[J].地质与资源,2003,12(1):61-63.
孙洪云,孙文涛.辽东中部辽河群层控隐伏矿床与朝鲜检德式矿床对比研究前提及远景区预测[J].有色矿冶,2004,20(4):9-13.
唐克东,苏养正,王莹.乌拉尔-蒙古褶皱区东部地质发展的某些特点[J].中国地质科学院沈阳地质矿产研究所所刊,1982(3):1-4.
唐克东,颜竹筠,张允平,等.关于温都尔庙群及其构造意义[C]//中国北方板块构造文集.北京:地质出版社,1983.
唐克东.中朝陆台北侧褶皱带构造发展的几个问题[J].现代地质,1989,3(2):195-204.
唐克东,张允平.内蒙古缝合带的构造演化[C]//古中亚复合巨型缝合带南缘构造演化—地球科学国际交流(十三).北京:北京科学技术出版社,1991:30-54.
唐克东等.中朝板块北侧褶皱带构造演化及成矿规律[M].北京:北京大学出版社,1992:277.
唐克东,颜竹筠,张允平等.内蒙古缝合带的地质特征与构造演化[J].中国地质科学院沈阳地质矿产研究所集刊,1997(5-6):119-166.
唐克东,王莹,何国琦,等.中国东北及邻区大陆边缘构造[J].地质学报,1995,69(1):16-27.
田书文.朝鲜的前寒武系及其有关矿产简介[J].地质调查与研究,1986,9(1):79-89.
王鸿祯,张世红.全球前寒武纪基底构造格局与古大陆再造问题[J].地球科学,2002,27(5):467-481.
王荃.内蒙古中部中朝与西伯利亚古板块缝合线的确定[J].地质学报,1986,(1):31-43.
王友,樊志勇,方曙等.西拉木伦河北岸新发现地质资料及其构造意义[J].内蒙古地质,1999(1):6-27.
王友勤,苏养正,刘尔义.东北区区域地层[M].中国地质大学出版社,1997.
王玉净,樊志勇.内蒙古西拉木伦河北部蛇绿岩带中二叠纪放射虫的发现及其地质意义[J].古生物学报,1997(1):58-74.
王玉净,舒良树.中国蛇绿岩带形成时代研究的两个误区[J].古生物学报,2001,40(4):529-532.
汪筱林,刘立,刘招君.满洲里-绥芬河地学断面域中新生代盆地基底构造及构造演化[M]//中国满洲里-绥芬河地学断面域内岩石圈结构及其演化的地质研究.北京:地震出版社,1994:26-37.
武广,孙丰月,赵财胜,等.额尔古纳地块北缘早古生代后碰撞花岗岩的发现及其地质意义[J].科学通报,2005,50(20):2278-2288.

王松山,胡世玲,翟明国,等.清原树基沟英云闪长岩$^{40}Ar/^{39}Ar$年龄谱[J].地质科学,1986,21(1):97-100.
王东方.古中朝地块前寒武纪早期地壳演化及矿产分布的时限特征[J].中国地质科学院沈阳地质矿产研究所刊,1986,14:1-12.
王魁元.朝鲜检德铅锌矿床的地质特征[J].地质科技情报,1987,6(1):14-17.
王可南,姚培慧.中国铁矿床[M].北京:地质出版社,1992.
韦永福,裘有守,余昌涛.中国东部金矿地质研究[M].北京:地质出版社,1993.
魏菊英,曾贻善,牟保磊.华北地台北缘元古宇中铅锌矿床的地球化学[M].北京:地质出版社,1995.
王德滋,赵广涛,邱检生.中国东部晚中生代A型花岗岩的构造制约[J].高校地质学报,1995,1(2):13-21.
伍家善,耿元生,沈其韩,等.中朝古大陆太古宙地质特征及构造演化[M].北京:地质出版社,1998.
王平安,陈毓川,裴荣富.秦岭造山带区域矿床成矿系列、构造—成矿旋回与演化[M].北京:地质出版社,1998.
王焰,张旗,钱青.埃达克岩(adakite)的地球化学特征及其构造意义[J].地质科学,2000,35(2):251-256.
汪东波,邵世才,刘国平,等.金与铅锌矿化的时空关系及应用[J].矿床地质,2001,20(1): 78-84.
王强,许继锋,赵振华.一种新的火成岩——埃达克岩的研究综述[J].地球科学进展,2001,16(2):201-208.
王元龙,张旗,王强等.埃达克质岩与Cu-Au成矿作用关系的初步探讨[J].岩石学报,2003,19(3):543-550.
王强,许继峰,赵振华.强烈亏损重稀土元素的中酸性火成岩(或埃达克质岩)与Cu、Au成矿作用[J].地学前缘,2003,10(4):561-572.
王宝金,刘忠,松权衡,等.吉林省铁矿成矿规律及资源潜力预测[J].吉林地质,2008,27(3):8-12.
武广,朱群,赵胜财.大兴安岭北部上黑龙江拗陷区金铜矿床类型及地质特征[J].矿床地质,2002,21(增刊):261-264.
吴福元,徐义刚,高山,等.华北岩石圈减薄与克拉通破坏研究的主要学术争论[J].岩石学报,2008,24(6):1145-1174.
徐备,陈斌,张臣,等.中朝板块北缘乌华敖包地块Sm-Nd同位素等时线年龄及其意义[J].地质科学,1994,29(2):168-172.
徐备,陈斌,邵济安.内蒙古西林郭勒杂岩Sm-Nd、Rb-Sr同位素年代研究[J].科学通报,1996(41):153-155.
徐备,J Charvet,张福勤.内蒙古北部苏尼特左旗蓝片岩岩石学和年代学研究[J].地质科学,2001,36(4):424-434.
徐怀武,金成洙.辽宁省海城市小孤山铅锌矿成矿地质特征[J].有色矿冶,2005,21(3):1-4.
杨铁.成兴金矿床深部矿体含矿构造变形—地质学特征[J].地质与地理,1995(3).
余昌涛,贾斌,刘斌.辽宁省盖县猫岭金矿床地质特征及成因探讨[J].贵金属地质,1992,(1-4):38-48.
杨志坚,陈玉华.中国东部陆地过黄渤海与朝鲜半岛地质构造连接问题[J].黄渤海海洋,1985,3(1):50-62.
杨言辰,马志红,杨宝俊.中国北方古元古代成矿带矿床成矿系列研究[M].长春:吉林人民出版社,1988.
姚培慧.塔东铁矿[M]//中国铁矿志.北京:冶金工业出版社,1993.
杨德江.辽东裂谷细碎屑岩型金矿地质特征及成因探讨[J].有色金属矿产与勘查,1999,8(6):694-695.
杨敏之.关门山铅锌矿床氧化带内镉的超常富集地球化学及其资源-环境利用方向[J].地质找矿论丛,2003,18(4):220-224.
尤洪喜,赵东方.海城小孤山区辽河群大石桥组地层中硅质岩与成矿探讨[J].地质与资源,2004,13(3):152-155.
杨占兴,张国仁,赵英,等.辽宁省成矿系列[J].地质与资源,2006,15(1):25-32.
翟明国,王凯怡,杨瑞英,等.清原太古代花岗岩一绿岩区花岗岩的稀土地球化学[J].岩石矿物及测试,1984,3(1):18-25.
张铁久,朴相俊.殷波矿床原生晕元素的移动能力[J].地质与地理,1993(3).
张铁久,朴相俊,洪虎俊.关于确定殷波铅锌矿床原生晕指示元素[J].地质与地理,1993(4).
张铁久,朴相俊,张正男.殷波铅锌矿床原生分散晕元素分布的分带性及地表异常的评价标准(1)[J].地质与地理,1994(1).
中国有色金属矿山地质编委会.中国有色金属矿山地质[M].北京:地质出版社,1991.
朱永兆.关于检德矿床地区第一次褶皱与含矿层分布的解释中出现的几个问题[J].地质与地理,1983(3).
朱英造,郑昌林,郑昌林等.我国(朝鲜北半部)的逆冲及推覆构造与地下资源勘察前景区的预测[J].地质与地理,1991(2).
张臣,吴泰然.内蒙古温都尔庙群变质基性火山岩Sm-Nd、Rb-Sr同位素年代研究[J].地质科学,1998,33(1):25-30.
张臣.内蒙古苏尼特左旗侵入岩谱系单位划分及岩浆演化特征[J].中国区域地质,1999,18(1):46-53.
张臣,吴泰然.内蒙古苏左旗南部华北板块北缘中、新元古代-古生代裂解-汇聚事件的地质记录[J].岩石学报,2001(17):199-205.
张顺,林春明,吴朝东,等.黑龙江漠河盆地构造特征与成盆演化[J].高校地质学报,2003,9(3):411-419.
张允平,唐克东,苏养正.由陆壳增生旋回的观点试论内蒙古中部地区的加里东运动[C]//中国北方板块构造论文集(第一集).北京:地质出版社,1986:102-114.

赵书跃,李中会,牛延宏,等.1:25万呼中镇幅区域地质构造特征[J].黑龙江地质,2000,11(2):9-17.
张秋生等.中国早前寒武纪地质及成矿作用[M].长春:吉林人民出版社,1984.
朱上庆,郑明华.层控矿床学[M].北京,地质出版社,1991.
张贻侠主编.矿床模型导论[M].北京:地震出版社,1993.
周世泰.鞍山—本溪地区条带状铁矿地质[M].北京:地质出版社,1994.
翟裕生等.大型构造与超大型矿床[M].北京:地质出版社,1997.
赵宏军,张泽春,冯本智.前寒武纪条带状铁建造中的金矿床[J].世界地质,2000,19(4): 324-328.
赵艳秋,潘贵香,王洪波.辽宁省岫岩县香炉沟金矿床的地质特征[J].地质找矿论丛,2005,20(增刊):75-77.
翟裕生等.古陆边缘成矿系统[M].北京:地质出版社,2002.
张旗,钱青,王二七,等.燕山中晚期的中国东部高原:埃达克岩的启示[J].地质科学,2001,36(2):248-255.
张旗,赵太平,王焰.中国东部燕山期岩浆活动的几个问题[J].岩石矿物学杂志,2001,20(3):273-292.
张旗,王焰,王元龙.燕山期中国东部高原下地壳组成初探:埃达克质岩Sr、Nd同位素制约[J].岩石学报,2001,17(4):505-513.
张旗,王焰,钱青,等,中国东部燕山期埃达克岩的特征及其构造—成矿意义[J].岩石学报,2001,17(2):236-244.
张旗,王元龙,张福勤,等.埃达克岩与斑岩铜矿[J].华南地质与矿产,2002(3):85-90.
张旗,王焰,刘伟,等.埃达克岩的特征及其意义[J].地质通报,2002,41(7):431-435.
张旗,王焰,王元龙.埃达克岩与构造环境[J].大地构造与成矿,2003,27(2):101-108.
张旗,王焰,刘红涛,等.中国埃达克岩的时空分布及其形成背景附:国内关于埃达克岩的争论[J].地学前缘,2003,10(4):385-400.
张炯飞,庞庆邦,朱群,等.试论与埃达克岩有关的热液矿床成因类型和成矿系列——以中国北方若干矿床为例[J].地质与资源,2003,12(3):171-176.
张鹏程,刘如琦,郭万超.辽东地区前寒武纪地体金矿化特征[J].地质找矿论丛,2003,18(1):21-28.
张炯飞,李之彤,金成洙.中国东北部地区埃达克岩及其成矿意义[J].岩石学报,2004,20(2):361-368.
张旗,李承东,王焰,等.中国东部中生代高Sr低Yb和低Sr高Yb型花岗岩:对比及其地质意义[J].岩石学报,2005,21(6):1528-1537.
张炯飞,朱群,邵军,等,金矿成因类型的二重限定性分类[J].黄金地质,2002,(3):27-32.
张炯飞,朱群,武广,等,内蒙古八道卡石英闪长岩单颗粒锆石U-Pb年龄及其地质意义[J].吉林大学学报(地球科学版),2003,33(4):430-433.
张炯飞,朱群,武广,等.大兴安岭热液矿床成矿时代[J].矿床地质.2002,21(增刊):309-311.
张吉衡,大兴安岭中生代火山岩年代学及地球化学研究[D].武汉:中国地质大学,2009.
周晓东,朱殿义,孙永杰.吉林省前寒武纪地层[J].吉林地质,2006,25(3):1-10.
朱第成,段丽萍,廖忠礼,等.两类埃达克岩(adakite)的判别[J].矿物岩石,2002,22(3):5-9.
朱第成,潘桂棠,段丽平,等.埃达克岩研究的几个问题[J].西北地质,2003,36(2):13-19.
朱群,赵春荆,段瑞炎.额尔古纳-上黑龙江成矿带成矿地质背景与成矿规律[C]//东亚构造和深部构造——第六届赵春荆,朱群,段瑞炎.西伯利亚、华北板块东端缝合对接问题探讨[C]//东亚构造和深部构造——第六届柯西金学术研讨会论文.俄罗斯 哈巴罗斯科,2009.
朱群,赵春荆.上黑龙江地区成矿地质背景与成矿规律[C]//俄罗斯与中国地学研究与低下资源利用前沿领域研讨会论文集.俄罗斯圣彼德堡,2007:157-177.
朱群,武广,张炯飞,等.得尔布干成矿带成矿区划与勘查技术研究进展[J].中国地质,2001,28(5):19-27.
朱群,李之彤,杨芳林,等.金银矿化水平分带的"古利库式"冰长石-绢云母型矿床的成矿规律[J].矿床地质,2002,21(增刊):941-944.
朱群,王恩德,李之彤,等.古利库金(银)矿床的稳定同位素地球化学特征[J].地质与资源,2004,13(1):8-15.
朱群,王恩德,李之彤,等.古利库金(银)矿床水平及垂向矿化变化特征[J].地质与资源,2004,13(2):80-84.
朱群,李之彤.大兴安岭古利库金矿区落马湖变质岩系及其含金性[J].地质与资源,2001,10(4):204-209.
朱群,李之彤,王恩德,等.吉林中部晚三叠世南楼山组埃达克岩与官马金矿床[J].地质与资源,2004,13(3):137-142.
朱群,吴振文,李之彤,等.大兴安岭古利库浅成低温热液型金(银)矿床地质特征和成矿条件分析[C]//:"九·五"地质科技成果学术交流会会议论文集.北京:地质出版社,2001:239-242.
H Kaned,石其光.朝鲜半岛南半部金—银矿床的矿物学和地球化学[J].地质地球化学,1987,15(9):4-11.

Hidehiko Shimazaki et al. 关于日本和朝鲜中生代长英质岩浆活动的成矿作用[J]. 矿山地质(英文版),1981,31(4):68-73.

Ajibade A C, Wright J B. The Togo-Benin-Nigeria shield: evidence of crustal aggregation in the Pan-African belt[J]. Tectonophysics,165: 125-129.

Central Geological Survey of Mineral Resources. EXPLANATORY TEXT FOR GEOLOGICAL MAP OF KOREA[M]. Ministry of Natural Resources Development, DPR of Korea, 1994.

Central Geological Survey of Mineral Resources. EXPLANATORY TEXT FOR TECTONIC MAP OF KOREA[M]. Ministry of Natural Resources Development, DPR of Korea , 1994.

Central Geological Survey of Mineral Resources. GEOLOGICAL MAP OF KOREA[J]. Ministry of Natural Resources Development, DPR of Korea, 1994.

Central Geological Survey of Mineral Resources. TECTONIC MAP OF KOREA[J]. Ministry of Natural Resources Development, DPR of Korea , 1994.

Chen B, Jahn B M, Wilde S, et al. Two contrasting Paleozoic magmatic belts in northern Inner Mongolia, China: petrogenesis and tectonic implications[J]. Tectonophysics, 1989(328): 157-182.

Hong D W, Huang H Z, Xiao Y J, et al. Permian alkaline granites in central Inner Mongolia and their geodynamics significance[J]. Acta Geologica Sinica, 1995(8): 27-39.

Institute of Geology. GEOLOGY OF KOREA[M]. State Academy of Sciences, DPR of Korea, 1993.

Institute of Geology. GEOLOGY MAP OF KOREA[J]. State Academy of Sciences, DPR of Korea, 1993.

Korea Institute of Geology. GEOLOGICAL MAP OF KOREA[J]. Mining & Materials, 1995.

Liu Bin et al. The minerogenetic features of the Shuiquangou—Hougou subalkalic intrusive complex body in North Hebei [J]. NEWS LETTER, 2002, 34.

Natalin B A. History and modes of Mesozoic accretion in Southeastern Russia[J]. The Island Arc, 2003: 15-34.

N P Romanovsky, Yu F Malyshev, Duang Ruiyan, et al. Gold Potential of the southern Far East, Russia, and Northeast China[J]. Pacific Geology. 2006, Vol25, 25(6): 3-17.

Pruner P. Palaeomagnetism and palaeogeography of Mongolia in the Cretaceous, Permian and Carboniferous-preliminary data [J]. Tectonophysics, 1987(139): 155-167.

Sengler A M, Rees P M, Rowley D B, et al. Mesozoic assembley of Asia: constrainys from fossil floras, tectonics and paleomegnetism, The Tectonic evolution of Asia[J]. Cambridge University Ress, 1996: 371-400.

Shao Ji'an, Tang Kedong. Tectonic features of Hinggan-Mongolian orogene in Late Period. IGCP Project No 276[J]. Newsletter, 1991(2): 151-155.

Tang Kedong. Tectonic development of Paleozoic foldbelts at the north margin of the Sino-Korean craton[J]. Tectonics, 1990(9): 249-260.

Tang Kedong. Yan Zhuyun. Regional metamoephism and tectonic evolution of the Inner Mongolian suture zone[J]J. Metamorphic geol. , 1993(11): 511-522.

Wu Fuyuan, Jahn Bor-ming, Lo Ching-hua, et al. Ge Wenchun and Sun Deyou[J]. Highly fractionated I-type granites in NE China (II): isotopic geochemistry and inplications for crustal growth in the Phanerozoic, 2003(67): 191-204.

Xi Xu, William Harbert, Sergei Dril, et al. New paleomagnetic data from the Mongol-Okhotsk collision zone, Chita region, south central Russia: implications for Poleozoic paleogeography of the Mongol-Okhotsk ocean[J]. Tectonophysics, 1997 (269): 113～129.

Yue Y J. The fundamental characteristices of the Lower Permian volcanic rocks of Erbadi, Linxi county, Inner Mongolia [J]. Report No 2 of the IGCP project 283: Geodynamic evolution and Main Sutures of Pleoasian Ocean, 1991: 103-110.

Zhang Y P, Tang K D, Pre-Jurassic tectonic evolution of intercontinental region and the suture zone between the North China and Siberian platforms[J]. Journal of Southeast Asian Earth Sciences, 1989, 3(1-4): 47-55.

Zorin Yu A. Geodynamics of the western part of the Mongolia-Okhotsk collisional belt, Trans-Baikal Region (Russia) and Mongolia[J]. Tectonophysics, 1999(306): 33-56.

Zorin Yu A, Mordvinova V V, Turutanov E Kh. Low scismic velocity layers in the Earth's crust beneath Eastern Siberia (Russia) and Central Mongolia: Keceiver function data and their possible geological implication[J]. Tectonophysics,

2002(358):307-327.

Zorin Yu A, Turutanov E Kh, Mordvinova V V, et al. The Baikal rift zone: the effect of mantle plumes on older structure [J]. Tectonophysics, 2003(371):153-173.

А И 汉丘克.俄罗斯东部沉积盆地——鄂霍茨克—尚塔尔沉积盆地地质及含油气性[M].俄科学院远东分院出版,2002.

А И 汉丘克.俄罗斯东部沉积盆地——鞑靼海峡沉积盆地地质、地球动力学及赋藏油气前景[M].俄科学院远东分院出版,2004.

Ю И 巴库林等.中比例尺地质调查工作中深部地质—地球物理制图——以俄罗斯远东地区为例[M].远东科学出版社,2002.

Занвилевич А Н, Леонтьв А Н. Пермотриасовые щелочные гранитоиды и вулканиты Центрально-Азиатского складчатого пояса, Проблемы Магматизм и метаморфизм Восточнои Азии[J]. Новосибирск Наука, Сибирское отделение, 1990: 82-90.

Зоненшайн Л П, Кузьмин М И, Натапов Л М. Тектоника литосферых плит территории СССР[J]. М Недра, Кн. 1990, 1:327.

Зорин Ю А, Беличенко В Г, Турутанов Е Х. и др., Байкало-Монгольский трансект[J]. Геология и геофизика, 1994(7-8): 94-110.

Зорин Ю А, Беличенко В Г, Турутанов Е Х, et al. Строение земной коры и геодинамика Байкальской складчатой области [J]. Отечественная Геология, 1997(10):37-44.

Кириллова Г Л, Турбин М Т. Формации и тектоника Джагдинского Звена Монголо-Охотской складчатой области[J]. М. Наука, 1979, 116.

Ковалеко В И, Ярмолюк В В. Эволюция магматизма в структурах Монголии. Эволюция Геологических Процессов и металлогения Монголии[J]. Москва Наука, 1990:23-54.

Красный Л И. Тектонитип межблоковой (коллизионной - аккреционной) структуры: системы Монголо-Охотская и Циньлинская[J]. Тихоокеанская геология, 1997, 16(5):3-9.

Кузьмин М И, Кравчиский В А. Первые палеомагнитные данные по Монголо-Охотскому поясу[J]. Геология и геофизика, 1996, 37(1): 54-62.

Моссаковский А А, Руженцев С В. и др., Центрально-Азиатский складчатый пояс: геодинамическая эволюция и история формирования[J]. Геотектоника, 1993(6):3-32.

Нагибина М С. О позднепалеозойском и ранемезозойском этапах Тектоно _ магматического развития монголии [J]. Геотектоника, 1985(4):18-27.

Парфенов Л М, Попеко Л И, Томуртогоо О. Проблемы тектоники Моголо-Охотского орогенного пояса[J]. Тихоокеанская Геология, 1999, 18(5):24-43.

Геологическое строение Читииской области. Объяснительная Записка к Геологической Карте м-ба 1 500000[J]. Чита, 1997:239.

Ярмолюк В В, Дурант М В, Коваленко В И. и др., Возраст комендим - щелочно _ гранитных ассоциаций Южной монголии, Изв[J]. АН СССР, Сер. Геол., 1981(9):40-48,

Ярмолюк В В, Тихнов В И. Поздне _ палеозойский магматизм и разломная тектоника Заалтайской Гоби (МНР)[J]. Геотектоника, 1982(2):46-57.

Ярмолюк В В. Структурная позиция континентальных зон центральной Азии, Изв[J]. АН СССР, Сер. Геол., 1986(9): 3-12.